U0197679

海南遥感

郭华东　张丽　等　著

科学出版社
北京

内 容 简 介

本书系统介绍海南遥感数据资源、海南遥感数据设施以及生态环境监测和应用的遥感理论和方法，从遥感科学和应用研究角度，综合介绍近10年来海南遥感的主要成果和最新进展。第1章绪论概述海南遥感面临的挑战、遥感技术对海南环境监测的保障服务；第2章介绍海南自然地理与资源环境概况；第3～4章介绍海南遥感数据资源和遥感数据设施；第5～10章列举遥感在海南资源环境方面的主要研究成果，包括海岸带、农、林、水环境、自然保护区；第11～13章介绍遥感在社会经济可持续发展中的应用，面向城市绿地和城镇化发展及文化旅游；第14～15章重点阐述遥感在海洋领域的应用。本书可为海南建设提供科学数据和依据，也可为遥感事业大发展提供新引擎。

本书可作为遥感、信息技术、地理信息系统等专业的科研人员、高校师生的参考用书，也可供希望了解海南遥感数据和监测技术相关资源环境领域进展的读者参考。

审图号：琼S(2022)188号

图书在版编目(CIP)数据

海南遥感/郭华东等著. —北京：科学出版社，2023.1
ISBN 978-7-03-073412-9

Ⅰ. ①海… Ⅱ. ①郭… Ⅲ. ①遥感数据–研究–海南 Ⅳ. ①TP701

中国版本图书馆CIP数据核字(2022)第189500号

责任编辑：董 墨 白 丹/责任校对：郝甜甜
责任印制：肖 兴/封面设计：蓝正设计

科 学 出 版 社 出版
北京东黄城根北街16号
邮政编码：100717
http://www.sciencep.com
北京汇瑞嘉合文化发展有限公司 印刷
科学出版社发行 各地新华书店经销
*
2023年1月第 一 版 开本：787×1092 1/16
2023年1月第一次印刷 印张：29 1/2
字数：699 000
定价：298.00元
(如有印装质量问题，我社负责调换)

前　言

海南位于祖国的最南端，是中国最大也是最年轻的省级经济特区，拥有得天独厚的热带自然环境、丰饶的生态资源和富有特色的生物种群。优质的生态环境是海南高质量发展的基础，但同时海南岛地理位置特殊，受到热带和亚热带气候双重影响，生态系统具有明显的脆弱性，一旦遭受破坏将难以恢复。我国高度重视海南生态文明建设，始终把保护生态资源环境摆在重要位置。2018 年《中共中央国务院关于全面加强生态环境保护坚决打好污染防治攻坚战的意见》发布，这就需要持续开展生态环境的监测工作，动态跟踪和监测生态环境的变化。

生态环境监测是环境管理和科学决策的重要基础，是评价考核各级政府改善环境质量、治理环境污染成效的重要依据。传统的监管方式以实地调查为主，耗时费力、实时性差；而遥感监测技术具有宏观、快速、定量、准确等特点。经过 50 多年的快速发展，遥感技术已从单一的探测手段发展到多源融合的综合观测技术，遥感分辨率在空间、光谱、辐射、时间等方面有了质的提升，可提供大范围、全天时、全天候、周期性的监测信息。无疑，遥感在海南生态环境监测中可以发挥重要作用。

海南与遥感结缘的历史很长，我有幸全程见证了这段历史。从 1988 年我第一次踏上海南，到 2013 年三亚遥感卫星地面接收站的建成，再到 2014 年海南省地球观测重点实验室的成立，一路走来，我深切感受到了海南省经济社会的快速发展，也深刻感受到推动遥感技术在海南深度应用的一份责任。

经过近 10 年的探索与努力，海南遥感事业快速发展。海南省已解决了周边区域长期缺乏遥感数据的问题，建成了高分辨率对地观测系统海南数据与应用中心和海南省遥感大数据中心，实现了天空地数据资源的汇聚和多领域应用。目前，海南已成为空间对地观测设施完备、空间信息产业体系健全、遥感应用领域广泛的省份之一，已形成“北有文昌航天发射，南有三亚卫星应用”的发射、监测、应用一体化战略格局，为服务海南省生态资源监测以及支撑国家战略发展等需求奠定了良好基础。

本书是海南省地球观测重点实验室科研团队多年研究成果的凝练和总结。结合近 40 位专家实际工作的基础和经验，从遥感数据、方法模型和决策支持方面，系统、全面地介绍海南生态资源环境的理论研究和评估成果，涵盖海南的海岸带、农林、水资源、保护区管理、城市发展、文化旅游、海洋等多个领域。

本书共 15 章。第 1 章绪论由郭华东撰写；第 2 章海南自然地理与资源环境概况由邱彭华完成；第 3 章海南遥感数据与地面调查数据资源分析由李国庆、廖静娟、韩春明等组织完成，张连翀和李国庆共同撰写光学卫星数据资源分析，廖静娟和朱彬共同撰写雷达卫星数据资源分析，韩春明、岳昔娟和罗伟共同撰写航空遥感数据资源分析，杨天梁和王雷共同撰写低纬度遥感观测卫星星座总体设计，赵俊福、欧阳珺和史建康共同撰写地面观测数据获取和数据资源情况，解吉波、高鑫月、宋沛林、杨腾飞和王欢共同撰写社会经济数据资源；第 4 章海南遥感数据设施与平台由李国庆、黄鹏和程博等组织完成，黄鹏、王峥和厉为共同撰写三亚遥感卫星数据接收站，程博、何国金、王桂周、龙腾飞、彭燕、梁琛彬、陈金奋和张德刚共同撰写遥感卫星标准化产品加工技术和典型数据产品，王建和李国庆共同撰写海南省域遥感大数据集成服务平台，王雷、杨天梁、黄拔、李志超和江昊洋共同撰写海南高分数据应用中心及其服务，刘健、范湘涛和王康杰共同撰写数字海南可视化决策分析平台；第 5 章海南海岸带环境遥感监测与应用由张丽、廖静娟、陈博伟等组织完成，张丽和陈博伟共同撰写海岸线变迁遥感监测与分析，张丽、陈博伟和付甜梦共同撰写养殖塘遥感监测与分析，廖静娟撰写海南红树林遥感监测与评估，朱岚巍撰写三亚珊瑚礁遥感监测与分析；第 6 章海南农业遥感应用由叶回春、聂超甲、郭佳炜和崔贝共同撰写；第 7 章海南林业遥感应用由李新武、张露、孙中昶、万祥星和于桐共同撰写；第 8 章海南内陆水环境遥感应用由王胜蕾和李俊生共同撰写；第 9 章海南生态状况评价由张清、付杰、张丽和欧阳珺共同撰写；第 10 章海南自然保护区遥感监测与评估由穆晓东、闫敏、张丽和张晓倩共同撰写；第 11 章海南城市绿度空间信息提取与评价由孟庆岩、张琳琳、孙震辉和汪雪淼共同撰写；第 12 章海南城镇化扩展时空特征由闫冬梅、梁桉宁、闫军、陆亚洋和王晓巍共同撰写；第 13 章海南文化旅游遥感应用由王钦军、李志超和陈玉共同撰写；第 14 章南海海洋动力过程卫星 SAR 遥感由李晓明、任永政、梁建军和沙金共同撰写；第 15 章南海台风灾害多源卫星遥感监测由杨晓峰、相坤生和汪胜共同撰写。

相信本书对相关领域的学者有重要参考价值，也相信我们会继续瞄准前沿领域，面向海南需求，专心致研，不断取得更多高水平研究成果，为海南省和海南自由贸易港建设贡献力量。

本书得到海南省重大科技计划项目“基于天基大数据的海南省生态资源监管关键技术与应用”（项目编号：ZDKJ2019006）和中国科学院战略性先导科技专项（A类）（XDA19030105）的资助。研究工作得到海南省领导、科学技术厅和相关部门提供的政策、数据、人员等方面的支持，团队科研人员付出了辛勤劳动，值专著付梓之际，一并表示衷心感谢。由于学科发展速度快、编写时间仓促，书中难免存在不足之处，希望学术同仁不吝赐教。

中国科学院院士

海南省地球观测重点实验室主任

2022 年 8 月

目　录

第1章 绪　论

海南省所属陆地面积 3.54 万 km^2，所属海域面积 200 多万平方千米，占全国海洋面积的 2/3，是中国海洋面积最大和陆地面积最小的省。本书研究范围包括海南岛本岛及海南岛近岸海域（不含三沙市及南海海域），其中，本岛陆域面积 3.44 万 km^2，海南岛近岸海域面积 0.50 万 km^2。海南地处海上丝绸之路的关键节点，也是中国与东盟、南亚、中东沿海各国海上交往的最前沿，地理位置独特，具备不可替代的区位优势、战略地位和作用。

良好的生态环境是海南发展的最大优势，更是其可持续发展的基础。1999 年，海南省率先在全国实施“生态省建设规划纲要”，提出将海南建设成为“一个具有良好的热带海岛生态系统，发达的生态产业，自然与人类和谐的生态文化，一流的生活环境的省份”。保护海南良好的生态环境，确保社会经济发展与资源环境协调可持续发展，是一项庞大的系统工程，必须以科学合理的规划为引导，坚持生态优先、人与自然和谐共生的绿色发展理念。

推动海南绿色发展，加强自然资源与生态环境的动态立体监测，遥感技术是重要手段。要实现海南绿色可持续发展目标，及时获取丰富的空间信息是基础，研发高性能的监测技术是重要支撑，建设空间信息共享平台是必要手段。

1. 海南遥感监测面临的挑战

在海南开展卫星遥感应用也存在一系列问题需要加以重视。

(1) 有效数据保障问题

海南气候条件复杂、多云雨天气的限制，致使全岛制图的难度大大增加，急需以高分辨率高动态观测为基础的大数据环境作为支撑。在保障数据充分基础上，还需要建立基于云计算的海南省天基大数据处理平台，充分集合高时空、高光谱分辨率和全谱段、全天候、全天时优势，为实现海南生态资源定量化、精细化监管以及快速制定策略方案提供基础数据和平台保障。

(2) 科学模型适应性问题

海南省地理位置独特、境内地形多变、自然灾害多发频发，需要借助地球大数据全局性、宏观性、快速性和多元性等特点，突破遥感数据信息提取和挖掘关键技术，集成多学科优势，形成完整链条，消除信息孤岛，为海南省生态资源监管提供综合评估分析。

(3) 监测指标遥感化问题

生态环境监测指标体系复杂，涉及面广，时间跨度长，指标间相互依存、相互关联，其涉及的内容又体现了整体性与多样性的统一、层次性与有机性的结合、复杂性与可行性的整合。同时由于生态驱动机理与表现形式呈现多元化趋势，将在构建模型的过程中产生许多问题。所以，厘清海南生态监测指标体系间的内在关联，采集标准统一、可量化的科学数据，提出客观、有效的指标监测和评估方法模型，成为亟待突破的重要方向。

2. 完备的遥感数据和高性能的遥感监测技术可有效服务于海南环境监测

传统的生态监测措施以实地点源调查为主，缺少反映宏观面上信息的客观保障。遥感技术视域广，实效性强，具有宏观、快速、定量等特点。经过50多年的快速发展，遥感手段已从可见光发展到全波段，从传统的光学摄影提升为光学和微波结合、主动与被动协同的综合对地观测技术，空间、光谱、辐射、时间分辨率持续增加，监测能力大幅度提高，可以对全球环境变化进行大范围、全天时、全天候、周期性的监测，是监测宏观环境动态变化最可行、最有效的技术手段。随着国内外环境问题的日益突出，生态环境遥感将进入一个多层次、立体、多角度、全方位、全天候、全天时对地观测的新时代。

(1)数据保障

随着遥感技术的发展，海量的地球观测数据具有空间属性和物理属性的遥感大数据，深度挖掘其中的时空关联和物理关联知识，可为海南自然资源和生态环境监测起到重要支撑作用。2013年，中国遥感卫星地面站三亚遥感卫星地面接收站正式建成并投入运行，使我国陆地观测卫星数据获取能力首次拓展到南部海疆，解决了中国南海及周边区域遥感数据长期缺乏的问题。目前，海南已经形成了“北文昌，南三亚”的卫星发射与地面接收的格局，在空间信息产业链中已经占据了卫星上天和数据落地的先天优势，卫星数据获取已覆盖中国南海乃至整个东南亚地区。这也将为东盟各国的空间信息技术需求和产业发展提供数据保障，更好地服务于“一带一路”倡议在东盟地区的发展。

遥感技术能够进一步在海南生态环境监测中发挥巨大保障作用，拓展环境监测内容，提高监测频率和效率，实现污染溯源和精准治理，进而推动海南省在生态、资源、环境、社会、经济发展等方面实现绿色协调可持续发展。在2015年建成的海南高分数据应用中心，方便开展国家高分专项卫星数据在海南的分发共享，提供海南高分应用服务，对提升国家高分应用示范效果、推广海南省遥感技术业务化应用具有重大意义。

(2)信息保障

在2017年建成的海南遥感大数据集成服务平台，围绕海岸带、农业、林业、旅游、海洋等领域开展应用示范，成为省级典型行业领域应用服务信息系统，提供了及时、高效的动态监测信息和科学决策。面向海南省生态资源监管对遥感技术的需求，研究团队开展了海南省农林植被生态系统、内陆水生态系统、海岸带生态系统等典型要素的遥感动态监测和评估技术研究，建立海南省生态资源遥感监测指标体系，形成生态资源监管指标的年度、季度等常态化监测能力，构建包括陆表植被生态系统评估、内陆水体的监测监管技术评估、海岸带生态环境遥感监测和健康状况评估、自然保护区人类活动监管评估等生态资源监管评估系统，为海南省生态资源监管做出了实质性贡献。其中，生态环境遥感监测是天地一体化生态环境监测预警体系建设的重要组成部分，推进卫星遥感环境监测与监管应用，推动海南地区环境监测由点向面发展、由静态向动态发展、由平面向立体发展，实现了环保精细化、信息化管理。

(3)平台保障

本书还以高分辨率动态观测为基础的大数据环境为支撑，利用“数字地球”理论，基于大数据分析技术，深度开发和利用空间信息，建立基于云计算的海南遥感大数据服务平台。海南遥感大数据服务平台充分集成高时空、高光谱分辨率和全谱段、全天候、全天时优势，成为服务于政府和行业管理，资源环境、经济社会可持续发展的信息基础设施，为实现海南生态资源定量化、精细化监管以及快速制定策略方案提供平台保障。海南遥感大数据服务平台已成为海南大数据基础设施，推动了空间信息产业的发展，能够实现可持续发展的实时监测监管、多机构数据资源的互联互通、数据综合发现和便捷数据使用，助力海南省科技创新发展。

自2016年以来，研究团队先后承担海南省两期重大科技计划项目和相关项目。本书是对多年成果的集成和提炼，以海南省陆域范围为主，从遥感科学角度将海南当前及未来发展所涉及的资源环境变化要素进行整理。以期为海南建设提供科学依据，也可为遥感事业大发展提供新引擎。

第 2 章　海南自然地理与资源环境概况

2.1　自然地理概况

2.1.1　位置与范围

海南省位于琼州海峡中间线以南的中国最南端，西临北部湾，与越南民主共和国相对；东面和南面为南海，与东盟诸国相望；地处 3°20′N～20°18′N，107°10′E～119°10′E。1988 年第七届全国人民代表大会第一次会议通过了《关于设立海南省的决定》和《关于建立海南经济特区的决议》，1988 年 4 月 26 日，中共海南省委、海南省人民政府正式挂牌。至 2021 年底，全省下辖 19 个县(市)级行政区，包括海口、三亚、三沙、儋州 4 个地级市，五指山、文昌、琼海、万宁、东方 5 个县级市，定安、屯昌、澄迈、临高 4 个县，白沙、昌江、乐东、陵水、保亭、琼中 6 个民族自治县。此外，还有洋浦经济开发区、西南中沙群岛办事处。省域包括海南岛及其邻近小岛，中沙、西沙、南沙群岛及其周围广阔的海域，是中国海洋面积最大和陆地面积最小的省，所属陆地面积约 3.54 万 km^2，其中海南岛面积约 3.44 万 km^2，所属海域面积为 200 多平方千米，占全国海洋面积的 2/3。

南海是中国大陆以南的陆缘海。对于这一地理海域概念，中国历史上有着不同的名称和范围，如在汉代、南北朝时，南海被称为涨海、沸海，指中国南方海洋及附近洋面。唐代以后逐渐改称南海，其地理范围除了中国南方海洋外，也包括东南亚和印度洋东部海域。由此看来，“南海”是以中国本土为基准，以中国本土为观察中心点，其地理坐标中心是中国，因其位于我国大陆的南方而得名，现今国际上也称南中国海，其英文名为 South China Sea。目前，关于南海的地理位置，大多将其界定为位于北起 23°37′N，南迄 3°00′N，西自 99°10′E，东至 122°10′E。

2.1.2　自然地理特征

海南省的陆域主体海南岛整体轮廓近似东北—西南向为长轴的椭圆形，地势中部高、四周低，山地集中于中部偏南地区，台地、阶地和平原集中于沿海地区，地形环状结构较明显；热带海洋性季风气候显著，有明显的干湿季变化，雨热较为同期；年总积温、日照时数具有自中部向沿海递增的特征；生物气候、土壤发育自沿海平原台地至中部丘陵山地，呈现出较明显的垂直分带现象；海岸线漫长、类型多样，珊瑚礁与红树林海岸典型，港湾岸与平直岸相间分布；火山地貌发育，熔岩广布，面积近 4000 km^2，构成海南岛北部(简称“琼北”)大片玄武岩台地及分散火山山丘；水系由中部向四周呈放射状分布，河流一般短小，山地型河流水文特征明显。

2.2　地质基础与矿产资源

2.2.1　区域地质

海南岛的地质演化史大体经历了元古代基底形成、震旦纪—三叠纪板内造山、侏罗纪—白垩纪陆内造山、古近纪—新近纪陆内扩展等主要地质演化阶段。至早更新世末期，由于地壳断陷形成琼州海峡“低谷”，海南岛与其北部的大陆分离。在冰后期海平面上升后，海水淹没“峡区”常态低地，形成琼州海峡和北部湾，北、西海岸分别与大陆和中南半岛隔海相望。第四纪时琼州海峡经历过 5 次海侵，第一次为早更新世早期(约 2.5～2.0MaBP)的望楼港海侵，最后一次为全新世中期(8～3kaBP)的桂州海侵(赵焕庭等，2007)。

海南岛在地质构造上具有地洼区的活动性质，其大地构造位置处于东南地洼区与南海地洼区的交接或过渡地带。以近东西走向的九所—陵水深大断裂为界，岛南、岛北具有不同的地壳演化历史，岛北区属于东南地洼区(一级)琼雷地洼系(二级)的南延部分；岛南区属于南海地洼区的北缘。地壳演化经历了前地槽、地槽、地台及地洼 4 个大地构造发展阶段。岛北区属于古海西地槽的组成部分，其地槽阶段构造发展与东南沿海大陆构造发展基本相同，仅在地槽发展迁移方向有所差异。岛北区地槽发展阶段一直延续至二叠纪末，经海西运动才褶皱回返。岛北地台型沉积属于石炭系—二叠系后加里东古地台沉积。岛南区与南海陆缘海型地洼区的北部海域构造发展相似，经晋宁运动地槽褶皱回返进入地台发展阶段，属于晋宁古地槽或后晋宁古地台。岛北区和岛南区于中生代初期同时进入地洼发展阶段(侯威和陈惠芳，1996)。自古生代以来，海南岛地壳范围内历经加里东、华西—印支、燕山以及喜马拉雅山的地壳构造运动，形成了四条分别横贯海南岛北部、中部和南部的东西向断裂带，以及与其生成相联系的北东向和北西向扭性断裂、南北向张性断裂。古近纪—新近纪以来，地壳水平运动引发区域性地块的垂直差异性升降运动，形成了以雷州半岛的遂溪断裂为北界和以琼北王五—文教东西向断裂为南界的雷琼凹陷。在此期间，新构造运动以继承性活动为主要特征，沿着早期的断裂产生剧烈的断块差异性升降活动，使较老的构造形态又以新的形态在地貌上显现出来，特别是在王五—文教东西向断裂以北的琼北地区和琼州海峡，伴随着地壳构造运动而相继地沿着东西向、北东向和北西向断裂发生多期火山玄武岩喷溢，构成了琼北地区的火山熔岩台地和基岩岬角。第四纪时期经受了更新世历次海面升降和海岸线水平迁移过程。晚更新世低海面时，海南岛的海滨线向陆架方向迁移，当时琼州海峡和北部湾大部分海底都出露成陆。随着冰后期的海平面上升，波浪和海流沿着大陆架向陆地方向上溯并席卷大量泥沙向陆推移。与此同时，陆地水流挟带泥沙向海方向搬移，二者在海陆交会地带沉积下来，形成了海滨带堆积地貌。琼州海峡也因冰后期海侵而被海水淹没，成为海南岛和雷州半岛之间的分隔水域，并成为南海与北部湾之间的潮流通道。

海南岛北部地质构造复杂，区内断裂纵横交错，有近东西向的王五—文教断裂、光村—铺前断裂、海口—云龙断裂，北西向的铺前—清澜断裂、石山断裂、澄迈—琼海断裂，北东向的咸来—鸭塘断裂、文教—琼海断裂、城府—卜亚岭断裂等(姜文亮等，2007)。这些活动断裂对岛内地质地貌发育及地壳稳定性产生了很大的影响，火山、丘陵和隆起地貌多处可见。琼北地区属于华南褶皱系，包含五指山褶皱带和雷琼断陷两个二级构造单元，白垩系的沉积盆地主要受北东向构造控制。在燕山运动之后，近东西向断裂的作用形成了新生代断陷盆地。古近纪末，该区曾发生准平原化；新近纪初，琼北地区上地幔隆起，整体地貌呈阶梯状向北下降，海水广泛侵入，重新形成近东西向断陷盆地；新近纪末，盆地上升，发生海退，伴随有多次火山喷发；第四纪，地壳以断块差异升降活动为主，继承性断裂活动活跃，并伴随有大量火山喷发和多次地震活动；时至今日，海南岛的地壳运动仍以近东西向和北西向的差异运动为主。海南岛南部的昌江—琼海构造带横贯东方、昌江、白沙、琼中、屯昌和琼海等县境，是一条规模较大、长达200km以上的东西向断裂—褶皱带。它由蓬莱、海头—西华、昌江—白沙、八所—龙滚等东西向断裂和抱板、石碌东西向褶皱带等组成，是一条组成成分较为复杂的构造带。该构造带活动性质表现为压扭性特征。山脉如三猴岭、长塘岭和黑岭等东西向山脉，河流如昌化江由东向西流等都受到该构造带晚近期活动的控制。海南岛东西构造系中最南一条即九所—陵水构造带，位于海南岛南部18°15′N～18°38′N，长约105km。这条构造带形成于前寒武纪前地槽阶段并具有长期的活动历史，使构造带南、北两侧的地层分布、岩性、岩相及大地构造性质产生明显的差异。该带以南是后晋宁期古地台发育区，以北是古加里东期地槽发育区。构造带内有东西向破碎带、断面擦痕、构造透镜体，除具有东西向压性断裂外，还伴随产生次级南北向张性断裂及北西、北东向剪性断裂，构造带对地槽型花岗岩，特别是对地洼型岩浆活动起着明显的控制作用，该构造带又明显地控制着地形地貌发育，它是海南岛中部山地和南部丘陵、平原的分界线(汪啸风等，1991；侯威和陈惠芳，1996)。

古生代的沉积建造及其变质岩系以及中生代中酸性岩浆侵入体奠定了海南岛的地质基础。海南岛岩浆岩分布广泛，具有多期多次活动特点，以地槽晚期和地洼初期的印支期酸性混合花岗岩、花岗岩及地洼激烈期中酸性花岗闪长岩、花岗斑岩侵入为主，其次为地洼激烈期末的中酸性火山岩的喷发，中生代晚期—新生代初期有少量基性-超基性岩的侵入和较大面积的玄武岩喷发。前寒武纪的前地槽型花岗岩、古生代的地槽型辉长岩、石英闪长岩均以残留形式残存在海西—印支期混合花岗岩中。区域性东西向弧状构造带控制了二叠纪—三叠纪花岗岩的侵位。总体而言，海南岛岩石以岩浆岩分布面积最广，占全岛面积的53.9%；其次为沉积岩，占19.6%；第四系沉积物约占全岛面积的四分之一。

根据地层发育、沉积建造、岩相及生物群组合等特征，海南岛可以王五—文教断裂和感城—万宁断裂为界，划分为三个地层分区：海口分区、五指山分区和三亚分区(夏小明，2015)。其中，海口分区分布于王五—文教断裂以北，包括海口、澄迈、临高等地，区内第四系广泛分布，多为新生界玄武岩分布区，主要由滨海相和陆相碎屑泥质沉积和火山岩组成。海口分区新近系也比较发育，普遍含玄武岩层和可燃性有机岩，也发育有少量下白垩统等。五指山分区包括海南岛的中部、王五—文教断裂和感城—万宁断裂之间的区域，区内主要发育新、中元古界和古生界志留系；古生界石炭系和二叠系有零散分布，为滨海—浅海碎屑岩和碳酸盐岩沉积，主要岩石有灰岩、白云岩、硅质灰岩、硅质页岩、粉砂页岩等；中生界仅有早三叠世和早白垩世晚期沉积，为一套陆相泥岩、砂岩和砾岩沉积。三亚分区包括海南岛的东南隅、感城—万宁断裂以南地区，区内上古生界发育，为一套滨海—浅海碎屑岩和碳酸盐沉积；晚古生界和中生界发育不全，仅有少量下石炭统和下白垩统出露；新生界主要分布于区内沿海一带，不含火山岩。海南岛第四系发育有更新统(秀英组、北海组、道堂组、八所组)和全新统(石山组、万宁组、琼山组、烟墩组)(夏小明，2015)。

关于南海的成因，学术界提出了多种模式，如海底扩张模式、碰撞挤出模式、地幔柱模式、弧后扩张模式、陆缘伸展扩张模式、右行拉分作用模式、单向拉张机制模式，但均处于假设阶段，未能形成定论。这些模式均是在板块构造学说框架内提出的，其中南海扩张成因模式被大多数学者所接受(国土资源部广州海洋地质调查局，2006)。因南海地区在大地构造上恰好处于太平洋(菲律宾)、欧亚、印—澳三大板块的交接部位，一般认为它的形成是这三大板块交互作用的产物。南海所处的特殊大地构造位置以及复杂的板块演化与多旋回发展决定了南海具有丰富多彩的地质构造特征。

在距今1.8亿年，即中生代初期，南海周围经过两次较大的地壳运动(即海西运动和印支运动)之后，陆续抬升，形成一系列陆地，如中南半岛、加里曼丹岛、巴拉望岛和吕宋岛等。在这些新生陆地中，还包围着一块更为古老的陆地，即今中、西沙所在地，因为钻探资料已经证实，西沙群岛之下的基底岩石年龄达6亿多年(新元古代)。以上这些新、老陆地在此时镶嵌拼贴成一块，构成统一的呈倒三角形的东南亚大陆边缘，在地史上被称为“华南微陆块”。中生代中、后期的燕山运动一方面使华南微陆块发生断裂与不同程度的下沉，另一方面因中国西部的强烈褶皱而促使地幔流从西向东转移，并沿南海断裂上升，造成南海的张裂，如西沙裂谷。华南微陆块在断陷和张裂作用下开始瓦解。随着西沙裂谷及南海中央盆地的出现，中沙群岛、西沙群岛、菲律宾群岛等便与北部陆地分离。新生代初期的喜马拉雅运动令南海区的地幔流进一步上涌，并且沿15°N附近的东西断裂带喷出海底，形成新的洋壳和海山链地貌。此后，新洋壳不断向南、北方向扩张，以至整个南海中央盆地为玄武岩质的大洋地壳所代替。南海海底扩张的时代大约在中渐新世至早中新世(即3200万～1700万年前)。在南海海底扩张的末期，中央盆地四周陆地也相继下沉，从而构成了南海的雏形和上述各个地质构造带，南海四大群岛也在这个基础上发育起来。南海珊瑚岛礁随着陆地下沉而开始了它的发育历史。在新生代晚期，即古近纪—新近纪末至第四纪初(200万年前左右)，南海地壳活动有所加强，表现为地幔物质再次喷出海底，形成一些新火山，如西沙群岛的高尖石。新生代时期，与全球板块构造运动相协调。南海地区发生过四次构造运动，形成现今的南海面貌。第一次构造运动称为神狐运动，发生于晚白垩世至古新世早期，主要是北西—南东至北西西—南东东向的拉张，形成北东—北北东向的断裂，产生北东—北北东向的地堑或半地堑，新生盆地开始形成。第二次构造运动称为南海运动，发生于晚始新世至早渐新世，印—澳板块与欧亚板块开始碰撞，太平洋板块运动方向发生变化——在东南亚主要表现为北北西—南南东向的伸展，产生一系列北东东—东西向断裂，并在南海西部发生第一次海底扩张，扩张的中心在西南海盆，扩张的结果是使曾母地块向南推挤，并与西婆罗洲地块发生愈合。第三次构造运动发生于晚渐新世至中中新世，南海发生第二次海底扩展，并形成南海中央海盆，扩张的结果是使礼乐、郑和等陆块从华南陆块上分裂出来，并向南推移，在沙巴—南巴拉望一带发生岛弧和被动陆缘的碰撞。第四次构造运动发生于中新世末，在南海北部称为东沙运动，南海西部称为万安运动，这次构造运动使区域构造应力场由张扭转为压挤，盆地隆升并遭受剥蚀，产生花状褶皱等构造(国土资源部广州海洋地质调查局，2005，2007)。

南海是西太平洋边缘海中面积最大的海盆，其海底是个不规则的菱形状盆地，菱形的长轴方向为北东向。南海海盆因受多次地壳运动的作用，形成了许多深而大的断裂。这些断裂把海盆分割成八大块：北部和西部沿海拗陷带、东沙隆起带、西沙北缘断陷带(即西沙北海槽)、中沙和西沙隆起带、中央断陷盆地、南沙隆起带、马尼拉及巴拉望断陷带、西沙西断陷带(国土资源部广州海洋地质调查局，2005)。

2.2.2 矿产资源

海南岛矿产资源比较丰富，现已发现各类矿产 88 种(1999 年底)，经勘查具有工业储量的 66 种，矿床(点)1093 处，矿产地 320 处。其中已列入全国矿产储量统计的矿产有 49 种，产地 290 处，包括大型矿床 58 处、中型矿床 96 处、小型矿床 136 处。其中，能源矿产 5 种，如煤、油页岩、天然气、石油、铀；黑色金属矿产 3 种，如铁、锰、钛；有色金属矿产 7 种，如铜、铅、锌、钴、铝土矿、镍、钼；贵金属矿产 2 种，如金、银；稀有稀土分散元素矿产 5 种，如铌钽、镉、锆、镓、轻稀土(独居石)；冶金辅助原料非金属矿产 3 种，如冶金用白云岩、耐火黏土、冶金用石英岩；化工原料非金属矿产 4 种，如泥炭、磷、硫铁矿(含伴生硫)、重晶石；建筑材料及其他非金属矿产 17 种，如石墨、压电水晶、云母、熔炼水晶、水泥用灰岩、玻璃用砂、玻璃用脉石英、高岭土、沸石、宝石、水泥用大理岩、膨润土、水泥配料用页岩、水泥配料用黏土、饰面用花岗岩、建筑用玄武岩、饰面用辉长岩；水气矿产 3 种，如地下水、热矿水、饮用天然矿泉水(周旦生和梁新南，2009)。

全省保有储量位居全国前列的矿产有石英砂、锆英石、天然气、钛铁矿、独居石、蓝宝石、油页岩、饰面辉长岩、饰面花岗岩、富铁矿、脉石英、水晶、饮用天然矿泉水、医疗热矿水等；石油、金、钴、铝、钼、铌、钽、镓、水泥灰岩、萤石、高岭土、泥炭、石英岩、白云岩、重晶石、石墨、硅石、黏土、地下水等保有资源储量的人均占有量也高于全国平均水平。在国内占有重要位置的优势矿产主要有石油、天然气、天然气水合物(即可燃冰)、石英砂、钛铁砂、锆英石、蓝宝石、水晶、黄金、钴、独居石、油页岩、石墨、饰面辉长岩和花岗岩、饮用天然矿泉水、医疗热矿水等十几种。其中，石碌铁矿的铁矿储量约占全国富铁矿储量的 70%，品位居全国第一；钛矿储量占全国的 70%；锆英石储量占全国的 60%。据初步统计，海南省所辖海域有油气沉积盆地 39 个，其总面积约 64.88 万 km^2，蕴藏的石油地质潜力约 328 亿 t、天然气地质潜力约 11.7 万亿 m^3、天然气水合物地质潜力 643.5 亿～772.2 亿 t(油当量)(杨木壮和王明君，2008)。

海南省的富矿比例较大，共(伴)生组分较少。已探明的油气田多属于高产能的油气田(单井原油 468～569t/d，单井天然气 28.53 万～160 万 m^3/d)，石英砂($SiO_2$98.17%～

99.54%)、铁(Tfe51.15%～62.31%)、钛(矿物平均 20.87kg/m^3)、锆(矿物平均 3.20kg/m^3)、金(Au 平均 14.05g/t)、钴(Co 平均 0.261%)、钼(Mo 平均 0.19%)、水泥灰岩(平均 CaO51.43%～54.25%)、水晶(压电单晶 3.89～9.38g/m^3，熔炼水晶 0.33～1.35kg/m^3)、脉石英($SiO_2$98.95%)等重要矿产的高品位富矿比例较大。除石碌铁矿与钴、铜矿异体共生并伴生银、镍、硫，蓬莱铝土矿与钴土矿、蓝宝石共生并伴生镓，东海岸钛铁矿与锆英石共生并伴生独居石、金红石，定安金矿与铅锌矿共生并伴生银之外，其余大多数矿床的共(伴)生组分较简单。

从空间分布看，天然气、石油富集于南海西北部的北部湾、琼东南和莺歌海盆地，南海南部的万安盆地、曾母盆地、礼乐盆地、珠三凹陷、南沙和西沙海槽盆地等，以及海南岛西北部的福山凹陷；石英砂富集在海南岛沿海沉积阶地，如文昌龙马、昌江南罗和海尾、儋州光村、陵水龙岭；钛锆砂矿富集在海南岛东部滨海沉积地带，如文昌市和万宁市的滨海地带；金矿富集在乐东、东方、昌江、定安等县(市)，如乐东抱伦、东方戈枕、东方红甫门岭、昌江王下、定安富文等地；铁矿、白云岩、石英岩富集在昌江黎族自治县石碌镇；水泥用灰岩和黏土富集于东方、昌江、儋州等市县，如东方白石岭、昌江芸红岭、儋州路千岭等地；饰面花岗石材富集在乐东黎族自治县和三亚市，如乐东尖峰、三亚大园等地；油页岩富集于儋州市的长坡；石墨主要分布于琼海市伍园等地；风化残坡积型宝石、钴土矿、铝土矿主要分布在文昌市、海口市与定安县，如文昌蓬莱和南洋、海口大坡、定安居丁等地；饮用天然矿泉水、医疗热矿水富集在海口、琼海、陵水、保亭、三亚、东方、儋州、澄迈等市县，如三亚南田、林旺、半岭，陵水红鞋、高土，保亭七仙岭，万宁兴隆，琼海官塘、九曲江，东方八所，儋州兰洋、澄迈西达等地(陈颖民，2008)；地下水主要富集于琼北自流盆地，而且在琼北断陷盆地 1000m 深度以内，分布有 8 个承压含水层组，其中第 5～8 含水层是温热水含水层；天然盐场主要集中于三亚至东方沿海数百千米的弧形地带上，建有榆亚、莺歌海、东方等盐场，其中莺歌海盐场是我国南方少有的大盐场。

2.3　地形地貌与海湾港口

2.3.1　地貌类型及其特征

海南岛的地貌特征为四周低平、中间凸起。以五指山、鹦哥岭为隆起的核心，向四周逐级递降，由山地、丘陵、台地、平原组成环形层状地貌(曾昭璇，1989；颜家安，2006；黄金城，2006)。从高程分级来看，位于海拔 50m 以下的区域占全岛总面积的 34.36%，位于 50～100m 的区域占 16.45%，位于 100～200m 的区域占 19.63%，海拔 200～350m 的区域占 12.51%，海拔 350～500m 的区域占 6.76%，海拔 500～800 m 的区域占 7.15%，海拔 800～1000m 的区域占 2.04%，海拔大于 1000m 的区域占 1.10%。

从地貌类型构成来看，中山占全岛总面积的 17.09%，低山占 6.97%，丘陵占 13.25%，阶地、台地、平原与沙堤分别占 0.44%、40.11%、20.59%与 1.55%。山区面积占全岛总面积的 37.31%，山区、台地与平原的面积比值大致为 37∶40∶21。由此可见，台地是海南岛的最主要地貌类型。依地表的组成或主要作用营力，海南岛的台地又可分为熔岩台地、侵蚀剥蚀低台地、海蚀台地、海积台地、冲积台地与洪积低台地6种类型，其面积分别占全岛台地总面积的27.51%、40.64%、1.61%、26.84%、3.11%与0.29%。其中，熔岩台地、侵蚀剥蚀低台地与海蚀台地根据高差变化均可进一步细分为4个级别的次一级台地类型，海积台地可细分为3个级别的次一级台地类型。对于中山地貌，根据地表起伏度和作用形式可将其细分为喀斯特侵蚀小起伏中山、侵蚀剥蚀大起伏中山、侵蚀剥蚀中起伏中山和侵蚀剥蚀小起伏中山，其中喀斯特侵蚀剥蚀大起伏中山占中山总面积的80.21%，喀斯特侵蚀小起伏中山占2.24%。低山地貌可细分为喀斯特侵蚀中起伏低山、侵蚀剥蚀小起伏低山、侵蚀剥蚀中起伏低山3种亚类型，其中喀斯特侵蚀剥蚀中起伏低山占低山总面积的55.69%。这表明海南岛山区地表起伏比较大，"高耸"效果明显。海南岛的山地主要分布在岛的中部偏南地区，山地中散布着丘陵性盆地。海南岛的山岭多数在500～800m，以红毛—番阳谷地为界，其北侧有黎母岭(1411.7m)—鹦哥岭—猕猴岭(1654.8m)诸山，南面有五指山(1867.1m)—青春岭(1445m)—马咀岭(1317.1m)诸山，这两列山岭斜贯全岛。丘陵主要分布在岛内陆、西北部、西南部等地区。丘陵地貌又细分为喀斯特侵蚀高丘陵、侵蚀剥蚀低丘陵、侵蚀剥蚀高丘陵、熔岩丘陵，其面积占丘陵总面积的百分比分别为0.48%、30.16%、58.91%与10.45%。海南岛的平原面积虽然仅约占全岛总面积的1/5，但其成因复杂，可细分为冲积平原、海积平原、河谷平原、海积冲积平原、三角洲平原、泛滥平原、潟湖平原等亚类型，其中以三角洲平原、河谷平原、海积冲积平原为主，其面积占全岛平原总面积的百分比分别为26.13%、20.30%与20.17%。

根据宏观的新构造运动格局和影响新构造条件的大地构造基础，海南岛可划分为两个地貌区，即北部台地平原区和南部山地丘陵区，二者的分界线大部分为区域性断裂。在地貌区内根据区域地貌的具体差异可进一步将其细分次一级地貌区，如依据区域性断裂、升降幅度和切割深度可划分为山地区、台地区和丘陵区，依据新构造沉降幅度和河流堆积强度可进行平原与残丘的划分。海南岛的褶皱带可分东、中、西段3个部分和弧状断裂带。西段褶皱带分布于石碌、军营、江边等地区，走向为北西向，由多个平行状分布的褶皱组成；中段褶皱带是东、西段褶皱带的转折带，东部北东走向的晚古生界往南西方向延伸至中部的打安乡、南丰镇一带时，岩层走向转为近东西向，与西部北西走向的相同层位地层共同组成了一个向南部突出的弧形；东段褶皱带主要分布于屯昌县南棍园—儋州市南丰镇一线的广大地区，褶皱发育于上古生界中，轴线走向为北东向，长度为100余千米，宽度为40余千米；弧状断裂带在白沙县河叉岭一带，断裂带走向为北西向，倾向为南西向(李孙雄等，2006)。海峡中央基本为东西走向的深槽，深槽两侧水深较浅，并有多个岬角，岬角之间为海湾分布区。潮间带地貌可划分为沙滩、潮滩、基岩砾石滩、珊瑚礁坪和红树林滩5个亚类。其中，沙滩广布于海南岛沿岸潮差大而波浪作用较弱的地区；潮滩大多分布于近河口区或海湾顶部位置，如海口湾等地；基岩砾石滩多分布于沿海山丘或台地构成的岬角部位，如琼北玄武岩台地基岩海岸等地；珊瑚礁坪在海南岛沿岸断续展布，如三亚湾内的东瑁岛、西瑁岛、白排等岛礁，以及鹿回头半岛两侧、大东海两端的岬角处等地，最大宽可达20000m。海南岛近岸海底地貌可细分为水下滩槽、水下三角洲、潮流三角洲、水下深槽和水下坡。其中，水下滩槽主要分布在波浪作用较强的海南岛东岸近岸海底；水下三角洲分布于大河口门之外的外海，如南渡江口门之外；潮流三角洲主要见于琼州海峡东西口和沿海各潮汐通道的口门内外；水下深槽水深多达 5m 以上，最深者可达 30 余米，如洋浦湾水下深槽；水下坡则广泛分布于海南岛近岸海底。

琼州海峡位于广东省雷州半岛和海南岛之间，它西接北部湾，东连南海北部，呈东西向延伸，长约 80km，宽 20～40km，最窄处 19.4km，最宽处直线距离 39.6km，平均宽 29.5km，面积 0.24 万 km^2，平均水深 40m，最大深度 119m。琼州海峡因海南岛又名琼州岛而得名，它是我国三大海峡之一，是海南省和广东省的自然分界，属于我国的内海之一。海峡全部位于大陆架上，海底地形周高中低，是一个北东—南西向的狭长矩形盆地或潮流深槽，中央水深 80～100m，海峡东、西部两个出入口地势平坦，为两个潮流三角洲，海峡东口潮流三角洲水深约 30m，海峡西口潮流三角洲水深 20m 左右。

南海海底地形复杂，总体可分为三个地带，即大陆架、大陆坡、深海盆地，这三大地带呈阶梯式环状分布，在这三大地带上还分布着许多岛、礁、海台、海盆、海山、海槽和海沟，这些地形地貌由构造、沉积、侵蚀和火山活动等地质过程经过长期作用而形成。南海海盆周围的大陆架是大陆的自然延伸，其宽窄不一，宽度从几十千米到几百千米，其中北部湾完全处于大陆架上，东沙群岛以北和海南岛东南缘外的大陆架宽为 140km 左右，而位于海南岛以南的大陆架宽仅有 60～70km。南海大陆架上广泛发育着海山、海丘、溺河谷、海底平原等次级地貌类型，尤其是在南海北部，海底地貌更是形态复杂，类型齐全，微地貌种类众多。在水深 15m 以内的滨海地带有水下浅滩、岸坡、水下三角洲、潮流三角洲、潮流沙脊、海釜、海底沙波等类型；在水深 50m 范围内的大陆架区有海底堆积平原、水下阶地、古海岸线、古河道、小丘与洼坑群；在水深大于 50m 的大陆架区，除分布有陆架外缘斜坡外，还分布着残留堆积平原，以及浅槽、古浅滩、古三角洲、沙波、沙丘、埋藏古河道、海底滑坡等残留地貌。中央海盆和周围大陆架之间是陡峭的大陆坡，按方位可分为东、南、西、北四个区，水深 150～3500m。大陆坡从西北部陆架外缘坡折线起，向东南方向水深逐渐增加到 3400m 左右。除北部大陆坡终止深度为 3200～3500m 外，其余均终止于 3800～4200m。北坡较缓，从大陆架坡折处至水深 1000～1500m，坡度从 0°10′增至 2°00′～3°00′，随着水深增加，大陆坡的坡度增大，在中沙台阶和南沙台阶的外缘坡度甚至超过 50°00′。大陆坡被马尼拉海沟、吕宋海槽、南沙海槽和海谷切割，还有许多隆起的海山，海底地形比较崎岖。南海大陆坡地貌包括陆坡海台（如东沙海台）、陆坡海槽（如西沙海槽）、陆坡斜坡、陆坡陡坡等（蔡秋蓉，2003）。南海诸岛大多发育在南海北部、西部和南部大陆坡的海底台阶上，部分跨越南海深海盆，南端伸入南海南部的大陆架。东沙群岛位于北部大陆坡的东沙海底台阶上，水深约 300m，由东沙礁、南卫滩和北卫滩组成；西沙群岛坐落在水深 900～1000m 的西沙海底台阶上，由 10 座大、中、小环礁和台礁组成，其中有 4 座环礁和 1 座台礁，其上发育有岛屿和沙洲；中沙群岛则扎根于中沙海底台阶上，包括海盆西侧的中沙大环礁，北侧的神狐暗沙和一统暗沙以及深海盆上的宪法暗沙、中南暗沙等；南沙群岛大部分坐落在水深 1800～2000m 的南沙海底台阶上，拥有暗滩和暗沙 50 多座，暗礁百余座，还有珊瑚岛 11 座和沙洲 6 座。中央海盆位于南海中部偏东，大体呈扁菱形状，海底地势东北高、西南低。

中央海盆沉积较薄，基底为超基性玄武岩、安山岩和橄榄岩等，属于大洋型地壳，以深海平原和海底火山群为其地形特征。南海中央部分，尤其是在西沙、中沙和南沙群岛之间，是一个水深 3500～4200m 的深海平原。平缓的深海平原是深海盆地的主体，在深海平原上点缀些海丘和小海山，这些海山、海丘大多呈椭圆形，长轴呈北北东向。深海洼地为半深海至深海平原上深度不大的洼地，是周围为海山、海丘环绕的海底山间盆地或弧后扩张构造堑谷形成的低洼地貌。万安、曾母和北康盆地是南海南部海域具有代表性的新生代沉积盆地(徐家声，2001)。

2.3.2 重要海湾与港口

海南岛四面临海，海岸线漫长，环岛周边有大小港湾 68 处，其中重要的海湾有海口湾、花场湾、马袅湾、红牌湾、后水湾、洋浦湾、儋州湾、北黎湾、崖州湾、三亚湾、榆林湾、亚龙湾、海棠湾、新村湾、乌场湾、小海湾、龙湾、清澜湾、铺前湾。这些海湾不仅是发展近海、深海、远洋渔业和开发南海石油的基地，而且是重要的热带旅游胜地。

铺前湾位于海南岛北部，湾口向北敞开，与琼州海峡东部水域相连，湾口宽度约 19km，海湾面积约 80km^2，是海南岛最大的海湾。铺前湾是在铺前—清澜南北向断裂带的基础上形成的，为海南岛最大的溺谷型海湾，由内湾东寨港和外湾铺前港湾组成，外湾岸段为滨海平原，内湾岸线曲折，潮滩广布，为我国最早的红树林保护区分布地。海口湾位于海南岛北部，与雷州半岛隔海相望，砂质海岸为主。花场湾是位于澄迈县北部受玄武岩台地环抱的半封闭袋状海湾。花场湾北侧有一段低洼谷地与马村港水体相互沟通。马袅湾和红牌湾位于临高县北侧，其中马袅湾海湾面积约 26.0km^2，海岸广布多文岭期和高山岭期火山熔岩构成的玄武岩台地。后水湾位于儋州市西北部沿岸，是介于高山岭、木棠这两片向北突出的熔岩台地之间的海湾，湾口向北敞开，濒临北部湾。后水湾沿岸由玄武岩和珊瑚礁构成，海湾在湾顶中部岸段因南山和沙井角的玄武岩岬角向北突出，使湾顶水域也相应地分隔成顿积港湾和神冲港湾。洋浦湾和儋州湾是在雷琼拗陷的基础上形成的台地溺谷型海湾。海湾南部的白马井岸段呈岬角状向北凸出，使海湾被分隔为东、西两个相互毗连和沟通的海湾，白马井岬角以东的海湾(内湾)称为儋州湾(又名新英湾)，而岬角以西濒临北部湾的海湾(外湾)为洋浦湾。其中，儋州湾是一个三面受陆域环抱的半封闭海湾，海湾面积约 50km^2，北门江和新昌河(春江)分别从东部和东南部流入海湾；洋浦湾是一个向西南方向敞开的弧形海湾，其北岸是玄武岩构成的陡峭海岸，西北侧岸段是在火山熔岩基础上发育的一条向西南方向延伸的狭长沙嘴，东南部从超头市至白马井岬角岸段是疏松沉积层台地。北黎湾位于东方市西北部，在断陷带基础上形成了海湾轮廓，海湾北部受昌化江河口泥沙向南运移的影响较大，而海湾南部鱼鳞洲(也称鱼鳞角)基岩礁屿向西突出，阻拦了八所河口岸段的泥沙北移。

三亚湾位于三亚市陆域正南边缘，呈对数螺旋形，属于砂质海岸，地貌类型为平坦的浅滩，海湾底部发育有大面积的造礁珊瑚。榆林湾位于三亚市陆域南部边缘，是天然的溺谷型海湾，濒临南海，海岸以基岩为主，湾底开阔平坦。亚龙湾位于三亚市东南部，是半封闭型海湾，砂质海岸、基岩海岸、生物海岸并存，海底地势平坦，水深自西北向东南增加。新村湾位于陵水县东南部，其东北方向与黎安港腹背相依，是一个近封闭型天然潟湖型海湾，湾底为较平坦的浅海潟湖盆地，湾内无大河输入，水深稳定。老爷海位于万宁市南部的神州半岛西侧，是个近东西向延伸、11km 长的典型沙堤-潟湖地貌体系。沿岸沙堤的形成分隔了海湾水域，使沙堤内侧的水域成为半封闭的潟湖水体，仅西南侧岸段残留的狭窄潮汐通道成为老爷海潟湖与外部海湾水体沟通的口门。乌场湾位于万宁市大花角至乌场岭之间海湾，海湾湾口受岬角岸段伸突方向约制，呈向南敞开。小海湾位于万宁市海岸带中段，为海南省面积最大的潟湖湾(1978 年小海潟湖面积约 $49km^2$，后经围滩造地后面积不足 $40km^2$)。海湾呈葫芦状，腹大口小，半封闭状，仅在外侧沙堤北端留下缺口，成为潟湖与外海水体相互沟通的口门。小海湾沿岸地势低平和缓，岸线蜿蜒曲折，是典型的沙坝-潟湖体系。龙湾位于琼海市东北侧岸段，地质构造上地处琼中隆起的东南部边缘拗陷带。清澜湾(又名八门湾)位于海南岛东北部的文昌清澜地区，为半封闭型的天然潟湖海湾，三面为陆地环抱，仅南面与外海相通，平面形态呈丁字形，面积约 $40km^2$，岸线较平直，沿岸主要有文昌河和文教河注入湾内。在地质构造上受铺前—清澜南北向断裂带和王五—文教东西向断裂带控制。铺前—清澜南北向断裂带的东北侧为中生代花岗岩侵入体构成的琼东北隆起带，组成了海南角—抱虎角—铜鼓岭基岩岸段，而该南北向断裂带西侧则为第四纪的火山熔岩台地，二者之间为清澜凹陷区。

洋浦港位于西北部洋浦经济开发区境内，外连洋浦湾，内接新英湾。新英湾西北侧有一条呈北东—南西方向延伸的深槽，经白马井与洋浦深槽相连，总长 10km，宽 400～500m，水深 5～25m，河谷特征明显，从而使洋浦港有水深、避风、回淤量少、可利用海岸线长的“天然深水良港”之称，成为海南省西北部重要的出海口和国家一类开放口岸。洋浦深槽曾是北门江和春江冲蚀和下切留下的谷地，目前则由潮流作用，特别是新英湾内蓄纳的潮量落潮时的冲刷所维持。洋浦港的潮流具有不规则全日潮特点，平均潮差 2m，最大潮差 3.8m，落潮历时小于涨潮历时，而落潮流速(平均流速≤2.77km/h)大于涨潮流速(平均流速≤1.85km/h)。清澜港位于文昌市东部，由内湾八门湾、外湾高隆湾及二者之间的清澜潮汐通道构成。博鳌港位于海南岛东岸中部琼海市万泉河入海口，是万泉河、九曲江和龙滚河三江并流而成，由沙美内海和万泉河河口湾两个半封闭水域组成，属于海岸沙坝-潟湖地貌体系，其形成与岸外沙嘴——玉带滩的发育过程紧密相关。新村港位于陵水黎族自治县境内，是一个中等规模的沙坝-潮汐汊道-潟湖海岸体系，潟湖面积约 $22km^2$，涨潮三角洲、落潮三角洲都比较发育，口门处北岸为新村码头堤岸，南岸是南湾岭。黎安港位于陵水黎族自治县，其西面与新村湾腹背相依，是一个近封闭型天然潟湖型港湾，水深稳定。海口港位于海南岛北部和海口湾中部海岸线上，由秀英港、新海港、马村港 3 个港口组成，北隔琼州海峡与我国广东省雷州半岛相望。海口港是海南省的交通枢纽和客货集散中心，被交通运输部列为沿海主要港口和海南省国际集装箱干线港口。它既是海南省对外贸易的重要口岸，也是旅客进出海南岛的重要通道。海口港潮汐属于不规则混合潮型，一个月内全日潮天数为 15～18 天，其他时间为正规半日潮，潮汐不等现象显著，平均高潮 2.04m，最高高潮 4.25m，平均低潮 0.90m，最低低潮–0.25m，风暴潮最高潮位 4.26m(1948 年 9 月 27 日)，最低潮位–0.25m。波浪以风浪为主，常浪、强浪方向为北北东向，频率为 39.16%，其次为北和北东向，频率分别为 12.12%和 12.55%。

2.4 气候与气候资源

2.4.1 气温与日照

海南省全域地处热带，海气交换显著，全年高温高湿，属于热带海洋性季风气候。其中，海南岛年平均气温 23～26℃，多年 1 月平均气温为 18.7℃，平均最低气温为 14.6℃；多年 7 月平均气温为 29.2℃，平均最高气温为 30.7℃；平均年较差 16.1℃。海南岛月平均气温高于 20℃的月份在 9 个月以上。夏季温度较高，最热月(7 月)平均气温绝大多数在 28.7℃以下，个别地区达到 29.2℃；最冷月(1 月)平均气温在 17℃以上，低温主要发生在 10 月至次年 4 月。海南岛沿海地区气温低值区出现在北部地区，其中海口的年极端最低气温在 2.8～6.2℃，万宁—三亚一带在 5.1～7.7℃，莺歌海—东方—儋州白马井一带在 5～5.6℃，临高一带在 2～3℃。多年气温统计表明，海南岛西部春季回暖早，升幅大，秋季降温缓慢，春温高于秋温，气温年内变化呈非对称性单峰型。海南岛 3 月气温明显上升，4 月开始进入高温期，一直持续到 10 月，其中 5～8 月气温较高，月平均温一般维持在 29℃左右；11 月开始明显降温，其中 12 月、1 月、2 月的多年平均气温值在 22℃以下。海南岛≥10℃积温为 8150～9300℃，其中海岸带 8600～9300℃。海南岛中部山区和北部地区一年中气温≥10℃的天数约 350 天，其他各地全年均可达到(高素华等，1988；曾昭璇，1989；海南省地方志办公室，2014)。

北部湾地处热带，冬季受大陆冷空气的影响，多东北风，海面气温约 20℃；夏季，风从热带海洋上来，多西南风，海面气温高达 30℃。南海南部海面纬度低，又远离大陆，属于热带、赤道海洋性气候。由于纬度低，太阳高度角大，一年之中太阳直射两次。同时，又受热带海洋水体影响，如北部受台湾暖流影响、南部受印度洋和南太平洋暖流影响。加上冬季来自大陆的寒冷东北季风到达南海南部已是强弩之末，而夏季却可得到赤道气团带来的高温气流影响。所以，南海诸岛热量丰富，常年高温，四时皆夏，年平均气温在 26℃以上，气温年变化、季节变化和日变化均不明显，年较差仅 1～2℃。在西沙以南海区，极端最低气温在 15℃以上。整个南海冬季气温由北向南升高，南北气温差异可达 10℃。夏季南北气温都在 27℃以上，气温差异很小。南海诸岛年平均气温在 25℃以上，年较差小(≤8℃)，活动积温达 9500℃。例如，西沙群岛及其附近海域地处北回归线以南，属于热带海洋性季风气候，太阳直射时间多、日照长，年平均气温 26.5℃，1 月平均气温 23℃，6 月平均气温 29℃，全年日最高气温为 31℃，日最低气温为 21℃；6 月日最高气温为 30.7℃，日最低气温 27.5℃，日较差仅 3.2℃。南沙群岛及其附近海域地处热带低纬度，日照时间长，辐射强，终年高温，气候属于热带海洋性季风气候和赤道气候，年平均气温 27.6℃，年较差仅 2℃，平均气温 12 月最低(26.2℃)，5 月最高(28.8℃)。南海诸岛虽是全国年平均气温最高的地区，但却不是我国极端温度最高的地方，如西沙群岛极端最高气温为 34.9℃，还达不到炎热日(≥35℃)的标准，表现出极端高温和低温不强烈等海洋性气候特点。若把月平均气温≥20℃的季节称为“夏季”，因南海诸岛的月平均气温大多远高于20℃，则其长年皆盛夏(曾昭璇，1986)。

海南省位于北回归线以南，太阳高度终年均高，以冬至(12月22日)正午而言，海南岛最南端太阳高度为48.5°。全省全年辐射均很强，海南岛太阳总辐射量为5024.2～5861.5MJ/m^2，光合有效辐射为2100～2600MJ/m^2，中部山区较少，西部沿海最大，夏、秋略大于冬、春。海南岛日照时数1750～2750h，日照百分率为46%～61%；月日照时数2月最少，7月最多；多年平均日照时数2090.8h，西部最多(2256.3h)，其中东方市位居海南岛之冠，中部最少，琼中黎族苗族自治县低值时仅为1750h(周祖光，2007)。海南岛近50年中，1971～1980年年平均日照时数偏少，1981～2000年年平均日照时数明显增多，2002年以后略有减少。从季节变化看，海南岛冬季日照时数相对于其他季节变化大。

2.4.2　降水

海南省属于典型的东亚季风型气候，冬季受东北季风影响，夏季受南海季风影响，同时又具有明显的热带气候特征。由于热带气旋等热带天气系统的影响，其降水较为丰沛。其中海南岛的多年平均降水量为1758mm，约为557亿m^3，但在地形、热带气旋及季风等因素的综合影响下，降水的空间差异大。东部迎风区的琼海、万宁、琼中、屯昌等市(县)年降水量在2000～2400mm，西部背风面的东方、昌江、乐东等市(县)年降水量为1000～1200mm。多年平均降水量最大的是中部地区的琼中黎族苗族自治县，最大年降水量达3760mm(1978年)，最小的是东方市，仅有275mm(1969年)，东湿西干格局明显(陈世训等，1986；谢瑞红，2007)。

海南岛的降水时间分配也极不均匀，表现出冬春干旱、夏秋多雨的时程分配特点。11月至翌年4月为干季，长达6个月，降水最少的季节是冬季，春季次之；5～10月为雨季，总降水量约1500mm，占全年降水量的70%～90%，其中海南岛西部的昌江、东方和南部的三亚雨季降水集中率高达90%。海南岛不但降水时间集中，而且暴雨多，强度大，各地最大日雨量普遍达200～300mm，个别地方如万宁、尖峰岭日降水量可高达600～700mm(顾定法，1995)。总体上，大雨和暴雨北部以6～10月居多，南部以8～10月为多(李春鸾等，2008)。此外，降水的年际变化也很大，特别是在海南岛西部地区，最大年降水量是最小年降水量的5.5倍。海南岛的冬、春、秋季降水年际变化较大，夏季相对小。冬季，各地降水平均相对变率为32.9%(琼中)～70.2%(东方)，降水最少年份全岛平均仅22.2mm(1974年)，最多年份170.2mm(2002年)，最多年份降水量约是最少年份的7.7倍；春季，各地降水平均相对变率为23.89%(海口)～53.8%(三亚)，降水最少年份仅148.9mm(1977年)，最多年份为612.1mm(1997年)，最多年份降水量是最少年份的4.1倍；夏季，降水平均相对变率为15.3%(琼中)～39.1%(乐东)，降水最少年份为495.4mm(1961年)，最多年份为1100.3mm(2001年)，最多年份降水量是最少年份的2.2倍(吴岩峻，2008)。海南岛年均雨日150.0天，中部地区降水日最多(171.0天)，东部次之，西部最少(122.5天)，其中东方市仅为85.0天。降水日与年降水量空间分布较为一致，即山地多于平地、东部多于西部。根据降水量与蒸发量的对比情况，整个海南岛可以分为 3 个干湿分区，即东部湿润区，西部和南部的半干旱区，以及北部、东北部与东南部的半湿润区。

海南岛的降水类型主要有台风型(或气旋型)、锋面型、低槽型、热带辐合型等类型，其中台风型降水最重要，可占年降水量的 60%～90%。台风雨期集中在 5～11 月，盛期为 8～9 月；锋面型降水主要在冬春季，低槽型降水主要在春夏季。总体而言，海南岛的降水特点可归纳为：年降水量多而地区差异大；雨季干季分明，降水时程差异大。

南海是印度西南季风气流、太平洋偏东和东南气流以及南半球越赤道气流向大陆输送水汽的重要通道。南海降水充沛，雨日多，雨量大，因地形和季风环流影响，降水分布有较强的地区性和季节性。南海年平均降水量多为 1500～3000mm，年降水日一般超过 130 天，月降水量最大可超过 1000mm，24h 最大降水量可达 500mm 以上，暴雨(日降水量≥50mm)日数为 5～10 天，最长连续性降水可达 20 天以上(李春鸾等，2008)。在冬季风时期，南海降水较少。

南海诸岛位于热带海洋中，水分充足，蒸发强烈，相对湿度常在 80%以上，年平均降水量都在 1400mm 以上，且由北向南递增，如东沙岛年降水量为 1459mm，永兴岛为 1545mm，太平岛为 1841mm。因南海诸岛缺乏地形抬升条件，潮湿气流掠空而过，不易绝热降温和凝结成雨。气流上升多限于热力对流，加上海水热容量大，又川流不息，上下交换，这样白天的水温、气温都难以升高，空气层结相当稳定，强烈对流不易形成。故在南海诸岛上空，云层朵朵，但是这种看起来大小相近、距离相等的积云，难以像大陆那样到午后由于对流加强而变成积雨云，形成雷雨。这样它只是我国多雨区之一，却不是我国多雨中心。南海诸岛的年降水量季节分配也不均匀，有比较明显的干湿季，如东沙群岛降水集中在 5～10 月，这期间降水量可达 1255.7mm，约占全年总降水量的 86%；永兴岛 6～11 月降水量可达 1235mm，约占全年降水量的 80%；太平岛 6～11 月降水量可达 1454mm，约占全年总降水量的 79%。西沙群岛和南沙群岛北部年降水量曲线呈现双峰形，如西沙群岛第一峰出现在 6～7 月，第二峰出现在 9～10 月；南沙群岛 5～6 月为第一峰、9～10 月为第二峰(太平岛第一峰在 6 月、第二峰在 9 月)(曾昭璇，1986)。南沙群岛南部因地处赤道带，虽有两个高峰，但却没有明显的干季。

2.4.3 风

海南省处于东亚季风南缘，风向表现出季风特征，明显随季节的变化而变化。总体上，冬季盛行东北风，夏季盛行偏南风，春秋为过渡季节(林培松等，2006)。海南省的陆域主体海南岛受季风影响，常风较大，大部分地区的年平均风速在 2.5～3.5m/s，西部和西南沿海可达 3.8～4.7m/s。风速上，夏季风速较大，秋季次之，冬季再次，春季最小。在南海诸岛地区，每年 11 月至翌年 3 月盛行东北季风，与来自副热带高压带的东北信风吻合，使风力得到加强，强劲而稳定，平均风力为 4～5 级；每年 5～9 月盛行来自南半球的西南季风，风力较弱，且常有间断，但平均风力仍有 3 级；每年 4 月和 10 月则是季风的转换时期，风向紊乱而不稳定。据统计，南海北部 9 月开始盛行东北风，北—东北风频率为 50%左右，此时南海中南部仍以西南风占优势，南—西南风频率在 70%以上；10 月东北风覆盖南海北部和中部，北—东北风频率为 70%～80%；11 月东北风控制整个南海。冬季风控制南海的时间随纬度降低而缩短，北部海区长，约 8 个月，南部海区短，只有 6 个月。南海北部年平均风速分布特点：沿海岛屿最大，海岸线附近次之，海岸带内侧地区最小。具体表现为沿海岛屿年平均风速在 4m/s 以上，最大可达 6.5m/s，海岸线附近多为 3～4m/s，岸内地区一般不足 3m/s。风速的年变化特点是冬季风大于夏季风。冬季风时期，沿海岛屿各月平均风速一般在 5～7m/s，海岸线附近 3～5m/s，岸内地区多为 3m/s 左右。夏季风时期，沿海岛屿各月平均风速为 4～5m/s，海岸线附近 2～4m/s，岸内地区多为 2m/s 左右。冬、夏季风转换期，平均风速一般介于冬季和夏季风期的风速之间。南海风力≥6 级的大风主要由冷空气活动、季风潮、台风等天气系统造成。南海大风在时间上主要出现在冬季，春季最少；在空间上表现为北部海区多，南部海区少；在风向上偏北大风多于偏南大风。

南海地区是台风或“热带气旋”活动最频繁的海区之一。影响南海的台风有两类：一类是来自西太平洋的台风，称为“客台风”；另一类是在南海海域生成的台风，称为“土台风”（长期在南海诸岛附近海域航行的我国海员和渔民对它的称谓）或“非常态台风”“南海台风”（气象学工作者的称谓）。南海台风具有范围小（直径一般只有 200km 左右）、强度弱（最大风力多在 8～11 级，少数可达 12 级以上）、不规则（行向多变，登陆地点难测）、来势急（生成后不到两天，甚至半天就登陆）等特点。南海台风的尺度和强度都比西太平洋台风弱小很多。在西太平洋台风中，最大风速极值≥50m/s 的占 45%，而在南海台风中只占 3%。南海台风还有两种特殊类型：一种是所谓的“豆台风”，这种台风水平范围很小，但强度较强，地面气压变化曲线呈典型的“漏斗状”，其发生发展迅速，具有较大的破坏力；另一种称为“空心台风”，其特点是外围风力（6～8 级）比中心附近风力（4～5 级）大，气压曲线呈“脸盆状”，发展较慢，破坏力较小。南海台风每年平均发生 4.9 个，其中一般台风占 72%。除 1 月和 3 月外，其他各月都可能发生南海台风，6～11 月是南海台风活动的盛期，其中 8～9 月是南海台风的高峰期，其生成的台风数约占全年台风总数的 38%（高素华等，1988）。

整个海南省受台风影响较明显，台风可能出现的季节是 5～12 月，其中 8～9 月是台风最盛期，7 月与 10 月次之。影响海南岛的台风平均每年约 7.9 个，最多的年份曾达 11 个，最少的年份也有 3 个，在本岛登陆的台风年平均 2.6 个，最多的年份曾达 6 个，最少的年份也有 1 个，风力一般在 7～12 级。

2.4.4　云

南海温度高，湿度大，水汽含量丰富，积云对流发展旺盛，终年云量较多，以积状云为主，仅在冬季风时期，南海北部以层云和层积云为主，常伴随冷空气活动而出现。冬季风时期，北部湾和南海北部是多云区，总云量一般在 6 成以上；南海中西部是少云区，总云量不足 4 成；南海南部也是多云区，总云量为 7 成左右。夏季风时期，南海云量分布比较均匀，原来的少云区变成多云区，南海中部云量自东向西减少，西北部海区因西伸的副热带高压影响，云量偏少些，其他海区云量变化不大。

在冬季风时期，亚洲大陆的强冷空气爆发，影响南海的冷空气加强，常导致南海冷涌（冬季风潮）的产生。在冷涌活动过程中，南海北部会出现偏北大风，南部赤道地区常激发出强烈的对流活动，形成大量深厚积云和降水。一般来说，冷涌在南海发生后，其前部的低层辐合区有利于局地积云发展，其后部的降温、降湿将破坏积云生存、发展的条件，不利于积云对流活动。研究表明，由冷涌影响而产生的局地经向环流的上升运动区与深厚积云区位置一致，其下沉支与无云区相对应。南海海面对流较强，积状云最多，尤其是夏季风时期，对流强烈发展，积云和积雨云迅速增多，大部分海区积云频率在30%以上，积雨云频率在10%以上，中部和南部海面积云和积雨云频率分别达50%和20%以上。在冬季风时期，北部海区积雨云频率多在5%以下，但南部海区积雨云频率仍在10%以上。

海南岛阴天日数多于晴天日数，一般为150～220天，且阴天日数岛东比岛西略少些，岛东一般为170～190天，岛西在185～200天。低云阴天日数全年为20～70天，岛东多于岛西，岛东70天左右，岛西在20～30天。低云阴天日数以1月最多，东部海岸月平均为10天左右，西部海岸为3～4天。

2.4.5　雾

海南岛雾的主要类型是平流雾和锋面雾，常伴有毛毛雨。海南岛北部海岸带和琼州海峡以平流雾、辐射雾和锋面雾为多见(邱永松等，2008)，中部山地区主要为锋面雾，年日数一般为7～15天。在时间上，海南岛的雾主要发生在冬季与春季(12月至次年4月)，以3月最盛。海南岛冬春季雾日占全年总雾日的70%～98%，夏秋季节(8～11月)南海海区很少有雾出现(许向春等，2009)。南海诸岛的雾日不多，东沙群岛多年平均雾日只有0.16天，西沙群岛为0.2天。

2.4.6　气候资源

海南省是我国最具有热带海洋性气候特色的地方，受南海季风环流的制约和区域气候分异的影响，海南省特别是海南岛热季和雨季同期，干季和冷季结合，干、湿季分明，降水总量较高，但时空分布不均匀。海南各地太阳总辐射和日照时数极为丰富，同时具有强光、高温、雨热同季的特点，是中国光合生产潜力最大的地区之一。海南岛全年平均气温高，积温多，有利于作物生长，特别是“冬暖”气候优势突出，是全国南繁育种和发展冬季反季节瓜菜的宝地。

依据最冷月平均气温、极端最低气温、<5℃低温出现频率、年降水日数、旱季降水变率，海南岛可划分为7个气候分区——东部沿海湿润气候区、南部沿海半干旱气候区、东北部湿润气候区、南部及西南部丘陵半湿润气候区、西部沿海半干旱气候区、北部半湿润气候区、中部山地湿润气候区(高素华等，1988)。

东部沿海湿润气候区：主要分布于琼海市南部、万宁市和陵水黎族自治县的一小部分。该区年平均气温>24℃，最冷月平均气温>18℃，极端最低气温>5℃，年降水量>2000mm，年降雨日数>160天，旱季降水变率≤65%。从热量和水分条件看，这一分区是发展热带经济作物和高效农业的适宜区。

南部沿海半干旱气候区：主要包括陵水黎族自治县、三亚市、乐东黎族自治县莺歌海地区。该区年平均气温>24.5℃，最冷月平均气温>20℃，极端最低气温>5℃，大部分地区年降水量<1500mm，年降水日数<135 天(大部分地区只有 100～115 天)，旱季降水变率为 80%～85%。干旱条件限制了对丰富的热量资源的利用。此外，风速较大，风害也比较严重。

东北部湿润气候区：主要包括文昌市、屯昌县部分地区、定安县东部与琼海市北部地区。该区年平均气温在 23～24℃，最冷月平均气温为 17～18℃，极端最低气温为 3～4.9℃，<5℃的低温出现频率<20%，年降水量为 1700～2000mm，年降水日数为 150～180 天，旱季降水变率<70%。该区水热条件比较优越，适宜热带作物良好生长。该区也是海南岛登陆台风最多的地区，台风危害严重。

南部及西南部丘陵半湿润气候区：主要包括三亚市、乐东黎族自治县和保亭黎族苗族自治县的丘陵区。该区热量与越冬条件与东北部湿润气候区相近，但年降水量在 1400～1700mm，年降水日数为 136～160 天，旱季降水变率为 80%～90%。该区基本无寒害，适合热作发展，但农业生产有冬春旱危害。

西部沿海半干旱气候区：主要包括东方市和昌江黎族自治县沿海地区。该区热量和越冬条件都比较好，基本无寒害，但降水条件全海南岛最差。东方市年降水量不足 1000mm，年降水日数仅 87 天，旱季降水变率>90%。昌江黎族自治县年降水日数 125 天，旱季降水变率>93%。干旱是该区的主要气候问题，其次是风害严重。

北部半湿润气候区：主要包括儋州市、临高县、澄迈县、海口市，以及定安县和屯昌县的一部分。该区年平均气温为 23～24℃，最冷月平均气温为 16～17℃，极端最低气温<3℃，<5℃的低温出现频率>20%，年降水量 1400～1900mm，年降水日数 135～165 天，旱季降水变率 66%～75%。该区风害较轻，但冬春干旱较严重，且时有寒害威胁。

中部山地湿润气候区：主要包括琼中黎族苗族自治县、白沙黎族自治县、五指山市和保亭黎族自治县北部山地区。该区年平均气温<23℃，最冷月平均气温<17℃，极端最低气温<1℃，<5℃的低温出现频率>60%，年降水量>2000mm，其中琼中年降水量居全省之首；年降水日数>160 天，琼中可达 194 天；旱季降水变率<65%。该区降水条件及低常风条件有利于橡胶及其他热作生长，但热量条件不足又成了限制因素，综合而言不太适宜橡胶和热作发展，但有利于林业发展。

2.5　水文、淡水与水产资源

2.5.1　陆地水文

海南省的河流主要集中于海南岛。海南岛降水丰富，河网发达，受地形影响，发育众多短而独流入海的河流，从中部山区或丘陵区向四周呈放射状分布。全岛独流入海的河流有 154 条，其中集雨面积大于 100km^2 的有 39 条，占全岛面积的 88.4%；集雨面积小于 100km^2 的河流有 115 条，占全岛面积的 15.6%(任光照，1983；谢跟踪等，2008)。主要大河有南渡江、昌化江、万泉河，被称为海南岛三大河流，集水面积分别超过 7000km^2、5000km^2、3000km^2，三大河流的流域面积占全岛流域总面积的 47%。流域面积在 1000～2000km^2 的河流有陵水河、珠碧江和宁远河；流域面积在 500～1000km^2 的河流有望楼河、文澜江、北门江、太阳河、藤桥河、春江和文教河；流域面积在 100～500km^{2}的河流有 22 条，如感恩河、珠溪河、文昌江、三亚河、九曲江、演州河、罗带河、龙滚河、南罗溪、通天河、石壁河、光村水、白沙溪、龙尾河、北水溪、新园水、排浦江、龙首河、北黎河、英州河、佛罗河、花场河、大茅水、南港河、山鸡江与马袅河。

流域面积大于 500km^{2}的河流概括如下(夏小明，2015)。

(1)南渡江。海南岛最大河流，发源于白沙黎族自治县与昌江黎族自治县交界的南峰山，曲折流向东北方向，经白沙黎族自治县流至儋州市东南部，继而折向往东流，过琼中黎族苗族自治县与屯昌县，转向往北流入澄迈县境，至澄迈金江城西折而东行，经定安县城西部，折而向北流入海口市，向北穿越海口市中部最终注入琼州海峡。从澄迈九龙滩至定安城西一段主要为丘陵与台地区，河流比降较小，河谷较宽。潭口以下进入三角洲，河道多分支，主流在海口市北部的白沙门港注入琼州海峡，干流全长 333.8km，坡降 0.716‰，流域面积 7033km^2，约占海南岛土地总面积的 1/5，多年平均流量为 243m^3/s，多年输沙量为 68 万 m^3。南渡江流域大部分属于丘陵台地，海拔 200m 以下的区域占全流域面积的 72%；200～500m 的丘陵占 21%；500m 以上的山地仅占 7%。

(2)昌化江。海南岛第二长河，源自白沙黎族自治县东五指山西坡，最初向北流，至红毛下同附近，折向西南方，沿五指山和鹦哥岭之间的纵谷而行，至乐东黎族自治县县城北侧折向西北方，形成横谷，谷狭滩多，行至东方市广坝附近，河床陡然下跌 40m，至叉河河道又折而西行，最终于昌化港附近注入北部湾。昌化江干流全长 232km，流域面积 5150km^2，坡降 13.9‰，支流以通什河和石碌河较大。昌化江流域的地势比南渡江要高，其海拔 500m 以上的流域区占全流域总面积的 35%，海拔 200～500m 的流域区占 35%，而低于 200m 的流域区仅占 30%。

(3)万泉河。又名万圣河、嘉积溪，是一条短壮的河流。万泉河有南北二源，南源名琼中水(主源)，源自琼中黎族苗族自治县西境五指山东坡；北源名船埠水，源自琼中黎族苗族自治县鸭脚茂，二源于合口嘴处汇合，然后向北流至琼海市，于博鳌港注入南海。万泉河主干河长 157km，坡降 1.12‰，流域面积 3693km^2，多年平均流量为 163.9m^3/s，多年输沙量约为 392 万 t。因流域内降水量多，其平均流量高于昌化江。万泉河流域海拔在 500m 以上的流域区仅占流域总面积的 10%，海拔在 200～500m 的流域区占 40%，而海拔在 200m 以下的流域区占 50%。

(4)珠碧江。发源于白沙黎族自治县南高岭，于儋州市海头港注入北部湾，干流长 83.8km，坡降 2.19‰，流域面积 1101km^2，年径流量 6.4×10^8m^3。

(5)宁远河。发源于乐东黎族自治县红水岭，于三亚市港门港注入崖州湾，干流长 83.5km，坡降 4.63‰，流域面积 1020km^2，年径流量 6.49×10^8m^3。

(6)陵水河。发源于保亭黎族苗族自治县贤芳岭，于陵水黎族自治县水口港注入南海，河流长 73.5km，坡降 3.13‰，流域面积 1131km^2，年径流量 14.1×10^8m^3。

(7)望楼河。发源于乐东黎族自治县尖峰岭南，于乐东黎族自治县望楼港入海，长度 99.1km，坡降 3.78‰，流域面积为 827km^2，年径流量 3.98×10^8m^3。

(8)文澜江。发源于儋州市大岭，于临高县博铺港注入北部湾，长度 86.5km，坡降

1.47‰，流域面积为 777km^2，年径流量 5.19×10^{8}m^3。

(9)藤桥河。发源于保亭黎族苗族自治县昂日岭，于三亚市藤桥港注入南海，长度 56.1km，坡降 5.75‰，流域面积为 709km^2，年径流量 5.96×10^{8}m^3。

(10)北门江。发源于儋州市鹦哥岭，于儋州市黄木村入海，长度 62.2km，坡降 2.45‰，流域面积为 648km^2，年径流量 4.06×10^{8}m^3。

(11)太阳河。发源于琼中黎族苗族自治县红顶岭，于万宁市小海南侧注入南海，长度 75.7km，坡降 1.49‰，流域面积为 593km^2，年径流量 8.44×10^{8}m^3。

(12)春江。发源于儋州市康兴岭，于儋州市赤坎地村入海，长度 55.7km，坡降 1.79‰，流域面积为 558km^2，年径流量为 2.82×10^{8}m^3。

(13)文教河。发源于文昌市坡口村，于文昌市溪边村入海，长度 50.6km，坡降 0.67‰，流域面积为 523km^2，年径流量 4.36×10^{8}m^3。

海南岛较大的河流大多发源于中部五指山地区，较小的河流发源于山前丘陵或台地，都源流短，坡降陡，汇流快，洪峰高，暴涨暴落，持续时间短，洪枯径流量悬殊，洪水期易成水灾。汛期 6～10 月径流量占全年总径流量的 80%左右，其中 9～10 月可占 40%；枯水季节河流流量很小，小河甚至断流。各河洪水期流量为枯水期的 4～6 倍。一些至今还没有调蓄工程的河流，大量的水资源流入大海而不能利用。

海南岛的河川径流主要属于降水补给类型。全岛多年平均河川径流量约为 296.7 亿 m^3，不到全国总径流量的 1%。由于河水受雨季和干季转换影响，年径流量时间分布不均匀，枯水年总径流量仅有 151 亿 m^3。河川径流量的空间分布和降水量分布基本相对应，自海南岛中部山区向四周沿海递减，变化范围为 300～1800mm。海南岛中部偏东南部位于五指山东侧迎风面(万泉河上游)，多年平均径流深度达 1900mm，为全岛径流深度高值区；西北部位于五指山背风面，径流深度为 300～400mm；而西部径流深度最小，仅为 300mm；沿海各地区的多年平均径流深度，东部为 1000～1200mm、东北部为 700～800mm、南部和北部为 400～600mm、西北部沿海为 300～400mm、西部昌化江下游及西南部沿海可低至 300mm 以下，为全岛最低区(李龙兵，1992)。

海南岛多年平均径流系数为 0.51，中部山区万泉河上游为 0.7，西部沿海的感恩河流域为 0.3。径流量与降水量一样，年内分配不均，年际变化较大，汛期(5～10 月)径流量占年径流量的 80%～85%；枯季仅占 15%～20%，变差系数为 0.40～0.55(李龙兵，1992)。

海南岛河流水文特点：径流来自降水，径流量时空分配不匀；河流一般流程短，落差大，以短促著称；洪峰高，历时短，暴涨暴落，夏涨冬枯，中水期不显著；常水期河水清澈见底，洪水期含沙较多，河流下游多有淤积。

2.5.2　海洋水文

1. 海水温度与盐度

南海属于热带海洋，又终年受暖流影响，海水温度较高。海南岛以东浅近海区(大陆架海域)春季表层水温为 21～25℃，外海区春季表层水温高于 29℃，水平梯度小。北部湾海域，春季表层水温为 23.1～29.71℃，以中越交界处的海域为中心，向南伸出一个温度低于 23℃的低温水舌，25℃等温线舌锋伸至海南岛以南的西南海域。北部湾中部海区的等温线呈东西向分布趋势，温度水平梯度较大。夏季表层水温达到全年的最高值，整个南海海区水温分布相对均匀，南北差异最小；在海南岛的东南外海域，水温略高于 30℃；北部湾海域表层水温在 28～30.41℃，分布较均匀。秋季整个南海海区的表层水温约为27℃；沿岸海域水温略低于外海，北部湾海域的表层水温分布基本均匀，水温20.42～25.42℃。冬季南海北部大陆架海区表层水温由沿岸向外海递增，等温线大致与大陆海岸平行，表层水温 17～25℃；北部湾海域冬季表层水温 17.88～25.02℃，其南部湾口海域的表层水温高于 25℃，高温水舌从湾口向西北伸展。南海诸岛海区水温高，年变化小；冬季，南海诸岛北部大陆架最低水温仍在 16℃以上，南部大陆架水温高达 29℃；在冬季北半球最冷的时候，东沙群岛附近表层水温仍有 21℃，西沙群岛附近及中沙群岛为 24℃，南沙群岛附近则在 24℃以上；夏季，南海诸岛附近海域表层水温全在 28℃以上，南部更可达 29℃。海南岛附近海域表层水温主要受气候、太阳辐射及海流的影响，气候和太阳辐射使得从北向南海域表层水温逐渐升高，水温的升温期为 1～7 月，下半年水温逐渐降低，而海流使得水温的水平分布产生变化。

春季，南海北部大陆架海区底层水温为 22～28.48℃；北部湾海域底层水温分布与表层相似，但 23.00℃等温线的舌锋伸得较远，接近表层 25℃等温线分布的位置；湾口西南海域的高温水舌朝西北方向伸展；等温线在北部湾的中部海域呈东西向分布趋势，在海南岛近岸海域水温呈南北向分布趋势，温度梯度较大。夏季，南海北部大陆架海区底层水温为 14.29～28.62℃，近海水温高，外海水温低，等温线分布大致与等深线平行，外海区的底层水温低于 15.71℃，最低水温为 14.39℃；北部湾海域底层水温与表层大不一样，湾口中间部分海域水温最低，水温低于 18.31℃；广西沿岸及雷州半岛西侧海域水温高于 30.02℃，等温线呈舌状由湾口向北伸展；海南岛西部近岸海域水温梯度较大。秋季，南海北部大陆架海区底层水温仍然很高，水温为 14.29～27.76℃，100m 水深以内浅海域底层水温在 24℃以上，外海区底层仍由低温水控制，最外侧海域水温在 14.43℃以下。等温线分布基本与等深线平行，水温值随深度增加而降低；北部湾海域底层水温分布趋势为，北部海域水温比夏季降低 5℃左右，水温分布比较均匀；海南岛西侧沿岸海域底层最低水温为 19.24℃，但向西北延伸的低温水舌已明显变小。冬季，南海北部大陆架海区的底层水温分布近海为 18～26℃，近海低于外海，在深度较大的近海区，底层由南海深层冷水控制，深度越大温度越低。在水深 80～120m 区域形成一条相对高温带(邱永松等，2008)。南海海盆有海峡与太平洋沟通，海水可进行交换，200m 以内水层为变温层，水温随季节变化较大，垂直变化也比较大；200～1000m 水层水温逐渐向深处均匀降低；2000～3000m 水层水温约 4℃，至 3000m 水温约为 2℃；越过 3000m 为海盆水，水温又高于 2℃。

海南岛近岸海域海水中的盐度分布主要取决于沿岸地形及注入海洋的河流水量情况，也受潮流与海流的影响。海南岛沿海海水盐度的变化直接反映了其沿岸和近岸流场的变化。远离较大河流河口的东方市和乐东黎族自治县近岸海域为全海南岛周边近岸海域海水盐度诸月平均值最高值分布区，约 33.5‰；而紧邻大河或较多河流入海的海口和文昌，近海海水盐度相对低些，年均约 31‰，其中尤以文昌清澜湾最低，多年平均盐度值为 26.5‰。从月变化看，降水较少的冬、春季平均盐度高，而降水多和径流强的夏、秋季，盐度月平均值较低。

2. *潮汐、潮流与海流*

南海独特的地理环境通过其热力和动力作用形成南海特殊的环流条件。南海海域宽广，深度大，有利于漂流(即风海流)的发展。南海与周边海域有海峡连通，这有利于它们进行水量交换和受到外海洋流的影响。南海作为一个准封闭型海域还形成了独立的海流和涡旋。由于季风的影响，东北季风时期南海盛行西南向漂流，西南季风时期则盛行东北向漂流，季风转换期漂流较弱，海流主要受地转流(即密度流)的影响。据研究，南海冬、夏季的海面地转流有其特殊的结构，冬季由三大旋涡控制——北部是范围较大的气旋式环流，中部为反气旋式环流，南部又为气旋式环流；夏季南海中北部较复杂，出现多个气旋与反气旋环流相间格局，南部为反气旋环流。这种冬、夏季海洋环流差异，可能与冬、夏季不同方向的漂流和南海海底特定地形的作用有关。调查发现，南海北部海流并不总是与季风方向一致，冬季存在一支逆风海流——南海暖流，其最大流速为 0.5～1.0m/s。这支东北向暖流位于东沙群岛以北，全年存在，冬季流幅较宽、流量较大，空间分布上东部强、西部弱，夏季其位置较偏北，大约出现在水深小于 200m 的大陆架海区。近年的调查研究不仅证实了南海暖流的存在，而且发现在南海暖流的南侧还存在一支较强的西向海流，它源于黑潮，是黑潮通过巴士海峡进入南海的一个分支，被称为黑潮南海分支，这也是一支全年存在、冬强夏弱的暖流。海流与大气环流相互影响，季风环流导致南海冬、夏季出现方向相反的风海流。北部湾海流在冬季沿反时针方向流动，外海海水沿海湾的东侧北上，海湾内的海水顺着海湾的西边界南下，形成一个环流；夏季，因西南季风的推动，海流形成一个方向相反的环流(梁必骐，1991)。南海诸岛海域辽阔，其海域轮廓的长轴方向与季风方向基本一致，表层海水的流动方向受季风的影响很大。气流对海面的切应力使得表层海水顺着风向流动，形成所谓的“风海流”，即“漂流”。南海诸岛季风漂流深度约为 200m，其路径、方向和强度都受季风控制。在东北风盛行期间(冬季)，台湾海峡的东海沿岸流和广东沿岸流汇合；台湾暖流被东北风吹送，一支从巴士海峡流入，形成西南漂流，并在地转偏向力影响下，向西与广东沿岸流汇合，形成强劲海流南下，经西沙群岛到越南南部，风劲流急，海流流速为 0.5～1.0mile[①]/h，最大可达 3mile/h。冬季海流偏西岸流行，引苏禄海海水经巴拉巴克海峡流入，向北或向西流向西沙群岛和南沙群岛，形成与风向相反的“冲流”(因它会使海面涌起浪涛而得名)，其流速仅 0.3～0.6mile/h。这支从北赤道而来的海流在季风转换期间更为活跃，西沙、中沙和南沙群岛大部分都受其影响。在西南风盛行期间(夏季)，通过加斯帕海峡和卡里马塔海峡北上的海流，在地转偏向力的影响下沿西部海岸向东北方向流出巴士海峡，汇入台湾暖流，其中有一小股北上穿过台湾海峡进入东海。在季风转换的 4 月和 10 月，海流不稳定，南海诸岛海流大致分成两大涡旋：一支在西沙群岛南部，另一支在南沙群岛西面，均是逆时针环流，反映出南北气流界面存在的影响(曾昭璇，1986)。

---

① 1 mile =1609.344 m。

南海海区面积比起大洋来小很多，由日、月吸引直接产生的潮汐很小，因此南海潮汐多为从太平洋传入的潮波所形成。同时，海面宽广，岛屿面积很小，对潮波传播的影响不大，使潮汐多呈同潮时线平行分布。因受南海海盆封闭性地形的影响，潮波多以驻波为主。南沙群岛的同潮时线密集，对应驻波的波节带，而同潮时线稀疏的南海中部即波腹带。南海诸岛由于处在南海中部，潮差一般在 2m 以下，小于沿岸地区。南海诸岛的潮流属于涨、退潮流以一天为周期的全日潮流，而且潮流不强，最大潮流速度大部分小于 1kn，远小于沿岸地区，如琼州海峡可达 5kn 以上。

如前文所言，海南岛周边岸段的潮汐主要由太平洋潮波经巴士海峡和巴林塘海峡进入南海后形成。潮波进入南海陆架后，受水深和地形影响，形成以前进波为主的南海潮波系统，其中一部分沿粤西海岸向西传播，并进入琼州海峡东口；另一部分经由海南岛南侧传入北部湾，并进入琼州海峡西口。海南岛沿海的潮汐、潮流主要受这两部分潮波控制，使得沿岸的潮流和潮流状态比较复杂。北部海域因受琼州海峡和北部湾地形的影响，潮汐类型比较复杂。海南岛南部海域的潮汐同时受南海和北部湾两个水域潮汐系统的影响，潮波主要表现为前进波性质。

从琼州海峡东端、铺前湾东营向东环木兰角到文昌市铜鼓角海区为不规则半日潮区；从铜鼓嘴向南沿琼海、万宁、陵水、三亚、乐东诸市县的海岸及附近海域到东方的感恩角，以及海南岛北部从海口东营向西至澄迈后海海岸及附近海域(包括海口秀英港)均为不规则全日潮区；从感恩角向北经昌江、儋州、临高至澄迈后海为规则全日潮区。琼州海峡水动力条件主要受东口的南海和西口的北部湾两个独立潮波系统控制，尽管潮差不大，但潮流作用强劲。琼州海峡东口主要受半日潮波的影响，西口则受全日潮波的影响，故海峡自东向西存在不同的潮汐类型，由不规则半日潮逐渐变为不规则全日潮。

海南岛沿岸潮差的基本特点是东部和南部潮差较小，西部较大，西北部最大。从海口市以东环岛到莺歌海的西南角附近，几乎占全岛 2/3 的海岸线，其平均潮差都在 1.0m 以下；从莺歌海(乐东)向北至八所(东方)、玉苞港(澄迈)和秀英港(海口)，平均潮差为 1.0～1.3m；从八所至玉苞港以西，该段海岸线约占全岛海岸线的 1/5，其平均潮差为 1.5～2.0m，为全岛海岸之冠(李龙兵，1992)。

受琼州海峡地形的影响，海南岛北部海域潮流呈往复流性质，即涨潮流向东流，落潮流向西流，呈偏东向与偏西向的往复变化。涨潮流速大于落潮流速，落潮平均历时大于涨潮平均历时，涨、落潮最大流速一般发生在高、低潮前 2～3h 内(陈波等，2007)。近岸流速一般 0.30～0.50m/s，最大流速约 1.30m/s。海南岛东部海域潮差小，海域开阔，潮流流速也较小，平均流速约为 0.50m/s，为弱潮流区。近岸涨、落潮流向受岸线走向控制，流向基本呈北东—南西向，涨潮流速大于落潮流速。东部海域余流终年以偏北方向为主，夏季余流流向受南海北部陆架环流控制，余流流向为偏北北东，流速为 0.10～0.30m/s；冬季东北季风在海南岛陆架产生偏南方向陆架环流，但东部海域近岸余流各季节多为偏北方向；季风交换季节余流流向不稳定，各层余流流速在 0.10～0.20m/s。海南岛东部沿岸存在明显的风生上升流，从文昌铜鼓岭至陵水新村沿岸均有上升流区存在。海南岛南部近岸海域潮流运动形式以往复流为主，具有一定的旋转性，流向与流速受水深差异的影响不大，具有较强的潮流动力。转流发生在高(低)潮后 1～2h，涨潮流速约

0.6m/s，落潮流速约 0.7m/s，落潮流速大于涨潮流速。在距离海岸较近的近岸点，涨潮流速和落潮流速均有所加强，增至 0.8m/s。南部近岸海域的余流受季风的影响比较明显，一般受偏南季风影响，余流流向均为偏东方向；受偏北季风影响，余流流向为偏西方向。海南岛西部近岸海域位于北部湾与南海的交汇处，属于强潮流区，平均流速约 0.50m/s，一般最大可能流速为 0.80～0.90m/s，大潮期最大流速可达 1.20m/s 以上，多出现于 6～7 月或 12 月至翌年 1 月的月赤纬最大日的后两天左右；潮流以往复流为主或接近往复流，流向与岸线基本一致，即在南部湾口为南东—北西向，往北逐渐转为南西—北东向。

3. 波浪

在南海，风直接作用形成的风浪可传播开来形成涌浪。当波浪临近岛屿时，水深变浅，变为破浪，可侵蚀和破坏海岸。恒定的强浪送来较多的浮游生物，并使较多的氧气溶于海水中，这有利于珊瑚礁等海洋动物的发育或生长。强浪也可打碎枝状珊瑚(如鹿角珊瑚等)，并把珊瑚碎屑堆在礁盘上，形成沙堤或砾堤。受季风影响，南海诸岛冬季盛行偏北浪，夏季盛行偏南浪。在稳定性和持续性方面，偏北浪好于偏南浪。偏北浪以 9 月到次年 4 月为主，9 月出现在东沙群岛附近海域，10 月到中沙、西沙群岛附近海域，11 月到达南沙群岛附近海域；偏北浪频率在 50%以上，如西沙群岛附近海域为 75%、曾母暗沙附近海域达 72%。偏南浪以 5～8 月为多，南部海域出现最早，5 月就成为南海诸岛的主要浪向。偏南浪频率南沙群岛在 45%以上，东沙群岛为 35%。南海诸岛区波高以北部为高，向南逐渐接近无风带，波高降低。东北季风期波高较高，西南季风期较低，年平均波高为 1.5m 左右。冬季东沙群岛一带平均波高 2.0m 以上，台风浪可出现 8 级狂涛和 9 级怒浪。波高大于 2m 的大浪，在南沙群岛附近海域其频率在 20%以上，在东沙群岛附近海域达 40%。每年 4～5 月东沙群岛附近海域大浪频率在 10%以下，是最适宜渔业捕捞的时节。夏季大浪在西沙、南沙群岛附近海域的频率达 20%，是西南季风强烈影响的结果。南海诸岛最大波高发生在台风期间，实测最大波高为 10m，但据模型计算台风中心附近的最大波高可达 13.5m(曾昭璇，1986)。

海南岛周边的北部海区年平均波高为 0.5m，平均周期约 3.4 秒，最大波高 3.0m，最大周期约 6.5 秒，最大波高的出现时间一般在 8～10 月。全年常浪向为东北偏东向，次常浪向为东北向，偏西向浪较少。当台风影响南海海区时，常产生东北向或西北向大浪，波高可达 6m 左右。东部海区全年平均波高为 0.9m，平均周期为 4.3 秒，最大波高为 4.0m，最大周期约为 8.7 秒，最大波高一般出现在 8～11 月。南部海域波浪以风浪为主，受季风影响，近岸波浪随季节变化，冬、春季节波向以东—东北偏东向为主，而夏、秋季节波向以偏南向为主。年平均波高约 0.7m，平均周期约 4.0 秒，最大波高为 7.0m，最大周期约 9.0 秒，最大波高多出现在秋季，由热带气旋影响所致。4 月为波浪较小季节，6～8 月随着西南季风加强和热带气旋活动频繁，大浪出现频率增加。西部海域全年常浪向为南南西向和北北东向，夏季以偏南向风浪为主，秋、冬季节以偏北向风浪为主，春季为过渡期。

2.5.3 水资源

1. 地表水资源

海南岛水资源总量为 308.3 亿 m^3/a，其中地下水资源为 140.544 亿 m^3/a。据海南省水务厅资料，全岛三大河流干流约可调蓄 80 亿 m^3，中小河流也可调蓄水量 56 亿 m^3，总计可调蓄利用水量 136 亿 m^3。目前全岛蓄水工程 2807 个，正常库容 49 亿 m^3，还有引水工程 2930 个，引水流量 148 亿 m^3。若这些工程全部配套，共可调蓄引用水量 45 亿 m^3，加上牛路岭水电站调蓄径流 20.7 亿 m^3，合计 65.7 亿 m^3，占全岛多年平均径流量的 23%，占可开发利用的径流量的 48%。

2. 地下水资源

根据海南省地质局的调查估算，全岛地下水天然总储存量(不包括半咸水和咸水，下同)有 74.8 亿 m^3，其中潜水和基岩裂隙水分别为 35.1 亿 m^3 和 39.7 亿 m^3，理论可采储量 25.3 亿 m^3/a。降水和地表径流较少的西北部和西部沿海地下水储量比较丰富，在一定程度上弥补了地表水的不足，如临高、儋州地下水可采储量分别达 44578 万 m^3/a 和 22748 万 m^3/a，在全岛仅次于海口。干旱缺水的东方市、三亚市、乐东黎族自治县的可采量也分别有 20925 万 m^3/a、61822 万 m^3/a 和 12010 万 m^3/a。

海南岛地下水主要分布于沿海平原地区，以琼北地区较为丰富，琼西南和琼西地区的感恩平原也有一定蕴藏量。在琼北沿海第四纪冲积层中，有多层含水量，各层埋深不一，一般在 150～250m。例如，海口市、澄迈县和定安县北部都有浅层地下水，深度 70～100m，合计年可采水量 15.96 亿 m^3。琼西南和琼西沿海也有浅层地下水源，合计年可采水量 1.96 亿 m^3(严正，2008)。

2.5.4 水产资源

据《2018 中国渔业统计年鉴》(农业农村部渔业渔政管理局等，2019)，2017 年海南省海水养殖总面积为 31715hm^2，其中海上养殖水域 16117hm^2、滩涂养殖水域 10370hm^2、其他水域 5228hm^2；从养殖方式看，海水养殖中池塘养殖面积 13808hm^2、普通网箱养殖面积 1183060 m^2、深水网箱养殖面积 6153293m^2、吊笼养殖面积 80hm^2、底播养殖面积 1623hm^2、工厂化养殖面积 359806m^2。2017 年全省淡水养殖总面积 29386hm^2，其中池塘养殖面积 20296hm^2、湖泊养殖面积 199hm^2、水库养殖面积 8700hm^2、河沟养殖面积 33hm^2、其他水面养殖面积 158hm^2。

2017 年末海南省渔业经济总产值为 5529716.90 万元，其中渔业产值为 3964202.78 万元，包括海水养殖 1111909.73 万元、淡水养殖 554237.13 万元、海洋捕捞 2035926.94 万元、淡水捕捞 25618.77 万元、水产苗种 236510.21 万元，渔业总产值占当年全省农业产值的 25.0%。2017 年末海南省水产品加工业产值为 1250461.94 万元、休闲渔业为 11960.00 万元。全省渔民人均纯收入为 15262.61 万元。

2017 年末海南省水产品总产量 1807899t，其中水产养殖产品产量 667273t(含海水养殖产量 321522t、淡水养殖产量 345751t)、捕捞产品产量 1140626t(含海洋捕捞 1127331t、淡水捕捞 13295t)。2017 年海南省海水养殖产量中鱼类总产量为 120358t，其中包括鲈鱼 1549t、军曹鱼 10735t、鲷鱼 2622t、美国红鱼 2685t、石斑鱼 43971t，2017 年生产甲壳类共 140586t，其中虾产量为 125281t(含南美白对虾 114731t、斑节对虾 5926t)、蟹产量为 15305t(含青蟹 14478t)、贝类 45414t(含牡蛎 4102t、鲍 95t、螺 6138t、蚶 4377t、扇贝 2917t、蛤 10909t)，藻类 15044t(含江蓠 11357t、麒麟菜 3629t)，其他水产 120t。从养殖水域来看，2017 年海南省海水养殖总产量为 321522t，其中海上养殖的水产量为 107415t、滩涂养殖的水产量为 143047t、其他水域的水产量为 71060t；从养殖方式看，2017 年海南省海水养殖中池塘养殖产量为 197454t、普通网箱养殖产量为 25601t、深水网箱养殖产量为 53935t、吊笼养殖产量为 275t、底播养殖产量为 10782t、工厂化养殖产量为 6959t。

2017 年海南省海洋捕捞产量为 1127331t，全部捕自南海海域，其中鱼类产量为 900415t(包括海鳗 82992t、鳓鱼 1339t、鳀鱼 6332t、沙丁鱼 16875t、鲱鱼 347t、石斑鱼 42165t、鲷鱼 22325t、蓝圆鲹 53892t、白姑鱼 3330t、黄姑鱼 3288t、鱿鱼 463t、大黄鱼 15039t、小黄鱼 14201t、梅童鱼 2746t、方头鱼 15976t、玉筋鱼 14820t、带鱼 159308t、金枪鱼 21345t、鲳鱼 34174t、马面鲀 16244t 等)，甲壳类捕捞量为 77345t(包括虾 46807t、蟹 30538t)，贝类捕捞量为 26333t，藻类捕捞量为 8711t，头足类捕捞量为 97939t，其他捕捞量为 16588t。

2017 年海南省淡水养殖总产量为 345751t，其中鱼类 339126t，包括青鱼 1887t、草鱼 5080t、鲢鱼 7300t、鳙鱼 10727t、鲤鱼 4375t、鲫鱼 853t、鳊鲂 409t、泥鳅 116t、鲶鱼 893t、短盖巨脂鲤 1599t、黄鳝 53t、罗非鱼 303756t、鳗鲡 1370t；甲壳类 1637t，包括南美白对虾 1416t；贝类 135t；其他类 4853t(其中龟 237t、鳖 516t、蛙 3437t)；观赏鱼 871 万尾。按养殖水域来分，池塘养殖产量 324502t、湖泊养殖产量 1024t、水库养殖产量 14135t、河沟养殖产量 242t、其他水域养殖产量 5848t；依养殖方式来看，围栏养殖产量 254t、网箱养殖产量 580t、工厂化养殖产量 60t。

2017 年海南省淡水捕捞产量为 13295t，其中鱼类捕捞量为 10796t、甲壳类捕捞量为 795t(含虾 586t、蟹 209t)、贝类捕捞量为 1692t、其他捕捞量为 12t。

2.6　土壤与土地资源

2.6.1　土壤发生演变及分布规律

根据土壤普查资料，海南岛土壤类型分为 16 个土纲，8 个亚纲，15 个土类，27 个亚类，111 个土属和 193 个土种(海南省农业厅土肥站，1994)。从土壤发生学分类法统计，海南岛最主要的土壤类型是砖红壤，其分布面积约占海南岛总土地面积的 71.74%，其次是山地赤红壤(占 10.65%)，接下来排序依次为水稻土、燥红土、山地黄壤、滨海砂土、火山灰土等。从土壤诊断学分类法统计，海南岛的土壤类型主要有铁铝土、富铁土、火山灰土、新成土、雏形土、淋溶土、人为土和盐成土 8 个土纲，其面积占比分别为 15.68%、

28.50%、1.55%、6.90%、43.67%、2.17%、1.16%与 0.36%，其中分布面积最大的是雏形土，其次为富铁土，铁铝土面积排名第三。各土纲根据土壤的主要组成物质及水分含量差异又可细分为若干土系(龚子同等，2004)。例如，铁铝土分为暗红湿润铁铝土、简育湿润铁铝土，以前者面积占比略高；富铁土可分为富铝湿润富铁土、钙质干润富铁土、简育干润富铁土、简育湿润富铁土、强育湿润富铁土、黏化湿润富铁土，以黏化湿润富铁土面积占比最大；火山灰土分为腐殖湿润火山灰土、简育湿润火山灰土，后者面积占比略大；新成土分为潮湿砂质新成土、潮湿正常新成土、干润砂质新成土、湿润砂质新成土，以潮湿砂质新成土面积最大；雏形土可分为淡色潮湿雏形土、钙质湿润雏形土、铝质常湿雏形土、铝质湿润雏形土、铁质干润雏形土、铁质湿润雏形土、紫色湿润雏形土等类型，其中以铝质湿润雏形土分布面积最广，其次是铁质湿润雏形土；淋溶土可分为铝质湿润淋溶土、酸性湿润淋溶土、铁质湿润淋溶土，以铝质湿润淋溶土面积最大；人为土主要分为简育水耕人为土、铁渗水耕人为土两类，以后者面积占比偏大些。

从空间分布来看，砖红壤以海南岛北部分布最广，在南部主要分布于丘陵、台地区；山地赤红壤主要分布于南半部的昌江、白沙、乐东、三亚、保亭、五指山与陵水等县市海拔在 500～800m 的低山中下部与高丘陵地带；山地黄壤主要分布于昌江黎族自治县、白沙黎族自治县、乐东黎族自治县、保亭黎族自治县、五指山市与陵水黎族自治县交界带且海拔在 800m 以上的低山上部与中山中上部地带；火山灰土主要分布于儋州市、海口市与定安县；燥红土主要分布于东方市与乐东黎族自治县海岸带内侧；石质土主要分布于海口市石山镇一带；滨海砂土断续分布于沿海各市县的砂质海岸带。暗红湿润铁铝土主要分布于澄迈县与临高县的北部，以及海口市南渡江以东区域；黏化湿润富铁土主要分布于儋州市中部、乐东黎族自治县东部、三亚市西部、陵水黎族自治县中东部、万宁市中西部、琼中黎族苗族自治县中部等地；简育湿润火山灰土主要分布于儋州市木棠镇与峨蔓镇一带；铝质湿润雏形土以文昌市分布最广，其次是万宁市、东方市、乐东黎族自治县和三亚市的滨海地带；铁质湿润雏形土主要分布于儋州市、昌江黎族自治县、东方市与乐东黎族自治县的中部地区，呈自北向南带状分布；铝质湿润淋溶土主要分布于定安县西部与屯昌县北部。

海南岛的地形导致生物、气候条件分异，土壤分布具有明显的垂直带性和地域性分布规律。其中，土壤的垂直带性分异主要体现在海南岛中部山地区。其范围大体包括白沙、昌江、琼中、五指山、乐东等市县境内的山区，地势起伏，相对高差较大，许多山峰高出 500m，山地气候垂直变化明显，降水随高度增加而增加，降水量充沛，年降水量>1800mm，土壤淋溶强烈，脱硅富铝化作用明显，具有垂直性分布特征——海拔 500m 以下为热带季雨林砖红壤；海拔 500～900m，降水量增加，湿度大，气温递减，发育着热带季雨林或雨林赤红壤；海拔 900～1600m，气候温凉，终年云雾细雨的山地常绿阔叶林发育着山地黄壤；海拔 1600m 以上的风大雾多的山顶苔藓矮林中，土壤有机质分解不良，发育着山顶泥炭腐殖质矮林土或山地灌丛草甸土。土壤垂直分布现象在海南岛山地的东坡表现明显，构成了我国热带较完整的土壤垂直带谱(陈坚等，2007)。

海南岛土壤的地域性变异虽然原因众多，但主要归因于地形引起的地域性降水量和湿度空间分异，降水和湿度一般沿海比内陆低、东部比西南部高，进而形成了土壤分布的地域性。海南岛北部丘陵台地的年降水量为 1500～2000mm，降水不均匀，春旱明显，土壤以典型红色砖红壤和铁质砖红壤为主，另有火山灰土与石质土等；东部、南部和东南部高温多雨，年降水量为 2000～2500mm，土壤淋溶明显，富铝化过程显著，土壤主要为黄色砖红壤；西南部降水量为 1000～1500mm，年蒸发量远高于年降水量，在干热气候条件下土壤淋溶作用较弱，矿物风化度略低，富铝脱硅作用不明显，形成了褐色砖红壤和典型热带干旱土壤——燥红土。此外，还有一些隐域性的土壤类型，如水稻土、潮砂土、滨海盐土和滨海砂土等，分布在不同的地貌部位上。沿海四周台地、阶地和平原主要分布着浅海沉积物砖红壤、燥红土、滨海砂土、冲积土、滨海沼泽盐土、酸性硫酸盐土等土壤类型。

2.6.2　土地资源

据海南省土地变更调查统计，2018 年末海南岛土地资源总面积为 3440329.13hm^2，其中林地、园地与耕地面积分居各种土地资源利用类型的前 3 位，其面积分别为 1197586.58hm^2、916168.09hm^2 与 723096.57hm^2，面积占比依次为 34.81%、26.63%与 21.02%；城镇村用地 216131.45hm^2，占海南岛土地总面积的 6.28%；采矿用地共计 12161.67hm^2，仅占全岛土地总面积的 0.35%；排名倒数第二位的是其他土地，总面积为 21582.65hm^2，占全岛土地总面积的 0.63%(表 2.1)。

从区域角度看，海南岛北部(简称琼北)4 市县(海口、文昌、澄迈与定安)、海南岛东部(简称琼东)3 市县(琼海、万宁与陵水)、海南岛南部(简称琼南)2 市县(三亚、乐东)、海南岛西部(简称琼西)4 市县(临高、儋州、昌江和东方)与中部地区 5 市县(白沙、五指山、保亭、琼中、屯昌)分别占海南岛土地总面积的 23.31%、13.72%、13.62%、25.10%与 24.25%。

从土地资源利用类型来看，耕地分布面积最广的是琼北地区(面积 240002.92hm^2，占比 33.19%)，其次是琼西地区(面积 238236.22hm^2，占比 32.95%)；园地分布最多的区域为中部地区(面积 264940.91hm^2，占比 28.92%)，其次是琼西地区(面积 184650.62hm^2，占比 20.15%)；林地分布面积最大的区域是中部地区(面积 421253.74hm^2，占比 35.18%)，其次是琼西地区(面积 287809.95hm^2，占比 24.03%)；草地主要集中于琼北地区与琼西地区，二者面积分别为 12810.82hm^2 与 10590.06hm^2；城镇村用地以琼北地区分布面积最大(90214.04hm^2，占比 41.74%)，采矿用地、风景名胜及特殊用地分布最广的分别为琼南地区(面积 4740.46hm^2，占比 38.98%)、琼东地区(面积 12287.03hm^2，占比 34.64%)，交通运输用地、水域及水利设施用地、其他土地均主要集中在琼北地区，面积分别为 21044.72hm^2(占比 31.70%)、65929.57hm^2(占比 32.12%)与 6802.49hm^2(占比 31.52%)。

海南省第三次国土调查主要数据公报显示，海南岛现有耕地 486912.73hm^2。其中，水田 309453.64hm^2，占 63.55%；水浇地 3857.18hm^2，占 0.79%；旱地 173601.91hm^2，占 35.66%。园地 1217705.83hm^2，其中果园 158588.58hm^2，占 13.02%；茶园 1982.58hm^2，占 0.16%；橡胶园 723982.38hm^2，占 59.46%；其他园地 333152.29hm^2，占 27.36%。林地 1174148.14hm^2，其中乔木林地 1016485.70hm^2，占 86.57%；竹林地 7388.14hm^2，占 0.63%；灌木林地 94287.99hm^2，占 8.03%；其他林地 55986.31hm^2，占 4.77%。草地

表 2.1　海南岛各市(县)2018 年末土地资源现状统计表

区域划分	行政区名称	耕地	园地	林地	草地	城镇村用地	采矿用地	风景名胜及特殊用地	交通运输用地	水域及水利设施用地	其他土地	合计
琼北地区	海口市/hm^2	67997.56	44204.73	40518.89	5857.11	35451.59	983.75	5035.92	8464.47	18961.30	1475.33	228950.65
	文昌市/hm^2	55363.20	40550.22	72852.01	3470.87	31848.46	533.31	1799.29	5152.21	30544.90	3803.55	245918.02
	定安县/hm^2	50844.66	30461.88	19013.10	562.24	8131.07	107.67	1097.10	2778.29	6361.22	288.36	119645.59
	澄迈县/hm^2	65797.50	61326.04	45659.60	2920.60	14782.92	537.58	598.36	4649.75	10062.15	1235.25	207569.75
	小计/hm^2	240002.92	176542.87	178043.60	12810.82	90214.04	2162.31	8530.67	21044.72	65929.57	6802.49	802084.01
	百分比 1/%	29.92	22.01	22.20	1.60	11.25	0.27	1.06	2.62	8.22	0.85	100.00
	百分比 2/%	6.98	5.13	5.18	0.37	2.62	0.06	0.25	0.61	1.92	0.20	23.31
	百分比 3/%	33.19	19.27	14.87	27.58	41.74	17.78	24.05	31.70	32.12	31.52	23.31
琼东地区	琼海市/hm^2	37586.38	82298.46	13108.86	1416.24	15495.34	478.52	2438.76	4469.77	11777.85	1943.51	171013.69
	万宁市/hm^2	29349.10	67214.42	56590.62	2126.83	13749.69	425.84	3872.20	2982.66	10749.95	3054.24	190115.55
	陵水黎族自治县/hm^2	25230.73	22813.53	37105.36	1856.27	8336.16	230.17	5976.07	2130.63	6329.21	745.38	110753.51
	小计/hm^2	92166.21	172326.41	106804.84	5399.34	37581.19	1134.53	12287.03	9583.06	28857.01	5743.13	471882.75
	百分比 1/%	19.53	36.52	22.63	1.14	7.96	0.24	2.60	2.03	6.12	1.22	100.00
	百分比 2/%	2.68	5.01	3.10	0.16	1.09	0.03	0.36	0.28	0.84	0.17	13.72
	百分比 3/%	12.75	18.81	8.92	11.62	17.39	9.33	34.64	14.44	14.06	26.61	13.72
琼南地区	三亚市/hm^2	23220.06	55902.15	73925.05	2904.92	12443.95	1091.49	7620.22	4510.19	9244.60	1288.08	192150.71
	乐东黎族自治县/hm^2	48106.16	61805.13	129749.40	5493.64	9395.69	3648.97	1790.92	4244.68	11298.04	1020.65	276553.28
	小计/hm^2	71326.22	117707.28	203674.45	8398.56	21839.64	4740.46	9411.14	8754.87	20542.64	2308.73	468703.99
	百分比 1/%	15.22	25.11	43.45	1.79	4.66	1.01	2.01	1.87	4.38	0.49	100.00
	百分比 2/%	2.07	3.42	5.92	0.24	0.63	0.14	0.27	0.25	0.60	0.07	13.62
	百分比 3/%	9.86	12.85	17.01	18.08	10.10	38.98	26.53	13.19	10.01	10.70	13.62

续表

区域划分	行政区名称	耕地	园地	林地	草地	城镇村用地	采矿用地	风景名胜及特殊用地	交通运输用地	水域及水利设施用地	其他土地	合计
琼西地区	临高县/hm^2	47455.89	29803.18	29596.30	2349.36	10068.13	781.12	1105.89	3784.84	8851.15	537.64	134333.50
	儋州市/hm^2	104832.38	103446.79	67051.04	1724.24	23537.24	649.04	475.49	6299.86	28609.90	3255.17	339881.15
	昌江黎族自治县/hm^2	38051.94	19025.59	84583.49	1702.18	4684.08	1068.42	392.01	2918.21	9205.12	419.54	162050.58
	东方市/hm^2	47896.01	32375.06	106579.12	4814.28	9067.58	1064.18	1253.67	4003.73	18817.46	1391.19	227262.28
	小计/hm^2	238236.22	184650.62	287809.95	10590.06	47357.03	3562.76	3227.06	17006.64	65483.63	5603.54	863527.51
	百分比 1/%	27.59	21.38	33.33	1.23	5.48	0.41	0.37	1.97	7.58	0.65	100.00
	百分比 2/%	6.92	5.37	8.37	0.31	1.38	0.10	0.09	0.49	1.90	0.16	25.10
	百分比 3/%	32.95	20.15	24.03	22.80	21.91	29.29	9.10	25.62	31.90	25.96	25.10
中部地区	五指山市/hm^2	4290.12	18842.29	83434.04	1537.87	2135.75	93.88	465.95	967.32	2590.55	69.65	114427.42
	白沙黎族自治县/hm^2	24269.97	58275.35	109979.02	5579.68	3630.79	164.29	31.81	2496.41	6614.79	523.77	211565.88
	保亭黎族苗族自治县/hm^2	8273.86	45809.50	51998.37	497.58	3193.91	100.39	391.51	1412.16	3571.00	75.75	115324.03
	琼中黎族苗族自治县/hm^2	11145.56	91233.46	151644.20	665.24	3666.00	82.94	813.20	3254.33	7700.19	210.69	270415.81
	屯昌县/hm^2	33385.49	50780.31	24198.11	971.16	6513.10	120.11	316.04	1867.81	4000.70	244.90	122397.73
	小计/hm^2	81365.00	264940.91	421253.74	9251.53	19139.55	561.61	2018.51	9998.03	24477.23	1124.76	834130.87
	百分比 1/%	9.75	31.76	50.50	1.11	2.29	0.07	0.24	1.20	2.93	0.13	100.00
	百分比 2/%	2.37	7.70	12.24	0.27	0.56	0.02	0.06	0.29	0.71	0.03	24.25
	百分比 3/%	11.25	28.92	35.18	19.92	8.86	4.62	5.69	15.06	11.92	5.21	24.25
全省总计/hm^2		723096.57	916168.09	1197586.58	46450.31	216131.45	12161.67	35474.41	66387.32	205290.08	21582.65	3440329.13
百分比 4/%		21.02	26.63	34.81	1.35	6.28	0.35	1.03	1.93	5.97	0.63	100.00

注：百分比 1=相关区域内土地资源某种利用类型面积/该区域土地资源总面积;百分比 2=相关区域内土地资源某种利用类型面积/海南岛土地资源总面积；百分比 3=相关区域内土地资源某种利用类型面积/海南岛相对应土地资源利用类型总面积；百分比 4=海南岛土地资源某种利用类型面积/海南岛土地资源总面积；三沙市相关岛屿面积及土地利用类型未予统计。

$17101.33hm^2$，其中天然牧草地 $358.27hm^2$，占 2.09%；人工牧草地 $953.55hm^2$，占 5.58%；其他草地 $15789.51hm^2$，占 92.33%。湿地 $121178.30hm^2$。湿地是“三调”新增的一级地类，包括 7 个二级地类。其中，红树林地 $5686.14hm^2$，占 4.69%；森林沼泽 $2.47hm^2$；灌丛沼泽 $118.45hm^2$，占 0.10%；沼泽草地 $72.50hm^2$，占 0.06%；沿海滩涂 $105820.09hm^2$，占 87.33%；内陆滩涂 $9474.69hm^2$，占 7.82%；沼泽地 $3.96hm^2$。城镇村及工矿用地 $243093.23hm^2$，其中城市用地 $35555.06hm^2$，占 14.63%；建制镇用地 $60425.69hm^2$，占 24.86%；村庄用地 $128155.82hm^2$，占 52.72%；采矿用地 $8585.58hm^2$，占 3.53%；风景名胜及特殊用地 $10371.08hm^2$，占 4.26%。交通运输用地 $58949.34hm^2$，其中铁路用地 $3054.18hm^2$，占 5.18%；轨道交通用地 $5.13hm^2$，占 0.01%；公路用地 $22157.41hm^2$，占 37.59%；农村道路用地 $30116.56hm^2$，占 51.09%；机场用地 $2209.32hm^2$，占 3.75%；港口码头用地 $1365.09hm^2$，占 2.32%；管道运输用地 $41.65hm^2$，占 0.06%。水域及水利设施用地 $183111.21hm^2$，其中河流水面 $42000.21hm^2$，占 22.94%；湖泊水面 $481.24hm^2$，占 0.26%；水库水面 $54428.82hm^2$，占 29.72%；坑塘水面 $71088.01hm^2$，占 38.82%；沟渠 $11772.17hm^2$，占 6.43%；水工建筑用地 $3340.76hm^2$，占 1.83%。

从土地资源的空间分布看，儋州、东方、文昌、海口、乐东 5 个市(县)耕地面积较大，占全省耕地总面积的 50%；园地主要分布在儋州、琼中、琼海、万宁、乐东 5 个市(县)，占全省园地总面积的 45%；林地主要分布在琼中、乐东、白沙、东方、昌江 5 个市(县)，占全省林地总面积的 45%；草地主要分布在海口、文昌、澄迈、儋州、东方 5 个市(县)，占全省草地总面积的 59%；湿地主要分布在三沙、儋州、文昌、海口、临高 5 个市(县)，占全省湿地总面积的 83%；文昌、儋州、海口、东方、琼海 5 个市(县)水域面积较大，占全省水域总面积的 51%。

总体而言，海南岛是我国最大的“热带宝地”，其土地资源总面积占全国热带土地资源面积的 42.5%。按适宜性划分，海南岛的土地资源可分为宜农地、宜胶地、宜热作地、宜林地、宜牧地、水面和其他用地 7 种类型。目前，海南岛已开发利用的土地约 $3314881.59hm^2$，土地开发利用率约为 96.35%。

2.7　植被与生物资源

2.7.1　植被类型及垂直分异

在湿热的气候、多样的地形和不同的人为干扰影响下，海南省特别是海南岛的植被生长快，植物种类繁多，植被类型复杂多样。按《中国植被》的分类系统划分，海南岛的植被可划分为 6 个植被型组：针叶林、阔叶林、灌丛和灌草丛、草原与稀树草原、沼泽和水生植物、人工植被；10 个植被型：热性针叶林、常绿阔叶林、季雨林、雨林、红树林、竹林、灌丛、稀树草原、沼泽植被、人工植被。其中，热带雨林、热带季雨林是海南热带森林植被的主要类型，具有地带指示作用。构成热带雨林的主要树种是龙脑香科的青梅属和坡垒属、木兰科的木兰属、桃金娘科的蒲桃属、金缕梅科的蕈树属、茶科的木荷属、樟科、罗汉松科的罗汉松属等。

除植被类型复杂多样外，海南岛热带森林植被还表现出较明显的垂直分异特性，且具有混交、多层、异龄、常绿、干高、冠宽等特点，海拔自高而低可包括下列 7 个类型(陈焕镛等，1964；林媚珍和张镱锂，2001；蒋有绪等，2002；陈坚等，2007)。

(1) 山顶苔藓常绿阔叶矮林(苔藓矮林)。其一般分布在海拔 1000m 以上的山地脊部或孤峰顶部，随各主要山岭海拔不同而有所差异。例如，五指山的苔藓矮林分布在海拔 1500m 以上，尖峰岭则在 1000m 以上。此带常年风大雾多，天气变化大，岩石物理风化强烈，地表多裸露巨石，土壤为山地淋溶黄壤。矮林树种组成较简单，主要树种有桢楠、五列木、厚皮香等，上层小乔木较为稀疏，下层多灌木和竹类，林间常间有草丛或小块草地，地表和树干上被覆一层较厚的苔藓，另有少数附生的肉质兰科植物和蕨类。

(2) 山地常绿阔叶林。其分布在海拔 600(700)～1000(1500)m 的山岭中部，是全岛森林面积和蓄积量最大的类型。因海拔较高，经常云雾弥漫，林内湿度大(>80%)，光照微弱。土壤为山地黄壤。乔木层次不明显，主要有黄枝木、五列木、陆均松等 10 种左右，乔木层与下木层相互交错，林木下层树种复杂，多为耐阴的灌木，高度多低于 3m，常见的有冬桃、毛叶冬青、鸡屎树、紫金牛等，林内藤本和附生植物也常见，但数量不多。

(3) 热带雨林。其主要分布在海南岛东部、南部的南桥、兴隆一带以及一些较为闭塞的低山谷地、盆地及河流两岸，海拔 600(800)m 以下的山地下部。各地保留的山谷雨林则是当前热带雨林的主要部分，但其分布幅度因地形及人为干扰而有差异——在尖峰岭分布海拔为 350～950m，五指山为 750～1200m，三角山为 300～1200m，吊罗山在 800m 以下。在高温多雨、季节变化小的气候作用下，发育着黄红色砖红壤性土。雨林林相茂密、高大，植物老茎生花现象颇为常见，雨林内藤本密集，附、寄生植物丰富。偏低海拔山谷和盆地雨林中的树木尤为高大，林下除灌木外，常有大型肉质多浆草本，如海芋、芭蕉、山姜及禾草等生长。在偏高海拔山谷雨林中，灌木常成为主要林下植物，依其高度可细分为 4～6 层，上层大树稀疏散生，有黄枝木、山竹子、鸡毛松等 20 余种；中层乔木种类复杂，常见的有鸭脚木、光叶柃木、谷木等；下层由灌木和小乔木组成，以茜草科、紫金牛科和棕榈科为主。雨林区中的特有树种组成中主要有青梅、坡垒、蝴蝶树。

(4) 热带季雨林。其分布海拔与雨林相同或相近，由于人为活动频繁，原始林分已受到破坏，当前多为次生季雨林、稀树草原或其他类型的植被所代替。其气候特点是干湿季较明显。山地海拔不过 500～600m，土壤为黄红色砖红壤性土。“季雨林”树种组成较简单，林木较矮小，枝下高较低，板根不甚明显，藤本和附生植物种类和数量都明显减少。树种组成中含有相当数量的落叶成分，这些树种在旱季时落叶，雨季来临时再萌发新叶。构成森林的下层仍属于常绿种类。这种森林季相明显，在旱季极易识别。组成季雨林的植物主要为大戟科、番荔枝科、茜草科、芸香科等。上层林木高 10～15m，常见的落叶树有槟榔青、厚皮树、木棉等；混生其间的常绿树有海南核果木、柿树等。中层常绿树种比较复杂，常见的有破布木、鼠尾叶八角枫、垂叶大戟等。下层有巴蜡木、山黄皮、皱叶山麻秆等。藤本较细小，常见的有鸡眼藤、羊角藤等。季雨林破坏后，环境趋于干燥，耐阴树种消失，可形成以麻栎、毛枝青冈和枫香混生的耐旱栎林，在破坏严重的地方，则形成稀树草原或草原。在较湿润的东南部和东北部，季雨林破坏后也可形成以黄杞为主的杂木林。若这些次生林再受破坏就会向稀树草原演替。

(5)热带针叶林。其分布在白沙、东方和乐东三县(市)交界的低山丘陵区和屯昌县松涛一带的低山丘陵和台地区，海拔多在 600m 以下。针叶林组成种主要为南亚松及数量不多的海南松。林缘常混麻栎、枫香和楣柴树等，松林间的低谷部分仍有常绿树分布。

(6)稀树草原。其分布于海拔 100m 以下的山麓、低丘、山间盆地和近山区的滨海台地一带。原始林被破坏后又常遭火烧或人为再度强度干扰，改变了森林环境，风力增大，气温变率增大，干旱因素加重，尤其是在旱季表现出草原气候的特点。植被特点是乔木层的立木非常稀疏，以木棉、海南蒲桃为主，草本层多为禾本科种类。因农业生产的发展，农用地面积不断扩大，稀树草原景观已少见，只在极少数不便于开垦的地带残存。

(7)红树林。其分布于海南岛周围淤泥质海湾的潮间带。根据红树植物对气温的适应范围，可以把红树植物划分为 3 个生态类群：抗低温广布种、嗜热广布种和嗜热窄布种。其中，嗜热广布种种类最多，占总种类的 1/3；抗低温广布种种类最少，仅有秋茄、桐花树、白骨壤 3 种，其余为嗜热窄布种，主要分布在海南岛东南岸。根据红树林种类组成、外貌和群落特性，海南岛红树植物群落可大体分为 8 个群系——海莲—木榄群系、正红树—角果木群系、红海榄群系、秋茄树—桐花树群系、桐花树群系、白骨壤—桐花树群系、海桑群系、水椰群系(张乔民和隋淑珍，2001；张忠华等，2006；何斌源等，2007；夏小明，2015)。

海南岛的红树林主要分布于北部的海口、琼山、文昌、澄迈、临高、儋州，南部的琼海、万宁、陵水、三亚、乐东，以及西部的东方等市(县)，但以东北部的东寨港、清澜港和西北部的新英港最为集中。现存红树林很大程度上都是次生林，森林群落面积比较矮小，多呈带状分布，植物群落结构比较简单。一般多为灌木或小乔木，通常 1～2 层，且零散分布于各河口海湾。东寨港、清澜港等地红树林保护较好，群落终年常绿，树高 10～15m，胸径一般为 20～30cm，大者可达 40～50cm。儋州市与临高县境内红树林主要分布在儋州湾(即新英湾)一带和临高新盈湾一带，如海踢村的白骨壤群落、山村村的木榄群落、新英湾的正红树群落、彩桥村的木榄群落与临高新盈红树林保护区等。儋州市境内和临高县境内的红树林受人类活动破坏程度很大，但留下的红树林组成与结构还是比较复杂多样，常见的红树植物种类有木榄、白骨壤、红树(即正红树)、角果木、卤蕨、海漆、海桑、桐花树、榄李、许树、黄槿、阔苞菊等。三亚市的红树林主要分布在九曲河、三亚河等入海处，主要由榄李群落、角果木群落组成，占总面积的 75%左右；桐花树群落面积较小，镶嵌在角果木群落和榄李群落的环抱中，占总面积的 0.8%左右；正红树群落是人为破坏后残余的小面积林块，占总面积的 0.5%左右。澄迈县的红树林主要分布在美浪港淤泥质海岸带区域，红树林群落外貌整齐，为灌木型，常见的植物种类有白骨壤、红海榄、卤蕨、海漆、桐花树、榄李，其中以白骨壤、红海榄为优势种，角果木、桐花树为伴生种，海漆多分布在淤泥与岸边过渡带。万宁市的红树林主要分布在老爷海内湾南岸，其主要群落组成有正红树—海莲群落、桐花树群落两种类型。东方市的红树林主要分布在北黎湾，只有白骨壤一个树种组成。其他地方多为零星分布，以角果木、桐花树、榄李为多(夏小明，2015)。清澜港红树林自然保护区有真红树林植物 24 种，种类占全省的 92.31%，占全国(28 种)的 85.71%，占全世界(86 种)的 27.91%。清澜港红树林自然保护区海桑科植物有 6 种，分别是杯萼海桑、拟海桑、卵叶海桑、海南海桑和无瓣海桑，其中海南海桑为海南特有种，仅在清澜港红树林自然保护区有天然分布。清澜港红树林自然保护区有半红树植物 20 种，其中较常见的半红树植物有黄槿、银叶树、水黄皮、海杧果、许树、阔苞菊等。海口市的红树林主要分布于美兰区的东寨港国家级红树林自然保护区和三江红树林湿地公园，其中前者有红树林面积 2065hm^2、红树与半红树植物共 35 种，优势红树林种群主要有红海榄、角果木、海莲、木榄、正红树和海桑等。

2.7.2　生物资源及其多样性

截至目前，海南岛已发现维管束植物 4000 多种，其中蕨类植物 43 科 114 属 362 种(包括 8 个变种)，裸子植物 7 科 10 属 22 种，被子植物 193 科 1380 属 3500 种，占全国植物种类的 15%，约 600 种为海南特有，有珍稀濒危植物 35 科 49 属 57 种(方彦和谢春平，2006；胡小婵和高宏华，2008)。已有植物中属于乔灌木的有 1400 多种，占全国乔灌木种类的 28.6%；药用植物 2500 多种，占全国药用植物的 30%左右，其中经筛选的抗癌植物有 137 种、南药 30 多种，最著名的四大南药为槟榔、益智、砂仁、巴戟。

海南岛植物种中有野生维管束植物共 242 科 1210 属 3146 种，分别占中国野生植物科、属、种的 68.6%、38.0%、11.6%；有被子植物 2841 种，隶属于 198 科 1109 属，其中双子叶植物 2171 种，单子叶植物 670 种，占全国被子植物种数的 11.69%，且木本植物比重较大，有 1745 种，占被子植物的 61.4%；草本植物 1096 种，占 38.6%。其中，特有成分多，有 6 个特有属和 434 个特有种，占全岛被子植物种数的 15.2%(如山铜材属、多瓣核果茶属、多核果属、保亭花属、白水藤属等)；珍稀树种 45 种，其中坡垒、子京、降香黄檀、母生等 32 种被列为珍稀濒危保护植物(梁淑云和杨逢春，2009)。海南岛被子植物以热带分布成分占优势，全岛有世界广布成分 26 属、热带成分 779 属、亚热带成分 197 属、温带分布成分 78 属、其他分布成分 22 属(陈磊夫等，2006)。

海南岛现有植被中在海岸带范围共记录维管束植物 178 科 751 属 1462 种，其中野生维管束植物 169 科 683 属 1330 种，分别占海南野生种子植物科、属、种的 84.50%、49.14%和 37.76%(海南野生种子植物共 200 科 1390 属 3522 种)，蕨类植物 21 科 34 属 48 种，裸子植物 2 科 2 属 4 种，双子叶被子植物 118 科 523 属 1051 种，单子叶被子植物 28 科 124 属 227 种。

目前，全世界现有红树林植物 24 科 82 种。海南省红树植物属于东方类群，依据海南省林业局资料，海南岛红树植物可分 8 个群系 21 科 25 属 35 种，其中真红树 12 科 16 属 25 种，半红树 9 科 10 属 10 种(2009 年 908 专项调查结果为真红树植物 11 科 24 种、半红树植物 10 科 12 种)。海南岛红树植物占我国红树林植物总种类的 90%以上，其中海南独有的珍贵红树植物种类有 8 种。全岛红树林生态系统中已鉴定浮游植物 6 门 46 属 100 种(含 4 个变种)，其中，硅藻门 25 属 59 种、绿藻门 9 属 19 种、蓝藻门 7 属 12 种、甲藻门 5 属 5 种、裸藻门 2 属 4 种、金藻门 1 种。主要藻类种有微小小环藻、新月菱形藻、骨条藻、四尾栅藻、点形平裂藻、颤藻、亚历山大藻等。

已鉴定海南岛以南海域浮游植物 290 种(包括 23 个变种和 5 个变型)，分属硅藻门、甲藻门、蓝藻门、金藻门和黄藻门 5 个门类。硅藻门和甲藻门物种数依次为 187 种、91 种，分别占总鉴定种数的 64.5%和 31.4%，蓝藻门、金藻门和黄藻门分别为 6 种、5 种与

1 种，合占 4.1%(戴明等，2007)。

目前，海南岛海草床共有 6 属 10 种。其中，热带种有泰来藻、海菖蒲、海神草和齿叶海神草；泛热带—亚热带分布种有贝克喜盐草、喜盐草、小喜盐草、二药藻、羽叶二药藻；亚热带种为针叶藻。优势种为泰来藻、海菖蒲和海神草；稀有种为贝克喜盐草、羽叶二药藻、小喜盐草、针叶藻和齿叶海神草。

海南种植的粮食作物主要有水稻、旱稻、山兰坡稻，其次是番薯、木薯、芋头、玉米、高粱、粟、豆等。经济作物主要有甘蔗、麻类、花生、芝麻、茶等；水果种类繁多，栽培和野生的果类植物有 29 科 53 属，栽培形成商品的水果主要有菠萝、荔枝、龙眼、香蕉、大蕉、柑橘、芒果、西瓜、杨桃、菠萝蜜等；蔬菜有 120 多个品种。目前，栽培面积较大、经济价值较高的热带作物主要有橡胶、椰子、油棕、槟榔、胡椒、剑麻、香茅、腰果、可可等。

海南岛野生或半野生的外来植物有 45 科 120 属 153 种，其中大于 5 种的科有蝶形花科(18 种)、菊科(15 种)、禾本科(13 种)、苋科(11 种)、大戟科(10 种)、苏木科(9 种)、含羞草科(7 种)、唇形花科(6 种)、马鞭草科(7 种)、茄科(5 种)，共 10 科 101 种，占总种数的 66.01%(单家林等，2006；王伟等，2007；邱庆军等，2007)。在 153 种中，灌木与草本分别为 33 种和 95 种，占总外来植物种数的 83.66%，是外来种的主体，也是危害农田、果园、胶林的主要杂草；而外来种中乔木甚少，往往不构成危害。海南岛外来入侵害虫主要有刺桐姬小蜂、椰心叶甲、水椰八角铁甲、褐纹甘蔗象、双钩异翅长蠹、锈色棕榈象、美洲斑潜蝇、蔗扁蛾、烟粉虱、桔小实蝇等(王伟等，2006)。

海南岛动物区系成分也较复杂，是我国小区域单位面积上动物种类最多的地区之一，共有昆虫 4000 多种；有陆生脊椎动物 567 种，其中两栖类 37 种、爬行类 104 种、鸟类 344 种(占全国的 26%)、兽类 82 种(占全国的 19%)，在兽类中 21 种为海南所特有，如海南毛猬、海南鼯鼠、低泡鼯鼠、海南黑长臂猿、海南坡鹿、猕猴等，鸟类特有种有 59 种，如海南山鹧鸪、鹰雕、蛇雕、孔雀雉、厚嘴绿鸠等(王耀连，1997；陈磊夫等，2006；覃新导和刘永花，2007)。

全省海洋水产有 800 种以上，其中鱼类就有 600 多种，主要海洋经济鱼类 40 多种，其中，以金枪鱼、马鲛鱼、石斑鱼、鲳鱼、红鳍笛鲷最为知名。西南中沙群岛海域鱼种总数共有 1000 种左右，其中珊瑚礁鱼种占比 80%，外海及大洋性鱼类约占 20%，经济价值较高的 80 多种。海南省养殖池塘的鱼类主要有点带石斑鱼、斜带石斑鱼、鞍带石斑鱼、卵形鲳鲹、布氏鲳鲹、尖吻鲈、鲻鱼等。海南省已知海洋贝类 78 科 480 种，其中主要经济贝类有马蹄科、鲍科、蚶科、贻贝科、珍珠贝科、扇贝科、江珧科、帘蛤科、停蛏科等，另有国家保护贝类唐冠螺、鹦鹉螺、砗磲贝等。海南岛淡水鱼(不包括溯河性鱼)有 15 科 57 属 72 种。

海南岛潮间带共鉴定出潮间带生物 462 种(含大型藻类 70 种)，其中多毛类 43 种，占总种数的 9.31%；软体动物种类 190 种，占 41.13%；甲壳动物 113 种，占 24.46%；棘皮动物 12 种，占 2.60%；其他种类 34 种，占 7.36%。

海南岛海草床共鉴定出大型底栖动物 41 科 75 种。其中以软体动物为主，有 28 科 58 种，约占总种类数的 77%；甲壳动物 7 科 11 种，约占总种类数的 15%；棘皮动物有

4科4种，约占总种类数的5%；环节动物2科2种，约占总种类数的3%。主要经济种类有白棘三列海胆、棕带仙女蛤、凸加夫蛤、梳纹加夫蛤、菲律宾偏顶蛤、环纹货贝、货贝和黑珠母贝等。海南省珊瑚礁共有13科35属95种，其中三亚13科30属86种，儋州9科16属24种。全省造礁石珊瑚在科级组成中，鹿角珊瑚科和蜂巢珊瑚科为科级优势类群；在属级组成中，鹿角珊瑚属、蜂巢珊瑚属、扁脑珊瑚属等为属级优势类群；种类组成中，丛生盔形珊瑚、多孔鹿角珊瑚、标准蜂巢珊瑚、秘密角蜂巢珊瑚、精巧扁脑珊瑚、澄黄滨珊瑚、二异角孔珊瑚、十字牡丹珊瑚等为海南省珊瑚的主要优势种(张乔民，2008)。大型珊瑚底栖动物种类较多，有大型海胆、海参、海星、海百合、长棘海星、砗磲、法螺、龙虾、宝贝、芋螺、狮子鱼、海蛞蝓、美人虾等。海南省珊瑚礁鱼类资源丰富，全省珊瑚礁观赏鱼约200多种，其中海南岛近海岸珊瑚礁鱼类共记录有59属93种，种类分布较多的海域一般在珊瑚礁旅游开发区和偏远海岛，而珊瑚礁鱼类较少的海域一般在珊瑚礁分布稀少的海南岛西部。

参考文献

蔡秋蓉. 2003. 南海北部海底微地貌特征与近代变化. 南海地质研究(十四). 北京: 地质出版社.
陈波, 严金, 王道儒, 等. 2007. 琼州海峡冬季水量输运计算. 中国海洋大学学报, 5: 357-365.
陈焕镛, 张肇骞, 陈封怀. 1964. 海南植物志. 北京: 科学出版社.
陈磊夫, 余雪标, 黄金城, 等. 2006. 海南岛热带森林生物多样性研究进展. 热带林业, (3): 8-11.
陈坚, 王银霞, 钟琼芯. 2007. 海南岛特有种子植物的地理分布. 贵州科学, 25(4): 66-70.
陈世训, 高绍凤, 王杰夫. 1986. 海南岛降水的特性与其经济开发. 热带气象, 2(4): 355-362.
陈颖民. 2008. 海南岛地热资源现状及勘查开发利用建议. 国土资源科技管理, 25(6): 61-65.
戴明, 李纯厚, 张汉华, 等. 2007. 海南岛以南海域浮游植物群落特征研究. 生物多样性, 15(1): 23-30.
方彦, 谢春平. 2006. 海南岛珍稀濒危植物区系研究. 南京林业大学学报(自然科学版), 30(4): 138-140.
高素华, 黄增明, 张统钦, 等. 1988. 海南岛气候. 北京: 气象出版社.
国土资源部广州海洋地质调查局. 2007. 南海地质研究(2006). 北京: 地质出版社.
国土资源部广州海洋地质调查局. 2006. 南海地质研究(2005). 北京: 地质出版社.
国土资源部广州海洋地质调查局. 2005. 南海地质研究(2004). 北京: 地质出版社.
顾定法. 1995. 海南岛水资源开发利用展望. 自然资源, (4): 33-40.
龚子同, 张甘霖, 漆智平. 2004. 海南岛土系概论. 北京: 科学出版社.
胡小婵, 高宏华. 2008. 海南岛热带天然林概况及其保护. 现代农业科技, (22): 76-77.
海南省地方志办公室. 2014. 海南省志·气象志·地震志. 海口: 海南出版社.
海南省农业厅土肥站. 1994. 海南土壤. 海口: 三环出版社·海南出版社.
何斌源, 范航清, 王瑁, 等. 2007. 中国红树林湿地物种多样性及其形成. 生态学报, 27(11): 4859-4870.
侯威, 陈惠芳. 1996. 海南岛大地构造与金成矿学. 北京: 科学出版社.
黄金城. 2006. 中国海南岛热带森林可持续经营研究. 儋州: 华南热带农业大学.
姜文亮, 张景发, 龚丽霞. 2007. 海南岛北部地区活动断裂的遥感解译研究. 地震地质, 29(4): 796-803.
蒋有绪, 王伯荪, 臧润国. 2002. 海南岛热带林生物多样性及其形成机制. 北京: 科学出版社.
李孙雄, 范渊, 莫位明, 等. 2006. 海南岛古生代弧状构造带的特征及其地质意义. 矿产与地质, 20(3): 232-236.

李春鸾, 陈丽英, 郑亚娜天. 2008. 海南岛暴雨统计分析. 气象研究与应用, 29(增刊Ⅱ): 57-58.
李龙兵. 1992. 海南岛的水文特性. 水文, (6): 49-51.
梁必骐. 1991. 南海热带大气环流系统. 北京: 气象出版社.
梁淑云, 杨逢春. 2009. 海南岛珍稀濒危植物. 亚热带植物科学, 38(1): 50-55.
林媚珍, 张镱锂. 2001. 海南岛热带天然林动态变化. 地理研究, 20(6): 703-712.
林培松, 李森, 尚志海. 2006. 海南岛西部近 53 年来气候统计特征分析. 聊城大学学报, (3): 57-59, 83.
农业农村部渔业渔政管理局, 全国水产技术推广站, 中国水产学会. 2019. 2018 年中国渔业统计年鉴. 北京: 中国农业出版社.
覃新导, 刘永花. 2007. 海南岛生物多样性及其保护对策. 热带农业科学, 27(6): 50-50, 63.
邱庆军, 朱朝华, 占胜利. 2007. 海南岛外来有害生物的入侵状况及防控. 广西热带农业, (4): 46-48.
邱永松, 曾晓光, 陈涛, 等. 2008. 南海渔业资源与渔业管理. 北京: 中国税务出版社.
任光照. 1983. 海南岛的水资源及其特点. 水文, (6): 51-54, 61.
单家林, 杨逢春, 郑学勤. 2006. 海南岛的外来植物. 亚热带植物科学, (3): 39-44.
王耀连. 1997. 海南岛热带天然林生态效益评估与补偿. 中南林业调查规划, 16(1): 61-64.
王伟, 程立生, 沙林华, 等. 2006. 海南岛外来入侵害虫初探. 华南热带农业大学学报, (4): 39-44.
王伟, 张先敏, 沙林华, 等. 2007. 海南岛外来入侵危险性动植物名录(一). 热带农业科学, 27(4): 58-64.
汪啸风, 马大铨, 蒋大海. 1991. 海南岛地质(三)构造地质. 北京: 地质出版社.
吴岩峻. 2008. 不同天气系统对海南岛降水的贡献及其变化的研究. 兰州: 兰州大学.
夏小明. 2015. 海南省海洋资源环境状况. 北京: 海洋出版社.
谢跟踪, 邱彭华, 谌永生. 2008. 区域土地利用与生态环境建设研究. 北京: 中国环境科学出版社.
谢瑞红. 2007. 海南岛红树林资源与生态适宜性区划研究. 儋州: 华南热带农业大学.
徐家声. 2001. 华夏古陆的沉浮. 北京: 海洋出版社.
许向春, 张春花, 林建兴, 等. 2009. 琼州海峡沿岸雾统计特征及天气学预报指标. 气象科技, 37(3): 323-329.
颜家安. 2006. 海南岛第四纪古生物及生态环境演变. 古地理学报, 8(1): 103-115.
严正. 2008. 海南岛沿海地下潜水的利用. 节水灌溉, (4): 62-63.
杨木壮, 王明君. 2008. 南海西北陆坡天然气水合物成矿条件研究. 北京: 气象出版社.
赵焕庭, 王丽荣, 袁家义. 2007. 琼州海峡成因. 海洋地质与第四纪地质, (2): 33-40.
张忠华, 胡刚, 梁士楚. 2006. 我国红树林的分布现状、保护及生态价值. 生物学通报, 41(4): 9-11.
张乔民. 2008. 中国南海生物海岸研究. 广州: 广东经济出版社.
张乔民, 隋淑珍. 2001. 中国红树林湿地资源及其保护. 自然资源学报, 16(1): 28-36.
曾昭璇. 1989. 海南岛自然地理. 北京: 科学出版社.
曾昭璇. 1986. 南海诸岛. 广州: 广东经济出版社.
周旦生, 梁新南. 2009. 海南省矿产资源可持结发展研究. 北京: 地质出版社.
周祖光. 2007. 海南岛生态系统健康评价. 水土保持研究, 14(4): 201-204.

第3章　海南遥感数据与地面调查数据资源分析

3.1　光学卫星数据资源分析

目前在轨的光学卫星系统包括中巴地球资源系列卫星、环境系列卫星、高分系列卫星、美国陆地系列卫星和欧空局哨兵二号卫星等。

1. 中巴地球资源系列卫星

中巴地球资源系列卫星（CBERS，简称资源一号卫星）是中国和巴西联合研制的传输型资源遥感卫星，截至2022年8月已经成功发射6颗（01星、02星、02B星均已退役），主要应用于国土、林业、水利、农情、环境保护等领域的监测、规划和管理。

资源一号01星（CBERS-01）于1999年10月14日成功发射，该卫星结束了我国长期以来只能依靠外国资源卫星的历史，标志着我国的航天遥感应用进入了一个崭新的阶段。

资源一号02星（CBERS-02）于2003年10月21日成功发射。CBERS-01/02卫星携带的有效载荷包括电荷耦合器件照相机（CCD）、宽视场成像仪（WFI）和红外多光谱扫描仪（IRMSS）。

资源一号02B星（CBERS-02B）于2007年9月19日成功发射，搭载的2.36m高分辨率相机（HR）改变了国外高分辨率卫星数据长期垄断国内市场的局面。

资源一号02C星（ZY-1 02C）于2011年12月22日成功发射，是中国第一颗国土资源普查的业务卫星。该星搭载的5m分辨率全色/10m分辨率多光谱相机（PMS）和两台2.36m高分辨率相机（HR）使得数据幅宽达到54km，数据覆盖能力大幅增强，重访周期大大缩短。

资源一号04星（CBERS-04）于2014年12月7日成功发射，主要载荷包括5m/10m分辨率全色多光谱相机（PAN）、20m分辨率多光谱相机（MUX）、73m分辨率宽视场成像仪（WFI）和40m/80m分辨率红外多光谱扫描仪（IRS）四台相机。多样的载荷配置使其可在国土、水利、林业资源调查、农作物估产、城市规划、环境保护及灾害监测等领域发挥重要作用。

资源一号04A星（CBERS-04A）于2019年12月20日成功发射，其中全色多光谱相机的分辨率从04星的5m/10m提升至全色分辨率优于2m，多光谱分辨率为8m；拍摄幅宽也从60km提升至90km。

2. 环境系列卫星

环境与灾害监测预报小卫星星座（HJ-1，简称环境一号卫星）包括两颗光学星HJ-1A/B和一颗雷达星HJ-1C，可以实现对生态环境与灾害的大范围、全天候、全天时的动态监测。环境一号卫星配置了宽覆盖CCD相机、红外多光谱扫描仪、高光谱成像仪、合成孔径雷达四种遥感器，组成了一个具有中高空间分辨率、高时间分辨率、高光谱分辨率和宽覆盖的比较完备的对地观测遥感系列。

HJ-1A/B 星于 2008 年 9 月 6 日成功发射，HJ-1A 星搭载了 CCD 相机和超光谱成像仪(HSI)，HJ-1B 星搭载了 CCD 相机和红外相机(IRS)。在 HJ-1A 卫星和 HJ-1B 卫星上装载的两台 CCD 相机设计原理完全相同，以星下点对称放置，平分视场、并行观测，联合完成对地刈幅宽度为 700km、地面像元分辨率为 30m、4 个谱段的推扫成像。此外，在 HJ-1A 卫星上装载有一台超光谱成像仪，完成对地刈宽为 50km、地面像元分辨率为 100m、110～128 个光谱谱段的推扫成像，具有±30°侧视能力和星上定标功能。在 HJ-1B 卫星上还装载有一台红外相机，完成对地幅宽为 720km、地面像元分辨率为 150m/300m、近短中长 4 个光谱谱段的成像。HJ-1A 卫星和 HJ-1B 卫星的轨道完全相同，相位相差 180°。两台 CCD 相机组网后重访周期仅为 2 天。

3. 高分系列卫星

高分系列卫星来源于中国高分辨率对地观测重大专项计划(简称“高分专项”)。“高分专项”计划于 2010 年 5 月启动，于 2020 年建成中国自主研发的高分辨率对地观测系统。高分系列卫星覆盖从全色、多光谱到高光谱，从光学到雷达，从太阳同步轨道到地球同步轨道等多种类型，最终建设成为一个具有高时空分辨率、高光谱分辨率、高精度观测能力的对地观测系统。高分系列卫星从“高分一号”(GF-1)开始，目前全部完成发射任务，主要服务于国家综合防灾减灾、国家安全、资源调查与监测、环境监测与评价、城市化精细管理、国家战略规划支撑及重大工程监测等国家级综合应用领域。

高分一号(GF-1)卫星于 2013 年 4 月 26 日成功发射，是高分专项首颗卫星。该卫星搭载了两台 2m 分辨率全色/8m 分辨率多光谱相机，四台 16m 分辨率多光谱相机。卫星工程突破了高空间分辨率、多光谱与高时间分辨率结合的光学遥感技术，多载荷图像拼接融合技术，高精度高稳定度姿态控制技术，5～8 年寿命高可靠卫星技术，高分辨率数据处理与应用等关键技术，对于推动我国卫星工程水平的提升，提高我国高分辨率数据自给率具有重大战略意义。

高分二号(GF-2)卫星于 2014 年 8 月 19 日成功发射，是我国自主研制的首颗空间分辨率优于 1m 的民用光学遥感卫星，搭载有两台高分辨率 1m 全色、4m 多光谱相机，具有亚米级空间分辨率、高定位精度和快速姿态机动能力等特点，有效地提升了卫星综合观测效能，达到了国际先进水平。主要用户为国土资源部、住房和城乡建设部、交通运输部以及国家林业和草原局等部门，同时还将为其他用户部门和有关区域提供示范应用服务。

高分四号(GF-4)卫星于 2015 年 12 月 29 日成功发射，是我国第一颗地球同步轨道遥感卫星，搭载有一台可见光 50m/中波红外 400m 分辨率、大于 400km 幅宽的凝视相机(PMI)，采用面阵凝视方式成像，具备可见光、多光谱和红外成像能力，设计寿命 8 年，通过指向控制，实现对中国及周边地区的观测。高分四号卫星可为我国减灾、林业、地震、气象等应用提供快速、可靠、稳定的光学遥感数据，为灾害风险预警预报、林火灾害监测、地震构造信息提取、气象天气监测等业务补充了全新的技术手段，开辟了我国地球同步轨道高分辨率对地观测的新领域。同时，高分四号卫星在环保、海洋、农业、水利等行业以及区域应用方面，也具有巨大潜力和广阔空间。高分四号卫星主用户为民政部、国家林业和草原局、中国地震局、中国气象局。

高分六号(GF-6)卫星于 2018 年 6 月 2 日成功发射，是我国首颗精准农业观测的低轨光学遥感卫星，搭载有 1 台 2m 全色/8m 多光谱高分辨率相机(PMS)和 1 台 16m 多光谱中分辨率宽幅相机(WFV)，并且首次增加“红边”波段以反映作物特有光谱特性。GF-6 与 GF-1 卫星组网运行，主要服务于农业农村、自然资源、应急管理、生态环境等行业领域应用。

4. 美国陆地系列卫星

美国陆地系列卫星(Landsat)由美国国家航空航天局(NASA)和美国地质勘探局(USGS)共同管理。自 1972 年至今该系列卫星已成功发射 7 颗，主要任务是调查地下矿藏、海洋资源和地下水资源，监视和协助管理农、林、畜牧业和水利资源的合理使用，预报农作物的收成，研究自然植物的生长和地貌，考察和预报各种严重的自然灾害(如地震)和环境污染，拍摄各种目标的图像，以及绘制各种专题图(如地质图、地貌图、水文图)等。

Landsat-5 卫星于 1984 年 3 月 1 日成功发射，目前已退役。该卫星主要有效载荷为专题制图仪(TM)和多光谱成像仪(MSS)。Landsat-5 卫星所获得的图像是迄今为止在全球应用最为广泛、成效最为显著的地球资源卫星遥感信息源。

Landsat-7 卫星于 1999 年 4 月 15 日成功发射，目前在轨运行。该卫星主要有效载荷为增强型专题制图仪(ETM+)，ETM+被动感应地表反射的太阳辐射和散发的热辐射有 8 个波段的感应器，覆盖了从红外到可见光的不同波长范围。与 Landsat-5 卫星的 TM 传感器相比，ETM+增加了 15m 分辨率的一个波段，在红外波段的分辨率更高，因此有更高的准确性。

Landsat-8 卫星于 2013 年 2 月 11 日成功发射，目前在轨运行。该卫星主要有效载荷为陆地成像仪(OLI)和热红外传感器(TIRS)。 OLI 被动感应地表反射的太阳辐射和散发的热辐射，有 9 个波段的感应器，覆盖了从红外到可见光的不同波长范围。与 Landsat-7 卫星的 ETM+传感器相比，OLI 增加了一个蓝色波段(0.433～0.453μm)和一个短波红外波段(1.360～1.390 μm)，蓝色波段主要用于海岸带观测，短波红外波段包括水汽强吸收特征，可用于云检测。TIRS 是有史以来最先进、性能最好的热红外传感器。TIRS 将收集地球热量流失，目标是了解所观测地带水分消耗，特别是干旱地区的水分消耗。

5. 欧空局哨兵二号卫星

欧空局(ESA)哨兵二号卫星(Sentinel-2)由两颗极地轨道相位成 180°的多光谱高分辨率光学卫星组成，即 Sentinel-2A、Sentinel-2B。这两颗卫星分别于 2015 年 6 月 22 日和 2017 年 3 月 7 日成功发射，主要用于全球高分辨率和高重访能力的陆地观测、生物物理变化制图、海岸和内陆水域监测，以及风险和灾害制图等。Sentinel-2 搭载的多光谱成像仪(MSI)有 13 个谱段，从可见光到近红外至短波红外，空间分辨率为 10m(可见光)、

20m(近红外)和 60m(短波红外)，可实现前所未有的陆地监测水平。

3.2 雷达卫星数据资源分析

3.2.1 目前在轨的雷达卫星系统

1. 陆地合成孔径雷达卫星(TerraSAR-X)

TerraSAR-X(陆地合成孔径雷达卫星)是德国新一代的高分辨雷达卫星，也是世界上第一颗商用的新型高分辨率雷达卫星。该卫星是在 PPP(Public-Private-Partnership)协议框架下，由德国联邦教育和研究部(BMBF)、德国航空航天局(DLR)、欧洲航空防务和航天公司下属的阿斯特留姆公司(Astrium)合作实施的雷达卫星。TerraSAR-X 搭载了具有可裁减能力的 AstroBus 平台、体装方式的太阳能电池、全冗余设计的有效载荷部件等新技术。2007 年 6 月 15 日，TerraSAR-X 雷达卫星在俄罗斯拜科努尔(Baikonur)发射场发射成功，4 天后传回了第一幅图像数据，并于 2007 年内完成了系统的在轨测试，2008 年 2 月开始向用户正式提供数据服务(倪维平等，2009；隋立春等，2017)。TerraSAR-X 卫星位于太阳同步轨道，轨道高度 514 km，轨道倾角 97.4°，卫星重量为 1200 kg，体积半径为 2.4 m，高度为 5 m，功率为 800 W。该卫星为 X 波段，频率 9.65 GHz，最高分辨率可达 1 m，设计寿命 5 年，重返周期 11 天，可以在 4～5 天内扫描全球所有区域，也能在 3 天内对指定的重点目标进行优先观测。TerraSAR-X 卫星系统灵活高效，可以快速地转换成像模式、视场范围以及几何分辨率。由于采用最新技术天线设计，TerraSAR-X 卫星具有高空间分辨率和高辐射分辨率，支持多极化方式(HH、VV、HV 和 VH 极化方式)和多种成像模式[扫描模式(ScanSAR)、聚束模式(Spotlight)、条带模式(Stripmap)和新型的双接收天线模式(Dual Receive)]，可以在一个轨道内快速地切换不同图像模式和扫描区域。TerraSAR-X 卫星影像数据提供了 4 种标准的数据产品：单视斜距复数据产品(single look slant range complex，SSC)、多视地面距离探测产品(multi look ground range detected，MGD)、地理编码椭球校正产品(geocoded ellipsoid corrected，GEC)和增强型椭球校正产品(enhanced ellipsoid corrected，EEC)。TerraSAR-X 卫星的 X 波段可以进行全天时、全天候的对地观测，并且具有一定的地表穿透能力，同时还可进行干涉测量和动态目标的检测。因此，TerraSAR-X 卫星在地形测绘、地表形变监测、地震监测、降水量及水流域模拟、海洋洋流变化、冰川湿度变化、土地资源环境等方面发挥着十分重要的作用(陈艳玲等，2007)。

2. Radarsat-2

Radarsat-2 是加拿大继 Radarsat-1 之后的新一代商用全极化 SAR 卫星，几乎保留了 Radarsat-1 所有的优点，并采用了更为先进的技术。加拿大航天局(Canadian Space Agency，CSA)和麦克唐纳/德特威尔联合有限公司(MacDonald Dettwiler and Associates Limited，MDA)联合资助了 Radarsat-2 的研制开发。2007 年 12 月 14 日，Radarsat-2 卫星在哈萨克斯坦拜科努尔基地发射升空。Radarsat-2 的系统组成包括地面部分和空间部分。地面部分由卫星控制、订单处理和数据处理与分发等组成。空间部分的卫星平台与 Radarsat-1 拥有相同的轨道。卫星平台的有效载荷由星载 SAR 系统、总线舱和可展开支撑结构三部分组成(陈思伟等，2008；陈旸，2007)。Radarsat-2 卫星的轨道类型为太阳同步轨道，轨道高度为 798 km，轨道倾斜角为 98.6°，重访周期 24 天。该卫星为 C 波段，频率为 5.405 GHz，入射角范围为 10°～60°，最大数据率为 445.4 Mbps，设计寿命 7 年，可以提供分辨率为 3～100 m，宽幅为 10～500 km 范围的雷达影像。Radarsat-2 可灵活切换左视和右视，不仅缩短了重访周期，而且增加了获取立体像对的能力。Radarsat-2 提供了多种极化方式：单极化模式(HH)、单一可选极化模式(HH)或(HV)或(VH)或(VV)、可选极化模式(HH+HV)或(VH+VV)、四极化模式(HH+VV+HV+VH)。Radarsat-2 还针对不同的应用提供了多达 11 种成像模式[1 种聚束模式(spotlight)、2 种扫描模式(ScanSAR)和 8 种条带模式(stripmap)]。Radarsat-2 还提供了多种数据产品：单视复型产品(single look complex，SLC)、SAR 地理参考超精细分辨率产品(SAR georeferenced extra fine resolution，SGX)、SAR 地理参考精细分辨率产品(SAR georeferenced fine resolution，SGF)、窄幅 ScanSAR 产品(ScanSAR narrow beam，SCN)、宽幅 ScanSAR 产品(ScanSAR wide beam，SCW)、SAR 地理编码系统校正产品(SAR systematically geocoded，SSG)和 SAR 地理编码精校正产品(SAR precision geocoded，SPG)。Radarsat-2 提供近实时的编程服务，4～12h 内快速获取影像，并具备近实时交付能力，在数据接收后 2～4h 内即可交付产品。Radarsat-2 卫星具有全极化、高分辨率、高定位精度等优势，且 C 波段穿透性能适中，使得其在地图制图、灾害监测、农业估产、林业调查、地质勘查、水文模拟、海洋监视、自然资源调查等多个领域都发挥着十分重要的作用。

3. Cosmo-SkyMed

Cosmo-SkyMed 是意大利宇航局和国防部共同建设的空间对地观测系统。该系统为军民两用系统，通过多传感器协同作用，服务于国家安全、科学和商业等应用。意大利宇航局负责技术支持和系统管理，e-Geos 公司负责商业运营。Cosmo-SkyMed 星座始建于 2007 年 6 月，2007 年 12 月发射第二颗，2008 年 10 月发射第三颗，并于 2010 年 11 月在美国加利福尼亚州范登堡空军基地搭载 BoeingDelta II 火箭成功发射最后一颗卫星，顺利进入四星运作模式。该系统由四颗低轨道卫星组成，每颗卫星均为 X 波段合成孔径雷达，常规条件下卫星间距为 90°相位，均匀分布于轨道面。Cosmo-SkyMed 为近极地太阳同步轨道，轨道高度 619.6 km，轨道倾斜角 97.86°，重返周期 16 天。该卫星为 X 波段，波长 3.1 cm，设计寿命 7 年，可以提供最高 1 m 分辨率和 10 km 扫描带宽，系统响应时间缩短为 12 h，同一地区每天可进行两次重复观测。在每 16 天轨道周期中，Cosmo-SkyMed 星座可以以相同轨道方向、视角、入射角，重复获取 4 次干涉数据，大大提高了干涉测量能力。Cosmo-SkyMed 提供了多种极化方式：单极化模式(HH)或(HV)或(VH)或(VV)、双极化模式(HH+VV)或(HH+HV)或(VV+VH)。每颗 Cosmo-SkyMed 均可运行于三种成像模式：①聚束模式(spotlight)包括模式 1 和模式 2。模式 1 专门针对军事用途。模式 2 分辨率为 1 m，幅宽 10 km。②条带模式(stripmap)包括 Himage 和 Pingpong 两种成像模式，分辨率分别为 3m 和 15m，幅宽分别为 40 km 和 30 km。③扫描模式(ScanSAR)包括 WideRegion 和 HugeRegion 两种成像模式，分辨率分别为 30m 和 100m，幅宽分别为 100km 和 200km。Cosmo-SkyMed 提供 4 种级别的产品：Level 1A 产品为侧视单视复数据产品(single-look complex slant，SCS)、Level 1B 产品为幅度地面多视数据产品(detected ground multi-look，MDG)、Level 1C 产品为地理编码椭球体纠正数据产品(geocoded ellipsoid corrected，GEC)，以及 Level 1D 产品为地理编码地形纠正数据产品(geocoded terrain corrected，GTC)。Cosmo-SkyMed 星座具有高分辨率、高定位精度、高重返周期、高干涉/极化测量能力等特点，在资源环境监测、灾损评估、海事管理、海洋监视、海岸带监测、极地研究、文化遗产观测等快速响应领域具有显著优势。

4. ALOS-2

ALOS-2 是 ALOS 卫星的后继星，是目前唯一在轨的 L 波段的高分辨率星载合成孔径雷达，可以不受气候条件和时间的影响，能很好地用于地球环境和地质运动监测。2014 年 5 月 24 日，日本宇宙航空研究开发机构(Japan Aerospace Exploration Agency，JAXA)在种子岛宇宙中心(Tanegashima Space Center)成功发射了陆地观测技术卫星 ALOS-2。该卫星搭载了国际领先水平的四极化相控阵天线(PALSAR-2)，分辨率由 ALOS-PALSAR 的 10m 提升至 3m。PALSAR-2 天线经过精确轨道控制，可以显著提升重轨干涉的相干性，且可利用卫星左右两翼同时进行成像，为大区域灾害快速响应提供了可能。ALOS-2 位于太阳同步准回归轨道，轨道高度 628 km，卫星重量 2100 kg，重复周期 14 天，重访周期约 100 分钟。该卫星为 L 波段，频率 1.2 GHz，最小分辨率为 3 m(距离向)×1 m(方位向)，设计寿命 5 年。ALOS-2 相较于 ALOS 观测频率明显提升，遇紧急观测指令时，最快 1～2 天完成重复观测(戴舒颖，2014)。ALOS-2 在数据传输(800Mbps)上较 ALOS 也明显提升，强大的数据中继卫星保证了大量数据稳定传输到地面接收站，紧急产品在下行传输 60 分钟内即可完成生产，大大提升了灾害快速响应与处理能力。ALOS-2 提供了多种极化模式：单极化模式 HH 或 HV 或 VH 或 VV、双极化模式(HH+HV)或(VV+VH)和四极化模式(HH+VV+HV+VH)。ALOS-2 提供了 8 种成像模式：1 种聚束模式(Spotlight)，分辨率为 1m×3m，幅宽 25 km；5 种条带模式(stripmap)，分辨率为 3m、6m、10 m，幅宽 50～70 km；3 种扫描模式(ScanSAR)，分辨率为 60 m、100 m，幅宽 350～490 km。ALOS-2 主要提供了 4 个级别的数据产品。1.1 级产品为单视复数产品，保留了幅度和相位信息；1.5 级产品是地距产品，在 1.1 级产品基础上进行了地图投影；2.1 级产品是正射校正产品，是 1.1 级产品应用 DEM 纠正的结果；3.1 级产品在 2.1 级产品基础上进行了动态压缩和降噪处理。ALOS-2 是全球第一颗全极化 L 波段星载雷达卫星，得益于 L 波段穿透性强、相干性好的特点，在地壳运动、灾害预警、海冰变化、森林监测、冰川退化、地下资源探查、精准农业、海事安全等领域发挥了十分重要的作用。

5. 欧空局哨兵一号卫星(Sentinel-1)

Sentinel-1 是欧洲哥白尼计划(Copernicus Program)专用卫星的首颗卫星，由欧洲委员会(European Commission，EC)负责投资、管理和协调，欧空局负责设计研制。Sentinel-1

由两颗卫星组成，用于接替2012年4月失效的Envisat卫星。2014年4月3日，Sentinel-1A卫星从法属圭亚那发射场经由联盟-ST火箭发射升空，2016年4月25日，Sentinel-1B卫星从库鲁航天中心成功发射，顺利组成星座，双星均匀分布于同一轨道面上。该卫星采用意大利多用途可重构卫星平台(PRIMA)，姿势控制系统采用三轴稳定方式，精度为每轴0.01°。Sentinel-1数据传输采用X波段，速度为600 Mbit/s。此外还搭载了一台激光通信终端，可通过“欧洲数据中继卫星”传输数据(杨金明和刘志辉，2016)。Sentinel-1位于太阳同步轨道，轨道高度693 km，倾角98.18°，入射角范围20°～40°，卫星重量2.3 t，系统单星回归周期为12天，双星组网后系统回归周期缩短为6天。该卫星为C波段，频率为5.405 GHz，最高分辨率为5 m，设计寿命为7.25年。Sentinel-1采用了严格的轨道控制技术，将卫星运行轨道控制在半径为50 m的圆形管道内，确保了空间基线足够小，满足干涉测量的要求(杨魁等，2015)。Sentinel-1提供了多种极化模式：单极化模式HH或VV和双极化模式(HH+HV)或(VH+VV)。Sentinel-1提供了4种成像模式。条带模式(stripmap，SM)的分辨率为5 m × 5 m，幅宽80 km；干涉测量宽幅模式(interferometric wide swath，通常缩写为IW)的分辨率为5m × 20 m，幅宽250 km；超宽幅模式(extra wide swath，通常缩写为EW)的分辨率为25 m × 100 m(三视角)，20 m × 40 m下的幅宽为400km；波模式(wave mode，WV)的分辨率为5 m × 5 m，沿轨每100 km图像的幅宽为20 km × 20km(龚燃，2014；欧阳伦曦等，2017)。Sentinel-1提供3个级别的数据产品。Level-0级产品是卫星接收的未聚焦的原始数据。Level-1级产品包括经过聚焦和预处理的单视复数影像(single look complex，SLC)以及在SLC数据基础上进一步经过多视处理和地图投影的地距影像(ground range detected，GRD)。Level-2级产品则包括各种模式下由Level-1级产品衍生出的地球物理产品：海洋风场产品(ocean wind field，OWI)、海洋膨胀光谱产品(ocean swell spectra，OSW)、表面径向速度产品(radial velocity，RVL)等。Sentinel-1具有大宽幅、重返周期短、干涉能力强等特点，为地形形变、滑坡监测、作物估产、地表分类、林业管理、海洋探测、海事管理等应用领域提供了强有力的支持。

6. 高分三号卫星(GF-3)

GF-3是我国自主研制的第一颗C波段、高分辨率、全极化的合成孔径雷达，也是我国民用“高分辨率对地观测系统重大专项”中唯一一颗微波成像卫星。2016年8月10日，在我国太原卫星发射基地长征四号丙运载火箭搭载GF-3成功发射升空。该卫星突破了多极化相控阵天线技术、高精度SAR内定标技术等多项关键技术，各项指标达到或超过了国外同类卫星水平(张庆君等，2017)。GF-3运行于太阳同步轨道，轨道高度755 km，入射角范围10°～60°，卫星重量2.75 kg。该卫星为C波段，频率5.4 GHz，最高分辨率为1 m，设计寿命为8年。GF-3卫星具有高空间分辨率、高时间分辨率、高光谱分辨率和高精度观测的特点，能够通过左右姿态变换快速提升响应能力，获取1～500 m分辨率、10～650 km幅宽的SAR图像。GF-3可针对用户需求，对系统参数、时序、工作方式等进行灵活调整，极大地丰富了其应用范围(刘杰和张庆君，2018)。GF-3提供了多种极化模式：单极化模式HH或HV、可选双极化模式(HH+HV)或(VH +VV)、全极化模式(HH+HV+VH+VV)。GF-3是目前成像模式最多的合成孔径雷达，提供了多达12种

SAR 成像模式，可以分为聚束模式、超精细条带模式、全极化条带模式、波成像模式、双极化条带模式和双极化扫描模式 6 组。其中，全极化条带模式包括全极化条带 1 模式和全极化条带 2 模式；双极化条带模式包括精细条带 1 模式、精细条带 2 模式、标准条带模式和扩展入射角模式；双极化扫描模式包括窄幅扫描模式、宽幅扫描模式和全球观测模式(孙吉利等，2017)。GF-3 单次成像时间最长可达 50 min，满足绝大部分应用的需求。GF-3 的数据包括 L0、L1A、L1B 和 L2 级 4 种标准产品。L0 级产品是 SAR 接收的原始 RAW 数据。L1A 级产品为 L0 级产品经过聚焦后的复数据产品(single look complex，SLC)。L1B 级产品是在 L1A 产品基础上经过辐射定标后的产品，包括单视图像产品(single look product，SLP)和多视图像产品(multi-look product，MLP)。L2 级产品是基于 L1B 级产品进一步经过几何校正的系统几何校正产品(systematically geometric calibration，SGC)。GF-3 具有多极化、高分辨率、大宽幅等特点，能够全天候、全天时监测全球海洋和陆地资源，广泛应用于陆地资源监测、海洋环境监测、海洋权益维护、灾害预警、水资源管理、气象研究等各个领域。

3.2.2　雷达卫星数据应用需求分析

1. GF-3 在海南地区的覆盖情况

GF-3 是我国自主研制的第一颗 C 波段、高分辨率、全极化的合成孔径雷达。GF-3 在我国的覆盖情况很好，可以满足各类应用的需求。在海南地区，宽幅扫描模式的重返周期较短，每半个月即可对海南全境完全覆盖一次。精细条带 2 模式和标准条带模式每半年即可覆盖海南全境。超精细条带模式和精细条带 1 模式可以做到 2 年覆盖海南全境。全极化条带 1 模式每 2～3 年基本能够完全覆盖全海南地区。

2. 雷达卫星数据应用

1) 土壤水反演

土壤水分是全球能量交换和水分循环的重要构成部分，是地表水与地下水互相转化的重要途径。土壤水分的时空分布与动态变化不仅会影响其自身的水热过程，而且会对地表反照率、土壤热容量、地表蒸发、生物化学循环等产生重要的作用(赵英时，2003)。因此，获取时效性强、范围广、精度高的土壤水分一直是水文、气象、农业、生态等各个领域共同努力的目标，具有十分重要的研究价值和应用前景。传统的土壤水分观测主要依靠水文网或气象站点获得，其数据精度普遍较高。但受到地面观测点数量稀少和分布位置不均等的影响，往往只能反映局部地域的土壤水分信息，不能推广到大尺度区域。传统方法得到的土壤水分信息是“点”上的数据，仅仅用“点”上观测的土壤水分代表一定区域“面”上的土壤水分，是存在很多问题的，特别是在地表异质性较大的地区，这种尺度不一致带来的差异尤为明显，而且传统方法，无论是人工测量还是布设传感器，都需要耗费大量的人力、物力和时间，在大范围的土壤水分监测工作上是不可取的。遥感科学的飞速发展为土壤水分的观测提出了一个新的方法。遥感观测范围广、时效性强、重复周期短等特点，使得其在土壤水分观测上具有得天独厚的优势(朱彬，2017)。雷达遥感作为土壤水分反演的有效手段之一，主要基于其以下几个特点。首先，在微波范围内，冰、土壤和水的介电常数有巨大差别，这使得雷达对于土壤水分十分敏感。其次，雷达对地物具有一定的穿透能力。雷达可以穿透植被，探测植被覆盖下的土壤表层信息。再次，雷达具有全天时、全天候的成像能力。地球表面经常有 40%～60%云层覆盖，可见光、红外传感器还没有更好的解决办法，因此雷达的这种特性具有非常重要的意义。最后，相对于被动微波遥感而言，雷达遥感具有较高的空间分辨率(杜今阳，2006)。

雷达反演土壤水分的原理主要是利用成像雷达获取地表后向散射系数，构建雷达后向散射系数与土壤介电常数和土壤含水量的关系，实现基于后向散射系数的土壤水反演。自 20 世纪 70 年代以来，众多学者提出了针对雷达的土壤水分反演算法，并被应用到全球的各个区域(孙亚勇，2018)。早期的土壤水分反演算法大多是基于后向散射系数与土壤水分的线性或非线性的经验关系。Dobson 和 Ulaby(1986)分析裸土区 L 波段 AirSAR-B 的后向散射系数与土壤水分数据，发现后向散射系数与土壤水分呈线性正相关，以此建立了后向散射系数与土壤水分的线性模型。Njoku 等(2002)和 Narayan 等(2006)基于后向散射系数与土壤含水量之间的线性关系，开展了雷达土壤水分反演相关的机载和星载实验，并进一步研究了雷达土壤水分降尺度的应用。半经验模型是目前最主要的土壤水分反演算法，其原理是以雷达的理论模型为基础，通过实验数据建立简化模型，通过较少且易于获取的参数反演土壤水分。Oh 等(1992，2002)和 Oh(2004)基于雷达数据、地面观测数据分别建立了同极化比和交叉极化比与粗糙度均方根高度、波数和介电常数的关系，构建了 Oh 模型。Dubois 等(1995)基于同极化的雷达数据、地面观测数据分别建立了 VV 极化、HH 极化后向散射系数与粗糙度均方根高度、波数和介电常数的关系，发展了 Dubois 半经验模型。这两个模型物理意义明确，在雷达土壤水分研究中取得了广泛应用。Shi 等(1997)基于 IEM 模型模拟不同表面粗糙度和土壤体积含水量下的裸土表面后向散射系数值，建立了 L-VV 和 L-HH 后向散射系数与介电常数、地表粗糙度功率谱之间的相关关系，发展了 Shi 模型，主要应用于 L 波段土壤水分反演。由于后向散射系数与地表参数之间的关系是非线性的，在物理机制尚未明确的情况下，很难准确对其进行建模。应用机器学习等智能反演方法可以解决这类非线性问题，为此雷达土壤水分反演提出了一个新的解决思路。目前，神经网络方法在雷达土壤水分反演中已经有广泛应用。Paloscia 等(2013)基于神经网络方法构建了 Sentinel-1 SAR 数据的土壤水分反演模型，生产了欧洲区域高分辨率的土壤水分反演产品，证明了 Sentinel-1 在大区域土壤水分监测中的可行性。Gruber 等(2014)研究了基于神经网络的 MetopASAT 全球土壤水分反演模型。研究发现，相比于传统方法，神经网络方法在全球土壤水分生产上具有明显优势。

2)植被参数反演

植被是陆地生态系统的重要组成部分，占陆表面积的一半以上，是陆地生态系统中最活跃的因素。它是人类生存环境的重要组成部分，也是表征自然环境的最重要手段。同时，植被作为全球碳源和碳汇的重要组成部分，是全球水循环中一个不容忽视的环节。遥感技术为面向全球大尺度的陆表植被实时监测提供了重要的技术支撑。雷达遥感作为植被监测的有效手段之一，已被广泛应用于植被地表参数反演。目前，雷达可估算的植被参数主要有植被生物量、植被叶面积指数等(施建成等，2012)。植被叶面积指数(leaf area index，LAI）是指单位土地面积上总植物绿叶叶面积的一半（Chen et al.，1997；Chen and Black，1992）。叶面积指数是表征植被冠层结构参数的指标，能够影响植被对太阳辐射的吸收，是表征农作物生长发育、植被健康状况的重要评价因子。生物量（biomass）是指某一时刻单位面积内实际存活作物的干重（Asrar et al.，1985）。生物量是估算碳储量的关键指标，对于监测生态系统对气候变化及人类活动的反馈、全球碳平衡的认识和理解有十分重要的意义。雷达遥感作为植被参数反演的有效手段之一，主要基于以下几个特点。首先，雷达遥感具有全天时全天候观测的特点，使得其在长期受云雨影响的热带亚热带植被分布地区有更高的应用价值。其次，雷达遥感相比于光学遥感对于冠层穿透性更好，能够反映一部分冠层内部的信息，这对于农作物的生长监测尤为重要。最后，雷达遥感对于植被特性的变化十分敏感，植被的物候变化会引起雷达后向散射系数变化，雷达遥感是监测植被参数变化最为有效的手段之一。

雷达遥感不如光学遥感易于理解，植被的后向散射系数与雷达系统参数（波长、入射角、极化方式）、植被参数以及地表参数均有关系，电磁波与植被之间的相互作用是比较复杂的。为了对这个复杂的过程进行理解并提高地表参数的反演精度，研究人员通过对植被微波后向散射特性的研究，建立了各种类型的植被微波后向散射模型。总的来说，这些模型可以分为经验模型方法、理论模型方法、半经验模型方法和智能反演方法。常见的植被微波散射经验模型方法主要是建立后向散射系数与系统参数（包括入射角、入射波频率、极化方式等）、植被生长参数（包括生长天数、植被高度、植被密度、生物量和LAI 等）之间的关系（许涛等，2015）。Le Toan 等（1989）研究了水稻区域的机载 X 波段、双极化和多时相的 SAR 图像，结果表明雷达后向散射系数会随着水稻的生长而增大。Dobson 等（1995）利用多通道的 SAR 数据，通过多元线性回归估测出森林的生物量、树高和胸高断面积，然后利用地面实测数据建立了森林异速生长方程，通过胸径面积和树高估测树干的生物量，并由树干和树冠的生物量得出森林的总生物量。Inoue 等（2002）基于 Ka、Ku、X、C 和 L 这 5 个波段测量了整个水稻周期的全极化后向散射系数，包含 25°、35°、45°和 55°四种入射角，结果表明后向散射系数与水稻生物量和 LAI 之间存在很好的相关性。Mattia 等（2003）基于 C 波段散射数据研究了小麦后向散射系数与生物量和土壤含水量的关系，并将结果进一步应用到小麦生物量和植被含水量的反演中，取得了不错的效果。Luong 等（2019）使用 ALOS-2 数据利用回归分析方法对越南南部的红树林生物量进行估算，选取的特征有极化特征（后向散射系数、极化比等）和 SAR 纹理特征。结果显示，HV 极化在线性、指数和多项式模型中有一定关系，HH 则没有很好的关系。研究还表明纹理变量的加入会进一步提高精度。总的来说，经验模型建立较为简单，并且利于反演，但一般是针对某种植被类型、小范围研究区和特定植被生长期，且模型精度很大程度上依赖实测数据，因此植被经验模型方法难以被推广到大区域。为了更好地理解雷达成像机理，分析地物的散射特征，并从中提取有用的植被参数信息，植被微波散射理论模型的研究至关重要。在植被散射理论模型中，离散介质模型是主流，又根据是否强调植被结构和相干相位，其进一步细分为植被非相干散射模型和植被相干散射模型。植被非相干散射模型是基于辐射传输理论提出的。Karam 和 Fung（1982）最先提出一个粗糙面上多层随机介质的传播和散射模型，用于模拟森林的后向散射系数，并进一步发展了植被各结构组分的模型，最终与 IEM 结合发展为适用性广泛的微波散射模型。Proisy 等(2000，2002)成功将该模型引入复杂地形下多种针叶林和阔叶林的模拟和应用。Wang 等(2009)在 Karam 散射模型基础上发展了适用于水稻的散射模型，该模型能够模拟处于不同生长期水稻的后向散射系统。Inoue 等(2014)将该水稻散射模型应用于最新的 Radarsat-2 卫星上，对水稻的生物物理参数进行反演，取得了不错的结果。Ulaby 等(1990)根据辐射传输理论提出了经典的密歇根微波散射模型(Michigan microwave canopy scattering model，MIMICS)。早期的 MIMICS 模型假设散射体在植被层中均匀分布，McDonald 和 Ulaby(1993)引入孔隙率和覆盖率等参数，提出了一阶非连续森林散射模型(MIMICS Ⅱ)。高帅和牛铮(2008)基于 MIMICS 模型和雷达后向散射系数反演了热带人工林的 LAI，并进一步探讨了影响 LAI 反演的因素。Liao 等(2013)进一步改造了 MIMICS 模型，将模型中的树干层去除，得到了适用于小麦、苔草等低矮植被的散射模型，在生物量反演上取得了不错的结果。大多数非相干模型是基于辐射传输方程的一阶解或二阶解，对交叉极化往往存在低估，且缺乏对植被层多次散射的计算。Bracaglia 等(1995)基于 Matrix-Doubling 算法和辐射传输理论提出了全极化植被模型，该模型考虑了辐射传输模型的高阶解，可以更好地处理描述植被的多次散射。Du 等(2006)进一步将 Matrix-Doubling 算法引入森林植被冠层散射的计算中，取得了很好的效果。倪文俭等(2010)将该方法引入三维森林雷达后向散射模型中，估算森林的冠层体散射，结果表明，该模型对 HV 极化的估算精度有了明显改善。Ni 等(2013)继续将 Zelig 森林生长模型输出的结构参数输入到该三维森林雷达后向散射模型中，建立了一个模拟数据库，并利用基于最近距离的查找表方法和基于距离阈值的查找表方法进行森林生物量的反演，结果表明基于距离阈值的反演结果更好。植被相干散射模型是基于辐射传输理论提出的，与非相干模型相比，能更好地模拟植被的实际情况。Lin 和 Sarabandi(1999)建立了针对森林的相干散射模型，该模型利用分形理论实现了树的结构，充分考虑了单棵树结构内的散射体相位相关。Chiu 和 Sarabandi(2000)提出了一个针对大豆的短分枝相干模型。Stiles 和 Sarabandi(2000)针对农作物提出了一个全相干一阶散射模型。该模型考虑了叶片的曲率和截面形状以及农作物分布。王芳等(2008)将该模型进一步应用于玉米，提出了玉米的一阶相干散射模型。Thirion 等(2006)提出了一个相干散射模型，该模型考虑了森林植被的三维结构。Liu 等(2009)又继续发展了三维森林相干散射模型，将模型建立在真实的植被三维结构上，能够准确描述散射体之间的相对位置，对植被的刻画更为精细，为森林参数的定量反演提供了更为充足的理论依据。理论模型虽然精度较高，但输入参数较多、计算量大，在实际应用中难以发挥优势。针对这个问题，多年来已经发展了一些半经验模型方法。半经验模型是介于理论模型和经验模型之间的模型，既具有一部分物理机理，也简化了部分难以获取的参数，广泛运用在实际应用中。Attema 和 Ulaby(1978)对植被层的散射机制进行简化，提出了半经验的水云模型，广泛应用于植被参数反演中。Santoro 等(2011)在水云模型基础上提出了 BIOMASAR 算法，通过森林生长量与后向散射系数的关系来估算生物量。该算法利用最小二乘法提高了 C 波段雷达的反演饱和点，为大范围生物量反演提供了解决思路。Bériaux 等(2015)将水云模型应用于玉米叶面积指数提取研究中。但该模型仅考虑植被冠层与地表的直接散射，忽略了多次散射，不太适用于多次散射较强的植被。陶亮亮等(2016)针对冬小麦叶面积指数反演提出了一种改进的水云模型。该模型引入了植被覆盖度以及裸土对雷达后向散射系数的直接作用信息，比原始水云模型的精度有所提高。Roo 等(2001)在 MIMICS 模型基础上去掉了树干层，建立了适用于农作物的半经验模型，在实际应用中取得了不错的效果。近年来，植被参数反演方法逐渐从传统的经验、半经验模型向机器学习等智能反演方法发展。Shen 等(2015)利用神经网络算法结合理论模型对鄱阳湖湿地植被生物量进行反演，提高了反演的精度。许涛(2016)将支持向量机方法引入了植被生物量反演中，结果表明该方法的反演精度优于传统经验模型和神经网络算法。Zhang 等(2017)基于极化 SAR 数据利用随机森林算法对油菜的生物量、LAI、茎高等参数进行反演研究，取得了不错的效果。

3)地表分类

地表分类是气候变化、生态评估、国情监测、宏观调控等不可或缺的基础地理信息(陈利军等，2012)，在地形制图、地质勘测、城市规划、农作物分类、海洋监测等典型应用中发挥着十分重要的作用。雷达遥感能够获取丰富的地物信息，在区分不同地物特性上具有显著的优势，雷达地表分类是雷达遥感的主要研究方向之一。雷达遥感作为地表分类的重要手段之一，已被广泛应用于各类地表分类中，主要基于其以下几个特点。一方面，雷达遥感不易受大气和云雨的影响，在多云多雨地区可以满足地表分类应用的基本成像要求。另一方面，雷达遥感能够探测地物的结构特性，对结构不同地物之间的分类具有更为显著的优势，特别是全极化雷达，能获取更为丰富的目标信息，而光学遥感只能利用地物的光谱特性进行分类。

雷达地表分类研究主要是基于雷达极化特征，通过不同极化、极化组合、极化分解等方法提取辐射特征，再通过不同的分类器对特征进行分类或识别，主要可分为传统方法、面向对象法和机器学习法。传统方法主要由基于最大似然、Wishart 等规则的监督或非监督分类组成。Cimino 等(1986)探讨了多角度雷达数据对森林分类的可能性，结果表明，利用多角度数据很重要，不仅能区分不同的树种组成的森林，还能对同一个树种组成的不同结构的森林进行区分。Kong(1988)领导的研究小组首次利用极化 SAR 数据基于贝叶斯监督分类方法对地表进行了分类。Ouchi 和 Ipor(2002)基于 JERS-1 和 ERS-2 数据对马来西亚的红树林进行了最大似然分类。Rao 和 Turkar(2009)利用 SIR-C、ALOS 和 Envisat 数据研究了基于 $H/A/\alpha$ 分解的 Wishart 监督和非监督分类。结果表明，ALOS 的分类精度(96%)优于 SIR-C(92%)，可以准确区分水体、红树林和海洋。面向对象法充分考虑图像结构、纹理以及临近像元的关联性对图像进行分类。该方法的核心是先分割，再分类。Pereira 等(2012)利用 ALOS 数据绘制了巴西圣保罗南部海岸的红树林，使用的方法为基于频率的上下文分类法(frequency-based contextual classification)。研究发现 HH 极化和 SAR 指数的效果最好，其中选取 10 个极化特征和 3 个 SAR 植被指数时精度最高。Liu 等(2013)利用超像素(superpixel)分割实现了目标地物的提取，在此基础上进一步提出了一种能够自动判断地物类别数的分类方法。Aghababaee 和 Sahebi(2015)利用 K-均值算法对全极化 SAR 数据进行过分割，该方法有效抑制了分类结果中的破碎问题，进一步提高了雷达分类精度。机器学习法是将现在比较流行的决策树(decision tree，DT)、支持向量机(support vector machine，SVM)、人工神经网络(artificial neural network，ANN)、随机森林(random forest，RF)等机器学习算法应用到分类问题中，通过选定的样本对算法进行训练，进而对图像进行分类。Simard 等(2002)基于 JERS-1 和 ERS-1 数据对加蓬沿海地区的森林进行了分类，使用的方法是决策树。结果显示，纹理信息可以进一步区分淹没植被，多时相数据可以区分沼泽地和淹没植被，多波段分类精度高于单一波段。Lardeux 等(2009)基于支持向量机方法利用雷达数据对热带植被进行研究。该研究利用 greedy 前向和后向方法对不同极化参数在植被分类中的贡献度进行分析。结果表明，支持向量机方法的适用性更好，当雷达数据不满足 Wishart 分布时也能取得较高的分类精度。Wang 等(2010)利用多时相 Envisat 数据在珠江三角洲研究了沿岸地物分类，使用的方法是决策树，分类总体精度为 80%。研究表明多时相数据有助于提高分类精度。Ferrentino 等(2020)在香港米埔自然保护区利用 Radarsat-2 和 ALOS-2 数据开展红树林类内识别。该研究针对不同红树林物种的敏感性提出了一个极化变化探测器，在此基础上利用决策树识别了四种红树林。研究结果表明该方法优于极化分解法。Minh 等(2017)基于 LSTM 和 GRU 两种景点的循环神经网络(RNN)架构，利用多时相 Sentinel-1 数据对冬季植被进行制图。结果表明，该方法总体分类精度明显优于传统的机器学习方法，RNN 在时序数据上能够充分利用时间相关性。Guo 等(2018)利用 Highway U-Net 网络实现了 GF-3 双极化 SAR 数据在大区域森林制图上的应用。该方法的分类结果连通性较好，不需要后处理过程，大大提高了分类效率，显示出了深度学习方法的优势。Wei 等(2019)利用 U-Net 深度学习网络实现了多时相 Sentinel-1 数据的农作物分类，总体精度比随机森林和 SVM 方法更高，证实了深度学习方法在多时相农作物分类上也具有很好的潜力。

4)地表沉降监测

地表沉降是由自然因素或人类工程活动引起的地下岩层固结压缩并导致一定范围内地面高程降低的地质现象。地表沉降进程缓慢、不易察觉、不易恢复等特点，对防洪排涝、土地利用、城市规划、航运运输等造成严重危害。传统地表沉降监测手段主要是水准测量、监测标测量、GPS 测量等，在成本、效率、精度等方面存在许多问题。合成孔径雷达干涉测量(interferometric synthetic aperture radar，InSAR)技术是近 40 年发展起来的新型空间测量手段，已被广泛应用于地表沉降监测中，主要基于以下几个特点。首先，InSAR 技术是空基探测技术，不需要布设地面观察站就能监测大面积的地表形变信息。其次，InSAR 技术的时间分辨率很高，可以长时间连续对关键区域进行监测。最后，InSAR 技术发展很快，在地面微小形变监测中的精度越来越高，已具有毫米级测量精度(王爱春，2017)。

InSAR 技术是利用同一地区观测到的两幅雷达复影像数据进行相干处理，通过相位信息获取地表高程信息和形变信息。最早应用于地表形变监测的 InSAR 技术是差分干涉技术(differential InSAR，DInSAR)。Gabriel 等(1989)首次提出了利用 DInSAR 监测微小地表形变的可行性，并利用 L 波段的 Seasat 数据获取了美国 Imperial Valley 灌溉区的地表形变。Tesauro 等(2000)利用 DInSAR 技术监测了地下铁路修建对城市沉降的影响。Fruneau 等(2005)将 DInSAR 技术应用在地下水开采区域的地表微小形变监测中。传统 DInSAR 技术中的时间和几何去相干以及大气影响等因素限制了应用范围。目前，地表形变监测更多利用长时间相位和幅度变化稳定点的方法(永久散射体法)。Ferretti 等

(2001)首次利用永久散射体(permanent scatterer，PS)法对意大利 Ancona 地区进行了滑坡监测。该方法是从一组时间序列的 SAR 图像中选取保持高相干性的点作为 PS 点，反演出精确的地表形变。Ferretti 等(2011)继续对 PS-InSAR 进行优化，针对低相干区域提出了 SqueeSAR 技术，该技术广泛应用于各类地表形变监测。Usai(2001)首次提出了最小二乘法(least square，LS)法，利用最小二乘法进行线性拟合求解沉降的时间序列，并将该方法应用于采气区沉降监测和火山的活动监测中。该方法解决了长几何基线的失相干问题，但整体上精度较低，无法应用于形变量小的地表沉降监测。Berardino 等(2001)提出了小基线子集法(small BAseline subset，SBAS)。该方法在 LS 法上进行了改进，最大限度地利用了多基线干涉像对信息，主要应用于低分辨率、大尺度的形变监测。刘志敏等(2014)基于 SBAS-InSAR 技术监测了长治矿区地表形变。张艳梅等(2017)也利用该方法基于 Sentinel-1 数据对西安地表沉降进行了监测，证明了该方法的有效性。Lombardini(2005)提出了差分 SAR 层析成像技术或差分 TomoSAR(differential SAR tomography，DTomoSAR)技术，该方法能将不同地面目标的不同散射目标信号分开，准确获得各自的沉降信息。Lombardini 将该方法应用于地表形变速率估计中，取得了不错的效果。尤江彬(2018)将 DTomoSAR 技术应用在遗产探测仿真和形变监测上，证明该方法具有很好的应用潜力。张月(2020)基于 DTomoSAR 技术获取了北京城区高精度大范围的三维结构和地表形变信息。Hooper 等(2012)提出了多时相 InSAR(multi temporal inSAR，MTI)技术，该方法综合利用 PS 和 SBAS 方法进行特征点时序分析，可以获取大区域地表沉降，但分辨率不高。何平等(2012)利用 MTI 技术研究了廊坊地区的地面沉降速率场，并进一步反演了地下水体积变化。Hetland 等(2012)提出了多尺度 InSAR 时间序列(multiscale inSAR time series，MInTS)分析法，在反演前将相位数据转化到小波域，利用时域参数化模型求解时空连续形变，可对未知形变状态进行估算。洪顺英等(2018)基于 MInTS 技术对当雄地震震后形变提取与余滑反演进行了研究，取得了很好的效果。

3.2.3 雷达卫星数据在海南地区的应用案例

1. 概述

红树林是海岸带生态系统中重要的植物群落，具有较高的社会、生态和经济价值。同时，红树林是全球最脆弱的生态系统之一，在其分布的所有区域内都受到威胁。在过去的半个多世纪中，全球红树林数量急速下降，损失面积已经超过了三分之一，严重威胁到了人类的生产与发展。海南省红树林分布在本岛全部海岸，且生长于滩涂浅滩，枝繁叶茂，利用传统实地调查方法难以开展全面有效的研究。遥感技术的发展为红树林监测提供了一种高效便利的手段，可以获取大范围、长周期、高时效的实验数据，解决了传统实地调查方法工作量大、效率低的问题，从而更加高效、准确地对海南红树林进行研究。雷达遥感由于具有穿透性好、不受云雨影响的特点，在红树林分布地区具有得天独厚的优势。GF-3 是我国自主研制的 C 波段、高分辨率、全极化的合成孔径雷达。本节基于全极化 GF-3 数据提出了一个红树林信息提取算法，并将该方法应用于海南临高彩桥红树林县级自然保护区。首先进行了雷达极化特征提取，选取了 32 个全极化特征、11 个双极化特征，然后基于随机森林算法的平均下降基尼系数对特征进行重要性排序，并利用 Spearman 相关系数进行特征冗余筛选，确定了针对红树林信息提取的优势极化特征，最后利用这些极化特征对影像进行随机森林分类，并与传统的支持向量机方法进行精度对比。

2. 研究区与数据源

1) 研究区概况

本节选取海南临高彩桥红树林县级自然保护区作为主要研究区(图 3.1)。临高彩桥红树林县级自然保护区(简称新盈港保护区)地处海南省临高县新盈镇(19°50′N～19°51′N，109°30′E～109°31′E)，1986 年被划定为县级自然保护区。保护区总面积为 350 hm^2，濒临后水湾，属于热带季风气候，年平均温度为 23.7℃，年平均降水量为 1448.4 mm，因地处海南岛西北，受台风影响小，为红树林提供了良好的生长环境。新盈港保护区的红树林主要为红海榄、桐花树与白骨壤群落(吴瑞等，2017)。本节还选取了孟加拉国的孙德尔本斯国家公园作为模型训练和验证的研究区。孟加拉国的孙德尔本斯国家公园位于西孟加拉的加尔各答东南部(21°38′N～22°29′N，89°02′E～89°53′E)，是恒河、布拉马普特拉河与梅克纳河交汇处的三角洲，属于亚热带季风气候，年最高温度在 31℃左右，年平均降水量为 1600～1800mm。该地区因毗邻孟加拉湾，容易受到热带风暴的影响，并且曾一度经历过度开发，引起了一系列生态环境问题。1997 年，该地区被世界自然保护

图 3.1　临高彩桥红树林县级自然保护区

联盟和联合国教育、科学及文化组织列为保护区和世界自然遗产，保护区总面积为 133010hm^2。孙德尔本斯国家公园的红树林资源丰富，拥有 27 种以上红树林物种，是世界上最大的红树林保护区之一。

2) 数据源与预处理

本节所采用的遥感数据是 GF-3 雷达数据。GF-3 卫星是我国自主研制的 C 波段、高分辨率、全极化的合成孔径雷达，其最高分辨率达到了 1m。本节选取了 GF-3 全极化条带 1(QPSI) 模式数据，分辨率 8m，幅宽 30km。海南省新盈港研究区获取了 2017 年 2 景全极化数据，孟加拉国研究区获取了 2018～2020 年 9 景全极化数据。

在数据预处理方面，首先对影像进行辐射定标，并对方位向和距离向进行 1×2 多视，然后对图像进行大小为 3×3 的精致 Lee 滤波(refined Lee filter)，最后利用 30m SRTM 高程 DEM 进行地理编码，将图像重采样为 8m 分辨率。

3. 研究方法

本节针对红树林信息提取开展特征优选方法研究，选取优势极化特征，实现红树林信息雷达遥感的高精度提取。研究内容可分为三步：特征提取、特征优选以及红树林信息提取与精度评价，如图 3.2 所示，下面进行详细描述。

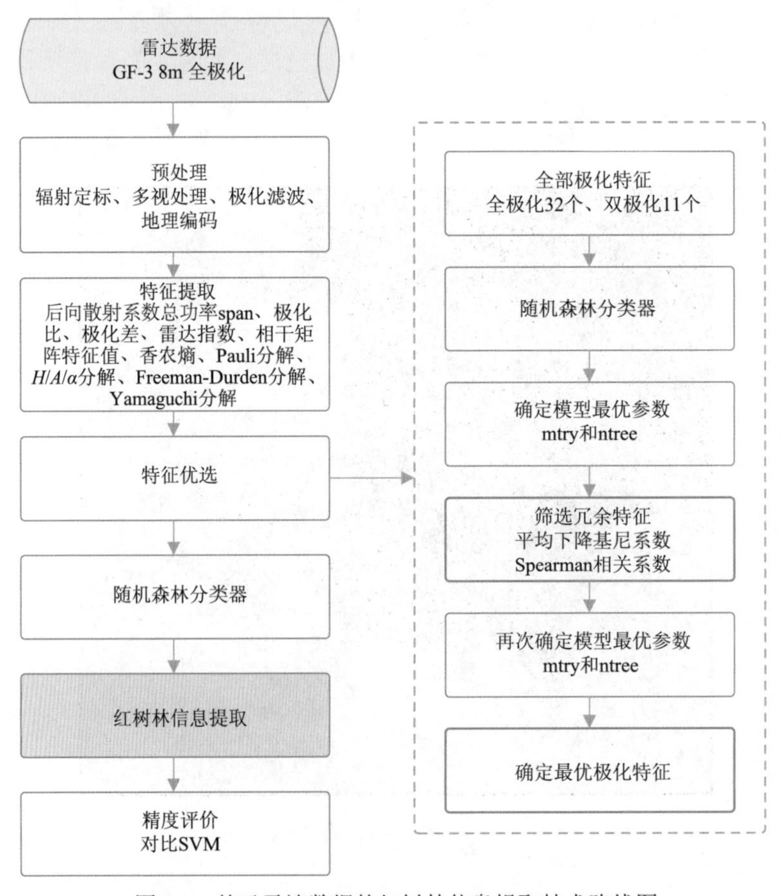

图 3.2　基于雷达数据的红树林信息提取技术路线图

1) 特征提取

从全极化雷达数据中提取了常用极化特征，包括 32 个全极化特征、11 个双极化特征。

全极化特征包括后向散射系数、总功率、极化比、极化差、雷达指数、相干矩阵特征值、香农熵、Pauli 分解、*H*/*A*/*α* 分解、Freeman-Durden 分解和 Yamaguchi 分解，共 32 个全极化特征，如表 3.1 所示。其中，总功率 span 、雷达指数和香农熵（SE 、SE_I 、SE_P）的计算公式如下：

$$\text{span} = \sigma_{HH} + \sigma_{HV} + \sigma_{VH} + \sigma_{VV} \tag{3.1}$$

$$\text{BMI} = \frac{\sigma_{HH} + \sigma_{VV}}{2} \tag{3.2}$$

$$\text{CSI} = \frac{\sigma_{VV}}{\sigma_{HH} + \sigma_{VV}} \tag{3.3}$$

$$\text{VSI} = \frac{\sigma_{HV}}{\sigma_{HV} + (\sigma_{VV} + \sigma_{HH})/2} \tag{3.4}$$

$$\text{RVI} = \frac{4\lambda_3}{\lambda_1 + \lambda_2 + \lambda_3} \tag{3.5}$$

式中，λ_1、λ_2、λ_3 分别为极化相干矩阵的特征值，且 $\lambda_1 > \lambda_2 > \lambda_3$。

$$\text{SE} = \lg\left(\pi^3 e^3 \det[T_3]\right) = \text{SE}_I + \text{SE}_P \tag{3.6}$$

$$\text{SE}_I = 3\lg\left(\frac{\pi e \text{Tr}[T_3]}{3}\right) \tag{3.7}$$

$$\text{SE}_P = \lg\left(27\frac{\det[T_3]}{\text{Tr}[T_3]^3}\right) \tag{3.8}$$

表 3.1　全极化特征

特征	标识
后向散射系数	σ_{HH}，σ_{VV}，σ_{HV}
总功率	span
极化比	$\sigma_{HH/VV}$，$\sigma_{HV/VV}$，$\sigma_{HV/HH}$
极化差	σ_{HH-VV}，σ_{HV-HH}
雷达指数	BMI，CSI，VSI，RVI
相干矩阵特征值	λ_1，λ_2，λ_3
香农熵	SE，SE_I，SE_P
Pauli 分解	P_a，P_b，P_c
H/*A*/*α* 分解	H，A，α
Freeman-Durden 分解	F_{Odd}，F_{Dbl}，F_{Vol}
Yamaguchi 分解	Y_{Odd}，Y_{Dbl}，Y_{Vol}，Y_{Hlx}

式中，SE、SE_I和SE_P分别为香农熵、香农熵强度分量和香农熵极化分量。

双极化特征包括后向散射系数、极化比、极化差、相干矩阵特征值、香农熵、H/α分解，共 11 个全极化特征，如表 3.2 所示。其中，香农熵(SE、SE_I、SE_P)的计算公式如下：

$$SE = \lg\left(\pi^2 e^2 \det\left[T_2\right]\right) = SE_I + SE_P \tag{3.9}$$

$$SE_I = 2\lg\left(\frac{\pi e \mathrm{Tr}\left[T_2\right]}{2}\right) \tag{3.10}$$

$$SE_P = \lg\left(8\frac{\det\left[T_2\right]}{\mathrm{Tr}\left[T_2\right]^2}\right) \tag{3.11}$$

表 3.2 双极化特征

特征	标识
后向散射系数	σ_{VV}，σ_{HV}
极化比	$\sigma_{HV/VV}$
极化差	$\sigma_{HV\text{-}VV}$
相干矩阵特征值	λ_1，λ_2
香农熵	SE，SE_I，SE_P
H/α 分解	H，α

2)特征优选

在特征优选上，本节提出了一个平均下降基尼系数与 Spearman 相关系数相结合的方法。首先通过平均下降基尼系数进行特征重要性排序，然后利用 Spearman 相关系数对特征进行冗余判断，最终选出优势极化特征。

平均下降基尼系数是随机森林算法的一个参数。随机森林是由多棵决策树组成的集成分类器，通过随机选取训练特征，生成多棵分类或回归树，所有树构成一个森林。这种方法减小了单棵决策树的泛化误差，大大提高了分类精度(Breiman，2001)。首先，需要确定随机森林模型的最优参数 mtry 和 ntree 。ntree 为随机森林所有的决策树数目。在每棵决策树的内部节点上，需要从所有特征中随机抽取 mtry 个特征，选择最佳分裂特征进行分裂。这里，本节先通过 ntree 取 1～2000 时的平均袋外错误率，确定最优 mtry 。再根据 ntree 取 1～2000 时的袋外错误率，选择使模型内误差基本稳定的 ntree 最优值。每个节点的最佳分裂特征由随机抽取特征的基尼系数决定，基尼系数的定义如下：

$$\mathrm{Gini} = 1 - \sum p_k^2 \tag{3.12}$$

式中，p_k 表示样本属于第 k 类的概率。基尼系数越小，说明对应特征区分样本的能力越强。节点分裂前后的基尼系数之差为基尼系数下降值。对森林中所有节点的基尼系数下降值进行平均，就是平均下降基尼系数(mean decrease Gini index)。平均下降基尼系数是随机森林中反映特征重要性的指标。平均下降基尼系数越高的特征在分类中的重要性越高。本节利用该指标对特征进行重要性排序。

Spearman 相关系数是一个非参数相关系数。与 Pearson 相关系数不同，Spearman 相关系数与数据分布无关，不需要数据服从正态分布。其公式如下：

$$r = 1 - \frac{6\sum d_i^2}{n\left(n^2 - 1\right)} \tag{3.13}$$

式中，n 为样本数；样本中数据 x_i 和 y_i 按从小到大顺序排列；x_i' 和 y_i' 为 x_i 和 y_i 排列所在次序，则 $d_i = x_i' - y_i'$ 为 x_i 和 y_i 的秩次之差。秩次反映等级的相关程度，以样本大小顺序的秩次代替实际数据，减少了数据分布对相关性的影响。本节利用 Spearman 相关系数进行特征优选，去除冗余特征。相关系数设置 10 组，范围 0.1～1，间隔 0.1。全部特征两两一组计算 Spearman 相关系数，对大于设置值且满足显著性检验($p<0.01$)的一组特征，仅保留平均下降基尼系数高的特征。最后根据分类精度确定最佳相关系数，以获得红树林信息提取的优势极化特征。

3)信息提取与精度评价

最后本节利用选出的优势极化特征对影像进行随机森林分类，提取红树林分布范围，并与传统的支持向量机方法进行精度对比。

4. 结果分析

1)特征重要性排序

图 3.3 和图 3.4 分别为全极化和双极化特征的随机森林平均下降基尼系数排序。在全极化特征中，Freeman-Durden 分解、Yamaguchi 分解以及 Pauli 分解的体散射和二次散射的平均下降基尼系数较高，HV 极化后向散射系数的重要性明显高于 HH 和 VV 极化，SE、λ_2 和 λ_3 也取得了较高的重要性。而极化比、极化差和雷达指数的重要性排序一般，$H/A/\alpha$ 分解的三个参数则较低。在双极化特征中，HV 极化后向散射系数的平均下降基尼系数最高，λ_1、λ_2、SE 和 SE_1 也取得了较高的重要性。而极化差、极化比以及 H/α 分解的重要性排序较低。

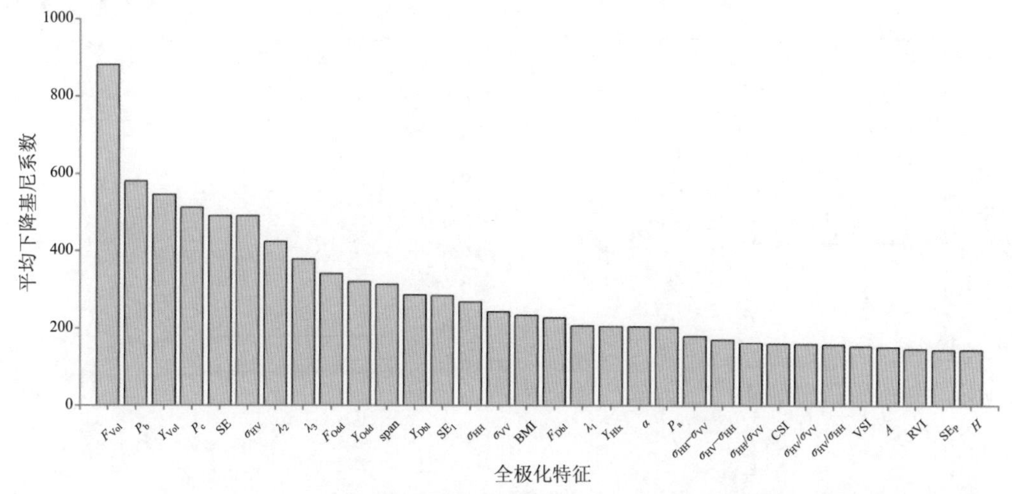

图 3.3　全极化特征的随机森林平均下降基尼系数排序

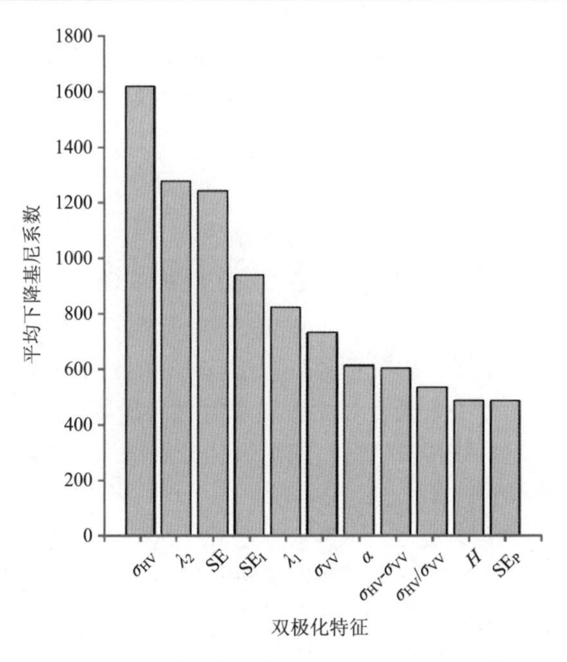

图 3.4　双极化特征的随机森林平均下降基尼系数排序

2) 特征冗余判断

图 3.5 为不同 Spearman 相关系数下优选特征的分类精度。对于全极化和双极化，相关系数 r 从大于 0.7 开始，分类精度曲线逐渐平稳。因此，选定 0.7 为最佳相关系数。此时，全极化特征有 10 个，分别为 F_{Vol}、F_{Odd}、Y_{Dbl}、α、$\sigma_{\mathrm{HH\text{-}VV}}$、$\sigma_{\mathrm{HV\text{-}HH}}$、$\sigma_{\mathrm{HV/VV}}$、$\sigma_{\mathrm{HV/HH}}$、$A$ 和 H。从图 3.5 中可以看出，Freeman-Durden 分解和 Yamaguchi 分解的三类参数依然是非常重要的，而去除冗余特征后，之前重要性不高的极化差、极化比以及 $H/A/\alpha$ 分解参数也成了很好的补充。双极化特征有 4 个，分别为 σ_{HV}、$\sigma_{\mathrm{HV/VV}}$、H 和 $\mathrm{SE_P}$。可以看出，σ_{HV} 依旧非常重要，极化比、熵和香农熵极化分量在去除冗余特征后也显示出了优势。

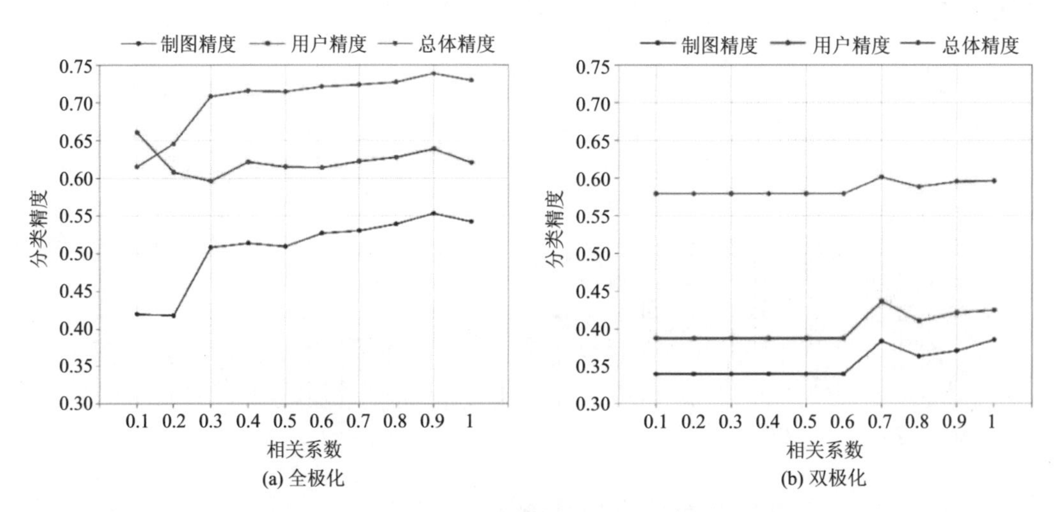

图 3.5　不同 Spearman 相关系数下优选特征的分类精度

3) 孟加拉国红树林分类精度统计

表 3.3 和表 3.4 分别为孟加拉国孙德尔本斯国家公园随机森林和支持向量机全部 32 个全极化特征的分类精度统计。结果表明，随机森林相比于支持向量机在分类精度上有了一定的提高。表 3.5 为随机森林 10 个全极化特征的分类精度统计。全极化的 10 个优势极化特征相较于全部 32 个极化特征，可以有效保持分类精度，实现红树林信息的高精度提取。表 3.6 为随机森林 4 个双极化特征的分类精度统计。双极化的 4 个优势极化特征在分类精度上虽有所下降，但仍具备良好的应用潜力。

表 3.3　随机森林全部 32 个全极化特征的分类精度统计　（单位：%）

项目	红树林	陆生植被	农作物	人工建筑	水体
制图精度	54.20	59.70	74.96	94.41	96.60
用户精度	62.07	59.34	64.34	96.31	98.89
总体精度			72.97		
Kappa			65.12		

表 3.4　支持向量机全部 32 个全极化特征的分类精度统计　（单位：%）

项目	红树林	陆生植被	农作物	人工建筑	水体
制图精度	48.50	56.15	73.75	93.98	93.11
用户精度	63.25	51.85	56.18	94.30	98.50
总体精度			69.19		
Kappa			60.30		

表 3.5　随机森林 10 个全极化特征的分类精度统计（r=0.7）　（单位：%）

项目	红树林	陆生植被	农作物	人工建筑	水体
制图精度	53.01	59.54	74.82	93.79	96.15
用户精度	62.25	58.33	63.00	96.31	98.81
总体精度			72.41		
Kappa			64.41		

表 3.6　随机森林 4 个双极化特征的分类精度统计（r=0.7）　（单位：%）

项目	红树林	陆生植被	农作物	人工建筑	水体
制图精度	38.36	43.85	56.46	88.03	92.11
用户精度	43.65	41.75	50.71	83.89	96.12
总体精度			60.12		
Kappa			48.49		

4) 孟加拉国红树林分类结果

图 3.6 为孟加拉国孙德尔本斯国家公园的分类结果对比。总的来说，红树林易与其他陆生植被混分，和农作物也有一定混淆，而与人工建筑和水体的区分度较好。

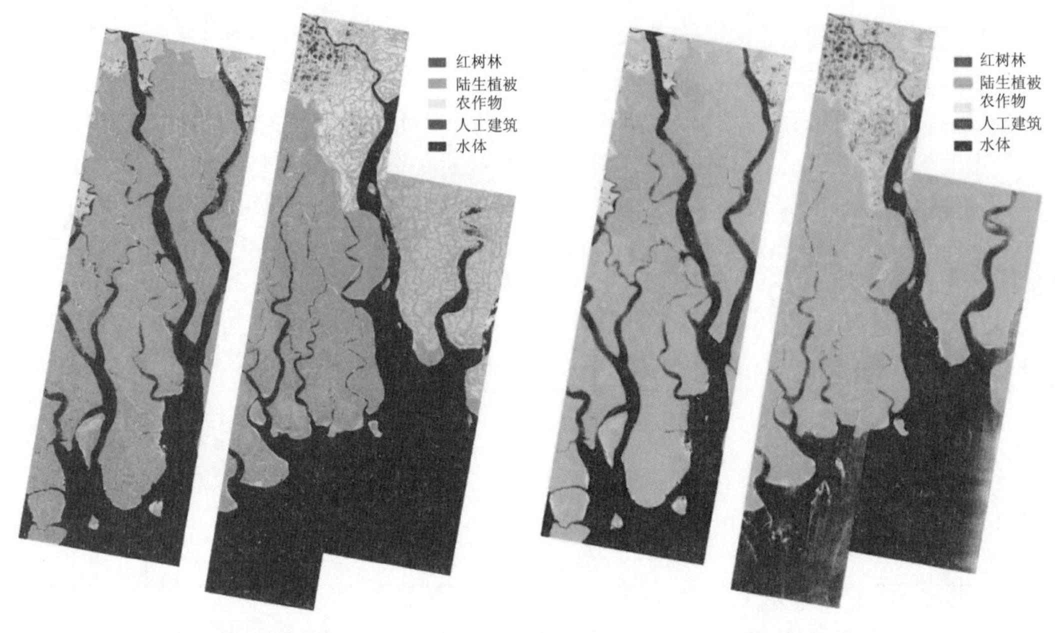

(a) 全极化10个优势特征　　(b) 双极化4个优势特征

图 3.6　孟加拉国孙德尔本斯国家公园随机森林分类结果对比

5) 海南省新盈港红树林分类精度统计与结果

表 3.7 和图 3.7 分别为海南省新盈港随机森林 10 个全极化特征的分类精度统计和分类结果。结果表明，本节在孟加拉国孙德尔本斯国家公园选出的优势极化特征具有良好的适用性，在海南省新盈港研究区也取得了很好的分类精度。

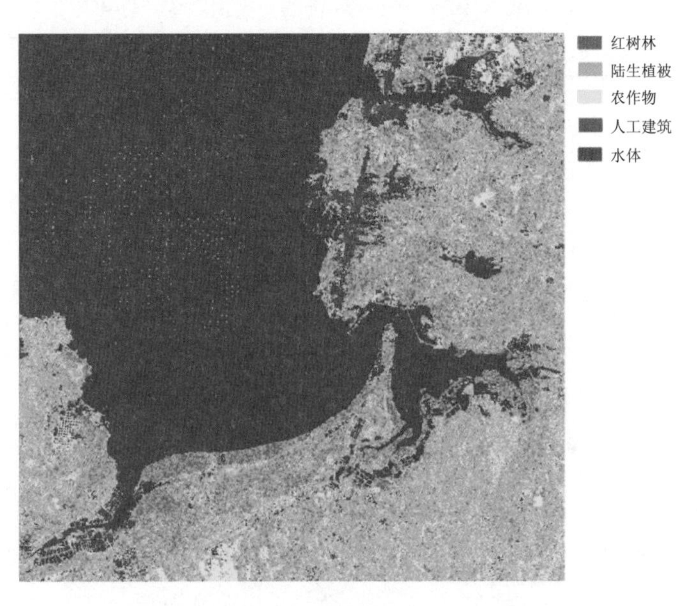

图 3.7　海南省新盈港随机森林分类结果

表 3.7　海南省新盈港随机森林 10 个全极化特征的分类精度统计(r=0.7)　（单位：%）

项目	红树林	陆生植被	农作物	人工建筑	水体
制图精度	66.67	58.30	75.27	96.30	100.00
用户精度	72.63	62.80	66.18	92.39	100.00
总体精度			79.08		
Kappa			73.84		

3.3　航空遥感数据资源分析

海南省作为全国最大的“热带宝地”，占全国热带土地面积的 42.5%。在优越的光照和水分条件下，其拥有丰富的自然资源与矿产资源(蔡运龙，1994)。周边海域众多探明的天然气田使其沿海资源的价值不言而喻。海南岛属于热带季风海洋性气候，在季风运动的规律和地形地貌的自然影响下，形成了海南岛东部湿润、西部干旱的气候特征(欧阳志云等，2004)。夏秋为多雨季节，尤其是 5～10 月是雨季，在水雾多云的观测条件下，采用普通光学遥感手段利用可见光进行观测无法穿透至地物，便会失去相应的观测作用(贾凌等，2003)。而合成孔径雷达(SAR)使用微波波段电磁波替代可见光甚至红外传感器，能穿透云雨，克服恶劣的观测条件，全天时全天候地对海南省进行观测，从而实时地对海南省的自然资源及社会经济价值进行管理与分析。

作为大尺度时空观测与管理的方法，遥感技术手段从根本上解决了海南省陆地与海洋多种资源的统计与监测(贾凌等，2003；陈鑫连，1995)。在多种平台的传感器共同发力下，能够实时地开展土地资源管理、沿海生态保护及地面沉降监测等研究应用。2016～2018 年，海南省遥感大数据服务平台建设与应用示范项目以天空地一体化的空间科技为切入点，建设成海南省遥感大数据服务平台，基本实现了海南省遥感大数据采集与管理，能够对典型行业的空间技术应用起到示范作用(陈鑫连，1995；王迪峰等，2009)。

利用航空遥感平台对海南省进行资源管理数据获取。航空遥感利用飞机、飞艇及气球浮空器等作为传感器运载平台，从空中对地物进行监测感知。一般分为高空(10000～20000m)、中空(5000～10000m)和低空(<5000m)三种类型的传感器高度。与之对应的航天星载平台同样也是大范围遥感数据的获取方法，利用卫星作为遥感观测平台，从太空对地物进行观测。相较于航天卫星平台，航空遥感的影像分辨率普遍较高，其定位精度更精确，同时灵活的航线设计和可更改的载荷设备都使得利用航空遥感平台能够快速、及时、准确地对地物进行观测。尤其是对于海南省的观测，使用针对具体测区进行飞行航线规划的航空遥感平台更能高效地获取数据。

3.3.1　雷达航空遥感观测

结合航空遥感平台，将 SAR 传感器放置在飞机、飞艇甚至无人机上对测区进行观测能够快速、高效地获取高精度雷达影像数据，并快速进行预处理和开展其他领域的应用与分析研究，是切实可行的航空遥感观测技术手段。开展海南岛机载 SAR 航空摄影，在精准成像、干涉处理、区域网平差、高精度定位技术等研究基础上，可制作该区域 1∶10000 数字高程模型和数字正射影像图(DEM/DOM)。可利用获取的雷达影像数据进行空间数据的分析与管理。

1. 测区介绍

海南省位于中国最南端，北以琼州海峡与广东省划界，西临北部湾与越南民主共和国相对，东濒南海与台湾省相望，东南和南边位于南海，与菲律宾、文莱和马来西亚为邻。海南省的行政区域包括海南岛和西沙群岛、中沙群岛、南沙群岛的岛礁及其海域。海南岛四周低平，中间高耸，以五指山、鹦哥岭为隆起核心，向外围逐级下降(贾凌等，2003)。山地、丘陵、台地、平原构成环形层状地貌，梯级结构明显。海南岛的山脉多数在 500～800m，海拔超过 1000m 的山峰有 81 座，海拔超过 1500m 的山峰有五指山、鹦哥岭、俄鬃岭、猕猴岭、雅加大岭和吊罗山等。这些大山大体上分为三大山脉：五指山山脉位于海南岛中部，主峰海拔 1867.1m，是海南岛最高的山峰；鹦哥岭山脉位于五指山西北，主峰海拔 1811.6m；雅加大岭的山脉位于岛西部，主峰海拔 1519.1m。海南岛比较大的河流大多发源于中部山区，组成辐射状水系。全岛独流入海的河流共 154 条，其中水面超过 100km^2 的有 38 条。南渡江、昌化江、万泉河为海南岛三大河流，三条大河的流域面积占全岛面积的 47%。图 3.8 为海南省地势图和采用 SRTM 数据获取的海南岛数字高程模型。

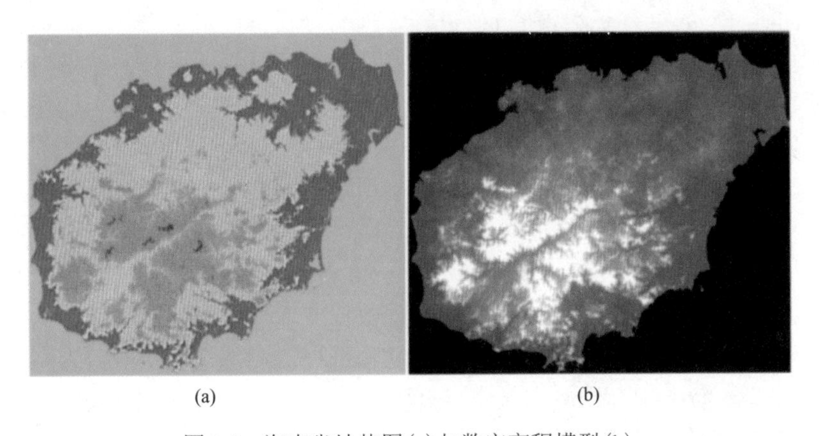

图 3.8　海南省地势图(a)与数字高程模型(b)

通过对海南省测区的气候分析与地形调研，整个海南岛的经度范围为 108°36′E～111°3′E，纬度范围为 18°9′N～20°12′N，其高斯投影分带的情况如下：高斯 3°带带号为 36(中央经线 108°)和 37(中央经线 111°)。海南岛图 10 中数字高程模型的具体坐标信息如表 3.8 所示，覆盖图幅号如表 3.9 所示。按四角点坐标(包括海面)覆盖 1∶1 万图幅共 2106 幅(39×54)。海南岛陆地面积 3.44 万 km^2，覆盖近 1500 幅 1∶1 万图幅。

表 3.8　测区范围

位置	经度/(°)	纬度/(°)	北方向	东方向
左上角	108.6	20.2	2236322.522	37249109.461
右上角	111.05	20.2	2234508.149	37505225.715
左下角	108.6	18.15	2009242.056	37245983.530
右下角	111.05	18.15	2007584.841	37505290.755
中上角	109.5	20.2	2243890.483	37343293.420
中下角	109.5	18.15	2005125.387	37341237.348

表 3.9　覆盖 1∶1 万图幅号

F49G089010	…	F49G089048
…	…	…
F49G096010	…	F49G096048
E49G001010	…	F49G001048
…	…	…
E49G046010	…	F49G046048

2. 飞行平台及载荷

航空遥感又称机载遥感，机载 SAR 摄影根据需要对飞行平台及载荷进行技术指标的确认。进行航空雷达遥感观测的飞行平台采用由塞斯纳生产的奖状Ⅱ型飞机(肖林，1993)，飞机指标如表 3.10 所示。航空遥感飞机搭载 P、C 双波段合成孔径雷达，雷达传感器的相关技术指标如表 3.11 所示。

表 3.10　奖状Ⅱ型飞机指标

指标	数值	备注
最大飞行速度	745km/h	无
负载飞行速度	400～610km/h	无
续航时间	约 4h/架次	无
有效航摄时间	约 2.5h/架次	无
有效采集距离	约 1000km/架次	排除掉头等冗余

表 3.11　合成孔径雷达传感器技术指标

项目	主要技术指标	
	P 波段	C 波段
中心频率	0.45G	5.4G
极化	HH、HV、VH、VV	HH、HV、VH、VV
距离分辨率/m	3.0	2.0～3.0
方位分辨率/m	3.0	2.0～3.0

续表

项目	主要技术指标	
	P 波段	C 波段
系统带宽/MHz	80	120、80
高程精度/m	3～6	3～6
测量幅宽/km	10～15	15～25
数据处理能力	实时快视处理	实时快视处理
作业高度/m	6000～10000	6000～10000
飞行速度/(m/s)	100～200	100～200
作用距离/km	15～25	20～40
几何测量精度	满足 1∶50000 成图规范要求(平面)	
相对辐射精度/dB	1	
绝对定标精度/dB	2.5	
通道间幅相一致性	幅度不平衡优于 1dB；相位不平衡优于 15°	
天线极化隔离度	优于–25dB	
极化定标精度	幅度不平衡优于 0.5dB;相位不平衡优于 10°；极化隔离度优于–30dB	
辐射和极化测量精度	可满足地物分类要求	
重量/kg	450	
功耗/电源	5kW/28V 115V400Hz	

机载雷达遥感需要合适的机场与跑道进行飞机的升降起落。为了进行航空雷达遥感观测，需要对海南岛现有的机场进行调研与统计，找到适宜的起降机场，并对之后的飞行摄影进行飞行计划设计和航线规划，分析相关的航摄时间和飞机架次信息。通过调研，海南岛可使用的机场包括两座民用机场：海南海口美兰国际机场和三亚凤凰国际机场。图 3.9 展示了航空雷达遥感实验飞机。

3. 飞行计划设计

在进入摄区前，要组织飞行员和摄影员进行航线设计的技术讲评。飞行前，严格按照飞行检查单的要求进行飞行前的检查，确保设备安装和各项设置正确无误。飞机上同步观测数据在进入首航线 IMU 初始化前 5min 至出最后航线 IMU 初始化后 5min 的时间段全程记录。在规定的航摄期限内，选择地表植被及其他覆盖物对成图影响较小的季节进行航摄为宜。在载机进入平稳飞行后，才能对测区进行测绘工作。航摄的飞行高度为 4000m，有效测绘宽度为 3km，旁向重叠度设计为 25%(由于之后要进行合成孔径雷达干涉处理，因此要求重叠度在 20%～30%)，航线方向考虑到热带季风气候的影响，选择东西方向飞行。单个航线飞行最远距离为 100km，飞行拐弯倾角小于等于 20°(牛永力，2012；王芳和李景文，2012)。

图3.9　航空雷达遥感飞机

为了保证航摄的定位精度，地面GPS基准站需要满足一定的布设原则，基站最好选择在测区中间，距离测区的边缘不应超过50km；使用双频GPS接收机及高精度配套天线；摄区分区内设置双基站，站址位于开阔处，附近无电波干扰。在进行航摄的同时，要求与机载GPS进行同步观测；GPS卫星高度角≥15°；有效卫星个数≥5个；卫星观测值象限分布(25±10)%；卫星接收机采样间隔为0.5″。在高程精度的要求上，地面基站的高程要达到四等水准精度的要求。观测时要认真量取GPS天线高、填写观测手簿等相关资料，在每个时段观测前后各量测两次天线高(左右)，两次读数差不能超过2mm，取平均值作为各次的读数，前后两次读数差不能超过3mm(牛永力，2012)。

4. 航测数据获取

2014年10～11月，以海南省作为综合试验区，采用两架高空遥感飞机，在实现对各类引进与研发的航空传感器的有效性、分辨率、数据获取能力等综合验证基础上，结合海南省、三亚市以及南海区域高分辨率、多源遥感数据的需求，获取该区域内的各类型高分辨率航空遥感数据(表3.12)，为后续的综合应用提供基础数据源，并与海南省有关部门合作开展应用研究(王芳和李景文，2012)。共飞行12个架次，获取了海南省1.7万km^2的SAR数据，飞行航线设计如图3.10所示。共整理了海南岛陵水机场、海口、三亚、后水湾和万宁五个测区的机载SAR数据，数据量为13.9TB。每个测区的机载SAR数据均为C、P两个波段的数据，除海南岛陵水机场C波段数据的极化方式为VV极化外，其余测区、其余波段的数据均有四种极化方式(HH、HV、VH、VV)，图3.11展示了两景不同波段的数据截图。

表3.12　海南省航空雷达遥感航测数据

测区	观测时间	波段	极化方式	数据量
海南岛陵水机场	2014.11.4	C/P	C: VV	C:605 GB
	2014.11.7		P: HH、HV、VH、VV	P:1.98 TB

续表

测区	观测时间	波段	极化方式	数据量
海口	2014.11.9	C/P	HH、HV、VH、VV	C:820 GB P:1.07 TB
三亚	2014.11.12 2014.11.13	C/P	HH、HV、VH、VV	C:1.32 TB P:4.13 TB
后水湾	2014.11.12 2014.11.13	C/P	HH、HV、VH、VV	C:440 GB P:640 GB
万宁	2014.11.15	C/P	HH、HV、VH、VV	C:540 GB P:720 GB

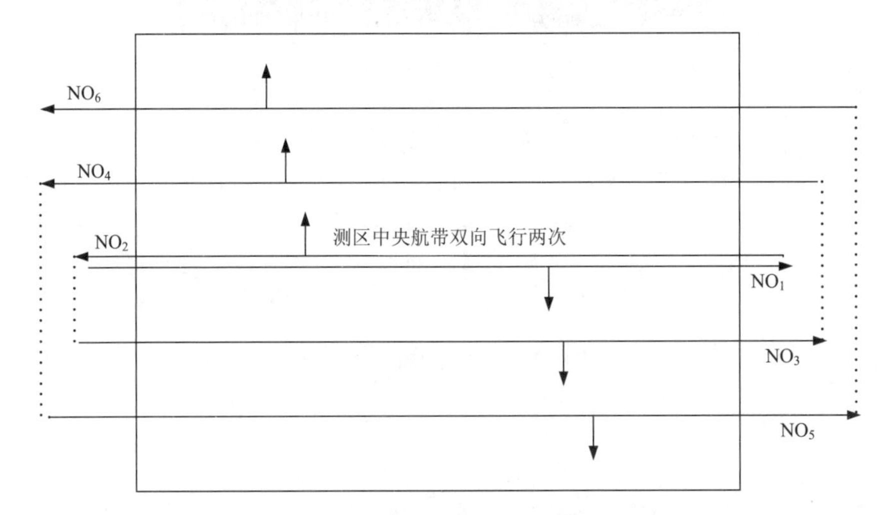

图 3.10 飞行规划航线示意图

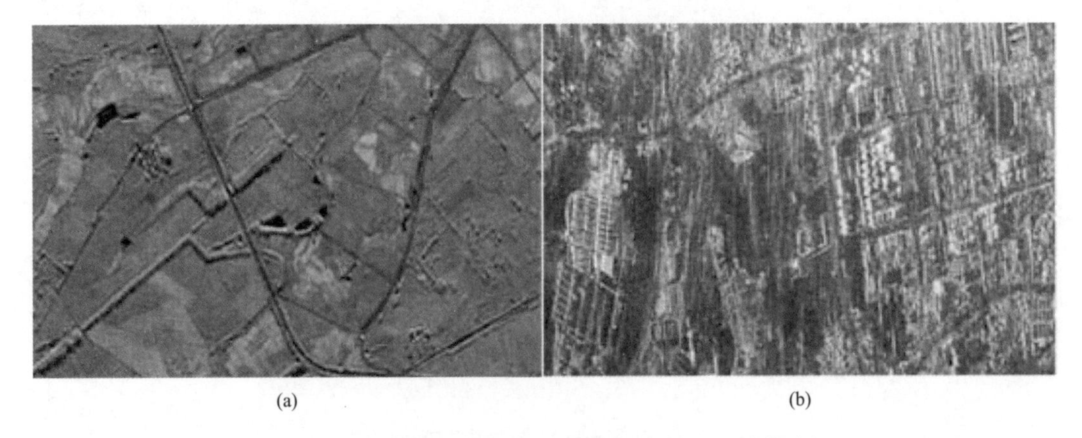

图 3.11 C 波段 SAR 影像(a)以及 P 波段 SAR 影像(b)

3.3.2　航空遥感数据资源应用范例

1. 地表形变信息提取

机载重轨差分干涉地表形变是利用机载 SAR 系统多次获得同一区域 SAR 数据，利用差分干涉的方法获取地表形变的方法。目前地表形变信息提取方法研究多集中于星载 SAR，基于机载 SAR 重轨差分干涉地表形变信息提取方面的研究较少，利用海南省航空遥感获取的机载 SAR 重轨数据进行差分干涉处理，能够对地表形变信息进行提取，从而分析地表沉降及形变规律(岳昔娟等，2014)。

经干涉处理获得差分干涉 SAR 数据后，提取形变信息的主要问题是形变相位信息的提取。传统的干涉相位包括平地相位、地形相位、形变相位、噪声相位等，这些相位是耦合在一起的，如何将这些耦合相位进行解耦，是星载 SAR 差分干涉共同面临的难题(钟雪莲等，2013)。通过研究基于 POS 数据和 DEM 数据的机载 SAR 高精度运动补偿对载机航迹进行修正，包括重轨航迹 POS 测量数据坐标转换、高精度机载 SAR 运动补偿和地形孔径补偿。通过研究基于精确空地几何关系的 SAR 一体化成像技术，确保 SAR 图像精度能够满足高精度遥感应用要求，从而减少干涉相位中所包含的干扰相位信息。

通过 5 个角反射器(控制点)数据对航高和初始斜距进行定标，选用其中四个数据对定标精度进行检核，表 3.13 和表 3.14 对定标精度和检核精度进行展示。相较于“十一五”期间的 863 重点项目“高效 SAR 能航空遥感系统”(闫涵，2011)重轨干涉测量获得的高程精度(6m)，此次机载重轨干涉高程数据 39m 基线高程精度为 0.484m，45m 基线高程精度为 0.208m，精度提高了一个数量级，这个结果能够满足高精度测绘要求，并取得了高

表 3.13　定标精度

序号	点名	方位向	距离向	经度/(°)	纬度/(°)	高程/m	距离向精度
0	LS1	12698.8	19428.9	109.9792	18.50496	27.1062	0.0053
1	LS2	11473.9	18263.2	109.9811	18.50256	26.1348	–0.0019
2	LS6	5755.77	12137.79	109.9902	18.4896	16.6269	0.0064
3	LS7	4391.42	10764.31	109.9924	18.48659	14.6031	–0.0042
4	LSH2T(N4)	11376.1	18008.1	109.9813	18.50204	26.1305	–0.0057
			中误差/m				0.0049

表 3.14　定标检核精度

序号	点名	方位向	距离向	经度/(°)	纬度/(°)	高程/m	距离向精度
0	LS3	9938.4	16553.11	109.983	18.49902	25.5164	0.0209
1	LS5	7156.6	13571.96	109.988	18.4927	19.6092	–0.0206
2	LSH1T(N2)	11702.4	17950	109.9808	18.50192	26.005	–0.0456
3	LSH3T(N1)	11062.63	18174.4	109.9818	18.50238	25.3113	0.0089
			中误差/m				0.0275

精度机载 SAR 重轨高程数据。在此基础上提取的海南省机载 SAR 重轨差分干涉地表形变信息为我国首次利用机载 SAR 获取的地表微小形变信息。10:23 与 10:37 SAR 影像重轨干涉对基线长度为 39m，10:23 与 11:05 SAR 影像重轨干涉对基线长度为 45m，两组干涉精度见表 3.15 和表 3.16。最终 7 个点的地表形变量如表 3.17 所示。

表 3.15 重轨干涉精度(基线长度为 39m)

序号	点名	经度/(°)	纬度/(°)	实测高程/m	相位	干涉高程/m	高程精度
0	LS1	109.9792	18.50496	27.1062	−59.4277	26.5296	0.5767
1	LS2	109.9811	18.50256	26.1348	−44.56	26.6586	−0.5236
2	LS6	109.9902	18.4896	16.6269	−17.8918	24.9684	0.5480
3	LS7	109.9924	18.48659	14.6031	−40.0736	26.1034	−0.0984
4	LSH2T(N4)	109.9813	18.50204	26.1305	−40.9847	26.6367	−0.5062
			中误差/m				0.4843

表 3.16 重轨干涉精度(基线长度为 45m)

序号	点名	经度/(°)	纬度/(°)	实测高程/m	相位	干涉高程/m	高程精度
0	LS1	109.9792	18.50496	27.1062	−179.322	27.1123	−0.0061
1	LS2	109.9811	18.50256	26.1348	−133.572	26.4109	−0.2761
2	LS6	109.9902	18.4896	16.6269	−58.0143	25.5877	−0.0713
3	LS7	109.9924	18.48659	14.6031	−120.26	25.6365	0.3684
4	LSH2T(N4)	109.9813	18.50204	26.1305	−122.914	26.1453	−0.0148
			中误差/m				0.2084

表 3.17 地表形变量

序号	点名	形变量	高程调整量	误差
1	S1	−0.00168	0	
2	S2	0.000636	0	
3	S3	−0.00207	0	
4	LSH1T	0.00138	0	
9	LSH2T	0.001238	0	
10	LSH3T	−0.00924	−0.015	6.76m
11	LSH4T	−0.00018	0	

2. *P 波段机载层析 SAR 海南热带森林三维结构参数反演*

传统意义上的合成孔径雷达成像是将测绘活动中的利用电磁波将现实的三维场景经过投影和坐标变换转移到由方位向和距离向组成的二维平面上的过程，在不利用相位差进行干涉操作的前提下，单景 SAR 影像损失了高程信息(师君等，2015)。随着 SAR 技术及相关学科的融合发展，层析 SAR 系统应运而生。层析 SAR 通过沿高程方向的多组数据获取共同构成高度维上的合成孔径，利用阵列信号处理方法实现地物测绘目标的三维成像，获取地物目标的垂直结构信息，从而进行三维结构参数的反演和模型解算。层析 SAR 对植被三维监测、雪冰探测及城市高层建筑物的三维建模等应用具有十分重要的意义和价值(龙泓琳,2010；叶荫等，2011)，图 3.12 和图 3.13 为海南层析 SAR 森林三维结果参数反演和各样本区对应的层析 SAR 森林三维结果参数反演结果。

图 3.12　海南层析 SAR 森林三维结果参数反演

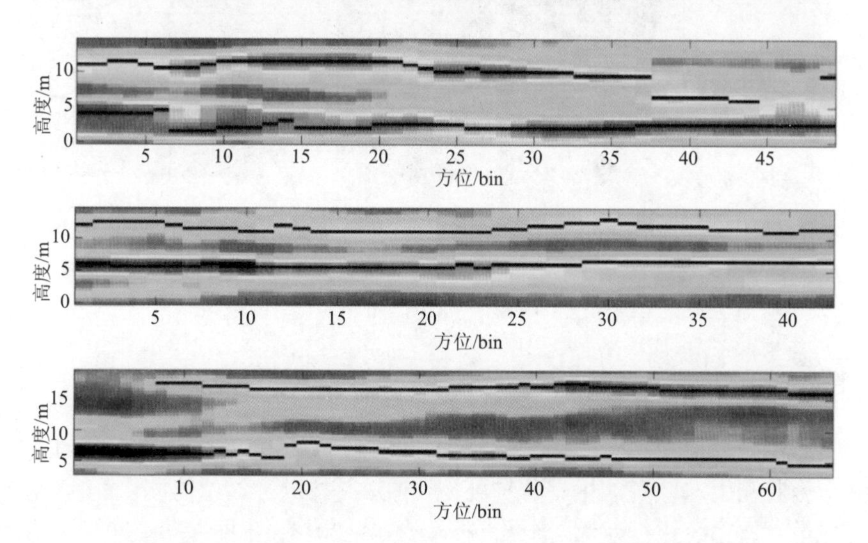

图 3.13　各样本区对应的层析 SAR 森林三维结果参数反演结果

热带森林三维结构信息对于其生态范围内的高精度生物量估算至关重要(李文梅等，2014)。针对海南岛陵水机场附近热带森林地区，利用我国首套机载多基线 P 波段全极化 SAR 数据构建了中国 P 波段机载层析 SAR 海南热带森林三维结构参数反演模型与方法。图 3.13 为海南省层析 SAR 热带森林三维结果参数的反演实验区分布：红色矩形区域为样本区一；黄色矩形区域为样本区二；蓝色矩形区域为样本区三。其中的红色箭头为层析 SAR 实验剖面。图 3.14 为样本区内利用层析 SAR 获取的森林三维结果参数反演结果：红色矩形内为样本区一结果；黄色矩形内为样本区二结果；蓝色矩形内为样本区三结果。黑色曲线为样本区森林地面和冠层散射中心。通过野外实际验证与对比，利用机载 SAR 航测获取的多基线 P 波段全极化 SAR 数据能够取得较好的层析 SAR 热带森林三维结构参数反演结果。该实验成果发表于 2016 年的 EUSAR2016 会议上，并做分会特邀报告(Li et al.，2016)。

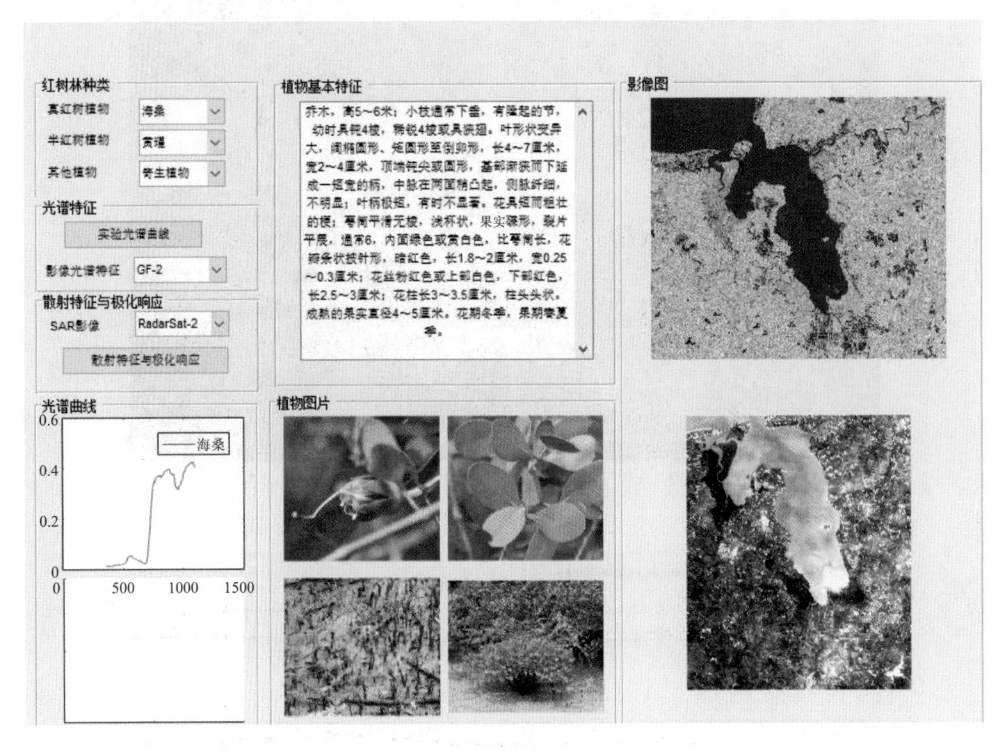

图 3.14　红树林光谱特征和散射特征知识库界面

3. 红树林遥感监测机理

红树林是一种木本植物群落，主要生长在热带、亚热带海岸浅滩及沿海河口区域。它们长期受海水的周期性淹浸，作为一种复杂的兼具陆地和海洋生态特征的生态系统，红树林常作为监测生态系统的生态防护屏障，对红树林进行遥感监测，才能对生态系统，尤其是海岸带生态系统进行监测与分析(孙永光等，2013；王丽荣等，2010)。除此之外，红树林还能够提供大量的自然资源和效益，为维护生物多样性及沿海区域生态环境安全做出贡献。

红树林群落对全球环境和气候具有重要指示意义。随着城市化进程加快及其他自然因素，红树林分布地区在逐渐缩减，因此对红树林的遥感监测引起了越来越多人的关注。

本案例针对不同种类的红树林物种，分析其对应的光谱特征及其在微波 SAR 图像上的后向散射特征(董迪等，2020)，并建立不同种类红树林的光谱特征和散射特征知识库，采用 MATLAB GUI 可视化软件显示平台，开发了红树林光谱特征和散射特征知识库软件系统，如图 3.14 所示。

通过对以上三种海南航空雷达遥感数据应用范例的说明介绍，总体展示了海南省丰富的航空雷达遥感数据极其广泛的应用前景，同时也展示了机载 SAR 数据在成像与测绘技术、遥感反演等领域的新成果与突破。航空雷达遥感从数据获取到预处理再到最终的应用都需要严格的论证仿真实验与精度评定，而海南省拥有丰富的气候自然条件及社会经济价值，必将成为国内航空遥感数据资源应用与研究的“主战场”。

3.4 低纬度遥感观测卫星星座总体设计

3.4.1 低纬度地区遥感观测现状与问题

南北回归线之间的低纬度地区是热带亚热带区域，对全球气候变化有巨大影响。低纬度地区也是新的全球经济增长带，是国际上主要的交通线和航路，完整覆盖了海上丝绸之路区域。低纬度遥感卫星是运行在相对赤道面小于 40°倾角轨道上的对地观测卫星系统。目前大部分遥感卫星都将观测重点放在人类经济活动最活跃的中高纬度地区(欧洲、北美、东亚和俄罗斯)，经常采用适合对这些区域重复观测的大倾角极轨卫星轨道，这就造成低纬度地区覆盖观测能力严重不足。随着全球经济格局的调整，以中国、印度、东南亚、中东、非洲和中南美洲为代表的低纬度地区在国际经济、政治格局中的作用越来越大，低纬度观测也正在成为主要空间大国开展太空竞争的新热点。

如印度作为低纬度国家，已经率先将注意力集中在低纬度观测能力上，通过在低纬度观测方面的优势来为其地缘政治和全球战略保驾护航。其中美国的四颗狐猴 2 号微小卫星主要用来进行全球船舶身份识别，印度自身的一颗 Megha Tropiques 卫星用来进行南亚次大陆以及印度洋上的极端天气监测，印尼的 LAPAN A2 卫星用来支持印尼海域的船舶自动识别，新加坡的 TeLEOS 1 和 VELOX-CI 等四颗地球观测卫星的最高观测精度已经达到 1m。这些卫星分别采用了与赤道夹角为 20°、15°和 6°的小倾角轨道设计，属于典型的低纬度小倾角观测卫星。

南海海域面积约 350 万 km^2，具有特殊的地理位置和丰富的资源，但是南海面积广袤，南海诸岛远离陆地，而且周边国家众多，造成了海洋权益被不断侵蚀。因此，实现南海地区开发和有效管控的一个重大需求就是如何实现对信息的有效、快速、准确、全面获取，从而为权益保障提供支撑。卫星遥感具有的突出优势是快速、动态、全面、准确，尤其是面对大面积海域动态监测具有无可比拟的优势。

为服务于国家战略以及海南省区域应用等对卫星遥感数据的需求，中国科学院早在 2010 年就在三亚建设了遥感卫星地面接收站，目前已建成七座接收天线，负责国内外 30 余颗卫星的接收任务；随着文昌航天发射场的建成，海南具备了打造 “北有文昌航天发射，南有三亚卫星应用”的航天、卫星、遥感产业新格局，以及发展海南商业航天和建设航天强省的基础和优势。

海南自由贸易港和海上丝绸之路建设对新时期海南发展航空航天和遥感信息等产业提出了新要求。然而，海南特殊的地理位置、多云雨的气候条件对高质量的卫星遥感数据的获取提出了诸多挑战。海南处于低纬度区域，气象与海况复杂多变，目前主要采用极轨卫星为主的观测手段，对低纬度地区的观测覆盖能力严重不足，加上天气因素的影响，海南卫星遥感信息的有效获取能力较低。因此，开展低纬度遥感观测卫星星座总体设计研究对于满足国家战略以及海南区域应用对多源卫星遥感的需求具有重要的意义。

3.4.2 低纬度遥感观测卫星星座总体设计

1. 低纬度遥感观测卫星星座建设需求分析

1) 低纬度卫星为南海开发和管控提供有效的信息保障

我国在南海面临着维护海洋权益、开发海洋资源、管理海洋事务等重大战略需求，先进的遥感卫星技术的发展为满足该需求提供了现实可能。

通过研制低纬度卫星，以空间覆盖度和高频次重访为优先设计目标，并通过发射多颗卫星组成星座，可以实现对南海的动态观测，在突发事件发生时能够快速响应，提高我国对南海资源开发和海洋事务的管理能力，是实现海洋强国战略海南担当的重要保障。

2) 低纬度卫星将直接服务于海上丝绸之路沿线国家，并彰显大国责任

海上丝绸之路诸多沿线国家大多位于低纬度区域，通过建设低纬度卫星，引进与发展遥感与空间信息领域的先进技术，实现对海上丝绸之路沿线区域的空间信息全覆盖，为开展海上丝绸之路建设与合作急需的空间信息提供保障，体现出对支持21世纪海上丝绸之路建设具有重要的意义。

3) 以低纬度卫星为支撑点促进海南构建全产业链的高端信息服务新业态

海南已经形成了“北有文昌航天发射，南有三亚卫星应用”的格局，在天基信息产业链中具有卫星上天和数据落地的得天独厚的优势。低纬度卫星的建设将吸引和整合国内外该产业链中的其他环节入驻海南，形成完整的数据接收、处理、加工、分发、应用与服务的产业链，开展海洋、生态资源、环境、灾害等领域空间信息服务研究及产业化，从而使海南省成为国内唯一拥有完整天基信息产业链的省份，初步形成涵盖整个南海和东盟各国的天基信息服务能力，使天基信息产业成为海南省的名片之一。

4) 低纬度卫星将服务于海南自由贸易港建设

低纬度卫星观测体系技术研发与应用将服务于海南自由贸易港建设，为在三亚建成集空间对地观测基础理论研究、空间对地观测关键技术研究与应用、微小卫星及遥感器研发制造、遥感数据接收处理及行业应用于一体的空间科技创新战略高地提供支持，并打造成为与文昌国际航天城相呼应的商业航天示范基地，服务于海南自由贸易港和海洋强国建设。

2. 低纬度遥感观测卫星星座总体设计

利用卫星遥感实现低纬度地区大面积动态监测所面临的瓶颈是如何提高覆盖度和重访频次。决定覆盖度和重访频次的关键要素是遥感卫星的轨道和数量。经模拟和推算，如果采用 30°倾角和 500km 的轨道，3 颗卫星组成的低纬度观测星座就可以对全南海海域进行每天一次、重点区域每天多次的全覆盖观测，并可与我国在三亚已经部署的卫星地面站来快速组成南海动态观测和应用体系。如果星座内卫星增加到 10 颗，就可以对全球南北纬 30°之间的全部热带和海洋区域进行每天不间断全覆盖观测，其范围涵盖了绝大部分的海上丝绸之路区域。考虑到该区域多云多雨的特征，星上可以陆续组合搭载从光学到雷达等多类型传感器，并辅助海外接收站的建设，形成全球低纬度地区无缝观测和接收能力，有助于我国开展海洋环境保障与服务、海上资源勘探、世界航运、海上目标识别等工作，支撑我国在海上丝路沿线的投资和经济活动，并服务于全球变化、海洋航运、海洋减灾、可持续发展等全球性热点问题的解决。

3. 海南卫星星座主要特点

低纬度遥感观测卫星(海南卫星星座)是基于海南的地理条件和发展需求设计的。海南不仅纬度低，还是全国拥有最大海洋国土的省份，如何加强管理如此广袤的海洋，建设海洋强省，需要遥感技术的保驾护航。结合国家“一带一路”建设和海南建设海洋强省的长远规划，经过反复论证，逐步形成了建设海南卫星星座的方案。海南卫星星座由“海南一号”6 颗光学星、“三亚一号”2 颗高光谱星和“三沙一号”2 颗 SAR 星等系列卫星组成。海南卫星星座建成后，海南的卫星研发、组装、测控能力基本形成，同时解决南海空间信息获取难题，并促使海南的商业航天产业基本成型。

海南卫星星座的特色和创新点主要体现在低纬度动态卫星设计概念针对性强，轻型低功耗宽覆盖成像和星上自动处理技术、多光谱与舰船自动识别系统 AIS 相结合的传感器组合创新了传感器组合设计模式，并能够针对具体需求开展特色的遥感应用。主要特色和创新点如下。

1) 设计、研制全球首个低纬度遥感观测卫星星座

低纬度动态卫星采用小倾角轨道设计，其观测范围限定在南北回归线之间，可以保障对于低纬度区域进行充分的覆盖观测，并通过发射多颗遥感卫星组成星座，大幅度提高重访频率，最终构建国际上首个专门进行南北回归线之间区域高频次观测的地球观测卫星星座；此外，率先采用覆盖度优先的卫星系统设计思想，卫星各个系统中的轨道参数、侧摆能力、能源保障、传感器幅宽、每轨可观测时长、数据格式和下行速度等都围绕区域覆盖度进行设计，确保卫星运行状态下可以提供对于南海等区域的高频次全覆盖观测和成像。

2) 突破了轻型低功耗宽覆盖成像和星上自动处理技术

相机系统在 500km 轨道高度，要实现 5m 分辨率、幅宽不小于 100km，同时整星总质量不超过 60kg 的技术指标，对于该系统的结构、光学与电子学设计均需要创新性地提

出新型的设计方法解决上述难题。相机采用双线阵延时成像方案，使用三反离轴光学系统，由光机主体、相机控制器两部分组成，焦面探测器选用 TDICMOS 探测器，实现星上图像自动舰船检测和识别。

3) 采用多光谱与船舶自动识别系统 AIS 相结合，创新了传感器组合设计模式

首次采用通用型微纳卫星平台，实现整合多光谱探测、船舶自动识别系统 AIS 通信的适应性组合，实现对船舶进行探测、识别以及动态信息的获取。

4) 针对具体需求开展特色的遥感应用

聚焦海南在南海资源开发与海洋事务管理等方面的具体需求，充分发挥低纬度动态卫星的优势，开展卫星遥感与 AIS 匹配的船只检测系统和岛礁动态监测等特色遥感应用。

3.5 地面观测数据获取和数据资源情况

3.5.1 概述

海南中部山区国家重点生态功能区涵盖五指山市、琼中黎族苗族自治县(琼中县)全境，以及三亚市、陵水黎族自治县(陵水县)、乐东黎族自治县(乐东县)、昌江黎族自治县(昌江县)、白沙黎族自治县(白沙县)、保亭黎族苗族自治县(保亭县)、东方市等市县的部分区域，涉及 9 个市县 42 个乡镇，面积 92.5 万 hm^2，约占全省陆地总面积的 28.5%，是我国陆地 11 个具有全球意义的物种和特有种丰富及生物多样性关键区中的一个，也是海南岛主要江河源头区、重要水源涵养区、水土保持的重要预防区和重点监督区。其中包括五指山、鹦哥岭、尖峰岭、霸王岭、吊罗山 5 个国家级自然保护区在内的 19 个自然保护地，自然保护地面积为 26.6 万 hm^2。海南的重要自然保护区大多数集中于该区域，其中涵盖海南热带雨林国家公园面积的 93.7%。这些自然保护区在维护海南的生态平衡、保护海南珍稀濒危物种、支撑和促进海南经济的发展中都发挥了巨大的作用。除此之外，还保护着海南重要的生态系统，如热带季雨林、沟谷雨林、山地雨林、山地常绿阔叶林、热带针叶林、灌丛、稀树草原、农田等。因此开展海南岛中部山区生态环境地面监测对于加强中部山区生态功能区保护和管理，开展中部山区土地资源可持续利用项目，发展中部山区生态补偿机制与办法研究具有重要意义，也对维持全岛生态平衡、保障全岛生态安全、促进海南经济社会可持续发展具有极其重要的意义。

2012～2020 年在海南省中部山区选择 4 个森林生态系统类型，即山地雨林类型、沟谷雨林类型、高山云雾林类型和针叶林类型开展生态地面监测工作。分别在五指山山地雨林、吊罗山山地雨林、尖峰岭沟谷雨林、霸王岭南亚松林和霸王岭高山云雾林区域的森林生态系统建设监测样地，开展森林生态系统植被、土壤、环境状况等要素的调查工作(图 3.15，表 3.18)。该项工作从 2012 年 10 月开始样地建设和地面监测工作，至 2021 年已开展样地复查 4 次(吊罗山因道路施工等，2016 年和 2017 年调查工作没有开展)。共调查记录植株个体数总计 5516 株、对应的胸径数据 27971 个、树高数据 27543 个、冠

幅数据27412个、分支数据1457个、萌条数据2628个等。其中五指山山地雨林固定样地共调查记录植株个体数1129株，吊罗山山地雨林固定样地共调查记录植株个体数1356株，尖峰岭沟谷雨林固定样地共调查记录植株个体数851株，霸王岭南亚松固定样地共调查记录除草本外植株个体数1031株，霸王岭高山云雾林固定样地共调查记录植株个体数1149株，为了解与掌握海南热带森林不同植被类型的组成特征，以及海南热带森林不同植被类型下的植物多样性特点，并进一步评估森林生态系统健康，研究生态系统发生、发展、演替的内在规律和变化机制打下坚实的基础。

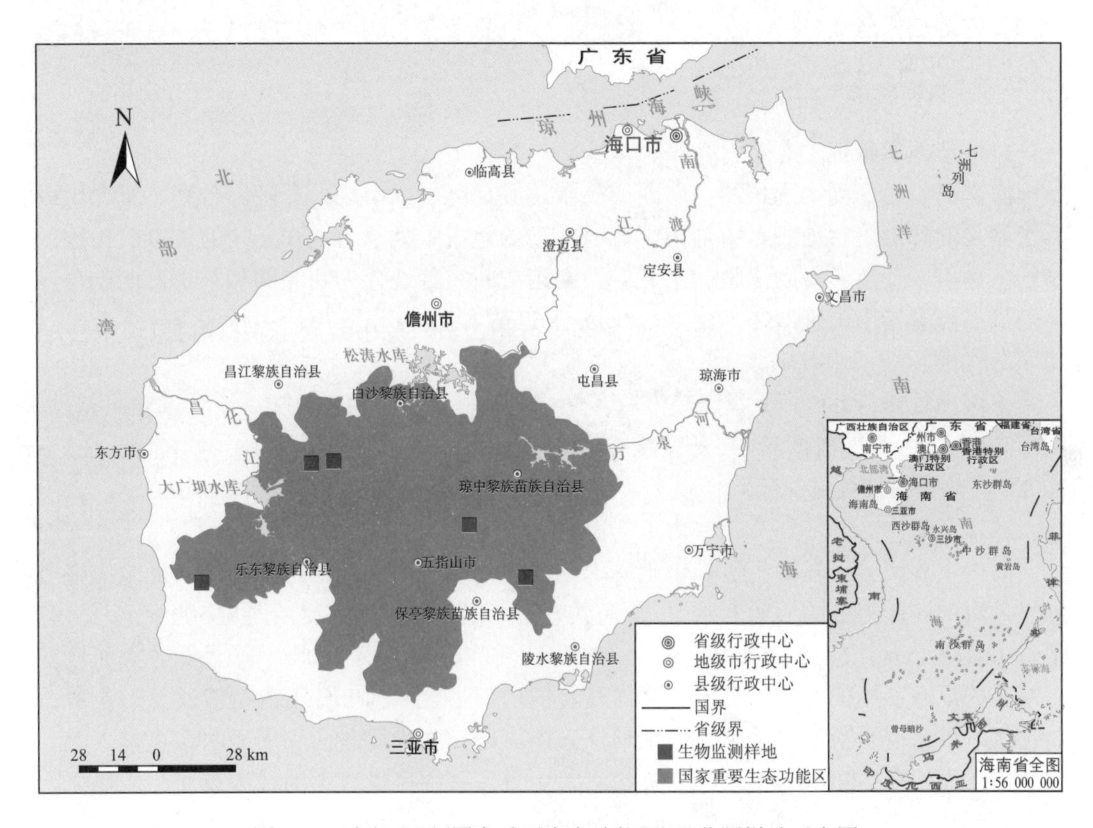

图3.15　中部山区(国家重要生态功能区)及监测样地示意图

表3.18　生物群落监测样地信息表

序号	样地名称	监测对象(群落类型)	样地面积/m^2	平均海拔/m	样方数量/个	经纬度
1	五指山山地雨林样地	山地雨林	1600 (40 m×40 m)	1200	4	109.6894444°E 18.9005556°N
2	尖峰岭沟谷雨林样地	沟谷雨林	1600 (20 m×80 m)	486	4	108.8480278°E 18.7018611°N
3	霸王岭高山云雾林样地	高山云雾林	1600 (40m×40 m)	1360	4	109.2113889°E 19.0872222°N

续表

序号	样地名称	监测对象(群落类型)	样地面积/m^2	平均海拔/m	样方数量/个	经纬度
4	霸王岭南亚松林样地	南亚松林	1600 (40 m×40 m)	692	4	109.1886111°E 19.0541667°N
5	吊罗山山地雨林样地	山地雨林	1600 (40 m×40 m)	1033	4	109.8637514°E 18.7259030°N

3.5.2 内容与方法

1. 监测地概况

1) 地形地貌特征

海南岛以中部高山为核心，向四周外围逐级递降，由山地、丘陵、台地、平原组成4个明显的环形层状地貌。中部山区在海南岛的地貌中处于山地和丘陵的位置。山地的结构由乌石—什运—番阳深陷的东北—西南走向断裂谷地分为西北部和东南部两部分。全岛最高点五指山山脉即在东南部，海拔1867m，西北部以黎母岭山脉为主。

2) 气候

该区地处热带北缘，是我国热带海洋性季风气候最具特色的地方。该区域光照充足，太阳高度角大，日照时间长，日长变化小，太阳辐射强，太阳总辐射量大，年均气温23.1～26.3℃，热量条件优越；年降水量大，雨水充沛，多年平均降水量为1759mm。

3) 水资源

岛内主要河流多发源于五指山山脉，因受中部高、四周低地势的影响，形成由许多独流入海的河流组成的放射状水系。全岛共有河流3526条(其中流域面积50km^2以上197条，100km^2以上124条，500km^2以上18条)，500km^2以上入海河流13条。各大河流都有明显的夏涨冬枯的水文特征。该区域发育的山川小支流大部分汇入南渡江、万泉河、昌化江，仅吊罗山南面水系汇入陵水河注入南海以及尖峰岭西面和南面水系直接入海。该区集水面积在500km^2以上的入海河流有9条，其中流量较大的有南渡江、昌化江、万泉河、陵水河、藤桥河。区内河流具有短促、比降大的特点，水力资源丰富。区域内河流情况如表3.19所示。

表3.19　中部山区河流基本情况表

序号	河流名称	流域面积/km^2	河长/km	流经市县	发源地	出口地
1	南渡江	7066	352.55	昌江黎族自治县、白沙黎族自治县、儋州市、琼中黎族苗族自治县、澄迈县、屯昌县、定安县、海口市	白沙县南峰山	海口市三联村
2	昌化江	4990	243.49	琼中黎族苗族自治县、五指山市、乐东黎族自治县、东方市、昌江黎族自治县	琼中县空禾岭	昌江县昌化港
3	万泉河	3692	178.14	琼中黎族苗族自治县、万宁市、琼海市	五指山风门岭	琼海市博鳌港

续表

序号	河流名称	流域面积/km²	河长/km	流经市县	发源地	出口地
4	珠碧江	1293	98.48	白沙黎族自治县、昌江黎族自治县、儋州市	白沙县南高岭	儋州市海头港
5	陵水河	1096	77.01	保亭黎族苗族自治县、陵水黎族自治县	保亭县贤芳岭	陵水县水口港
6	宁远河	1030	93.87	保亭黎族苗族自治县、三亚市	保亭县红水岭	三亚市港门港
7	藤桥河	699	61.65	保亭黎族苗族自治县、三亚市	保亭县昂日岭	三亚市藤桥港
8	望楼河	653	105.53	乐东黎族自治县	乐东县尖峰岭南	乐东县望楼港
9	太阳河	544	58.52	琼中黎族苗族自治县、万宁市	琼中县红顶岭	万宁市小海

资料来源：2017 年海南省水资源开发利用概况，海南省水务厅。

4) 土壤

根据海南省第二次土壤普查结果，该区土壤类型有砖红壤、赤红壤、黄壤和山地灌丛草甸土等。土壤母质以花岗岩为主，其次是砂页岩，有部分安山岩。山体的耸起以及基带的热带生物气候条件使该区具备了异常的生物气候垂直分异，从而土壤也具备明显的垂直分异，形成了多样性的土壤类型，在垂直带谱中出现了其他土区所没有的土壤类型。不同山体、相对高度、地理位置等生物气候条件的区域差异也反映在土壤垂直分布方面。

5) 植被

根据海南植物区划，该区植被属于中部山区垂直林带区，是我国热带原始森林地区之一，海南五大林区(五指山、尖峰岭、黎母山、霸王岭、吊罗山)集中在该区，是海南岛天然植被资源最丰富的地区。该区东西两部有较明显的差异。根据文献调研和实地清查，中部山区野生维管束植物种类达 3577 种，隶属 220 科和 1142 属，包括蕨类植物 43 科 125 属 482 种；裸子植物 6 科 10 属 24 种；被子植物 171 科 1007 属 3071 种，其中双子叶植物有 142 科 753 属 2384 种，单子叶植物有 29 科 254 属 687 种。分布有珍稀濒危物种等各类保护植物达 432 种，是我国重要的珍稀物种保存地。植物区系地理成分多样，热带性质明显，温带成分也占有一定的比例，呈现出由热带向亚热带过渡的趋势。

6) 外来物种入侵

五指山、尖峰岭、吊罗山和霸王岭外来入侵植物主要分布于低海拔、空旷、肥沃的生境，在人类活动干扰严重的环境，如路旁、灌丛、草丛、荒地，或天然干扰较常发生的生境，如河滩等地危害较严重。而在植被保护比较好的生境，外来植物的种类分布比较少，危害也很轻。目前危害最为严重的外来入侵种主要有 3 种，分别为假臭草、马缨丹、飞机草等。假臭草、马缨丹和飞机草分布范围广泛，较高海拔地段的林缘、林隙和森林破坏地都有分布。

2. 主要内容

监测内容主要包括乔木层、灌木层、草本层植被组成调查，测定监测样方的叶面积指数等。具体内容如下。

(1) 按树号顺序测量胸径、树高、冠幅等指标，测量精度和测量仪器应与初测时一致。

(2) 挂牌树木号牌不清楚的要根据往年的数据以及周围树木的标号，补上新的同号标牌，新进界植株要接续最后的树木编号。枯死木另测。

(3) 按初测时相同的调查标准，复测每个小样方的树种更新及灌木、草本指标。

(4) 检查标桩和修补界标。

样地监测原始数据包括基本的单株木测树因子，如胸径、树高、枝下高、密度等，以及林下植被等。时序数据包括作业法实施前的本底调查数据、作业后的观测数据和定期复测数据等。

对上述 5 个样地所在区域开展景观调查，包括植被垂直层谱完整性、物种丰富度、物种特有性、外来物种入侵、植被覆盖率、人类干扰情况、坡度、坡长、生态系统类型多样性、植被类型等指标。

生物监测指标分为生物指标和景观指标两类，具体见表 3.20。

表 3.20　生物群落监测样地信息

项目	监测指标	监测频次
生物指标	乔木层。基于每木调查：乔木物种、胸径、树高、冠幅；基于多个调查样方统计：优势树种、密度、平均高度、平均胸径；其他指标：乔木层郁闭度、叶面积指数	1 次/年
	灌木层。基于样方观测：物种名称、株数、多度、盖度、丛幅；基于多个调查样方统计：物种数、优势种、平均高度、平均丛幅、 群落盖度、叶面积指数	
	草本层。种数、优势种、群落盖度、高度、地上部分生物量、叶面积指数	
	凋落物层。厚度、单位面积的凋落物质量、含水量、最大持水量	
	植被垂直层谱完整性、物种丰富度、物种特有性、外来物种入侵度	
景观指标	植被覆盖率、人类干扰情况、坡长、坡度、生态系统类型多样性指数、植被类型	

注：植被垂直层谱完整性、物种丰富度、物种特有性、外来物种入侵度以及景观指标引用海南省生物多样性评价项目调查结果。

3. 监测方法

1) 调查对象和内容

调查与分析方法以《植物群落学实验手册》《陆地生态系统生物长期监测规范》上的植物群落分析方法为主，并参照最近几年的一些新植物群落学研究方法。采用每木调查法对保护区固定样地进行调查。调查对象是样地内所有离地面 1.3m 处胸径≥1.0cm 的乔木、灌木、藤本、草本、凋落物。其中乔木、灌木调查的内容是物种、胸径、高度、冠幅；草本调查的内容是物种、株数、高度、盖度；凋落物调查的内容是凋落物厚度、地上部分生物量称重、干重、持水特性。

调查方法：对每个样方内胸径≥1.0cm 的乔木和灌木刷漆、挂牌，记录树种名称、胸径、坐标和生长状况等信息，并建立数据库；在每个 20 m×20 m 的样方内，采用梅花桩型布设 5 个草本样方，每个草本小样方面积为 1 m×1 m，即共 20 个 1 m×1 m 的草本样方；在每个 20 m×20 m 的样方内原位测量凋落物厚度，按 0.1m×0.1m 的取样面积采集凋落物样品，带回实验室测试分析相关参数，如图 3.16 所示。

图 3.16　物种鉴别胸径测量挂牌及记录

2) 数据处理

A. 植被指数

按照 Whittaker 生长型系统，将群落分为乔木层(高度≥3m)、灌木层(高度 1.5～3m)和草本层(高度≤1.5m)。分别计算群落乔木层、灌木层的物种重要值(importance value) IV(%)。

乔木和灌木：IV = (RD% + RF% + RP%) / 3；

草本：IV = (RD% + RC%) / 2

其中，RD%(相对密度) = 100 × 一个种的密度 / 所有种的密度；

RF%(相对频度) = 100% × 一个种的频度 / 所有种的频度总和；

RP%(相对显著度) = 100% × 该种所有个体胸面积之和 / 所有种个体胸面积总和；

RC%(相对盖度) = 100% × 一个种的分盖度 / 所有种的分盖度总和；

Shannon-Wiener 指数：

$$H' = -\sum P_i \ln P_i$$

式中，P_i 表示第 i 种物种的个体数 N_i 占所有个体总数 N 的比例，即 $P_i = N_i / N$。

该指数是以信息论范畴的 Shannon-Wiener 函数为基础的多样性指数，作为生物群落的多样性指数，这个函数预测从群落中随机抽出一个个体的种的不定度。当物种的数目增加，已存在物种的个体分布越来越均匀时，此不定性明显增加。

B. 生物量

生物量计算采用热带雨林经验公式计算(李意德，1993)。

$$WAG=0.044418\times(DBH^2\times H)^{0.9719}$$

式中，WAG 为地上生物量(kg)；DBH 为胸径(cm)；H 为树高(m)。

本节主要采用 2012 年(2014 年)、2016 年和 2020 年数据开展数据分析工作。

3.5.3 主要结果

1. 物种数量

海南省中部山区监测样地物种数量及变化如图 3.17 所示。其中五指山山地雨林 2012 年调查的植物种类有 82 种，隶属 38 科 59 属，包括乔木 64 种、灌木 8 种、草本 13 种(因为部分禾木和灌木同种，所以种数加起来多于 82 种)。裸子植物 2 种，隶属于 1 科 2 属；被子植物 76 种，隶属于 35 科 55 属；蕨类植物 4 种，隶属于 2 科 2 属。2020 年样地物种数为 84 种、61 属和 40 科，分别比 2012 年增加了 2 种、2 属和 2 科。裸子植物和被子植物物种没有发生变化，保持不变。蕨类植物的科、属、种均发生变化，分别增加了 2 个科、2 个属和 2 个种。吊罗山山地雨林 2014 年调查的植物种类有 108 种，隶属于 47 科 76 属。其中木本 94 种，藤本 3 种，草本 11 种。裸子植物有 1 科，2 属，2 种；被子植物有 44 科，72 属，104 种；蕨类植物有 2 科，2 属，2 种。2020 年样地物种数为 125 种，比 2014 年增加了 17 种。裸子植物和蕨类植物的物种没有发生变化，保持不变。被子植物物种数和属数发生变化，其中属增加了 3 个，由 72 个增加为 75 个，种增加了 17 个，104 种增加到 121 种。尖峰岭沟谷雨林 2012 年调查的植物种类有 109 种，隶属于 50 科 85 属。其中乔木 77 种、灌木 18 种、草本 16 种(因为部分禾木和灌木同种，所以种数加起来多于 109 种)。被子植物 117 种，隶属于 51 科 85 属；蕨类植物有 1 种，隶属于 1 科 1 属。2020 年监测到样地植物种类有 109 种，物种数量和组成没有变化。霸王岭南亚松林 2012 年调查的植物种类有 96 种，隶属于 47 科 78 属。其中乔木 61 种，灌木 18 种，藤本 6 种，草本 11 种。裸子植物有 1 种，隶属于 1 科 1 属；被子植物有 90 种，隶属

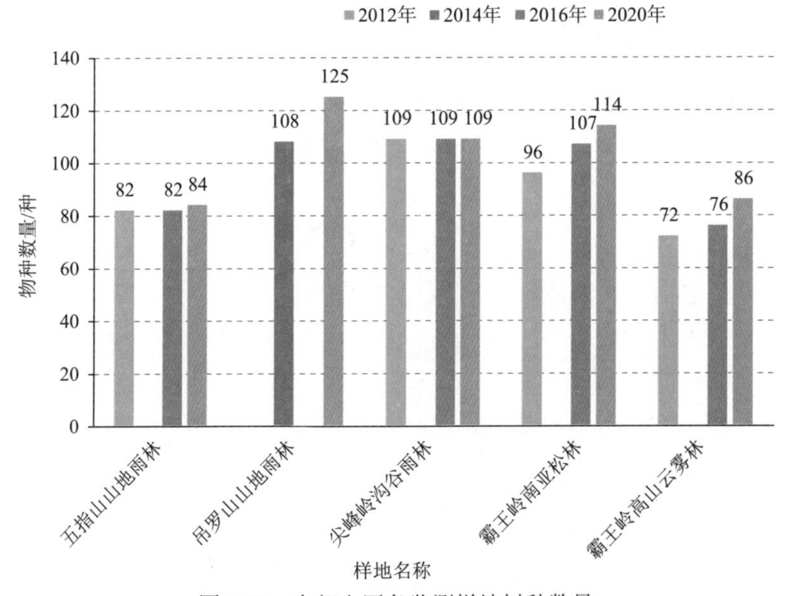

图 3.17　中部山区各监测样地树种数量

于 42 科 73 属；蕨类植物有 5 种，隶属于 4 科 4 属。2020 年样地物种数为 114 种，比 2012 年增加了 18 种。裸子植物和蕨类植物的物种没有发生变化，保持不变。被子植物物种数和属数发生变化，其中属增加了 2 个，由 78 个增加为 80 个，种增加了 18 个，90 种增加到 108 种。霸王岭高山云雾林 2012 年调查的植物种类有 72 种，隶属于 39 科 57 属。其中木本 58 种，藤本 4 种，草本 10 种。裸子植物有 1 科 2 属 2 种，被子植物有 32 科 49 属 64 种，蕨类植物有 6 科 6 属 6 种。2020 年样地物种数为 86 种，比 2012 年增加了 14 种。裸子植物增加 1 种，蕨类植物的物种没有发生变化，保持不变。被子植物物种数和属数发生变化，其中属增加了 4 个，由 49 个增加为 53 个，种增加了 13 个，由 60 种增加到 73 种。

2. 优势种

1）乔灌层优势种动态变化

开展监测期间，五指山山地雨林群落中重要值排名前 20 的物种分别为五指泡花树、线枝蒲桃、陆均松、黄叶树、皱叶山矾、竹叶青冈、拟密花树、鱼骨木、尖峰润楠、红鳞蒲桃、乐东拟单性木兰、广东山胡椒、毛果柯、五列木、向日樟、柳叶山黄皮、海南白锥、谷木、白肉榕、海南虎皮楠；以上优势物种的重要值之和占群落总重要值的 84.92%。吊罗山山地雨林群落中重要值排名前 20 位的物种分别为琼南柿、岭南青冈、阿丁枫、黄叶树、双叶黄杞、三角瓣花、长柄梭罗、米槠、红鳞蒲桃、吊罗山青冈、尖峰润楠、山矾、短叶罗汉松、蜜茱萸、石碌含笑、显脉木犀、卷边冬青、琼崖柯、狗骨柴、陆均松；以上优势物种的重要值之和占群落总重要值的 71.25%。尖峰岭沟谷雨林群落中重要值排名前 20 位的物种分别为九节、毛柿、华润楠、过布柿、海南檀、橄榄、假苹婆、翻白叶、羽脉山麻杆、岭南山竹子、美脉粗叶木、黄椿木姜子、岭罗麦、桄榔、楝叶吴茱萸、细子龙、禾串、犁耙柯、野荔枝，以上优势物种的重要值之和占群落总重要值的 66.46%。南亚松群落中重要值排名前 20 位的物种分别为南亚松、银柴、黄樟、九节、野漆、黄牛木、红鳞蒲桃、毛稔、芳槁润楠（黄心树）、木荷、桃金娘、山柑算盘子、橄榄、细基丸、光叶柯、细齿叶柃、丛花山矾、山乌桕、胡颓子叶柯、纤枝蒲桃；以上优势物种的重要值之和占群落总重要值的 78%。高山云雾林群落中重要值排名前 15 位的物种分别为蚊母树、碟斗青冈、赤楠蒲桃、展毛野牡丹、九节、柃叶山矾、厚边木犀、五列木、药用狗牙花、线枝蒲桃、锈毛杜英、厚皮香、丛花山矾、双瓣木犀、黄杞；以上优势物种的重要值之和占群落总重要值的 69.19%。五个样地的植物群落中主要优势种重要值几乎能概括整个群落的基本特征，优势种的重要值排序较首次调查的群落乔灌层优势种构成无明显变化，群落总体处于稳定状态。

2）草本层优势种动态变化

草本层基本上以群落乔灌木的幼苗为主，在生长过程中，小苗由于竞争和光照而死亡消失，优势植物变化较大，重要值动态变化较为复杂。五指山山地雨林 2012 年草本共 13 种，以粉菝葜、菲律宾合欢、露兜、毛柿等为优势种。2016 年草本层共出现 12 种草本层植物，以糙叶卷柏、单子卷柏、蜂斗草、蔓九节、黑桫椤等草本植物，以及黄叶树等乔灌木幼苗为主要优势种。2020 年草本层共出现 10 种植物，以卷柏、铁线蕨、菝葜、省藤、桑叶草、匍匐九节、黄叶树、变叶榕、黄杞、铁芒萁为主要优势种。吊罗山山地雨林 2014 年草本层植物共计 21 种，其群落以刺轴榈、粉背菝葜、沿阶草、假益智、露兜树为优势种。2020 年草本层植物共计 16 种，主要优势种为小花山姜、菝葜、耳草、海南割鸡芒、四蕊三角瓣花、紫金牛。尖峰岭沟谷雨林 2012 年样地草本层植物 23 种，以粉叶菝葜、菲律宾合欢、草露兜、毛柿等为优势种。2016 年样地草本层植物共计 11 种，主要优势种为草露兜、翻白叶、九节和扇叶铁线蕨，2020 年样地草本层植物共计 11 种，主要优势种为粉背菝葜、九节、华南蒟、匍匐九节。霸王岭南亚松林 2012 年草本层植物共计 9 种，其群落的优势种为粽叶芦、扇叶铁线蕨、铁芒萁；2016 年草本层植物共计 13 种，以芒萁、锡叶藤、扇叶铁线蕨、割鸡芒、光叶菝葜等为优势种。2020 年草本层植物共计 16 种，以铁线蕨、淡叶竹、九节、菝葜、铁芒萁、割鸡芒、锡叶藤、海金沙、假苹婆、香附子、匍匐九节、野漆、银柴、凤尾蕨、黑面神、毛相思子等为优势种。霸王岭高山云雾林 2012 年草本层植物共计 11 种，其群落以卷柏、鹿蹄草、麦冬为优势种；2016 年草本层植物共计 13 种，以单子卷柏、倒挂草、蜂斗草、蔓九节和琼崖舌蕨等草本植物以及海南鸭脚木、三桠苦等乔灌木幼苗为主要优势种；2020 年草本层植物共计 18 种，以单子卷柏、堇菜、九节、铁线蕨和黄杞等为主要优势种。

3. 生物量

如图 3.18 所示，通过对五个样地每木调查数据的统计分析，发现多年平均生物量密度最大的是五指山山地雨林，为 74734.29g/m^2，其次是霸王岭南亚松林，为 51545.24g/m^2，尖峰岭沟谷雨林为 45064.17g/m^2，吊罗山山地雨林为 35623.71g/m^2，霸王岭高山云雾林生物量最低，为 16843.63g/m^2。各样地生物量均呈现增长状态，其中年均生物量增长量最大的是五指山山地雨林，为 1138.68g/m^2，其次是吊罗山山地雨林，为 699.33g/m^2，尖峰岭沟谷雨林为 608.94g/m^2，霸王岭高山云雾林为 440.38g/m^2，霸王岭南亚松林为 3.50g/m^2。

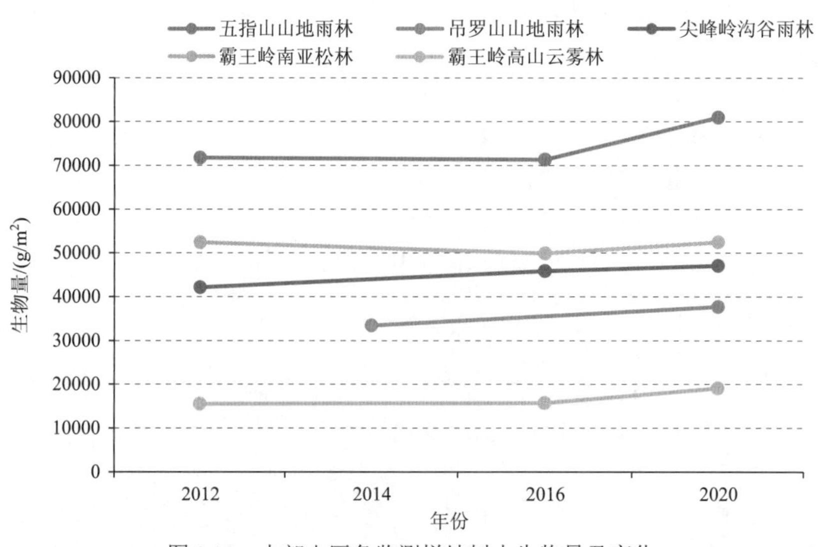

图 3.18　中部山区各监测样地树木生物量及变化

森林生物量和生产力的大小取决于多种因素，如区域的水热条件、土壤条件以及森林类型、年龄、活立木密度和优势种的组成等诸多因素及其相互变化都可能造成生物量和生产力的差异。森林群落的物种优势度和丰富度影响群落的生物量大小，在不同的林层，物种多样性对地上生物量的影响格局存在差异，优势物种重要值及较高的物种丰富度对维持天然林的生物量都是必要的。

4. 生物多样性

生物多样性监测目的在于及时了解区域内植物等资源的变化情况，为相关人员制定管理和保护措施提供数据保障，也是提高管理的针对性和保护的有效性的重要举措。通过对物种数据的统计分析，发现五个样地生物多样性指数呈现不同的动态。如图3.19所示，总体来讲，除五指山山地雨林样地生物多样性指数呈现下降趋势之外，其余四个样地生物多样性指数均表现为上升趋势。其中五指山山地雨林生物多样性指数2012年为3.108、2016年为3.073、2020年为3.059。2012～2020年生物多样性指数为缓慢下降的趋势。吊罗山山地雨林生物多样性指数2014年为3.541、2020年为3.642；其2012～2020年生物多样性指数为缓慢增长的趋势。尖峰岭沟谷雨林生物多样性指数2012年为3.493、2016年为3.458、2020年为3.568；其2012～2020年生物多样性指数为缓慢增长的趋势。霸王岭南亚松林生物多样性指数2012年为3.389、2016年为3.401、2020年为3.652；其2012～2020年生物多样性指数为缓慢增长的趋势。霸王岭高山云雾林生物多样性指数2012年为3.228、2016年为3.196、2020年为3.565；其2012～2020年生物多样性指数为缓慢增长的趋势。

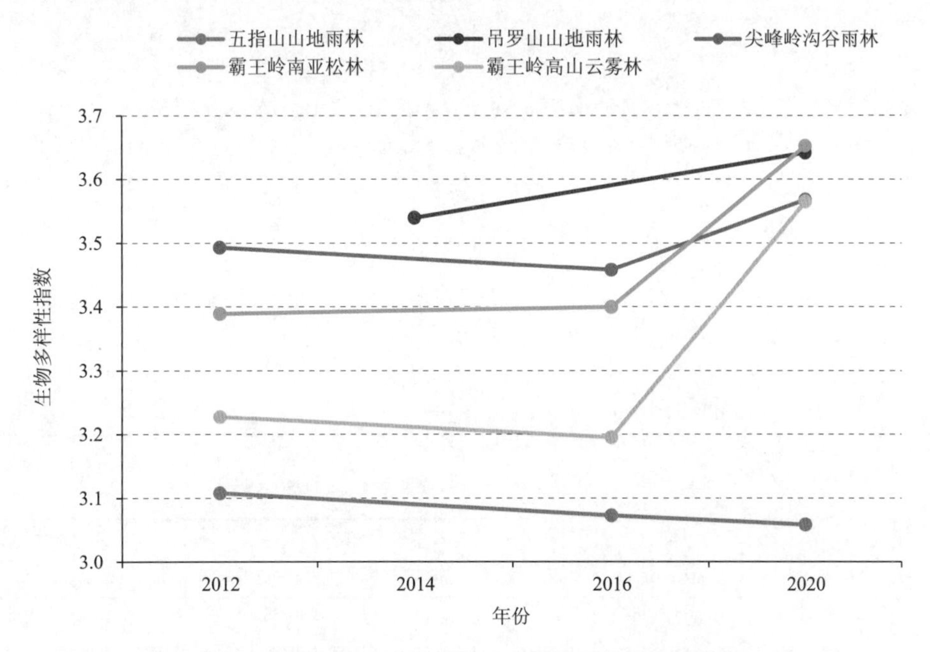

图3.19　中部山区各监测样地生物多样性指数及变化

5. 土壤环境

霸王岭国家森林公园、尖峰岭国家森林公园和五指山国家自然保护区各点位土壤发育较成熟，霸王岭1号点位位于松树林中，成土母质为花岗岩。霸王岭2号点位则位于海拔较高的云雾林中，土层浅，成土母质为砂页岩。尖峰岭点位位于灌木林中，土壤砂砾较多、较大，由花岗岩母质发育而来。五指山点位位于山腰瀑布旁，湿度较大，土层较厚，约1.5 m，土壤母质为灰岩。

对采集的土壤进行室内理化性质分析，物理性状分析结果表明，各点位土壤发育较为成熟，腐殖质层较厚，土层厚度不一，砂粒含量均较高，但均有较好的保水和持水能力，孔隙度较大，土壤通气性良好。化学性质结果则表明，各点位土壤偏酸性，有机质含量高，CEC值较高，具有较好的保水保肥能力，加之本身腐殖质层较厚，土壤肥力大，土壤可利用氮磷钾元素丰富。对重金属五项(砷、镉、铬、铅和汞)和苯并[a]芘、六六六和滴滴涕的检测结果表明，各点位土壤状况良好，重金属镉在霸王岭1号点位高于土壤污染风险筛选值，可能存在土壤生态环境风险，其余点位土壤生态环境风险都低，且土壤暂未受到有机污染物的污染。详细信息如表3.21～表3.25所示。

表3.21　土样物理性质结果

编号	土壤质地	砂粒	粉粒	黏粒	自然含水量/%	容重/(g/cm³)	总孔隙度/%	毛管孔隙度/%	非毛管孔隙度/%	土壤通气度/%	最大持水量/%	毛管持水量/%	最小持水量/%
B11	砂土、壤质砂土	87.8	4.4	7.8	8.231	1.281	47.084	32.895	14.189	40.279	36.809	25.767	18.781
B12	砂质黏土	61.9	6.7	31.4	18.103	1.362	45.228	40.555	4.673	26.765	33.221	29.782	25.328
B13	砂质黏壤土	74.1	2.1	23.8	20.423	1.330	47.729	46.669	1.061	27.346	35.896	35.098	28.596
B21	砂土、壤质砂土	93	1.8	5.2	61.990	0.280	80.609	68.832	11.777	69.868	288.085	245.577	206.373
B22	砂土、壤质砂土	93.8	0.9	5.3	36.517	0.736	67.326	54.468	12.858	49.169	93.854	75.509	63.907
B23	砂土、壤质砂土	92.1	2.5	5.4	9.480	1.734	30.599	24.125	6.474	17.931	17.645	13.911	8.009
J11	砂土、壤质砂土	88.1	4.1	7.8	14.539	1.236	47.559	40.155	7.405	34.714	38.525	32.377	25.132
J12	砂质黏壤土	77.2	5.6	17.2	16.417	1.333	44.617	37.808	6.809	28.694	33.523	28.424	23.771
J13	砂质黏壤土	76	7.2	16.8	15.749	1.340	39.874	38.494	1.381	24.302	29.761	28.730	22.158
W11	砂质壤土	83.3	7.2	9.5	37.611	0.494	74.486	47.429	27.057	63.967	150.841	96.049	77.467
W12	砂质壤土	77.6	10.2	12.2	23.527	0.840	62.343	48.620	13.723	49.651	74.342	57.978	46.533
W13	砂土、壤质砂土	85.7	6.4	7.9	22.961	0.826	60.982	52.112	8.870	48.936	74.189	63.292	51.920

表3.22　土样化学性质-土壤营养指标测定结果

编号	pH (H_2O,1∶2.5)	有机质/%	CEC/(cmol/kg)	全氮/%	碱解氮/(mg/kg)	亚硝态氮/(mg/kg)	全磷/%	有效磷/(mg/kg)	全钾/%	速效钾/(mg/kg)	缓效钾/(mg/kg)
B11	5.72	3.567	10.092	0.084	192.917	0.302	0.016	0.301	0.153	224.000	724.428
B12	6.03	0.458	30.230	0.021	19.990	0.101	0.007	0.163	0.122	268.000	1013.777
B13	6.09	0.259	25.907	0.017	18.622	0.081	0.006	0.158	0.156	195.000	1025.959
B21	4.58	11.745	18.031	0.314	272.325	0.262	0.027	1.899	0.062	248.000	204.122

续表

编号	pH (H_2O,1∶2.5)	有机质 /%	CEC /(cmol/kg)	全氮 /%	碱解氮 /(mg/kg)	亚硝态氮 /(mg/kg)	全磷 /%	有效磷 /(mg/kg)	全钾 /%	速效钾 /(mg/kg)	缓效钾 /(mg/kg)
B22	4.47	6.424	20.846	0.054	78.724	0.081	0.015	0.493	0.072	152.000	101.427
B23	4.95	3.091	10.224	0.029	28.065	0.060	0.014	0.349	0.098	121.000	116.399
J11	5.75	1.660	17.395	0.105	122.049	0.202	0.018	0.292	0.169	347.000	1158.028
J12	5.29	1.114	30.035	0.084	74.372	0.081	0.013	0.182	0.154	278.000	1124.351
J13	5.58	0.718	22.100	0.063	64.458	0.161	0.012	0.177	0.153	245.000	1123.158
W11	4.56	3.360	23.901	0.138	174.817	0.181	0.014	0.454	0.091	129.000	192.537
W12	4.87	1.226	16.198	0.050	54.819	0.141	0.009	0.679	0.102	106.000	236.984
W13	5.23	0.437	13.476	0.042	8.576	0.101	0.008	0.464	0.128	61.000	335.677

表 3.23　土壤养分含量分级表(按全国统一划分的六级制分级)

等级	有机质 /%	全氮 /%	碱解氮 /(mg/kg)	全磷 /%	速效磷 /(mg/kg)	全钾 /%	速效钾 /(mg/kg)
1	>4	>0.2	>150	>0.1	>40	>2.5	>200
2	3～4	0.15～0.2	120～150	0.08～0.1	20～40	2.0～2.5	150～200
3	2～3	0.1～0.15	90～120	0.06～0.08	10～20	1.5～2.0	100～150
4	1～2	0.07～0.1	60～90	0.04～0.060	5～10	1.0～1.5	50～100
5	0.6～1	0.05～0.75	30～60	0.02～0.04	3～5	0.5～1.0	30～50
6	<0.6	<0.05	<30	<0.02	<3	<0.5	<30

表 3.24　土样化学性质-土壤污染指标测定结果

编号	As /(mg/kg)	Cd /(mg/kg)	Cr /(mg/kg)	Pb /(mg/kg)	Hg /(mg/kg)	苯并(a)芘 /(mg/kg)	α-六六六 /(μg/kg)	β-六六六 /(μg/kg)	γ-六六六 /(μg/kg)	δ-六六六 /(μg/kg)	4,4′-DDT /(μg/kg)	2,4′-DDT /(μg/kg)	4,4′-DDD /(μg/kg)	4,4′-DDE /(μg/kg)
B11	3.400	0.114	3.890	45.600	0.130	<0.01	<0.01	<0.01	<0.01	<0.01	<0.01	<0.01	<0.01	<0.01
B12	5.800	0.029	10.400	51.600	0.140	<0.01	<0.01	<0.01	<0.01	<0.01	<0.01	<0.01	<0.01	<0.01
B13	6.400	0.029	7.500	69.200	0.250	<0.01	<0.01	<0.01	<0.01	<0.01	<0.01	<0.01	<0.01	<0.01
B21	3.200	0.307	2.750	24.400	0.120	<0.01	<0.01	<0.01	<0.01	<0.01	<0.01	<0.01	<0.01	<0.01
B22	2.500	0.117	2.450	15.600	0.090	<0.01	<0.01	<0.01	<0.01	<0.01	<0.01	<0.01	<0.01	<0.01
B23	1.900	0.050	2.340	7.440	0.080	<0.01	<0.01	<0.01	<0.01	<0.01	<0.01	<0.01	<0.01	<0.01
J11	5.600	0.080	5.830	65.800	0.170	<0.01	<0.01	<0.01	<0.01	<0.01	<0.01	<0.01	<0.01	<0.01
J12	7.400	0.027	8.920	58.800	0.200	<0.01	<0.01	<0.01	<0.01	<0.01	<0.01	<0.01	<0.01	<0.01
J13	7.000	0.026	7.960	66.500	0.190	<0.01	<0.01	<0.01	<0.01	<0.01	<0.01	<0.01	<0.01	<0.01
W11	3.300	0.045	6.880	7.690	0.160	<0.01	<0.01	<0.01	<0.01	<0.01	<0.01	<0.01	<0.01	<0.01
W12	3.400	0.025	6.890	11.300	0.100	<0.01	<0.01	<0.01	<0.01	<0.01	<0.01	<0.01	<0.01	<0.01
W13	2.700	0.022	3.710	9.270	0.080	<0.01	<0.01	<0.01	<0.01	<0.01	<0.01	<0.01	<0.01	<0.01

表 3.25 农用地土壤污染风险管控标准 （单位：mg/kg）

序号	污染物项目		pH≤5.5		5.5<pH≤6.5		6.5<pH≤7.5		pH>7.5	
			风险筛选值	风险管制值	风险筛选值	风险管制值	风险筛选值	风险管制值	风险筛选值	风险管制值
1	镉	水田	0.3	1.5	0.4	2.0	0.6	3.0	0.8	4.0
		其他	0.3		0.3		0.3		0.6	
2	汞	水田	0.5	2.0	0.5	2.5	0.6	4.0	1.0	6.0
		其他	1.3		1.8		2.4		3.4	
3	砷	水田	30	200	30	150	25	120	20	100
		其他	40		40		30		25	
4	铅	水田	80	400	100	500	140	700	240	1000
		其他	70		90		120		170	
5	铬	水田	250	800	250	850	300	1000	350	1300
		其他	150		150		200		250	
6	铜	果园	150	—	150	—	200	—	200	—
		其他	50		50		100		100	
7	镍		60	—	70	—	100	—	190	—
8	锌		200	—	200	—	250	—	300	—
9	六六六总量		0.10							
10	滴滴涕总量		0.10							
11	苯并[a]芘		0.55							

注：重金属和类金属砷均按元素总量计；对于水旱轮作地，采用其中较严格的风险筛选值。

6. 地表水环境

地表水环境质量监测选取《地表水环境质量标准》（GB 3838—2002），对表 3.26 中除水温、总氮和粪大肠菌群以外的 21 项进行中部山区地表水环境质量评价。根据《地表水环境质量标准》（GB 3838—2002），采用单因子类别评价法进行地表水水质评价。

2020 年我省中部山区开展了 11 个河流（断面）地表水监测，从全年总体评价结果来看，全部断面均符合国家地表水 II 类标准。

表 3.26 2020 年中部山区主要河流水质评价统计表

序号	河流名称	断面名称	经度/(°)	纬度/(°)	所在市县	2020 年水质类别	断面来源
1	南渡江	高峰村	109.3099	18.9991	白沙	II 类	跨界、河长制
2	昌化江	什统村	109.552	18.9648	琼中→五指山	II 类	省控，河长制 “十三五”国控
3	昌化江	跨界桥	109.0705	18.8121	乐东→东方	II 类	省控，河长制 “十三五”国控
4	通什水（南圣河）	五指山河取水口	109.6417	18.7592	五指山	II 类	省控
5	南渡江	元门桥	109.4913	19.1533	五指山	II 类	省控

续表

序号	河流名称	断面名称	经度/(°)	纬度/(°)	所在市县	2020 年水质类别	断面来源
6	万泉河	乘坡大桥	109.9944	18.8945	白沙	Ⅰ类	省控
7	大广坝水库	大广坝水库库心	109.0124	18.9656	东方	Ⅱ类	“十三五”省控,“十三五”国控
8	大广坝水库	大广坝水库出口	108.9806	19.0146	东方	Ⅱ类	省控
9	小妹水库	小妹水库出口	109.9478	18.6797	陵水	Ⅱ类	省控
10	五指山水库	五指山水库出口	109.6061	18.885	五指山	Ⅱ类	省控
11	太平水库	太平山水库取水口	109.5317	18.8028	五指山	Ⅱ类	城镇饮用水

7. *水资源*

如图 3.20 所示，无论是多年平均降水量还是近两年降水量，琼中排名都位居第一位，近两年的降水量和多年平均相差不大，保持相对稳定的状态。东方市一直是海南省西部地区缺水较为严重的地区，从 2020 年的降水情况来看这种情况更为严峻，相比于多年平均降水量下降了将近 60%，三亚 2020 年的降水量较 2019 年显著增加，增幅达 78.1%，与多年平均降水量相比增加 39.8%。保亭降水量同样也有大幅增加，较 2020 年和多年平均分别增加 42.3%和 31.1%。但从全省的总体情况来看(如图 3.20 中统计)，2020 年中部山区 9 个市(县)降水量为 270.17 亿 m^3，比 2019 年降水量增加了 8.4%，但与多年平均相比仍下降了 3.9%，总体保持较为稳定的状态。

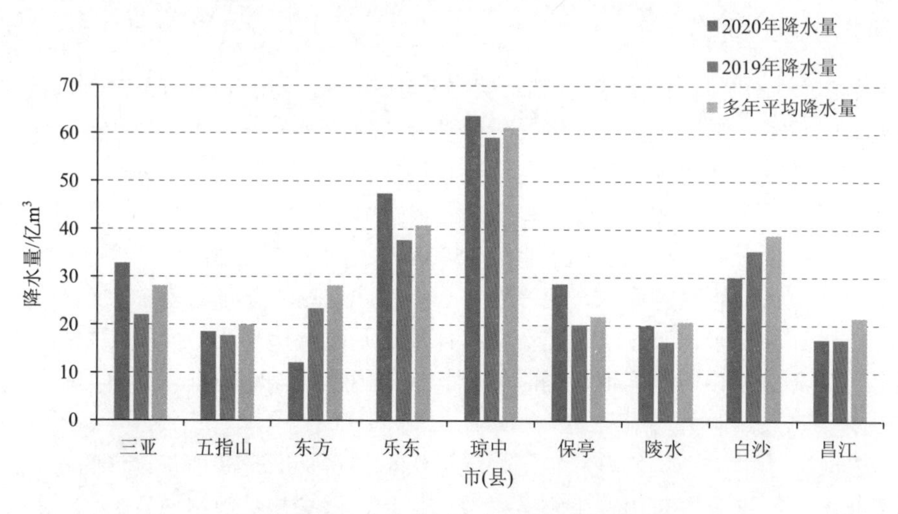

图 3.20　中部山区市(县)降水量概况

3.5.4　主要结论

(1) 五个固定样地生态环境地面监测生物指标结果多年度比较变化不大，数值稳定，每个样地的乔灌草层发育良好。森林物种组成的变化不大，调查结果基本保持一致；生物多样性指数除五指山山地雨林有所降低外，多数呈现缓慢上升趋势。

(2) 森林质量不断提高，林分结构不断优化。森林的树木胸径逐年增加，森林的生物量保持增长状态，森林中优势植物的重要值在不断变化，这表明森林仍在不断地发育、发展，在朝着稳定群落的方向演替。

(3) 五指山、尖峰岭、吊罗山和霸王岭热带雨林虽属于亚洲雨林体系，但因纬度偏北，处于热带地区北缘并受一定的季风气候的影响，无论是在种类组成还是外貌结构等方面都显著不同于赤道雨林。青梅等龙脑香科植物仍是该区域热带雨林的鉴别种，但龙脑香科植物种类较少，仅调查到有青梅与海南坡垒两个种。优势科却是樟科、木兰科、壳斗科、大戟科、桃金娘科、楝科、桑科和棕榈科等，即热带科与亚热带科并存，表现出热带雨林向亚热带常绿阔叶林过渡的特征。

(4) 各点位土壤发育较成熟，腐殖质层较厚，土层厚度不一，砂粒含量均较高，但均有较好的保水和持水能力，孔隙度较大，土壤通气性良好。化学性质结果则表明，各点位土壤偏酸性，有机质含量高，CEC 值较高，具有较好的保水保肥能力，加之本身腐殖质层较厚，土壤肥力丰富，土壤可利用氮、磷、钾元素丰富。

(5) 区域内地表水全部符合国家地表水Ⅱ类标准，部分达到国家地表水Ⅰ类标准，水环境状况总体良好，可作为集中式生活饮用水地表水源地，保障下游农村居民地和城镇生活用水，充分发挥森林生态系统服务功能。

(6) 中部山区 2020 年降水量较多，年平均降水量变化不大，但各市(县)降水量有明显变动，其中东方降水量明显变少，相较于多年平均降水量下降近 60%。总体来讲，中部山区水资源较为丰富，并且总体保持较为稳定的状态。

3.5.5　问题与建议

(1) 已有资料表明，海南岛野生维管植物有 4579 种，而所有样方监测到的树种仅有 435 种，明显偏少。另外，作为亚洲热带雨林标志性树种的龙脑香科植物仅在尖峰岭沟谷雨林样地有记录，其他样地均未发现。热带地区森林生态系统物种分布、树木大小及个体生物量具有较大的空间异质性，海拔、坡向等因素在较大程度上影响着物种的分布。另外，群落调查一般要求样地面积不小于 2500m^2。对于卫星遥感地面观测与验证来讲，样地的面积和数量能否达到要求，还需要进一步实践应用。但针对森林生态系统碳监测及生物多样性评估要求，下一步还需在原有样地的基础上增加样地面积，并在中部山区其他区域不同海拔增设监测样地，同时整合其他部门样地监测数据，为更准确地评估中部山区森林生态系统服务功能服务。

(2) 五指山、吊罗山、尖峰岭和霸王岭国家级自然保护区是海南省设立的较早的国家级自然保护区，为恢复热带雨林生物多样性，大尺度保护热带雨林原真性、完整性，更好地发挥热带雨林的生态服务功能提供生态资源与环境保障。但是，这些保护地大多分布在天然林保存较为完整的高海拔区域，各保护地之间的低海拔区域仍处于保护空白地带。这些低海拔地区由于长期受生产生活的干扰，大量低地雨林生境受到严重胁迫，致使物种最为丰富、保护价值最高的低海拔区域植被生存状况堪忧，在今后的生态环境地面监测中应考虑对这些区域的植被状况进行调查，为更客观、全面地评估中部山区生态环境状况提供基础数据。

(3)水热条件是影响植被地理区系分布的重要原因，中部山区复杂多变的地形条件也在进一步影响水热条件的分异，使得热带雨林在该地区的分布多为斑块状，监测结果表现出热带雨林向亚热带常绿阔叶林过渡的特征，也意味着该地区的热带雨林对生态环境的变化也极为敏感和脆弱，生境受到破坏再度恢复为热带雨林群落的难度极大，建议在今后的生态环境保护工作中要加强对热带雨林的监管力度。

(4)森林演替是极其漫长的过程，需要上百年甚至更长的时间，要获取森林发育过程中的生物量和生产力动态信息较为困难。目前用于监测森林生物动态变化监测的主要方法包括固定样地法、模型估算法、遥感估算法、涡动协方差通量观测法和空间代替时间法等。其中，应用最为普遍、数据积累最为丰富的方法是固定样地法，即通过周期性重复测定固定样地内树木生长指标(胸径、树高及环境因子等)来估算生物量变化，但常规5～10 年的观测周期难以满足长时间尺度内森林过程评价的需要，建议开展长期定位监测工作。

3.6　社会经济数据资源

海南省作为我国的经济特区和自由贸易试验区，近年来经济发展迅速，与此同时，公众对于社会经济数据的关注度逐渐增加。社会经济主要包括社会、经济、教育、科学技术及生态环境等，其系统规模庞大，涉及人类日常生活的诸多领域。本章以不同的数据中心为基础，汇集了与海南相关的社会经济数据，并详细介绍了其中的六种数据，可以为相关研究提供数据参考，如表 3.27 所示。

3.6.1　数据中心

数据中心名称及其网址如表 3.27 所示。

表 3.27　数据中心名称及其网址

数据中心名称	网址
国家统计局	http://www.stats.gov.cn/
OSGeo 中国中心	https://www.osgeo.cn/
地理空间数据云	http://www.gscloud.cn/
数据共享服务系统	http://data.casearth.cn/
地理监测云平台	http://www.dsac.cn/
国家统计局	http://data.stats.gov.cn/
国家气象科学数据中心	http://data.cma.cn/
国家地球系统科学数据中心	http://www.geodata.cn/
天地图—海南省地理信息公共服务平台	https://hainan.tianditu.gov.cn/
资源环境科学与数据中心	https://www.resdc.cn/
数据共享服务系统	http://data.casearth.cn/
高分辨率对地观测系统海南数据与应用中心	http://gfdc.hainan.gov.cn/

续表

数据中心名称	网址
中国·GEO 国家综合地球观测数据共享平台	http://www.chinageoss.cn
海南省统计局	http://stats.hainan.gov.cn/
海南省财政厅	http://mof.hainan.gov.cn/
海南省商务厅	http://dofcom.hainan.gov.cn/
海南交通运输厅	http://jt.hainan.gov.cn/
海南省农业农村厅	http://agri.hainan.gov.cn/
海南省生态环境厅	http://hnsthb.hainan.gov.cn/
海南测绘地理信息局	http://hism.mnr.gov.cn/
海南省大数据管理局	http://dsj.hainan.gov.cn/
海南省工业和信息化厅	http://iitb.hainan.gov.cn/
海南省人力资源和社会保障厅	http://hrss.hainan.gov.cn/
海南省政府数据统一开放平台	http://data.hainan.gov.cn/
国家税务总局海南省税务局	http://hainan.chinatax.gov.cn/

1. 地球大数据科学工程—数据共享服务系统

(1) 数据来源网址为 http://data.casearth.cn/。

(2) 数据中心介绍。数据共享服务系统是中国科学院战略性先导科技专项“地球大数据科学工程”数据资源发布及共享服务的门户窗口。系统面向专项数据特点提供项目分类、关键词检索、标签云过滤、数据关联推荐等多种数据发现模式；提供在线下载、API接口访问等多种数据获取模式；支持可定制的多格式数据在线查看、预览和查询；支持面向个性化需求的统计、收藏、推荐、下载、评价服务。相关数据及其格式如表 3.28 所示。

表 3.28　地球大数据科学工程—数据共享服务系统相关数据及其格式

社会经济相关数据	数据格式
2010～2015 年中国各地市社会福祉空间化数据集	.shp
2000～2010 年中国县域城镇经济数据库	.xlsx
2010～2015 年中国各地市污染排放空间化数据集	.shp
2003～2008 年中国分省基本情况统计数据	.xlsx
2000 年、2003 年、2006 年、2009 年、2012 年和 2015 年中国分省分地级市人均地方生产总值数据集	.shp
2010～2015 年中国各地市工业产量空间化数据集	.shp
2010～2015 年中国各地市居民健康空间化数据集	.shp
2010～2015 年中国各地市教育发展空间化数据集	.shp
2010～2015 年中国各地市污染排放空间化数据集	.shp
2000 年、2010 年中国分县人口与城镇化空间数据集	.shp
2010～2015 年中国各地市经济总量空间化数据集	.shp
2010～2015 年中国各地市绿化覆盖空间化数据集	.shp
2001～2017 年中国城市可持续发展综合评价数据集	.shp

(3)总结：此数据中心包含的数据广泛，多为基于全国范围性的数据集或统计数据，其中社会经济数据较为广泛。

2. 资源环境科学与数据中心

(1)数据来源网址为https://www.resdc.cn/。

(2)数据中心介绍。资源环境科学与数据中心通过网络结构体系将分布于全国的与资源环境数据相关的14个主要研究所整合形成一个科学数据集成与共享平台。相关数据及其格式如表3.29所示。

表3.29　资源环境科学与数据中心相关数据及其格式

社会经济相关数据	数据格式
2010～2017年各省市统计年鉴	.pdf 或.jpg
中国国内生产总值空间分布公里格网数据集	.gird
中国人口空间分布公里格网数据集	.gird

(3)总结：此数据中心涵盖详细数据说明以及各数据引用方式和数据下载说明。

3. 国家地球系统科学数据中心

(1)数据来源网址为http://www.geodata.cn/。

(2)数据中心介绍。国家地球系统科学数据中心，围绕地球系统科学与全球变化领域科技创新、国家重大需求与区域可持续发展，依托中国科学院地理科学与资源研究所共享共建二十余年，率先开展国家科技计划项目数据汇交，形成国内规模最大的地球系统科学综合数据库群。相关数据及其格式如表3.30所示。

表3.30　国家地球系统科学数据中心相关数据及其格式

社会经济相关数据	数据格式
2002～2010年中国区域经济统计数据集	.doc.xlsx
1995～2012年中国经济总量专题数据集	.doc.xlsx
1995～2013年中国农业经济专题数据集	.doc.xlsx
1995～2012年中国工业经济专题数据集	.doc.xlsx
1995～2012年中国第三产业经济专题数据集	.doc.xlsx
中国政治社会经济数据集(2011年，2013年，2015～2018年)	.doc.xlsx
海南省人口统计数据(2017年)	.doc.xlsx

(3)总结：此数据中心包含中国过去经济总量、农业、工业以及第三产业的经济专题数据集，以及中国政治社会经济数据集等。

4. 地理监测云平台

(1)数据来源网址为http://www.dsac.cn/。

(2) 数据中心介绍。自 2012 年 10 月地理监测云平台上线至今，已实现了公司由项目所产生的包括国土资源、生态环境、气象/气候、社会经济及灾害监测等领域在内的一部分时空信息系列产品的产出和发布，并依此形成了具有自身特色的海量数据库。相关数据及其格式如表 3.31 所示。

表 3.31　地理监测云平台相关数据及其格式

社会经济相关数据	数据格式
全国夜间灯光指数数据(1992～2013 年)	.tif
全国国内生产总值公里格网数据	.tif
全国建筑物总面积公里格网数据	.tif
全国人口密度数据产品	.tif
全国县级医疗资源分布数据	.tif
全国省-市-县级人口调查数据及其分布信息产品	.tif
全国省-市-县级收入统计数据及其空间分布信息产品	.tif
全国省-市-县级矿山面积统计数据及其空间分布信息产品	.tif
全国省-市-县级载畜量数据及其空间分布信息产品	.tif
全国省-市-县级农作物种植面积统计数据及空间分布信息产品	.tif
全国省-市-县级农田分类面积统计数据及空间分布信息产品	.tif
全国省-市-县级农作物长势遥感监测信息产品	.tif
全国省-市-县级医疗资源统计数据及其空间分布信息产品	.tif
全国省-市-县级教育资源统计数据及其空间分布信息产品	.tif
多尺度全国省-市-县级行政辖区信息产品	.shp
社会经济数据综合目录	.xlsx

(3) 总结：此数据中心涵盖的数据量丰富多样，其中社会经济类数据较为全面，社会经济数据综合目录涵盖全国各地区价格指数、产业生产总值及增加值、居民消费水平、金融业增加值等数据。

5. *海南省统计局*

(1) 数据来源网址为 http://stats.hainan.gov.cn/。

(2) 数据中心介绍。海南省统计局是主管全省统计工作的省政府直属机构，主要建立并管理全省统计信息系统和统计数据库系统。相关数据及其格式如表 3.32 所示。

表 3.32　海南省统计局相关数据及其格式

社会经济相关数据	数据格式
2010～2020 年统计年鉴	.xls、.doc、.pdf
2013～2021 年统计月报	.pdf
海南省第三次全国农业普查综合资料	.pdf

(3) 总结：此数据中心包含的数据主要为以下三部分：统计年鉴、统计公报以及经济普查公报，数据全面，覆盖时间较广。

6. 海南省生态环境厅

(1) 数据来源网址为 http://hnsthb.hainan.gov.cn/。

(2) 数据中心介绍。海南省生态环境厅是海南省人民政府新组建的部门，主管全省生态环境工作，发布与生态环境相关的数据。相关数据及其格式如表 3.33 所示。

表 3.33　海南省生态环境厅相关数据及其格式

社会经济相关数据	数据格式
环境监测服务机构的机构信息、资质信息	.xlsx
环评机构的机构信息、资质信息	.xlsx
清洁生产咨询机构的机构信息、资质信息	.xlsx
运维机构的机构信息、资质信息	.xlsx
土壤污染防治服务机构的机构信息、资质信息	.xlsx
许可证技术服务机构的机构信息、资质信息	.xlsx
辐射环境监测服务机构的机构信息、资质信息	.xlsx

(3) 总结：此数据中心主要包含与生态环境相关的服务机构基本的数据信息，如机构信息、资质信息、检测服务能力以及监督检查信息等。

3.6.2 数据样例

1. 海南省景区分布数据

数据来源：海南省旅游和文化广电体育厅—阳光海南网
数据覆盖范围：海南省
时间跨度：2000～2018 年
空间坐标：CGCS_2000
数据格式：shp
数据介绍：

该数据为截至 2021 年 4 月 14 日阳光海南网发布的海南省 A 级景区名录，包含海南省所有 A 级景区名称及地址，通过地理编码将其地址转化为经纬度，并将 5A、4A、3A、2A 四类级别景区在海南省底图中进行可视化，数据字段包含景区名称、地址、区域、经纬度、景区级别。

通过景区分布可视化能够很直观地看清海南省所有 A 级景区在各地的分布情况，景区的分布是否均衡取决于社会经济是否有向发达地区聚集的趋势。图 3.21 为海南省景区分布图。

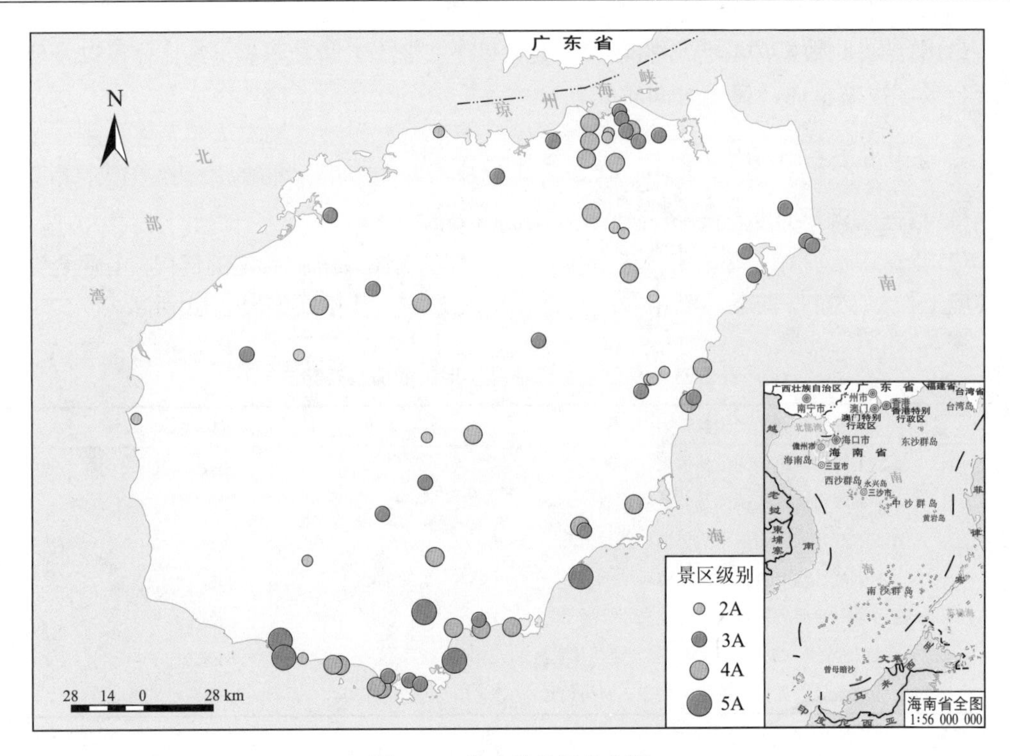

图 3.21 海南省景区分布图

2. 2000～2020 年海南省人口密度数据

数据来源：WorldPop[①]
数据覆盖范围：海南省
时间跨度：2000～2020 年
空间坐标：WGS-84
空间分辨率：30 弧秒(在赤道处约为 1km)
产品周期：年
数据格式：GeoTIFF
数据介绍：

该数据为对 2000～2020 年总共 21 年的中国人口统计数据进行提取得到的海南省部分人口密度。每个网格单元为估计人口密度，单位是每平方公里的人口数量，根据国家总数进行了调整，以与联合国秘书处经济和社会事务部人口司(2019 年修订的世界人口修订版)所编制的相应联合国正式人口估计数相符。

① 数据引用：WorldPop (www.worldpop.org-School of Geography and Environmental Science, University of Southampton; Department of Geography and Geosciences, University of Louisville; Departement de Geographie, Universite de Namur) and Center for International Earth Science Information Network (CIESIN), Columbia University (2018). Global High Resolution Population Denominators Project-Funded by The Bill and Melinda Gates Foundation (OPP1134076). https://dx.doi.org/10.5258/SOTON/WP00675。

李国平和陈秀欣(2009)提出人口分布是人口过程在空间上的表现形式，是一定时期内人口在一定地理区域集散分布组合的状况，是衡量一个国家或地区人口分布状况的重要指标，在很大程度上影响和制约着区域经济的可持续发展。根据人口密度数据图能很好地展示海南省人口的分布特点，可以为各级政府和企业的决策提供极为重要的信息支撑作用。图 3.22 为 2020 年海南省人口密度分布图。

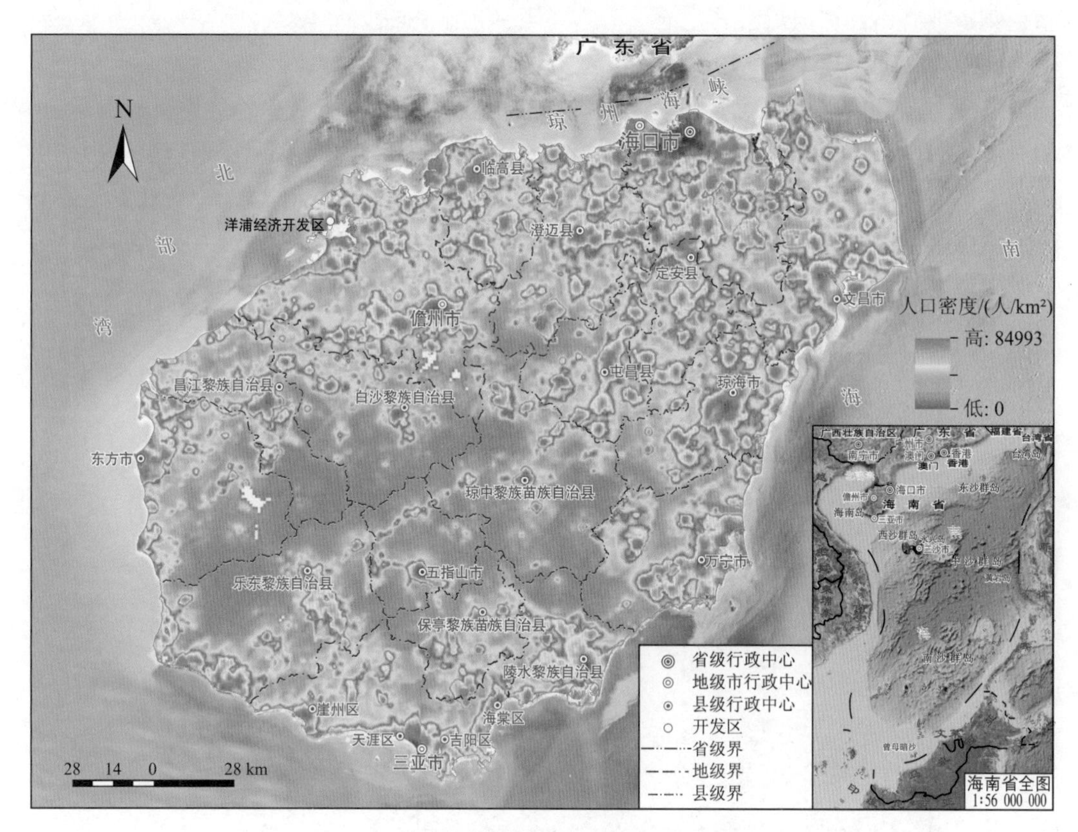

图 3.22　2020 年海南省人口密度分布图

3. 2013～2019 年海南省各市县国内生产总值数据

数据来源：《海南统计年鉴》

数据覆盖范围：海南省

时间跨度：2013～2019 年

空间坐标：WGS-84

产品周期：年

数据格式：shp

数据介绍：

该数据为 2013～2019 年总共 7 年的海南省各市县国内生产总值数据，指按市场价格计算的地区所有常住单位在一定时期内生产活动的最终成果。地区生产总值数据是由海南省统计局国民经济核算处按照国家统计局国民经济核算的方法制度，通过收集不同产业部门、不同支出构成资料，采用生产法和收入法计算的。《海南统计年鉴》公布的地区生产总值以及与之有关的指标数据，最后一年数据不是最终数，还会在获得更多的财务和行政记录等资料后发生变动。

根据海南省各市县国内生产总值数值的变化，可以判断各地区的经济究竟是处于增长还是衰退阶段，当国内生产总值的增长数字处于正数时，即显示该地区经济处于扩张阶段；反之，如果处于负数，即表示该地区的经济进入衰退时期了。根据海南省国内生产总值分布图对比，可以很直观地发现哪些地区经济相对发达、哪些地区经济相对落后，这对于政府以及市场的决策起到一定的作用。图 3.23 为 2019 年海南省各市县国内生产总值。

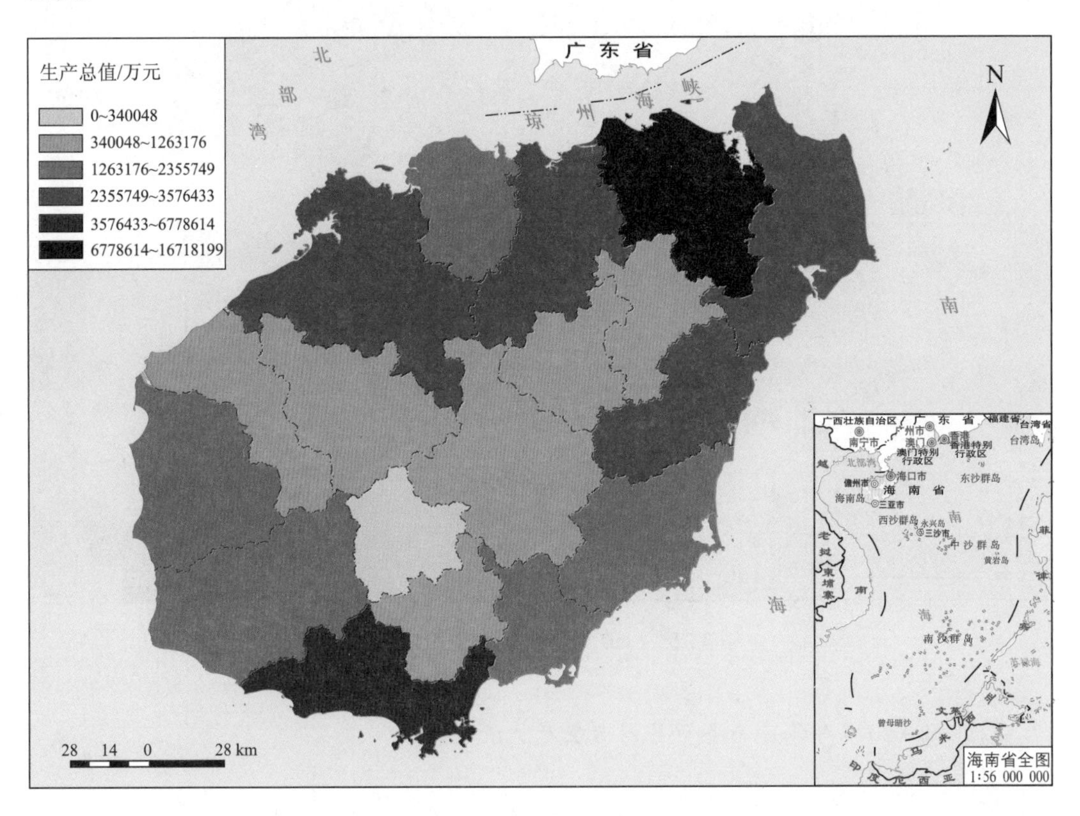

图 3.23　2019 年海南省各市县国内生产总值

数据制作：

根据海南省统计局统计年鉴(海南省统计局，2018，2020)统计的各市县国内生产总值数据结合海南省矢量数据所制作。

4. 海南省 2015～2019 年重点产业增加值

数据来源：《海南统计年鉴》

数据覆盖范围：海南省

产品周期：年

数据格式：png

数据介绍：

该数据为《海南统计年鉴》(2020 年)国民经济核算部分中 2015～2019 年海南省 12 个重点产业增加值，统计了社会经济中多方面产业增加值，单位为亿元。

产业增加值是国民经济核算的一项基础指标，重点产业增加值表示重点企业(或部门)在一定时期(通常为一年)内生产的产品或提供的劳务的货币总额中减去消耗的产品和劳务的货币额后的余额，根据国家统计局有关规定，按收入法计算，增加值为劳动者报酬、生产税净额、固定资产折旧和营业盈余四个部分之和。图 3.24 为海南省 2015～2019 年重点产业增加值。

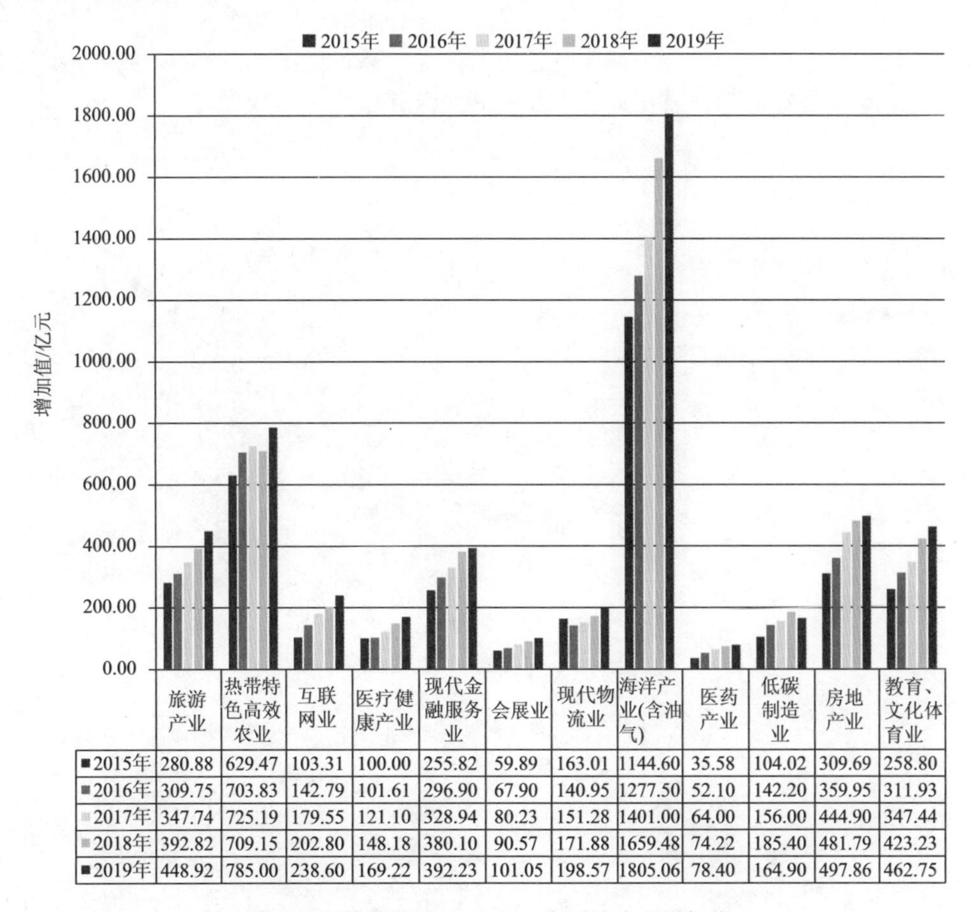

	旅游产业	热带特色高效农业	互联网业	医疗健康产业	现代金融服务业	会展业	现代物流业	海洋产业(含油气)	医药产业	低碳制造业	房地产业	教育、文化体育业
■2015年	280.88	629.47	103.31	100.00	255.82	59.89	163.01	1144.60	35.58	104.02	309.69	258.80
■2016年	309.75	703.83	142.79	101.61	296.90	67.90	140.95	1277.50	52.10	142.20	359.95	311.93
■2017年	347.74	725.19	179.55	121.10	328.94	80.23	151.28	1401.00	64.00	156.00	444.90	347.44
■2018年	392.82	709.15	202.80	148.18	380.10	90.57	171.88	1659.48	74.22	185.40	481.79	423.23
■2019年	448.92	785.00	238.60	169.22	392.23	101.05	198.57	1805.06	78.40	164.90	497.86	462.75

图 3.24　海南省 2015～2019 年重点产业增加值

5. 《海南统计年鉴》数据

数据名称：《海南统计年鉴》

数据来源：海南省统计局(http://stats.hainan.gov.cn/tjj/)

数据覆盖范围：海南省

数据时间跨度：2010～2020 年

数据产品周期：年

数据格式：xls、doc、pdf

数据介绍：

《海南统计年鉴》记录了海南省一年内各方面真实、系统的统计资料及数据，便于人们及相关部门及研究人员了解海南省社会经济等方面的发展情况，了解事物现状和研究发展趋势，不同年份《海南统计年鉴》中的数据指标基本相同，方便对单个或多个指标进行比较。统计数据指标分为综合、人口、国民经济核算、就业和工资、价格(指数)、人民生活、财政、资源和环境、能源、(固定资产)投资、外经贸、农业、工业、建筑业、房地产、批发零售和住宿餐饮业、旅游、运输和邮电、金融、科学技术、教育、卫生和社会服务、文化和体育、公共管理、社会保障和社会组织、城市农村。

每一项统计数据指标文件中都含有相应的英文翻译和统计表格，包含各种专业名词，出现的专业名词会在文件末有相应的主要统计指标解释。

6. 海南省重点污染源数据

数据来源：海南省生态环境厅

数据覆盖范围：海南省

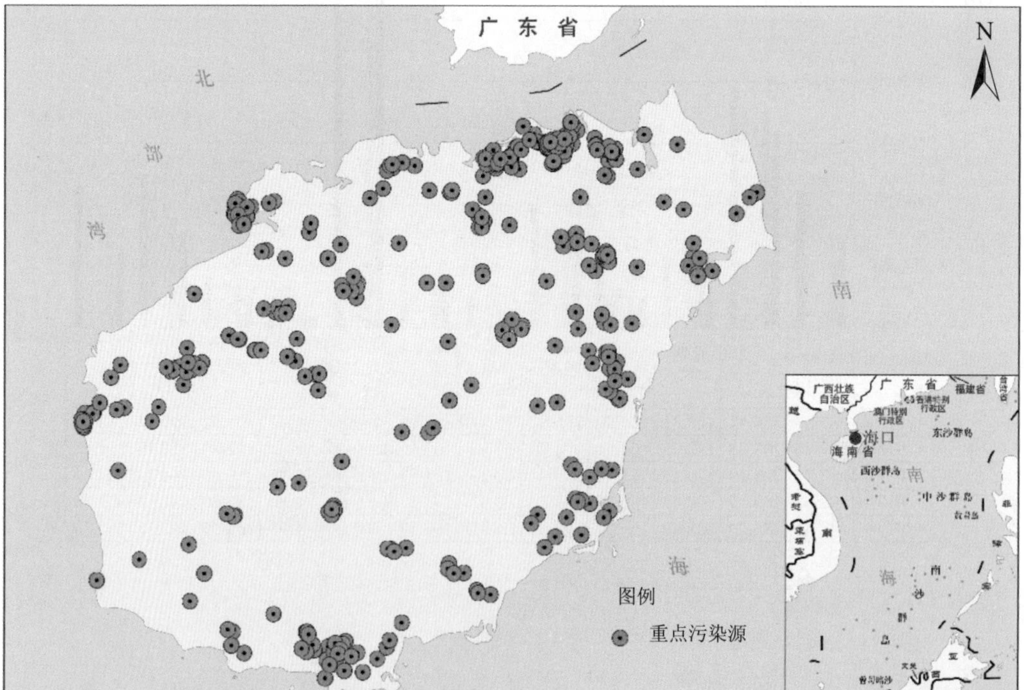

图 3.25　海南岛重点污染源分布

空间坐标：WGS-84

数据格式：shp

数据介绍：该源数据来自海南省生态环境厅网站中数据开放模块中的污染源监管信息发布系统，根据统计海南省重点污染源名单以及污染源的经纬度在 ArcGIS 中转为矢量格式并可视化得到该数据集。图 3.25 中展现了海南省近期所有重点污染源，从污染源中可以清晰地发现哪些地区为污染源、污染源数量以及密集程度，为政府及相关部门提供相关处理污染源的决策。

参 考 文 献

蔡运龙. 1994. 海南岛土地资源利用的现状与未来调整. 国土资源遥感, 4: 46-53.

陈利军, 陈军, 廖安平, 等. 2012. 30m 全球地表覆盖遥感分类方法初探. 测绘通报, (S1): 350-353, 361.

陈思伟, 代大海, 李盾, 等. 2008. Radarsat-2 的系统组成及技术革新分析. 航天电子对抗, (1): 33-36.

陈鑫连. 1995. 地震灾害的航空遥感信息快速评估与救灾决策. 北京: 科学出版社.

陈艳玲, 黄珹, 冯天厚. 2007. TerraSAR-X 卫星及其在地球科学中的应用. 中国科学院上海天文台年刊, (1): 51-57.

陈旸. 2007. RADARSAT-2 的关键技术及军民应用研究. 无线电工程, (6): 40-42.

承继成. 2000. 数字地球导论. 北京: 科学出版社.

戴舒颖. 2014. 日本即将发射先进陆地观测卫星-2. 国际太空, (5): 25-32.

董迪, 曾纪胜, 魏征, 等. 2020. 联合星载光学和 SAR 影像的漳江口红树林与互花米草遥感监测. 热带海洋学报, 39(2): 107-117.

杜今阳. 2006. 多极化雷达反演植被覆盖地表土壤水分研究. 北京: 中国科学院遥感应用研究所.

高帅, 牛铮. 2008. 热带人工林 SAR 散射组成及对遥感估测叶面积指数的影响. 地球科学进展, 23(9): 982-989.

龚燃. 2014. 欧洲“哥白尼”计划的首颗卫星哨兵-1A 入轨. 国际太空, (5): 41-44.

海南省统计局. 2018. 海南统计年鉴. 北京: 中国统计出版社.

海南省统计局. 2020. 海南统计年鉴. 北京: 中国统计出版社.

何平, 温扬茂, 许才军, 等. 2012. 用多时相 InSAR 技术研究廊坊地区地下水体积变化. 武汉大学学报(信息科学版), 37(10): 1181-1185.

洪顺英, 董彦芳, 孟国杰, 等. 2018. 2008 年 10 月西藏当雄 M_W6. 3 地震震后形变提取与余滑反演. 地球物理学报, 61(12): 4827-4837.

贾凌, 都金康, 赵萍, 等. 2003. 基于 TM 的海南省土地利用/覆盖动态变化的遥感监测和分析. 遥感信息, (1): 22-25.

李国平, 陈秀欣. 2009. 京津冀都市圈人口增长特征及其解释. 地理研究, 28(1): 191-202.

李文梅, 陈尔学, 李增元. 2014. 多基线干涉层析 SAR 提取森林树高方法研究. 林业科学研究, 27(6): 815-821.

李意德. 1993. 海南岛热带山地雨林林分生物量估测方法比较分析. 生态学报, (4): 25-32.

刘杰, 张庆君. 2018. 高分三号卫星及应用概况. 卫星应用, (6): 12-16.

刘志敏, 李永生, 张景发, 等. 2014. 基于 SBAS-InSAR 的长治矿区地表形变监测. 国土资源遥感, 26(3): 37-42.

龙泓琳. 2010. 层析SAR三维成像算法研究. 成都: 电子科技大学.
倪维平, 边辉, 严卫东, 等. 2009. TerraSAR-X雷达卫星的系统特性与应用分析. 雷达科学与技术, 7(1): 29-34, 58.
倪文俭, 过志峰, 孙国清. 2010. 基于Matrix-Doubling方法的三维森林雷达后向散射模型的改进. 中国科学: 地球科学, 40(5): 618-623.
牛永力. 2012. GPS在航空摄影测量中的应用. 河南科技, (6): 67.
欧阳伦曦, 李新情, 惠凤鸣, 等. 2017. 哨兵卫星Sentinel-1A数据特性及应用潜力分析. 极地研究, 29(2): 286-295.
欧阳志云, 赵同谦, 赵景柱, 等. 2004. 海南岛生态系统生态调节功能及其生态经济价值研究. 应用生态学报, 15(8): 1395-1402.
师君, 张晓玲, 韦顺军, 等. 2015. 基于变分模型的阵列三维SAR最优DEM重建方法. 雷达学报, (1): 20-28.
施建成, 杜阳, 杜今阳, 等. 2012. 微波遥感地表参数反演进展. 中国科学: 地球科学, 42(6): 814-842.
隋立春, 徐花芝, 李建武. 2007. 德国新型雷达遥感系统TerraSAR-X介绍. 测绘科学技术学报, (5): 321-323.
孙吉利, 禹卫东, 邓云凯. 2017. 高分三号卫星SAR工作模式与载荷设计. 航天器工程, 26(6): 61-67.
孙亚勇. 2018. 基于C和L波段主被动微波遥感的土壤水分协同反演研究. 北京: 中国水利水电科学研究院.
孙永光, 赵冬至, 郭文永, 等. 2013. 红树林生态系统遥感监测研究进展. 生态学报, 33(15): 4523-4538.
陶亮亮, 李京, 蒋金豹, 等. 2016. 利用RADARSAT-2雷达数据与改进的水云模型反演冬小麦叶面积指数. 麦类作物学报, 36(2): 236-242.
王爱春. 2017. DTomoSAR技术在地面沉降监测中的应用研究. 北京: 中国科学院大学.
王迪峰, 龚芳, 潘德炉, 等. 2009. 海监航空遥感平台及其在近海水体环境质量监测中的应用. 海洋学报(中文版), 31(2): 49-56.
王芳, 李景文. 2012. 市、县基础测绘规划中航空摄影规划及其数据采集方法. 测绘与空间地理信息, 35(9): 45-47.
王芳, 孙国清, 吴学睿. 2008. 基于相干植被模型和ASAR数据的玉米地后向散射特征研究. 北京师范大学学报(自然科学版), (2): 203-206.
王丽荣, 李贞, 蒲杨婕, 等. 2010. 近50年海南岛红树林群落的变化及其与环境关系分析——以东寨港、三亚河和青梅港红树林自然保护区为例. 热带地理, (2): 16-22.
吴瑞, 陈晓慧, 涂志刚, 等. 2017. 海南省彩桥红树林群落调查. 热带农业工程, 41(Z1): 82-84.
肖林. 1993. 赛斯纳的“奖状喷气”. 国际航空, (11): 18-20.
许涛, 廖静娟, 沈国状, 等. 2015. 植被微波散射模型研究综述. 遥感信息, 30(5): 3-13.
许涛. 2016. 鄱阳湖湿地植被相干散射模型研究及生物量反演. 北京: 中国科学院大学.
闫涵. 2011. 我国航空遥感技术装备取得巨大进步. 中国测绘, (3): 85-85.
杨金明, 刘志辉. 2016. Sentinel-1卫星数据产品应用探讨. 地理空间信息, 14(12): 18-20, 7.
杨魁, 杨建兵, 江冰茹. 2015. Sentinel-1卫星综述. 城市勘测, (2): 24-27.
叶荫, 刘光炎, 孟喆. 2011. 机载下视稀疏阵列三维SAR系统及成像. 中国电子科学研究院学报, (1): 96-100.

尤江彬. 2018. 星载 TomoSAR 遗产探测仿真与形变监测. 北京: 中国科学院大学.

岳昔娟, 韩春明, 赵迎辉, 等. 2014. 基于严密几何关系的机载 SAR 原始回波模拟. 北京: 中国科学院大学.

张庆君, 刘杰, 李延, 等. 2017. 高分三号卫星总体设计验证. 航天器工程, 26(5): 1-7.

张艳梅, 王萍, 罗想, 等. 2017. 利用 Sentinel-1 数据和 SBAS-InSAR 技术监测西安地表沉降. 测绘通报, 2017(4): 93-97.

张月. 2020. 基于 D-TomoSAR 技术的北京城区形变序列获取及预测建模. 北京: 北京建筑大学.

赵英时. 2003. 遥感应用分析原理与方法. 北京: 科学出版社.

钟雪莲, 向茂生, 郭华东, 等. 2013. 机载重轨干涉合成孔径雷达的发展. 雷达学报, 2(3): 367-381.

朱彬. 2017. 基于 L 波段被动微波遥感的土壤水分反演模型研究. 北京: 中国科学院大学.

Aghababaee H, Sahebi M R. 2015. Game theoretic classification of polarimetric SAR images. European Journal of Remote Sensing, 48: 33-48.

Asrar G, Kanemasu E T, Jackson R D, et al. 1985. Estimation of total above-ground phytomass production using remotely sensed data. Remote Sensing of Environment, 17: 211-220.

Attema E P W, Ulaby F T. 1978. Vegetation modeled as a water cloud. Radio Science, 13: 357-364.

Berardino P, Fornaro G, Fusco A, et al. 2001. A New Approach for Analyzing the Temporal Evolution of Earth Surface Deformations based on the Combination of DIFSAR Interferograms. Sydney: IEEE International Geoscience and Remote Sensing Symposium.

Bériaux E, Waldner F, Collienne F, et al. 2015. Maize leaf area index retrieval from synthetic quad Pol SAR time series using the water cloud model. Remote Sensing, 7: 16204-16225.

Bracaglia M, Ferrazzoli P, Guerriero L. 1995. A fully polarimetric multiple scattering model for crops. Remote Sensing of Environment, 54: 170-179.

Breiman L. 2001. Random forests. Machine Learning, 45: 5-32.

Chen J M, Black T A. 1992. Defining leaf-area index for non-flat leaves. Plant Cell and Environment, 15: 421-429.

Chen J M, Rich P M, Gower S T, et al. 1997. Leaf area index of boreal forests: Theory, techniques, and measurements. Journal of Geophysical Research-Atmospheres, 102: 29429-29443.

Chiu T, Sarabandi K. 2000. Electromagnetic scattering from short branching vegetation. IEEE Transactions on Geoscience and Remote Sensing, 38: 911-925.

Cimino J, Brandani A, Casey D, et al. 1986. Multiple incidence angle SIR-B experiment over Argentina-mapping of forest units. IEEE Transactions on Geoscience and Remote Sensing, 24: 498-509.

De Roo R D, Du Y, Ulaby F T, et al. 2001. A semi-empirical backscattering model at L-band and C-band for a soybean canopy with soil moisture inversion. IEEE Transactions on Geoscience and Remote Sensing, 39: 864-872.

Dobson M C, Ulaby F T. 1986. Preliminary evaluation of the SIR-B response to soil-moisture, surface-roughness, and crop canopy cover. IEEE Transactions on Geoscience and Remote Sensing, 24: 517-526.

Dobson M C, Ulaby F T, Pierce L E, et al. 1995. Estimation of forest biophysical characteristics in northern michigan with SIR-C/X-SAR. IEEE Transactions on Geoscience and Remote Sensing, 33: 877-895.

Du J Y, Shi J C, Tjuatja S, et al. 2006. A combined method to model microwave scattering from a forest medium. IEEE Transactions on Geoscience and Remote Sensing, 44: 815-824.

Dubois P C, Vanzyl J, Engman T. 1995. Measuring soil-moisture with imaging radars. IEEE Transactions on Geoscience and Remote Sensing, 33: 915-926.

Ferrentino E, Nunziata F, Zhang H S, et al. 2020. On the ability of PolSAR measurements to discriminate among mangrove species. IEEE Journal of Selected Topics in Applied Earth Observations and Remote Sensing, 13: 2729-2737.

Ferretti A, Fumagalli A, Novali F, et al. 2011. A new algorithm for processing interferometric data-stacks: SqueeSAR. IEEE Transactions on Geoscience & Remote Sensing, 49(9): 3460-3470.

Ferretti A, Prati C, Rocca F. 2001. Permanent scatterers in SAR interferometry. IEEE Transactions on Geoscience and Remote Sensing, 39: 8-20.

Fruneau B, Deffontaines B, Rudant J P, et al. 2005. Monitoring vertical deformation due to water pumping in the city of Paris (France) with differential interferometry. Comptes Rendus Geoscience, 337: 1173-1183.

Gabriel A K, Goldstein R M, Zebker H A. 1989. Mapping small elevation changes over large areas-differential radar interferometry. Journal of Geophysical Research-Solid Earth and Planets, 94: 9183-9191.

Gruber A, Paloscia S, Santi E, et al. 2014. Performance Inter-Comparison of Soil Moisture Retrieval Models for the MetOp-A ASCAT Instrument. Quebec: IEEE International Geoscience and Remote Sensing Symposium (IGARSS).

Guo Y J, Chen E X, Li Z Y, et al. 2018. Convolutional Highway Unit Network for Large-Scale Classification with GF-3 Dual-pol SAR Data. Valencia: IEEE International Geoscience and Remote Sensing Symposium (IGARSS).

Hetland E A, Muse P, Simons M, et al. 2012. Multiscale InSAR time series (MinTS) analysis of surface deformation. Journal of Geophysical Research-Solid Earth, 117: 17.

Hooper A. 2008. A multi-temporal InSAR method incorporating both persistent scatterer and small baseline approaches. Geophysical Research Letters, 35: 5.

Hooper A, Bekaert D, Spaans K, et al. 2012. Recent advances in SAR interferometry time series analysis for measuring crustal deformation. Tectonophysics, 514-517:1-13.

Inoue Y, Kurosu T, Maeno H, et al. 2002. Season-long daily measurements of multifrequency (Ka, Ku, X, C, and L) and full-polarization backscatter signatures over paddy rice field and their relationship with biological variables. Remote Sensing of Environment, 81: 194-204.

Inoue Y, Sakaiya E, Wang C Z. 2014. Capability of C-band backscattering coefficients from high-resolution satellite SAR sensors to assess biophysical variables in paddy rice. Remote Sensing of Environment, 140: 257-266.

Kong J A. 1988. Identification of terrain cover using the optimal terrain classifier. J. Electronmagn. Waves Applicat, 2.

Lardeux C, Frison P L, Tison C, et al. 2009. Support vector machine for multifrequency SAR polarimetric data classification. IEEE Transactions on Geoscience and Remote Sensing, 47: 4143-4152.

Le Toan T, Laur H, Mougin E, et al. 1989. Multitemporal and dual-polarization observations of agricultural vegetation covers by X-band SAR images. IEEE Transactions on Geoscience and Remote Sensing, 27: 709-718.

Li X, Guo H, Lu Z, et al. 2016. Preliminary Calibration and Application Results of C- and P-band Airborne Polarimetric SAR Data in China. Hamburg: Proceedings of the Eusar: 11th European Conference on Synthetic Aperture Radar.

Liao J J, Shen G Z, Dong L. 2013. Biomass estimation of wetland vegetation in Poyang lake area using ENVISAT advanced synthetic aperture radar data. Journal of Applied Remote Sensing, 7: 14.

Lin Y C, Sarabandi K. 1999. A Monte Carlo coherent scattering model for forest canopies using Fractal-generated trees. IEEE Transactions on Geoscience and Remote Sensing, 37: 440-451.

Liu B, Hu H, Wang H Y, et al. 2013. Superpixel-based classification with an adaptive number of classes for polarimetric SAR images. IEEE Transactions on Geoscience and Remote Sensing, 51: 907-924.

Liu D W, Sun G Q, Guo Z F, et al. 2009. Three-dimensional coherent radar backscatter model and simulations of scattering phase center of forest canopies. IEEE Transactions on Geoscience and Remote Sensing, 48: 349-357.

Lombardini F. 2005. Differential tomography: A new framework for SAR interferometry. IEEE Transactions on Geoscience and Remote Sensing, 43: 37-44.

Luong V N, Tu T T, Khoi A L, et al. 2019. Biomass estimation and mapping of Can GIO Mangrove Biosphere Reserve in south of viet nam using ALOS-2 PALSAR-2 data. Applied Ecology and Environmental Research, 17: 15-31.

Karam M A, Fung A K. 1982. Propagation and scattering in multi-layered random media with rough interfaces. Electromagnetics, 2(3): 239-256.

Mattia F, Le Toan T, Picard G, et al. 2003. Multitemporal C-band radar measurements on wheat fields. IEEE Transactions on Geoscience and Remote Sensing, 41: 1551-1560.

Mcdonald K C, Ulaby F T. 1993. Radiative-transfer modeling of discontinuous tree canopies at microwave-frequencies. International Journal of Remote Sensing, 14: 2097-2128.

Minh D H T, Ienco D, Gaetano R, et al. 2017. Deep recurrent neural networks for winter vegetation quality mapping via multitemporal SAR Sentinel-1. IEEE Geoscience and Remote Sensing Letters, 15: 464-468.

Narayan U, Lakshmi V, Jackson T J. 2006. High-resolution change estimation of soil moisture using L-band radiometer and radar observations made during the SMEX02 experiments. IEEE Transactions on Geoscience and Remote Sensing, 44: 1545-1554.

Ni W J, Sun G Q, Guo Z F, et al. 2013. Retrieval of forest biomass from ALOS PALSAR data using a lookup table method. IEEE Journal of Selected Topics in Applied Earth Observations and Remote Sensing, 6: 875-886.

Njoku E G, Wilson W J, Yueh S H, et al. 2002. Observations of soil moisture using a passive and active low-frequency microwave airborne sensor during SGP99. IEEE Transactions on Geoscience and Remote Sensing, 40: 2659-2673.

Oh Y. 2004. Quantitative retrieval of soil moisture content and surface roughness from multipolarized radar observations of bare soil surfaces. IEEE Transactions on Geoscience and Remote Sensing, 42: 596-601.

Oh Y, Sarabandi K, Ulaby F T. 1992. An empirical-model and an inversion technique for radar scattering from bare soil surfaces. IEEE Transactions on Geoscience and Remote Sensing, 30: 370-381.

Oh Y, Sarabandi K, Ulaby F T. 2002. Semi-empirical model of the ensemble-averaged differential mueller matrix for microwave backscattering from bare soil surfaces. IEEE Transactions on Geoscience and Remote Sensing, 40: 1348-1355.

Ouchi K, Ipor I B. 2002. Comparison of SAR and optical images of the rainforests of Borneo, Malaysia with field data. Toronto: IEEE International Geoscience and Remote Sensing Symposium (IGARSS).

Paloscia S, Pettinato S, Santi E, et al. 2013. Soil moisture mapping using Sentinel-1 images: Algorithm and preliminary validation. Remote Sensing of Environment, 134: 234-248.

Pereira F R D, Kampel M, Cunha-Lignon M. 2012. Mapping of mangrove forests on the southern coast of Sao Paulo, Brazil, using synthetic aperture radar data from ALOS/PALSAR. Remote Sensing Letters, 3: 567-576.

Proisy C, Mougin E, Fromard F, et al. 2000. Interpretation of polarimetric radar signatures of mangrove forests. Remote Sensing of Environment, 71: 56-66.

Proisy C, Mougin E, Fromard F, et al. 2002. On the influence of canopy structure on the radar backscattering of mangrove forests. International Journal of Remote Sensing, 23: 4197-4210.

Rao Y S, Turkar V. 2009. Classification of Polarimetric SAR Data over Wet and Arid Regions of India. Cape Town: IEEE International Geoscience and Remote Sensing Symposium (IGARSS).

Roo R D, Du Y, Ulaby F T. et al. 2001. A semi-empirical bakscatterig model at L-band and C-band for a soybean canopy with soil moisture inversion. IEEE Transactions on Geoscience and Remote Sensing, 39(4):864-872.

Santoro M, Beer C, Cartus O, et al. 2011. Retrieval of growing stock volume in boreal forest using hyper-temporal series of Envisat ASAR ScanSAR backscatter measurements. Remote Sensing of Environment, 115: 490-507.

Shen G Z, Liao J J, Guo H D, et al. 2015. Poyang Lake wetland vegetation biomass inversion using polarimetric RADARSAT-2 synthetic aperture radar data. Journal of Applied Remote Sensing, 9: 16.

Shi J C, Wang J, Hsu A Y, et al. 1997. Estimation of bare surface soil moisture and surface roughness parameter using L-band SAR image data. IEEE Transactions on Geoscience and Remote Sensing, 35: 1254-1266.

Simard M, De Grandi G, Saatchi S, et al. 2002. Mapping tropical coastal vegetation using JERS-1 and ERS-1 radar data with a decision tree classifier. International Journal of Remote Sensing, 23: 1461-1474.

Stiles J M, Sarabandi K. 2000. Electromagnetic scattering from grassland Part I: A fully phase-coherent scattering model. IEEE Transactions on Geoscience and Remote Sensing, 38: 339-348.

Tesauro M, Berardino P, Lanari R, et al. 2000. Urban subsidence inside the city of Napoli (Italy) observed by satellite radar interferometry. Geophysical Research Letters, 27: 1961-1964.

Thirion L, Colin E, Dahon C. 2006. Capabilities of a forest coherent scattering model applied to radiometry, interferometry, and polarimetry at P- and L-band. IEEE Transactions on Geoscience and Remote Sensing, 44: 849-862.

Ulaby F T, Sarabandi K, Mcdonald K, et al. 1990. Michigan microwave canopy scattering model. International Journal of Remote Sensing, 11: 1223-1253.

Usai S. 2001. A new approach for long term monitoring of deformations by differential SAR interferometry. Delft: Delft University of Press.

Wang C Z, Wu J P, Zhang Y, et al. 2009. Characterizing L-band scattering of paddy rice in southeast China with radiative transfer model and multitemporal ALOS/PALSAR imagery. IEEE Transactions on Geoscience and Remote Sensing, 47: 988-998.

Wang D, Lin H, Chen J S, et al. 2010. Application of multi-temporal ENVISAT ASAR data to agricultural area mapping in the Pearl River Delta. International Journal of Remote Sensing, 31: 1555-1572.

Wei S S, Zhang H, Wang C, et al. 2019. Multi-temporal SAR data large-scale crop mapping based on U-net model. Remote Sensing, 11: 18.

Zhang W F, Li Z Y, Chen E X, et al. 2017. Compact polarimetric response of rape（Brassica napus l. ）at C-band: Analysis and growth parameters inversion. Remote Sensing, 9: 22.

第 4 章　海南遥感数据设施与平台

4.1　三亚遥感卫星数据接收站

4.1.1　地面站设施

三亚遥感卫星数据接收站(简称三亚站)(图 4.1)隶属于中国科学院空天信息创新研究院中国遥感卫星地面站，位于海南省三亚市天涯镇黑土村，于 2010 年建成并投入运行，占地面积约 80 亩[①]。三亚站的建成使我国陆地观测卫星数据直接获取能力首次伸展到南部海疆，解决了中国南海和周边区域长期缺乏遥感卫星数据的状况。历经十余年的建设和运行，三亚站已成为中国空间基础设施不可或缺的重要组成部分，为我国陆地观测和空间科学卫星的数据获取发挥关键作用。

图 4.1　三亚站

目前，三亚站拥有 5 部 12m 大口径接收天线及配套的数据接收、记录和数据传输设备(图 4.2)。接收范围覆盖我国南海以及东南亚邻国等区域。

三亚站已成为具有世界先进技术水平的卫星地面站，部分关键技术指标居于世界领先地位：具备全自动化的卫星数据接收、记录和传输业务运行能力，应急任务响应时间不超过 10 分钟；具备卫星数据实时快视图像显示和接收质量检测分析能力；接收站至北京总部间的数据光纤传输专线链路，能够实现卫星数据在接收的同时实时传输，有效保证卫星数据传输的时效性；7×24 小时不间断连续业务运行，目前数据接收码数率最高可达单通道 900Mbps；支持 30 余颗卫星的业务运行，设计能力可支持卫星数量达 50 颗以上；部署的三维仿真系统可以对三亚站的园区整体布局，以及接收、记录、存储、传输等设备进行可视化展示，并对采集到的设备异常进行告警，加快异常处理时效性，缩短故障恢复时间，提高运行可靠性。

---

① 1 亩≈666.67m^2。

图 4.2　三亚站机房

“三亚遥感卫星虚拟地面站系统”具备卫星数据的实时处理和全分辨率卫星数据的远程实时播报功能，它采用主动近实时推送模式，可以根据用户定制的服务需求，在 1 分钟内将地面站接收和按需处理的快视数据推送到用户客户端。该系统在 2016 年获海南省科技进步奖一等奖。“三亚遥感卫星虚拟地面站系统”面向海南地区的地理特点和海南省卫星遥感应用的实际需求，推动海南在自然资源、生态环境、农业、旅游等行业领域的应用示范，为支持海南国际旅游岛建设、21 世纪海上丝绸之路倡议等提供急需的遥感卫星数据资源。

4.1.2　接收技术流程

中国遥感卫星地面站现建有 5 个接收站，分别是密云站、喀什站、三亚站、昆明站和北极接收站，其中三亚站具有独特的地理优势，填补了我国西部和南海等重要战略区域遥感数据的空白，具备全天时、全天候的遥感卫星数据接收能力。每天三亚站接收到由北京总部下发的接收任务后，按照任务要求，在指定时间进行卫星数据的跟踪接收和记录，获取的数据将通过高速光纤链路实时或事后传回北京总部，北京总部再进行后续数据处理、数据服务等工作。以上这些过程都可以通过流程管理与任务规划，实现各系统之间的自动化、协同运行。概括起来，三亚站的主要工作内容包括卫星数据的跟踪接收、数据记录及数据传输。

1. 卫星数据的跟踪接收

跟踪接收（图 4.3）是遥感卫星与地面接收站之间建立通信连接的过程，二者的通信传媒为电磁波，一般为微波。目前，三亚站常用的通信频段包括 S 频段（2.2～2.3GHz）、X 频段（8.025～8.4GHz）。

跟踪接收包含跟踪和接收两个部分。

1）跟踪部分

根据卫星的轨道根数准确计算出卫星的入站位置，并精确控制天线对准卫星的入站位置，快速捕获卫星信号，在跟踪过程中，需时刻调整天线姿态，以对准遥感卫星。

图 4.3　卫星数据跟踪接收过程示意图

2) 接收部分

接收部分包括信号的获取、放大、变频、解调和译码。

首先，采用高增益的大口径天线获取卫星微弱的微波信号，将其转换成电信号。

其次，对电信号再次放大。放大后的信号处于射频频段，信息处理的难度大，需要将其从射频频段变到中频频段，完成变频。

然后，是信号的解调。完成模拟信号到数字信号的处理。

最后，是译码。解调生成的数据码流往往包含各种误码，译码是通过数据码流中的冗余信息纠正误码的过程，译码处理之后输出卫星原始数据，供后端记录和预处理系统进行处理。

由于遥感卫星有不同种类，因此下行频率、码速率、极化方式和调制编码等均可能不同，这就可能对数据接收提出不同要求。地面站会针对卫星的具体接收要求进行相应的配置，具有良好的通用性。

2. 数据记录

数据记录过程主要包括数据采集、数据保存、移动窗显示三个方面。

1) 数据采集

接收过程中，解调后的卫星下行数据会以 TTL/ECL 电平信号或基于 TCP/IP 协议的数据包形式将卫星数据输出至数据记录系统。对于 TTL/ECL 电平信号形式的输出，数据记录系统利用数据采集板卡完成信号转换，获得真实的卫星下行数据流；对于基于 TCP/IP 协议的数据包，数据记录系统根据规则，从中提取卫星下行数据流。无论采用哪种形式进行采集，最终获得的二进制数据流会进入数据保存环节。

2) 数据保存

负责将获得的二进制数据流形式的卫星下行数据进行打包，并按照约定的记录格式，将采集到的卫星下行数据相关身份和属性信息保存下来，从而实现卫星数据的“落地”。

3) 移动窗显示

卫星数据的“移动窗显示”是在卫星接收的同时，根据卫星数据的接口定义，将二进制数据流中的图像数据提取出来，结合辅助数据(位置信息、辐射信息)进行初步成像，在接收站本地生成快视图像数据，并进行实时滚动显示。如果某一时刻图像不正常(如缺行)，则说明当前时刻接收、记录到的数据存在问题。“移动窗显示”是对接收、记录到的卫星数据的最直观的质量判断手段。

3. 数据传输

从三亚站至北京总部之间建有 622Mbps 带宽的高速数据传输专用光纤链路。三亚站将接收、记录的遥感卫星原始数据和快视图像数据通过这条高速光纤链路快速传回到总部，并根据不同的任务要求将数据传输至各个相关数据处理系统，供后续数据处理使用，数据传输的方式一般分为实时或近实时的数据流传输和事后的文件传输，能够有效保证卫星数据传输的时效性。

4.1.3　主要卫星任务和数据量

近年来，三亚站承担了中国环境与灾害监测系列卫星、高分系列卫星、资源系列卫星、空间科学卫星和美国陆地卫星等 30 颗中外卫星的数据接收任务。如表 4.1 所示。

表 4.1　三亚站接收卫星一览表

卫星系列	卫星名称
中国陆地观测卫星	环境减灾 1A、1B、1C、2A、2B 卫星
	资源一号卫星 02C 星、资源一号卫星 02D 星
	资源三号、资源三号 02 星、资源三号 03 星
	中巴地球资源卫星 04 星、04A 星
	高分一号、高分二号、高分三号、高分五号、高分六号、高分七号卫星
	高分一号 02 星、03 星、04 星
	高分辨率多模综合成像卫星
	电磁监测试验卫星
中国空间科学卫星	暗物质粒子探测卫星(“悟空”)
	实践十号返回式科学实验卫星(“实践十号”)
	硬 X 射线调制望远镜卫星(“慧眼”)
	量子科学实验卫星(“墨子号”)
	微重力技术实验卫星(“太极一号”)
	引力波暴高能电磁对应体全天监测器卫星
国际陆地观测卫星	美国 Landsat-8 卫星

三亚站接收的国内外卫星数量、完成任务轨道数、数据传输量呈持续增长趋势，接收成功率稳步提升。据统计，2016～2021 年 1～4 月，三亚站承担数据接收任务的国内外卫星数量达 30 颗，完成任务总计 35907 条轨道，数据接收总成功率达 99.8%(图 4.4)，数据量达 1450221 GB(图 4.5)。

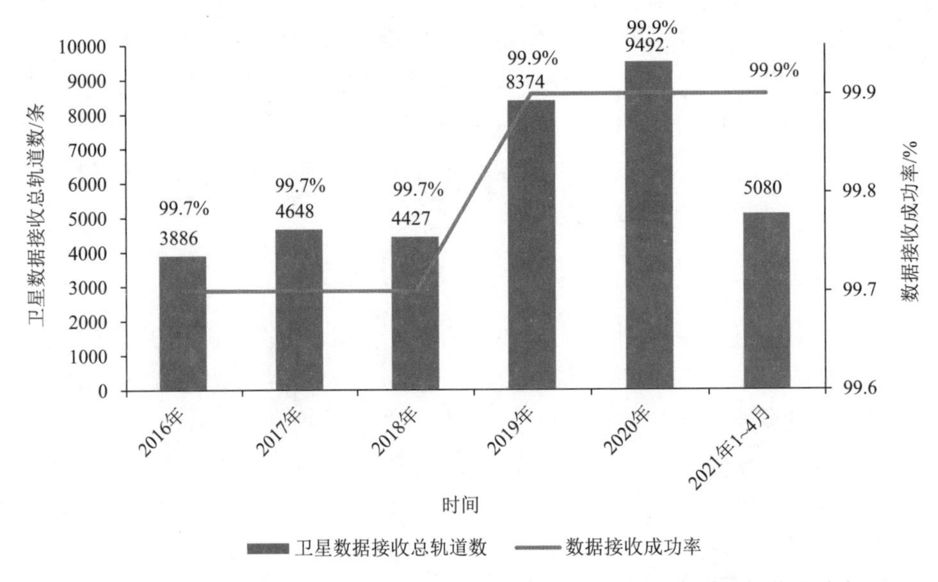

图 4.4　2016～2021 年 1～4 月三亚站卫星数据接收轨道数和数据接收成功率

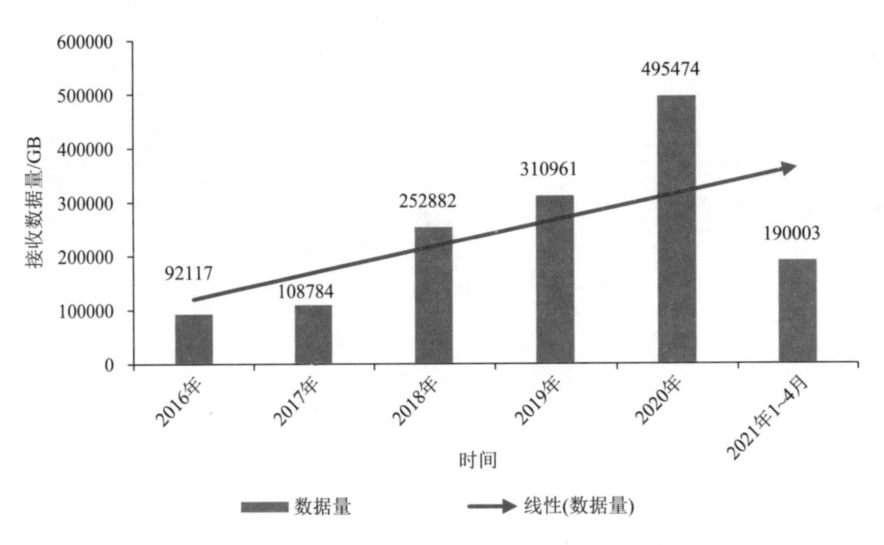

图 4.5　2016～2021 年 1～4 月三亚站卫星接收数据量

在海南，三亚站接收的遥感数据已经被用于海岸带土地利用的变化监测、三亚“双修”、海面渔船监测和灾害监测等方面，同时也被广泛应用于我国国土普查、环境监测、减灾、测绘、城市规划等诸多领域。为“一带一路”和全球变化监测等国际热点应用需求提供有力的数据支持，为促进国家社会经济可持续发展和全球空间技术合作发挥了巨大作用。

4.2　遥感卫星标准化产品加工技术和典型数据产品

依托海南省遥感大数据服务平台建设工作，研发了海南省遥感标准化产品加工技术，建立了高精度、高一致性、长时间序列的 即得即用(ready to use, RTU)产品库，形成了海南岛 30 年来重点年份的全覆盖无云数据产品。成果应用于海南省自然资源环境遥感动态监测与评估、南海岛礁监测、海水养殖区监测、土壤盐渍化监测、三亚双城双修等工作，有效促进了海南省空间信息资源共享，服务于政务科学决策和宏观管理。同时，以海南为中心，面向东盟区域需求，提供遥感数据产品和特定信息(如吴哥遗产地生态环境、科伦坡港口建设等)的快速服务，构建了海上丝绸之路沿线国家重要城市和港口的 RTU 产品库，为“一带一路”倡议等的实施提供数据支撑，产生了巨大的社会效益。

4.2.1　遥感标准化产品加工技术

在对地观测数据背景下，要实现海量遥感数据的协同分析(例如遥感数据的时间序列分析、异构遥感数据的协同分析等)，必须对其进行标准化处理，尤其是几何空间上的标准化处理，使得多源、多时相的遥感数据在空间上严格对齐，以尽可能地减少因几何不一致导致的分析误差。通常包括影像配准、平差、几何校正、影像融合和影像镶嵌等环节，流程如图 4.6 所示。以下以国产高分一号卫星数据处理为例对影像配准、控制点采集、平差、正射校正和精度评估、影像融合和匀色镶嵌步骤进行介绍。

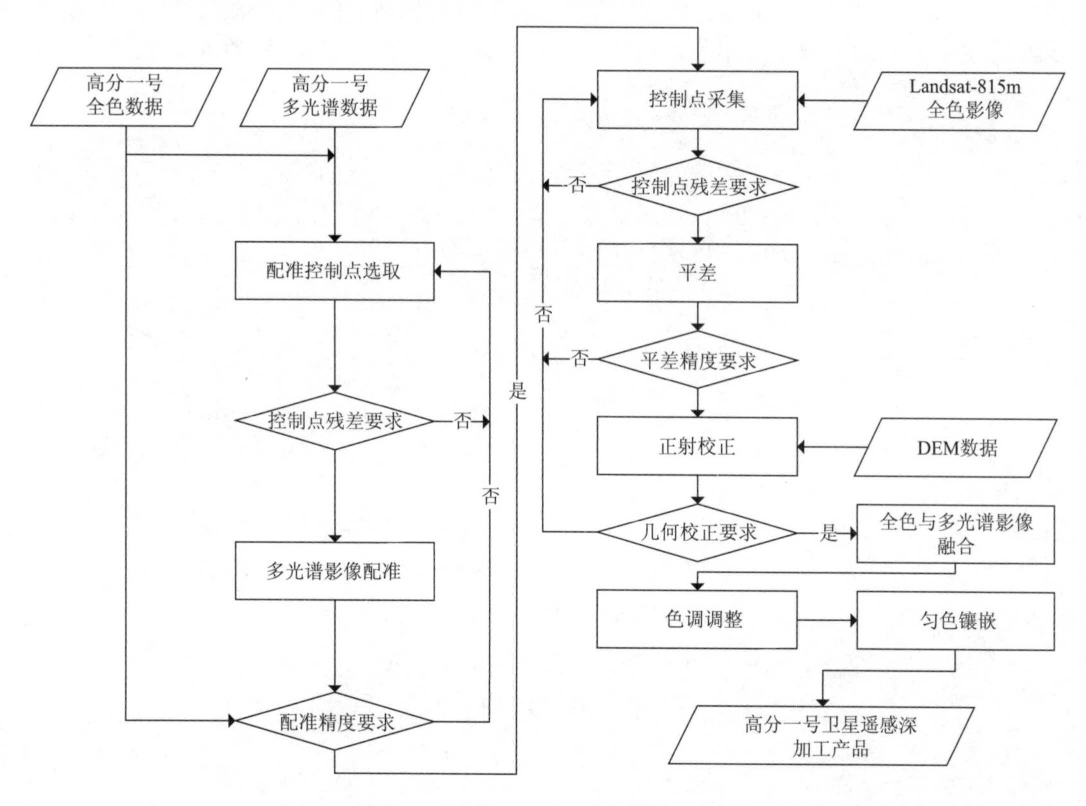

图 4.6　高分一号影像数据处理流程

1. 影像配准

在影像成像过程中，多种误差会造成全色和多光谱位置存在错位现象，需要首先对影像进行配准，以高分辨率全色影像为参考，将多光谱数据进行配准，配准后影像偏差要求不超过 1 个像元。

2. 控制点采集

利用高分一号影像自带的 RPC 系数校正影像，影像定位精度较低，需要借助参考影像采集高精度控制点，优化影像自带的 RPC 系数，从而实现高精度正射校正。传统的地面控制点都是人工选择的，主要是道路交叉点等不易变动的位置。本次控制点采用频域相位相关匹配法，该方法匹配精度高且速度较快，能够识别特征不明显的控制点。地面控制点(GCP)采集搜索范围为 100 像素×100 像素，每景影像控制点数阈值设置为 100，通过网格控制，使控制点在空间上分布均匀，在特定缺少 GCP 的区域，可以进行手动增加。

3. 平差

高分一号影像之间重叠较大，需要对影像采集连接点进行平差，以保证影像具有较高的接边精度。通过对影像进行连接点采集，进一步优化每景影像的 RPC 系数，连接点采集的算法也为频率域相位相关，连接点搜索半径设置为 50 像素×50 像素。

4. 正射校正和精度评估

卫星在采集过程中受诸多成像因素影响，影像会发生一定的几何畸变，正射校正的目的是消除这种畸变，使得采集的影像能够准确代表地面实际位置。有理函数模型是目前高分影像校正通用的方法，模型将像元坐标表示以相应地面点空间坐标为自变量的有理多项式的比值，通过引入大量的参数，能够实现较高的定位精度，该模型表达式如下：

$$\begin{cases} T_n = \dfrac{N_t(X_n, Y_n, Z_n)}{D_t(X_n, Y_n, Z_n)} \\ S_n = \dfrac{N_s(X_n, Y_n, Z_n)}{D_s(X_n, Y_n, Z_n)} \end{cases} \tag{4.1}$$

式中，(T_n，S_n)和(X_n，Y_n，Z_n)分别为像素坐标(T，S)和地面坐标(X，Y，Z)经平移和缩放后的正则化坐标，进一步地，该方程形式可以展开为

$$\begin{aligned} N_t(X_n, Y_n, Z_n) = {} & a_0 + a_1 Z + a_2 Y + a_3 X + a_4 ZY + a_5 ZX + a_6 YX + a_7 Z^2 \\ & + a_8 Y^2 + a_9 X^2 + a_{10} ZYX + a_{11} Z^2 Y + a_{12} Z^2 X + a_{13} Y^2 Z + a_{14} Y^2 X + a_{15} ZX^2 \\ & + a_{16} YX^2 + a_{17} Z^3 + a_{18} Y^3 + a_{19} X^3 \end{aligned} \tag{4.2}$$

$$\begin{aligned} D_t(X_n, Y_n, Z_n) = {} & b_0 + b_1 Z + b_2 Y + b_3 X + b_4 ZY + b_5 ZX + b_6 YX + b_7 Z^2 \\ & + b_8 Y^2 + b_9 X^2 + b_{10} ZYX + b_{11} Z^2 Y + b_{12} Z^2 X + b_{13} Y^2 Z + b_{14} Y^2 X + b_{15} ZX^2 \\ & + b_{16} YX^2 + b_{17} Z^3 + b_{18} Y^3 + b_{19} X^3 \end{aligned} \tag{4.3}$$

$$N_s(X_n,Y_n,Z_n)=c_0+c_1Z+c_2Y+c_3X+c_4ZY+c_5ZX+c_6YX+c_7Z^2 \\ +c_8Y^2+c_9X^2+c_{10}ZYX+c_{11}Z^2Y+c_{12}Z^2X+c_{13}Y^2Z+c_{14}Y^2X+c_{15}ZX^2 \\ +c_{16}YX^2+c_{17}Z^3+c_{18}Y^3+c_{19}X^3 \tag{4.4}$$

$$D_s(X_n,Y_n,Z_n)=d_0+d_1Z+d_2Y+d_3X+d_4ZY+d_5ZX+d_6YX+d_7Z^2 \\ +d_8Y^2+d_9X^2+d_{10}ZYX+d_{11}Z^2Y+d_{12}Z^2X+d_{13}Y^2Z+d_{14}Y^2X+d_{15}ZX^2 \\ +d_{16}YX^2+d_{17}Z^3+d_{18}Y^3+d_{19}X^3 \tag{4.5}$$

$a_i, b_i, c_i, d_i\,(i=0,1,\cdots,19)$ 即 RPC 参数，其中 b_0 和 d_0 的值为 1。

由于高分一号影像自带的 RPC 系数精度不够高，通过前面步骤采集的控制点和连接点可对 RPC 系数进行优化，并利用相应的 DEM 高程数据进一步提高复杂地形区域影像定位精度。针对单景影像，首先利用优化的理函数模型对全色影像进行校正，然后将多光谱影像与已经纠正好的全色影像进行配准，这样能够同时保证全色和多光谱影像定位精度。

影像采集的控制点和连接点精度见表 4.2。全省共采集控制点 4079 个，平均每景控制点 61 个，控制点的均方根误差(RMS)为 1.35 个像元，每影像采集的控制点个数及其均方根误差如图 4.7 所示。此外，全区共采集了 27685 个连接点(图 4.8)，连接点水平均方根误差为 0.18 个像元，分别选取上下和左右邻接影像展示接边精度(图 4.9)，发现影像的接边精度很高，道路和河流线状地物接边精度较高。

表 4.2 影像采集的控制点和连接点精度

点类型	每景点平均数量/个	RMS/像素	RMS *X*/像素	RMS *Y*/像素
控制点	61	1.35	0.88	0.84
连接点	413	0.18	0.63	0.16

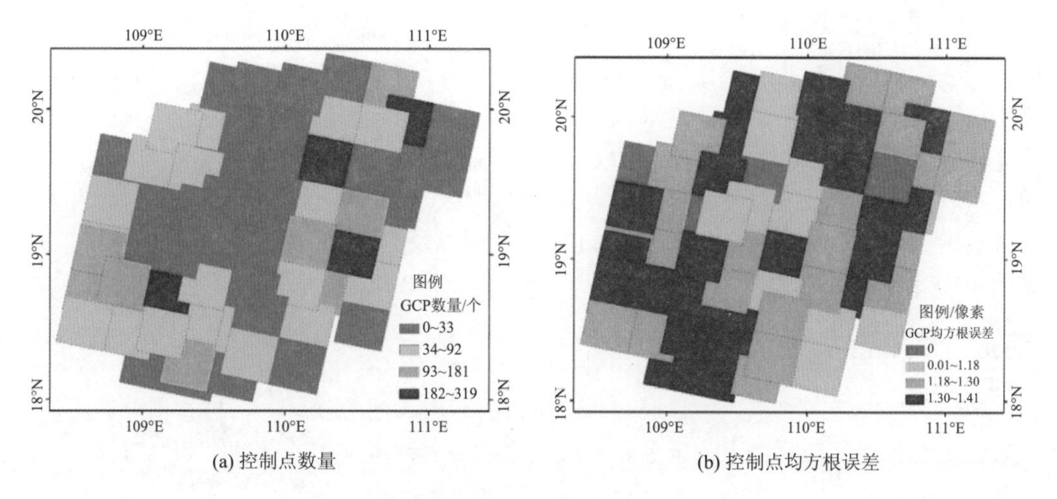

(a) 控制点数量 (b) 控制点均方根误差

图 4.7 单景影像控制点数量和控制点均方根误差

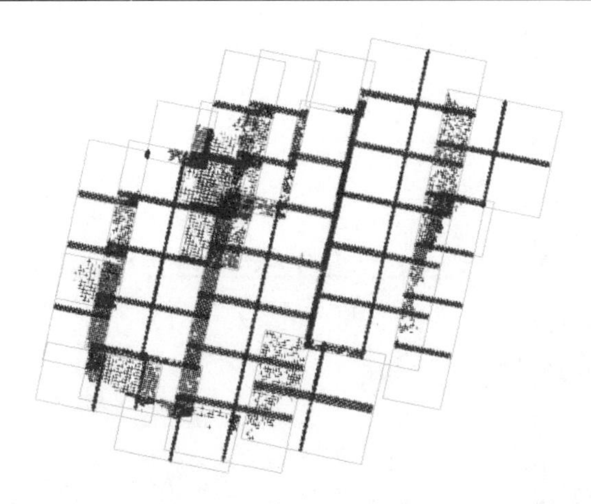

图 4.8　影像连接点分布图

(a) 左右邻接影像

(b) 上下邻接影像

图 4.9　影像接边图

5. 影像融合

高分辨率遥感数据的全色图像具有较高的空间分辨率，而多光谱图像具有丰富的光谱特征，对全色和多光谱影像进行融合可获取高空间分辨率的多光谱影像。目前遥感商业软件提供了多种影像融合方法，如 Brovey、Gram-Schmidt、HSV、PCA 和 Pansharp。项目组研究人员从目视效果和定量指数的角度评价了这 5 种方法用于高分二号影像融合的效果，结果表明 Pansharp 方法在图像信息、细节以及光谱方面都具有较好的保持效果，如图 4.10 所示。

6. 匀色镶嵌

由于影像成像条件不一致，融合后的影像会有较大的色差(图 4.11)，需要对影像进行匀色，能够使其在整体上色调保持一致。本次匀色镶嵌采用的是捆绑匀色方法，首先在每个影像及其重叠影像间使用“束捆绑”来计算每个影像的均值和西格玛全局调整，通过该调整使影像之间的色调更加均衡；其次，系统会自动采集一系列特征点，在影像对之间进行小范围的局部调整。该方法的优势是不考虑影像叠加次序，对影像从全局到局部进行精细化调整。另外，由于部分影像存在少许云量覆盖，可以通过人工编辑镶嵌线进行编辑，用无云影像替代有云影像，最后生成云量较少的影像产品。

(a) 正射后多光谱影像

(b) 正射后全色影像

(c) Pansharp 方法融合影像

图 4.10　影像融合前后效果对比

(a) 镶嵌前影像

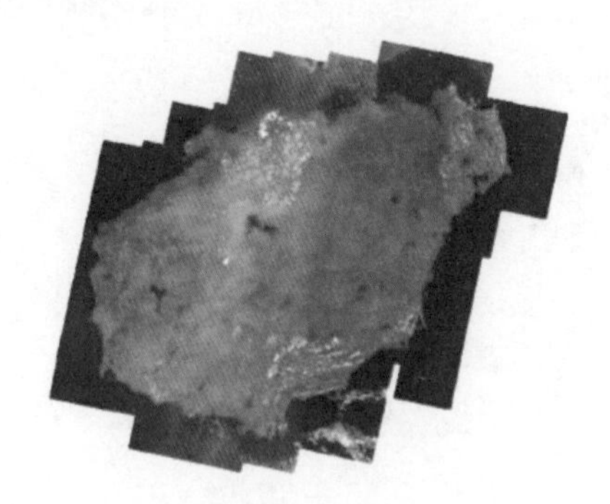

(b) 镶嵌后影像

图 4.11　海南岛影像匀色镶嵌前后效果对比

4.2.2　海南遥感典型数据深加工产品

海南省遥感典型数据深加工产品集(表 4.3 和表 4.4)主要包含多源卫星遥感数据产品、基础矢量和数字高程等类别，多源卫星遥感数据有 GF-1、GF-2、GF-4、Landsat 系列、哨兵 2 号、DMSP-OLS 和 NPP-VIIRS，基础矢量包含海南全岛边界，数字高程包含 DEM30 和 DSM30 两种类型。

表 4.3　产品集列表

编号	数据集名称	数据源	年份
1	海南岛高分一号 PMS 产品集	高分一号 2m 和 8m	2013～2020 年
2	海南岛高分一号 WFV 产品集	高分一号 16m	2016～2020 年
3	海南岛 Landsat-8 OLI 产品集	Landsat-8	2015～2020 年

续表

编号	数据集名称	数据源	年份
4	海南岛 Sentinel2 产品集	Sentinel-2A 10m/20m/60m	2016～2020 年
5	海南岛 DEM30 产品集	ASTER GDEM	2011 年
6	海南岛基础矢量产品集	1∶20 万地理矢量数据，边界，道路，水系	2006 年
7	海南岛 DSM30 产品集	ALOS DSM	2015～2016 年
8	海南岛高分二号 PMS 产品集	高分二号 0.8m 和 3.2m	2013～2020 年，2016 年可覆盖全岛
9	海南岛 landsat-7 产品集	landsat-7 数据	1988 年、1998 年和 2000 年
10	海南岛 landsat-5 产品集	landsat-5 数据	1990～2000 年
11	海南岛 DMSP-OLS 产品集	DMSP-OLS 年产品数据	1992～2012 年
12	海南岛 NPP-VIIRS 产品集	NPP-VIIRS 夜间灯光产品数据	2015 年
13	海南岛高分四号产品集	高分四号	2017 年

表 4.4　海南岛深加工产品集

编号	数据集名称	数据源
1	海南岛高分一号 PMS 产品集	
2	海南岛高分一号 WFV 产品集	
3	海南岛 Landsat-8 OLI 产品集	

续表

编号	数据集名称	数据源
4	海南岛 Sentinel2 产品集	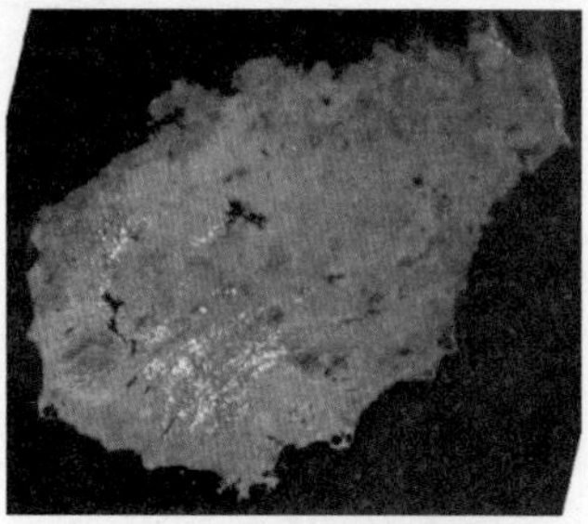
5	海南岛 DEM30 产品集	
6	海南岛基础矢量产品集	
7	海南岛 DSM30 产品集	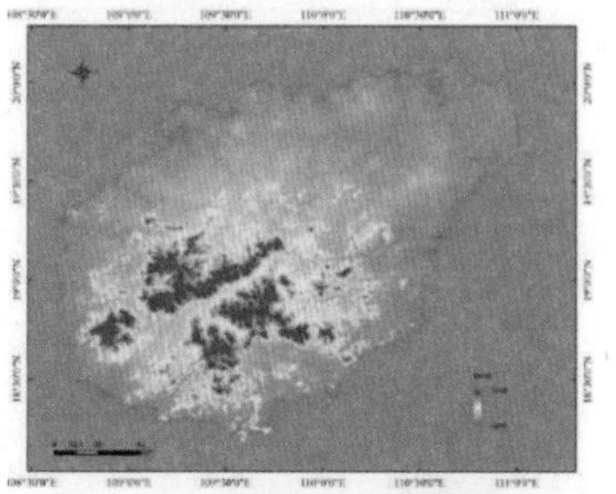
8	海南岛高分二号 PMS 产品集	

续表

编号	数据集名称	数据源
9	海南岛 landsat-7 产品集	
10	海南岛 landsat-5 产品集	
11	海南岛 DMSP-OLS 产品集	
12	海南岛 NPP-VIIRS 产品集	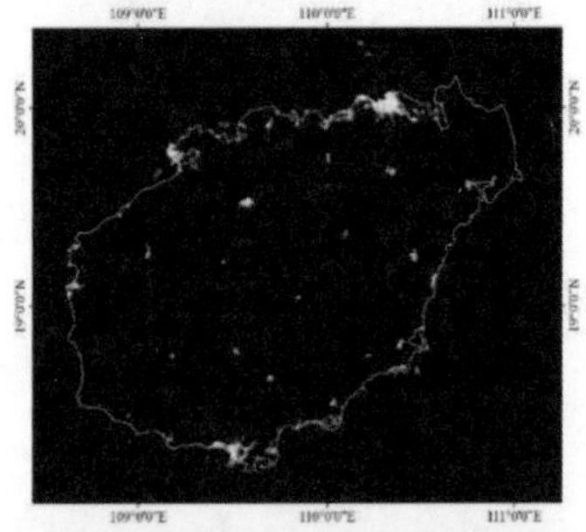
13	海南岛高分四号产品集	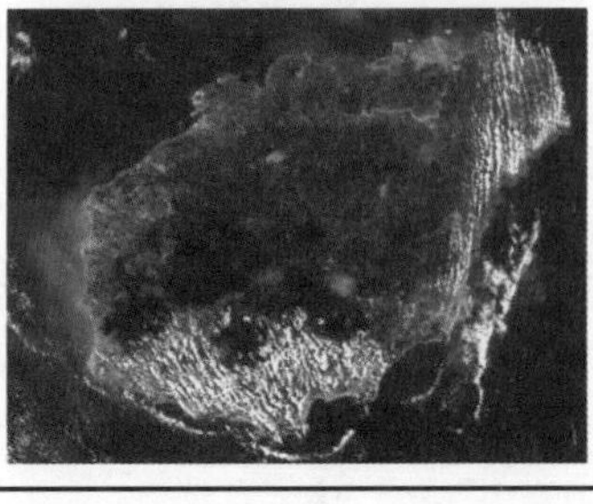

4.3　海南省域遥感大数据集成服务平台

4.3.1　建设海南省域遥感大数据集成服务平台的必要性

海南省位于中国最南端，是往来“两洲”(亚洲和大洋洲)和“两洋”(太平洋和印度洋)的必经之地，也是通往“两亚”(东南亚、东北亚)的“十字路口”。海南省作为我国距离东南亚最近的省份，也是与海上丝绸之路各国合作最多的省份之一，具有特殊的历史传承，不可替代的区位优势、战略地位和作用。开展海南省域遥感大数据服务集成服务平台建设，并在海岸带、农林、旅游、城市环境等行业领域进行应用示范，对于系统获取海南省生态环境和资源情况，强化资源环境管理，促进信息资源共享，实现海南省资源、环境、经济、社会协调可持续发展，促进中国—东盟空间科技合作和服务均具有十分重要的意义，开展集成服务平台建设和系统示范也是推进海南国际旅游岛建设的需要，实施国家南海战略和 21 世纪海上丝绸之路倡议的必然需求。

4.3.2　建设海南省域遥感大数据集成服务平台的应用需求

1. 是实现海南省“六个统一”的必要手段，是保障海南省资源、环境、经济、社会协调可持续发展的重要技术支撑

生态环境是海南发展的最好资本、最大优势，也是可持续发展的基础。海南省在全国率先制定和实施《海南生态省建设规划纲要》，其明确提出“建设生态省是保护好海南生态环境的客观需要。由于特殊的地理位置和独立的地理单元，海南的生态系统具有明显的脆弱性，一旦遭受破坏将难以恢复。因此在海南开发建设过程中，必须十分重视生态环境的保护和建设。”保障海南生态环境建设，保证资源、环境、社会、经济协调可持续发展，必须坚持与农、林、牧、工业等行业相结合，实现“统一规划、统一土地利用、统一基础设施建设、统一社会政策、统一环境保护、统一重要资源开发”六个统一的发展目标。实现六个统一，信息是基础，空间信息的共享是关键，建设海南省域遥感大数据集成服务平台是必要手段。

海南省行业部门高度重视空间信息技术及应用，先后建设了功能相对独立的空间信息系统和面向专题的信息系统平台。例如，早期的海南省国土资源基础信息系统、海南省环境信息系统，近年来面向旅游的网络平台、面向公共安全的管理平台、面向主体功能区规划和产业布局的平台和面向国土规划的平台等。随着海南省国际旅游岛和海上丝绸之路倡议的提出与实施，独立的空间信息系统平台很难满足科技海南和生态海南的建设需求，需要信息间的共享和应用推动海南更好、更快发展。

2. 是海南省落实大数据和“互联网+”创新发展战略的重要举措，也是海南空间信息产业走向国际的助推剂

在全球新一轮科技革命和产业变革中，大数据、互联网与各领域的融合发展具有广阔前景和无限潜力，已成为不可阻挡的时代潮流。2015 年国务院印发《促进大数据发展行动纲要》，其指出，要顺应潮流引导支持大数据产业发展，深化大数据在各行业创新应用，催生新业态、新模式，形成与需求紧密结合的大数据产品体系，使开放的大数据成为促进创业创新的新动力。海南省域遥感大数据集成服务平台是一个全省共享使用的大型空间数据设施，既可以避免重复建设，解决数据瓶颈问题，又能支撑大数据、“互联网+”创新产业发展。

同时，海南国际旅游岛的建设对全面推动海南实现科学发展，实现产业结构调整和升级，发展绿色科技提出了迫切需求。针对海南省特殊的地理位置，相关部门需适应当前产业变革需要，建立包括空间信息产业在内的南海服务合作基地，从而为海南省生态环境保护、生态文明建设和国际旅游岛建设提供实时有效的信息支撑和决策支持，全面推动海南实现产业结构调整、经济转型和绿色崛起。

3. 是海南省实施国家战略的必然要求

海南省具有独特的海洋海岸带、热带农业和旅游资源。2009 年 12 月，国务院《关于推进海南国际旅游岛建设发展的若干意见》，标志着海南国际旅游岛建设正上升为国家战略。在 2015 年 3 月发布的推动共建“丝绸之路经济带”和“21 世纪海上丝绸之路”的愿景与行动中，进一步强调了“加大海南国际旅游岛开发开放力度”“加强海口、三亚等沿海城市港口建设”“加大科技创新力度，形成参与和引领国际合作竞争新优势”等策略，促使海南成为“一带一路”，特别是“ 21 世纪海上丝绸之路”的战略支点。开展海南省资源环境遥感调查与评估等应用示范工作，将为海南国际旅游岛建设规划提供科学依据，是海南省实施国家战略的必然要求。

生态环境健康发展是海南建设国际旅游岛的必然要求，良好的生态环境正是海南经济发展、社会发展的基础和前提。构建生态环境遥感监测和质量评价系统，对海南省生态环境现状和质量进行全面、系统的监测和评估，定期生成具有时间序列概念的环境变化监测产品，全面掌握海南生态环境现状及其变化趋势，为海南岛生态功能区划和生态旅游规划评估等提供科学依据，为海南建设国际旅游岛战略提供支撑。

4.3.3 海南省域遥感大数据集成服务平台内容

海南省域遥感大数据集成服务平台技术体系如图 4.12 所示，既是海南省自身发展、推进海南国际旅游岛建设的需要，也是实施国家南海战略、“21 世纪海上丝绸之路”倡议、国家生态文明试验区的必然需求。项目目前已建成了海南省域遥感大数据集成服务平台，实现了超过 100TB 覆盖海南全域的天空地一体化遥感数据获取和汇交，并据此生产了高质量深加工数据集，发布了海南省空间大数据教育和政府服务门户，建成了“数字海南”三维可视化服务系统。与海南省相关行业单位开展了海岸带生态环境、农业、林业、旅游与文化、城市环境等海南典型行业领域的遥感应用技术与方法的示范研究，取得了一批具有海南特色的研究成果，如海岸带变迁和生态效应监测、农情和病虫害监测、热带林分布和监管、文化旅游、南海岛礁遥感监测等资源环境遥感动态监测与应用成果。项目利用遥感大数据服务于海南省社会经济发展的相关成效已经显现出来，也发现了大量值得关注的现象，可以为海南各级政府更好地进行社会和生态环境管理提供更深入的科学依据和决策参考。

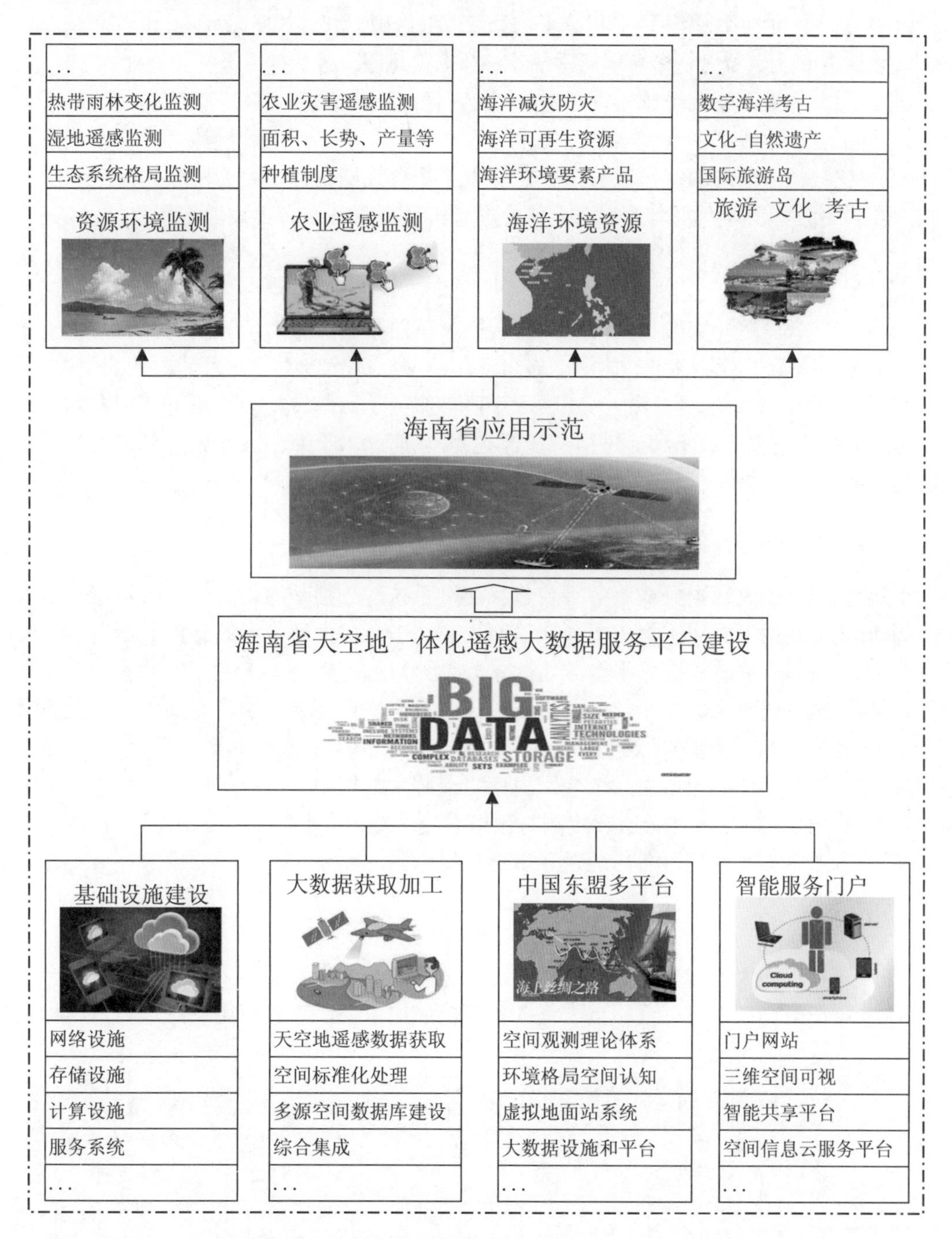

图 4.12　海南省域遥感大数据集成服务平台技术体系

1. 海南省域遥感大数据集成服务平台建设

通过建设海南省域遥感大数据集成服务平台，建立了以海南遥感大数据云为代表的大数据设施和集成共享服务平台，消除数据和信息孤岛现象，实现了信息资源共享，连接岛内外的数据资源，推动“多规合一”，提高了信息获取的准确性和时效性，为强化海南省资源环境的动态监控能力、提升资源环境科学决策和公众信息服务水平打下坚实的基础。

海南遥感大数据基础设施实现了支撑 10 万亿次计算能力和 1PB 存储能力的遥感大数据分析平台，建成了多维度实时监控中心。在数据安全隔离、计量计费、分布式系统架构等关键技术方面均取得了突破，完全实现了平台预期指标，为遥感数据高效利用和分析提供了有力保障，为海南天空地一体化遥感大数据服务平台建设奠定了良好的基础。

2. 海南省应用示范

基于海南省域遥感大数据集成服务平台开展了热带亚热带对地观测方法和技术研发工作，在海岸带、农业、林业、旅游、城市环境等资源环境典型行业领域进行应用示范，强化海南省资源环境动态监控能力和技术手段，服务于海南省社会经济可持续发展的科学决策，提高公众服务水平和促进信息资源共享，从而助力于海南国际旅游岛建设和“一带一路”倡议的实施。

4.3.4 海南省域遥感大数据集成服务平台简介

海南省域遥感大数据集成服务平台包括两个系统，分别是海南省遥感大数据平台以及海南遥感大数据中心应用集成平台，这两个系统平台可由海南省遥感大数据平台导航统一入口。海南省遥感大数据平台导航用于展示涉及海南省遥感大数据的所有平台及系统，包括海南省遥感大数据平台、海南省遥感大数据平台系统监控、海南省遥感大数据平台运维系统、海南省遥感大数据平台业务数据监控、海南省遥感大数据平台运营系统、海南省遥感大数据中心应用集成平台。海南省遥感大数据中心应用集成平台用于展示大数据平台的成果，包括海岸带遥感监测与预警系统、重点林地生态系统功能区监管系统、作物病虫害遥感监测系统、海岛地表环境变化检测。

1. 海南省遥感大数据平台导航

在海南省遥感大数据平台导航概览页可以看到涉及海南省遥感大数据的所有平台及系统，并可在概览页中通过鼠标点击进入不同的应用系统，查看应用系统详情，结构图如图 4.13 所示。

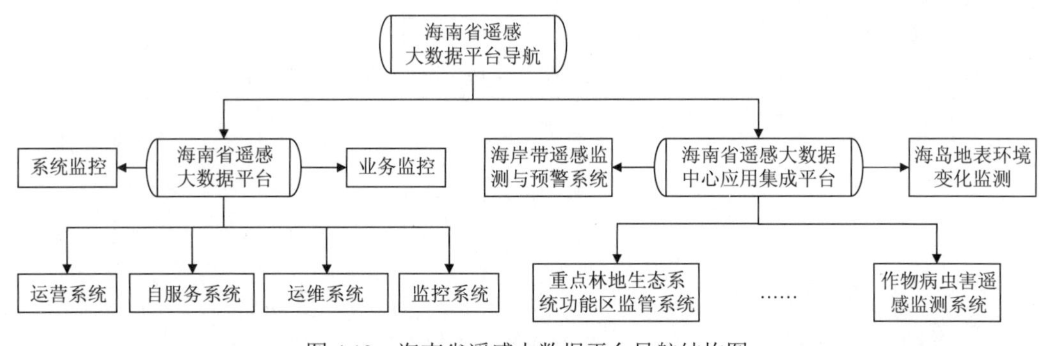

图 4.13　海南省遥感大数据平台导航结构图

2. 海南省遥感大数据平台

海南省遥感大数据平台主要包含四个主要的业务系统，分别是自服务系统(图 4.14)、运营系统(图 4.15)、运维系统(图 4.16)以及监控系统(图 4.17)。自服务系统是提供用户

图 4.14　海南省遥感大数据平台自服务系统

图 4.15　海南省遥感大数据平台运营系统

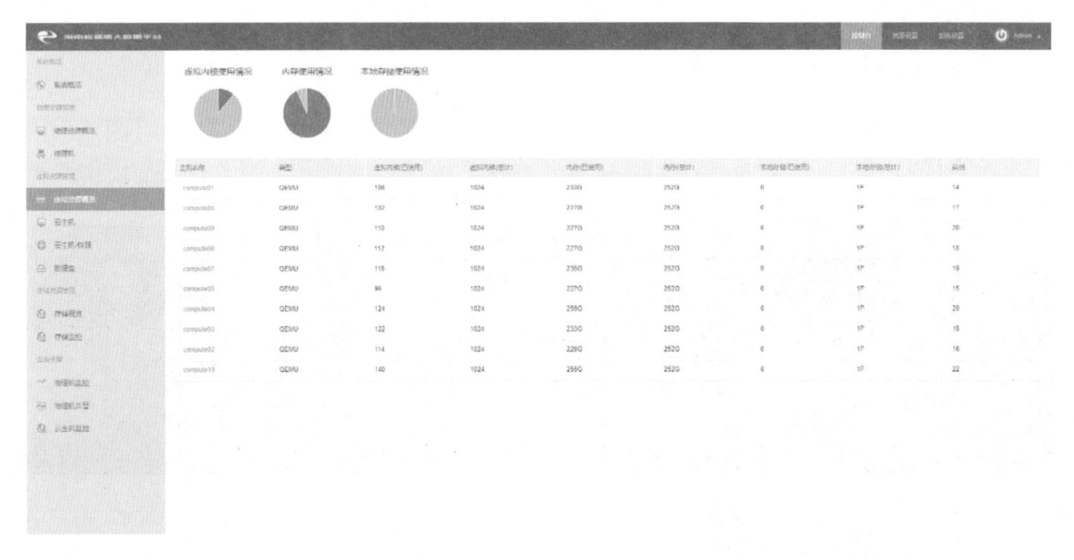

图 4.16　海南省遥感大数据平台运维系统

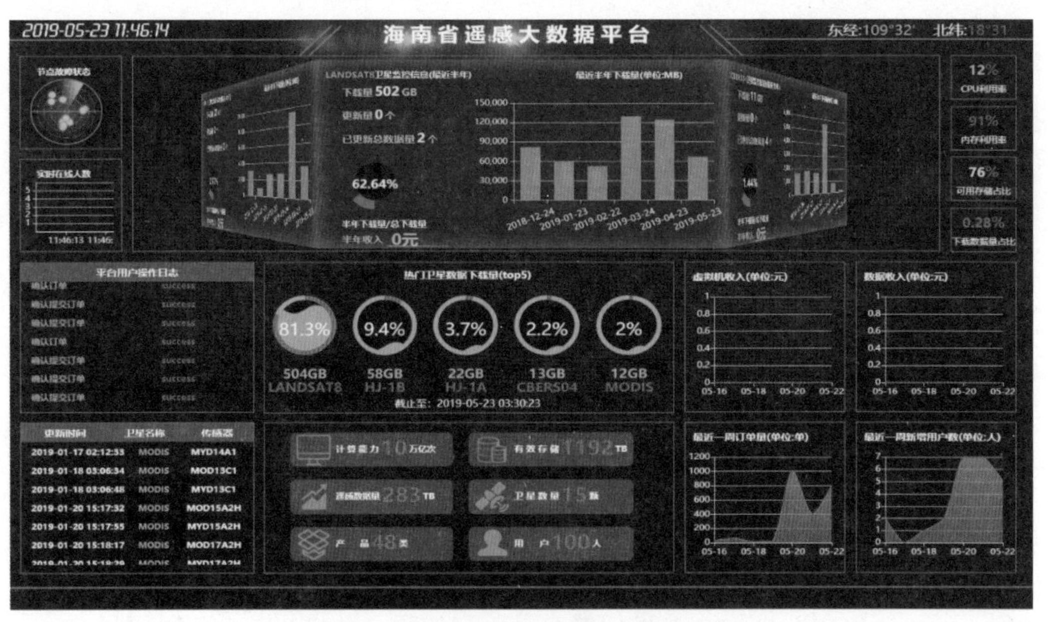

图 4.17　海南省遥感大数据平台监控系统

的门户，用户可以通过该系统进行用户注册、产品订购、资源使用等操作。自服务系统主要提供用户管理、产品订购管理、费用管理、资源管理、数据中转管理、消息管理以及操作日志。运营系统主要是运营管理员进系统管理的门户。运营管理员主要负责用户自服务门户的用户管理和审核、订单审核、计费管理等运营业务。运维系统是运维管理员的门户。运维管理员负责运维门户中计算资源和数据资源的监控管理和维护业务。运维系统主要提供登录管理、控制台管理、资源设置管理以及系统设置的功能。监控系统主要向管理员展示计算云信息、平台能力、系统日志、最近一周订购情况、数据云信息的监控以及收入统计信息等。

3. 海南省遥感大数据中心应用集成平台

海南省遥感大数据中心应用集成平台(图 4.18)围绕海岸带、农业、林业、旅游、海岛等典型行业领域开展应用示范，构建省级典型行业领域应用服务信息系统，提供及时有效的动态监测信息和科学决策，以进一步提升政府部门在资源环境管理方面的能力和水平，实现全省资源、环境、经济、社会协调可持续发展。海南省遥感大数据中心应用集成平台集成了大数据平台的成果系统，包括海岸带遥感监测与预警系统(图 4.19)、重点林地生态系统功能区监管系统(图 4.20)、作物病虫害遥感监测系统(图 4.21)、海岛地表环境变化监测(图 4.22)等应用系统。

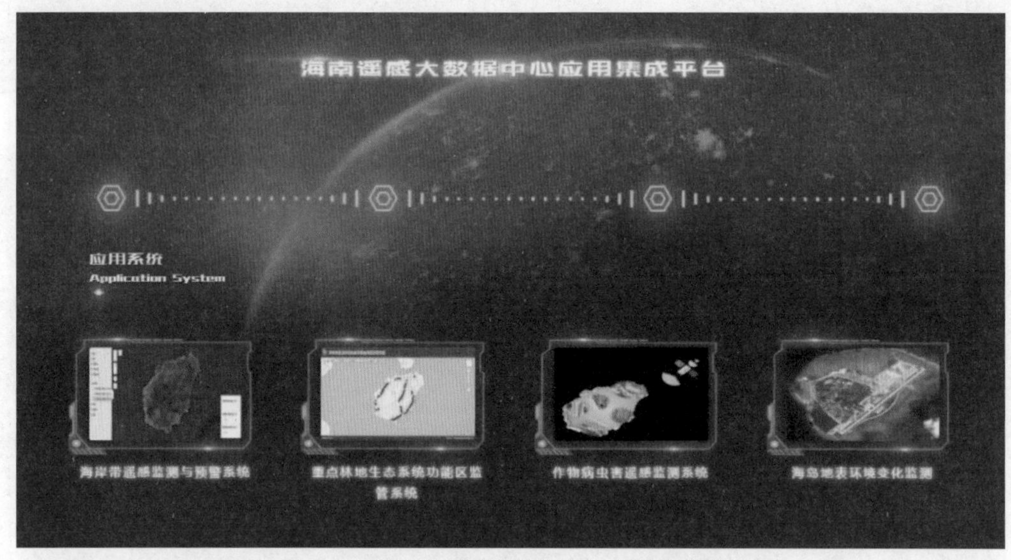

图 4.18　海南省遥感大数据中心应用集成平台

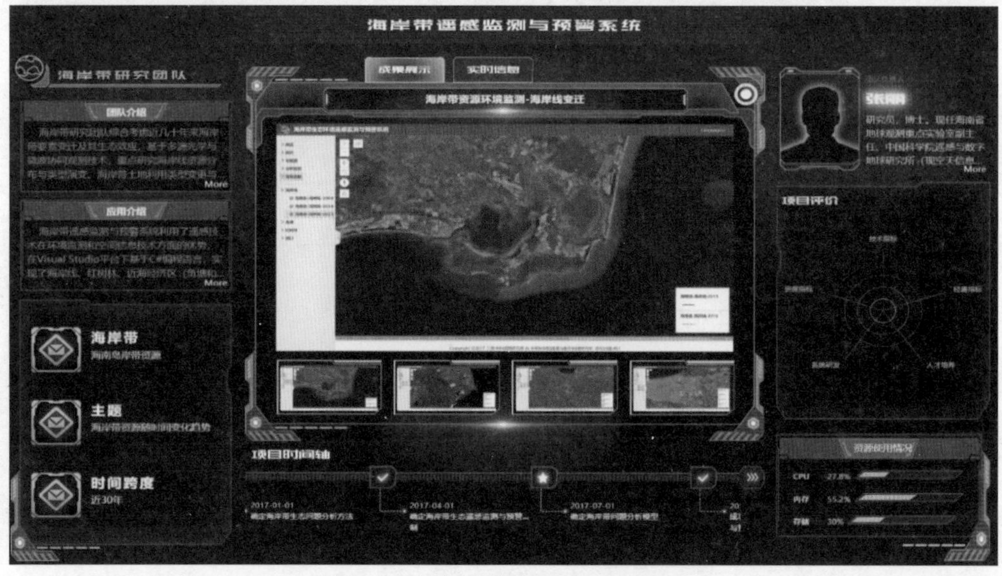

图 4.19　海岸带遥感监测与预警系统

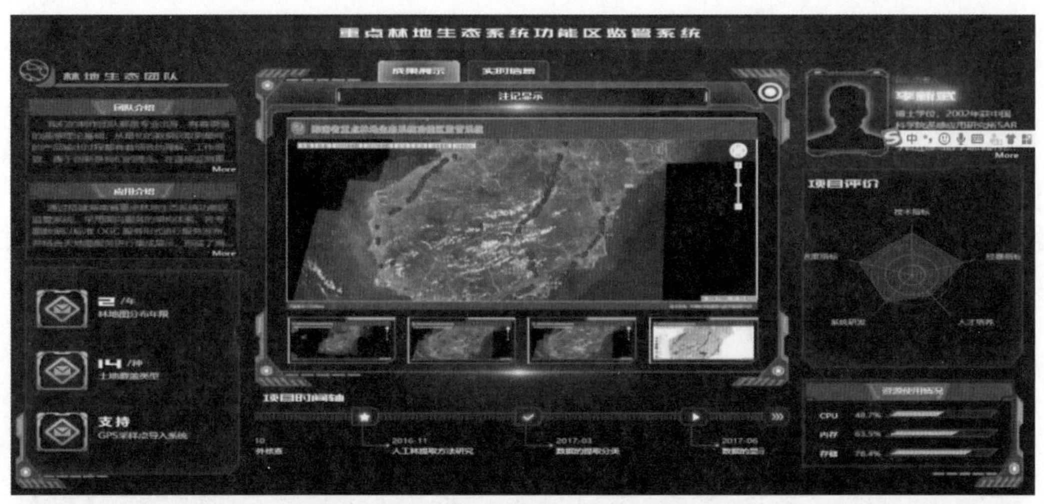

图 4.20　重点林地生态系统功能区监管系统

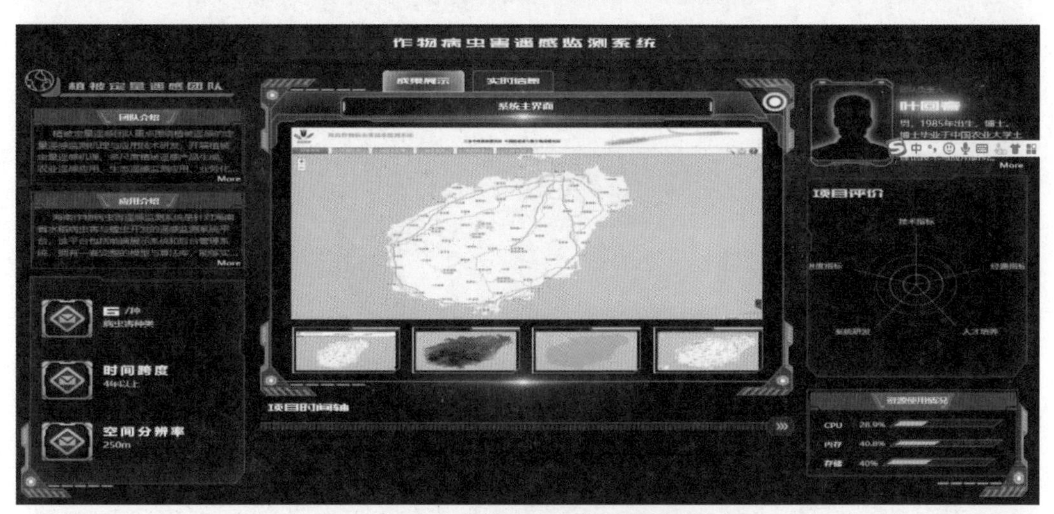

图 4.21　海南岛作物病虫害遥感监测系统

图 4.22　海岛地表环境变化监测

4.4　海南高分数据应用中心及其服务

空间信息技术产业是国家战略性新兴产业，是我国科技发展和产业化的重中之重。我国卫星事业已经迈入系统布局阶段，由点及面、由单一制造模式向全产业链发展，以“高分”和“北斗”为主导的空间信息技术产业进入全面高速发展时期。海南作为全球最大的自由贸易港、海上丝绸之路的战略支点，以及深化改革开放试验区、国家生态文明试验区、国际旅游消费中心和国家重大战略服务保障区的重大战略定位，并已经形成了“北文昌，南三亚”的卫星发射与地面接收的格局，与国内其他省市相比，具有得天独厚的优良条件，在开展高分遥感区域示范工程，实施空间信息资源战略方面，具有信息化基础建设优势、空间地理应用行业优势和相关行业应用优势，最有可能取得里程碑式的示范效果。

建设高分辨率对地观测系统海南数据与应用中心，开展海南高分应用服务，在提升国家高分战略应用推广的示范效果、加快推进海南自由贸易港建设、打造海南 21 世纪海上丝绸之路重要支点、建设海洋强省、提升海南省自身航空航天技术的应用推广能力等方面具有重大意义。

4.4.1　海南高分遥感应用现状与问题

1. *海南高分遥感应用现状*

促进国家高分辨率对地观测系统数据在海南的应用推广，发展海南高分数据应用产业，提高服务能力，加快应用推广，以国防空间信息技术产业助力信息产业发展，2015 年 9 月 16 日，海南省人民政府（琼府函〔2015〕163 号文件）向国家国防科技工业局发函，“依托中科院遥感地球所三亚研究中心设立高分辨率对地观测系统海南数据与应用中心”。2015 年 10 月 13 日，国家国防科技工业局科工函（2015）112 号文件“国防科工局关于同意设立高分辨率对地观测系统海南数据与应用中心”正式下发，国家国防科技工业局批准海南省依托中国科学院遥感与数字地球研究所三亚研究中心设立高分辨率对地观测系统海南数据与应用中心（简称海南高分数据与应用中心）。2015 年 12 月 7 日，海南高分数据与应用中心在海口市正式揭牌成立，该中心依托中国科学院遥感与数字地球研究所三亚研究中心设立，由海南省工业和信息化厅负责建设管理、组织协调和业务指导。海南省时任副省长李国梁、国家国防科技工业局副局长吴艳华等相关领导出席揭牌仪式。在揭牌仪式上，国家国防科技工业局重大专项工程中心和海南省国防科技工业办公室签订了《卫星数据共享与区域应用推广合作协议》。2015 年 12 月 31 日，海南省编办（琼编办〔2015〕411 号文件）批复同意在工业和信息化厅国防科技与军民结合推进处加挂“海南高分数据与应用管理办公室”牌子。由于海南省机构改革，海南省高分数据与应用管理办公室现设在海南省委军民融合办（海南省国防科技工业办公室）国防科工处。

海南高分数据与应用中心成立以来，在海南高分数据与应用管理办公室指导下组织开展了海南高分数据与应用中心基础设施建设、高分数据应用规划论证、技术培训、宣传普及、交流合作、应用技术研发和用户服务系统开发、枢纽平台建设及运维等大量工作。海南高分数据与应用中心立足海南，充分利用高分数据，为全省各领域的发展提供了数据支撑，其中包括在全省自然资源调查中起到了重要作用，对全省违法用地监测提供了数据支撑；为海南省申报热带雨林国家公园提供了客观、实时、准确的区域本底现状数据；为海南省东西两翼六市县资源环境的遥感调查，城镇建筑格局、密度，城市绿化率分析等方面的研究提供了数据支持，为东西两翼中心城市建设和城镇改造提供了参考；提取了海南种植业用地的空间分布状况，为海南农业资源监测与综合利用提供了基础数据；高分数据在省林业厅全省森林资源普查中起到了重要辅助作用等。

2. *海南高分遥感应用问题*

目前，海南高分中心已经初步建成了围绕数据服务的体系和管理、运行体系，海南高分技术产业处于发展阶段，相关的企业数量少且产值规模小，发展的技术水平不高。但还存在一定的差距与不足，主要体现在：

一是发展基础薄弱。主要是海南地区经济体量较小，与高分应用相关的产业整体规模较小、产能较低，产业领域存在着很大的发展局限性。

二是目前海南的高分数据缺乏，数据仅能依靠现有的高分系列卫星，这些数据更新频率较低，分辨率也无法满足现在海南自贸港建设所需。

三是高分遥感数据综合管理能力不足。根据海南的高分应用实际情况，需要建设高分遥感数据综合管理平台，提供高分数据接收、存储管理以及高分数据和产品分发、高分数据处理加工等功能。

四是分析和应用服务能力不足。具体包括推动“高分+”承载应用，形成大数据挖掘分析应用的能力。现在已经与省内开展高分应用单位合作，总结和形成面向领域的高分应用共性关键技术和数据产品解决方案，瞄准海南省的自然资源监管、生态资源监测、海洋资源开发等重大任务，推动“高分+”承载应用，形成大数据挖掘分析应用的能力，上述应用服务系统可以方便对接国家高分应用系统的数据服务、应用服务、统计分析等接口。

五是对于高分领域的各项应用宣传不足，各类相关的培训仍较少，很多单位和部门有遥感数据相关的需求，却缺乏海南地区合适的高分应用合作对象。

六是高新技术产业尤其是遥感领域发展人才缺乏。由于发展基础薄弱等，海南引进和保留高新技术领域的科技人才较为困难，省内及省外科研院校、科研机构中来海南谋发展求创业的高校毕业生、研究生以及各类高层次人才严重不足。

4.4.2　海南高分数据与应用中心及其服务

海南高分数据与应用中心为海南省各行业提供高分辨率观测数据保障，整合区域卫星应用公共资源，打破行业信息壁垒，提升海南省行政精细化管理能力，为“多规合一”提供技术保障，提升海南省空间信息的应用能力，促进相关产业发展，加速全省卫星应用产业链形成和发展，从而全面提升海南省空间信息领域“互联网+”战略，为海南建设自由贸易港、海上丝绸之路重要战略支点和海洋强省建设提供空间信息保障。

1. 海南高分数据服务门户建设

海南省国防科技工业办公室委托中国科学院遥感与数字地球所三亚研究中心(现海南空天信息研究院)建设海南高分数据与应用中心相关运维和存储设施,同时建成海南高分数据与应用中心枢纽平台网站和海南高分数据与应用中心数据服务门户。目前数据服务门户已完成一期建设，部署在海南省政务云平台上，网站为 http://gfdc.hainan.gov.cn，开始为各类用户提供覆盖海南及南海区域的高分数据查询和下载服务，为海南高分数据应用提供了技术支撑。

1)软硬件资源

目前海南高分数据与应用中心依托海南省电子政务公共服务平台提供的4台云服务器，分别建立了元数据库管理节点、影像数据管理节点、数据服务节点和数据门户节点。数据存储空间大约为15TB。

2)用户类型

平台共拥有35位用户，含授权用户15位，公众用户20位。用户主要分布在土地利用、测绘、农业、林业、水利、环境监测、教育科研、石油、防灾、空间信息库、电子政务、岛礁监测、海岸带变化等多个领域。

2. 海南高分应用领域与产品清单

1)海南高分应用领域

高分卫星现有应用领域包括自然资源、林业、生态环保、农业、住建、交通、林业、海洋等领域。例如，高分卫星数据为海南省自然资源和规划厅的业务运行提供了重要的数据支撑，在海南省土地利用动态监控系统、自然保护区动态监控系统、国土资源执法巡查、建设用地动态监管、三维“一张图”展示及矿山年度动态监测等业务系统中发挥了重要作用；在高分卫星数据支持下全省各林区林场、自然保护区以及各市县单位重点生态区位范围内开展了人工林资源专项调查工作，旨在通过调查彻底摸清全省林区、林场、保护区以及重点生态区位的人工林分布情况，为海南省林业发展、低效林改造、生态保护和修复做铺垫。为海南省申报热带雨林国家公园提供了客观、实时、准确的区域本底现状数据；为海南省东西两翼六市县资源环境的遥感调查，城镇建筑格局、建筑密度，城市绿化率分析等方面的研究提供了数据支持，为东西两翼中心城市建设和城镇改造提供了参考；为海南省住房和城乡建设厅打击违法建筑办公室“海南省整治违法建筑信息系统”的运行及时提供数据支持，实现对全省违法建筑的数字化、可视化、信息化管理，进一步提升防控违法建筑手段，使违法建设行为得到全面遏制；监测了海口如意岛填海造陆的进展，为海口市海洋环境监测中心掌握如意岛填海进展提供了数据支持，突显了遥感技术能够有效地为社会发展提供服务的优势。基于高分卫星数据为主要数据源，开展了三亚市“双城双修”遥感监测，完成了海棠湾、三亚湾、市区公园、山体修复及新渔港建设等多项工程的监测，客观、清晰、精确地呈现了“双城双修”工作前后及过程中三亚市的逐步变迁，也为此项工作的持续开展和相关工作的深入进行提供了科学依据。

2) 海南高分产品清单

海南高分应用产品体系涉及国家重大战略规划、资源调查与监测、海洋监测与评价、生态环境监测与评价、农业行业监测和城市精细化管理等 6 个业务应用领域的 14 项专题产品，如图 4.23 所示，每种产品的服务对象、区域范围、服务方式、数据源、效果评价等信息详见表 4.5。

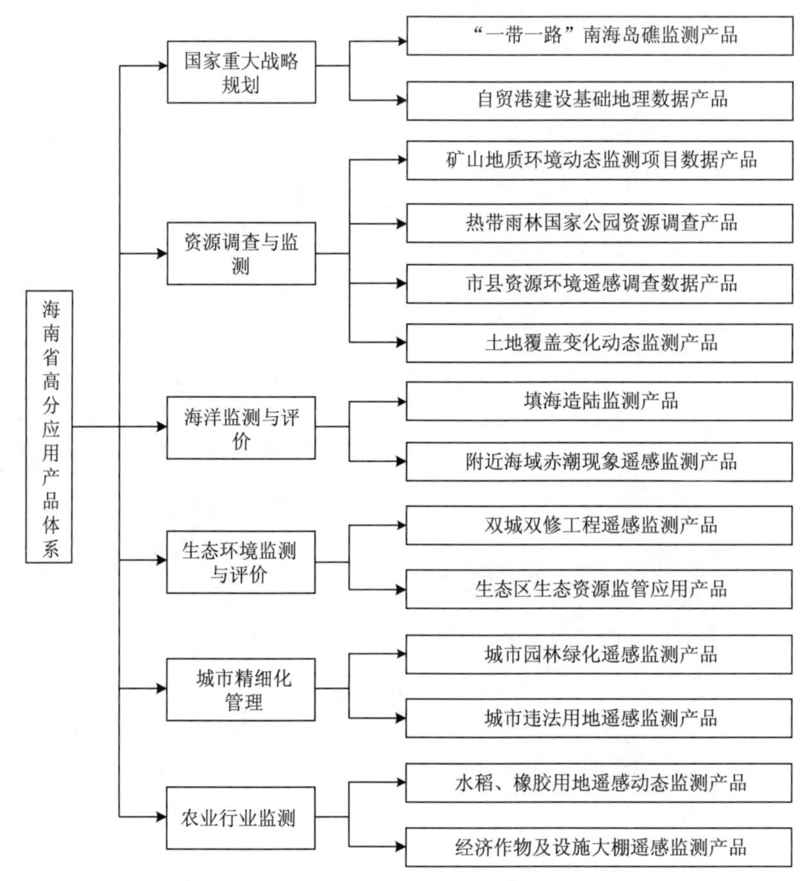

图 4.23　海南高分应用产品体系

表 4.5　高分应用产品清单

序号	产品名称	服务对象	区域范围	服务方式	数据源	效果评价
1	海南省林区、林场、保护区人工林资源调查产品	海南省生态公益林管理中心	海南岛	图件、报告	GF-2	准确定位和区划人工林图斑
2	海南省重点生态区人工商品林资源调查产品	海南省生态公益林管理中心	海南省	图件、报告	GF-1、GF-2 及其他影像	有效提高人工商品林遥感判读以及面积计算
3	热带雨林国家公园资源调查	海南省发展和改革委员会	海南省	图件、报告	GF-1、GF-2 及其他影像	为海南省申报国家公园提供了客观、实时、准确的区域本底现状

续表

序号	产品名称	服务对象	区域范围	服务方式	数据源	效果评价
4	海南省土地利用动态监控系统	海南省自然资源和规划厅	海南省	图件、报告	GF-1、GF-2 及其他影像	有效发现年度土地利用变化情况，用于后续土地流向分析及统计
5	自然保护区动态监控系统	海南省自然资源和规划厅	海南省	图件、报告	GF-1、GF-2 及其他影像	对人类活动情况进行有效监控
6	国土资源执法巡查	海南省自然资源和规划厅	海南省	图件	GF-1、GF-2 及其他影像	主要用于一线执法人员进行日常巡查，有效打击非法用地行为
7	建设用地动态监管	海南省自然资源和规划厅	海南省	图件	GF-1、GF-2 及其他影像	用于建设用地专题监管，对规范建设用地市场起到较好作用
8	三维“一张图”展示	海南省自然资源和规划厅	海南省	图件	GF-1、GF-2 及其他影像	较好地展示美丽的海南，为全省自然资源和规划系统所有用户提供快捷的影像查询服务
9	矿山年度动态监测	海南省自然资源和规划厅海南省地质环境监测站总站	海南省	图件	GF-1、GF-2 及航飞影像	高精度监测每年矿山范围动态变化，为矿山监管提供依据
10	东西两翼市县资源环境遥感调查	海南省发展和改革委员会	海南东西两翼包含儋州市、琼海市、万宁市、东方市、昌江黎族自治县、临高县六个市(县)	图件、报告	GF-1、GF-2 及其他影像	为东西两翼中心城市建设和城镇改造提供参考
11	填海造陆监测	国土及海洋部门	海南省	图件、报告	GF-1、GF-2 及其他影像	突显高分数据能够有效地为社会发展提供服务的优势
12	三亚市城市园林绿化遥感调查与测评产品	园林、住建等单位	三亚市住建局	图件、报告	GF-1、GF-2 及其他影像	为三亚市国家级“园林城市”建设提供数据支持
13	三亚、陵水、洋浦、琼中、文昌等城市园林绿化遥感调查与测评产品	园林、住建等单位	三亚、陵水、洋浦、琼中、文昌住建部门	图件、报告	GF-1、GF-2 及其他影像	为城市绿地覆盖情况摸底提供数据支持
14	三亚市水稻、橡胶用地遥感监测	三亚市农业局	三亚市	图件、报告	GF-1、GF-2 及其他影像	水稻、橡胶林种植用地变化监测

3. 海南高分典型应用案例

1)违法建筑监测

面向海南省相关市县国土局、执法局的城市精细化管理要求开展违法建筑监测，为相关部门开展违建清查工作提供技术与决策参考，如图 4.24 和图 4.25 所示。

影像分辨率：0.8m，影像日期：2018年9月

影像分辨率：2m，影像日期：2019年3月　说明：因云层影响，可见新增别墅7栋

图 4.24　新增别墅遥感监测专题图(一)

影像分辨率: 0.8m，影像日期: 2018年9月

图 4.25　新增别墅遥感监测专题图(二)

2) 城市园林绿化遥感监测评价

利用高分卫星数据提取城市园林绿化相关用地现状，确定各类用地的规模和范围，结合城市总体规划、城市绿地系统规划等资料，生成园林绿化相关用地分类和评价等专题产品。

采用卫星遥感技术对三亚、陵水、文昌、琼中、洋浦等地市建成区内园林绿化现状情况进行遥感评测技术鉴定，主要工作包括对覆盖地区的各类遥感影像数据进行处理，提取城市绿地信息，并对各类绿地面积进行分类统计，计算绿地面积、绿地覆盖率等绿化指标，形成遥感评测技术鉴定报告，图 4.26 为三亚建成区绿地覆盖情况。

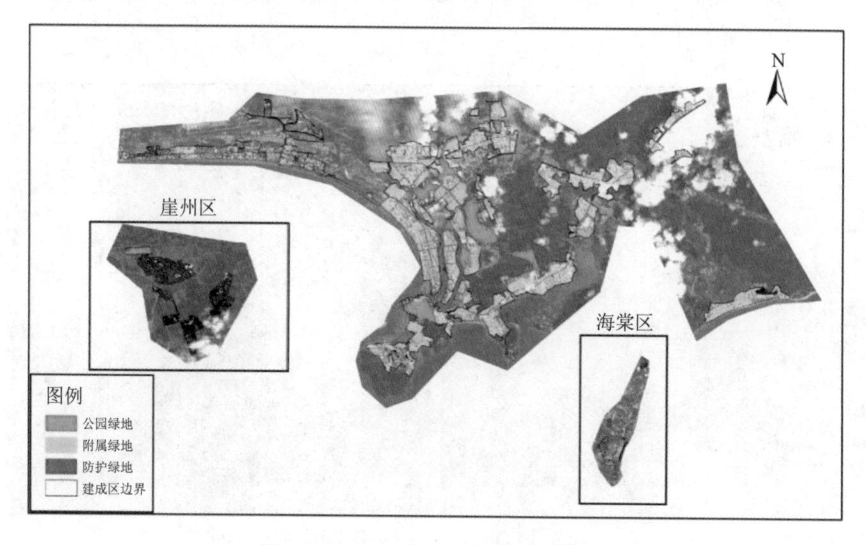

图 4.26　三亚建成区绿地覆盖情况

3) 海南省复工复产情况监控

为便于了解海南省城市复苏、重点企业、重点工程复工复产情况，基于高分卫星数据，利用遥感技术，从人员车辆活动强度、码头航运、农田春耕等方面对海南部分码头、重点企业及道路进行监测，见证抗击疫情、复工复产的成效。

通过卫星遥感技术观测水稻插秧灌溉情况，虽然受到疫情影响，但是遥感数据显示，已恢复春耕生产。图 4.27 为三亚市天涯区永久基本农田保护区影像对比图，复工复产前农田中的绿色植被稀疏，复工复产后农民插秧灌溉，在影像上表现为红色变为青色。

复工复产前(2020年2月21日)

高分六号影像(波段432组合)，空间分辨率2m

复工复产后(2020年3月20日)

高分二号影像(波段432组合)，空间分辨率1m

影像覆盖区域位于三亚市天涯区永久基本农田保护区。复工前农田尚有绿色植被，复工后开始水稻插秧灌溉。在影像上表现为从红色变为青色

图 4.27　水稻插秧灌溉情况对比图

图 4.28 通过对高分影像分析，发现三亚凤凰国际机场复工复产后在港飞机减少，说明出行人员增加，航班已恢复。

2020年2月21日高分六号影像，空间分辨率2m

2020年3月20日高分二号影像，空间分辨率1m

图 4.28　三亚凤凰国际机场对比图

4）打造“遥感海南”栏目

科技不断发展，大数据技术已经融入社会生产的方方面面。在大数据时代下，卫星数据广泛应用于国土、环保、林业、农业、测绘等20多个行业领域，并发挥着越来越重要的作用，它就像安装在天上的雷达“眼睛”，把我们的生活尽收眼底。

基于这样的背景，南海网-南国都市报联合海南空天信息研究院推出“遥感海南”栏目，通过遥感数据一览新海南变化。该栏目将在“新海南客户端”定期或不定期发布海南高分数据与应用中心的相关科研单位和企业提供的遥感数据，围绕遥感数据看海南自贸港发展，从国土、环保、林业、农业、城市等角度出发，一期一个主题，通过数据对比或直观呈现看海南发展。这也是契合海南自贸港发展的一次策划，通过遥感数据看新海南变化。

4.5 数字海南可视化决策分析平台

数字海南是海南省地理、资源、生态、环境、人口、经济、社会等复杂系统的数字化、虚拟仿真、优化决策支持和可视化表现（再现）。数字海南的建设将海南智能岛建设纳入国家可持续发展战略，为海南的可持续发展提供解决方法、手段和决策支持，将促进海南人口分布、资源需求、环境污染、产业结构、商品流通等产生根本性的变革（承继成，2000）。

数字海南可视化决策分析平台面向联合国可持续发展目标，开展自然灾害综合监测模拟。系统采用B/S架构，基于三维数字地球平台研发，本节以台风灾害为例，介绍数字海南可视化决策分析平台在台风灾害过程模拟、智能预测、影响分析方面的应用。

4.5.1 实时台风过程可视化

台风是一个巨大而复杂的气旋，数据具有多源性、多维性、数据量大和多尺度等特征，通过实时渲染数据，将这些复杂数据代表的物理现象现实化和直观化，如剖析台风数据的内部结构、反演历史台风过程、推演台风未来发展、仿真运动的台风云等，能够为台风预报预警提供技术支撑。本节从台风风场模型可视化出发，结合实时卫星云图资料，对台风中心移动路径、速度和强度进行模拟，再现了台风的运动及其变化。

1. 台风风场可视化

台风风场数据为矢量场数据，具有经度、纬度、高度和时间四维特征，本系统基于粒子追踪的多层次移动流线可视化方法实现台风风场的可视化表达，数据来源于美国国家环境预报中心的全球预报系统GFS，850hPa高度的风场数据。

流线是矢量场中的一条空间曲线，该曲线上任一点的切线方向与矢量场在该点的方向一致。流线描述的是粒子在当前流场中运动形成的轨迹，$p(t)$和$p(t+\Delta t)$分别代表t和$t+\Delta t$时刻的粒子位置，$v(p(t),t)$表示粒子在t时刻$p(t)$处的速度，流线可表示为式(4.6)：

$$p(t+\Delta t)=p(t)+\int_{t}^{t+\Delta t} v(p(t),t)\mathrm{d}t \tag{4.6}$$

按照流线的定义，流线的计算通常是从一个点出发，根据该点的矢量值再使用一个积分步长经过一系列积分计算得到一条完整的流线。

粒子追踪方法是矢量线可视化中比较常用的一种方法，该方法的原理是在矢量场中根据某种规则放置粒子，然后根据矢量场中该粒子位置处的速度值，利用数值积分法进行积分，从而计算出粒子在下一点的位置，以此类推，直到达到积分终止的条件。将粒子经过的所有位置进行连接，就能够表现出矢量场的内部结构特征。将流线和粒子结合，生成的流线可以表现大气风场在当时的特征，而且伴随粒子移动生成的流线，又被赋予了运动特征，在图像逐帧刷新的过程中，可以在屏幕中显示移动的流线，直观形象地表达出大气风场的动态特征。

在流线生成过程中，首先采用随机噪声函数生成一定数量的种子点，采用基于视点位置的粒子生命控制策略来保持粒子数量的稳定和粒子分布的均匀，利用层间数据插值的方式获取粒子的速度，根据粒子在当前帧中的风速值利用一阶 Euler 法计算粒子在下一时刻的位置，通过颜色映射将粒子的速度值转换为相应的颜色，通过视点相关的流线透明度控制参数来调节粒子的透明度，通过坐标转换将粒子的纹理坐标转换为计算机屏幕的显示坐标，最终以动态流线的形式展现台风过程多层大气风场，整体流程如图 4.29 所示。

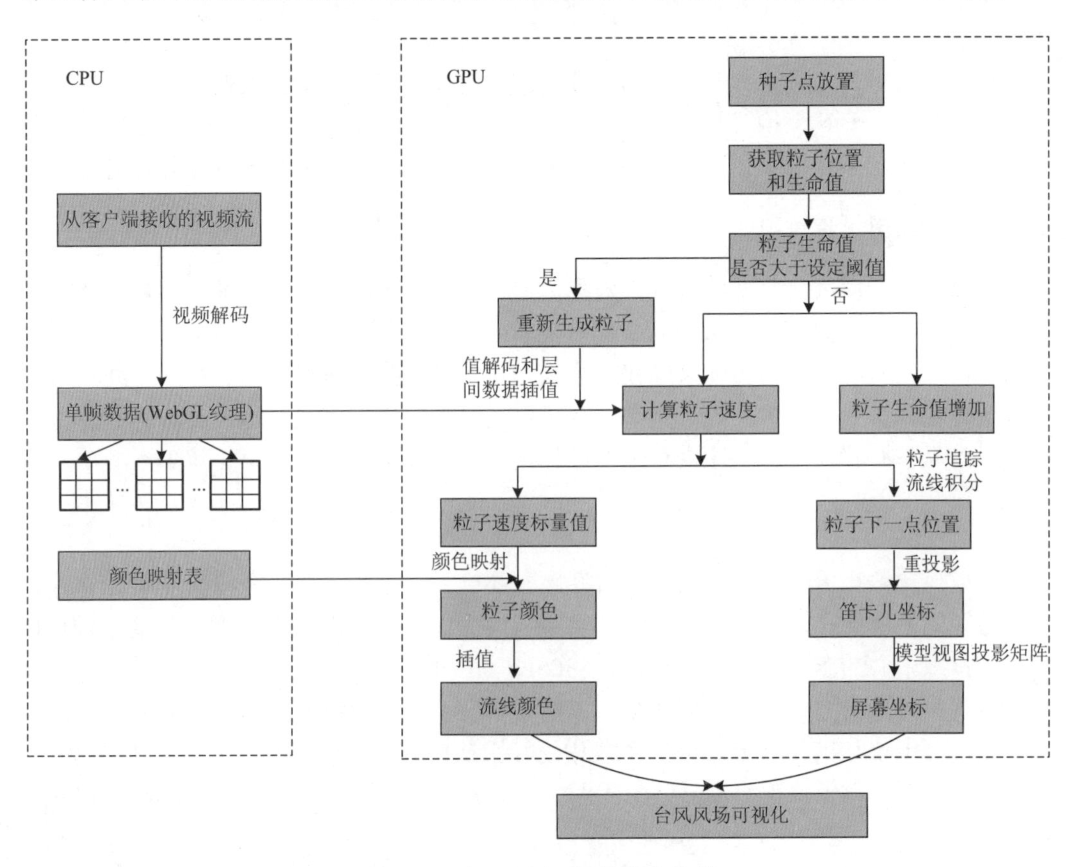

图 4.29　台风风场可视化技术流程

台风风场可视化效果如图 4.30 所示，可以清楚地看到台风的结构信息，因此基于粒子追踪的多层次移动流线法能够有效表达出台风风场的结构特征和时间变化特征。

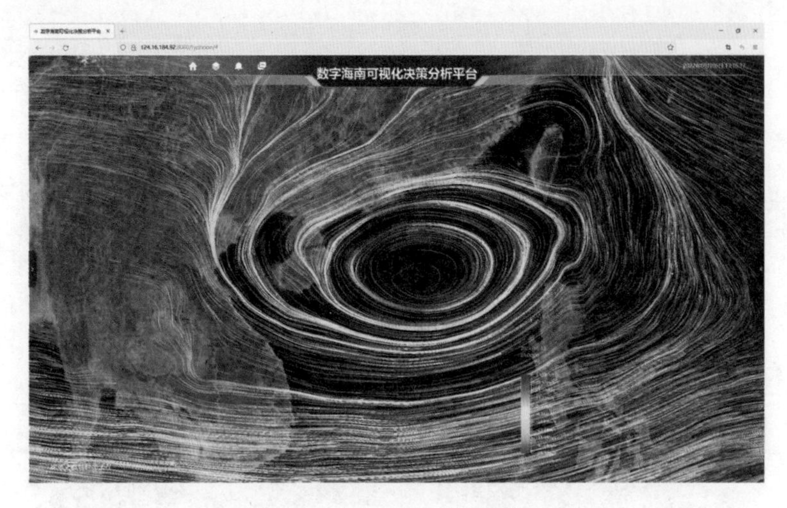

图 4.30　台风风场可视化效果

2. 卫星云图数据可视化

卫星云图可以直观地显示云系的分布和天气系统的特点，用来确定锋面、气旋、台风、热带风暴的位置和强度，追踪其移动的路径和方向。对卫星云图进行三维可视化模拟可清楚地反映云团在空间的分布状况，台风云墙的立体结构，直观展示台风天气系统结构的发展变化。

红外云图描述的是地面和云面的红外辐射强度。在对流层中，云团离地表面越高，则温度越低，气象卫星接收到的红外辐射强度越小，反映在红外云图上的色调也越亮，反之越暗。由此说明红外云图本身就具有空间云层的三维信息，其色调的亮暗代表了云团顶部的高低，灰度值代表正下方主要由云顶温度决定的感应温度，根据灰度值可近似得到云顶高度，结合地理信息可构建云团的三结构(脱宇峰等，2011)。

数字海南可视化决策分析平台云图数据包括：①根据美国国家环境预报中心的全球预报系统 GFS 获取的总云量数据，进行全球云图预测结果可视化，由于台风生成时 850 hPa 低频气旋的正涡度带走向往往预示着台风的未来走向(田华等，2010)，所以系统使用 850hPa 高度的卫星云图数据。②采用风云二号卫星云图多通道总云量数据进行实时云图可视化，影像数据为 AWX(advanced-satellite exchange format)格式，投影方式为等经纬度投影，云图影像的范围为 55°E～155°E, 55°N～45°S。

对卫星云图的三维可视化主要分为以下三个步骤。

首先，进行图像的预处理，通过灰度直方图均衡化进行直方图增强处理，采用高斯滤波过滤掉原图像中存在的较为明显的图像噪声。

其次，建立云图结构三维模型，并生成顶点颜色。红外云图反映的是云顶信息，云的厚度相对于云的水平尺度很小，可以近似认为不同云团云底高度相同，设为 h_0，设云

层最大厚度为 h_1。可根据式(4.7)计算每个网格点的云顶高度 Z_{ij}、灰度 C_{ij} 和透明度 A_{ij}，其中 h_0 为云底高度，云图去除背景底图颜色后的最大灰度值为 $C_{\max}$，最小灰度值为 $C_{\min}$，对应像素实际灰度值为 C_{ij}。

$$
\begin{aligned}
Z_{ij} &= h_0 + h_1 \times (C_{ij} - C_{\min}) / (C_{\max} - C_{\min}) \\
C_{ij} &= 255 \times (C_{ij} - C_{\min}) / (255 - C_{\min}) \\
A_{ij} &= 1 - (C_{ij} - C_{\min}) / (255 - C_{\min})
\end{aligned}
\tag{4.7}
$$

最后通过坐标投影转换，将三维体中每个片元对应的坐标值转化到三维笛卡儿坐标系统，实现基于数字地球的台风云图三维可视化。卫星云图可视化效果如图 4.31 所示。

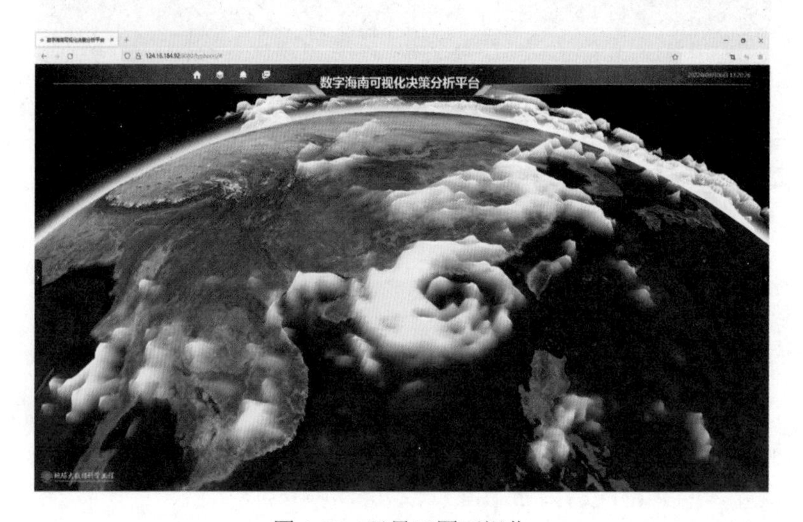

图 4.31　卫星云图可视化

3. 台风路径可视化

台风路径可视化内容包括历史台风路径可视化、实时台风路径可视化及预测路径可视化。实时台风路径数据采用中国中央气象台发布的台风路径、风速风力、中心气压、移速移向以及七级、十级和十二级的风圈半径数据；预测路径数据接入了美国国家飓风中心、日本气象厅、中国台湾中央气象局以及中国中央气象台四家的台风预测路径的台风路径、风速风力、中心气压、移速移向数据；承灾体数据采用由全国地理信息资源目录服务系统提供的 1∶25 万全国基础地理数据库中的桥梁隧道、水库、机场、加油站、港口码头等数据。

台风路径可视化主要对象是台风路径、路径点信息、风圈影响的承载体数据。其中，台风路径用实线和虚线来区分实时路径和预报路径；台风的等级用颜色来区分，中国气象局规定的台风等级与台风中心附近最大平均风速及颜色的对应关系见表 4.6；台风路径点的详细信息以表格形式展示；通过风圈半径内不同承灾体的图标来表示台风影响的承灾体的类型。

表 4.6　台风等级与颜色对应表

台风等级	平均风速/(m/s)	颜色值(16 进制)
热带低压	[10.8～17.1)	蓝色(#00D5CB)
热带风暴	[17.2～24.4)	黄色(#FCFA00)
强热带风暴	[24.5～32.6)	橙色(#FDAE0D)
台风	[32.7～41.4)	红色(#FB3B00)
强台风	[41.5～50.9)	粉色(#FC4d80)
超强台风	≥51.0	紫色(#C2218E)

用户可在系统界面中交互设置台风路径的预测机构、所要显示的承灾体信息，台风路径可视化效果如图 4.32 所示。

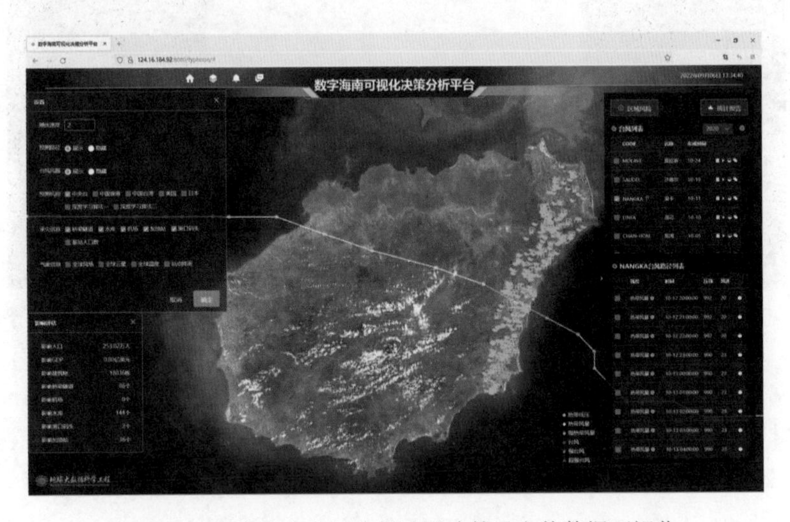

图 4.32　海南岛上台风路径及影响的承灾体数据可视化

4. 台风过程多维环境要素协同模拟

为了充分地体现台风过程中多维环境要素时空变化情况，形象、直观地可视化台风过程中气象模型计算结果，为决策服务提供科学的依据，本系统支持台风路径、卫星云图以及风场数据的协同过程模拟。

采用基于时间轴的时间序列动态可视化方法，以台风路径数据为基准，建立台风过程时空数据集，当台风移动到下一路径点时，自动清除上一时刻环境要素，对当前时刻环境要素进行可视化表达，如图 4.33 所示。

4.5.2　遥感数据驱动的南海热带气旋强度预测

准确预测热带气旋强度的变化，减轻热带气旋造成的灾害损失是气象防灾减灾的重要研究内容和难点。高精度热带气旋强度预测有利于人员疏散等防御措施的制定。

热带气旋强度预报主要有动力数值预报与经验统计预报两种方式。对中央气象台、日本气象厅、美国联合台风预报中心、韩国气象厅、香港天文台 5 个机构的误差信息进行比较，近年来，基于数值动力模型，热带气旋路径预报误差越来越小，强度预报还需进一步改进(陈国民等, 2019)。人工神经网络预报是统计预报的一种，改变传统线性回归计算方法，具有高度的非线性表达能力，比较适合热带气旋的拟合、预测(Kim et al., 2016)，利用神经网络的多模式集合预测具有较高的预测技能(Ghosh and Krishnamurti, 2018)。

图 4.33　台风过程多维环境要素协同模拟

通过理论研究和方法实验，以南海为研究区，基于国产风云卫星数据，研究预测因子的提取方法，建立基于 XGBoost 的南海热带气旋强度预测模型，定量评价模型精度。本节充分挖掘卫星数据蕴含的信息，为热带气旋强度预测提供新的有效途径。

1. 实验数据

实验数据主要包括中国气象局热带气旋最佳路径数据集、欧洲中期天气预测中心(European Centre for Medium-Range Weather Forecasts，ECMWF)的 ERA Interim 再分析资料及国家卫星气象中心风云二号系列卫星数据。

2. 风云卫星数据预测因子提取

卫星数据预测因子是指从卫星观测数据中提取与预测对象相关的预测因子。风云二号气象卫星是中国自主研制的系列卫星，可使用数据的时间覆盖范围跨度大，连续性强。风云二号系列卫星数据的详细信息见表 4.7。亮温是由卫星通过扫描辐射仪观测下垫面物体获取的辐射值经量化处理后得到的值，可以反映不同下垫面的亮温状况。亮温值既能描述热带气旋云顶温度特征，又能间接反映热带气旋强度特征，本节选择亮温资料作为预测热带气旋强度的卫星图像数据源。

表 4.7　亮温数据描述

卫星	空间分辨率	时间分辨率	覆盖范围	年份
FY-2C	0.05° × 0.05°	1 小时	西北太平洋	2006～2009
FY-2D	0.05° × 0.05°	1 小时	西北太平洋	2010～2017
FY-2F	0.05° × 0.05°	1 小时	西北太平洋	2015～2017
FY-2G	0.05° × 0.05°	1 小时	西北太平洋	2015～2017

常用的卫星数据预测因子提取方式为求取热带气旋中心周围一定范围内数据的平均值。考虑到平均值提取方式容易忽略极端数值对热带气旋强度的影响，将重要特征均化，本节利用圆环切分的方式(Jin et al., 2020)提取卫星数据预测因子。

首先通过相关性分析确定热带气旋强度与卫星影像的相关区域。以黑体亮温数据为例，热带气旋中心的位置出现了统一的低温度圆环结构，如图 4.34 所示，以 t 时刻热带中心为圆心，热带气旋强度与亮温图像高相关的区域主要位于 0°～4°，该区域内高强度的热带气旋表现出对称，低强度热带气旋一般展示为无序、无组织的云形状。

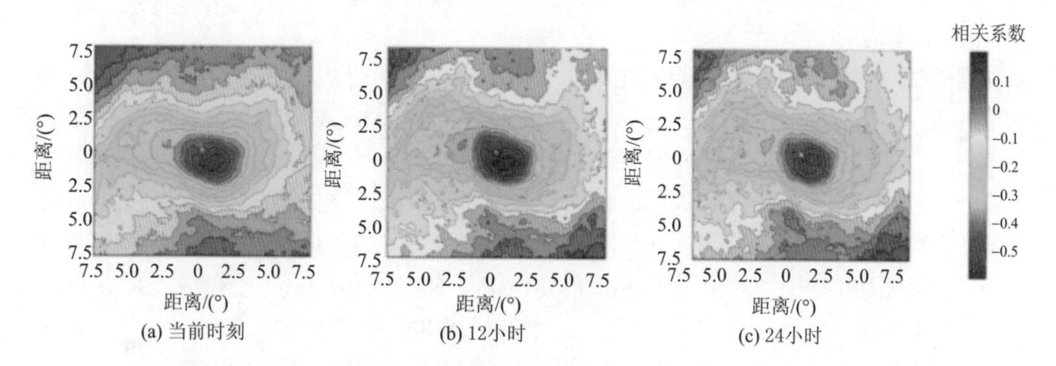

图 4.34　热带气旋强度与不同时效亮温图像的相关性分析，每个图形的中心对应气旋中心

然后通过切分圆环，确定统计区域。风云二号系列卫星的空间分辨率为 5km，以 t 时刻热带中心为圆心，取直径为 0°～4°范围内以 0.1°为间隔划分同心圆环，共切分 40 个圆环，逐圆环提取相关因子，确保提取区域随时间变化始终以气旋中心为中心。

通过资料分析与文献调研，每个圆环内的最大值、最小值、平均值、标准差、最大值与中心值的差、最小值与中心值的差都与强度都有较好的正相关关系。每个圆环提取统计信息如表 4.8 所示，作为初选因子。

表 4.8　圆环切分统计信息

统计信息	描述
GAPmax_N	第 N 个圆环内卫星数据的最大值
GAPmaxc_N	第 N 个圆环内卫星数据的最大值与卫星数据中心值的差
GAPmean_N	第 N 个圆环内卫星数据的平均值
GAPmin_N	第 N 个圆环内卫星数据的最小值
GAPminc_N	第 N 个圆环内卫星数据的最小值与卫星数据中心值的差

续表

统计信息	描述
GAPstand_N	第 N 个圆环内卫星数据的标准差
GAP01_N	每个圆环内比 218 小的像素个数
GAP02_N	每个圆环内比 213 小的像素个数
GAP03_N	每个圆环内比 208 小的像素个数
GAP04_N	每个圆环内比 203 小的像素个数
GAP05_N	每个圆环内比 198 小的像素个数
GAP06_N	每个圆环内比 193 小的像素个数

3. 基于 XGBoost 的南海热带气旋强度预测模型

引入卫星数据预测因子，建立基于 XGBoost 的热带气旋路径点强度预测模型(XGB-TCIPS)，选择对热带气旋强度最有贡献的卫星预测因子，设置三种不同预测因子组合的情景，分析风云二号卫星资料对强度预测精度的影响。

1)因子构造

热带气旋路径点强度预测模型，在因子构造阶段需要考虑与预报量(热带气旋强度)有关的影响要素。本节模拟数值模式的输入数据，除了选择常用的气候持续预测因子外，加入对预报量有影响的风云卫星数据因子、大气环境物理场因子以及使因子矩阵更加完整。

风云卫星数据因子：针对构造的风云卫星时间序列数据集，分析黑体亮度温度数据与热带气旋强度的关系，按照圆环切分法提取风云卫星数据因子。

大气环境物理场因子：利用长期均匀的欧洲中期天气预测中心发布的 ERA Interim 再分析资料提取大气环境物理场因子，主要包括 200hPa、250hPa、300hPa、350hPa、400hPa、450hPa、500hPa、700hPa、750hPa、800hPa、850hPa 下的相对湿度、纬向风、经向风、相对涡度、发散度与温度属性；同时，为了增强重要预测因子的影响，将预测因子的平方项与立方项等衍生信息也作为预测因子。

气候持续预测因子按照气候持续法的原理，以最佳路径数据集作为基本数据源，描述热带气旋变化的气候学与持续性规律，常用的气候持续因子见表 4.9。由于数值模式能够较为准确地预测热带气旋的位置，将发生月份、预测的经纬度信息作为预测因子，以提高模型的精度。

表 4.9 气候持续预测因子

预测因子	入选理由
当前时刻、前 6 小时、前 12 小时、前 18 小时、前 24 小时的纬度、经度、中心气压与中心最大风速	反映热带气旋过去 24 小时经度、纬度、中心气压与中心最大风速的状况
当前时刻与前 6 小时、12 小时、18 小时、24 小时时刻纬度差、经度差、气压差与中心最大风速差	反映热带气旋每个时间段位置与强度变化的空间分布
当前时刻与前 6 小时、12 小时、18 小时、24 小时时刻纬向移速、经向移速、合成移速	反映未来热带气旋中心移动路径的方向

续表

预测因子	入选理由
当前时刻与前6小时、12小时、18小时、24小时时刻纬向加速度、经向加速度、合成加速度	反映未来热带气旋中心移动速度的快慢
当前时刻与前6小时、12小时、18小时、24小时时刻纬向位移、经向位移、合成位移	反映未来热带气旋中心位置轻微的变化

2）因子筛选

假设把上述三类预测因子都选用到XGB-TCIPS模型中，势必会造成网络结构庞大，影响建模效果。预测因子筛选即特征选择，是指在不降低模型预测精度的条件下降低预测因子维数的过程，是模型构建过程中的一个重要的组成部分。本节模型学习算法是XGBoost模型，该模型利用回归树描述非线性关系，基于XGBoost预测因子的选择算法是训练样本学习结束后，统计每个预测因子的信息增益，根据信息增益的大小排序依次判断预测因子对模型的贡献，分析其对热带气旋强度的影响。筛选的预测因子为后续基于XGBoost热带气旋强度预测模型的实际应用提供关键信息。利用基于学习模型的特征排序，选出排名前10的卫星预测因子作为模型输入，筛选后的信息增益排序结果见表4.10。

表4.10　筛选的卫星预测因子排序结果

序号	6小时	12小时	18小时	24小时
1	GAPmax_13	GAPmax_12	GAP03_8	GAP01_7
2	GAPmax_11	GAPmax_13	GAPmax_12	GAP03_8
3	GAP03_8	GAPmax_11	GAPmax_13	GAPmax_18
4	GAPmax_14	GAP03_8	GAPmax_16	GAP01_10
5	GAP01_6	GAPmax_16	GAP01_8	GAPmax_13
6	GAPmax_15	GAP02_6	GAP02_8	GAPmax_16
7	GAP01_8	GAP03_10	GAPmax_11	GAP01_6
8	GAP02_6	GAPstand_2	GAP04_10	GAP01_8
9	GAPmax_12	GAP03_7	GAP02_6	GAPmax_11
10	GAPmax_17	GAPmax_15	GAPstand_1	GAPmax_14

3）XGB-TCIPS模型构造

以南海海域热带气旋为研究对象，构建XGBoost热带气旋强度预测模型XGB-TCIPS，将2006～2012年数据用于模型训练，将2013～2017年样本数据用于模型测试，分别实现6小时、12小时、18小时和24小时的热带气旋预测，模型框架如图4.35所示。

4）实验设置与结果分析

设置三种不同预测因子组合的情景，分析风云二号卫星资料对强度预测精度的影响，实验设置见表4.11。为了评估模型的性能，采用平均绝对误差（MAE）、标准均方根误差（RMSE）和相关系数（CC）进行误差分析。为了避免单次运算的误差影响，分别对每种模型实例进行 10 次运行，求其平均值作为最终结果。

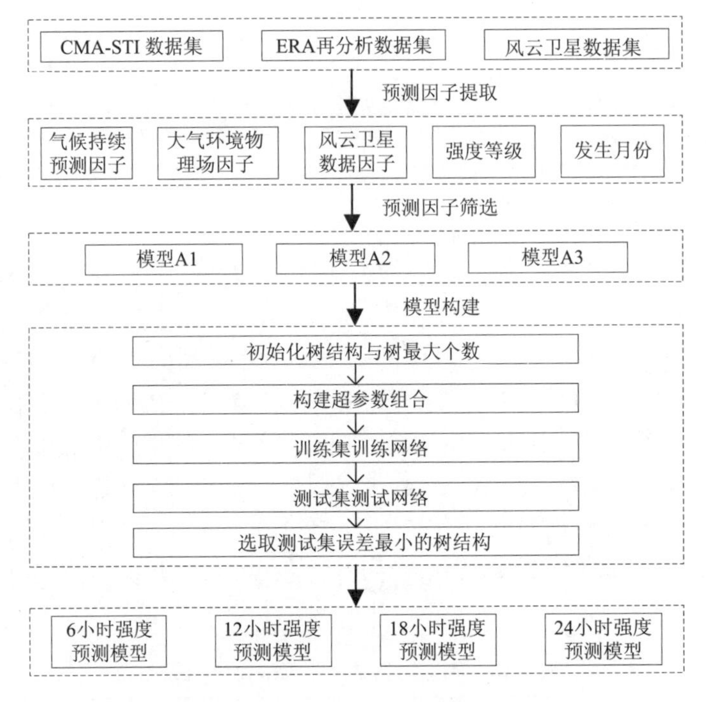

图 4.35　XGBoost 热带气旋强度预测模型结构

表 4.11　三种基于 XGBoost 的热带气旋强度预报模型输入与输出参数

模型	输入参数	训练方法	输出结果
A1	气候持续预测因子	XGBoost	TC_intensity (t+Δt) Δt = 6 小时、12 小时、18 小时、24 小时, respectively.
A2	A1+ 环境因子		
A3	A2+ 卫星数据因子		

训练结果见表 4.12，结果表明加入环境因子的模型 A2 优于不加入环境因子的模型 A1(MAE_A1>MAE_A2)，加入卫星数据因子的模型 A3 优于不加入卫星数据因子的模型 A1 与 A2(MAE_A1>MAE_A3, MAE_A2>MAE_A3)，说明加入环境因子与卫星数据因子的预报模型，提升了热带气旋强度的预报能力。在相同的预报因子情况下，同时建立基于 BP 神经网络预报模型，误差值表明 XGBoost 模型比 BP 神经网络的预报能力强。

表 4.12　基于 XGBoost 模型误差统计

预报时间	模型	误差/(m/s)		
		MAE	RMSE	CC
6 小时	A1	2.21	3.49	0.94
	A2	2.13	3.51	0.94
	A3	2.01	3.1	0.95

续表

预报时间	模型	误差/(m/s)		
		MAE	RMSE	CC
12 小时	A1	3.44	5.27	0.86
	A2	3.17	5.15	0.86
	A3	2.86	4.38	0.91
18 小时	A1	4.5	6.28	0.78
	A2	3.97	5.84	0.81
	A3	3.72	5.28	0.86
24 小时	A1	5.05	6.71	0.71
	A2	4.61	6.4	0.75
	A3	4.32	6.08	0.79

4.5.3　相似台风分析

当台风临近时，应急部门需要收集实时路径信息，并通过检索和分析相似的历史台风案例，及时做出决策。因而，台风轨迹相似评估的准确度将决定台风案例匹配和分析的可靠程度，从而有助于有关部门及时地应对台风灾害、控制风险、减少损失。

数字海南可视化决策分析平台的历史台风的路径数据采用中国气象局热带气旋资料中心的 CMA 最佳路径数据集中的数据，现行版本的 CMA 热带气旋最佳路径数据集提供 1949 年以来西北太平洋海域热带气旋每 6 小时的位置和强度。

本系统以地理(路径)相似为基础，将相似性指标划分为“位置”“形状”“生命周期”，建立综合定量化判定体系。其中位置相似指标包含登陆位置、起始点位置、终点位置，形状相似性指标包含范围、路径、长度，生命周期相似性指标包含开始在本月、结束在本月。用户可在系统界面上交互式选择，如图 4.36 所示，系统根据用户选择的相似性指标进行相似台风的特征匹配。

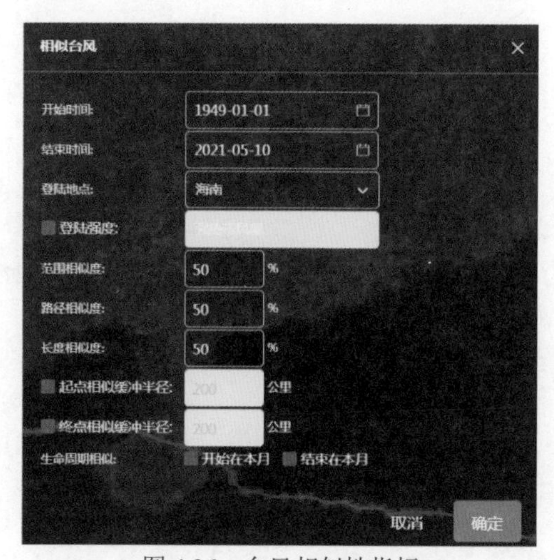

图 4.36　台风相似性指标

判断空间位置时，首先根据台风是否登陆，缩小检索范围。针对“登陆”台风，进一步筛选其登陆位置，还可根据登陆强度进一步缩小检索范围。起始点位置、终点位置为可选项，系统默认值为 200 km，根据位置信息进行缓冲区分析和空间匹配，得到位置相似性台风。

台风形状相似性指标包含范围相似性指标、路径相似性指标和长度相似性指标，为必选项，默认值为 50%。

范围相似性计算：根据此台风路径整体的外接矩形框，与历史时间段内某个台风路径的外接矩形框相比，当重合度大于等于 50%时(用户可自定义)，进入路径相似计算。

路径相似性计算：从此台风的生成位置至当前时刻台风的位置，绘制一系列缓冲圆，缓冲圆的半径是根据每个路径点对应的台风强度自动更新的，缓冲圆半径设置见表 4.13。如果在一系列缓冲圆内包含某条台风的纪录点数占此台风路径点数量的 50%以上(用户可自定义)，则进入长度相似性计算。

表 4.13　台风强度与缓冲圆半径对应表

台风等级	缓冲圆半径/km
热带低压	100
热带风暴	120
强热带风暴	140
台风	160
强台风	180
超强台风	200

长度相似性计算：此台风路径的整体长度与历史上某个台风路径的整体长度相比，当比值大于等于 50%时，得到形状相似性台风。

生命周期相似性判定：当台风发生时，系统自动识别台风起编时间并划分到不同的“月份”列表中，进行初级过滤，缩小检索范围。随着台风不断发展，自动修正“月份”信息，进一步缩小检索范围。“时间规律”指标包含的“同月性”和“季节性”这两个要素中至少有一个相似即判定该指标相似。本系统将“开始在本月”或“结束在本月”两个指标作为台风相似性判定的可选指标。

通过相似台风匹配算法对实时台风或历史台风进行相似台风的匹配和相似度分析，如图 4.37 所示为 2016 号台风“浪卡”(图 4.37)的相似台风分析结果，还可将相似台风路径、雨情、水情、灾情等多源信息进行集成化对比显示，从而预测当前台风的未来可能发展情况。

4.5.4　微博舆情分析与可视化

社交媒体在灾害信息的实时发布与传播中发挥着越来越重要的作用，在灾害发生过程中，社交媒体中蕴含的实时灾损信息对灾情及时响应和评估有重要意义。数字海南可视化决策分析平台通过分析微博文本中涉及的关键词，利用短文本分类技术提取微博文本中包含的台风灾损事件信息，基于微博文本内容和数量的时空变化进行台风灾情提取与制图，为灾情分析和救灾决策提供技术支持。

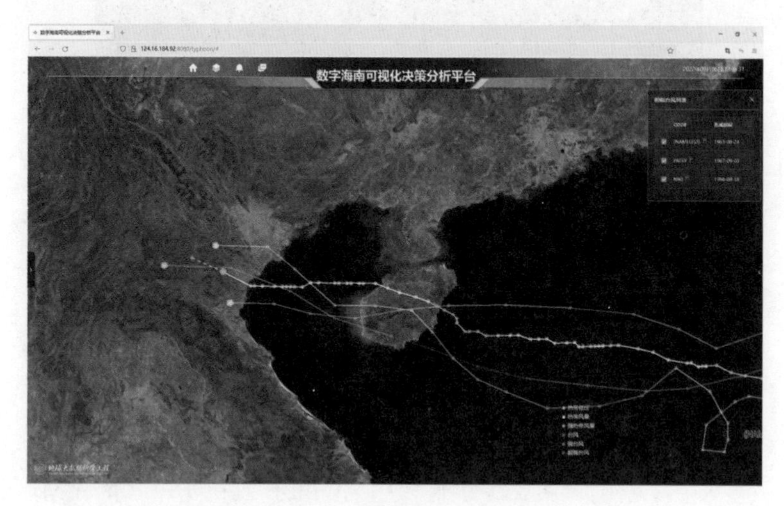

图 4.37　2016 号台风“浪卡”相似台风分析

1. 位置数据识别

准确识别灾情相关的空间位置是利用社交媒体数据进行灾情分析的关键。微博的位置数据按照来源分为注册位置、签到位置和隐含位置。注册位置是用户在注册信息中填写的位置信息，签到位置是用户发布微博时定位的位置信息，隐含位置是微博文本中提及的位置信息。在利用微博数据进行灾情提取时，应优先考虑微博的隐含位置，补充签到位置，不考虑注册位置(邬群勇和裘钰娇，2019)，因此本系统在微博数据采集时获取后两种位置信息，借助分词工具识别隐含位置信息。

构建包含行政区划名称、POI(Point of interest)的常用地名词库，针对台风灾害的领域特性，构建台风灾害专用词汇词库，将两个词库的词汇以“词汇+词性”的形式加入用户自定义词典。同时顾及微博文本的口语化特点，将一、二级行政区划名称去除“省”“市”后的词汇和常用简称以地名为词性加入用户自定义词典，在此基础上实现台风微博文本的分词和词性标注。对台风微博语料库中地名前后的词汇进行词频统计，从中选取词频靠前且合理的词汇构成前后特征词词库，基于前后特征词词库初步提取出微博文本中的疑似地名词。查找地名数据库中该地名对应的经纬度信息，得到最终的微博文本内容对应的具体的位置。

2. 特征词提取

新浪微博文本包含的灾害损失信息破碎程度高、表达形式多样，且同一微博文本可能包含多种类别的风灾损失信息。通过对历史台风灾害灾情关注点的分析，系统首先构造了“监测预警”“承灾体恢复力”两类基础关键词，如图 4.38 所示。以这些基础关键词为种子词，利用词向量模型和同义词扩展方法(杨腾飞等，2018)丰富特征词搭配信息。

图 4.38 台风灾害舆情关键词提取

微博文本蕴含着丰富的风灾损失事件核心词，可有效补充原有特征词，从而丰富灾损事件的语义表达。Skip-gram 词向量模型通过引入上下文语境信息来计算词与词之间的相关度，语境相似的词语其相关度较高。可根据计算所得的与当前词相关度最接近的词作为该当前词的补充。利用同义词在词向量模型的基础上进一步扩展特征词，可满足汉语表达多样化的需求。本系统在补充后的种子词对的基础上做原子词群级别的同义扩展，如“暴雨”的近义词可扩展为“暴风雨”“大雨”“骤雨”等。

3. 灾损事件抽取与可视化

灾损事件通常包含于微博文本的短句中，因此，利用构建的分类知识库对微博文本中的各个短句做识别和分类，具体流程如下。

(1) 按照标点“，”“。”“？”“！”“；”将待分类文本拆为短句集合 $D=[s_1,s_2,\cdots]$。

(2) 对每个短句文本分词和词性标注，按照词法规则抽取候选特征词搭配对，并记录特征词在短句中的位置，构建四元组 $s=[w_1,w_2,i,j]$，其中 w_1、w_2 是按照词法规则抽取的特征词，i 和 j 表示特征词 w_1 和 w_2 在短句文本中的位置下标。同时根据否定词表匹配该短句文本中是否存在否定词，若存在，记录否定词的位置下标 k。

(3) 将各四元组 s 中的特征词对“w_1-w_2”与分类知识库不同灾损类别下的特征词搭配对进行匹配，同时根据否定词约束规则比较特征词位置下标 i、j 与否定词位置下标 k 的关系，从而判断该短句的灾损类别，以确定待分类微博文本的类别属性。

将预处理后的微博数据存入数据库，如图 4.39 所示。数据的可视化是在得到了包含当前台风名称的脱敏的微博数据后，通过筛选包含台风引发灾害的关键词，如“积水”“倒塌”“停电”“停水”“拥堵”等得到的微博数据，并以微博中隐含的地名对应的经纬度为圆心，根据微博的数量动态调整半径及颜色，以热力图的形式绘制到三维地球上。

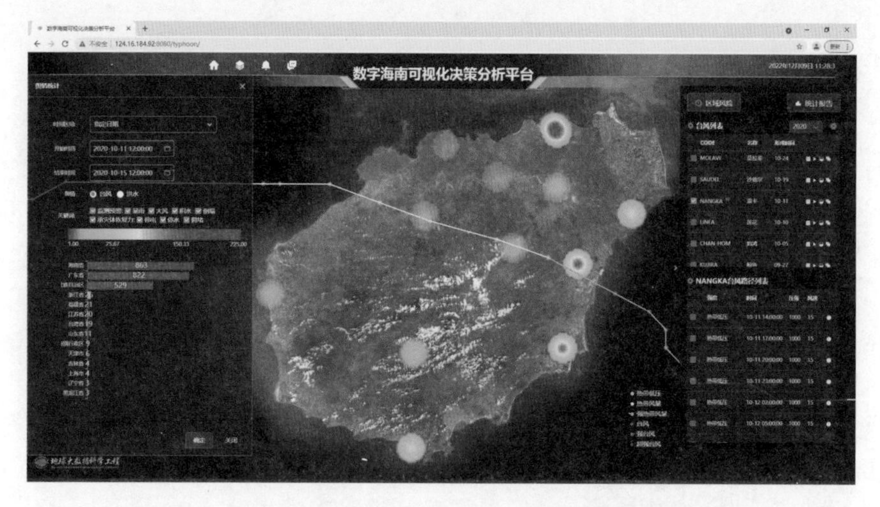

图 4.39　海南岛 2016 号台风“浪卡”登陆时微博舆情热力图

用户可选择分析的时间和关键词，进行舆情信息的筛选和可视化。如图 4.45 所示为 2016 号台风“浪卡”登陆时微博舆情热力图，2020 年 10 月 13 日 20:00～10 月 14 日 20:00，共筛选位置在“海南省”的有效信息 383 条，其中琼海市 96 条，文昌市 37 条，万宁市 24 条，灾损事件涉及“树木砸伤”“交通拥堵”“积水”等，这些信息可为政府部门提供第一手资料，辅助救灾决策的制定。

参 考 文 献

陈国民, 张喜平, 白莉娜, 等. 2019. 2017 年西北太平洋和南海热带气旋预报精度评定, 气象, 45(4): 577-586.

承继成. 2000. 数字地球导论. 北京：科学出版社.

田华, 李崇银, 杨辉. 2010. 大气季节内振荡对西北太平洋台风路径的影响研究. 大气科学, 34(3): 559-579.

脱宇峰, 王伟, 邱凯, 等. 2011. 基于 OpenGL 的 AWX 格式红外云图三维仿真技术应用. 气象与环境学报, 27(2): 25-31.

邬群勇, 裘钰娇. 2019. 微博数据位置信息反映台风灾情的有效性分析. 测绘科学技术学报, 36(4): 406-411.

杨腾飞, 解吉波, 李振宇, 等. 2018. 微博中蕴含台风灾害损失信息识别和分类方法. 地球信息科学学报, 20(7): 906-917.

Ghosh T, Krishnamurti T N. 2018. Improvements in hurricane intensity forecasts from a multimodel superensemble utilizing a generalized neural network technique. Weather and Forecasting, 33(3): 873-885.

Jin Q W, FanX T, Liu J, et al. 2020. Estimating tropical cyclone intensity in the South China Sea using the XGBoost Model and FengYun satellite images. Atmosphere, 11(4): 423.

Kim S, Matsumi Y, Pan S Q, et al. 2016. A real-time forecast model using artificial neural network for after runner storm surges on the Tottori coast, Japan. Ocean Engineering, 122: 44-45.

第 5 章　海南海岸带环境遥感监测与应用

海岸带是陆地向海洋延伸的陆海交替的空间单元。海岸带区位优势明显，自然条件优越，可开发建设条件良好，是人类生存和经济建设的重要场所，更是国家之间贸易往来和文化交流的纽带。海岸带区域作为海陆连接的过渡区域，承载着经济建设、社会发展、人文进步等使命。海岸带是海洋、陆地相互作用最强烈的地带，是地球表层自然系统的重要组成，具有系统复杂性、生态脆弱性和环境敏感性的特点。同时，海岸带区域拥有丰富的自然资源，使得区域内人口密集，人类活动和建设活跃，反过来又给海岸带的资源环境造成压力，使海岸带成为三大生态环境脆弱带之一，直接威胁海岸带区域可持续发展。

海南省位于中国最南端，拥有 3.54 万 km^2 的陆地面积、约 200 多万 km^2 的海域面积，以及 1944km 的绵长海岸线，地理位置独特，拥有得天独厚的自然资源和优美的生态环境。作为中国最大的经济特区和热带岛屿省份，海南也是中国与东盟、南亚、中东沿海各国海上交往的最前沿，具备不可替代的区位优势、战略地位和作用。但同时也要看到，海南的生态系统十分脆弱，一旦遭受破坏将难以恢复。这就需要秉承“绿水青山就是金山银山”的发展理念，在科学认识海岸带自然规律的基础上，处理好海南经济发展和生态环境保护的关系，做到海岸带区域陆海统筹规划，有序协调开发，科学持续发展。

大数据已经成为国际信息科学研究的热点和未来科学研究的趋势，遥感技术的发展也已进入了大数据时代，与日俱增的对地观测数据量和多样性的数据类型正在构筑起一个高频度、高空间分辨率、多谱段、全覆盖的对地观测体系，使我们能从高“时-空-谱”分辨率等方面对地表状况进行“点-线-面”的全方位监测。利用遥感技术获取的高“时-空-谱”分辨率数据对海岸带资源环境进行监测与评估，不仅可以掌握海岸带区域资源环境现状及其变化情况，还能够为海岸带整治修复、保护规划和生态旅游规划以及旅游资源开发的潜力评估提供长期、实时、有效的科学依据。

鉴于海南省社会经济发展在自然资源和生态环境的监测、保护及利用方面存在迫切的信息服务需求，切实保护好海岸带区域的资源与环境，缓解海南在发展过程中遭受到的资源环境压力，本章选取海岸线、养殖塘、红树林、珊瑚礁等能够反映海岸带自然生态特征与人类活动特征的要素，利用遥感技术对其进行综合监测研究，找到变化规律，为海南经济社会可持续发展提供保障。

5.1　海南海岸线变迁遥感监测与分析

本节选取海南岛 1987～2017 年的 8 期 Landsat TM/OLI 影像为数据源，根据海岸线的目视解译标志并结合野外实地调查资料，获取海南岛的海岸线位置和类型信息；通过计算海岸线长度变化、陆地面积变化和海岸线变化强度，分析近 30 年来海南岛海岸线时空变化特征；选取海岸线变化较明显的海口市、三亚市等地区作为典型岸段进行重点分析。

5.1.1　海岸线现状与问题

海岸线是海岸带系统的特色要素，具有重要的经济价值和生态服务功能。海南省共有 19 个市、县，其中位于海岸带上的市、县就多达 12 个。海南岛四周海岸线绵延曲折，岸线资源丰富，随着城市建设和旅游行业的发展，海南岛岸线资源开发程度日渐加强，岸线类型趋于多样化，海岸线也遭受了不同程度的破坏，出现了一系列生态与环境问题，制约着沿海地区经济和社会的发展。

由于受到自然因素和人为因素的双重影响，海南海岸线资源丧失和退化的现象日趋严重。根据海南省环境保护督察结果，海南省生态环境保护工作取得了积极进展，但与国家要求和国际旅游岛定位相比仍有差距。海岸线资源过度开发和海岸线生态环境破坏严重，主要表现在：围海造陆和填海造地破坏海岸线生态景观，使得珊瑚礁大面积受损；房地产开发和旅游业发展迅速，存在非法填海和违规侵占海岸带的现象；长期以来鱼塘养殖业无序发展，肆意侵占红树林保护区和生长区，且养殖污水造成近海海洋生态环境破坏，红树林生长环境堪忧。针对以上调查结果，海南省政府表示要坚守住生态红线，切实保护好海岸带生态环境，搞好生态文明建设，遏制资源过度开发对海岸带生态环境的破坏。

因此，利用遥感技术对海南省海岸线的变化问题进行全面、系统的调查，形成具有时间序列概念的生态问题变化监测体系，量化分析海岸线变迁现状与原因，可以为海南省岸线资源的保护与长效开发机制提供有效信息支持，为海南省生态功能区划和生态旅游规划评估提供科学依据，为海南省建设海南自由贸易港提供技术支持。

5.1.2　岸线信息提取

本海岸线产品数据集以美国地质勘探局（http://glovis.usgs.gov/）提供下载的海南岛 1987 年、1990 年、1995 年、2000 年、2005 年、2010 年、2015 年和 2017 年的 30 m 分辨率的多光谱影像 Landsat TM/OLI 为数据源，共获取无云影像 40 景。为了从无云层遮挡的遥感影像数据中准确提取海岸线信息产品，本节采用对应时相相邻一年的遥感数据作为补充和替换。根据成像时间对 Landsat 影像进行拼接，得到完整覆盖海南岛的 1987～2017 年共 8 期的遥感影像图。

不同类型的海岸线有不同的解译和判读方式，建立海岸线的界定和判读方法是研究海岸线的重要方面。本数据集生产过程中根据海岸线所处的地理环境、海岸物质组成以及海岸开发状况，同时考虑河口岸线的特殊性，确定海岸线的位置和类型，在遥感影像上依据地物的颜色、色调、大小、形状、阴影、纹理结构、位置、斑块形状等构建不同解译判读标志。

从岸线类型上将海岸线划分为自然岸线和人工岸线。其中自然岸线可划分为砂质岸线、基岩岸线、生物岸线、淤泥质岸线；人工岸线包括港口码头岸线和人工建筑岸线等人为参与的岸线，如按照岸线的用途可以将其细分为养殖围堤岸线、盐田围堤岸线、农田围堤岸线、建设围堤岸线、港口码头岸线、交通围堤岸线、护岸和海堤岸线、丁坝岸线等。

结合海岸线在遥感影像上的光学、纹理、下垫面、地理位置等特征形成的“色”“形”“位”解译标志，借助遥感增强方法(诸如图像融合、图像拉伸、主成分变换等方法)，在 ArcGIS 10.1 软件中将 Landsat TM/OLI 影像按照最优的波段组合及图像增强方式显示，结合实地踏勘地点，建立海岸线的类型解译标志(毕京鹏等，2018)(表 5.1)。

表 5.1　海岸线类型解译标志

海岸线一级类	海岸线二级类	图像特点	空间分布与解译标志
自然岸线	河口岸线	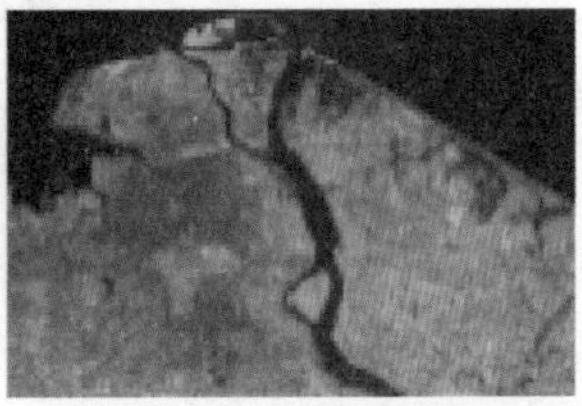	河口岸线一般位于河流入海口处，是划分河流和海洋的分界线。分布于宽度大于 100 m 的入海河流的河口处
	基岩岸线		基岩岸线因地质构造活动及波浪作用形成，由裸露、坚硬的岩石组成，地势陡峭。常有突出的海峡，在海峡之间形成深入陆地的海湾，岬湾之间的海岸线绵延曲折，侵蚀和堆积交错，一般侵蚀发生在岬角处，堆积发生在海湾内
	砂质岸线	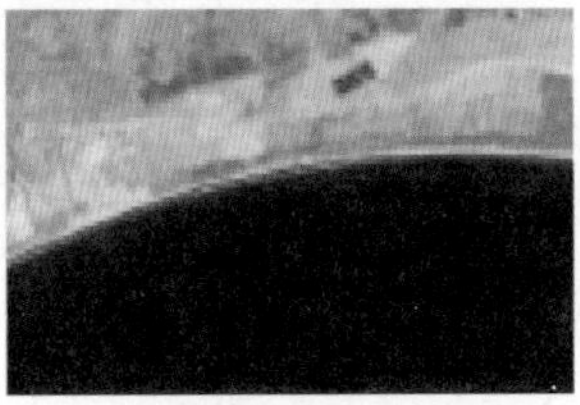	砂质岸线分布于基岩岬角之前开阔的海湾内，砂质海岸主要由细砂、粉砂和淤泥组成，海滩较宽，海岸线平直且长，沙坝、离岸坝等堆积地貌发育众多，海岸普遍处于侵蚀后退状态，如海南岛的三亚湾、亚龙湾等
	生物岸线	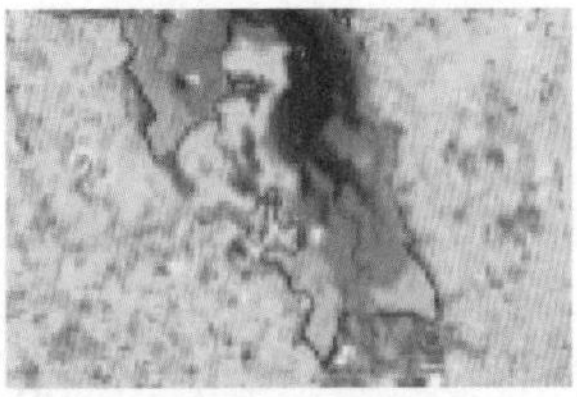	生物岸线是由造礁珊瑚和红树林等作用而在海岸带发育而成的一种特殊海岸，生物岸线周围长有茂盛的红树林群落，形成天然的红树林景观地貌，能够减弱水体流速，达到护岸的作用。海南岛生物岸线多以红树林岸线为主，红树林生长在潮间带上部
	淤泥质岸线	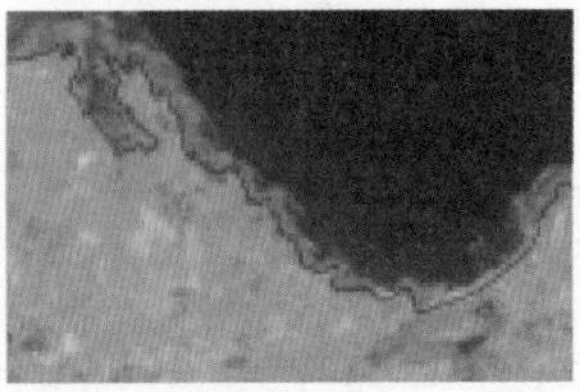	淤泥质海岸生长于隐蔽的海湾内，海岸形态多为平缓的淤泥质海滩，由粉砂、黏土和植物腐殖质等堆积而成，多呈青灰色或青黑色，水动力条件较弱，一般有潮沟

续表

海岸线一级类	海岸线二级类	图像特点	空间分布与解译标志
人工岸线			人工岸线是指改变原有的自然状态，完全由人工作用而成的海岸，分布于有港口、码头、鱼塘、盐田、防潮堤、防波堤、防潮闸等建筑物的地区

在获取海岸线的遥感影像解译标志和界定标准后，以 2017 年的 Landsat OLI 遥感影像数据为基础，采用自动化方法获取 2017 年的海岸线位置和类型信息，并通过精度验证、位置纠正、类型纠正等处理后，得到精确的 2017 年的海岸线数据(图 5.1)。以 2017 年的海岸线数据为本底数据，叠加其余时相的遥感影像，通过目视解译与判读，采用数字矢量化方法修改获取对应时相(1987 年、1990 年、1995 年、2000 年、2005 年、2010 年、2015 年)的海岸线的位置与类型信息。

其中 2017 时相的海岸线提取方法如下：基于遥感和 GIS 相结合的技术，首先运用归一化水体指数 MNDWI 对预处理后的遥感影像进行海陆分割，设置全局阈值，实现图像的二值化；其次对二值化影像进行灰度值填充来去除较小的噪声点，在形态学处理的基础上，利用 MATLAB 语言实现 Canny 算子对二值图像的海岸线提取(隋燕等，2018)；这样得到的海岸线实际只是水边线，最后根据海图、地形图和潮汐资料等数据对水边线进行校正和修正处理，获取海南岛 2017 时相的海岸线数据。

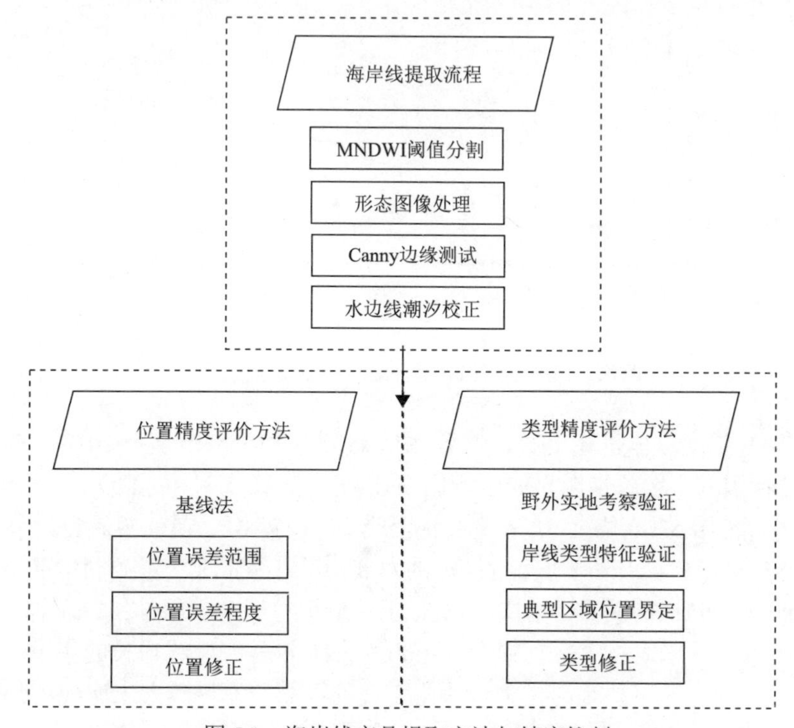

图 5.1 海岸线产品提取方法与精度控制

5.1.3 海岸线时空变化

以 2017 年海岸线提取结果为基准，获取海南岛 1987 年、1990 年、1995 年、2000 年、2005 年、2010 年和 2015 年海岸线位置及类型信息。

海南岛砂质岸线分布最广，全岛各地均有广泛分布；其次为人工岸线。基岩岸线主要分布在南部地区，淤泥质岸线和生物岸线在海南岛东北部的海湾内分布较集中。砂质岸线在环海南岛近海平原发育，多为沙堤、沙滩，在海南岛西部和南部的发育面积大，西北部多为海滩，而南部乐东、三亚、陵水的海岸大多以海湾地貌形式间列展布(辛建荣等，2011)。30 年来，海岸线的位置和类型分布发生了显著的变化，其中人工岸线变化最为明显，沿海各地区人工岸线长度都有明显增长。而生物岸线、淤泥质岸线的变化呈现相反趋势。1987～2000 年，人工岸线大幅度增长，淤泥质岸线大量减少；2000～2017 年，淤泥质岸线减少幅度变缓，生物岸线出现大幅减少，人工岸线持续快速增长。

根据海南岛海岸线提取结果，统计出 1987～2017 年海岸线总长度和各类型长度，海南岛海岸线长度变化曲线如图 5.2 所示，明显变化区域如图 5.3 所示。

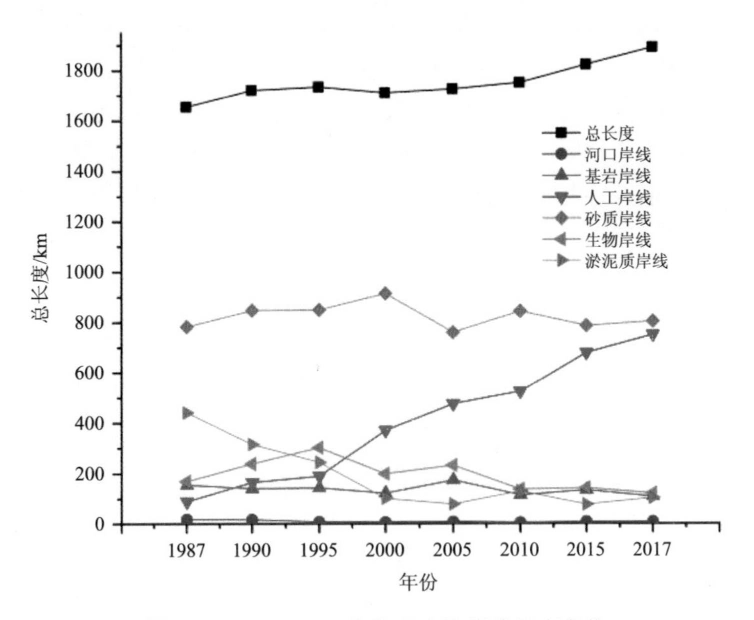

图 5.2 1987～2017 年海南岛海岸线长度变化

30 年来岸线长度总体呈稳定增长趋势，由 1987 年的 1655km 增至 2017 年的 1890km，共增加 235km。其中，增长最明显的区域集中在儋州市(图 5.3，位置 1)、海口市(图 5.3，位置 2)、文昌市(图 5.3，位置 3)、三亚市(图 5.3，位置 4)、昌江黎族自治县(图 5.3，位置 5)。1987～1995 年，随着海南省经济的发展，对海岸带地区资源利用的增加，岸线长度有所增长。1995～2000 年，围塘养殖、围海造地等活动使得红树林湿地遭到破坏，海岸线被裁弯取直，岸线长度略有减少。2000～2017 年是海岸线增长的集中时期，岸线长度共增长 139km，这主要是因为大量海岸工程的不断建设导致人工岸线的长度持续增加，尤其是 2010～2015 年，增加的人工总岸线长度达 154km。

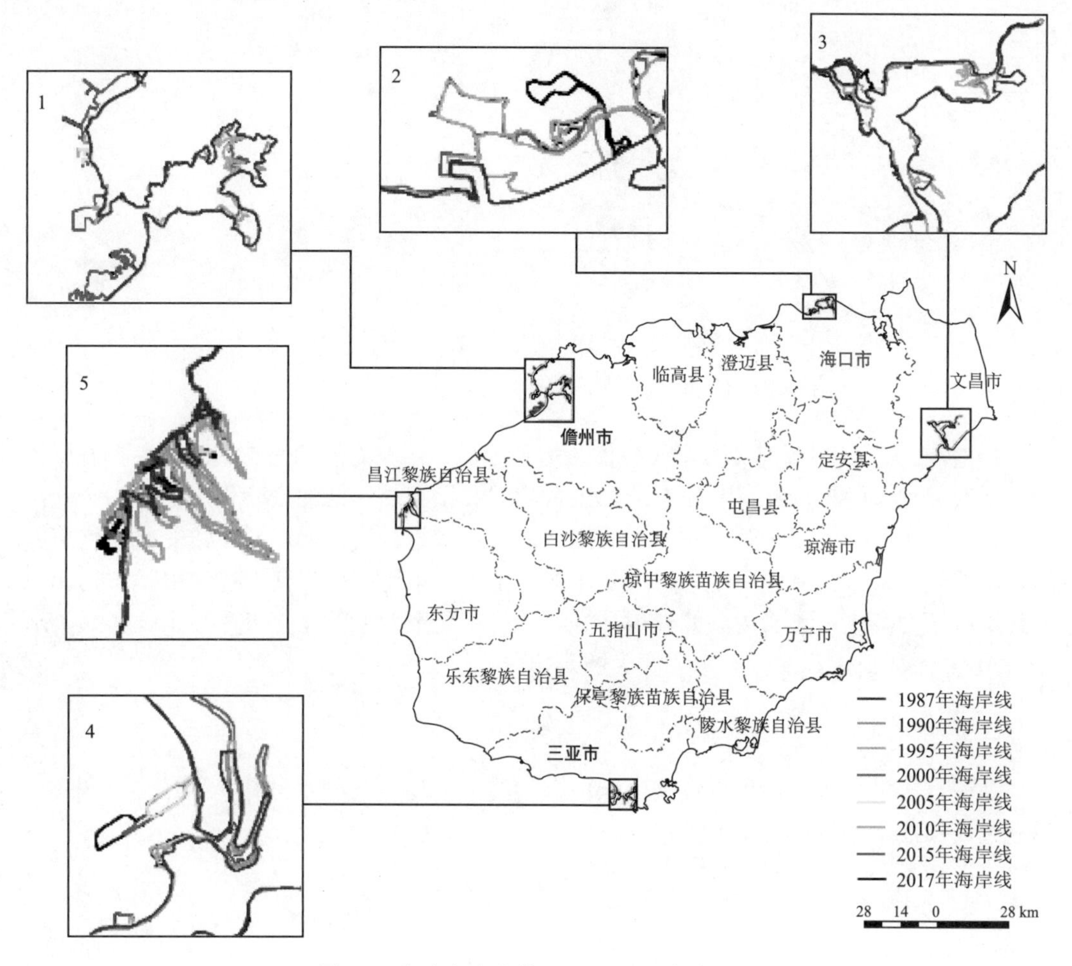

图 5.3　海南岛海岸线 1987～2017 年变化图

5.1.4　岸线变迁特征

1. 海岸线变化强度

海岸线变化强度可以直观地体现单位时间内海岸线的变化程度，不同类型海岸线的变化强度可以用一定时期内海岸线长度年均变化的百分比来表示，公式如下：

$$\mathrm{LCI}_{ij} = \frac{L_j - L_i}{L_i - (j - i)} \times 100\% \tag{5.1}$$

式中，LCI_{ij} 代表第 i 年到第 j 年海岸线的变化强度；L_i 代表第 i 年某一类型海岸线的长度；L_j 代表第 j 年某一类型海岸线的长度。

根据式(5.1)，计算出海南岛整体海岸线与各类型海岸线的变化强度，变化强度柱状图如图 5.4 所示。

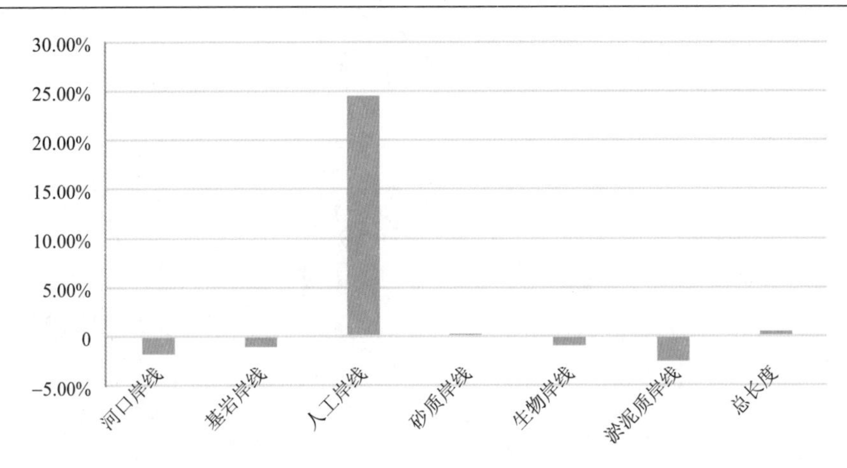

图 5.4　1987～2017 年海南岛海岸线变化强度

1987～2017 年，海南岛海岸线整体呈增长趋势，在人为活动的影响下，各类海岸线强度均有变化。河口岸线、基岩岸线、生物岸线和淤泥质岸线的变化强度基本为负值，但变化特点不同，海岸带开发对淤泥质岸线的裁弯取直，使得淤泥质岸线变化强度更剧烈，岸线长度减少得更快。生物岸线变化强度不大，年均变化强度为–0.97%，生物岸线变化地区主要集中在海湾内部的红树林处。强度变化最明显的是人工岸线，说明人类活动对 30 年来的海岸线变化产生了巨大的影响。

2. 海岸线类型多样性与利用程度

海岸线类型的多样性可以反映区域内海岸线类型的复杂程度与海岸线开发方式，可以通过海岸线类型多样性指数来体现(毋亭，2016)，公式如下：

$$\mathrm{ICTD} = 1 - \frac{\sum_{i}^{n} L_i^2}{(\sum_{i}^{n} L_i)^2} \tag{5.2}$$

式中，ICTD 代表多样性指数；L_i 为第 i 种类型海岸线的长度；n 为海岸线类型的个数。海岸线类型复杂，多样性高；海岸线类型单一，多样性低；当海岸线对某一类型的倾向性较明显时，海岸线多样性程度也低。

海岸线利用程度综合指数(index of coastline utilization degree, ICUD)表示海岸线受人为作用的影响程度(毋亭，2016)。参照土地利用程度综合指数计算方法，根据人类活动对海岸线的影响程度，对不同类型的海岸线赋予不同的人力作用强度指数：基岩岸线=河口岸线=1，砂质岸线=2，生物岸线=淤泥质岸线=3，人工岸线=4(庄大方和刘纪远，1997)，然后利用式(5.3)进行计算：其次根据式(5.3)计算海岸线利用程度综合指数：

$$\mathrm{ICUD} = \sum_{i=1}^{n} (A_i \times C_i) \times 100 \tag{5.3}$$

式中，ICUD 代表海岸线利用程度综合指数；n 代表海岸线的类型个数；A_i 代表第 i 种类型海岸线对应的人力作用强度指数；C_i 代表第 i 种类型海岸线的长度百分比。ICUD 越大，表示海岸线受人为作用的影响越大。

通过分析海岸线类型多样性指数(ICTD)和海岸线利用程度综合指数(ICUD)(图5.5)，可以看出1987～2017年ICTD平均在0.6以上，且海南岛海岸线类型多样性呈先增大后减小的趋势；ICUD也相应地不断增大，由1987年的237.34增大到2017年的285.03，说明人类活动对海岸线变迁的干扰作用越来越大。1987～1995年，ICTD和ICUD持续增大，说明海岸线类型复杂化，而且人类干扰作用加大，这主要是由于人工岸线(港口建设与围垦养殖)和生物岸线长度的增长使得海岸线多样性升高。1995年以后，海岸线类型多样性指数持续下降，然而海岸线利用程度综合指数则大幅升高，这主要是由于人工岸线占比持续增长，其他类型海岸线长度减少，海岸线类型倾向性明显，因此多样性降低。

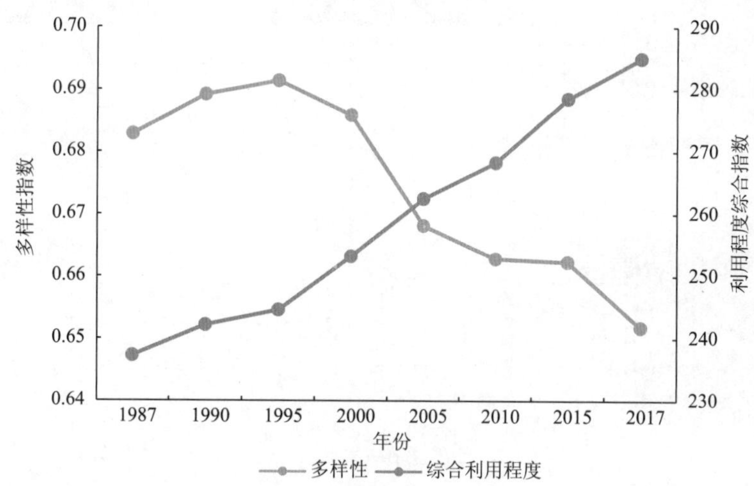

图5.5　1987～2017年海南岛海岸线类型多样性指数(ICTD)和海岸线利用程度综合指数(ICUD)变化

3. 陆海格局变化

海岸线变化引起的陆海格局变化可以揭示陆地面积的变化强度(侯西勇等，2016)，也能反映岸线变迁的主要驱动因素。1987～2017年，在人为活动的影响下，海南省海岸开发方式呈现多样化，空间位置以向海推进为主(图5.6)。陆海格局特征同海岸线长度变化一样也存在着地域差异性，儋州市[图5.6(a)]、海口市[图5.6(b)]、文昌市[图5.6(c)]、昌江黎族自治县[图5.6(d)]、三亚市[图5.6(e)]面积变化较为明显，其他地区变幅较小。建省初期，海南省提出了“南北带动”方针，即海口市带动海南省北部，三亚市带动海南省南部，从而实现全省发展，这使得海口市和三亚市成为海南城镇发展最突出的2个区域。

海岸线侵蚀和淤进会引起陆海格局的动态变化，即陆地面积增加或者减少，利用ArcGIS的叠加分析功能，统计了1987～2017年由海岸线变迁引起的陆地面积变化量和净增长量(图5.7)。1987～2017年海南岛陆海格局变化特征复杂，既有海岸淤进又有海岸侵蚀，海岸线既向海扩张又向陆后退。总体来看，1987～2017年海岸陆地面积净增107.49 km^2，说明30年间海南岛海岸线整体呈向海扩张的态势。海岸陆地面积增长较快的时段为1990～1995年和2005～2015年。20世纪90年代，海岸开发方式以围塘养殖、围垦种田和发展盐田为主，大规模的养殖池建设使海岸线向海扩张，海湾面积萎缩而海岸陆地面积增加。2000年后，海南岛海岸带开发方式发生了转变，海岸带开发方式以服务于工业化和城镇化为主，围海造陆进行港口码头建设、人工岛建设以及房地产、酒店开发等，海域被大陆吞并，海岸陆地面积增加。

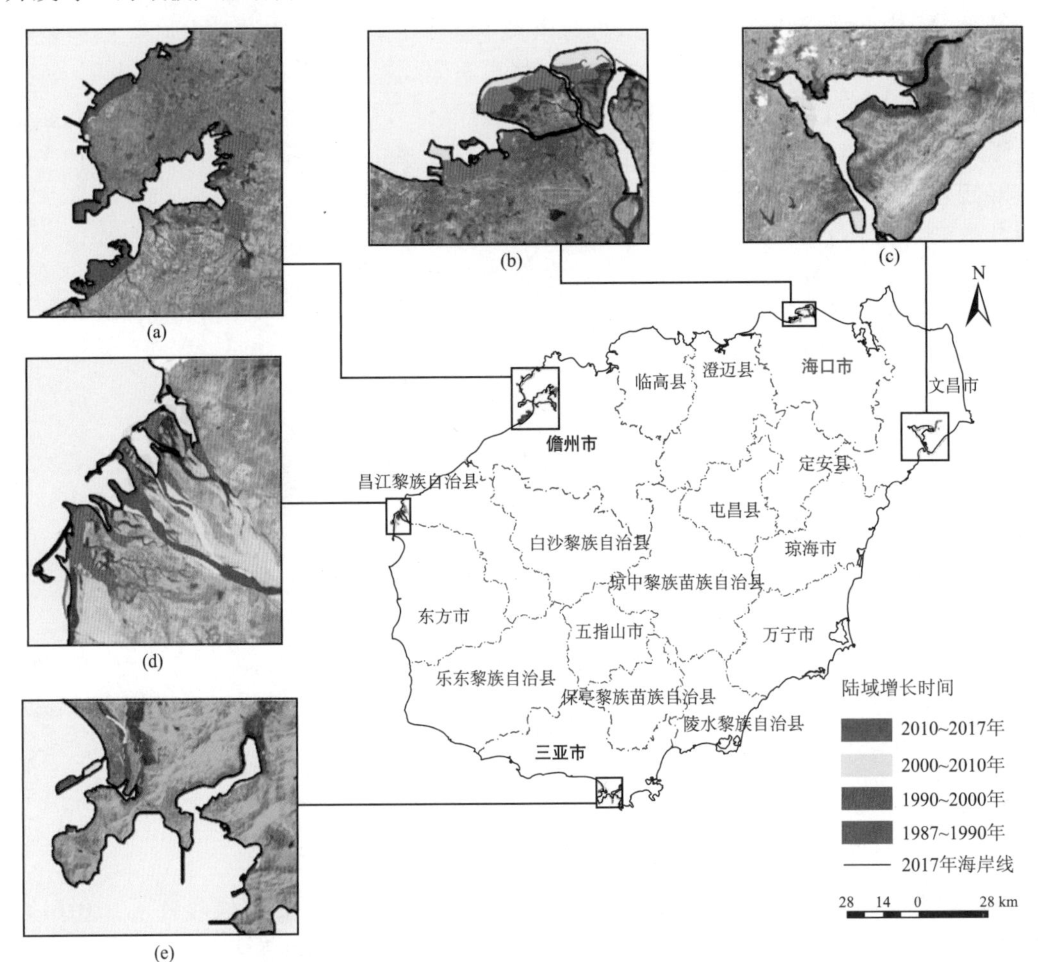

图5.6　1987～2017年海南岛陆海格局变化和典型岸段

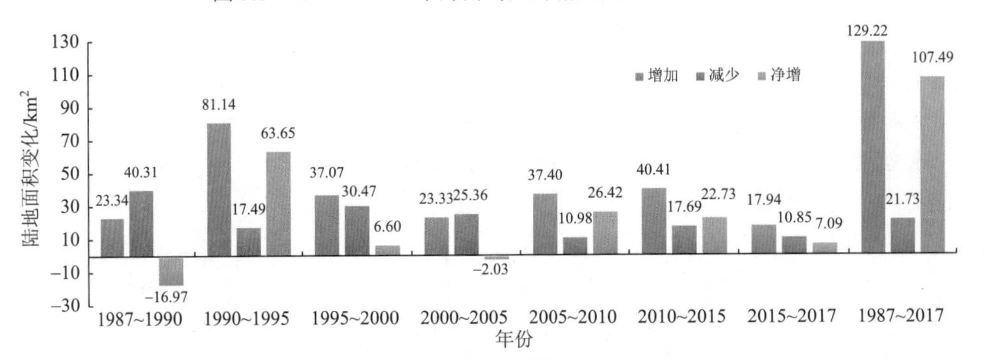

图5.7　1987～2017年海南岛海岸陆地面积变化

5.1.5 典型区域海岸线时空变迁特征

海口市是海南省的省会，经济发展迅速，海岸带开发利用程度高，海岸线变化明显，且拥有较长的生物岸线，红树林资源丰富，东寨港海域设有中国第一个红树林保护区。三亚市海洋资源丰富，旅游业发达，城市扩张迅速。这两个城市的海岸带受人为因素或自然因素影响出现较大的变化，海岸线也随之改变，是海南岛海岸线变化的典型代表。本节结合海岸线类型的分布特征和海岸陆地面积的变化情况，将海口市和三亚市作为典型区，揭示海岸线的时空变化特征。

1. 海口市岸线时空变迁特征

以海南岛海岸线数据为基础，获取了海口市与三亚市研究范围内 1990 年、1995 年、2000 年、2005 年、2010 年、2015 年和 2020 年海岸线位置及类型信息。海口市海岸线的类型和分布特征如图 5.8 所示，海岸线长度变化情况如图 5.9 所示。

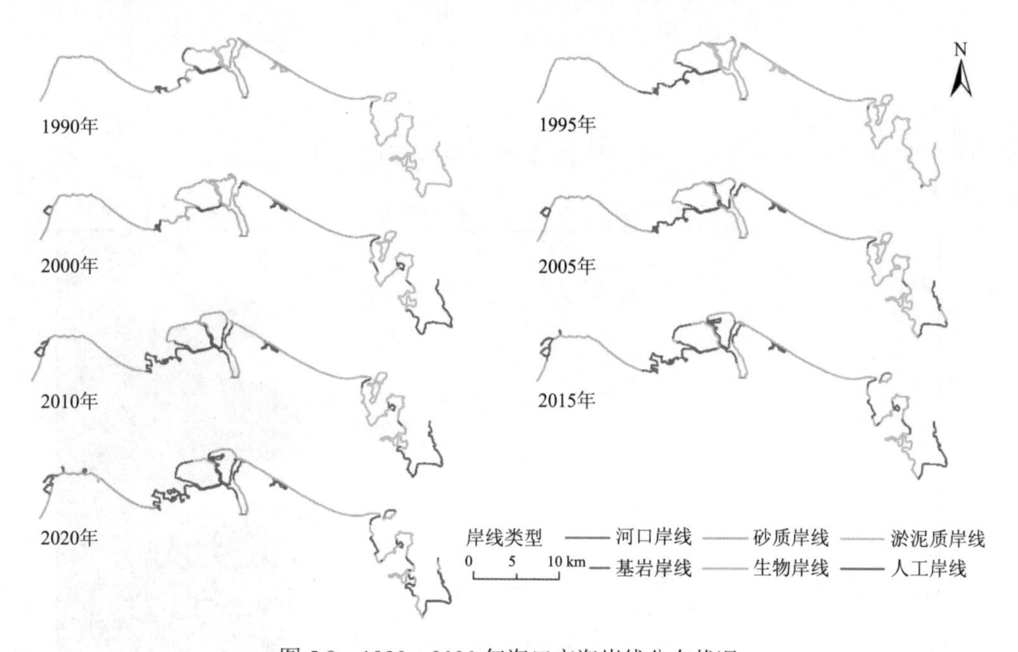

图 5.8　1990～2020 年海口市海岸线分布状况

由图 5.9 可以看出，海口市海岸线分布主要是砂质岸线、生物岸线和人工岸线。砂质岸线主要分布在海口湾及其西部海湾。生物岸线以红树林岸线为主，主要分布于东寨港地区。河口岸线分布于南渡江入海口。人工岸线主要分布于海口市主城区，即海口港沿岸以及东寨港。淤泥质岸线较短，主要分布在海口湾和东寨港。1990～2020 年，海口市海岸线总长度持续增长，从 1990 年的 155.86 km 增长至 2020 年的 191.54 km。自然岸线比率从 90.21%降低到 44.26%。生物岸线、淤泥质岸线、基岩岸线和砂质岸线长度减少，河口岸线和人工岸线长度增加，总体表现为自然岸线的减少与人工岸线的大量增长。由于海口市社会经济飞速发展，人工岸线明显增加，且增加的速率呈上升的趋势，砂质岸线逐渐减少，部分转换为人工岸线。

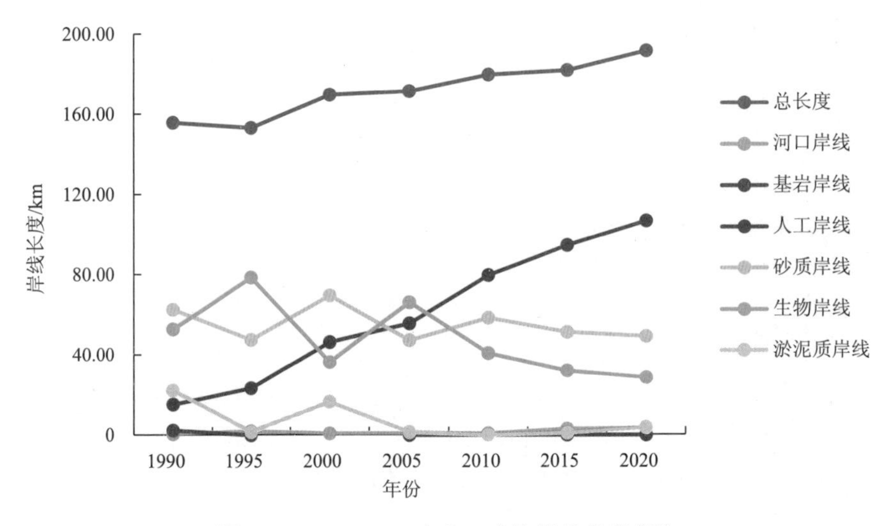

图 5.9　1990～2020 年海口市海岸线长度变化

海口市海岸线变化主要集中于海口湾和东寨港附近，海口湾海岸线位置变迁和类型分布如图 5.10 和图 5.11 所示，东寨港海岸线类型分布如图 5.12 所示。

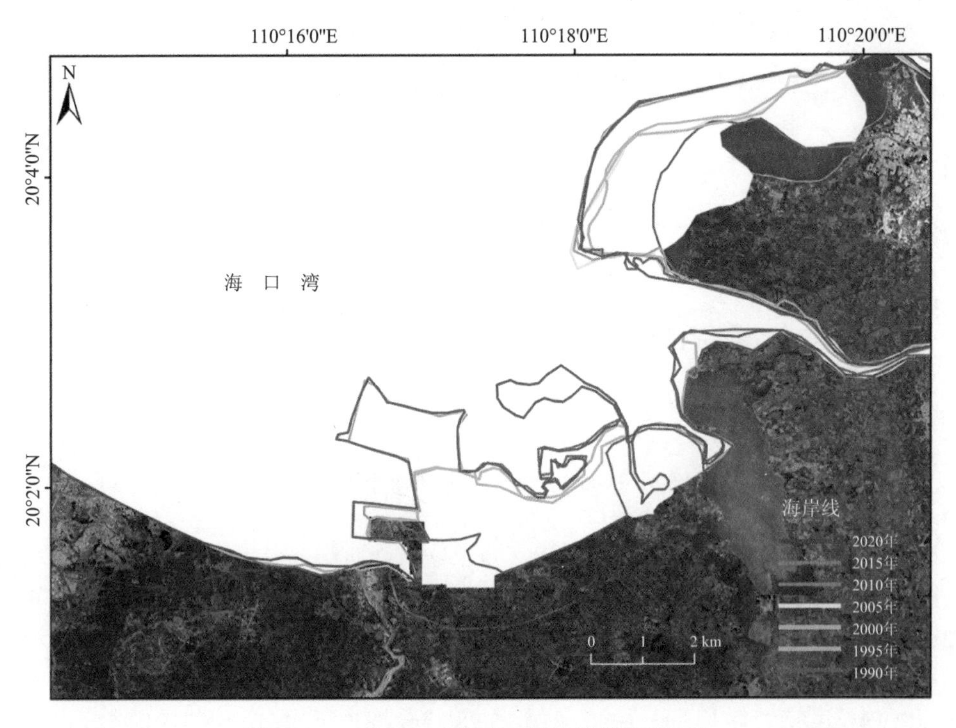

图 5.10　1990～2020 年海口湾海岸线位置变化

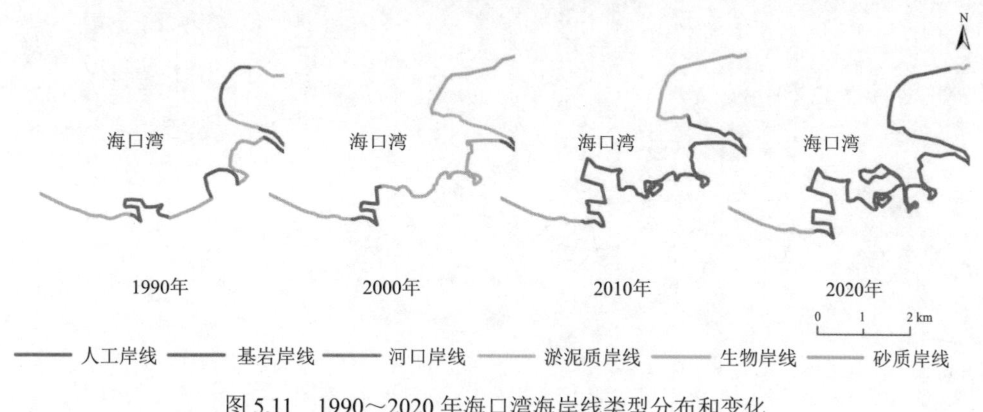

图 5.11　1990～2020 年海口湾海岸线类型分布和变化

由图 5.12 可知，海口湾的海岸线以人工岸线和砂质岸线为主，含少量的淤泥质岸线。海口湾是指海口港到新港之间的沿海地区，中间经过万绿园。1994 年，万绿园一期工程开始投入建设，集旅游、观光、休闲于一体的万绿园向海要地，导致海岸线向海扩张。海口港的建设和发展同样导致海岸线向海扩张。

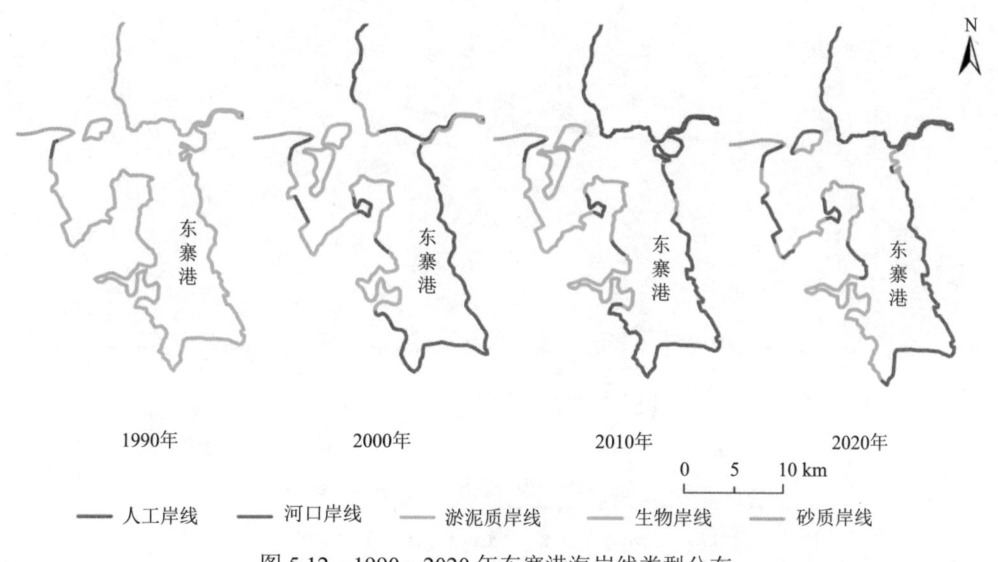

图 5.12　1990～2020 年东寨港海岸线类型分布

东寨港是国家级自然保护区，位于海口市美兰区，是我国成立的第一个红树林保护区。红树林的破坏是东寨港海岸线变迁的重要原因。自 20 世纪 90 年代起，人们逐渐开始发展渔业，对红树林保护区进行缓慢侵蚀，保护区面积逐渐减少。三江镇沿海大片的红树林变成养殖鱼塘，生物岸线部分转换为人工岸线。

2. 三亚市海岸线时空变迁特征

三亚市海岸线的类型和分布特征如图 5.13 所示，海岸线长度变化情况如图 5.14 所示。

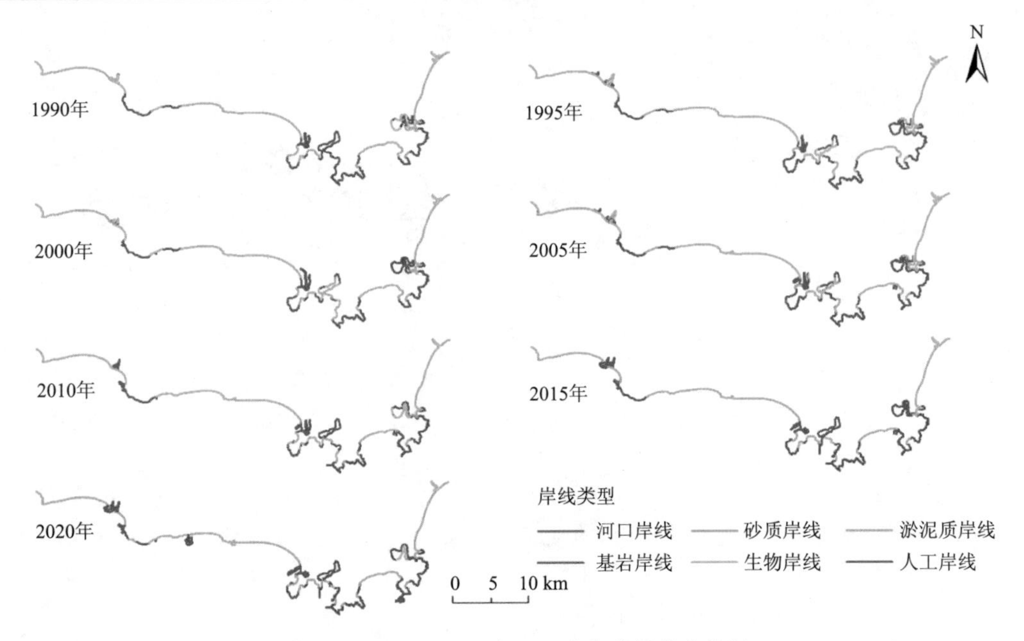

图 5.13　1990～2020 年三亚市海岸线分布状况

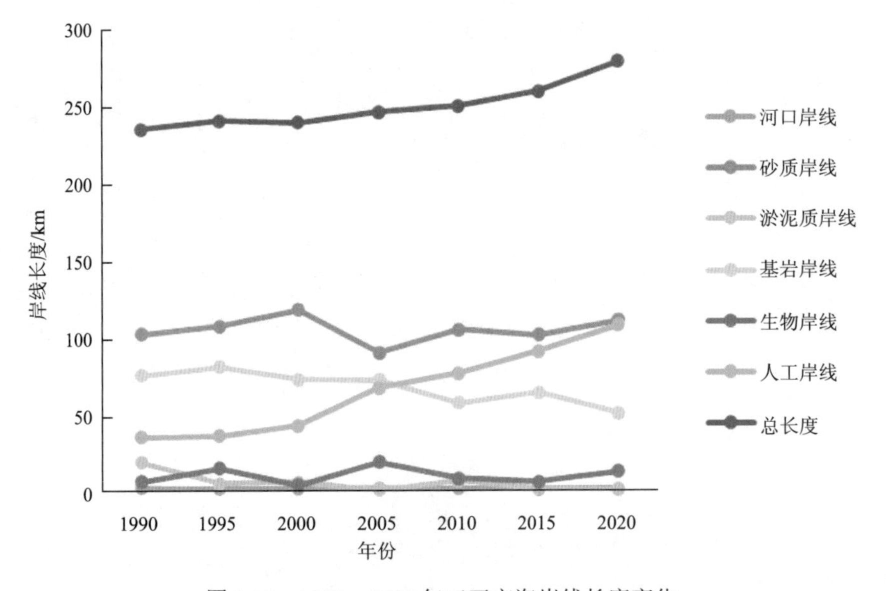

图 5.14　1990～2020 年三亚市海岸线长度变化

由图 5.14 可以看出，30 年来三亚市海岸线出现了一定变化。三亚市分布最广的是砂质岸线，主要分布在三亚湾、亚龙湾、海棠湾等海湾处，其次是基岩岸线，分布在最南部的鹿回头、白石岭等地。人工岸线集中分布在三亚湾，其他类型岸线分布相对较少。1990～2020 年三亚市海岸线总长度持续增长，从 1990 年的 234.48km 增长至 2020 年的 278.02km，自然岸线比率从 85.36%降低到 61.64%，河口岸线、淤泥质岸线、基岩岸线长度减少，砂质岸线和生物岸线长度增加；人工岸线长度从 34.32km 增长到 106.66km。

三亚市海岸线变化主要集中于三亚湾附近，三亚湾海岸线位置变迁和类型分布如图

5.15 和图 5.16 所示。由图可知，三亚湾的海岸线以砂质岸线和基岩岸线为主。该区域拥有亚龙湾、鹿回头公园等风景区，因此仍以自然岸线为主。随着凤凰岛以及三亚港等城市建设不断发展，人工岸线也保持持续增长。

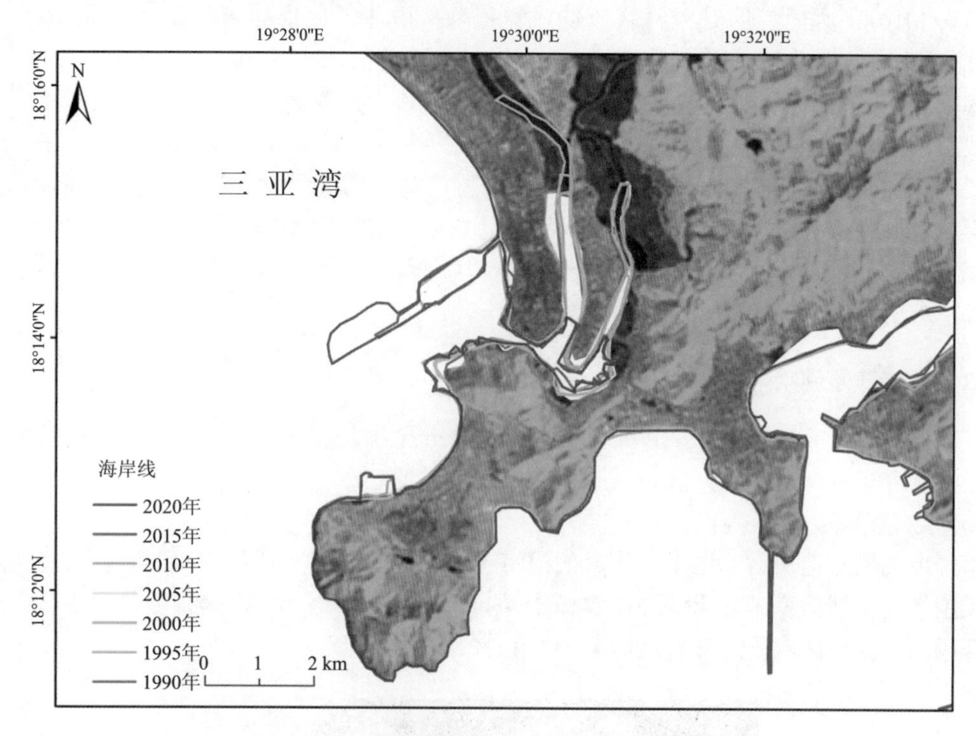

图 5.15　1990～2020 年三亚湾海岸线位置变迁

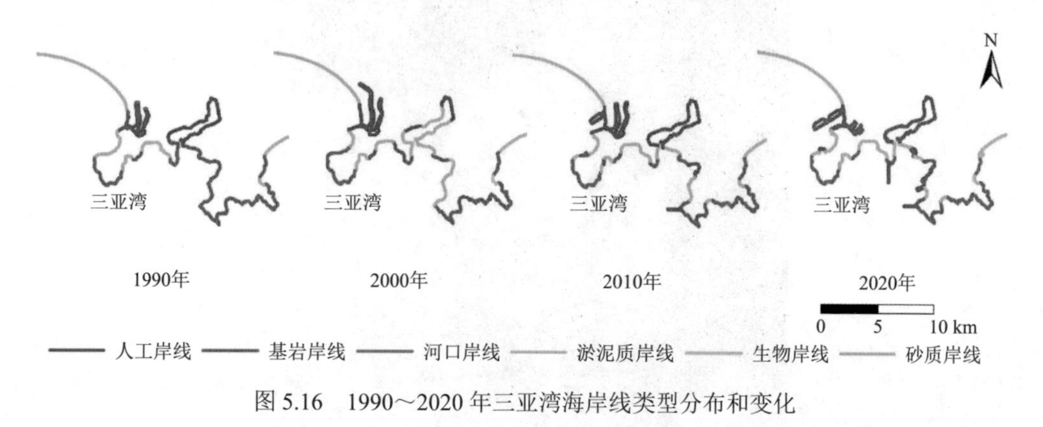

图 5.16　1990～2020 年三亚湾海岸线类型分布和变化

5.2　海南养殖塘遥感监测与分析

海南岛是海南省的主岛，处于热带地区，为热带季风海洋性气候，全年暖热，有丰富的光、热、水资源，是中国发展热带海洋渔业的理想之地，海洋水产资源丰富，具有海洋渔场广、品种多、生长快和鱼汛期长等特点。渔业作为海南省海洋经济的重要产业，全省水产养殖面积超过 5 万 hm^2 且仍在不断增长。在海南水产养殖业飞速发展的背后，生态环境也付出了巨大的代价，高密度水产养殖业产生了一系列问题，对海岸带地区生态环境造成了极大威胁，如养殖场废水的排放可使营养盐富集，出现水体富营养化(彭自然等，2010)；大面积的红树林区改造成养殖场，破坏了生物的栖息环境(Primavera，2006)；大量湿地遭到开垦，造成了地面下沉、土壤酸化、地下水和农田盐渍化等(范志杰和宋春印，1995)，这些问题造成的损失在某种程度上严重影响了水产养殖业本身的综合效益。

本节利用 Landsat 多时相遥感数据，结合国产高分(GF)卫星影像、Google Earth 卫星影像、土地利用类型和海洋水质数据等辅助数据，提取了海南岛 1987～2018 年共计 8 期围塘养殖信息，分析了海南岛围塘养殖时空变化特征，并对围塘养殖扩张的生态影响进行了分析。

5.2.1 围塘养殖现状与问题

养殖规模无序发展。长期以来，海南的海水养殖都是在无规划的情况下自行发展。由于海水养殖利润高，水产病害较少，在经济利益的刺激下养殖户在集体土地上大量新挖和新建养殖塘，多数为自行开挖，缺乏科学规划布局。另外，在 20 世纪 60～70 年代，海南开展的围海造田运动围垦了大量的沿海土地(中国水利学会围涂开发委员会，2000)，由于围填海土地盐度高，无法种植农作物，其后期逐渐转化为海水养殖塘，如文昌市会文镇的沿海养殖区就是这样发展而来的(图 5.17)。

图 5.17 会文镇 GF-2 遥感影像(2016 年 7 月 19 日)

养殖管理粗放。由于海水养殖业长期无序发展，海南个体养殖户数量庞大，但生产条件和设备落后，大多数养殖塘存在小、浅、漏，遇洪水塘埂易倒塌等问题，连片鱼塘排灌不配套，多数地方缺乏“三通(即路、电、水)”设施，难以保证高产稳产。因为池塘条件差，许多地方“靠天养鱼”。养殖方式以传统的池塘养殖为主，养殖废水的排放和粗放的管理使得海水质量下降，导致病害发生率升高，导致养殖业者的实际收益下降。此外，水产养殖产业链短，精深加工产业发展较为滞后，限制了海水养殖业的收益。

政策保障不足。在近 30 年水产养殖的“扩张型”发展中，由于缺乏相应的政策保障，未能合理地规划使用海域，控制池塘养殖面积，使得水产养殖可持续发展受限，给湿地生态环境带来巨大压力。应增加配套的政策的出台和实施，对现有池塘进行整合规范，严格控制新增养殖池塘规模。对养殖池塘实施改造升级，引导传统粗放型养殖塘育苗塘向科学型、环境友好型发展，促进水产养殖业的提质增效、减量增收。

5.2.2　围塘养殖区提取算法

本节利用 GEE 云平台提供的 Landsat-5 TM 和 Landsat-8 OLI 一级校正地 TOA 反射率遥感数据产品集进行海南岛水产养殖信息的提取，通过时间限定对 1987 年、1990 年、1995 年、2000 年、2005 年、2010 年、2015 年和 2018 年共 8 期海南岛全岛每年 5～10 月遥感影像进行数据提取，涉及的地区条带号分别为 123-46、123-47、124-46、124-47、125-47。通过野外实地考察及对高分辨率遥感影像的观察发现海南岛水产养殖活动多分布在近岸陆地，以海岸线向陆一侧 20 km 内分布最广，所以本节选择海南岛本岛海岸沿岸及海岸线向陆一侧 20 km 为研究范围，进行海南岛水产养殖状况监测。

养殖塘按操作的基面性质可分为陆地、水面和滩涂三大类。以陆地为主的系统主要包括池塘、稻田以及在陆地建造的其他设施；以水面为基础的养殖系统包括拦湾、围栏、网箱及筏式养殖，通常位于设有围场的沿海或内陆水域；以滩涂为基础的养殖系统包括基塘养殖和高位池养殖(程田飞等，2012)。本节中提取的养殖塘是在人工改造条件下的用于水产饲养的形状规则的池塘、围塘等人工塘，在遥感影像中多表现为规则排列的水体格网(图 5.18)。

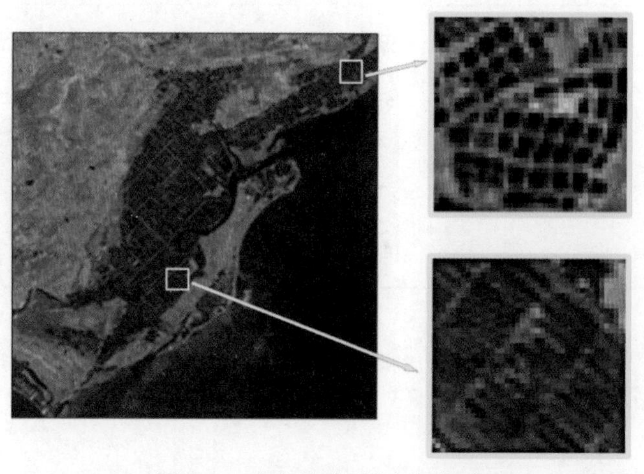

图 5.18　水产养殖区的解译标志

由于均表现为块状水面，养殖塘与盐田、水田、坑塘在遥感影像中的表现形式存在一定的相似性，有时难以区分。根据野外经验和影像特征，总结出几点区分方法，在处理工作中对养殖水体加以鉴别，以达到更高的提取精度，各类水面特征、照片及其对应影像表现形式如表 5.2 所示。

表 5.2　各类水面野外调查照片及对应影像特征

类型	水面特征	卫星影像特征	照片
养殖塘	相较于盐田和水田，水面面积小，且水色较深，边缘明显		
盐田	在冬季基本处于闲置状态，盐田水色表现较浅，有盐结晶析出时，影像中呈现白色，且盐田排列更加规则，边缘不明显		
水田	种植季节有植被覆盖，表现为绿色，需要不同季节对比区分；相对于养殖塘和盐田面积更大，水色更浅，且一般不处于水陆交界处	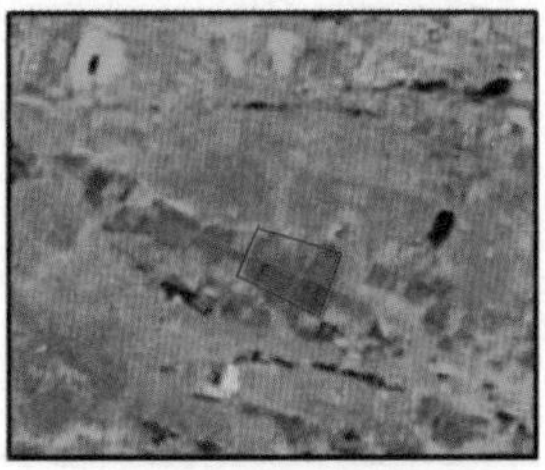	
坑塘	水色与养殖塘相似，但一般表现为不规则的面状水域，分布无规律	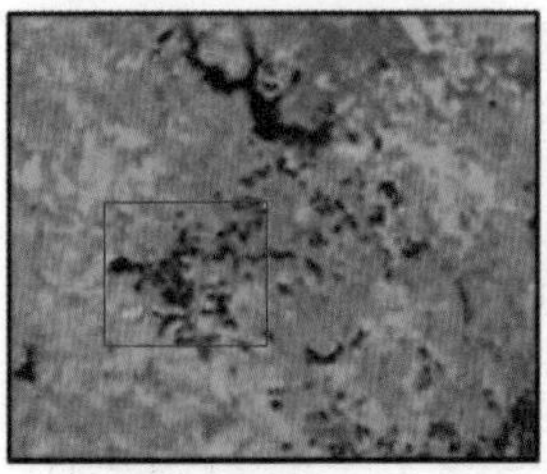	

本节选取简单易行、运算效率高的 4 类阈值分割方法中的 11 种算法进行养殖水体提取实验，所选方法及其表达式见表 5.3。

表 5.3　阈值分割提取算法公式及波段（Landsat）

分类	方法	表达式	波段
单波段阈值	B5	Single Band Threshold	ρNIR
	B6	Single Band Threshold	ρSWIR1
	B7	Single Band Threshold	ρSWIR2
波段比值	R1	B5/B3	ρNIR、ρGreen
	R2	B6/B3	ρMIR、ρGreen
谱间关系	2345 法	(B3+B4)−(B5+B6)	ρGreen、ρRed、ρNIR、ρMIR
水体指数	NDWI	(B3–B5)/(B3+B5)	ρGreen、ρNIR
	MNDWI	(B3–B5)/(B3+B5)	ρGreen、ρMIR
	TCW	0.0315B2+0.2021B3+0.3102B4+0.1594B5–0.6806B6–0.6109B7	ρBlue、ρGreen、ρRed、ρNIR、ρMIR、ρSWIR
	MBWI	2B3–3B4–B5–B6–B7	ρGreen、ρRed、ρNIR、ρMIR、ρSWIR
	WI2015	1.7204+171B3+3B4–70B5–45B6–71B7	ρGreen、ρRed、ρNIR、ρMIR、ρSWIR

笔者根据养殖水体、海水水体和非水体地物的光谱特征，使用直方图双峰法与最大类间方差法来确定养殖水体的阈值。使用这两种方法得到灰度图像后，通过阈值确定养殖区域的灰度范围，得到各提取方法下的近岸水产养殖区域提取结果，如图 5.19 所示。

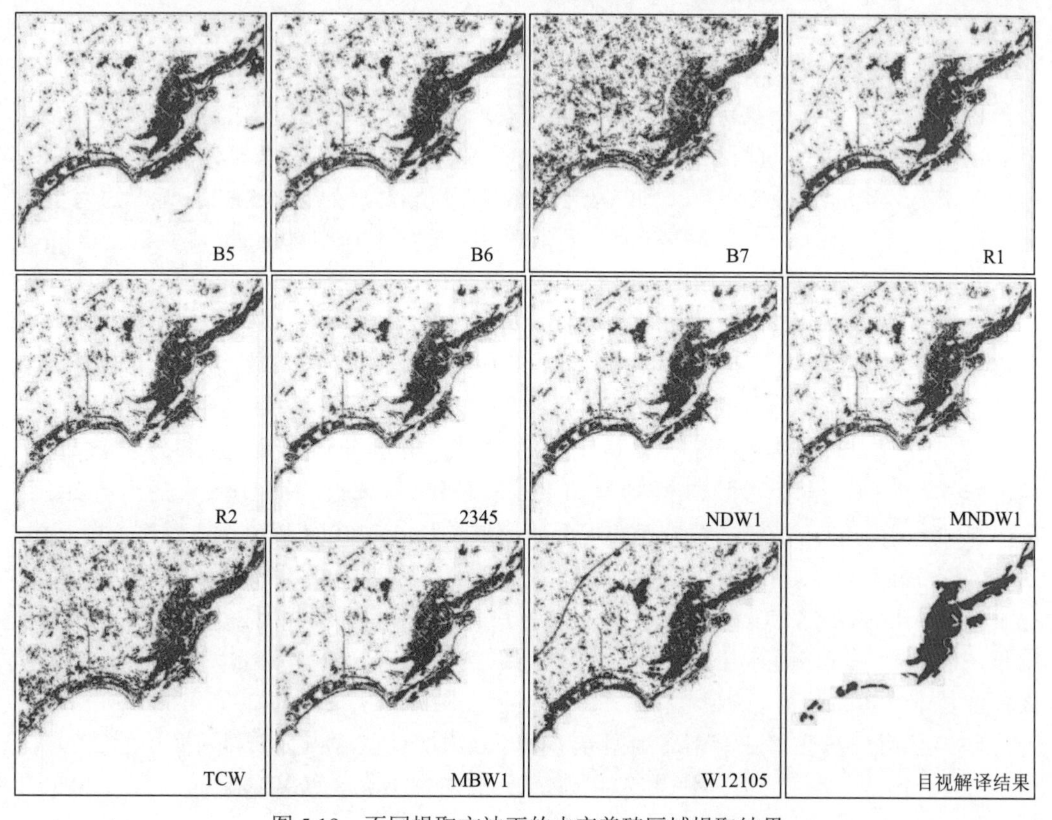

图 5.19　不同提取方法下的水产养殖区域提取结果

通过观察发现，单波段阈值法中的 B5 法、波段比值法中的 R1 法、2345 法、水体指数法中的 NDWI 法和 MBWI 法相对于其他方法提取效果较好，既可以有效地分离海洋与陆地，而且产生的噪声斑块也相对较少。针对这 5 种方法，以目视解译结果为标准对其错分和漏分情况进行统计，结果如表 5.4 所示。

表 5.4　各方法提取结果错分和漏分情况（%）

方法	错分比例	漏分比例
B5	20.75	10.78
R1	19.77	10.03
2345	21.54	9.44
NDWI	16.39	9.12
MBWI	20.98	11.55

由表 5.4 可知，NDWI 法的错分和漏分的比例均为最小，可有效地进行水产养殖信息的提取，因此应用 NDWI 法对海南岛近岸水产养殖信息进行提取。结合人工判读，以 Google Earth 高清卫星影像为参考对水产养殖区的初步提取结果进行修正，得到海南岛近岸地区水产养殖的最终提取结果，如图 5.20 所示。

5.2.3　海南围塘养殖时空变化

1. 围塘养殖面积变化

1987～2018 年海南岛近岸水产养殖面积表现为大幅度增长，变化趋势呈现先增后减（图 5.21）。31 年间，面积共增加 22605 hm^2，增长幅度为 895.3%。其中，1987～2015 年，海南岛养殖面积持续增长，到 2015 年面积达到最大，为 26002.62 hm^2，约为 1987 年面积的 10 倍。2015 年后，养殖面积开始出现缓慢下降，3 年间面积减少 873.08 hm^2。

对所涉及沿海各市县养殖面积进行了统计，如图 5.22 所示。1987～2018 年，海南岛沿海大部分城市围塘养殖面积都明显增加。其中，文昌市、儋州市、万宁市围塘养殖面积持续增长。尤其是文昌市，自 1990 年起就成为海南省水产养殖面积最大的城市，到 2018 年围塘养殖面积已达到 12030 hm^2，且从 2000 年起已占据绝对优势，比例达 36.45%，2010 年后文昌市围塘养殖面积占比达到 40%以上。2005 年后，儋州市和万宁市围塘养殖面积基本稳定，只出现小幅增长。海口市、东方市、琼海市均在 2015 年后出现面积下降，2015 年前海口市虽然围塘养殖面积不断增加，但自 2000 年以来所占比例不断减少；20 世纪 90 年代，东方市围塘养殖面积所占比例为 11.58%，随后持续下降，到 2000 年已下降至 4.43%，之后趋于稳定；琼海市 2000 年前围塘养殖面积所占比例随面积增长而增长，2000 年后比例逐渐平稳。此外，乐东黎族自治县、昌江黎族自治县、澄迈县养殖面积也基本呈增长趋势。三亚市和陵水黎族自治县围塘养殖面积自 2005 年后开始持续下降，1987 年时，三亚市是海南岛围塘养殖面积最大的地区，占全岛养殖面积的 22.9%，而到 2018 年，该比例已下降到 2.13%。临高县的面积下降节点出现在 2000 年，2000 年后面积出现持续少量减少。

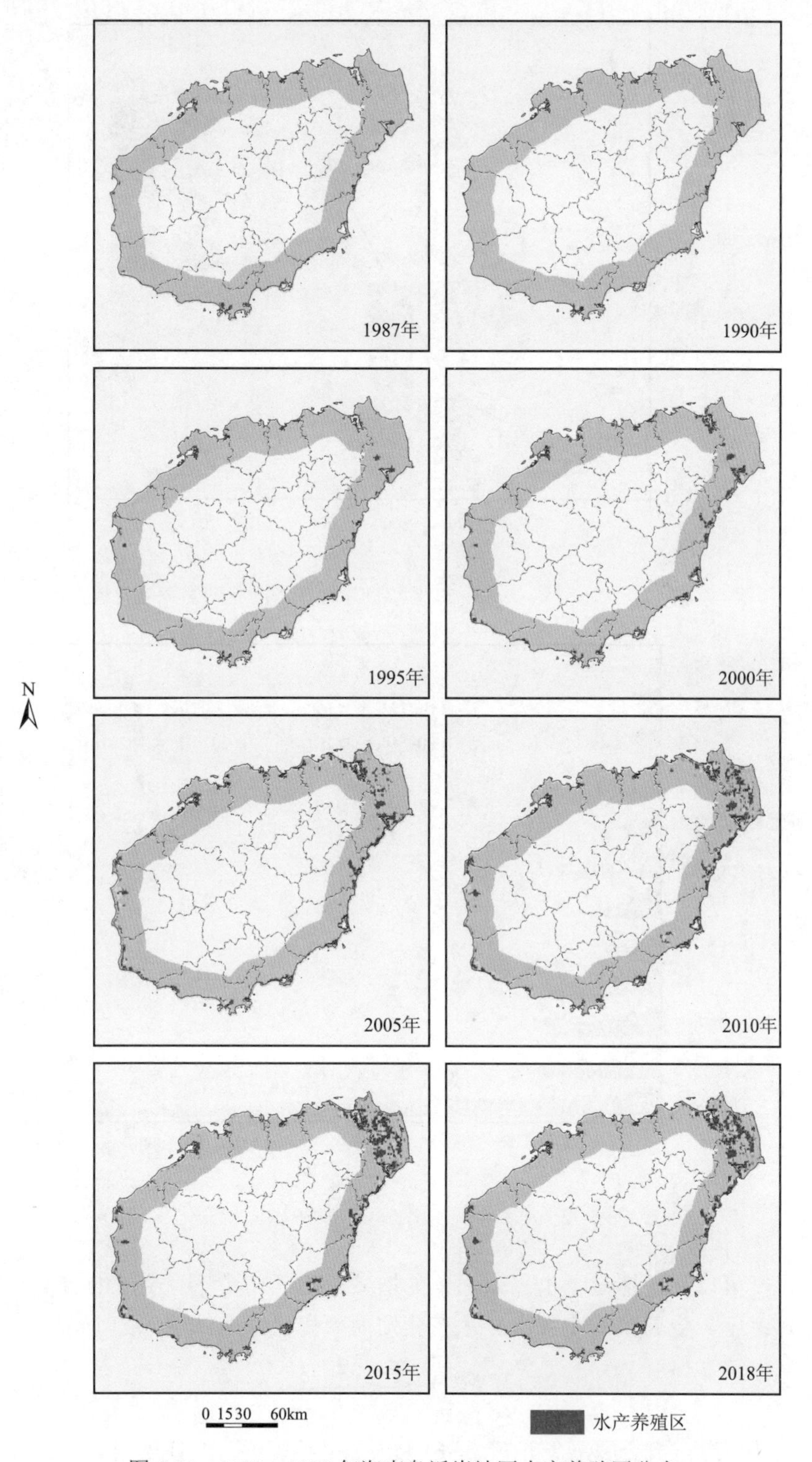

图 5.20　1987～2018 年海南岛近岸地区水产养殖区分布

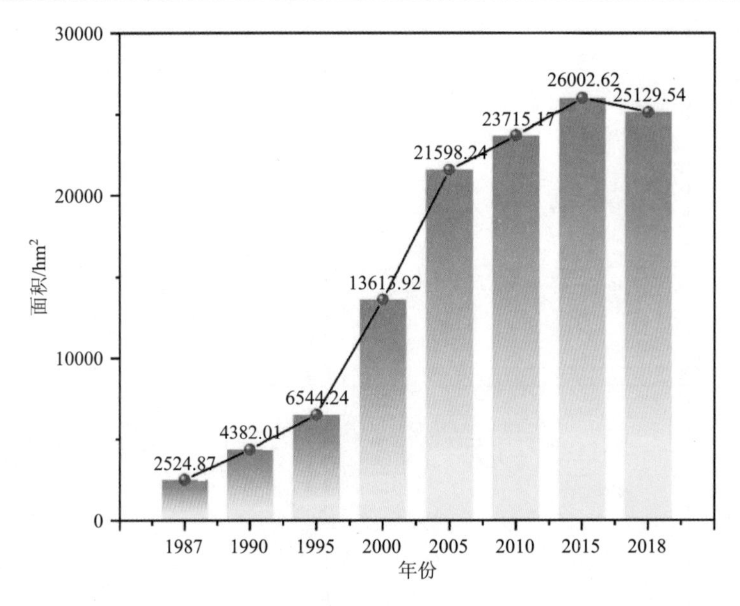

图 5.21　海南岛 1987～2018 年近岸地区水产养殖面积变化

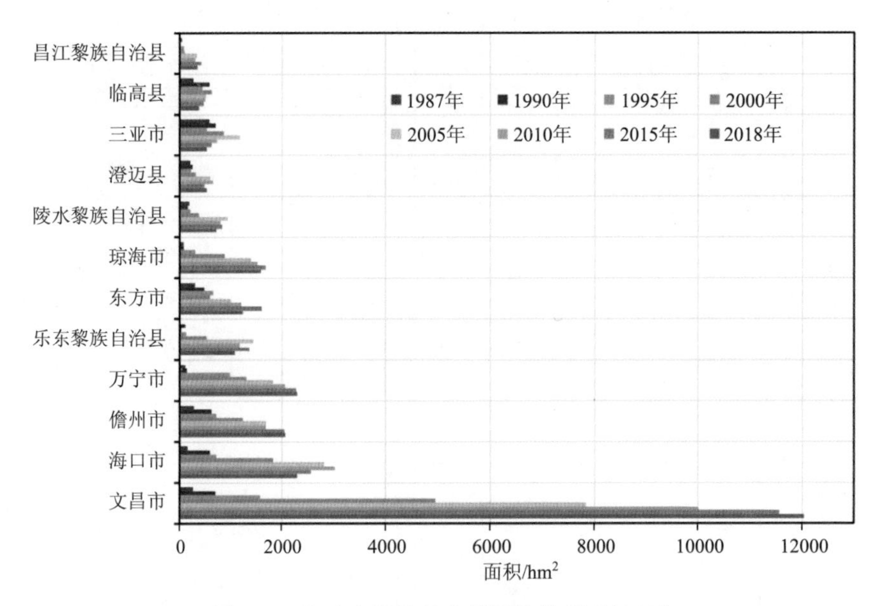

图 5.22　海南岛沿海各市县围塘养殖面积变化

变化速度可以直观地显示出养殖面积的增减趋势，本节利用式(5.4)计算出海南岛水产养殖变化速度，全岛及沿海各市县水产养殖面积变化速度如图 5.23 所示。

$$\mathrm{LCI}_{ij}=\frac{L_j-L_i}{j-i}\tag{5.4}$$

式中，LCI_{ij} 代表第 i 年到第 j 年水产养殖面积的变化速度；L_i 代表第 i 年养殖面积；L_j 代表第 j 年养殖面积。

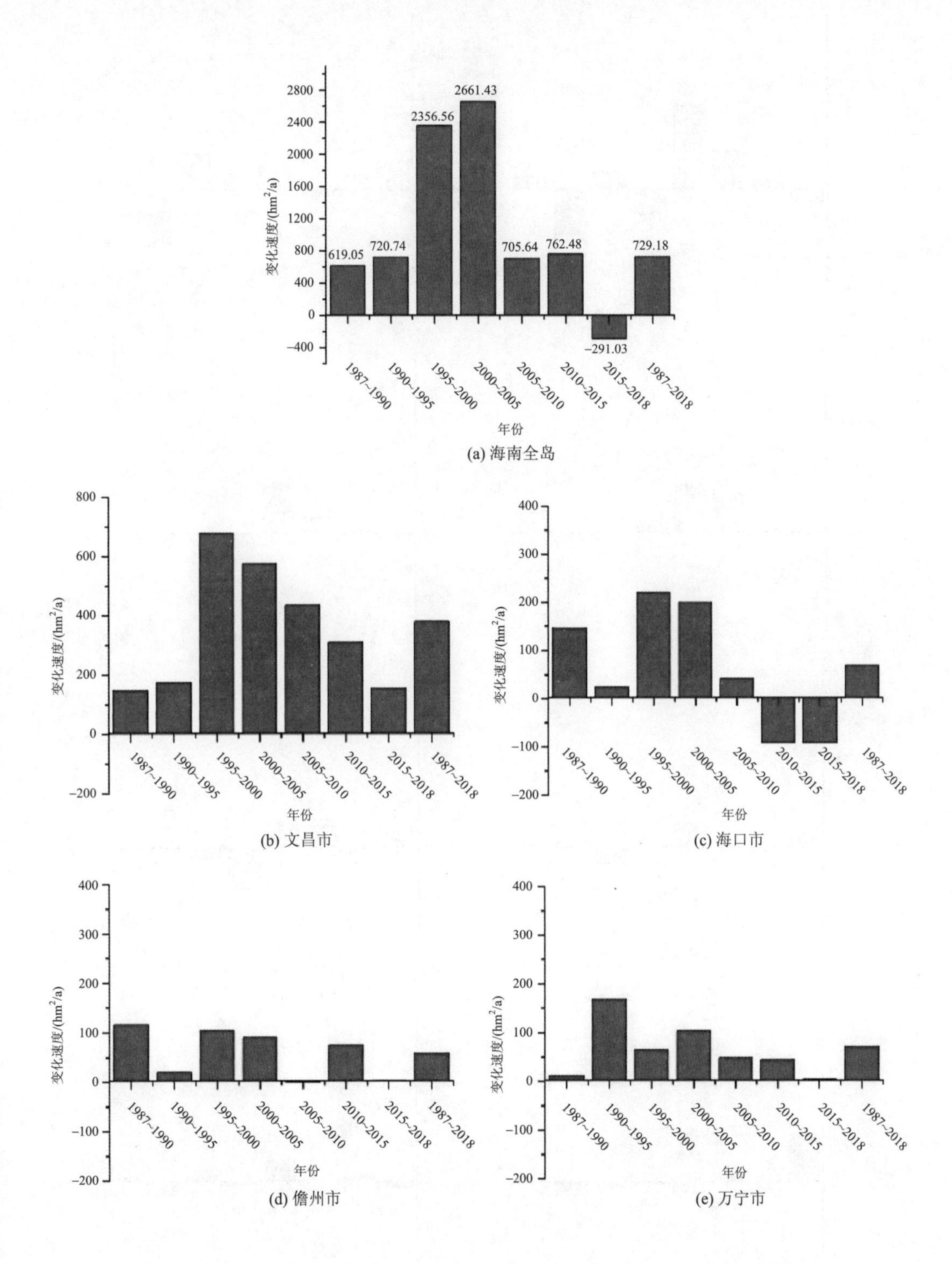

(a) 海南全岛

(b) 文昌市

(c) 海口市

(d) 儋州市

(e) 万宁市

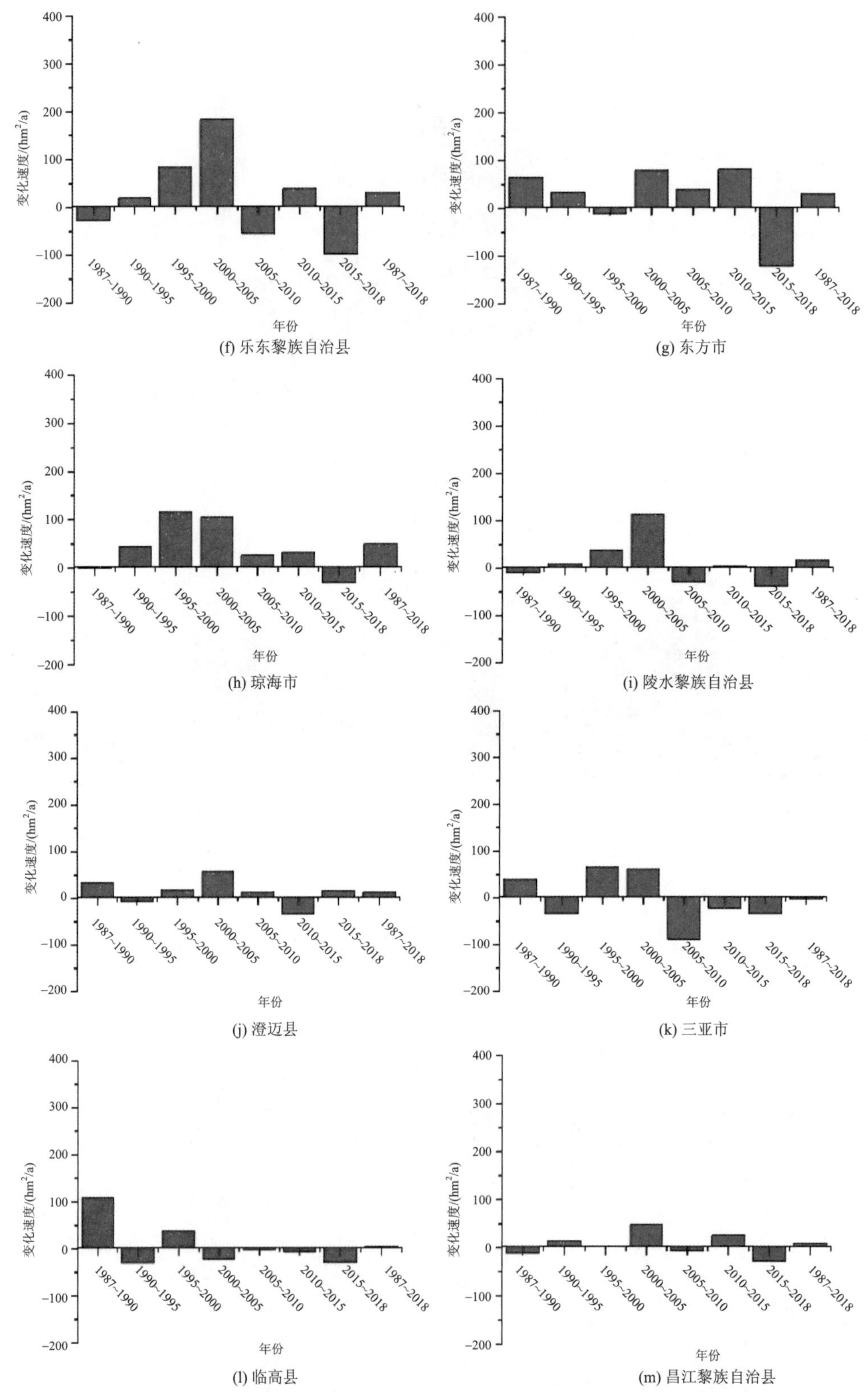

图 5.23　海南岛及沿海各市县 1987～2018 年近岸地区水产养殖面积变化速度

由统计结果可以看出，1987～2018 年海南岛水产养殖面积平均增长速度为 729.18hm^2/a。20 世纪 90 年代前，海南海洋渔业基本以野生海产品捕捞为主，水产养殖业尚处于起步阶段，养殖面积增长速度较缓，然而文昌、海口、儋州等地养殖业起步较早，已出现较快速度的增长。1990 年后，受海南省设立经济特区的影响，海南岛海水养殖业兴起缓，尤其是 1995～2005 年是海南岛水产养殖业发展最快的时期，养殖面积增长速度最快。各地开始形成养殖热潮，养殖面积开始快速增长，是大部分沿海市县养殖面积增长速度最快的时期，特别是文昌市、海口市等养殖面积较大的地区，养殖面积飞速扩张。2005 年后，可开发水产养殖用地逐渐饱和，且养殖快速扩张带来的负面影响逐渐暴露出来，养殖面积增长速度再次减缓，三亚市、陵水黎族自治县、乐东黎族自治县等多地开始出现负增长，其他地区增长速度也开始逐渐变缓。2015 年后，海南岛水产养殖面积减少，减少速度为 291.03 hm^2/a，全岛绝大部分地区均开始出现养殖面积负增长，海口市、乐东黎族自治县、东方市面积减少速度较大，文昌市虽保持持续增长，但面积增长速度也不断下降。

2. 景观格局变化分析

景观格局指数可以定量地反映景观变化的格局和过程。为了进一步研究水产养殖区的空间变化模式，本节计算了水产养殖区的斑块数量(number of patches, NP)、斑块密度(patch density, PD)、最大斑块指数(largest patch index, LPI)和面积加权分维数(area weighted fractal dimension, AMFD)四个景观指数。

斑块数量为整个景观中养殖区斑块总数，斑块密度为单位面积上的斑块数量，这两者值的大小与景观的破碎度也有很好的正相关性，一般规律是 NP 大，PD 大，破碎度高；NP 小，PD 小，破碎度低。最大斑块指数表示养殖区中最大斑块面积占景观总面积的比例，有助于确定景观的模式或优势类型等，LPI 越大，说明该类型在景观中越占优势，还能反映人类活动的方向和强弱。分形分析主要用于描述斑块的自相关性，分维数数值越大，表明形状越复杂。分维数的取值范围一般在 1～2，其值越接近 1，表明斑块形状越有规律，或者说斑块形状越简单，其值越接近 2，斑块形状越复杂。各指数计算公式如下：

$$\mathrm{NP} = n_i \tag{5.5}$$

$$\mathrm{PD} = n_i / A \tag{5.6}$$

$$\mathrm{LPI} = \frac{\max(a_1, \cdots, a_n)}{A} \times 100 \tag{5.7}$$

$$\mathrm{AMFD} = \sum_{j=1}^{n} \left\{ \left[\frac{2\ln\left(0.25 P_{ij}\right)}{\ln a_{ij}} \right] \left[a_{ij} / \sum_{j=1}^{n} a_{ij} \right] \right\} \tag{5.8}$$

式中，n_i 为在整个景观中第 i 种类型所包含的斑块总数；A 为景观总面积，km^2；a_n 为斑块 n 的面积，km^2；a_{ij} 为斑块 ij 的面积，km^2；P_{ij} 为斑块 ij 的周长，km。

Landsat 影像空间分辨率为 30m，所以本节运用的景观格局分析也是在 30m 的空间尺度下进行的，海南岛水产养殖区四个景观格局指数的变化如表 5.5 所示。

表 5.5　海南岛 1987～2018 年近岸地区水产养殖景观格局指数变化

年份	斑块数量(NP)	斑块密度(PD)	最大斑块指数(LPI)	面积加权分维数(AMFD)
1987	96	0.17	1.14	1.0347
1990	120	0.29	2.34	1.0406
1995	346	0.43	2.15	1.0423
2000	673	0.89	5.06	1.0484
2005	1118	1.41	4.47	1.0495
2010	1235	1.55	3.14	1.0406
2015	1284	1.70	4.94	1.0541
2018	1113	1.64	4.61	1.0593

1987～2018 年，海南岛沿海地区养殖区斑块数量和斑块密度都呈明显上升趋势，斑块数量从 1987 年的 96 个增加到 2015 年的 1284 个，增长幅度为 1237.5%，斑块密度从 1987 年的 0.17 上升至 2018 年的 1.64，约为 1987 年的 9.65 倍，表明水产养殖用地不断增长，面积和景观异质性都有所增加，水产养殖区在空间分布上变得更加复杂。然而，2015～2018 年海南政府加大了对违法挖塘养殖行为的查处与填埋，使得养殖面积减少，养殖区斑块数量与斑块密度均有所降低。

研究期间，水产养殖区最大斑块指数总体呈增长趋势，意味着养殖区斑块面积增大或出现了斑块组合，2000 年以前，最大斑块指数较小，说明海南水产养殖还处于零散分布状态，没有形成规模，2000 年以后，随着养殖区的不断扩张，水产养殖区不断聚集，形成规模化的片状区域。在过去的 31 年中，研究区水产养殖面积加权分维数一直处在较低水平，说明养殖池塘的斑块形状较为规则，1987 年面积加权分维数为 1.0374，到 2018 年增长至 1.0593，在数值上呈持续增长趋势，海南岛水产养殖区的景观格局变得越来越复杂。这说明多年来，海南岛水产养殖业缺乏有效监管和执法，养殖产业呈无序发展状态。养殖格局景观指数的变化说明海南岛的水产养殖在空间上呈扩张趋势，且缺乏规划，处于无序化发展状态。

3. 典型区域养殖区变化特征

海湾地区河流入海处水流平缓，风浪较小，适合水产养殖业的发展，海南海水养殖主要分布在沿岸各海湾地区。通过对养殖面积变化较大的典型区域，包括海口市的东寨港、儋州市的儋州湾、澄迈县的花场湾、三亚市的三亚湾、万宁市的小海和文昌市的清澜港地区进行重点监测，得到这些地区水产养殖变化情况，典型区域位置与养殖面积变化如图 5.24 所示，空间变化如图 5.25 所示。

从总体来看，典型区围塘变化趋势与海南养殖塘整体变化趋势一致，呈大量增长趋势。其中，东寨港与清澜港地区面积先增后减，在 2010 年后出现负增长，儋州湾与小海养殖塘面积持续扩张，花场湾养殖面积在 2010 年出现大量增长，随后开始减少，而三亚湾养殖面积持续减少。

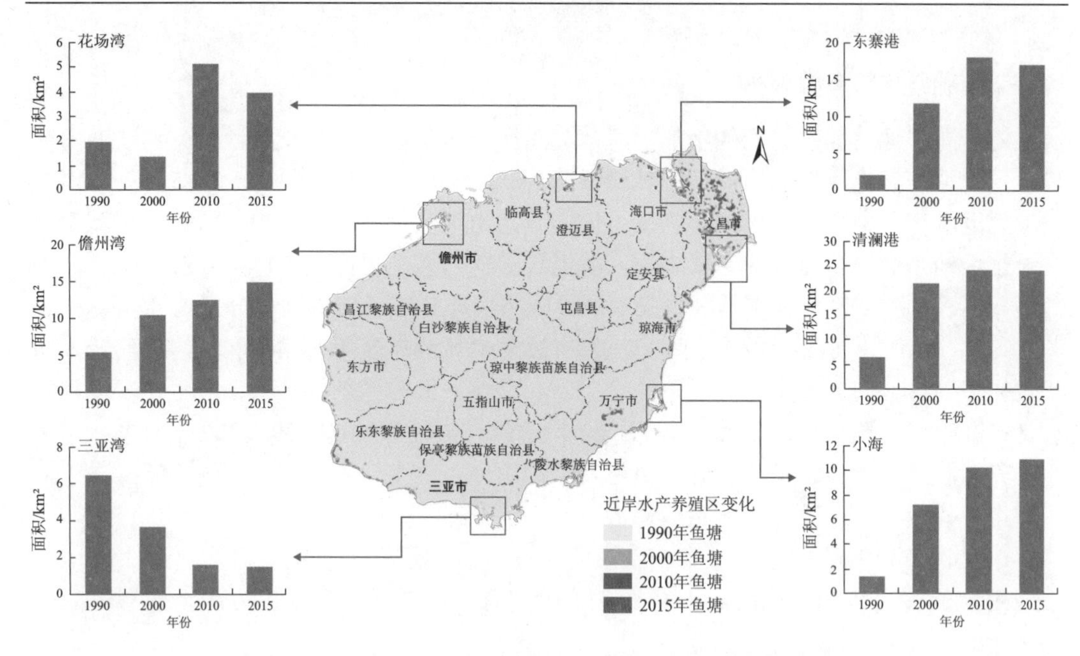

图 5.24　1990～2015 年海南岛养殖塘重点监测区面积变化

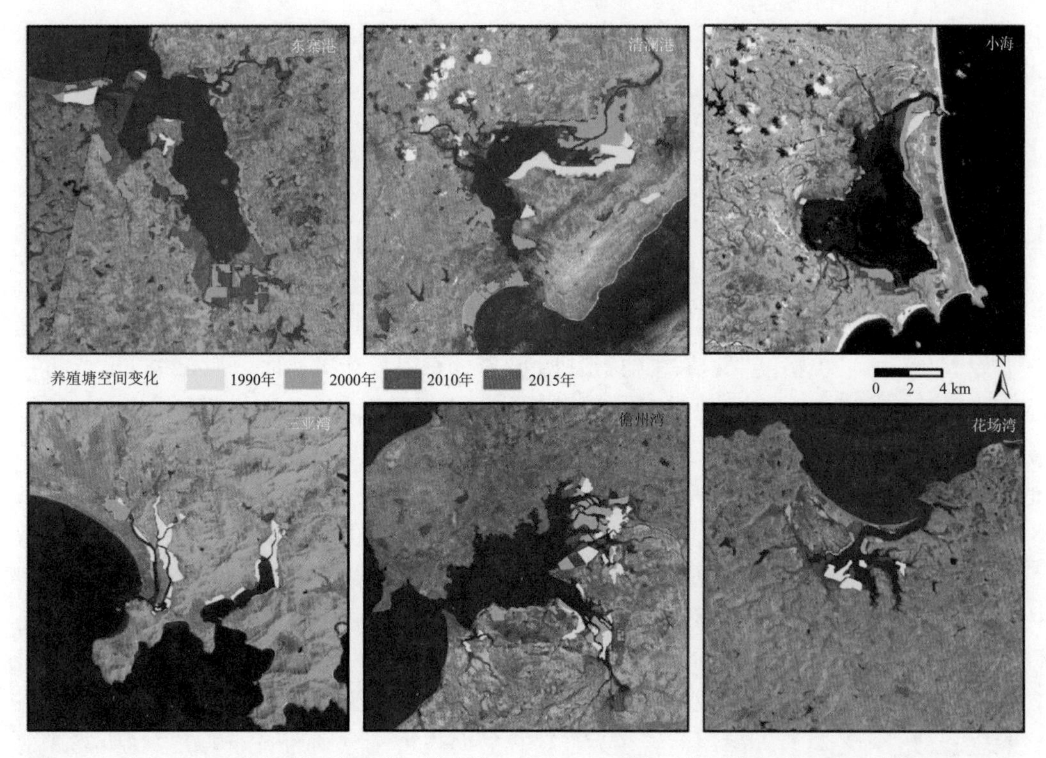

图 5.25　1990～2015 年典型区东寨港、清澜港、小海、三亚湾、儋州湾和花场湾围塘养殖空间变化

5.2.4　围塘养殖的生态影响

随着海水池塘养殖面积的增加，海南岛沿海地区景观格局呈现破碎化。通过海水池塘养殖用地与其他土地利用类型的转移情况(图 5.26)可以看出，1990～2015 年，海南岛近岸地区水产养殖主要表现为各类型土地向养殖用地大量转入。其中，耕地、水域及水利设施用地是养殖塘转入的主要来源，耕地转向养殖塘的幅度最大，为 862.75 km^2，占总转入面积的 38.9%；其次是水域及水利设施用地和林地，转入面积分别为 464.48 km^2 和 268.31 km^2，占总转入面积的 21.0%和 12.1%。城镇村及工矿用地和红树林的转入面积也较多，占转向养殖用地总面积的 8.1%和 7.8%。而养殖塘的转出部分主要表现为向城镇村及工矿用地转移，共转移 133.8 km^2，占总转出面积的 71.1%。在转出方面，海南水产养殖用地的主要转出类型为城镇村及工矿用地，这主要是在城市化的不断推进下，海岸工程建设占用了原有的养殖用地。

可见，养殖塘的扩张占用了大量沿海土地，造成沿海景观变化。对耕地、林地等农业用地的占用造成土地流失，对红树林等沿海湿地的侵占破坏了近岸地区湿地的生态平衡。

红树林作为近岸地区特有的生态景观，与养殖活动的竞争关系表现得尤为明显。红树林苒密的根系是发展水产养殖堤的极佳场所，红树林生态系统与可持续的水产养殖可以形成良好的生态圈。但是，在许多地方，这原本健康的生态循环正在被打乱。人们砍掉红树林建造鱼塘，浇筑的混凝土结构和堆积在鱼塘中的建筑废料大大缩减红树林的寿命。不仅严重地破坏了红树林资源，也破坏了红树林的生态系统平衡，由此产生了许多环境变化。

在东南亚许多国家，尽管红树林在缓解气候变化中发挥着重要作用，但仍有大面积红树林被改造成养殖池，在越南，海岸养殖塘面积已经超过红树林所占海岸面积(Seto and Fragkias，2007)。海南亦是如此，有研究表明，围塘养殖是海南岛红树林面积减少的最主要原因(章恒，2015；韩淑梅，2012)。1990 年，海南岛红树林面积为 6298 hm^2，近岸水产养殖面积为 4382 hm^2，到 2015 年，红树林面积减少至 4103hm^2，而近岸水产养殖面积已达到 26002 hm^2，水产养殖面积已大大超过红树林面积。1990～2015 年红树林与其他土地类型之间的转移关系如表 5.6 所示。

由表 5.6 可知，各时段研究区内红树林转出面积均大于转入面积，而转出的图斑数量均小于转入的图斑数量，说明研究区内红树林多成片聚集，且面积不断减少。各时段内红树林的主要转出对象均为养殖用地，分别占总转出面积的 85.7%、73.8%和 45.1%，随着水产养殖扩张速度变缓，养殖用地占红树林转出面积的比例不断减少。在转入方面，红树林的主要转入类型为水域及水利设施用地，说明海南岛红树林在减少的同时仍存在自然生长，此外，各时段养殖用地转换为红树林的面积占比分别为 11.6%、25.2%和 35.3%，转移面积不断增长，退塘趋势愈发明显。

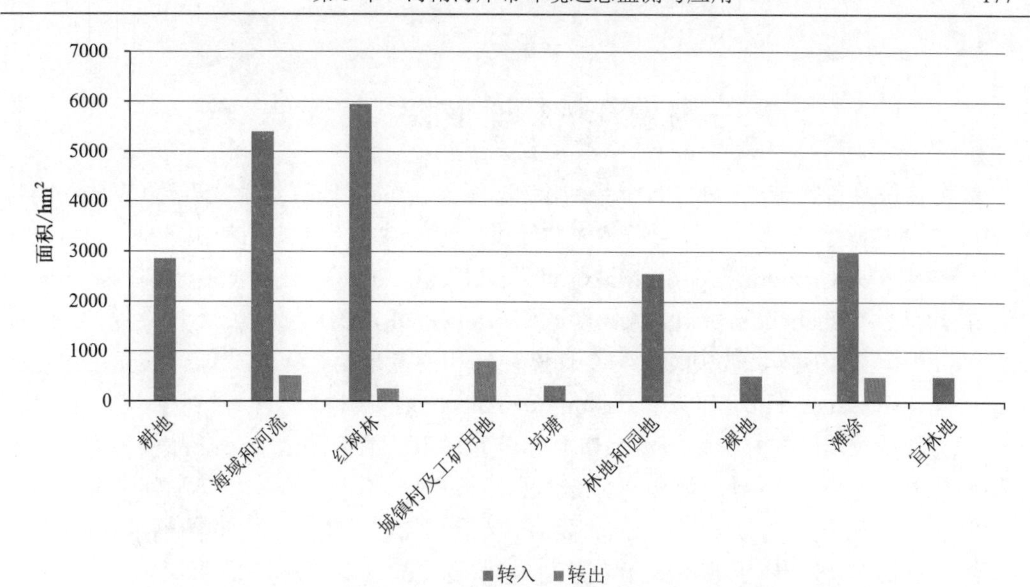

图 5.26　1990～2015 年海南岛海水池塘养殖用地转移情况

表 5.6　1990～2015 年海南岛红树林用地转移状况

类型变化	1990～2000 年		2000～2010 年		2010～2015 年	
	面积/km^2	图斑数/个	面积/km^2	图斑数/个	面积/km^2	图斑数/个
红树林→草地	0.16	5	0.03	5	0.11	10
红树林→城镇村及工矿用地	2.28	42	2.35	34	1.94	43
红树林→耕地	2.71	47	2.07	33	3.78	43
红树林→交通运输用地	0.07	1	0.00	0	0.00	0
红树林→林地	6.94	27	5.53	27	7.49	117
红树林→其他土地	1.41	35	3.05	39	0.36	11
红树林→水域及水利设施用地	6.77	59	5.01	87	9.82	93
红树林→养殖塘	124.72	294	52.59	191	19.70	180
红树林→园地	0.40	29	0.63	16	0.49	11
总计	145.46	539	71.26	432	43.69	508
草地→红树林	0.10	13	0.10	16	0.17	13
城镇村及工矿用地→红树林	0.76	56	1.13	55	2.78	49
耕地→红树林	10.30	249	6.66	253	3.54	63
交通运输用地→红树林	0.06	4	0.04	2	0.01	1
林地→红树林	12.88	155	12.63	144	6.84	133
其他土地→红树林	7.64	35	2.89	94	5.44	67
水域及水利设施用地→红树林	13.14	296	16.84	271	9.56	114
养殖塘→红树林	5.94	38	15.09	153	15.97	236
园地→红树林	0.16	12	1.38	28	0.88	26
总计	50.98	858	56.76	1016	45.19	702

5.3　海南红树林遥感监测与评估

红树林是沿着热带、亚热带海岸带滩涂和河岸生长的湿地草本植物群落(Wang et al.，2019)。红树林除了为世界密集的沿海人口提供广泛的生态系统产品和服务外，如防风固堤、护滩促淤等(Chandra，2016；Makowski and Finkl，2018)，还扮演着重要的生物圈功能，如沿海保护(Shahbudin et al.，2012)、固碳(Tang et al.，2018)和生物多样性保护(Barua and Rahman，2019)等，被视为参与全球碳循环和能量平衡、应对全球气候变化的综合生态系统(Srivastava et al.，2015；Pastor-Guzman et al.，2018)。

海南省是我国红树林湿地资源最丰富、分布最广泛的地区之一，在品种种类和面积上都占有很大优势。种类上，海南省分布着真红树植物(指专一性生长在潮间带的木本植物)26 种，半红树植物(指既能在潮间带生存，又能在陆地环境中繁殖的两栖木本植物)12 种，伴生植物 41 种，属于典型的东方群系(辛欣等，2016)。面积上，20 世纪 50 年代海南省红树林湿地面积有近一万公顷(莫燕妮等，2002)；1983 年研究调查得知海南省红树林面积为 4836hm^2(陈焕雄和陈二英，1985)，约占全国红树林面积(全国海岸带和海涂资源综合调查)的 28.6%(廖宝文和张乔民，2014)。近年来，也有学者对海南岛红树林面积进行统计，分别有 3022.76hm^2(章恒，2015)、4033hm^2(贾明明，2014)、4891.2hm^2(吴培强等，2013)、3667hm^2(Chen et al.，2017)等多个数据，约占全国红树林面积的 12%～20%。

海南岛红树林湿地主要分布在沿海一带受掩护的河口港湾滩涂上，曾在北部的海口、文昌、琼山、澄迈、临高、儋州，南部的三亚、琼海、万宁、陵水、乐东，西部的东方、昌江 13 个县市均有分布，其中在海口、文昌和儋州有 3 片面积分别达 10000 亩以上集中分布的红树林(陈焕雄和陈二英，1985)。1950～2000 年 50 年间，在人为和自然灾害等因素的影响下，海南岛红树林遭到了严重的破坏，三亚、万宁、陵水等曾经拥有天然分布红树林的湿地已经绝迹(姚轶锋等，2010；陶列平和黄世满，2004)。目前，海南岛共有 10 个保护红树林及其生境的自然保护区，主要分布在海口、文昌、澄迈、儋州、东方、三亚等地区。详细名称及其属性如表 5.7 所示。

表 5.7　海南岛红树林自然保护区名录(2014 年)

自然保护区名称	地点	面积/hm^2	始建时间	级别
海南东寨港国家级自然保护区	海口	3337	1980.04	国家级
海南清澜港省级自然保护区	文昌	2948	1981.09	省级
海南东方黑脸琵鹭省级自然保护区	东方	1429	2006.05	省级
三亚河红树林市级自然保护区	三亚	475.8	1992.02	市级
三亚亚龙湾青梅港红树林自然保护区	三亚	155.7	1989.01	市级
三亚铁炉港红树林自然保护区	三亚	292	1999.11	市级
澄迈县花场湾沿岸红树林县级自然保护区	澄迈	150	1995.12	县级
临高县彩桥红树林县级自然保护区	临高	350	1986.12	县级
儋州新英湾红树林市级自然保护区	儋州	115.4	1992.04	县级
儋州东场红树林市级自然保护区	儋州	695.6	1992.04	县级

5.3.1　海南岛红树林湿地现状与问题

海南岛红树林资源丰富，分布广泛，20 世纪 50 年代初期，海南岛拥有 9992hm^2 的红树林，约占当时全国红树林总面积的 25%(辛欣等，2016)。之后经历了从急剧减少到近些年来缓慢增加的过程，人们在经济利益的驱使下对红树林资源进行无序的开发利用、围海造田、海边围塘养殖，造成垃圾污染加重，红树林生境破坏，加之人们缺乏对红树林及其生境的保护意识，导致红树林生态系统退化、物种多样性减少，甚至消亡和灭绝。1950～2000 年，海南红树林面积锐减了 62%(薛杨等，2014；周彦伶，2012)，到 2010 年才缓慢增加到 4891.2hm^2，占全国红树林面积的 19.9%(吴培强等，2013)。在不断演替过程中，海南岛的部分红树林植物群落保留着较为完整的序列，但不少群落退化现象严重，甚至消失；天然红树林减少，次生林和人工林增多，红树林疏林地也越来越多。海南岛红树林生态系统变化复杂多样，长期以来，破坏与恢复并存。

目前，从国内研究文献来看，利用遥感监测技术对海南岛红树林的研究中，不同学者分别对海南岛(章恒，2015；Liao et al., 2019)、东寨港(黄星等，2015；胡杰龙等，2016；罗丹等，2013；韩淑梅，2012；辛琨和黄星，2009；谢瑞红，2007；王胤等，2006)、清澜港(徐晓然，2018；朱耀军等，2013；吴季秋，2012；甄佳宁等，2019)等区域的红树林分布、动态变化、驱动力分析等方面进行了研究。这些研究几乎都针对海南岛的局部区域，大多集中在东寨港和清澜港两个保护区，对于海南岛及红树林其他分布区，如花场湾、马袅港、新盈港、新英湾、东方、三亚等鲜有研究。仅章恒(2015)对整个海南岛的红树林的变化进行了监测与分析，然而对比了其他现有研究，发现该文献与其他文献中，在相同或相近的监测期得到的红树林面积相差较大。据了解，2000 年以后，我国对红树林的保护和管理力度不断加大，尤其是近些年红树林面积呈现增长趋势，而文献中 2005～2013 年海南岛红树林面积呈减少趋势，这与海南岛红树林现状及其他研究结果有差别，其结果值得商榷。准确的红树林遥感监测结果是红树林保护和管理的基础。因此，要全面了解海南岛红树林的分布、面积情况，在此基础上深入分析其动态变化过程和变化驱动机制，加强红树林的研究深度，提高遥感资源的利用水平，对红树林的生态保护和恢复有着重大意义。

5.3.2　红树林湿地数据提取

1. 数据采集

海南岛红树林湿地数据提取主要使用的 Landsat 影像共 39 景，全部从美国地质勘探局的地球资源观测与科技中心(USGS/EROS)网站(http://www.usgs.gov)下载获取，其中包括 1987 年、1993 年、1998 年、2003 年和 2007 年的 Landsat TM 影像共 28 景，2013 年和 2017 年的 Landsat OLI 影像 11 景。表 5.8 列出了这些遥感数据的相关信息。

表 5.8　研究中使用的 Landsat 影像信息

传感器	条带号/行号	成像日期	成像时间
TM5	123/46	1987.06.22	10:23:48
TM5	123/46	1987.09.10	10:23:48
TM5	124/46	1987.05.12	10:29:00
TM5	123/47	1987.09.10	10:26:13
TM5	124/47	1987.12.22	10:34:19
TM5	125/47	1988.06.06	10:42:22
TM5	123/46	1993.04.03	10:21:19
TM5	124/46	1993.06.13	10:27:47
TM5	123/47	1993.04.03	10:21:43
TM5	124/47	1993.01.04	10:27:10
TM5	125/47	1993.10.10	10:34:04
TM5	123/46	1998.08.23	10:37:38
TM5	123/46	1998.10.26	10:37:38
TM5	124/46	1998.04.24	10:42:22
TM5	123/47	1998.08.23	10:38:03
TM5	124/47	1998.10.17	10:44:29
TM5	125/47	1998.10.24	10:50:42
TM5	123/46	2003.06.02	10:34:37
TM5	123/46	2003.09.10	10:34:37
TM5	124/46	2003.05.16	10:53:58
TM5	123/47	2003.06.02	10:35:01
TM5	124/47	2004.12.20	10:51:27
TM5	125/47	2003.04.13	10:46:23
TM5	123/46	2007.07.15	10:52:45
TM5	124/46	2007.04.01	11:00:08
TM5	123/47	2007.07.15	10:53:09
TM5	124/47	2007.07.06	10:59:24
TM5	125/47	2007.04.24	11:06:34
OLI	123/46	2013.12.06	11:00:42
OLI	124/46	2013.05.19	11:07:17
OLI	123/47	2013.12.06	11:01:06
OLI	124/47	2013.10.26	11:07:25
OLI	125/47	2013.08.30	11:13:54
OLI	123/46	2017.04.21	10:58:29
OLI	124/46	2017.08.02	11:05:14
OLI	123/47	2017.04.21	10:58:53
OLI	123/47	2018.04.08	10:58:53
OLI	124/47	2016.03.08	11:05:32
OLI	125/47	2017.09.10	11:11:57

同时，为了验证多时相 Landsat 影像提取的红树林数据，还收集了 15 景 2015 年的高分二号(GF-2)数据，该数据从高分辨率对地观测系统海南数据与应用中心下载获取，其为分辨率分别为 1m 和 4m 的全色和多光谱数据。此外，分别于 2016 年 12 月、2017 年 3 月和 2018 年 1 月前往海南岛对红树林湿地种类、物种分布、生长状况和环境要素进行野外调查，共获取野外调查样点 386 个，其中红树林湿地样点 152 个，其他土地利用覆盖样点 234 个。每个样点包括 GPS 获取的经纬度坐标、植被类型及土地利用状况等信息。这些样点将用于 Landsat 影像提取的红树林范围和地表类型分类的验证。

2. 数据处理

下载的 Landsat 影像已经过几何校正，故使用 ENVI 5.3 软件对 Landsat 影像进行辐射定标和大气校正。利用 ENVI 软件中的 FLAASH 大气校正模块对 Landsat 影像进行大气校正。为了保证多时相数据分析在空间参考上的一致性，利用 2017 年的 Landsat OLI 影像的短波红外、近红外、红波段进行波段组合得到的假彩色合成影像，以该假彩色合成影像为基准，对其他 6 个时相的图像进行配准，配准后的图像之间的配准误差(平均均方误差)小于 0.5 个像元。同时，对 GF-2 影像进行正射校正、辐射定标、几何校正、多光谱与全色波段融合处理，其中采用 ERDAS IMAGE 2014 软件提供的删减分辨率合成法(subtractive resolution merge)进行图像融合，并在融合之前先利用锐化滤波器对全色图像进行锐化处理，然后以分辨率为 4∶1 的比例对 GF-2 的多光谱和全色图像进行融合，生成空间分辨率为 1m 的 GF-2 融合影像。

根据海南红树林保护区的边界对 GF-2 融合影像进行裁剪，利用 ENVI 软件提供的支持向量机分类方法对裁剪后的影像进行分类，得到红树林和其他地表覆盖类型的分类结果。然后根据海南红树林分布特点、野外调查数据和 Google Earth 影像，人工修正红树林提取有误差的斑块边界，得到 2015 年海南红树林的最终分类结果。同样利用支持向量机分类器对图像质量较好的 2017 年 Landsat OLI 影像进行分类，并利用 2015 年 GF-2 影像的分类结果和 Google Earth 影像对分类后结果进行人工修正，得到分类精度较高的 2017 年分类结果数据。然后根据这期分类结果，逐期提取其他时相的红树林和其他土地利用覆盖信息，最后得到 1987 年、1993 年、1998 年、2003 年、2007 年、2013 年和 2017 年的七期分类结果，依据这七期分类结果，生成七期红树林变化数据集。

3. 海南岛红树林变化数据集

利用 1987 年、1993 年、1998 年、2003 年、2007 年、2013 年和 2017 年 7 期 Landsat 影像分类提取得到了 7 期海南岛主要地区红树林变化数据集，包括海口东寨港国家级红树林保护区、文昌清澜港省级自然红树林保护区、花场湾、马袅港、新盈港、洋浦港和东方 7 个地区的红树林变化，各地区分布如图 5.27 所示。利用获取的数据集可以得到各个时期的红树林分布面积图，也可用不同时期的数据制作红树林面积变化图。图 5.28 和图 5.29 分别展示了东寨港 1987 年的红树林面积分布和 1987～2017 年红树林面积变化。

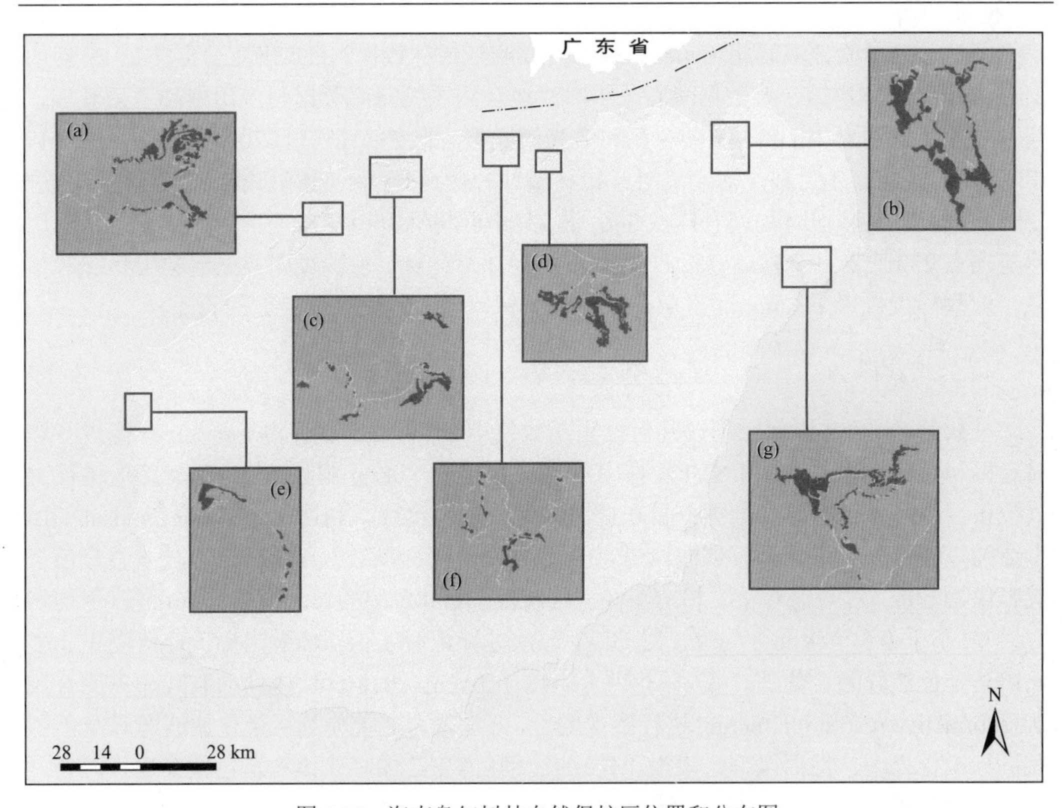

图 5.27　海南岛红树林自然保护区位置和分布图

(a) 新英湾；(b) 东寨港；(c) 新盈港；(d) 花场湾；(e) 东方；(f) 马袅港；(g) 清澜港

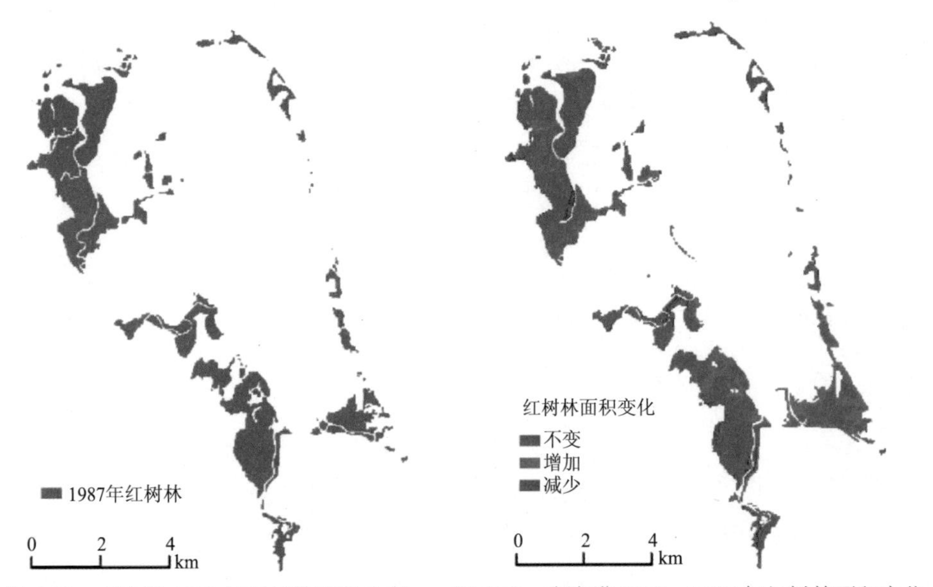

图 5.28　东寨港 1987 年红树林面积分布　　图 5.29　东寨港 1987～2017 年红树林面积变化

4. 精度验证

本节利用 Kappa 系数和混淆矩阵来评价图像分类精度。首先，利用 ArcGIS 软件的生态地理采样设计工具(biogeography branch’s sampling design tool)在 8 个重点红树林分布区域随机生成采样点，然后以这些采样点为中心，建立半径为 9m 的圆形缓冲区，以圆形缓冲区为基础，采用 ArcGIS 软件建立圆形多边形的外接方形多边形。然后，参照谷歌地球影像和野外验证点修改这些多边形属性，将其分为红树林和非红树林，并在比较稀疏的区域增加适量多边形，最后利用这些多边形验证点评价红树林的提取精度。分别评价了 GF-2 和 2017 年 Landsat 影像分类结果。其中用于评价 GF-2 分类结果的验证点数量为 607 个，包括红树林验证点 354 个，非红树林研制点 253 个。得到 GF-2 分类总精度为 99.0%,Kappa 系数为 0.98。

以 GF-2 分类结果为基础，采用上述方法随机生成 300 个红树林验证多边形，然后再以保护区除去红树林范围为基础随机生成 350 个非红树林验证多边形，对 2017 年 Landsat 分类结果进行评价。得到 2017 年 Landsat 影像分类总精度为 98.8%，Kappa 系数为 0.98。具体评价结果见表 5.9。

表 5.9 GF-2 和 2017 年 Landsat 影像分类结果精度评价

GF-2						Landsat(2017 年)					
OA /%	Kappa	MF		N-MF		OA /%	Kappa	MF		N-MF	
		PA /%	UA/%	PA/%	UA /%			PA /%	UA /%	PA /%	UA /%
99.0	0.98	98.9	99.4	99.2	98.4	98.8	0.98	98.3	99.0	99.1	98.6

注：OA. 总体分类精度；PA. 生产精度；UA. 用户精度；MF. 红树林；N-MF. 非红树林。

5.3.3 海南岛红树林湿地面积时空变化特征

1. 海南岛红树林湿地面积时空分布

根据上述提取的海南岛 7 个红树林保护区数据集计算出各保护区红树林总面积(表 5.10)，图 5.30 显示了间隔 6 年的红树林年总面积的变化状况。1987～2003 年可以观察到红树林面积呈下降趋势，随后在 2007～2013 年红树林面积出现了 5 年的平稳期，呈上升趋势。2013～2017 年红树林面积呈略微减少趋势。

表 5.10 1987～2017 年海南岛红树林保护区面积统计表 (单位：hm^2)

地区	1987 年	1993 年	1998 年	2003 年	2007 年	2013 年	2017 年
东寨港	1465.55	1531.59	1612.01	1665.65	1729.38	1787.59	1732.97
清澜港	1655.61	1446.84	1327.97	1165.43	1149.85	1214.48	1174.07
新盈港	414.78	330.25	305.35	293.82	263.29	276.2	291.19
马袅港	66.04	56.31	33.94	45.73	50.76	95.67	96.48
花场湾	454.12	397.08	341	256.83	218.52	321.6	299.94
新英湾	623.44	760.04	722.5	482.83	477.54	576.7	606.76
东方	36.25	25.1	38.39	29.7	60.31	67.34	76.88
总计	4715.79	4547.21	4381.16	3939.99	3949.65	4339.58	4278.29

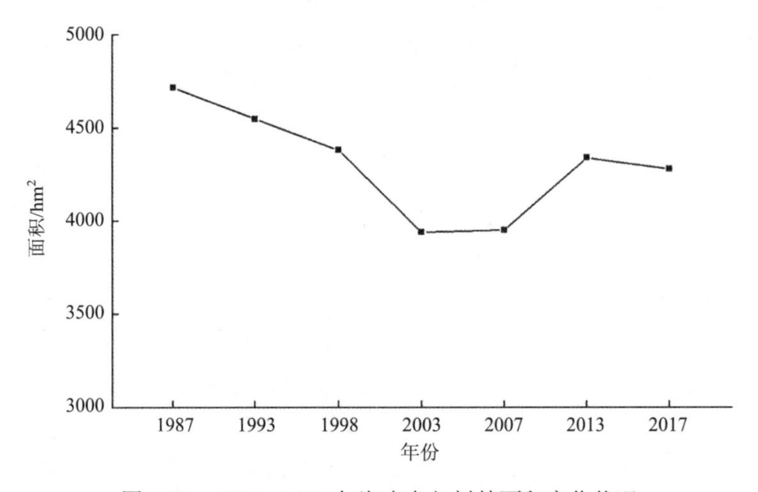

图 5.30　1987～2017 年海南岛红树林面积变化状况

表 5.10 汇总了 1987～2017 年各保护区每隔 6 年统计一次的总面积。其中海口东寨港国家级红树林保护区、文昌清澜港省级自然红树林保护区占海南岛红树林保护区总覆盖面积的 60%以上，其余 5 个保护区占海南岛红树林总面积的 40%以下。图 5.31 显示了海南岛保护区红树林覆盖率的年变化情况。

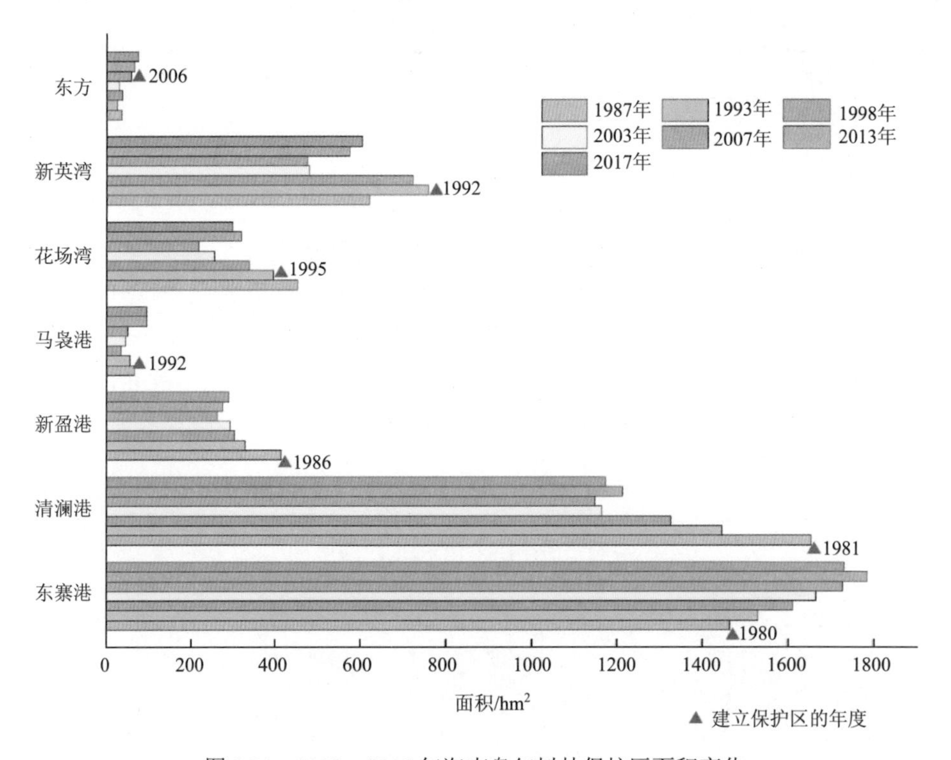

图 5.31　1987～2017 年海南岛红树林保护区面积变化

2. 海南岛红树林湿地面积变化趋势

从表 5.10 显示的结果可见，海南岛在 1987～2017 年红树林总体上净减少了 9.3%(从 4716 hm^2 减少到 4278 hm^2)。红树林最大的损失发生在 1998～2003 年，相当于每年减少 88.2 hm^2，其次是 1993～1998 年、1987～1993 年和 2013～2017 年，年均损失分别为 33.2 hm^2、28.1 hm^2 和 15.3 hm^2，2003～2007 年红树林的面积保持稳定，2007～2013 年年增加率最高(65.0hm^2)。

图 5.32 显示了 1987～2017 年海南保护区内红树林与其他土地覆被类型之间的转换情况。在此期间，红树林转化为其他土地覆被类型，其中养殖塘 1065 hm^2，裸露土地 7 hm^2，建设用地 46 hm^2，耕地 42 hm^2，其他林地 158 hm^2，潮汐滩涂 31 hm^2，水体 153 hm^2，湿地 79 hm^2。同样，养殖塘、耕地、其他林地、潮汐滩涂、水体、湿地等土地植被类型也转化为红树林。这说明海南岛的红树林由于受到人类活动的影响，特别是养殖塘的开挖，已经转变为其他土地用途。此外，一些红树林地区的环境持续退化，导致水体和潮汐沙地发生变化。

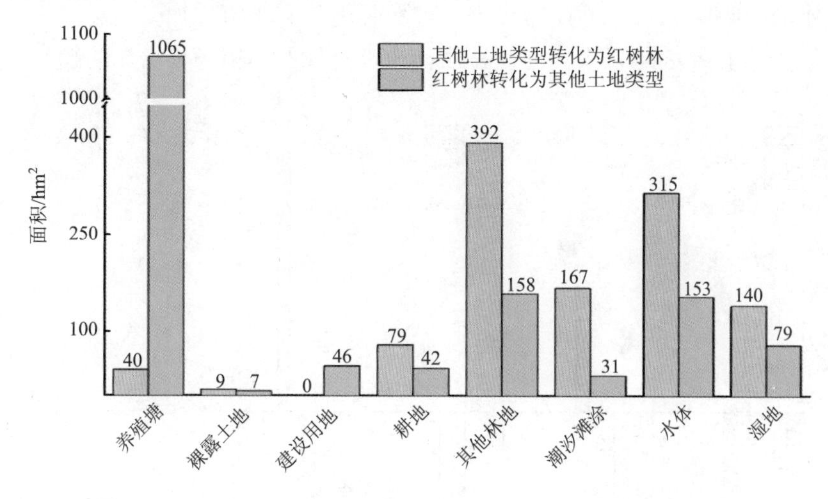

图 5.32　1987～2017 年海南岛红树林与其他土地利用类型的转化

图 5.33 显示了 7 个保护区 1987～2017 年红树林面积的年变化趋势。东寨港保护区的红树林面积范围在 26 年间(1987～2013 年)稳步增长。这一趋势可能与海南省政府政策[如第十二个五年国家发展计划(2011～2015 年)]对红树林保护和可持续管理的积极影响有关；也可能与 2007～2012 年制定的能力建设和共同管理的国际援助资助项目有关[例如，澳大利亚国际开发署支持实施了东寨港管理和政策能力建设项目，详见 UNDP-GEF(2013)]。海南部署“五年-国家计划”的行动包括提高东寨港自然保护区的管理成效，发展机构能力，以及计划通过创建海南东寨港国家湿地公园、海口南渡江口省级湿地公园和海口白水塘市级湿地公园来扩大湿地保护和恢复。图 5.32 显示 2013～2017 年红树林面积的再次流失，这在孙艳伟等(2015)的研究中也有报道，可能是包括重金属在内的陆地污染源所致(王军广等，2018)。此外，其他因素也可能导致了该保护区

红树林面积的损失，如 2010 年团水虱的爆发影响了 5.39 hm^2 的红树林湿地(王丽荣等，2011；　范航清，2005；徐蒂等，2014)，2014 年 7 月的台风“威马逊”破坏了东寨港和清澜港保护区的红树林环境(邱明红等，2016；任军方等，2015)，导致水体和潮汐沙地发生变化。

尽管清澜港保护区于 1981 年被宣布为自然保护区，但 1987～2007 年，红树林生境发生了重大损失(图 5.30)。2013 年关于清澜港保护区的一项 EHI 研究(UNDP-GEF，2013)表明，由于旅游业和渔业活动快速增长，该地区受到人类活动的影响较为严重。我们的研究结果也证实了人类活动对保护区红树林面积带来了负面影响，2007～2013 年负面趋势发生了逆转，但 2013～2017 年出现了新一波的生境损失(图 5.33)。

1998～2003 年新英湾保护区的红树林损失最为严重，达到了 47.9 hm^2/a。这一趋势在 2003～2007 年开始逆转(图 5.31 和图 5.33)，2007～2017 年出现正增长。新盈港保护区和花场湾保护区可以观察到类似的 26 年变化模式；两地的红树林覆盖率在 1987～2007 年都呈现下降趋势，并在随后的 5 年(2007～2013 年)内发生逆转，只有新盈港保护区在 2013～2017 年持续增加。后者于 1986 年被设立为县级自然保护区(图 5.30)。东方于 2006 年被宣布为自然保护区，自 2007 年以来，红树林面积有小幅增加。马袅港于 1992 年设立了保护区，故自 1998 年以来，红树林面积也有类似的小幅稳步增加的趋势。

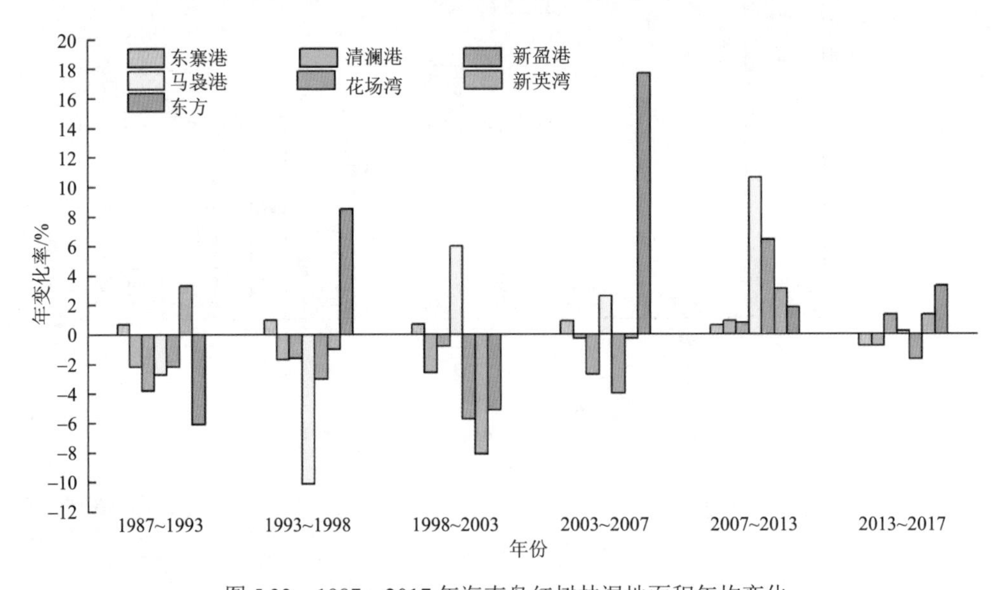

图 5.33　1987～2017 年海南岛红树林湿地面积年均变化

5.3.4　典型区域红树林湿地生态系统健康评价

本节以文昌清澜港省级自然红树林保护区会文片区红树林湿地为例，开展红树林湿地系统的健康状况评价。评价工作基于遥感的红树林系统生态指标，采用 PSR 概念模型结合层次分析法构建评价指标体系，实现红树林湿地系统的健康评价。

1. 指标体系建立

以 PSR 概念模型结合层次分析法构建评价指标体系如下。

1)压力指标

将影响会文片区红树林湿地系统健康的压力指标分为自然因素指标和人为因素指标两个方面。自然因素包括台风等引起的自然灾害、外来物种入侵、病虫害和冻害等；人为因素包括人口总数、GDP 增长率、第一产业值、第二产业值、第三产业值、海水环境污染情况和养殖水域面积近五年变化百分比等。考虑到自然因素指标和海水环境污染情况指标的可获取性、准确性影响，将自然因素指标以综合指数形式表示(王树功等，2010)，如表 5.11 所示。

表 5.11　1987～2017 年会文片区红树林湿地自然因素和海水环境质量指标

年份	评价指标	指标值	来源
1987	自然因素	无影响较大台风	
	海水环境	未找到资料	
1993	自然因素	无影响较大台风	
	海水环境	未找到资料	
1998	自然因素	台风最少的一年	1*
	海水环境	南海水质较好，局部污染严重，总体上较之前未见好转	
2003	自然因素	2000 年以来最强台风“科罗旺”台风登陆文昌市翁田镇	2*
	海水环境	近岸海域水质状况良好	
2007	自然因素	2005 年台风“达维”登陆海南，文昌损失惨重	3*, 4*
	海水环境	轻度污染海域面积占监测总面积的 5.6%；清澜湾无机氮平均含量比 2006 年有所上升	
2013	自然因素	继 1994 年之后热带气旋最多的一年，“飞燕”登陆文昌市龙楼镇，“海燕”超强台风分别引发文昌最大增水 62cm，最高潮位 224cm，接近警戒潮位	5*
	海水环境	海水水质一类面积 98.8%，二类面积 1.2%，文昌市排污口排污超标共 6 次	
2017	自然因素	一次明显风暴潮，清澜港验潮站最大增水为 57cm，最高潮位 211cm，未超出警戒潮位	6*
	海水环境	海水水质一类面积 98.8%，二类面积 1.2%，未出现富营养化，未发现海洋倾倒活动；文昌市排污口排污超标 0 次；文昌冯家湾养殖用海区综合黄精质量等级为优	

1* 1998 年中国环境状况公报；2* http://news.sohu.com/68/54/news212455468.shtml；

3* https://baike.baidu.com/item/%E8%BE%BE%E7%BB%B4/3575630?fr=aladdin；

4* 2007 年海南省海洋环境公报；5* 2013 年海南省海洋环境公报；6* 2017 年海南省海洋环境公报

2)状态指标

状态指标包括红树林湿地面积、红树林覆盖度、红树林叶绿素浓度、红树林湿地斑块密度和红树林湿地斑块聚集度指标。其中，利用 ArcGIS 和 FRAGSTATS 软件计算红树林湿地斑块密度和红树林湿地斑块聚集度，红树林覆盖度则利用 1987 年、1993 年、1998 年、2003 年、2007 年、2013 年和 2017 年会文片区预处理后的遥感影像计算归一化植被指数(NDVI)；然后利用 ENVI 5.3 软件对各期红树林湿地提取结果建立掩膜文件，并统计 NDVI 数据，记录累积概率为 5%和 95%的 NDVI 值，反演植被覆盖度，从而得到 1987 年、1993 年、1998 年、2003 年、2007 年、2013 年和 2017 年会文片区红树林湿地植被覆盖度统计数据，如表 5.12 所示。

表 5.12　1987～2017 年会文片区红树林湿地覆盖度（VFC）数据统计

项目	1987 年	1993 年	1998 年	2003 年	2007 年	2013 年	2017 年
VFC 平均值	0.609	0.592	0.64	0.615	0.67	0.729	0.705

综合考虑季节和遥感影像获取能力因素的影响，取 2018 年 4 月 28 日（与实验时间均处在少雨季）获取的 Landsat-8 遥感影像来建立野外实验获得的 SPAD 值与影像植被指数间的关系。利用式（5.9）来构建遥感影像 SPAD 分布图，并且得到各期红树林湿地 SPAD 统计数据如表 5.13 所示。

$$y = 101.92x - 24.82 \tag{5.9}$$

表 5.13　1987～2017 年会文片区红树林湿地 SPAD 数据统计

项目	1987	1993	1998	2003	2007	2013	2017
SPAD 平均值	36.49	31.86	45.02	46.34	50.75	58.05	54.75

3）响应指标

响应指标主要包括保护区级别与建立时间、法律法规与政策、大众意识与参与度以及管理和财政投入情况等，该指标也采用综合指标的形式，如表 5.14 所示。

表 5.14　1987～2017 年会文片区保护区管理水平指标详情

<table>
<tr><th>年份</th><th>指标</th><th>来源</th></tr>
<tr><td>1987</td><td>1981 年建立省级自然保护区管理站，没有明确保护法规，兴起养殖热潮，人们几乎没有保护红树林意识</td><td rowspan="7">朱耀军等，2013；李超，2010；韩新和曾传智，2009；徐晓然，2018；海南省林业科学研究所，2016</td></tr>
<tr><td>1993</td><td>没有明确保护法规，养殖热潮继续，并且破坏红树林行为时有发生，人们几乎没有保护红树林意识</td></tr>
<tr><td>1998</td><td>制定《海南省红树林保护规定》，政府开始关注红树林保护，但群众意识依然薄弱，对红树林破坏行为依然存在，并且养殖面积依然扩大</td></tr>
<tr><td>2003</td><td>《海南省红树林保护规定》实施一段时间，但执法力度不大，群众意识依然薄弱，对红树林破坏行为依然存在，并且养殖面积依然扩大</td></tr>
<tr><td>2007</td><td>2005 年海南省委发布《关于加强海洋经济的决定》，清澜港周边旅游开发激增，旅游服务在红树林周边迅速扩张，影响红树林湿地生境和自然更新扩张</td></tr>
<tr><td>2013</td><td>2009 年，对保护区范围重新核定，并更名为海南清澜港红树林省级自然保护区，但与此同时，国务院发布《关于推进海南国际旅游岛建设发展的若干意见》，导致清澜港湾周边旅游开发继续增加。从 2011 年保护区积极配合海南省森林公安局加强执法力度，有效解决一些破坏红树林的行为；2012 年完成《海南清澜港湿地保护建设项目》</td></tr>
<tr><td>2017</td><td>近年来，保护区对红树林保护力度明显加强，民众意识渐渐增强，政府对保护区资金投入较多，开展退塘还林、退塘还湿工程，加大科研投入，并且做出 2020 年前的保护规划；但依然存在资金不足、技术水平落后、污染加剧、与周边村民生产生活矛盾突出等问题</td></tr>
</table>

综合以上分析，建立会文片区红树林湿地系统健康评价体系如表 5.15 所示，并由《海南统计年鉴》和遥感解译结果得到各时期红树林湿地健康评价指标值。鉴于会文片区红树林湿地系统健康评价体系中各项指标间类型、单位及其趋向的差异，需要对各项指标进行归一化处理，计算方法如下：

$$N_i = \frac{X_i}{X_{\max}} \tag{5.10}$$

或

$$N_i = 1 - \frac{X_i}{X_{\max}} \tag{5.11}$$

式中，当指标数值越大生态系统健康水平越高时用式(5.9)，反之则用式(5.10)；N_i 为指标 i 的归一化值；X_i 为评价指标 i 的实测值；$X_{\max}$ 为该类指标中的极大值。

表 5.15　会文片区红树林湿地系统健康评价体系

目标层	准则层	指标层
会文片区红树林湿地系统健康评价体系	压力(P)	人口总数(P1)
		人口密度(P2)
		人均 GDP(P3)
		第一产业产值(P4)
		第三产业比重(P5)
		施用化肥实物量(P6)
		水产品海水养殖面积(P7)
		海水捕捞水产品产量(P8)
		海水养殖水产品产量(P9)
		海水水产品总产量(P10)
		养殖水域面积(P11)
		渔业产值(P12)
		农药使用量(P13)
		自然灾害因素(P14)
		海水环境质量(P15)
		第一产业比重(P16)
	状态(S)	红树林湿地面积(S1)
		红树林相对叶绿素浓度均值(S2)
		红树林覆盖度均值(S3)
		红树林湿地斑块密度指数(S4)
		红树林湿地聚集度指数(S5)
	响应(R)	保护区管理综合水平(R1)
		财政科研投入(R2)
		大众意识(R3)

2. 指标权重确定

利用层次分析法(analytic hierarchy process, AHP)构建各层次判断矩阵，最终计算指标层权重向量。首先建立以会文片区红树林湿地系统健康评价体系为目标的层次模型，然后构造判断矩阵，并对矩阵进行一致性检验，最后对层次进行排序。

3. 健康评价

采用综合健康指数(comprehensive health index，CHI)来评价 1987～2017 年会文片区红树林湿地系统健康状态。CHI 是通过评价指标的归一化权重和归一化值反映生态系统健康状况的综合指数(胡涛，2016)，其计算公式如下：

$$\mathrm{CHI}=\sum_{i=1}^{n}W_i\times N_i \tag{5.12}$$

式中，CHI 为综合健康指数；n 为评价指标的个数；N_i 为第 i 个评价指标的归一化值；W_i 为指标 i 的归一化权重。

红树林湿地系统压力、状态、响应的健康指数则用以下公式计算：

$$\mathrm{PHI}=\left(\sum_{i=1}^{n}W_i\times N_i\right)\div W_{\mathrm{p}} \tag{5.13}$$

$$\mathrm{SHI}=\left(\sum_{i=1}^{n}W_i\times N_i\right)\div W_{\mathrm{s}} \tag{5.14}$$

$$\mathrm{RHI}=\left(\sum_{i=1}^{n}W_i\times N_i\right)\div W_{\mathrm{r}} \tag{5.15}$$

式中，PHI、SHI、RHI 分别代表压力、状态、响应的健康指数；n 为评价指标的个数；N_i 为第 i 个评价指标的归一化值；W_{p}、W_{s}、W_{r} 分别代表压力、状态、响应指标的权重。

通过以上公式计算分别得到 1987～2017 年会文片区红树林湿地系统综合健康指数，如图 5.34 所示，以及 PSR 健康指数如图 5.35 所示。

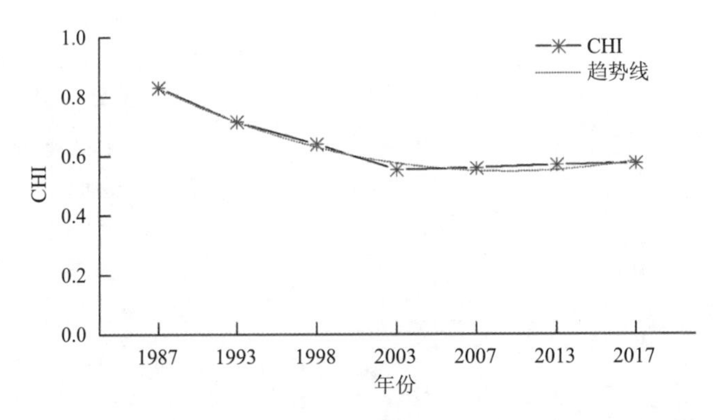

图 5.34 1987～2017 年会文片区红树林湿地系统综合健康指数

如图 5.34 所示，综合健康指数值总体上呈先减小后趋于稳定的趋势。1987 年会文片区红树林湿地综合健康指数为 0.83，属于健康状态；1993 年和 1998 年综合健康指数分别为 0.72 和 0.64，为较健康状态；而 2003～2017 年，该地综合健康指数均在 0.4～0.6，处在亚健康状态。这说明，30 年来会文片区红树林湿地系统对外界干扰因素越来越敏感，生态系统已经开始退化。

图 5.34 显示了 1987～2017 年会文片区红树林湿地系统压力、状态、响应健康指数变化情况。1987～2017 年压力健康指数(PHI)整体上呈减少的趋势；状态健康指数(SHI)整体上呈先减少后缓慢增长的趋势；响应健康指数(RHI)整体上呈增加的趋势。这说明，30 年来，会文片区红树林湿地系统的抗压能力在减弱，自身恢复能力稍有退化，目前处于亚健康状态。

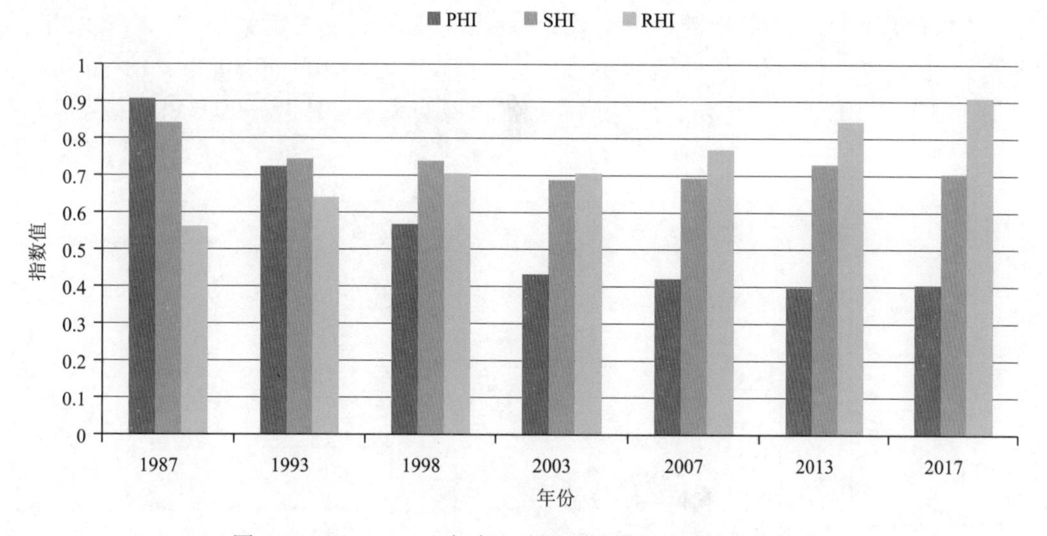

图 5.35　1987～2017 年会文片区红树林湿地系统健康指数

5.4　三亚珊瑚礁遥感监测与分析

珊瑚礁被誉为蓝色沙漠中的绿洲，是海洋中非常独特的生态系统，为各种海洋生物提供了理想的居住地。珊瑚礁是一种具有丰富生物多样性的独特海洋生态系统，也是重要的渔场和海洋旅游资源，具有很高的生态和经济价值。有许多具有商业价值的鱼类生活在珊瑚礁区。珊瑚礁的面积约占全球海洋总面积的 0.25%，但是其上却养活了超过 1/4 的海洋鱼类。珊瑚礁通过自身生长发育形成碳酸钙质的骨架，吸收消耗大量二氧化碳，减轻温室效应。珊瑚礁是一堵天然形成的防波堤，有 70%～90%海浪冲击能量在遇到珊瑚礁时被吸收，减轻海浪对近岸海草床和红树林冲刷强度，能减少海浪对海岸线的侵蚀。珊瑚礁生态系统对海水温度、酸度和海水污染物的反应非常敏捷，可以作为一种海洋环境健康状态的监测指标，同时改善海洋生态环境。

近 30 年来，全球变暖导致海水温度上升，全球已发生了三次全球大规模的珊瑚礁白化事件，海水温度变化被认为是珊瑚礁大规模白化和死亡的最主要诱因。填海造陆行为、旅游观光活动、采挖珊瑚礁的活动等一系列人为活动也是影响珊瑚礁白化的主要因素。

5.4.1 三亚近岸珊瑚礁现状与问题

1. 三亚近岸珊瑚礁现状

我国珊瑚礁分布众多，其中以环礁为主的南海区域和以岸礁为主的广东、广西、海南、福建和台湾等地珊瑚礁分布较多。海南省珊瑚礁面积占全国珊瑚礁总面积的98%以上，是全国珊瑚礁分布面积最广、品种最全的区域。海南省海域面积辽阔，珊瑚礁海岸是其主要海岸类型，海南岛近岸以岸礁为主，其沿岸的14.15%区域都有珊瑚礁分布，其中尤以南部的三亚市沿岸珊瑚礁发育最为良好，珊瑚礁分布面积最密，种类最多。三亚近岸珊瑚礁区所处的地理位置为 109°20′50″～109°40′30″E，18°10′30″～18°15′30″N，其主要分布于东、西玳瑁岛片区，鹿回头—榆林湾片区域和亚龙湾片区，如图 5.36 所示。

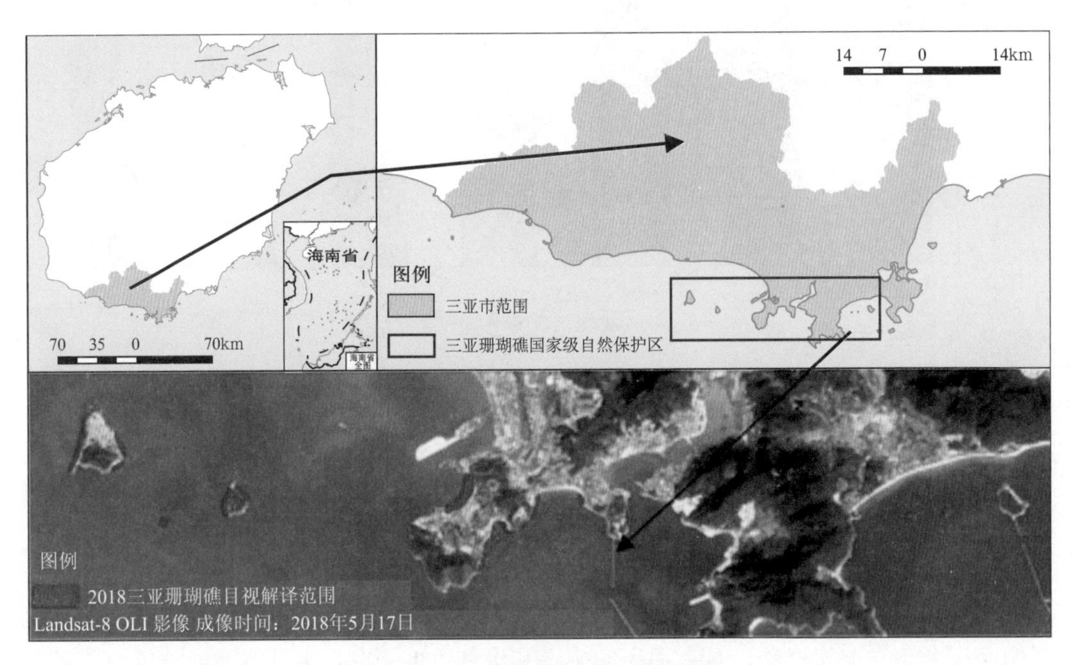

图 5.36 三亚近岸珊瑚礁空间分布图

三亚珊瑚礁所处地区属于热带海洋性气候。三亚市南部近岸岸滩类型包括淤泥滩、沙滩、砾滩、岩滩、礁坪、红树林滩。三亚日益增多的生活排污，现一部分由三亚河入海，另一部分由六道排污口入海。鹿回头半岛小洲岛附近的 COD、石油类、无机氮和悬浮物严重超标，威胁珊瑚的生长。该区珊瑚白化现象严重。榆林湾六道排污口周围水质已受到严重的污染，调查表明该区域周围大面积范围内珊瑚基本灭绝。鹿回头湾沿岸养殖育苗，正破坏珊瑚的生态环境。目前该区沿岸建设有多家养殖育苗场，且规模较大，养殖池的消毒水、养殖废水等未经过任何处理便直接排入珊瑚分布的海区。西瑁岛保护区片区内，旅游开发地段几乎占据了 2/3 的珊瑚礁海岸，开发强度较大。西岛的游客接待能力为 4500 人/天，高峰期超过 1 万人。大小东海情况类似。此外，2017 年毗邻三亚珊瑚礁国家级自然保护区三亚新机场开工建设，施工过程中吹沙填海使海水悬浮泥沙含量增加，降低虫黄藻的光合作用，使珊瑚礁死亡，对三亚近岸珊瑚礁的生长发育造成极大的危害。

研究表明三亚近岸珊瑚礁生态系统普遍出现了退化现象，三亚近岸珊瑚礁覆盖率从 2012 年的 25.89%左右，退化到 2014 年的 16.44%左右，2014～2016 年珊瑚礁覆盖率回升到 24%左右。2016 年的研究表明，三亚潜水旅游区中出现频度较高的种类多为块状或者亚块状珊瑚，如丛生盔形珊瑚和多种滨珊瑚等，在一定程度上表明此处的珊瑚处于亚健康状态。

2. 三亚近岸珊瑚礁研究存在的问题

近些年来，人类旅游开发、生活和工业废水的排放以及全球温室效应的影响，使得三亚近岸海水水质变差，水下沉积物多，对珊瑚礁生态系统造成严重威胁，已有研究表明全球大面积的珊瑚礁发生白化或死亡，三亚近岸珊瑚礁生物群落数量呈不断下降趋势，活珊瑚覆盖率偏低，珊瑚礁生态环境监管工作已经迫在眉睫。虽然每年都有各大科研力量通过实地潜水和现场测量的方法对三亚近岸珊瑚礁开展科学调查，通过设置固定样点的方式进行调查监测和对区域内的生物性进行调查，但每次调查都会耗费巨大的人力和物力，成本比较高昂，且对于一些离海岸较远地区的珊瑚礁，很难获得大面积的观测数据和进行实地观测。

由于调查样点不足，观测面积范围有限，不能全方位地反映区域内珊瑚礁资源的分布和健康状况。要想更好地保护珊瑚礁资源，了解其空间分布范围非常有必要。目前珊瑚礁监测方法以人工实地调查为主，无法在短时间内获取大面积的监测数据，无法满足对珊瑚礁生态系统的监测需求，亟须一种更先进的方法来实现对珊瑚礁的监测。遥感技术因其能够大面积且实时监测的特点而被广泛用于珊瑚礁生态系统监测，正好可以弥补常规珊瑚礁监测方法的不足。

5.4.2　三亚近岸珊瑚礁数据提取

运用阈值分割方法来对三亚近岸珊瑚礁进行提取。阈值分割法是一种图像分割技术，其原理是根据像元灰度值将图像分成若干类，是一种基于图像直方图分割的分类方法。图像阈值化的目的是要按照灰度级将整体像元分割成某些具有相似性质的区域。分割后的每个区域与真实地物一一对应，各个区域内部同时含有某种相同的性质，而这种性质在附近区域是不一样的。这种分割可以凭借在像元灰度值中选取一个或多个特定值来完成。具体操作如下。

1. 提取技术流程

(1) 珊瑚礁存在于水面以下，水体整体反射率较低，而影像上存在反射率较高且非感兴趣的植被、建筑等陆表信息，陆表与水体同时存在时，难以体现出反射率低的水体信息差异。首先利用 MNDWI 指数作为阈值分割标准对水体陆地进行分割。

(2) 研究区内珊瑚礁的类型以岸礁为主，近岸珊瑚礁一般生存于水深 0～10m 处，所以需将珊瑚礁所存在的浅海地区从水体信息中提取出来。利用 $RI_{Green\&Blue}$ 指数作为阈值分割标准，对深海区域和浅海区域进行分割。

(3) 三亚岸滩类型包括淤泥滩、沙滩、砾滩、岩滩、礁坪、红树林滩。红树林滩在进行水陆分割时，就已经剔除。因为砾滩和岩滩坡度较陡，所以滩面很窄，不会对提取结果造成影响。沙滩分为两类——潮间沙滩和潮下沙滩，潮间沙滩在进行水陆分割时，已被剔除。所以在进行完浅滩信息提取后，还存在的岸滩类型包括潮下沙滩、淤泥滩和礁坪。利用珊瑚礁含有叶绿素、沙滩不含有叶绿素的特征，将潮下沙滩等不含叶绿素的底栖物质分离开来。利用 $NDI_{VRE\&Red}$ 指数作为阈值分割标准，进行珊瑚礁与潮下沙滩的分割。

(4) 应用珊瑚礁敏感波段提取珊瑚礁结果中，仍然存在叶绿素浓度超高的水域——沿岸的养殖塘及误提的淤泥滩水域信息。利用 MGTI 指数作为阈值分割标准，对养殖塘和珊瑚礁进行分割。

(5) 由于在底栖物质为淤泥滩的水域，受底栖物质反射率影响太大，红边波段失去表征叶绿素 a 浓度的特征，导致底栖物质为淤泥滩的水域跟底栖物质为珊瑚礁的水域一同被提取出来。存在误提的水域信息，即包含淤泥滩及悬浮泥沙的水域信息。最后利用 $NDI_{Blue\&Red}$ 指数作为阈值分割标注，进行珊瑚礁与淤泥滩的分割。

根据以上所述，首先进行数据预处理，然后进行水陆分割提取水体信息，再进行深海水域与浅海水域分割提取到浅海水域信息，再进行 $NDI_{VRE\&Red}$ 分割提取到混合有淤泥滩及养殖塘信息的珊瑚礁信息，再进行 MGTI 分割提取到混合有淤泥滩信息的珊瑚礁信息，最终进行 $NDI_{Blue\&Red}$ 分割提取到珊瑚礁信息。阈值分割流程如图 5.37 所示。

2. 珊瑚礁信息提取

1) 水陆分离

由于水体在可见光波段是低反射体，在近红外波段近似为吸收体。水体对波长超过 780nm 红外波段的强烈吸收，光谱反射率较低；相比之下水体在绿光波段，反射率较红外高，利用水体与陆表在绿光波段和红外波段组合特征的差异，利用绿光波段和中红外波段归一化指数(MNDWI)进行阈值分割，达到区分陆地与水体的目的。

2) 浅海水域信息提取

蓝、绿波段均具有较好的水体穿透性，可以很好地反映水下信息，且清澈水体在蓝光波段反射率最高，随波长的增加反射率降低。在清澈的海水中，对单独的蓝光波段或绿光波段进行阈值分割就可以实现浅海水域的提取。但三亚珊瑚礁国家级自然保护区所处海域海水环境较为复杂，由于有三亚河等河流汇入，部分近岸水体较为浑浊，所以单独使用蓝光波段或者绿光波段皆不能获得较好的浅海提取效果。而利用反射率比值能够部分去除水体表面粗糙程度、镜面反射及水下环境等噪声的影响，可在一定程度上削弱浮游生物、有色有机物等水中悬浮物的干扰。蓝绿波段的比值可反映含沙量较少水体的相对水深。

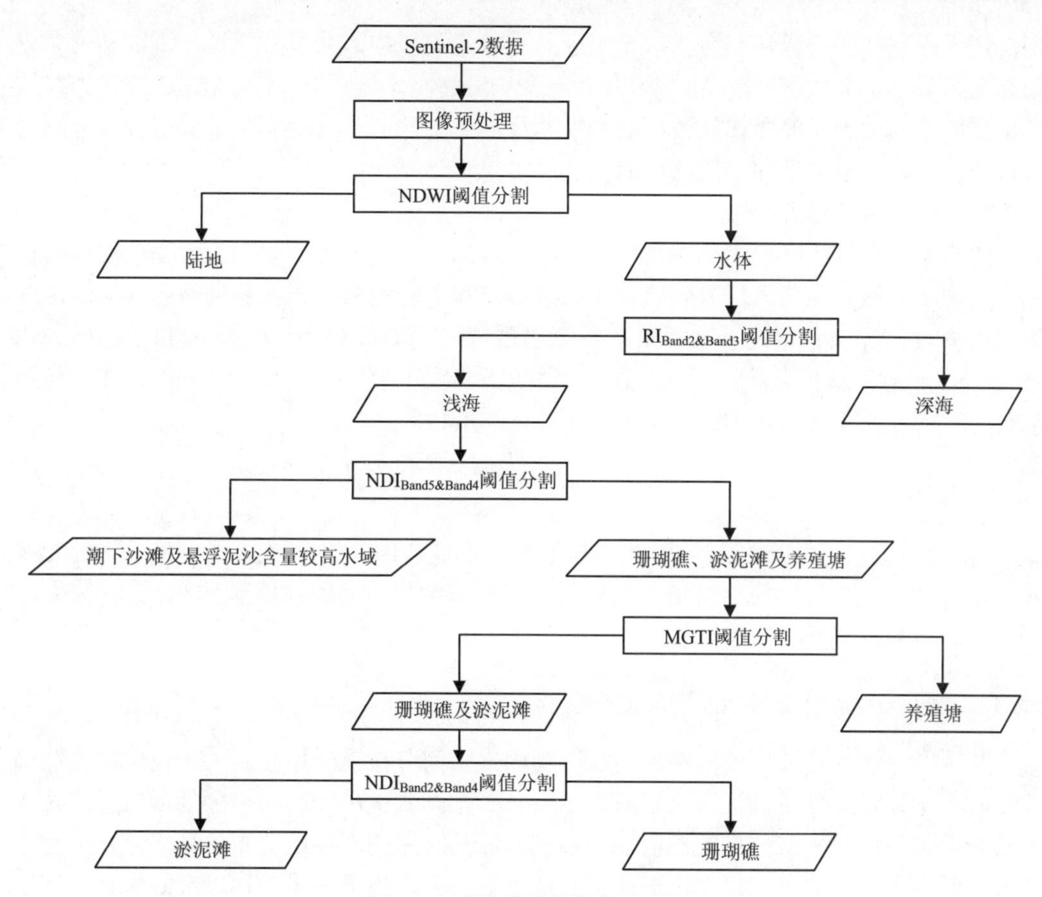

图 5.37　珊瑚礁信息提取流程图

3) 珊瑚礁信息提取

由于珊瑚礁体内大多含有共生藻(虫黄藻为珊瑚礁体内常见共生藻)，共生藻含有叶绿素，所以珊瑚礁具有一定的叶绿素特征。珊瑚礁是存在于水面以下的，而水体对近红外波段吸收强烈，将叶绿素 a 在近红外波段的高反射特征抵消，导致近红外波段在进行珊瑚礁识别时失去作用。但是波长在 700nm 左右的红边波段的存在扭转了这一局面，从红光波段到近红外波段是叶绿素反射率陡升的区间，而波长在 700nm 附近的红边波段正好处在这个区间之内，且红光波段和红边波段在水体中又有一定的反射能力，所以当水下存在珊瑚礁时，红边波段的微弱反射能力可能会被卫星传感器检测到，所以波长在 700nm 附近的红边波段成为珊瑚礁遥感监测的关键波段。这里我们利用 Sentinel-2 影像的红光波段(Band4)和红边波段(Band5)表征叶绿素 a 的特征。针对 Sentinel-2 影像提出一个表征叶绿素 a 特征的指数 $NDI_{VRE\&Red}$，它是基于 Sentinel-2 影像的红光波段(Band4)与红边波段(Band5)的归一化值。

4) 养殖塘信息剔除

在影像上呈现深绿的斑块是养殖塘。在进行珊瑚礁信息提取时主要利用了珊瑚礁中叶绿素的特征，故部分叶绿素浓度高的非珊瑚礁区域被错误提取。有研究学者提出利用多光谱绿潮指数区分绿潮和海水。养殖塘具有绿潮类似的高叶绿素特征，可以利用多光谱绿潮指数(MGTI)区分珊瑚礁水域和叶绿素浓度超高水域(养殖塘)，MGTI 定义为绿波段的反射率与位于蓝波段和红波段的线性基线插值的差值。MGTI 利用蓝光波段和红光波段作为参考，来表征绿波段峰值的大小。

5)淤泥滩水域信息剔除

随悬浮物含量浓度增大，水体的透射能力减弱，反射能力增强。反射率曲线的峰值随悬浮物浓度增大而增大，且峰值有向长波方向移动的趋势。影像色调随悬浮泥沙浓度增大而变浅。浑浊水、泥沙水反射率峰值出现在红光波段(650～680nm)和近红外波段(800～820nm)。基于悬浮泥沙水体在红光波段出现峰值的特点，针对 Sentinel-2 影像提出 $\mathrm{NDI}_{\mathrm{Blue\&Red}}$ 来区分珊瑚礁信息和淤泥滩信息的指数。

$$\mathrm{NDI}_{\mathrm{Blue\&Red}} = \frac{R_{\mathrm{Red}} - R_{\mathrm{Blue}}}{R_{\mathrm{Red}} + R_{\mathrm{Blue}}} \tag{5.16}$$

式中，$\mathrm{NDI}_{\mathrm{Blue\&Red}}$ 为蓝光波段与红光波段的归一化值；Blue 为蓝光波段；Red 为红光波段；R_{Blue} 为蓝光波段的反射率值；R_{Red} 为红光波段的反射率值。根据 $\mathrm{NDI}_{\mathrm{Blue\&Red}}$ 来剔除淤泥滩，最终得到珊瑚礁信息。

5.4.3 三亚近岸珊瑚礁遥感监测与时空变化

利用遥感技术可以快速周期性地获取珊瑚礁空间分布范围信息。为了更快速、精确地提取珊瑚礁空间分布数据，这里基于 Sentinel-2 影像提出一种阈值分割提取方法来实现对珊瑚礁的空间分布信息的提取，并通过解译长时序的珊瑚礁分布信息来综合分析三亚近岸珊瑚礁的时空变化状况，以此更好地监测三亚近岸珊瑚礁长期以来的生长发育状况。基于上述阈值分割的处理流程获得的三亚近岸珊瑚礁的空间分布范围结果对其时空变化进行分析。

1. 珊瑚礁空间分布特征

根据图 5.38 可以看出，三亚近岸的浅海珊瑚礁主要分布在西玳瑁岛整个西侧沿岸及东南侧沿岸，东玳瑁岛西侧沿岸及东北侧沿岸，鹿回头半岛的西侧海湾沿岸及东侧海湾沿岸，大、小东海西侧，野猪岛的东侧及北侧等水域；在榆林湾沿岸有零星珊瑚礁分布；为了更直观地表征每个区域的珊瑚礁空间分布特征，利用标准差椭圆分别标示出各个珊瑚礁区域的空间分布走向，结果如图 5.38 所示。

1)东、西玳瑁岛区域

西玳瑁岛珊瑚礁沿岸集中分布在岛西侧、东侧及东南侧三个区域，如图 5.38(a)～图 5.38(c)所示，西侧及东南侧呈东北—西南走向，东侧呈偏西北—东南走向；西玳瑁岛东侧与西侧沿岸坡度缓和，滩面较宽，珊瑚礁分布有一定宽度；而东南侧沿岸滩面较窄，珊瑚礁空间分布也较窄。西玳瑁岛的西南侧较陡，几乎无滩面，没有形成珊瑚礁分布。

东玳瑁岛珊瑚礁集中分布在西侧沿岸及东侧沿岸。如图 5.38(d)和图 5.38(e)所示，西侧沿岸珊瑚礁分布为南北走向的条带状；东侧大致呈西北—东南走向分布。两侧珊瑚礁滩面均较宽。东玳瑁岛南侧坡度较陡，没有形成珊瑚礁分布。

2) 鹿回头半岛—榆林角区域

如图 5.38(f) 和图 5.38(g) 所示，鹿回头半岛的珊瑚礁集中分布在西侧海湾沿岸及小东海西侧沿岸，两处珊瑚礁均沿岸呈长条形分布，珊瑚礁空间分布呈东北—西南走向。鹿回头半岛西侧海湾沿岸珊瑚礁分布滩面较宽，是保护区内较为大型的珊瑚礁分布；小东海西侧沿岸珊瑚礁空间分布滩面北部较宽、南部狭长。鹿回头半岛南侧沿岸没有形成珊瑚礁分布。榆林湾沿岸有零星珊瑚礁分布，也主要集中在东西两侧岸边。

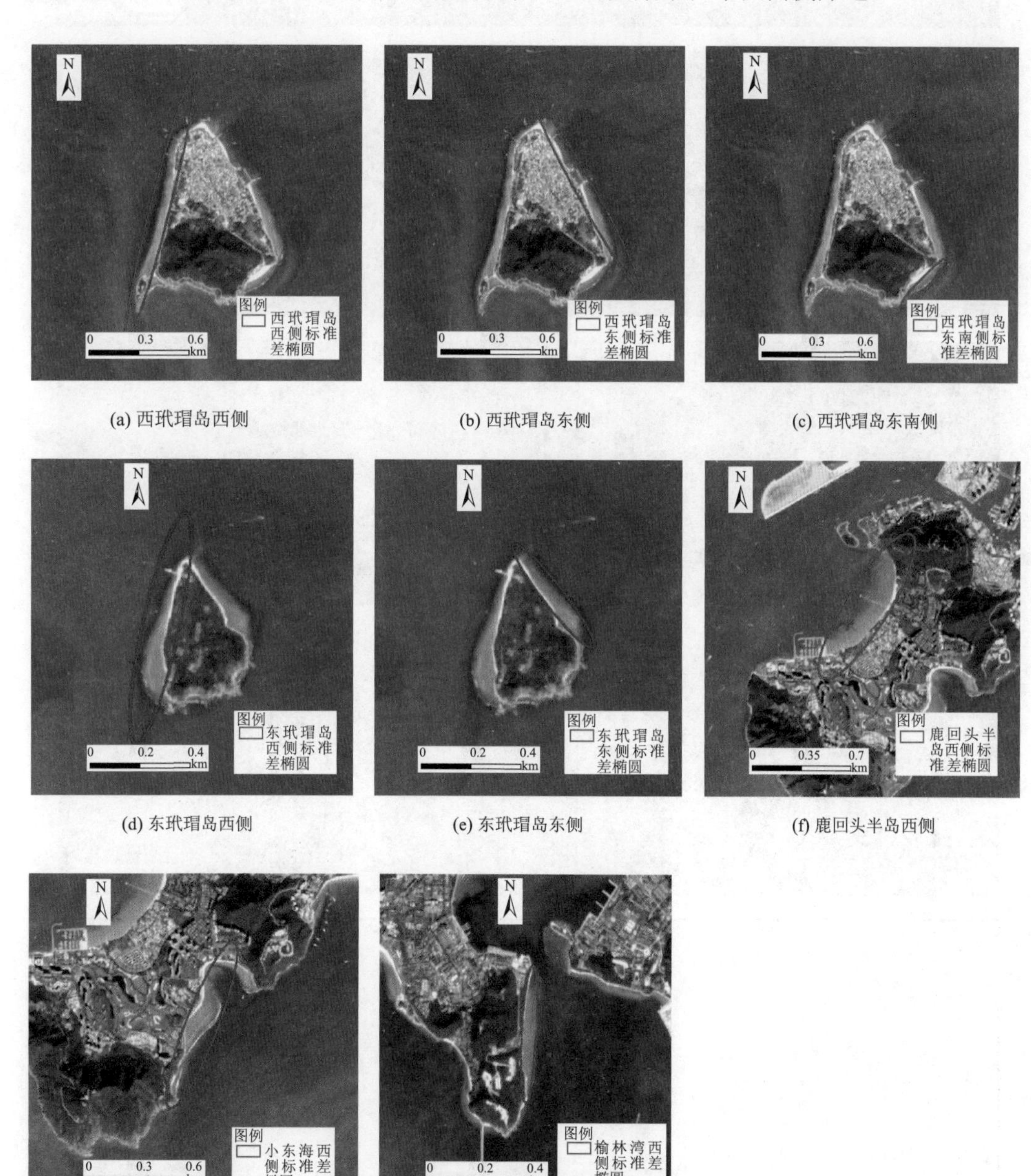

(a) 西玳瑁岛西侧　(b) 西玳瑁岛东侧　(c) 西玳瑁岛东南侧

(d) 东玳瑁岛西侧　(e) 东玳瑁岛东侧　(f) 鹿回头半岛西侧

(g) 小东海西侧　(h) 榆林湾西侧

图 5.38　三亚珊瑚礁方向分布图

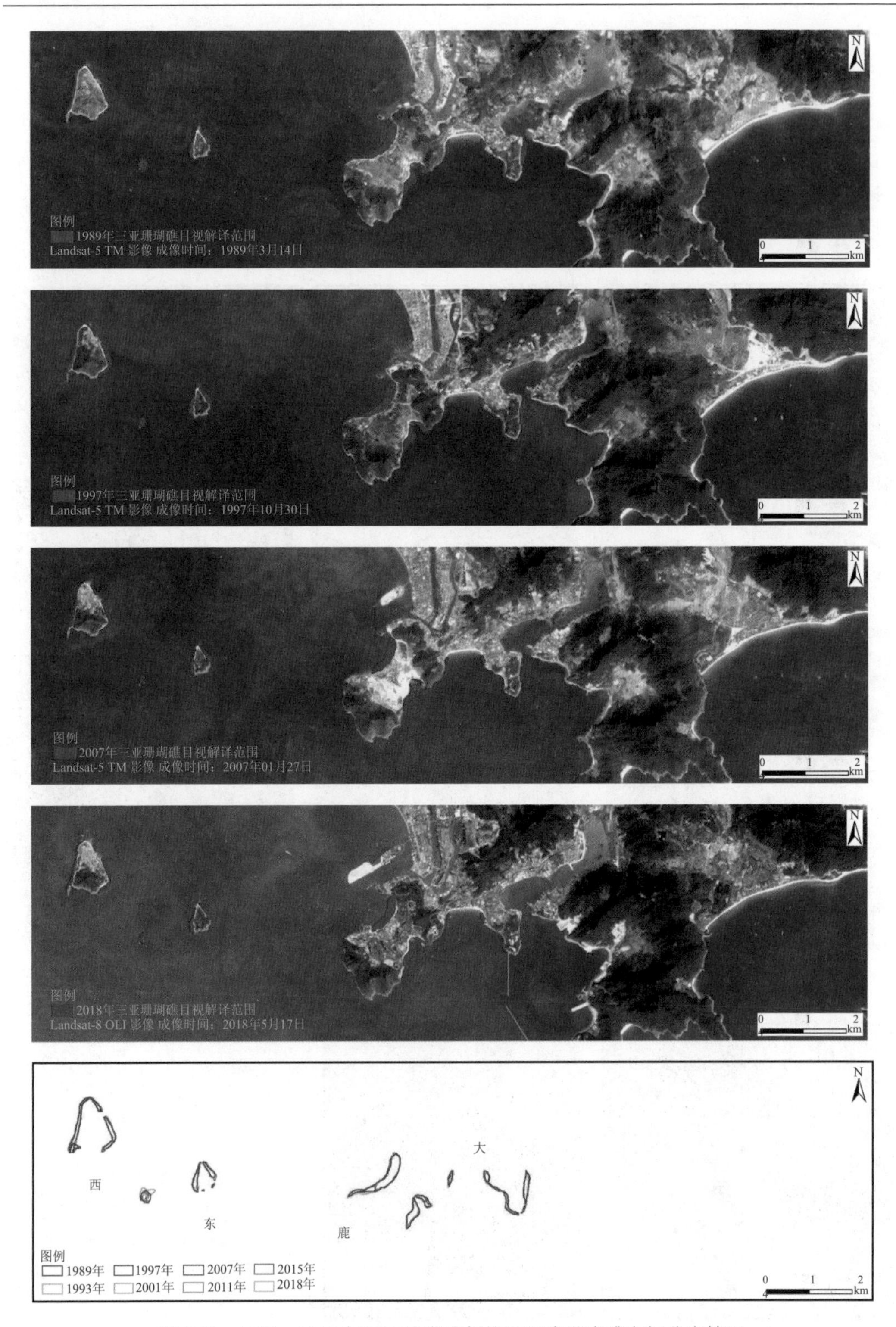

图 5.39　1989～2018 年三亚珊瑚礁保护区近岸珊瑚礁空间分布情况

3) 亚龙湾区域

亚龙湾片区的珊瑚礁主要分布在西排、东排及野猪岛东侧，东排及西排的珊瑚礁以软珊瑚为主，没有形成大面积连续的珊瑚礁分布，因此不进行分析。野猪岛珊瑚礁集中分布在西北侧与东南侧。

2. 珊瑚礁时间特征分析

由于Landsat系列卫星是目前数据量最丰富的，利用Landsat-5、Landsat-7及Landsat-8影像目视解译了1989～2018年三亚珊瑚礁国家级自然保护区的30年浅海珊瑚礁空间分布范围。结果如图5.39所示。

由图5.39可知，1989～2018年东西玳瑁岛珊瑚礁分布变化显示东玳瑁岛北侧和西玳瑁岛西南侧变化最明显，整体呈现逐年减少趋势。主要原因是东玳瑁岛北侧港口码头的修建，一方面破坏了原始珊瑚礁礁盘的完整性，另一方面港口人类活动影响珊瑚礁生长环境；鹿回头半岛榆林湾珊瑚礁分布变化显示，鹿回头半岛西侧南部珊瑚礁变化明显。鹿回头半岛西侧珊瑚礁覆盖面积减少的主要原因是南部帆船港的修建，以及人类活动的增加；1989～2018年野猪岛珊瑚礁分布变化显示，岛屿西南侧变化相对比较明显，但是由于野猪岛原生生态保护完好，人类活动较少，珊瑚礁整体变化不大。

参考文献

包萌. 2014. 近 40 年间海南岛海岸线遥感监测与变迁分析. 呼和浩特: 内蒙古师范大学.

毕京鹏, 张丽, 宋茜茜, 等. 2018. 1987–2017 年海南岛海岸线数据集. http://school.freekaoyan.com/bj/nao1/2022/01-02/16411190921536350.shtml[2021-09-15].

陈焕雄, 陈二英. 1985. 海南岛红树林分布的现状. 热带海洋, (3): 76-81, 95-96.

陈建裕, 毛志华, 张华国, 等. 2007. SPOT5 数据东沙环礁珊瑚礁遥感能力分析. 海洋学报(中文版), (3): 51-57.

程田飞, 周为峰, 樊伟. 2012. 水产养殖区域的遥感识别方法进展. 国土资源遥感, (3): 1-5.

初佳兰, 赵冬至, 张丰收, 等. 2008. 基于卫星遥感的浮筏养殖监测技术初探——以长海县为例. 海洋环境科学, 27(2): 35-40.

褚忠信, 翟世奎, 孙革, 等. 2006. 遥感监测的黄河三角洲平原水库及水产养殖场面积变化. 海洋科学, 30(8): 10-12.

丁式江, 宋宏儒, 丁波. 2004. 用TM影像分析海南岛西部海岸线变迁. 武汉: 全国国土资源与环境遥感技术应用交流会.

段景颐. 2019. 珊瑚礁白化危机. 大自然探索, (11): 25-31.

段依妮, 滕骏华, 蔡文博. 2016. 基于潮位观测的三亚湾海岸侵蚀遥感提取与分析. 海洋预报, 33(3): 57-64.

范航清. 2005. 保护和发展我国红树林——海啸和台风暴潮得启示. 南方国土资源, 10: 18-20.

范志杰, 宋春印. 1995. 近海水产养殖与环境管理. 海洋开发与管理, (1): 47-51.

方中祥, 李国庆, 冯龙. 等. 2016. 胶州湾湿地景观格局变化特征. 湿地科学, 14(2): 276-281.

高亮明, 李炎, 钟硕良, 等. 2014. 东山湾海水养殖布局变化的遥感研究. 海洋学研究, 32(4): 35-42.

高义, 苏奋振, 周成虎, 等. 2011. 基于分形的中国大陆海岸线尺度效应研究. 地理学报, 66(3): 331-339.

宫鹏, 牛振国, 程晓, 等. 2010. 中国 1990 和 2000 基准年湿地变化遥感. 中国科学:地球科学, 40(6):768-775.
顾智, 贾培宏, 李功成, 等. 2016. 基于 Canny 算子的海南陵水双潟湖岸线提取技术. 第四纪研究, 35(1): 113-120.
国家海洋局南海分局. 2017. 2016 年南海区海洋环境状况公报. http://scs. mnr. gov. cn/ scsb/gbytj/201706/8f92b735703b4dac816c571ed3d08a24. shtml[2017-06-20].
海南省林业科学研究所. 2016. 海南清澜红树林省级自然保护区罗豆分区范围和功能区划调整论证报. https://max.book118.com/html/2019/0317/7062132024002014.shtm[2021-06-25].
海南省政协人口资源环境委员会. 2005. 关于加强三亚珊瑚礁生态资源保护的建议. http://www. hainan. gov. cn/zxtadata-934. html[2005-03-28].
韩淑梅. 2012. 海南东寨港红树林景观格局动态及其驱动力研究. 北京: 北京林业大学.
韩新, 曾传智. 2009. 清澜港(八门湾)自然保护区红树林调查. 热带林业, 37(2): 50-51.
郝斌飞, 韩旭军, 马明国, 等. 2018. Google Earth Engine 在地球科学与环境科学中的应用研究进展. 遥感技术与应用, 33(4): 600-611.
侯西勇, 毋亭, 侯婉, 等. 2016. 20 世纪 40 年代初以来中国大陆海岸线变化特征. 中国科学:地球科学, 46(8): 1065-1075.
胡杰龙, 辛琨, 李真, 等. 2016. 海南东寨港红树林保护区碳储量及固碳功能价值评估. 湿地科学, 13(3): 338-343.
胡涛. 2016. 深圳湾红树林健康评价与结构调控后自然恢复状况的研究. 深圳: 深圳大学.
黄其泉, 王立华. 2002. 遥感技术在水产养殖规划中的应用研究. 中国渔业经济, (5): 27-28.
黄帅, 宋开宏, 罗菊花, 等. 2017. 基于梯度变换的浅水湖泊围网区遥感提取算法. 湖泊科学, 29(2): 490-497.
黄星, 辛琨, 王薛平, 等. 2015. 基于斑块的东寨港红树林湿地景观格局变化及其驱动力. 应用生态学报, 26(5): 1510-1518.
霍艳辉, 朱岚巍, 张少宇, 等. 2019. 1987–2018 年儋州湾和三亚珊瑚礁国家级自然保护区浅海珊瑚礁分布数据集. 中国科学数据, 4(2): 22-34.
贾明明. 2014. 1973～2013 年中国红树林动态变化遥感分析. 北京: 中国科学院大学.
雷新明, 练健生, 杨剑辉, 等. 2018. 三亚珊瑚礁保护区珊瑚礁生态系统现状及其健康状况评价. 生物多样性, 26(3): 8.
李超. 2010. 浅谈文昌市清澜港红树林湿地生态系统存在问题和发展对策. 热带林业, 38(4): 4-6.
李刚, 万荣胜, 陈泓君, 等. 2018. 海南岛南部海岸线变迁及其成因. 海洋地质前沿, (1): 48-54.
李新国, 江南, 杨英宝, 等. 2006. 太湖围湖利用与网围养殖的遥感调查与研究. 海洋湖沼通报, (1): 93-99.
梁超, 黄磊, 崔松雪, 等. 2015. 近 5 年三亚海岸线变化研究. 海洋开发与管理, (5): 43-45.
廖宝文, 张乔民. 2014. 中国红树林的分布、面积和树种组成. 湿地科学, (4): 435-440.
刘百桥, 孟庆伟, 赵建华, 等. 2015. 中国大陆 1990–2013 年海岸线资源开发利用特征变化. 自然资源学报, 30(12): 2033-2044.
刘尊雷, 张寒野, 袁兴伟, 等. 2018. 基于遥感影像的江西省水体资源和水产养殖结构空间异质性分析. 自然资源学报, 33(10): 1833-1846.
卢业伟, 李强子, 杜鑫, 等. 2015. 基于高分辨率影像的近海养殖区的一种自动提取方法. 遥感技术与应用, 30(3): 486-494.

罗丹, 李正会, 王德智, 等. 2013. 海口市东寨港红树林面积动态变化分析. 农村经济与科技, 24(2): 97-99.

马艳娟, 赵冬玲, 王瑞梅, 等. 2010. 基于 ASTER 数据的近海水产养殖区提取方法. 农业工程学报, 26(s2): 120-124.

莫燕妮, 庚志忠, 王春晓. 2002. 海南岛红树林资源现状及保护政策, 热带林业, 30(1): 46-50.

潘艳丽, 唐丹玲. 2009. 卫星遥感珊瑚礁白化概述. 生态学报, 29(9): 5076-5080.

彭自然, 陈立婧, 王武. 2010. 长江中下游浅水湖泊水产养殖污染现状与对策. 安徽农业科学, 38(9): 6467-6468, 6621.

邱明红, 王丽荣, 丁冬静, 等. 2016. 台风"威马逊"对东寨港红树林灾害程度影响因子分析. 生态科学, 35(2): 118-122.

任军方, 翁春雨, 张浪. 2015. "威马逊"台风对海南城市园林树木的影响及对策, 现代园艺, (15): 99-101.

苏奋振. 2015. 海岸带遥感评估. 北京: 科学出版社.

隋燕, 张丽, 穆晓东, 等. 2018. 海南岛海岸线变迁遥感监测分析. 海洋学研究, 36(2): 36-43.

隋燕. 2018. 基于遥感的海南岛近 30 年海岸线时空变迁监测与分析. 青岛: 山东科技大学.

孙丽娥. 2013. 浙江省海岸线变迁遥感监测及海岸脆弱性评估研究. 青岛: 国家海洋局第一海洋研究所.

孙伟富, 马毅, 张杰, 等. 2011. 不同类型海岸线遥感解译标志建立和提取方法研究. 测绘通报, 3: 41-44.

孙晓宇, 苏奋振, 周成虎, 等. 2010. 基于 RS 与 GIS 的珠江口养殖用地时空变化分析. 资源科学, 32(1): 71-77.

孙艳伟, 廖宝文, 管伟, 等. 2015. 海南东寨港红树林急速退化的空间分布特征及影响因素分析. 华南农业大学学报, 36(6): 111-118.

陶列平, 黄世满. 2004. 海南省三亚地区红树林植物资源与群落类型的研究. 海南大学学报(自然科学版), 22(1): 70-74.

陶明刚. 2006. Landsat-TM 遥感影像岸线变迁解译研究——以九龙江河口地区为例. 水文地质工程地质, 33(1): 107-110.

田会波, 印萍, 贾永刚. 2016. 万宁东部海岸侵蚀现状及原因分析. 海洋环境科学, 35(5):718-724.

王军广, 王鹏, 伏箫诺, 等. 2018. 东寨港红树林湿地沉积物-植物体系重金属的分布与富集特征. 华南农业大学学报, 31(3): 611-618.

王丽荣, 李贞, 蒲杨婕, 等. 2011. 海南东寨港、三亚河和青梅港红树林群落健康评价. 热带海洋学报, 30(2): 81-86.

王蒙蒙, 李国庆, 刘逸洁, 等. 2017. 近 20 年来山东半岛东部海水养殖水面的动态变化. 应用海洋学学报, 36(3): 319-326.

王树功, 郑耀辉, 彭逸生, 等. 2010. 珠江口淇澳岛红树林湿地生态系统健康评价. 应用生态学报, 21(2): 391-398.

王胤, 左平, 黄仲琪, 等. 2006. 海南东寨港红树林湿地面积变化及其驱动力分析. 四川环境, 25(3): 44-49.

魏东岚, 曹晓晨. 2015. Matlab 平台下遥感影像的北方岸线提取研究——以大连长兴岛为例. 测绘通报, (5): 80-83.

毋亭. 2016. 近 70 年中国大陆岸线变化的时空特征分析. 烟台: 中国科学院烟台海岸带研究所.

吴季秋. 2012. 基于 CA-Markov 和 InVEST 模型的海南八门湾海湾生态综合评价. 海口: 海南大学.
吴培强, 张杰, 马毅, 等. 2013. 近 20a 来我国红树林资源变化遥感监测与分析. 海洋科学进展, 31(3): 406-414.
吴岩峻, 张京红, 田光辉, 等. 2006. 利用遥感技术进行海南省水产养殖调查. 热带作物学报, 27(2): 108-111.
武易天, 陈甫, 马勇, 等. 2018. 基于 Landsat8 数据的近海养殖区自动提取方法研究. 国土资源遥感, 30(3): 96-105.
夏东兴. 2014. 海岸带地貌学. 北京: 海洋出版社.
谢瑞红. 2007. 海南岛红树林资源与生态适宜性区划研究. 海口: 华南热带农业大学.
辛建荣, 唐惠良, 陈水雄. 2011. 海南海岸带旅游开发及环境问题与可持续发展. 热带农业科学, 31(9): 82-86.
辛琨, 黄星. 2009. 海南东寨港红树林景观变化与原因分析. 湿地科学与管理, 5(2): 56-57.
辛欣, 宋希强, 雷金睿, 等. 2016. 海南红树林植物资源现状及其保护策略. 热带生物学报, 7(4): 477-483.
徐蒂, 廖宝文, 朱宁华, 等. 2014. 海南东寨港红树林退化原因初探. 生态科学, 33(2): 294-300.
徐涵秋. 2005. 利用改进的归一化差异水体指数(MNDWI)提取水体信息的研究. 遥感学报, 9(5): 589-595.
徐晓然. 2018. 海南省八门湾红树林湿地近 50 年来动态变化分析. 海口: 海南师范大学.
许宁, 高志强, 宁吉才. 2016. 基于分形维数的环渤海地区海岸线变迁及成因分析. 海洋学研究, 34(1): 45-51.
薛杨, 杨众养, 王小燕, 等. 2014. 海南省红树林湿地生态系统服务功能价值评估. 亚热带农业研究, 10(1): 41-47.
杨英宝, 江南, 殷立琼, 等. 2005. 东太湖湖泊面积及网围养殖动态变化的遥感监测. 湖泊科学, 17(2): 133-138.
姚晓静, 高义, 杜云艳, 等. 2013. 基于遥感技术的近 30a 海南岛海岸线时空变化. 自然资源学报, 28(1): 114-125.
姚轶锋, 廖文波, 宋晓彦, 等. 2010. 海南三亚铁炉港红树林资源现状与保护. 海洋通报, 29(2): 150-155.
余克服. 2012. 南海珊瑚礁及其对全新世环境变化的记录与响应. 中国科学: 地球科学, 42(8): 1160-1172.
张乔民, 余克服, 施祺, 等. 2006. 中国珊瑚礁分布和资源特点. 北京: 中国科学技术协会.
张怡, 李晓敏, 马毅, 等. 2014. 基于遥感的珠江口海岸线变迁分析. 海洋测绘, 34(3): 52-55.
章恒. 2015. 海南岛近 30 年红树林变化遥感监测及驱动力分析. 北京: 中国科学院大学.
赵静. 2016. 球珊瑚礁白化现象严重. 生态经济, (8): 4.
赵美霞, 余克服, 张乔民, 等. 2010. 近 50 年来三亚鹿回头岸礁活珊瑚覆盖率的动态变化. 海洋与湖沼, 41(3): 440-447.
甄佳宁, 廖静娟, 沈国状. 2019. 1987 年以来海南省清澜港红树林变化的遥感监测与分析. 湿地科学, 17(1): 44-51.
中国水利学会围涂开发委员会. 2000. 中国围海工程. 北京: 中国水利水电出版社.
周彦伶. 2012. 浅谈海南红树林的现状及保护. 海南广播电视大学学报, 13(4): 155-158.

周祖光. 2004. 海南珊瑚礁的现状与保护对策. 海洋开发与管理, (6): 48-51.

朱耀军, 郭志华, 郭菊兰, 等. 2013. 清澜港湾红树林景观变化过程及周边土地利用/覆盖动态. 林业科学, 49(5): 169-175.

朱长明, 张新, 骆剑承, 等. 2013. 基于样本自动选择与 SVM 结合的海岸线遥感自动提取. 国土资源遥感, 25(2): 69-74.

庄大方, 刘纪远. 1997. 中国土地利用程度的区域分异模型研究. 自然资源学报, (2): 105-111.

邹亚荣, 梁超, 朱海天. 2012. 基于 QuickBird 影像上珊瑚礁发育状况监测实验研究. 海洋学报(中文版), 34(2): 57-62.

Barua P, Rahman S H. 2019. Sustainable livelihood of vulnerable communities in southern coast of bangladesh through the utilization of mangroves. Asian Journal of Water, Environment and Pollution, 16(1): 59-67.

Capili E B, Ibay A, Villarin J. 2005. Climate Change Impacts and Adaptation on Philippine Coasts. Washington DC: Oceans.

Chandra G. 2016. Observation and monitoring of mangrove forests using remote sensing: Opportunities and challenges. Remote Sensing, 8(9): 783.

Chen B, Xiao X, Li X, et al. 2017. A mangrove forest map of China in 2015: Analysis of time series Landsat 7/8 and Sentinel-1A imagery in Google Earth Engine cloud computing platform. ISPRS Journal of Photogrammetry and Remote Sensing, 131: 104-120.

Fu Y, Deng J, Ye Z, et al. 2019. Coastal aquaculture mapping from very high spatial resolution imagery by combining object-based neighbor features. Sustainability, 11(3): 637.

Ke C, Zhang D, Wang F, et al. 2011. Analyzing coastal wetland change in the Yancheng National Nature Reserve, China. Regional Environmental Change, 11(1): 161-173.

Kuleli T, Guneroglu A, Karsli F, et al. 2011. Automatic detection of shoreline change on co astal Ramsar wetlands of Turkey. Ocean Engineering, 38(10): 1141-1149.

Liao J, Zhen J, Zhang L, et al. 2019. Understanding dynamics of mangrove forest on protected areas of Hainan Island, China: 30 years of evidence from remote sensing. Sustainability, 11: 5356.

Makowski C, Finkl C W. 2018. Erratum to: Threats to Mangrove Forests// Makowski C, Finkl C. Threats to Mangrove Forests. Coastal Research Library, vol 25. Springer, Cham.

McFEETERS S K. 1996. The use of the Normalized Difference Water Index (NDWI) in the delineation of open water features. International Journal of Remote Sensing, 17(7): 1425-1432.

Mittal H, Saraswat M. 2008. An optimum multi-level image thresholding segmentation using non-local means 2D histogram and exponential Kbest gravitational search algorithm. Engineering Applications of Artificial Intelligence, 71: 226-235.

Moberg F, Rönnbäck P. 2003. Ecosystem services of the tropical seascape: Interactions, substitutions and restoration. Ocean and Coastal Management, 46(1-2): 27-46.

Pastor-Guzman J, Dash J, Atkinson P M. 2018. Remote sensing of mangrove forest phenology and its environmental drivers. Remote Sensing of Environment, 205: 71-84.

Primavera J H. 2006. Overcoming the impacts of aquaculture on the coastal zone. Ocean & Coastal Management, (49): 531-545.

Ren C Y, Wang Z M, Zhang B, et al. 2018. Remote monitoring of expansion of aquaculture ponds along coastal region of the Yellow River Delta from 1983 to 2015. Chinese Geographical Science, 28(3): 430-442.

Rogers A, Harborne A R, Brown C J, et al. 2015. Anticipative management for coral reef ecosystem services in the 21st century. Global Change Biology, 21: 504-514.

Sakamoto T, Phung C V, Kotera A, et al. 2009. Analysis of rapid expansion of inland aquaculture and triple rice-cropping areas in a coastal area of the Vietnamese Mekong Delta using MODIS time-series imagery. Landscape and Urban Planning, 92(1): 34-46.

Santra A, Mitra D, Mitra S. 2011. Spatial modeling using high resolution image for future shoreline prediction along junput coast, West Bengal, India. Geo-spatial Information Science, 14(3): 157-163.

Satapathy S C, Sri M R N, Rajinikanth V, et al. 2016. Multi-level image thresholding using Otsu and chaotic bat algorithm. Neural Computing & Applications, 29: 1-23.

Seto K C, Fragkias M. 2007. Mangrove conversion and aquaculture development in Vietnam: A remote sensing-based approach for evaluating the Ramsar Convention on Wetlands. Global Environmental Change, 17(3): 486-500.

Shahbudin S, Zuhairi A, Kamaruzzaman B Y. 2012. Impact of coastal development on mangrove cover in Kilim river, Langkawi Island, Malaysia. Journal of Forestry Research, 23(2): 185-190.

Sheik M, Chandrasekar N. 2011. A shoreline change analysis along the coast between Kanyakumari and Tuticorin, India, using digital shoreline analysis system. Geo-spatial Infmor ation Science, 14(4): 282-293.

Srivastava P K, Mehta A, Gupta M, et al. 2015. Assessing impact of climate change on Mundra mangrove forest ecosystem, Gulf of Kutch, western coast of India: A synergistic evaluation using remote sensing. Theor. Appl. Climatol., 120: 685-700.

Tang W, Zheng M, Zhao X, et al. 2018. Big geospatial data analytics for global mangrove biomass and carbon estimation. Sustainability, 10(2): 472.

UNDP-GEF. 2013. Strengthening the management effectiveness of the wetland protected area system in Hainan for conservation of globally significant biodiversity. https://info. undp. org/docs/pdc/Documents/CHN/Hainan%20Prodoc%20signed-82277. Pdf [2019-06-27].

Wang L, Jia M, Yin D, et al. 2019. A review of remote sensing for mangrove forests: 1956-2018. Remote Sensing of Environment, 231: 111223.

Wu T, Hou X, Xu X. 2014. Spatio-temporal characteristics of the mainland coastline utilizati on degree over the last 70years in China. Ocean & Coastal Management, 98: 150-157.

第6章　海南农业遥感应用

海南地处我国最南端，热带海洋季风气候，光温充足，物种资源十分丰富，素有“天然大温室”的美誉。优越的自然条件使农业成为海南的基础产业、支柱产业、优势产业。借助航天遥感技术，可以通过作物光谱特征及纹理特征进行作物识别，对农作物长势情况进行遥感观测和评估。目前，我国高分系列卫星不断发展及商用卫星的增多丰富了遥感影像数据的类型，同时也提高了空间分辨率，为农业信息精准监测提供了高清的数据基础，将大数据与农业产业规划模型、种植识别模型、长势监测模型、产量预估模型、灾害监测模型等有机融合，构建农作物生长全程精准监测决策模型，将为农业产业提供智能化、多元化的服务，这将是推动农业产业转型升级的有效手段。

智慧农业方面，依托遥感等空间技术，可以为绿色农产品动态监测、有机认证提供关键技术，保障农民从种得好到卖得好的转变。而通过未来的互联网+遥感+物联网的农业信息精准服务平台，还能实现省、市县、农场、地块的作物分类、长势与灾害定量监测，不仅为农户提供个性化农业信息的精细服务，也为政府、民政、财政、农业等部门的宏观管理、农业补贴发放、灾害救援提供了科学依据。

6.1　海南农业发展现状与基本特征

应用农业遥感技术进行监测获得高精度光谱数据，根据分析可以得出不同种植作物的空间分布、种植面积、作物长势以及产量预测等，同时也能测量作物地表水分含量、叶片氮元素的含量以及田间病虫害发生情况等。可对收集到的数据进行模型构建，而后根据作物的实际生长情况，能有效地指导农民进行灌溉和施肥等农事操作，降低生产成本。

6.1.1　海南农业发展现状

海南省地处中国最南端，四季常绿，是我国最重要的天然橡胶生产基地、农作物种子南繁基地、无规定动物疫病区和热带农业基地。农业是海南经济的基础产业、支柱产业和优势产业。海南地处我国最南端，属于热带海洋季风气候，光温充足，光合潜力大，物种资源十分丰富，是发展热带特色高效农业的黄金宝地。全省的土地总面积为353.54万hm^2，占全国热带和亚热带土地面积的42.5%，其中耕地面积为76.9万hm^2，占全省陆地总面积的21.8%。全省总人口817.8万人，其中农业人口560万人，占总人口的68.5%。近年来，海南省贯彻实施“一省两地”发展战略，不断强化农业的基础地位、首要地位和支柱地位，以市场为导向，以资源为依托，积极推进农业和农村经济结构的战略性调整，大力发展市场农业、绿色农业和科技农业，推进农业产业化经营，不断提高农业整体素质，农业经济快速发展。

优势产业发展情况独特的自然资源和良好的生态环境决定了海南农业的多元结构和鲜明特色。相对于全国而言，海南农业的优势和特色产业分为六大类。

一是冬季瓜菜。海南冬季瓜菜具有得天独厚的优势，光温足、成本低、品质优。全年瓜菜种植面积为 321.58 万亩，总产 448.7 万 t，是农民收入的主要来源之一。冬季瓜菜有 80%以上销往国内 50 多个大中城市，也有部分出口香港及国外等地区。

二是热带水果。热带水果是近年来增长速度较快、发展潜力较大的优势产业之一。海南的水果种类繁多，有香蕉、芒果、菠萝、菠萝蜜、荔枝、龙眼、杨桃、绿橙、莲雾等。全省的水果种植面积为 254.61 万亩，总产量为 187.85 万 t。其中芒果种植面积及产量居全国第一位。

三是热带经济作物。热带作物是海南农业一大特色，主要品种有橡胶、椰子、槟榔、胡椒、咖啡等。全省年热带作物总面积为 789.23 万亩。其中椰子、槟榔、胡椒等经济作物的产量占全国总产量的绝大部分。

四是畜牧业。海南岛四面环海，形成天然的防疫屏障，发展畜牧业优势突出，特色明显。文昌鸡、嘉积鸭、东山羊、临高乳猪誉满岛内外。特别是随着无规定动物疫病区建设和防疫监测体系的不断完善，不仅成功控制了高致病性禽流感等重大动物疫情的传入和发生，捍卫了海南“无疫区、健康岛”的品牌，而且有力地推动了全省畜牧业的快速发展。

五是南繁制种业。海南是全国的南繁制种基地，每年都有来自全国各地的 5000 多名制种专家和科研人员，前来开展种子繁育、加代、鉴定和科研生产活动，为全国种子改良和更新换代做出积极贡献。

六是农产品加工业。海南省特色农产品种类较多，并具有一定的生产规模。但是加工规模小，加工水平有待提高。因此，热带特色的农产品加工业发展市场广阔，潜力巨大。

6.1.2　海南农业遥感应用现状与需求分析

遥感技术具有获取丰富信息、覆盖范围较广以及多分辨率和多平台的优势，在农情信息获取方面具有广泛应用。海南农业遥感主要应用于热带农作物识别与提取，农业灾害遥感监测，热带农作物的长势、面积、产量等监测。

当前研究农作物种植信息主要利用遥感技术进行作物的分类实现种植信息的提取。国内外学者利用遥感技术提取作物的种植信息的研究已经取得了很多成果。徐翔燕等（2019）基于高分一号（GF-1）卫星数据，选择原始波段和归一化植被指数（NDVI）等光谱特征结合主成分特征构成特征集，利用决策树构建分类模型，研究结果表明，利用决策树方法可以有效地实现红枣面积的提取；任传帅等（2017）利用高分辨率的 SPOT-6 卫星数据，选取植被覆盖度和坡度因子，利用面向对象的方法实现了芒果种植信息的提取；Zhang 和 Lin（2019）利用 Landsat-8 OLI 时间序列与物候参数的融合数据，采用面向对象的算法实现多云雨地区的水稻种植面积的提取，且该方法能提供高精度的水稻分布图，总体精度达到 92.38%；李明等（2018）利用无人机获取的 RGB 图像，建立了二分类的 Logistic 回归模型，实现水稻种植面积的提取；Shen 等（2015）提出一种基于中等分辨率的 MSR 卫星影像与无人机技术结合进行空间采样的方法，以随机分层采样的方法实现农作物种植面积的估算。

目前海南岛甚至我国的病虫害监测、预报、防控体系相对传统，多在“点”上开展工作，缺乏大范围的病虫测报手段，极容易造成病虫害漏防成灾和防控效率低下等问题。遥感技术作为目前唯一能在大范围内快速获取空间连续地表信息的手段，其在作物估产、品质预报和病虫害等多个方面已有不同程度的研究和应用。借助遥感探测技术，国内外学者针对作物主要病虫害的监测及预警方法开展了系列研究并积累了一些有价值的方法和模型，主要工作集中在病虫害敏感光谱特征提取以及生境监测等方面。然而，目前作物病虫害遥感监测和预报机制性偏弱，模型的系统性和标准化程度较低，通用性较差，无法实现区域化、规模化和业务化应用，迫切需要发展针对海南热带作物病虫害的遥感监测方法与模型，尤其发展基于高分辨率影像的监测方法与模型。此外，由于海南多云多雨的气候特点，卫星遥感容易被云雾遮挡，往往无法获取清晰的影像，并且获取影像的周期性也较长；而无人机遥感可以弥补卫星遥感这一不足，其获取的影像同时也具有较高的分辨率；因此，协同卫星与无人机遥感进行海南地区农作物重大病虫害监测也是未来的发展趋势。

另外，传统的病虫害地面人工防治操作一天约十多亩。近年来新型无人机农业植保行业逐渐兴起，其无论是在效率上还是在经济上均显著优于传统植保方式，无人机每天可喷洒 600 余亩，同时每亩仅需要 1L 左右的药液，相比于其他方式可减少 50%以上，还不受地形限制，且操控人员远离施药区域，避免了农药中毒风险。无人机高效、安全、便利的特点，使其在农业植保领域备受关注。未来，将病虫害遥感监测和专题图生成技术与无人机定量的精准喷药技术结合，进行病虫害定位定量防治，在农业生产和环境保护上具有极其重要的作用和广阔的应用前景。

卫星遥感、无人机侦测、地面传感技术等信息获取技术的快速发展，使得农田信息获取正在从传统耗时费力的测试化验转向遥感和物联网传感等技术的现代化信息获取模式，为天空地一体化害虫监测预警提供了可能。

6.2　海南农业遥感研究及应用典型案例分析

6.2.1　典型农作物遥感识别与提取研究

近年来，黄化病等病害的影响导致槟榔的种植面积和产量都大幅度减少。槟榔作为海南省的支柱产业之一，其产量的减少给全省槟榔种植户造成了巨大的经济损失。因此，利用科学的方法及时、准确地提取海南地区槟榔的种植面积，并把握槟榔种植面积的动态变化对海南地区槟榔种植以及槟榔产业的发展至关重要。利用遥感技术进行槟榔的种植面积提取，可为海南省热带经济作物的宏观决策提供基础与依据。针对海南省具有多云多雨且获取清晰的卫星影像较为困难的特点，本节选取具有高分辨率、全覆盖能力的商用 Planet 卫星获取海南省万宁市北大镇的卫星影像，进行槟榔种植面积提取研究。从 Planet 高分辨率卫星影像中提取了光谱波段和植被指数等光谱特征以及具有空间信息的纹理特征，利用随机森林算法(RF)进行特征优化，以全部特征变量和优化后的特征子集为输入，分别构建支持向量机(SVM)、后向传播神经网络(BPNN)和 RF 算法的分类模型。通过精度评价分析 RF 特征优化对槟榔种植面积提取精度的影响，并对多种方法的分类精度进行对比论证，得到最优的槟榔种植信息提取方法。具体分析过程如下。

1. 野外实验与数据获取

1) 研究区概况

研究区位于海南省万宁市北大镇(110°23′～110°40′E，18°86′～19°01′N)，面积约 276km^2(图 6.1)。研究区属于热带季风气候，年平均气温为 23.6℃，月平均气温为 18.7～28.5℃，年降水量约 2200cm，年日照时数 1800 多小时。海南省是我国最大的槟榔产区，而万宁市是海南省的最大槟榔种植市县。据调查统计，2018 年万宁种植面积达 18138 hm^2，占海南总种植面积的 16.5%。研究区所在的北大镇是万宁市槟榔的主要种植区。该镇还种植橡胶、菠萝和荔枝等经济作物。

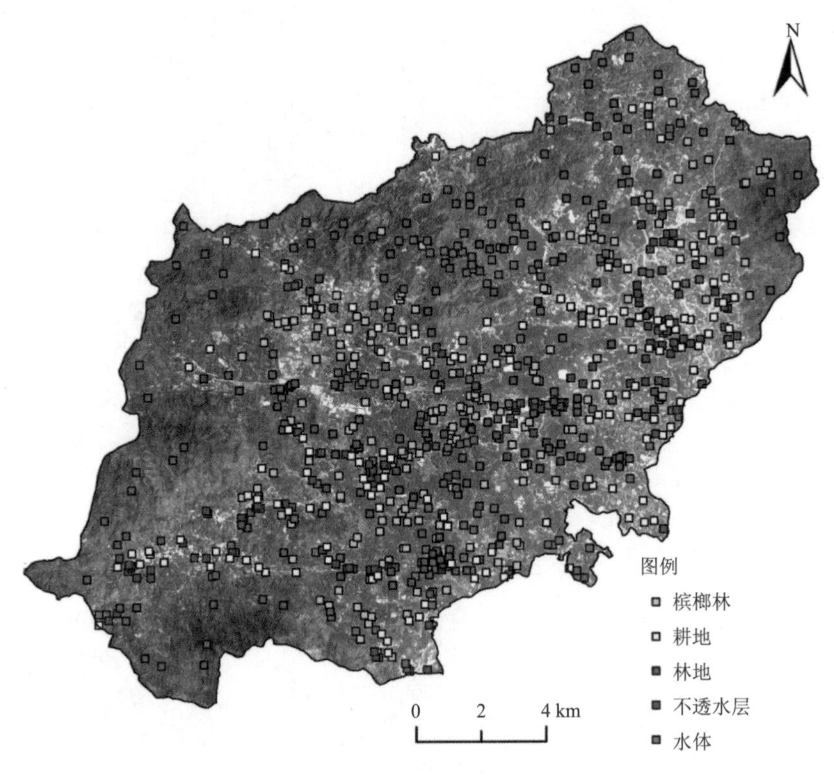

图 6.1 研究区地理位置图

2) Planet 卫星影像数据获取

海南地区地物类型复杂多样，植被终年常绿，地块破碎化程度高且面积小，导致中分辨率影像往往无法满足高精度的果林信息提取和变化监测的需求，因此本节选取可实现全天时、全天候对地观测的高分辨率 Planet 卫星影像，开展区域尺度的槟榔种植面积提取以及槟榔黄化病监测研究。

Planet 影像是由 Planet 公司所获取的，Planet 公司是世界上在轨卫星最多的公司，目前有 170 余颗在轨卫星，是世界上唯一具有全球高分辨率、高频次和全覆盖能力的商用遥感卫星，具有数据覆盖效率高和影像自主覆盖等特点，可实现全天时、全天候的对地观测。作为全球最大的微小卫星群，Planet 能频繁、广泛地获取地球影像，有力地支持各行各业的应用需求，尤其是在主要农作物旱情监测、植物病虫害监测和森林砍伐监测等领域广泛应用。本节选择 2019 年 3 月 21 日的 Planet 卫星影像数据，影像清晰无云，且质量较好，卫星影像的空间分辨率为 3m，并包含蓝、绿、红和近红外 4 个光谱波段，Planet 卫星及传感器具体参数信息如表 6.1 所示。

表 6.1 Planet 卫星主要参数

<table>
<tr><th>项目</th><th>参数值</th><th>项目</th><th>参数值</th></tr>
<tr><td>轨道高度</td><td>400 km(国际空间站轨道)
475 km(太阳同步轨道)</td><td>轨道倾角</td><td>52°（国际空间站轨道）
98°（太阳同步轨道）</td></tr>
<tr><td rowspan="3">光谱波段</td><td rowspan="3">Band1:蓝(455～515 nm)
Band2:绿(500～590 nm)
Band3:红(590～670 nm)
Band4:近红(780～860 nm)</td><td>空间分辨率</td><td>3～4 m</td></tr>
<tr><td>传感器类型</td><td>Bayer 滤镜 CCD 相机</td></tr>
<tr><td>幅宽</td><td>24.6 km×16.4 km</td></tr>
</table>

3) 地面样点数据采集

研究区主要地表覆盖类型包括林地、耕地、水体、不透水层等。其中，林地主要包括一些常绿阔叶林、槟榔林等；耕地以水田和旱地为主，多以轮作方式进行种植；水体主要包括河流、湖泊和池塘；不透水层主要为城镇村及工矿用地、水利建设用地和交通运输用地。本节主要通过实地调查获取地面样点数据，并以 Google Earth 中的高分辨率影像为辅助，共选取了 5 类地物，包括水体、不透水层、林地、耕地和槟榔林，5 类地物共选取了 850 个样本，每类地物选取的样本数不低于 100，其中 70%作为训练样本，30%作为验证样本。

2. 初始特征空间构建

1) 光谱特征选取

本节共选取了光谱波段和植被指数共 9 种初选光谱特征，如表 6.2 所示。光谱波段是遥感影像提取地物信息的重要指标。Planet 影像有 4 个波段，包括 3 个可见光波段和 1 个近红外波段。其中，蓝波段易受土壤背景等因素的影响，在土壤与植被的区分中作用较大；绿波段对不同植物的类别较为敏感，可用于植被类型间的区分；红波段是叶绿素的主要吸收波段，是反映植株活力状况的重要指标。近红外波段能够去除气溶胶、薄云等大气的影响，并且能反映植被的长势以及植被的覆盖度。

对于植被指数的选取，笔者考虑了研究区典型地物类型的种植特性，共选取了 5 个植被指数，包括差值植被指数(difference vegetation index，DVI)、修改型土壤调整植被指数(modified soil adjusted vegetation index，MSAVI)、归一化植被指数(normalized difference vegetation index，NDVI)、比值植被指数(ratio vegetation index，RVI)和土壤亮度指数(soil brightness index，SBI)作为初选光谱指数特征。其中，DVI 对土壤背景的变化极为敏感，能较好地识别植被和水体。MSAVI 能够反映土壤背景因素影响下地表的土壤和植被覆盖信息，对于低植被覆盖有更好的指示作用。NDVI 对绿色植被较为敏感，能够反映植被的生长状态和植被的覆盖信息。RVI 增强了植被与土壤之间的辐射差异，能够表征不同植被覆盖下的生物量信息。SBI 对土壤背景较为敏感，能够较好地提取无植被覆盖下的建筑用地和裸地。

表 6.2　光谱特征

光谱特征	计算公式
蓝波段反射率 R_B	R_B
绿波段反射率 R_G	R_G
红波段反射率 R_R	R_R
近红外波段反射率 R_{NIR}	R_{NIR}
差值植被指数(DVI)	R_{NIR} -R_R
修改型土壤调整植被指数(MSAVI)	$\frac{1}{2}\left[(2R_{NIR}+1)-\sqrt{(2R_{NIR}+1)^2-8(R_{NIR}-R_R)}\right]$
归一化植被指数(NDVI)	$(R_{NIR}-R_R)/(R_{NIR}+R_R)$
比值植被指数(RVI)	R_{NIR}/R_R
土壤亮度指数(SBI)	$\sqrt{{R_{NIR}}^2+{R_R}^2}$

注：R_R 为红波段；R_G 为绿波段；R_B 为蓝波段；R_{NIR} 为近红外波段。

2)纹理特征选取

纹理是一种反映图像中同质现象的视觉特征，刻画了图像像素邻域灰度空间分布的规律。遥感影像的每一种地物都有其特有的纹理结构，不同的地物具有不同的纹理信息，但是不同的地物之间可能出现“同物异谱”和“异物同谱”现象，而纹理信息可以解决这类问题所造成的地物难以区分的现象，并提高分类精度。

基于 Haralick 提出 14 种纹理特征，笔者选取了其中八种纹理特征，利用灰度共生矩阵法(gray-level co-occurrence matrix，GLCM)分别提取 Planet 卫星影像 4 个光谱波段的纹理特征(表 6.3),包括均值(mean，Me)、方差(variance，Var)、同质性(homogeneity，Homo)、对比度(contrast，Cont)、非相似性(dissimilarity，Dis)、信息熵(entropy，Ent)、二阶矩(second moment，SM)和相关性(correlation，Cor)，总共提取了 32 个纹理特征。

表 6.3　纹理特征

纹理特征	计算公式	描述

均值 mean	$\sum_i \sum_j iP(i,j)$	反映纹理的规则程度
方差 variance	$\sum_i \sum_j (i-\text{Mean})^2 \times P(i,j)$	像素值和均值偏差的度量，灰度变化越大，值越大
同质性 homogeneity	$\sum_i \sum_j P(i,j) \times \frac{1}{1+(i-j)^2}$	图像局部灰度均匀的度量，局部越均匀，值越大
对比度 contrast	$\sum_i \sum_j P(i,j) \times (i-j)^2$	反映图像的清晰度以及纹理的沟纹深浅
非相似性 dissimilarity	$\sum_i \sum_j P(i,j) \times \lvert i-j \rvert$	与对比度相似，但是是线性增加，局部对比度越高，非相似度越高
信息熵 entropy	$-\sum_i \sum_j P(i,j) \times \lg P(i,j)$	反映图像纹理复杂度，值越大，纹理越复杂
二阶矩 second moment	$\sum_i \sum_j P(i,j)^2$	反映图像分布的均匀度和纹理粗细程度
相关性 correlation	$\sum_i \sum_j \frac{(i-\text{Mean}) \times (i-\text{Mean}) \times P(i,j)^2}{\text{Variance}}$	影像局部相关性的度量

注：$P(i,j)$ 影像在 (i,j) 点处的元素值。

3. 特征空间优化

笔者从 Planet 影像中提取光谱特征和纹理特征共 41 个特征变量，构建了初始特征空间。但是，过多的特征变量会产生冗余数据，既增加模型的计算复杂度，又影响分类准确率，因此需要对初选的 41 维特征变量进行特征选择。本节选取 RF 方法对初选的 41 个特征变量进行重要性评估，并根据特征变量的权重进行重要性排序（图 6.2）。同时依次选取前 $k(i=1,2,\cdots,41)$ 个特征，分别将前 k 个特征变量为输入构建随机森林分类模型。图 6.3 是特征变量个数与总体分类精度关系图。

从图 6.1 中特征变量的权重可以发现，前 12 个特征权重大于 1，中间 12 个特征权重处于 0.5～1，后面 17 个特征权重小于 0.5。由图 6.2 可知，随着特征变量个数的增加，前段（1～4 个特征）的总体分类精度呈现急速上升的趋势，在特征个数为 4 时达到最大值 85.11%；随着特征变量个数的增加，中段（5～14 个特征）的总体精度在经历一个波谷后呈缓慢上升趋势，但上升幅度较小，且在特征个数为 14 时总体分类精度达到最大值 88.30%；后半段（15～41 个特征）的总体精度整体上呈缓慢下降趋势，且波动幅度较小，最后趋于平稳状态，这是因为随着特征个数的增加，冗余特征以及相关特征也在增加，导致分类器的精度受到影响。由于特征个数为 14 时，分类精度达到最大值 88.3%，因此选择前 14 个特征变量 Cor(NIR)、Var(NIR)、Me(NIR)、Me(R)、Blue、Ent(NIR)、Red、NIR、Cont(NIR)、Me(B)、Green、NDVI、SBI 和 Homo(NIR)为最优特征子集。

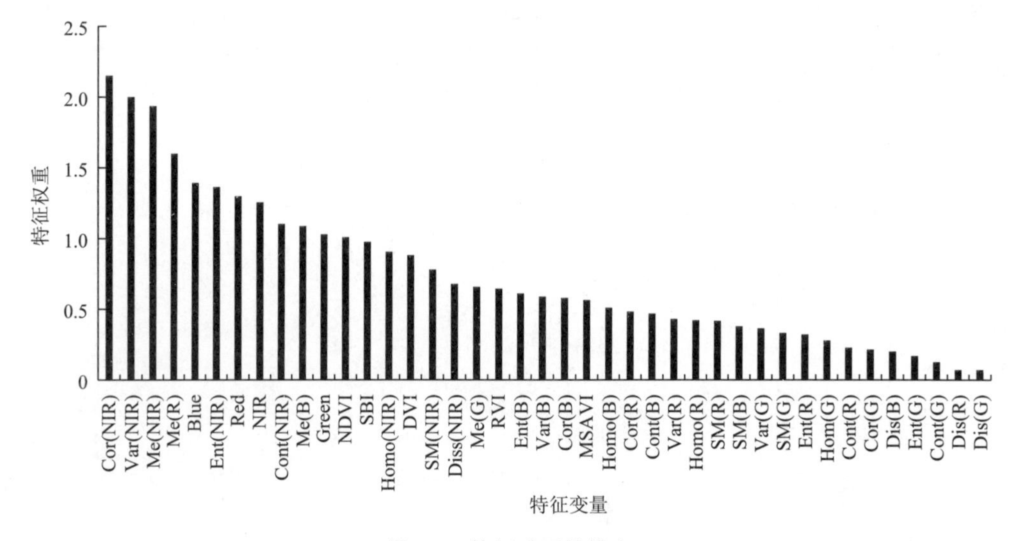

图 6.2　特征重要性排序

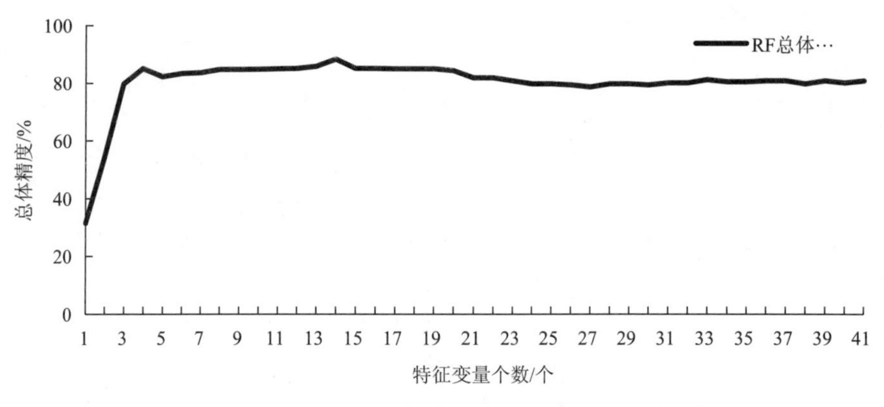

图 6.3　特征变量个数与总体分类精度关系图

4. 槟榔种植面积提取模型构建与精度分析

本节以所有特征变量和经过 RF 特征优化的 14 个特征变量为输入，分别以 SVM、BPNN 和 RF 构建 6 种分类模型，进行研究区的槟榔种植面积提取。根据输入特征变量的不同，将以全部特征变量作为输入构建的 SVM 模型、BPNN 模型和 RF 模型，分别记为 SVM-1、BPNN-1 和 RF-1，将经过 RF 优化后的特征为输入构建的 SVM 模型、BPNN 模型和 RF 模型记为 SVM-2、BPNN-2 和 RF-2。利用地面调查数据，对以全部特征和特征优化后的特征为输入的分类结果进行精度评价，并以错分误差、漏分误差、用户精度、制图精度、总体精度和 Kappa 系数为评价指标，分析特征优化对槟榔种植面积提取精度的影响，并对多种方法的分类精度对比论证，得到最优的槟榔种植面积提取方法。

以全部特征为输入的 SVM-1、BPNN-1 和 RF-1 模型的分类结果分别与经过 RF 特征优化的 SVM-2、BPNN-2 和 RF-2 模型进行对比分析，见表 6.4。从表 6.4 中可知，SVM-1 和 RF-1 模型的用户精度、制图精度分别为 72.46%、75.76%和 91.94、86.36%，而经过 RF 特征优化后的 SVM-2 和 RF-2 模型的用户精度、制图精度比 SVM-1 和 RF-1 模型分别提高 10.35%、7.54%和 0.6%、7.58%，经过 RF 特征优化后的 BPNN-2 在制图精度上并未发生变化，但是用户精度从 81.86%提高到 87.50%；3 种分类模型的错分误差和漏分误差在经过特征优化后也有所降低；同时，经过 RF 特征优化后的 SVM-2、BPNN-2 和 RF-2 模型的总体精度相较于未特征优化的 SVM-1、BPNN-1 和 RF-1 模型提高了 3.90%、7.77%和 7.45%。上述结果表明，经过随机森林特征优化的分类模型能够提高槟榔林的提取精度。对比分析经过特征优化后的 3 种模型的分类结果可知，RF-2 模型的总体精度最高，达到 88.30%，比 SVM-2、BPNN-2 模型的总体精度分别高出 13.48%、4.63%；SVM-2 和 BPNN-2 模型的 Kappa 系数分别为 0.680 和 0.795，而 RF-2 模型的 Kappa 系数为 0.853，为 3 种模型中最高的，比 SVM-2、BPNN-2 模型分别高出 0.173、0.058；RF-2 模型的用户精度和制图精度分别达到 92.54%和 93.94%，为 3 种模型中最高；RF-2 模型的漏分误差和错分误差也是 3 种模型中最低的。综上所述，经过特征优化的 SVM-2、BPNN-2 和 RF-2 模型比未经过特征优化后的 SVM-1、BPNN-1 和 RF-1 模型的分类效果要好，且特征优化后的 RF-2 模型对槟榔种植信息提取的适用性更好，有效地提高了槟榔林的提取精度。

表 6.4　基于不同特征子集的分类模型对槟榔林的分类精度对比分析

模型	漏分误差/%	错分误差/%	用户精度/%	制图精度/%	总体精度/%	Kappa 系数
SVM-1	24.24	27.54	72.46	75.76	70.92	0.630
SVM-2	19.70	17.19	82.81	83.30	74.82	0.680
BPNN-1	15.15	18.84	81.16	84.85	75.90	0.698
BPNN-2	15.15	12.50	87.50	84.85	83.67	0.795
RF-1	13.64	8.06	91.94	86.36	80.85	0.760
RF-2	6.06	7.46	92.54	93.94	88.30	0.853

同时，为了验证 SVM、BPNN 和 RF 3 种分类方法对槟榔林提取精度的影响，选取经过 RF 特征优化后的 3 种模型 SVM-2、BPNN-2 和 RF-2 构建混淆矩阵(表 6.5)，并对比分析槟榔林的漏分、错分情况。

表 6.5　3 种分类模型的分类结果混淆矩阵

模型		水体	不透水层	常绿阔叶林	耕地	槟榔林	总和
SVM-2	水体	49	0	0	0	0	49
	不透水层	0	50	0	0	0	50
	常绿阔叶林	1	0	59	46	13	119
	耕地	0	0	0	0	0	0
	槟榔林	0	0	7	4	53	64
	总和	50	50	66	50	66	282

续表

模型		水体	不透水层	常绿阔叶林	耕地	槟榔林	总和
BPNN-2	水体	49	0	0	0	0	49
	不透水层	0	50	0	0	0	50
	常绿阔叶林	0	0	50	15	4	69
	耕地	1	0	12	31	6	50
	槟榔林	0	0	4	4	56	64
	总和	50	50	66	50	66	282
RF-2	水体	49	0	0	0	0	49
	不透水层	0	50	0	0	0	50
	常绿阔叶林	0	0	57	17	1	75
	耕地	1	0	6	31	3	41
	槟榔林	0	0	3	2	62	67
	总和	50	50	66	50	66	282

从表 6.5 中的分类结果可知，SVM-2 模型分类结果中，有 17.19%的槟榔林被错分为常绿阔叶林，且有 19.70%的槟榔林漏分为常绿阔叶林和耕地；当使用 BPNN-2 和 RF-2 模型进行分类后，槟榔林被错分为常绿阔叶林和耕地的程度降低，同时槟榔林被漏分为常绿阔叶林也略有降低。RF-2 模型对槟榔林的错分和漏分程度为 3 种分类模型中最低的，BPNN-2 模型次之，SVM-2 模型的错分误差和漏分误差最高。综上所述，经过特征优化的 RF-2 模型总体上对槟榔和常绿阔叶林、耕地的可分离性较好。

5. 区域应用

为了直观地对比不同方法下研究区影像的分类效果，基于上述槟榔种植面积提取方法的研究，本节选取研究区的中心区域影像，利用特征优化后的 SVM、BPNN 和 RF 3 种分类方法绘制了区域尺度上的分类结果图(图 6.4)。通过对不同分类方法下的分类结果图进行对比可以发现，图 6.4(a)中，SVM 模型对研究区中耕地的漏分情况较为严重，大多漏分为常绿阔叶林和槟榔，同时有大量常绿阔叶林被错分为槟榔；从图 6.4(b)来看，BPNN 模型对耕地与其他植被的混分现象得到有效解决，槟榔与常绿阔叶林的分类效果更加明显；图 6.4(b)与图 6.4(c)的五种地物的空间分布格局基本一致，只是在局部地区存在差异，图 6.4(b)中，北部地区有少量耕地被错分为槟榔，而图 6.4(c)中，RF 模型的分类结果较为准确。综上所述，基于特征优化后的特征变量进行槟榔种植面积的提取研究，利用 RF 方法能够较好地提取研究区内槟榔的种植面积。

6. 槟榔遥感识别与提取小结

针对海南省具有多云多雨且获取清晰的卫星影像较为困难的特点，笔者选取具有高分辨率、全覆盖能力的商用 Planet 卫星获取海南省万宁市北大镇的卫星影像进行槟榔种植面积提取研究。从 Planet 高分辨率卫星影像中提取了光谱波段和植被指数等光谱特征以及具有空间信息的纹理特征，利用 RF 方法进行特征优选，以全部特征变量和优化后的特征子集为输入，分别构建 SVM、BPNN 和 RF 分类模型，对分类结果进行精度评价，分析 RF 特征优化对槟榔种植面积提取精度的影响，并对多种方法的分类精度进行对比论证，得到最优的槟榔种植信息提取方法。结果表明，经过随机森林特征优化后的 SVM、BPNN 和 RF 模型的总体分类精度分别为 74.82%、83.67%和 88.3%，相较于未经过特征优化的 SVM、BPNN 和 RF 模型分别提高了 3.90%、7.77%和 7.45%，且经过特征优化的 RF 模型的总分类精度、Kappa 系数、用户精度和制图精度均为 3 种模型中最高的，且 RF 模型的漏分误差和错分误差也是 3 种模型中最低的。综上所述，利用 RF 进行特征优化可以提高 SVM、BPNN 和 RF 模型的分类精度，且经过特征优化的 RF 模型对槟榔种植信息提取的适用性更好，并有效地提高了槟榔林的提取精度。

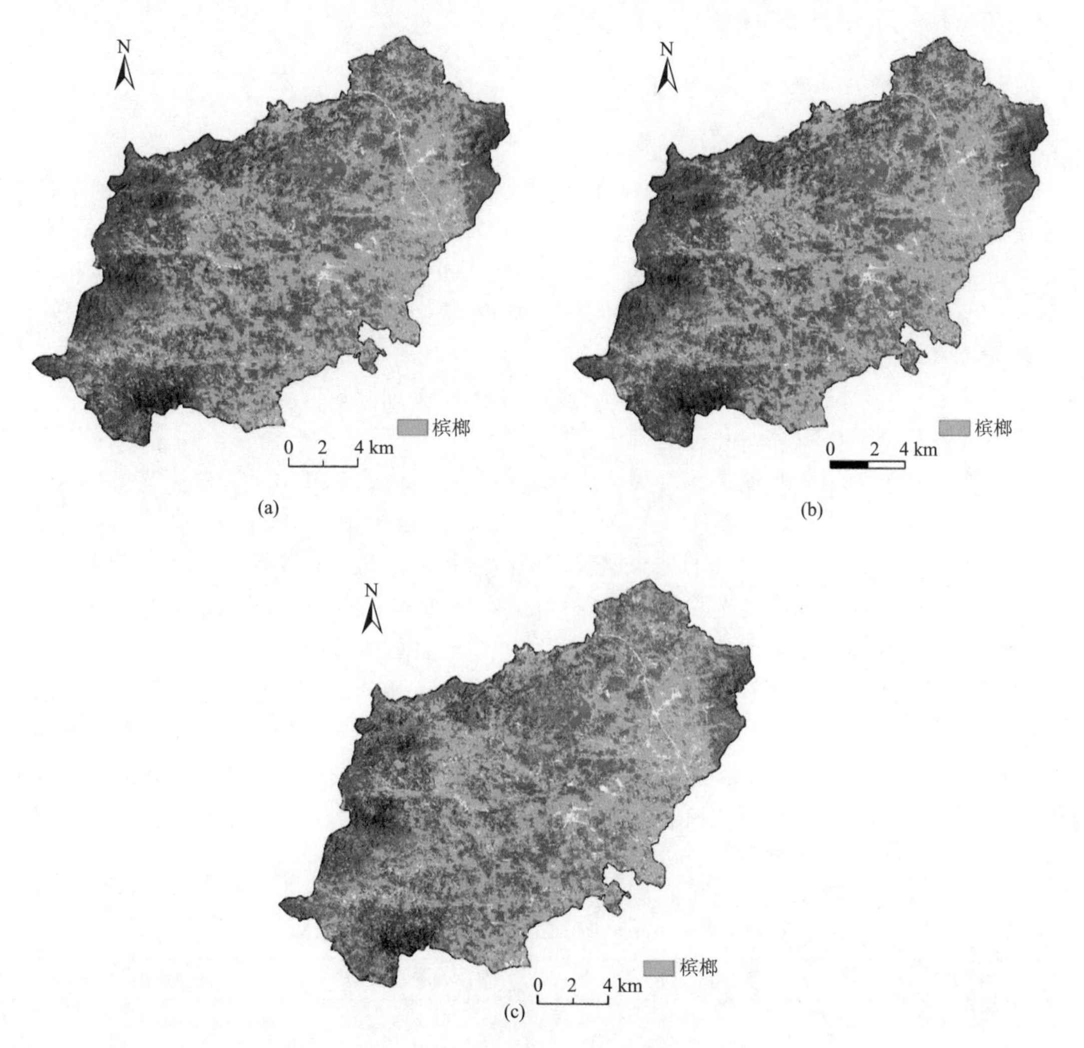

图 6.4　基于 SVM(a)、BPNN(b)和 RF(c)的区域分类图

6.2.2 耕地资源遥感动态监测与变化分析

随着槟榔种植业的发展，一种严重危害槟榔的传染病害——黄化病在频繁发生，危害日益严重，迫切需要及时、准确地监测病害发生的严重度空间分布，以便于实施早期防控。过去的调查方式主要基于地面人工调查，但耗时、费力、主观性强，严重影响了槟榔黄化病监测的及时性和有效性，不适于大面积快速监测与统防统治。本案例采集无人机多光谱影像，选用 mRMR 筛选对槟榔黄化病敏感的特征，并利用 BP 神经网络（back propagation neural network，BPNN）、随机森林（random forest，RF）和 SVM 3 种分类算法分别构建槟榔黄化病的遥感监测模型，对比获取最优的监测方法，以期为大面积槟榔黄化病监测与防控提供方法参考和案例支撑。

1. 数据获取与处理

1）黄化病发生严重度地面样点数据采集

地面调查于 2018 年 12 月 10 日上午 10:00～12:30 进行，研究区域面积为 13.4 km^2。由于槟榔树一般高达 10～15 m，首先人工现场初步判定染病程度，并利用亚米级高精度 GPS 接收机定位；然后采用无人机搭载高清数码相机，在距离槟榔树冠层高约 10 m 处垂直向下拍摄，通过图像处理计算叶片黄化面积占整个植株冠层面积的百分比，将黄化病发生严重度划分为 3 个等级：健康（<1%）、轻度（1%～10%）和重度（≥10%）。每个等级各采集 60 个样本，总计 180 个样本，按 2∶1 的比例划分为训练集和验证集。

2）无人机遥感数据获取与预处理

无人机平台使用大疆精灵四旋翼无人机搭载 MicaSense RedEdge-M™多光谱相机。该相机可同时获取 5 个波段数据，包含可见光波段、近红外波段和红边波段，具体参数如表 6.6 所示。在开展病害地面调查实验的同时进行无人机飞行实验，无人机及多光谱系统如图 6.5 所示。飞行时光照条件良好，且风力小于 3 级。无人机航拍实验前后，均在地面放置一块校准反射面板，使相机尽可能垂直于面板。该操作主要用于像元值的相对定标，获取精准的反射率数据。为获取稳定的影像信息，起飞前首先规划好飞行航线，使无人机按照预先设定好的航线进行拍摄，飞行范围覆盖整个研究区域。飞行航高设为 60 m，巡航速度为 7 m/s，影像空间分辨率为 4 cm，旁向重叠率为 80%，航向重叠率为 70%。获取无人机影像后，利用 Pix4D Mapper 软件对影像进行拼接，然后进行几何校正、辐射定标、裁剪等预处理。

表 6.6 MicaSense RedEdge-M™ 多光谱相机参数

波段	中心波长/nm	光谱带宽/nm	校准面板反射率
Blue	475	20	0.49
Green	560	20	0.49
Red	668	10	0.49
Near infrared	840	40	0.49
Red Edge	717	10	0.49

图6.5　自主改装的无人机多光谱系统(Phantom 4 Pro V2.0+MicaSense RedEdge-M™)

2. 光谱特征选取

本节初步选取了15个常用于植被长势和病虫害监测的植被指数，分别为ARI、DVI、EVI、GNDVI、MSAVI、MSR、NDGI、NDVI、OSAVI、PSRI、RDVI、RVI、SAVI、TVI和WDRVI，如表6.7所示。基于预处理后的无人机多光谱影像提取了这15个植被指数，作为监测槟榔长势和病害胁迫的候选特征集。

表6.7　本节选取的植被指数

植被指数	缩写	公式
花青素反射指数 anthocyanin reflectance index	ARI	${R_{550\mathrm{nm}}}^{-1}-{R_{700\mathrm{nm}}}^{-1}$
差值植被指数 difference vegetation index	DVI	$R_{\mathrm{NIR}}-R_{\mathrm{R}}$
增强型植被指数 enhanced vegetation index	EVI	$2.5\left(R_{\mathrm{NIR}}-R_{\mathrm{R}}\right)/\left(R_{\mathrm{NIR}}+6R_{\mathrm{R}}-7.5R_{\mathrm{B}}+1\right)$
绿度归一化植被指数 green normalized difference vegetation index	GNDVI	$(R_{\mathrm{NIR}}-R_{\mathrm{G}})/(R_{\mathrm{NIR}}+R_{\mathrm{G}})$
修改型土壤调整植被指数 modified soil adjusted vegetation index	MSAVI	$0.5\left[\left(2R_{\mathrm{NIR}}+1\right)-\sqrt{\left(2R_{\mathrm{NIR}}+1\right)^{2}-8\left(R_{\mathrm{NIR}}-R_{\mathrm{R}}\right)}\right]$
改进的简单比值指数 modified simple ratio index	MSR	$\left(R_{\mathrm{NIR}}/R_{\mathrm{R}}-1\right)/\left(\sqrt{R_{\mathrm{NIR}}/R_{\mathrm{R}}}+1\right)$
归一化差异绿度指数 normalized difference greenness index	NDGI	$\left(R_{\mathrm{G}}-R_{\mathrm{B}}\right)/\left(R_{\mathrm{G}}+R_{\mathrm{B}}\right)$
归一化植被指数 normalized difference vegetation index	NDVI	$\left(R_{\mathrm{NIR}}-R_{\mathrm{R}}\right)/\left(R_{\mathrm{NIR}}+R_{\mathrm{R}}\right)$

续表

植被指数	缩写	公式
优化土壤调节植被指数 optimized soil adjusted vegetation index	OSAVI	$1.16(R_{900nm}-R_{670nm})/(R_{900nm}+R_{670nm}+0.16)$
植物衰老化反射率指数 plant senescence reflectance index	PSRI	$(R_{678nm}-R_{500nm})/R_{750nm}$
重归一化植被指数 renormalized difference vegetation index	RDVI	$(R_{800nm}-R_{670nm})/\sqrt{R_{800nm}/R_{670nm}}$
比值植被指数 ratio vegetation index	RVI	R_{NIR}/R_{R}
土壤调节植被指数 soil adjusted vegetation index	SAVI	$1.5(R_{NIR}-R_{R})/(R_{NIR}+R_{R}+0.5)$
三角形被指数 triangular vegetation index	TVI	$60(R_{NIR}-R_{G})-100(R_{R}-R_{G})$
宽动态范围植被指数 wide dynamic range vegetation index	WDRVI	$(0.1R_{NIR}-R_{R})/(0.1R_{NIR}+R_{R})$

3. 槟榔黄化病监测模型构建方法

1) BPNN 模型构建

BPNN 主要构建两层神经网络，即隐藏层和输出层。具体实现过程如下。

输入数据集。给定随机划分的训练集 P_train 和验证集 T_test，以及训练标签 P_class 和验证标签 T_class。笔者总共选取 180 个槟榔样本数据，取其中的 120 个样本数据作为训练集进行模型的训练，其余的 60 个样本数据作为验证集。

数据归一化。使用 mapminmax 函数进行数据归一化，将数据映射到 0～1 范围内处理，避免输入和输出数据的显著差异。

建立神经网络，并设置网络参数。

设置训练参数，进行网络训练。设置迭代次数为 200 次，学习率设置为 0.001，训练误差目标为 1×10^{-4}，最大失败次数为 10。使用 train(net，P，T) 函数进行网络训练。

网络仿真，使用 sim(net，测试矩阵) 函数。根据预测值和期望值求得 BPNN 的总体识别精度。

2) RF 模型构建

在训练阶段构建了多个决策树，其中最终的类输出是单个决策树类的模式。建模时，设置决策树个数 n_{tree} 为 500，其他参数取默认值。

3) SVM 模型构建

利用 SVM 构建槟榔黄化病监测模时，使用 mapminmax 函数对训练集和验证集进行归一化处理，将数据缩放在区间[0，1]范围内；调用 LIBSVM 3.23 软件中的 svmtrain 命令对训练集进行训练，并使用 svmpredict 命令对验证集进行测试。其中，SVM 使用线性核函数，惩罚因子 c、核参数 g 等参数均使用系统默认值。

4. 槟榔黄化病监测模型输入变量的优化

由于不同特征变量之间可能存在一定的相关性，从而带来较多的冗余数据并增加复杂的计算量。因此，需进一步对初选的 15 个植被指数进行筛选，选取能反映槟榔黄化病发生严重度等级的最优植被指数。

利用 mRMR 方法进一步对 15 个植被指数进行特征筛选，得到特征重要性从高到低排序结果为 RVI、MSR、ARI、GNDVI、OSAVI、WDRVI、NDVI、EVI、TVI、NDGI、MSAVI、PSRI、SAVI、RDVI 和 DVI。为了进一步确定最优特征的数量，分别输入 15 个特征变量构建 BPNN 分类模型，得到如图 6.6 所示的特征变量个数与总体分类精度(overall accuracy，OA)关系图。由图 6.6 可知，当输入的特征变量个数为 3 时总体分类精度达到最大值 91.7%；随着特征变量个数的增加，总体分类精度开始下降且波动幅度较小，因此确定最优特征变量个数为 3。根据特征重要性优先原则，选择 RVI、MSR、ARI 作为最优特征组合。

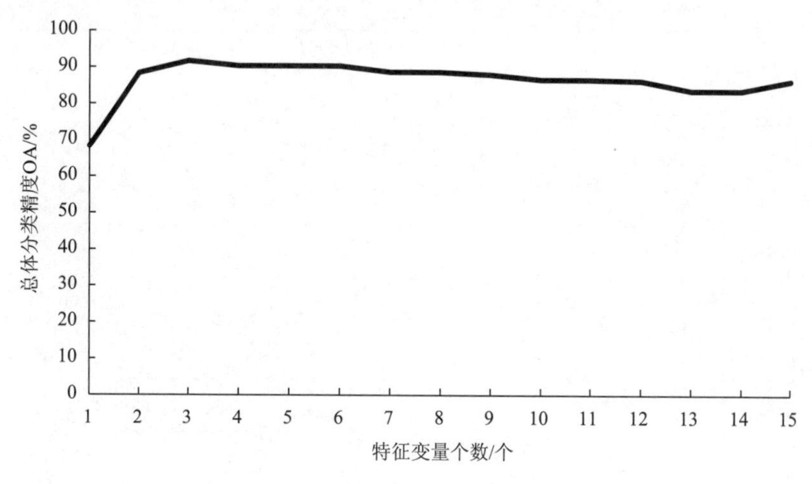

图 6.6　特征变量个数与总体分类精度的关系

分析筛选的植被指数构建机制，可以发现 RVI 增强了植被与土壤之间的辐射差异，能够表征不同植被覆盖下的生物量信息并与叶绿素含量高度相关；MSR 指数能够改善由于植被生化参数变化而出现的饱和性问题，且能够克服大气、土壤和背景等因素的影响；ARI 指数可用于植物的色素成分和含量变化分析，可以很好地指示槟榔黄化病发生时色素成分和含量的变化。由于槟榔树的种植具有一定的间距，从影像上看会有一定面积的裸露土壤，故利用 RVI 指数减小了土壤背景对槟榔树光谱的影响。因此，利用 RVI、MSR 和 ARI 指数的组合能有效地提取槟榔黄化病信息。

5. 槟榔黄化病监测模型构建与精度评价

将最优特征子集(RVI、MSR 和 ARI)作为模型输入，分别利用 BPNN、RF 和 SVM 方法，构建槟榔黄化病发生严重度监测模型，并利用验证集评价三种模型(表 6.8)。由

表 6.8 可以看出，基于 BPNN、RF 和 SVM 模型的槟榔黄化病监测模型均具有较好的识别精度。其中，BPNN 模型的总体精度最高，达到 91.7%，RF 模型的总体精度为 85.0%，略低于 BPNN 模型，而 SVM 模型的总体精度最低，为 81.7%，且 BPNN 模型的总体精度比 RF 和 SVM 模型分别高出 6.7%和 10.0%；从 Kappa 系数来看，BPNN 模型的 Kappa 系数为 0.875，高于 RF 模型的 0.774 和 SVM 模型的 0.727；对比 3 种方法所建模型的漏分、错分情况发现，BPNN 模型将重度错分为健康和轻度的情况较轻，RF 模型次之，SVM 模型情况最为严重，且 BPNN 模型对健康和轻度的漏分、错分在 3 种模型中最轻，说明 BPNN 模型对重度识别效果最好，且该模型对健康和轻度分类混淆情况比 RF、SVM 模型对健康和轻度分类混淆情况轻。上述结果说明，SVM 模型的漏分、错分情况总体最为严重，RF 模型次之，BPNN 模型最低。综合分析，BPNN 模型对槟榔黄化病的识别效果优于 RF 模型和 SVM 模型。

表 6.8　3 种方法所建监测模型的总体验证结果

模型	实际样本	评价指标							
		健康	轻度	重度	总和	漏分误差/%	错分误差/%	总体精度/%	Kappa 系数
BPNN	健康	16	3	0	19	11.1	15.8	91.7	0.875
	轻度	2	19	0	21	13.6	9.5		
	重度	0	0	20	20	0	0		
	总和	18	22	20	60				
RF	健康	14	2	0	16	22.2	12.5	85.0	0.774
	轻度	4	17	0	21	22.7	19		
	重度	0	3	20	23	0	13		
	总和	18	22	20	60				
SVM	健康	18	6	0	24	0	25	81.7	0.727
	轻度	0	13	2	15	40.1	13.3		
	重度	0	3	18	21	10	14.3		
	总和	18	22	20	60				

6. 田块槟榔黄化病监测应用

基于已建立的 BPNN、RF 和 SVM 槟榔黄化病遥感监测模型，将 mRMR 方法筛选出的特征变量组合(RVI、MSR 和 ARI)作为模型的输入，分别绘制了基于 BPNN、RF 和 SVM 方法的黄化病发生严重度的遥感监测空间分布图(图 6.7)。可以看出基于 3 种监测模型得到的槟榔黄化病空间分布格局基本一致，总体上研究区西南角发病相对较为严重，而北部地区发病相对较少。但 3 种方法生成的分布图在局部地区仍存在一定的差异。

从基于 BPNN 模型的分布图[图 6.7(a)]来看，重度发病面积相对较小且分布较均匀，主要分布在研究区的西南角，其他区域也有零星分布；轻度发病槟榔主要分布在研究区的西南角以及中东部区域。从验证结果来看，BPNN 模型对重度发病的槟榔识别率较高，但是出现小部分健康与轻度发病的槟榔分类混淆现象，尤其是研究区东部，这可能是由于轻度发病的槟榔样本光谱信息比较接近健康槟榔的光谱信息，导致健康槟榔与轻度发病的槟榔部分混淆。从 RF 模型的分布图[图 6.7(b)]来看，槟榔黄化病严重度等级的总体分布与图 6.7(a)较为一致，但南部区域出现部分轻度与重度发病的槟榔分类混淆现象。从基于 SVM 模型的分布图[图 6.7(c)]来看，受黄化病侵害的槟榔数量明显多于图 6.7(a)和图 6.7(b)，主要表现为黄化病轻发区最多，主要集中于东北角区域，这是因为该区域的部分正常槟榔被错分为轻度发病；另外，在研究区的南部区域也有部分轻度发病的槟榔被错分为重度发病。综上所述，BPNN 模型对研究区槟榔黄化病的分类识别效果比其他两种模型好，再次证明了 BPNN 方法的优越性。

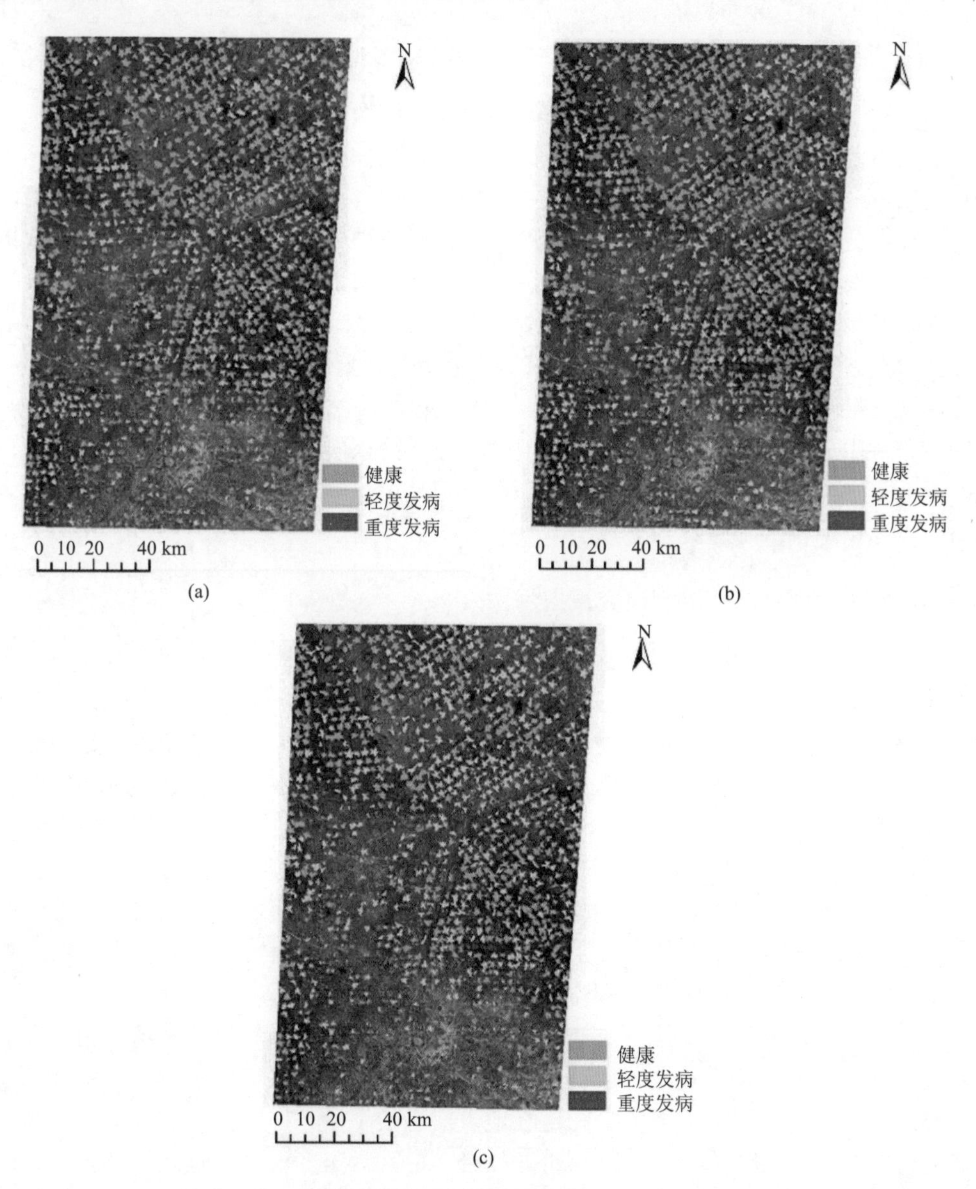

图 6.7　基于 BPNN(a)、RF(b)和 SVM(c)的槟榔黄化病发生严重度等级遥感监测分布图

对比 BPNN 模型、RF 模型和 SVM 模型的结果，发现 BPNN 模型的监测效果好于 RF 模型和 SVM 模型。这主要由于 BPNN 方法具有较强的非线性拟合能力和泛化能力，建立的网络模型稳定性较好，使得 BPNN 模型可较为准确地实现小区域的槟榔黄化病严重度监测。SVM 模型虽然能通过核函数的选择处理各种非线性问题，但是 SVM 模型对核函数以及惩罚因子等参数的选择较为复杂，使其在线性、非线性、分类以及回归等应用中受到一定的限制，且 SVM 多用于解决二分类问题。RF 具有较强的容噪能力，也不易产生过度拟合现象，但是该方法参数较复杂，且 RF 模型的决策容易受取值划分较多的特征影响，导致模型的精度受到影响。

7. 小结

本节基于无人机遥感技术获取槟榔冠层多光谱图像，探索一种可快速高效识别槟榔黄化病的方法。研究利用 mRMR 算法筛选槟榔黄化病的敏感特征作为模型的输入变量，分别利用 BPNN、RF 和 SVM 三种分类模型构建了槟榔黄化病严重度监测模型，对研究区的槟榔黄化病的发生严重度进行遥感监测，并对三种方法的监测结果进行对比分析。结果表明，在槟榔黄化病发生严重度监测中，BPNN、RF 和 SVM 模型均具有较好的识别效果，其中，BPNN 模型的总体识别精度最高，达到 91.7%；RF 模型的总体精度为 85.0%，略低于 BPNN 模型；SVM 模型的总体精度最低，为 81.7%。BPNN 模型的总体精度比 RF 模型和 SVM 模型分别高出 6.7%和 10.0%，且 BPNN 模型的 Kappa 系数为 0.875，为所有模型中最高的；同时，BPNN 模型的漏分、错分误差也是 3 种模型中最小的。因此，无人机多光谱遥感对槟榔黄化病的识别监测是可行的，可为大面积的槟榔黄化病监测与防控提供理论基础与技术支撑。

6.2.3 农作物病虫害遥感监测研究及应用

由于槟榔种植产业的持续快速发展，槟榔的种植面积不断扩大，使得槟榔的病害危害问题日益突出。槟榔的病害有 40 多种，其中槟榔黄化病(yellow leaf disease，YLD)是严重危害槟榔生产种植的最重要因素。槟榔黄化病是一种类似的由植原体引起的缓慢降低槟榔产量的毁灭传染性病害。黄化病的发生导致槟榔生长发育迟缓甚至枯萎，造成槟榔产量的巨大损失。据不完全统计，近 5 年来，槟榔黄化病的发生面积已达 80 万亩，每年更是以 3 万～5 万亩的速度持续增长，每年因黄化病造成的损失达 20 亿元以上，严重影响了槟榔产业的发展以及经济效益。目前，针对槟榔黄化病的检测最常用的方法有地面人工调查和实验室诊断。地面人工调查方法耗时、费力，且容易受调查人员的主观影响，准确性不高，严重影响黄化病监测的及时性和时效性。

近几十年来，遥感技术经过快速发展，已经在农业的各个领域被广泛应用，逐渐成为获取田间数据的主要方式之一，是引领当代农业飞速发展的重要手段。遥感技术作为目前唯一能够快速获取大范围的空间连续地表信息的手段，在农情获取、作物估产和病害研究方面存在巨大优势。同时，热带亚热带等地区常年多云多雨且地块破碎，中低分辨率光学卫星影像从空间分辨率和监测时间频度方面均无法满足这些地区高精度监测的需求。随着高分辨率卫星组网技术和无人机遥感技术的发展，如 Planet 卫星群可实现每天 3 m 高空间分辨率影像的全球覆盖，为热带亚热带地区的农林监测提供了有效的技术手段和数据源。本节主要介绍了基于 Planet 卫星数据的槟榔黄化病遥感监测，为大面积槟榔黄化病监测与防控提供方法参考和案例支撑。

1. 研究区与数据获取

研究区位于海南省万宁市北大镇(图 6.8)，研究区野外实验和卫星数据获取情况同上一节。根据槟榔是否发生黄化病，将调查样本划分为健康和病害两个等级，共采集了 90 个样本，其中 2/3 样本用于模型训练，剩余样本用于模型验证。

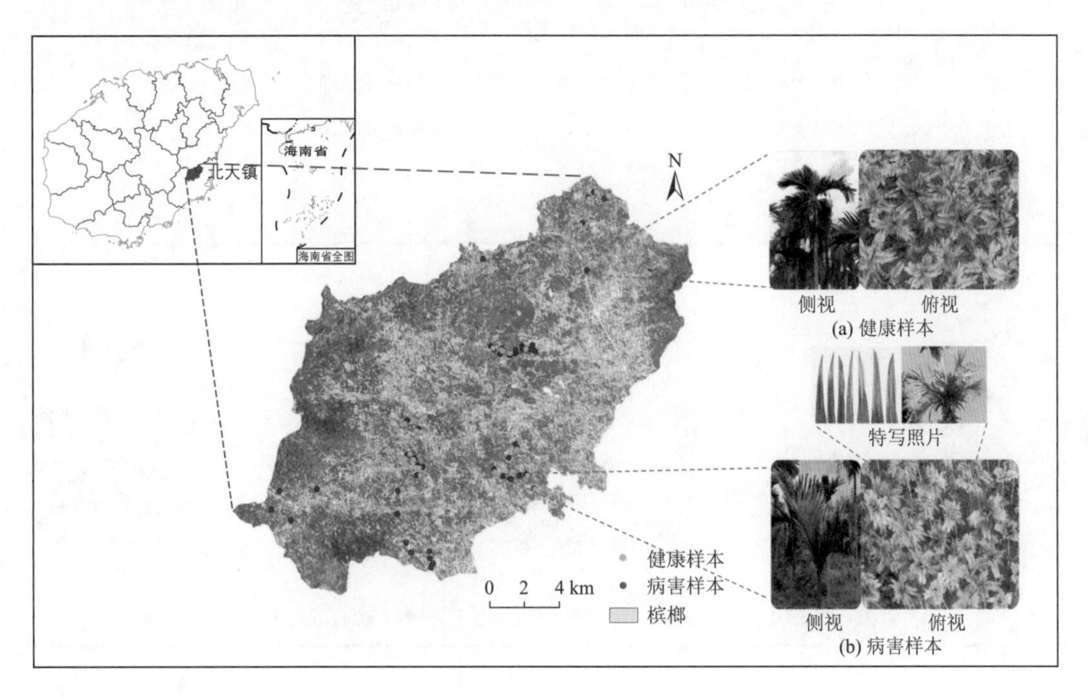

图 6.8　研究区地理位置图

2. 光谱特征选择

植物在不同光谱波段的反射率和吸收率具有一定的差异，利用这一特性，对 Planet 卫星影像的可见光波段(红、绿、蓝波段)和近红外波段进行组合计算得到能够突出植物特征信息的植被指数。初步选取了 13 个常用于植被长势和病虫害监测的光谱特征，基于预处理后的 Planet 影像，提取了 13 种与槟榔长势相关和胁迫敏感的光谱特征作为初选特征子集(表 6.9)。

表 6.9　研究所选的光谱特征

光谱特征	公式
蓝波段反射率(Blue)	R_B
绿波段反射率(Green)	R_G

续表

光谱特征	公式
红波段反射率(Red)	R_R
近红外波段反射率(NIR)	R_{NIR}
比值植被指数(RVI)	R_{NIR} / R_R
归一化植被指数(NDVI)	$(R_{NIR} - R_R)/(R_{NIR} + R_R)$
标准叶绿素指数(NPCI)	$(R_R - R_B)/(R_R + R_B)$
增强型植被指数(EVI)	$2.5(R_{NIR} - R_R)/(R_{NIR} + 6R_R - 7.5R_B + 1)$
修改型土壤调整植被指数(MSAVI)	$0.5\left[(2R_{NIR} + 1) - \sqrt{(2R_{NIR} + 1)^2 - 8(R_{NIR} - R_R)}\right]$
植物衰老化反射率指数(PSRI)	$(R_R - R_B)/R_{NIR}$
土壤调节植被指数(SAVI)	$1.5(R_{NIR} - R_R)/(R_{NIR} + R_R + 0.5)$
优化土壤调节植被指数(OSAVI)	$(R_{NIR} - R_R)/(R_{NIR} + R_R + 0.16)$
三角形植被指数(TVI)	$60(R_{NIR} - R_G) - 100(R_R - R_G)$

注： R_R 为红波段； R_G 为绿波段； R_B 为蓝波段； R_{NIR} 为近红外波段

3. 特征变量优选

在构建健康-病害二分类监测模型之前，需要对获取的原始波段和植被指数等光谱特征进行筛选。针对选取的特征数据，选择相关性分析方法和独立样本 t 检验(independent t-test)方法进行分析，选取与样本具有高度相关性且在两类样本之间具有极显著差异的特征作为构建模型的最优特征。结果如表 6.10 所示。

表 6.10　特征变量的相关性分析和独立样本 t 检验的结果

植被指数	*p*-Value(t 检验)	相关系数(r)
Green	0.000	0.59***
Blue	0.000	0.57***
Red	0.000	0.58***
PSRI	0.000	0.49***
EVI	0.000	0.49***
NPCI	0.001	0.47**
NDVI	0.003	0.47**
RVI	0.003	0.47**
OSAVI	0.003	0.39**
SAVI	0.003	0.35**
MSAVI	0.003	0.35**
NIR	0.041	0.25*
TVI	0.244	0.16

*表示达到 0.05 显著性水平；**表示达到 0.01 显著性水平；***表示达到 0.001 显著性水平

由表 6.10 可知，根据特征的相关性，Green、Blue、Red、PSRI 和 EVI 的相关性系数大于 0.49，其余的特征相关系数均小于 0.49；根据特征在两类样本之间的显著性差异来看，TVI 与两类样本之间没有显著性差异，NIR 达到了 0.05 (p-value<0.05) 的显著性水平，DVI、MSAVI、SAVI 均达到了 0.01 (p-value<0.01) 的显著性水平，其余的特征在两类样本之间的显著性差异均达到极显著差异 (p-value<0.001)。综合考虑，选取相关系数大于 0.49 且达到 0.001 (p-value<0.001) 极显著水平的 5 个特征变量 Green、Blue、Red、PSRI 和 EVI 来构建 2 分类槟榔黄化病监测模型。

分析这 5 个特征的构建机制可知，蓝波段对叶绿素和叶色素反应敏感；绿波段对植物内部的叶绿素较为敏感；红波段是反映植株活力状况的重要指标；PSRI 可以监测植物开始和衰老程度，它的增加能预示冠层胁迫性以及植物衰老的开始；EVI 提高了对高生物量区的敏感性，且 EVI 比 NDVI 具有更强的识别作物的能力。因此，利用 Green、Blue、Red、PSRI 和 EVI 特征组合可以有效地提取槟榔黄化病信息。

4. 槟榔黄化病监测模型构建与验证

以 CA 结合独立样本 t 检验选取的 5 个特征变量 Green、Blue、Red、PSRI 和 EVI 为输入，利用 RF 和常用分类方法 BPNN、AdaBoost 构建槟榔黄化病的监测模型，结合病害地面调查数据对 3 种模型的监测结果进行验证，并进行对比分析。利用 3 种建模方法所构建的槟榔黄化病监测模型的漏分、错分情况，总体分类精度以及 Kappa 系数如表 6.11 所示。

表 6.11　3 种方法所建监测模型的总体验证结果

模型	样本	评价指标						
		健康	病害	总和	漏分误差/%	错分误差/%	总体分类精度/%	Kappa 系数
RF	健康	17	4	21	0.00	19.05	88.24	0.765
	病害	0	13	13	23.53	0.00		
	总和	17	17	34				
BPNN	健康	17	5	22	0.00	22.73	85.29	0.706
	病害	0	12	12	29.41	0.00		
	总和	17	17	34				
AdaBoost	健康	17	11	28	0.00	39.29	67.65	0.353
	病害	0	6	6	64.71	0.00		
	总和	17	17	34				

从表 6.11 可知，基于 RF、BPNN 和 AdaBoost 3 种方法所构建的槟榔黄化病监测模型均具有较好的识别精度。其中，RF、BPNN 和 AdaBoost 监测模型的总体精度分别为 88.24%、85.29%和 67.65%，RF 模型的总体精度最高，比 BPNN 和 AdaBoost 模型的总体精度分别高出 2.95%和 20.59%；通过对比分析 3 种模型的错分误差和漏分误差可以发现，AdaBoost 模型对病害样本并未出现漏分现象，且对健康样本也未出现错分现象，但

是对健康样本的漏分情况以及对病害样本的错分情况最为严重；RF、BPNN 和 AdaBoost 模型对健康样本并未出现漏分现象，对病害样本也未出现错分现象，但是 RF 模型对病害样本的漏分情况以及对健康害样本的错分情况是 3 个模型中最轻的。从表 6.11 中发现，RF 模型的 Kappa 系数为 0.765，是 3 个模型中最高的，且分别比 BPNN 模型和 AdaBoost 模型的 Kappa 系数高出 0.059 和 0.412。研究结果表明，基于 Planet 影像开展区域尺度下槟榔黄化病的识别监测研究是可行的，并且利用 RF 能够达到较高的识别精度。

5. 区域槟榔黄化病监测应用

基于槟榔种植面积的提取分别绘制了基于 BPNN、RF 和 SVM 模型的黄化病发生严重度的遥感监测空间分布图(图 6.9)。从基于 RF 模型的分布图[图 6.9(a)]来看，研究区槟榔植株大部分都是健康、无病的，患病槟榔植株主要集中于北部区域，其他区域也有零星分布；从 BPNN 模型的分布图[图 6.9(b)]来看，患病槟榔植株主要集中于东北角

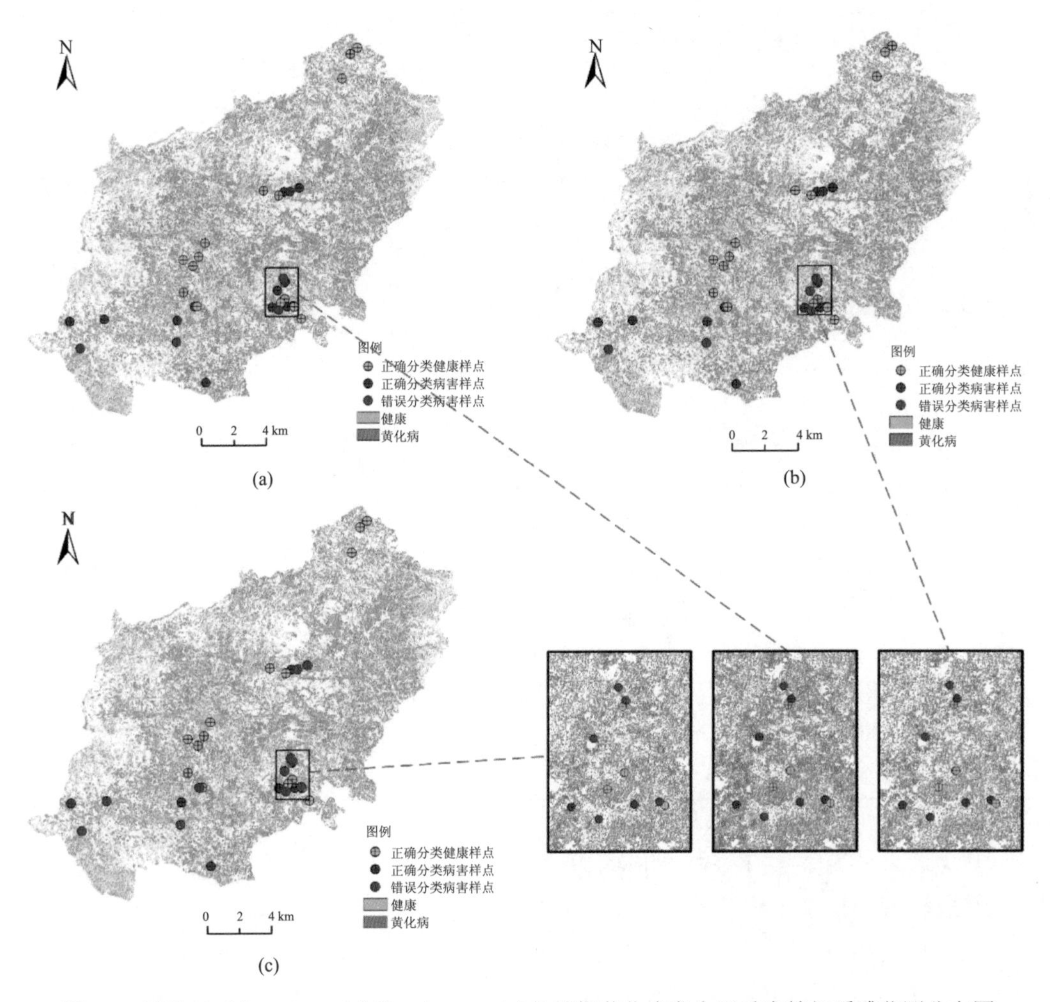

图 6.9　基于 RF(a)、BPNN(b) 和 AdaBoost(c) 的槟榔黄化病发生严重度等级遥感监测分布图

区域，其他区域有零星分布，但在东北角区域有部分健康槟榔植株被错分为患病植株；从基于 AdaBoost 模型的分布图[图 6.9(c)]来看，研究区中全是健康槟榔植株，没有患病植株，明显是将患病槟榔植株错分为健康植株，由此可知，AdaBoost 模型对患病槟榔植株识别能力较弱。综上所述，RF 模型对研究区槟榔黄化病的分类识别效果比其他两种模型要好，再次证明了 RF 模型的优越性。

6. 区域槟榔黄化病监测小结

本节利用 Planet 卫星遥感影像，以基于 RF 模型提取的槟榔种植区为基础，选取常用于植被长势和病虫害监测的光谱特征作为建模初选因子，利用相关性分析 CA(correlation analysis)和独立样本 t 检验筛选出与健康、病害样本相关性高且具有极显著性差异的特征变量，利用 RF 模型构建二分类槟榔黄化病区分模型，并以 BPNN 模型和 AdaBoost 模型建立模型进行对比分析。结果表明，RF 模型对槟榔黄化病的总体识别精度最高，达到 88.24%，分别比 BPNN 模型和 AdaBoost 模型高出 2.95%和 20.59%；总体上看，RF 模型对健康和病害样本的漏分和错分较少。同时，RF 模型的 Kappa 系数为 0.765，为 3 个模型中最高的。研究结果表明，Planet 遥感影像可用于区域尺度槟榔黄化病的监测，且 RF 模型更适用于对槟榔黄化病的遥感监测。

6.3　天空地遥感大数据赋能智慧农业展望

天空地智慧农业是现代空间信息技术与现代农业深度融合形成的新型农业经济体系。具体而言，是利用航天遥感、航空遥感、地面物联网等现代空间信息技术，建立天空地智慧农业观测系统，实时获取农业资源要素、生产过程、市场和决策管理等数据，建立数字化、网络化和智能化的信息分析与决策系统，优化配置农业资源要素，提高农业生产效率，打造新型的农业生产和服务体系，从而提升国家农业治理现代化水平。

6.3.1　智慧农业研究现状

人类社会经历了农业革命、工业革命，正在经历智能革命。具体到农业领域， 农业自身发展经历了以矮秆品种为代表的第一次绿色革命、以动植物转基因为核心的二次绿色革命，随着现代信息技术在农业领域的广泛应用，农业的第三次革命——农业智能革命已经到来。农业智能革命的核心要素是信息、装备和智能，其表现形态就是智慧农业(smart agriculture/farming)。智慧农业是以信息和知识为核心要素，通过将互联网、物联网、大数据、云计算、人工智能等现代信息技术与农业深度融合，实现农业信息感知、定量决策、智能控制、精准投入、个性化服务的全新的农业生产方式，是农业信息化发展从数字化到网络化再到智能化的高级阶段。现代农业有三大科技要素：品种是核心，设施装备是支撑，信息技术是质量水平提升的手段。智慧农业完美融合了以上三大科技要素，对农业发展具有里程碑意义。

1. 全球智慧农业发展现状

智慧农业已成为当今世界现代农业发展的大趋势，世界多个发达国家和地区的政府和组织相继推出了智慧农业发展计划。2014 年，日本启动实施 “战略性创新/创造计划(cross-ministerial strategic innovation promotion program, SIP)”，并于 2015 年启动了基于 “智能机械 + 现代信息” 技术的 “下一代农林水产业创造技术”。2017 年 10 月 12 日，欧洲农业机械协会(European A-gricultural Machinery Association, CEMA)召开峰会，提出在信息化背景下，农业数字技术革命正在到来，未来欧洲农业的发展方向是以现代信息技术与先进农机装备应用为特征的农业 4.0(Farming 4.0)——智慧农业；英国国家精准农业研究中心(The National Centre for Precision Farming, NCPF)在欧盟 FP7 计划支持下，正实施未来农场(Future Farm)智慧农业项目，研发除草机器人进行除草作业，替代使用化学农药，目前已经在 100 亩的田块上实现了从播种到收获全过程的机器人化农业。加拿大联邦政府预测与策划组织(Policy Horizons Canada)在其发布的《元扫描 3：新兴技术与相关信息图(MetaScan 3: Emerging technologies)》报告中指出，土壤与作物传感器、家畜生物识别技术、变速收割控制、农业机器人、机械化农场网络、封闭式生态系统、垂直(工厂化)农业等技术将在未来 5～10 年进入生产应用，改变传统农业。美国在经历了机械化、杂交种化、化学化、生物技术化后，正走向智慧农业(smart agriculture)，到 2020 年，美国平均每个农场将拥有 50 台连接物联网的设备。据国际咨询机构研究与市场(research and market)预测，到 2025 年，全球智慧农业市值将达到 300.1 亿美元，发展最快的是亚太地区(中国和印度)，2017～2025 年复合增长率(com-pound annual growth rate, CAGR)达到 11.5%，主要内容包括大田精准农业、智慧畜牧业、智慧渔业、智能温室，主要技术包括遥感与传感器技术、农业大数据与云计算服务技术、智能化农业装备(如无人机、机器人)等。

2. 我国智慧农业研究现状

近年来，在政府的大力支持下，我国智慧农业发展快速，“互联网 + 现代农业” 行动取得了显著成效。目前智慧农业研究主要集中在智慧农业理论解读、传感器、大数据、监测系统、智能机械等技术研发以及地方应用案例。其中，我国精准农业关键技术取得了重要突破，建立了天空地一体化的作物氮素快速信息获取技术体系，可实现省域、县域、农场、田块不同空间尺度和作物不同生育时期时间尺度的作物氮素营养监测；研制的基于北斗自动导航与测控技术的农业机械，在新疆棉花精准种植中发挥了重要作用，研制的农机深松作业监测系统解决了作业面积和质量人工核查难的问题，得到了大面积应用。

1) 国有传感器能够满足绝大多数场景下的数据需求

传感器是智慧农业各个应用场景中最重要的设备。已有文献表明，在大田环境监测、设施农业、精准养殖等农业领域，企业仍以我国生产的传感器为主。虽然与国外传感器相比，国产传感器在测量精度、使用年限方面存在劣势，但价格便宜，更换成本低。目前，农业企业对智慧产品的需求大多为环境数据监测，在土壤营养成分以及个体信息监测方面应用还不多，国产传感器已能满足大多数场景下的环境数据（如空气温湿度、光照、土壤水分、溶氧量、CO_2 等）监测与采集的需求。

2）物联网技术在农业生产和流通场景中得到了广泛应用

物联网技术已经广泛应用于环境监测、设施农业、精准养殖、产品溯源、仓储配送等领域，为农业从业者带来许多便利。环境监测通过各种无线传感器实时采集农业生产现场的温湿度、光照、CO_2 浓度等参数，利用视频监控农业生产环境，采集数据，便于农民实时了解大田信息，发现和及时解决农业生产中出现的问题。设施农业在环境监测的基础上，按照农作物生长的各项指标，精确遥控农业设施自动开启或关闭，实现智能化、自动化的农业生产。将物联网技术应用于鱼苗培育过程，可以使用 PC 或移动端进行水质监测、自动投喂、水氧含量控制，降低了鱼苗培育环节的工作量，提高了生产效率。畜禽养殖过程中，通过环境监控、电子耳标、电子脚环等技术和产品，实时监测畜禽生理指数，采集畜禽核心体温、活动量等体征，实现精准养殖，保证畜禽产品品质。此外，通过物联网技术实现农产品溯源，保证生产、加工流通、市场消费全环节的农产品质量安全。

3）植保无人机与智能农用装备普及

近年来兴起的无人机技术已在农业遥感测绘、病虫害防控、农情监测等方面开展应用。植保无人机等农用装备已经在农业生产中得到普及。使用植保无人机大大降低了农业生产成本。此外，使用植保无人机等智能农用装备农药喷洒更及时、高效、精准，能以最快时间控制病虫害的扩散，保证病虫害的防治效果。

3. 智慧农业关键技术展望

智慧农业是农业中的智慧经济，需要充分应用现代化信息技术成果。目前，智慧农业发展在环境监测技术、电子商务应用方面已经较为成熟，但农业信息智能分析决策技术、云服务技术、农业知识智能推送、农机导航及自动作业、植物病虫害和畜禽疫病识别与跟踪等关键技术仍需攻关。

6.3.2　智慧农业基础理论与技术体系

智慧农业的核心目标是实现农业全过程的智能化，其实质是数据驱动。围绕“数据”的核心主线，智慧农业的核心研究领域包括农业感知、数据传输、数据分析、自动控制、应用服务 5 个方面。感知是基础，是利用各类传感器采集和获取各类农业信息和数据的过程；传输是关键，是将经感知采集到的信息和数据通过一定方式传输到上位机待进行存储的过程；分析是核心，利用感知传输的数据进行挖掘分析，支撑农业预警、控制和决策的过程；控制是保障，是将针对决策系统的控制命令传输到数据感知层、进行远程自动控制装备和设施的过程；应用是目的，实现农业生产过程、生产环境、农作物病虫害等的智能管理。每一核心问题都有各自的关键理论和技术方法体系，将这些理论、技术方法高度集成可以形成系列的智慧农业系统。

1. 智慧农业感知技术

随着不同的时间、空间、光谱、辐射分辨率、多角度和多极化的遥感卫星不断涌现，对地观测探测能力不断增强，为农业感知提供了新的科学技术手段获取影响农作物生长的气象因子、非生物环境、土壤条件等智慧农业生产环境数据。基于物联网的农业感知技术，通过各种无线传感器实时采集农业生产现场的温湿度、光照、CO_2 浓度等参数，利用视频监控设备获取农作物的生长状况等信息，远程监控农业生产环境，同时将采集的参数和获取的信息进行数字化转换和汇总后，经传输网络实时上传到智能管理系统中；系统按照农作物生长的各项指标要求，精确地遥控农业设施自动开启或者关闭(如远程控制节水浇灌、节能增氧等)，实现智能化的农业生产。利用射频识别(radio frequency identification，RFID)、条码等识别技术，搭建农产品安全溯源系统，实现农产品全流程安全溯源，促进农产品的品牌建设，提升农产品的附加值。组建无线传感器网络，开发智能的农业应用系统，对空气、土壤、作物生长状态等数据进行实时采集和分析，系统规划农业产业园分布、合理选配农作物品种、在线疾病识别和治理、科学指导生态轮作(申格等，2018)。

1) 传感器技术

传感器技术是智慧农业的关键技术之一，大田种植、设施园艺以及水产养殖中的环境参数都是通过物理传感器来进行实时采集。其中温度传感器、湿度传感器、光照强度传感器、CO_2 浓度传感器是目前应用最为广泛的传感器。

2) 遥感技术

遥感技术凭其快速、简便、宏观、无损及客观等优点，广泛应用于农业生产各个环节，是各类农业生产过程生长与环境信息的重要来源。遥感技术在智慧农业中利用高分辨率传感器，采集地面空间分布的地物光谱信息，在不同的作物生长期，根据光谱信息，进行空间定性、定位分析，提供大量的田间时空变化信息。

3) GNSS 技术

全球导航卫星系统(global navigation satellite system)技术在智慧农业中的应用主要体现在 3 个方面：空间定位、土地更新调查、监测作物产量。空间定位是 GNSS 在智慧农业中最重要的作用。首先可以测量农田采样点、传感器的经纬度和高程信息，确定其精确位置，辅助农业生产中的灌溉、施肥、喷药等田间操作。在翻耕机、播种机、施肥喷药机、收割机、智能车辆等智能机械上安装 GNSS 接收机，可以精确指示机械所在的位置坐标，对农业机械田间作业和管理起导航作用。

4) RFID 技术

RFID 技术广泛应用于智慧农业食品安全质量溯源模块和农产品物流系统。运用 RFID 技术构建农产品安全质量溯源系统，可以查询农产品所有环节的详细信息，实现全过程的数据共享、安全溯源及透明化管理，既可以提高农产品的附加值，也可从根本上解决并防止安全事故的发生。

2. 数据传输技术

1)有线通信传输技术

有线通信传输技术通过光波、电信号这些传输介质来实现信息数据传递，具有信号传送稳定、快速、安全、抗干扰、不受外界影响、传输信息量大等优点。智慧农业中有线通信传输方式通常使用 RS485/RS432 总线、CAN 总线网线或电话线等有线通信线路现场布线来进行数据的传输，其中最为常用的为 RS485/RS432 总线。

2)无线通信传输技术

无线通信传输技术是利用电磁波信号在自由空间中传播的特性进行信息交换的一种通信技术。常见的无线通信(数据)传输技术分为两种：近距离无线通信技术和远距离无线传输技术。近距离无线通信技术在传输距离较近的范围内应用非常广泛，具有较好发展前景的短距离无线通信标准有 Zig-Bee、蓝牙(Bluetooth)、无线宽带(Wi-Fi)、超宽带(UWB)和近场通信(NFC)。远距离无线传输技术主要使用在较为偏远或不宜铺设线路的地区，主要有 GPRS/CDMA、数传电台、扩频微波、无线网桥及卫星通信、短波通信技术等。

3)有线传输与无线传输结合

无线传输方式与有线传输方式都有各自的优点和缺点，单独利用某种通信方式很难实现全过程的数据传输任务。例如，大田灌溉监测系统中，监测节点之间距离较长，超出了 ZigBee 技术的可传输距离范围。一般来说，农业生产基地与监测控制中心或数据服务器间相距较远，移动基站成本较高，且需传输的数据量大，加大了成本，在这种情况下仅利用无线传输方式实现数据传输并不科学。所以，将无线传输方式与有线传输方式集成是现阶段智慧农业中较为通用的通信方式，广泛应用在温室大棚、设施园艺、农业灌溉、水产养殖等多个领域。

3. 数据分析技术

1)地理信息系统

地理信息系统(geographic information system，GIS)凭借其强大的数据管理和数据分析功能可以实现农业信息的存储、分析和智能处理。应用 GIS 技术可对大田物联网系统的空间数据和感知数据进行存储管理，利用 GIS 空间分析方法和大田相关农学模型集成分析物联网监测数据。GIS 具有可视化和制图功能，便于用户直观地查询、分析与统计可视化数据；与 RS 技术结合，形成各种农业专题图，如农作物产量长势图、病虫害监测图、农业气候区划图等，可以为正确决策提供帮助，这也是目前 GIS 在智慧农业中的主要用途之一。

2)模拟模型技术

计算机模拟模型将采集获得的农业信息进行模拟分析，构造出环境参数与目标参数之间的定量关系，支撑农业预测、农业预警、农业决策。目前在农业领域中常用的模型有两类：统计模型和智能计算模型。统计模型主要有多元线性回归模型、Logistic 回归模型和自回归移动平均模型；其中可以应用多元线性回归模型综合分析多种变量的关系来得到目标变量的表达函数，在产量预测、节水灌溉、病虫害预测等方面有广泛应用。智能计算模型在农业上的应用以神经网络为代表，包括 BP 神经网络、径向基函数神经网络、Elman 网络等。

3) 大数据技术

大数据技术的核心是数据挖掘，利用各种分析工具对海量数据做比较、聚类和分类归纳分析，建立模型和数据间的关系，对已有数据集进行剖析，对未知数据进行预测。常用的数据挖掘方法包括统计分析、聚类、决策树、关联规则、人工神经网络、遗传算法等。智慧农业中，常用大数据技术进行农作物的产量预测、作物生长过程和环境优化控制等。

4) 云计算技术

云计算作为传统计算机技术和网络技术融合发展的产物，具有资源配置动态化、需求服务自助化、资源池化与透明化等特点。云计算体现出来的集约化建设、按需动态分配资源等优势在农业发展中更适合应用于集约化建设农业共性技术支撑平台。智慧农业最终面向各个层次对象，包括政府、企业、个人等，凭借云计算强大的计算能力，能够最大限度地整合数据资源，提高农业智能系统的交互能力，满足各类用户主体的需求，解决各个层次的数据传输和应用问题，因此云计算技术在智慧农业发展中越来越受重视。

4. 自动控制与自主作业

自动控制通过自动化控制系统，自动发出指令，控制水泵、阀门、电动卷帘、通风窗等继电器设备，将温、光、水、肥、气等因素调控到适于作物生长发育的最佳环境条件。目前我国智慧农业自动控制系统设计技术方案主要包括基于单片机、PLC 控制系统、基于嵌入式系统的控制系统、基于云平台技术的控制系统等。基于单片机的控制系统可集中控制环境信息，操作简单、价格低廉，应用较为广泛，但其可靠性无法得到保证；PLC 控制系统能够进行传统的继电器逻辑控制、计数及计时操作，并且性能可靠，对外部环境抗干扰能力强，编程简单，是目前智慧农业中较为常用的自动控制方案，但是成本相对较高；嵌入式系统具有安装方便、开发周期短、并发处理能力强、可系统升级等优点，近年来得到了广泛应用。

5. 智慧农业应用服务

1) 智慧农场

智慧农场是现阶段发展智慧农业的基本形态，主要包括大田种植和设施农业两方面。大田种植方面，赵胜利(2015)将多种技术集成建立了大田作物生长感知与智慧管理物联网平台，可实现数据采集、管理、分析及应用，并在 5 省 17 个试验区进行了推广应用。无人机技术的发展为获取丰富、精确、小尺度的农田信息提供了可能，天空地一体化的遥感数据获取体系将为发展智慧农业，尤其是实现智慧大田提供技术保障。

2) 智慧果园

实现果园的智慧化种植、管理也是智慧农业的重要应用。例如，章璐杰(2017)基于物联网技术构建了智慧葡萄园管理系统，系统中实现了数据库存储优化、基于 n-of-N 模型和生命周期存储策略的数据流处理模型及最远优先K-means数据挖掘算法，可以完成葡萄园环境信息的采集、存储、处理与挖掘，实现葡萄整个生长周期的自动监测和控制，具有比较好的普适性和通用性。

3) 智慧养殖

目前，智慧畜禽养殖主要利用传感器网络对畜禽生理特征和健康信息以及养殖环境信息进行实时监测，通过系统的智能分析得到畜禽健康和养殖环境的变化情况，并根据变化情况实时进行反馈调控，使养殖环境保持最优状态，实现精细化管理。在智慧水产养殖方面，中国农业大学李道亮团队实现了海水、淡水、半咸水等不同应用场景下的传感器精确测量，提出了水产养殖实时数据在线处理模型与方法，构建了基于实时数据与知识库联合驱动的鱼类生长动态优化模型，为实现水产养殖精准智能调控提供了关键的技术。

4) 互联网化经营

农业经营主要是利用网络技术实现农业经营的信息化，通过现代信息技术为农户在互联网上提供销售、购买和支付等方面的一条龙智能服务，使农产品打破传统销售的时间限制、空间限制，解决农产品推广、积压、流通等问题。阿里在农村建立淘宝村，经营农产品网点超40万个；京东开展智慧农村，建立县级服务中心，已在全国建立1500个县级服务中心，推动了农村电子商务的发展。“聚筹网”“尝鲜众筹”“大家种”等多种农业众筹模式可为消费者提供个性化服务，是农业经营创新的主要手段。此外，农村现代电商物流模式也开始创新发展，逐步解决农村物流问题。

5) 农业智慧化管理与服务

农业智慧化管理包括智慧预警、智慧控制、智慧指挥、智慧调度等内容。推进农业智慧化管理，重点是通过农业大数据的开发和应用，建立智慧农业综合化的信息服务平台来进行决策、指挥和调度。南京市以“11N”为核心进行市智慧农业中心建设，抓好农业大数据，建立农资监管信息系统、重点农业项目信息管理系统、农产品质量安全追溯管理系统等多个系统，为部门行业监管、应急指挥调度、领导科学决策等提供了有力支撑。北京市通过建设北京设施农业物联网云服务平台、智能决策服务和反馈控制系统，实现了病虫害远程诊断、监控预警、指挥决策，以及肥、水、药智能控制和设施农产品质量安全监管与追溯等。同时，互联网的发展使得农业服务模式发生转变，由以公益性服务为主的传统模式向市场化、主体多元化、服务专业化转变，实现更为全面的社会化服务。通过网络媒介，既可以使农民获取先进的技术信息，掌握最新的农产品价格走势等市场行情，自主决策农业生产，也可以使消费者了解最新的产品信息。

6.3.3 天空地遥感大数据赋能智慧农业模式实现

随着空间技术的不断发展，不同的时间、空间、光谱、辐射分辨率、多角度和多极化的遥感卫星不断涌现，对地观测探测能力不断增强，为农业生产快速监测和精准管理提供了新的科学技术手段。将天空地遥感大数据应用在农业经济发展中，可以全方位实现智慧农业的发展目标，有效拉动农业产品产业链各个环节的蓬勃发展，提高我国农业经济发展水平以及效率。在此阶段，通过天空地技术手段进行数据获取，随后便可以将遥感大数据以可视化的形式反馈到技术人员中，技术人员通过可视化界面能够充分了解到农产品产业链各个环节的发展情况以及发展水平，随后在可视化界面进行农产品发展水平分析，且基于数据分析的结果制定相应的发展目标，全力推动区域经济的蓬勃发展，以我国农业经济全面带动社会经济的稳定提升。实际中，需要做到遥感大数据促使农业产业链上下游之间实现充分的互动，将各个产业之间进行充分关联，之后以数据分析制定相应的农产品发展策略，有效实现农业在发展阶段的产销一体化，全方位协调农业当中的人力、物力、财力、信息、技术等方面，采取科学的调控方式，以促使农业产业实现蓬勃的发展。

1. 遥感大数据驱动的农业模式的目标和任务

智慧农业的目标是实现农业全过程智能化，其实质是数据驱动。天空地遥感大数据赋能智慧农业模式的总体目标是以数据驱动农业农村现代化发展为主线，推动天空地遥感技术与现代农业深度融合，科学管理农业资源、指导农业生产、服务农业决策。具体而言，一是推进航天遥感、航空遥感、地面物联网、大数据等信息技术创新驱动，不断催生农业新产业新业态新模式，用新动能推动农业新发展；二是利用天空地等新技术对农业产业进行全方位、全角度、全链条的改造，提高农业全要素生产率。

围绕“数据”这一关键生产要素，智慧农业的组成包括数据获取、数据处理分析、数据应用服务等方面的关键技术、装备和集成系统，实现从数据到知识到决策的转换。每一环节都有其关键理论和技术方法体系，这些理论、技术方法高度集成，形成完整的智慧农业系统。最终解决“数据从哪里来”“数据怎么用”“数据如何服务”一系列问题，实现我国农业产业高效且稳定的发展。

天空地遥感大数据驱动的智慧农业是一项事关农业发展全局的复杂工程，迫切需要构建天空地一体化的智慧农业体系，推进农业资源权属、生产过程、灾害监测和市场预警的数字化，建设覆盖农业生产、加工、经营、管理、服务等全产业链的天空地智慧农业平台，提升农业全要素、全领域、全过程的网络化、智能化管理服务水平，推进国家农业治理能力现代化，形成新型数字农业经济，服务于数字中国建设、农业高质量发展和乡村振兴战略。

2. 天空地一体化智慧农业模式案例分析

在天空地一体化智慧农业模式应用上，吴文斌等(2019)利用航天遥感、航空遥感、地面物联网等构建天空地一体化的果园观测技术体系，建立果园生产大数据分析与决策管理平台，推进果园资源环境及权属数字化，加强果园生产过程监测、灾害动态监测和智能作业，服务宏观管理决策，指导果园生产，推动水果生产数字化、网络化和智能化发展。此天空地遥感大数据驱动的果园生产精准管理总体框架如图6.10所示，该框架以“数据—知识—决策”为主线，以果园生产数字化、网络化和智能化为目标，主要包括果园智能感知、果园快速诊断和果园精准作业3个核心内容，推进农业信息技术、农学农艺与农机装备的融合应用。具体内容如下。

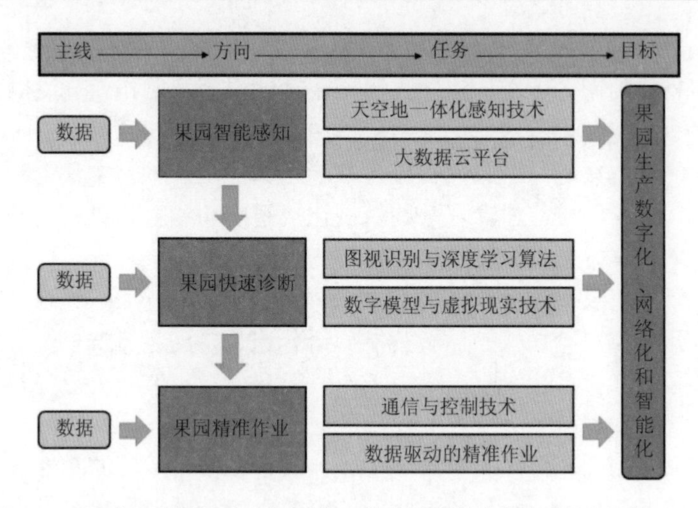

图6.10　遥感大数据驱动的果园生产精准管理总体框架(吴文斌等，2019)

1)果园智能感知系统

果园智能感知是基础，利用航天遥感(天)、航空遥感(空)、地面物联网(地)一体化的技术手段，进行果园数量、空间位置与地理环境的精准感知与信息获取，建立果园天空地遥感大数据管理平台，解决“数据从哪里来”的基础问题。天空地一体化的果园感知系统利用遥感网、物联网和互联网三网融合，实现果园环境和果树生产信息的快速感知、采集、传输、存储和可视化，可以解决果园智能感知中数据时空不连续的关键难点，显著提高信息获取保障率，实现对果园生产信息全天时、全天候、大范围、动态和立体监测与管理。

2)果园生产智能诊断技术

果园快速诊断是关键，主要基于天空地遥感大数据，集成果树模型、图像视频识别、深度学习与数据挖掘等方法，进行农业信息技术与农学模型的融合，构建果树长势、病虫害、水肥、产量等监测模型和算法，实现果园生产的快速监测与诊断，解决“数据怎么用”的关键问题。在天空地一体化观测体系获取的果园大数据支撑下，综合运用地球信息科学、农业信息学、栽培学、土壤学、植物营养学、生态学等多学科、多领域的理论，利用遥感识别、模拟模型、数据挖掘、机器视觉等技术方法，建立遥感大数据驱动的果园生产智能诊断技术体系(表6.12)。

表6.12　遥感大数据驱动的果园生产智能诊断

平台	诊断对象	相关指标与参数
航天遥感	果园	果园种植面积、空间分布；果园地形特征；果园种植适宜性
航空遥感	果树	果树数量、高度、密度、树龄；杂草分布；果树长势和产量；果树三维树冠与株形
地面物联网	果树的果实	果树水肥、果树病虫害、果树秋梢率；果花数量、果实数量、果实品质

3)天空地遥感大数据赋能果园作业装备

果园精准作业是集成，结合自动控制、传感器、农机装备等，进行农业信息技术、农学与农机的集成融合，利用数据赋能作业装备，实现果园生产的精准作业，解决“数据如何服务”的重要问题。天空地遥感大数据驱动的果园智能作业分为以下 2 个部分。

(1) 围绕产中环节，利用天空地遥感得到的果园环境信息，果树分布、长势与病虫害信息，生产作业的处方图，结合果园机械精准导航和控制技术，实现果园植保、花果管理、肥水管理、病虫害防控等生产环节的机械化、智能化和机器人化，减轻劳动强度，为果树生长发育创造良好条件，促进果品优质高产。

(2) 围绕产后精细化、智能化、商品化处理环节，利用传感器、图像视觉、光谱检测等技术方法，构建果实自动采摘、品质智能分级分选、自动包装技术及装备，提升果实处理自动化、装备化和信息化水平，缩短工作时间和效率、节约人力资源。

4) 天空地遥感大数据赋能智慧农业模式的展望

当前，在国家大力实施国家大数据战略、加快建设数字中国的新形势下，加快推进数字技术与农业的深度融合，构建数据驱动的农业生产精准管理模式，对促进数字农业经济发展具有重要意义。利用航天遥感、航空遥感、地面物联网等现代空间信息技术，构建天空地遥感大数据驱动的智慧农业模式，优化农业资源要素配置，提高农作物生产率、土地产出率和劳动生产率，打造新型的农业生产发展模式。

天空地遥感大数据在农业生产管理中应用的基本流程主要包括天空地遥感大数据的获取、预处理、特征参量反演、时空信息提取、诊断模型构建和校正、作业控制、数据集成与汇总等。结合天地空遥感大数据赋能果园生产精准管理模式案例，目前还有很多核心科学问题尚未得到系统解决。首先，天空地协同和立体遥感观测能力有待加强。目前天空地一体化观测对农业生产管理的满足能力还不够，现有的卫星载荷和传感器设置没有充分考虑作物生长复杂环境的特定需求。例如，作物生长土壤参数监测、作物病虫害监测等需要高光谱遥感数据支撑；天空地多源数据的融合理论和技术方法需要加强。其次，天空地遥感大数据在农业生产中的应用领域需要进一步拓展。遥感观测与导航定位、移动互联网、物联网、大数据等技术的融合，与农学领域的其他学科交叉结合，可以从方法学上推动自身学科发展，同时跨学科应用也将拓展应用领域，如可以推进天空地协同观测在作物栽培管理、作物保险监测与评估等方面的应用深度发展。

参 考 文 献

李嘉欣，张珂，郭超. 2020. 农业遥感大数据可视化应用. 产业科技创新, 2(24): 39-40.

李明，黄愉淇，李绪孟，等. 2018.基于无人机遥感影像的水稻种植信息提取. 农业工程学报, 34(4): 108-114.

任传帅，叶回春，崔贝，等. 2017. 基于面向对象分类的芒果林遥感提取方法研究. 资源科学, 39(8): 1584-1591.

申格，吴文斌，史云，等. 2018. 我国智慧农业研究和应用最新进展分析. 中国农业信息, 30(2): 1-14.

孙忠富，马浚诚，褚金翔，等. 2017. 智慧农业技术助推农业创新发展，引领农业新未来.蔬菜, (4): 1-8.

徐翔燕，侯瑞环，牛荣. 2019. 基于 GF-1 号的红枣种植面积提取方法. 塔里木大学学报, 31(3): 32-38.

吴文斌，史云，段玉林，等. 2019. 天空地遥感大数据赋能果园生产精准管理. 中国农业信息, 31(4): 1-9.

赵胜利. 2015. 作物生长感知与智慧管理物联网平台架构与实现. 南京: 南京农业大学.

章璐杰. 2017. 基于物联网的智慧葡萄园管理系统的优化研究. 杭州: 浙江大学.

Shen K, Li W, Pei Z, et al. 2015.Crop Area estimation from UAV Transect and MSR image data using spatial sampling method. Procedia Environmental Sciences, (26): 95-100.

Zhang M, Lin H. 2019. Object-based rice mapping using time-series and phenological data. Advances in Space Research, 63(1): 190-202.

第 7 章　海南林业遥感应用

森林是全球生态系统的重要组成部分，也是国家可持续发展的重要物质基础和人类社会赖以生存的宝贵资源。在各类森林系统中，热带森林是最丰富、最复杂的森林生态系统，在调节全球气候和提供各种生态服务功能等方面至关重要。海南拥有我国分布最集中、保存最完好、连片面积最大的热带雨林，拥有众多海南特有的动植物种类，是全球重要的种质资源基因库。全岛热带森林资源主要分布于五指山、尖峰岭等中部山区，其中部高四周低的地貌造就了复杂的森林垂直分布，山顶矮林、山地常绿林、山地雨林、低地雨林、红树林等多种林地交替出现。但随着人类活动影响的加剧，海南森林资源面临着不小的威胁。由于海南森林组成成分复杂和植被密度高，传统森林调查效率较低，遥感技术可以快速、宏观、客观和准确地完成对森林地区信息的收集，通过遥感图像的处理、解译和分析等手段可以对目标区域的森林资源进行定性或者定量的调查。对于热带地区的气候来说，多云多雨是影响光学遥感数据的最主要因素，海南地区也是如此。而微波遥感波长较长，穿透能力强，能够有效穿透云雾，减少云雾对观测效果的影响，因此对于在海南热带地区进行微波遥感森林监测来说是一个有力的补充(Hyde et al., 2006)。

7.1　海南林业遥感研究现状

热带森林生长环境终年高温潮湿，其中的各种植被长得高大茂密，一般高度在 30m 以上，从林冠到林下树木分为多个层次，彼此套叠，形成了一种较为复杂的空间结构。除空间结构复杂外，热带森林的植被类型十分丰富，各个树种分布错综复杂。这些对于遥感分类都提出了更高的要求。Salovaara 等(2005)利用 Landsat ETM+数据以亚马孙原始热带森林植被为研究对象，对其进行了分类；Foody 和 Cutler(2006)通过 TM 数据和神经网络方法对热带森林的生物多样性进行了分析；Saatchi 等(2008)利用包括 MODIS、QSCAT、SRTM 和 TRMM 在内的多源遥感数据对亚马孙的森林种类及其空间分布变化进行了研究，其中，QSCAT 的后向散射代表了冠层湿度和粗糙度，MODIS 的叶面积指数产品则是分类中最重要的因子，最终，结合这些数据给出了亚马孙地区五个森林类别的符合概率分布图；Dong 等(2012)联合使用 PALSAR 和 MODIS 数据将热带森林分为常绿林、落叶林和橡胶林，并取得了较好的分类精度；Thapa 等(2014)利用 ALOS PALSAR 数据对苏门答腊岛进行了森林分类制图，并采用世界自然基金提供的参考林业地图讨论了热带森林分类制图的精度。总的来说，目前，热带森林覆被遥感识别多集中于常绿/落叶阔叶林、针叶林、灌木林等天然林。相对而言，橡胶林、桉树林、园地等典型人工林的遥感识别研究较少，其中以橡胶林的研究稍多，其他人工林较少。

一些学者已经开展了针对海南橡胶林的遥感监测研究(陈汇林等，2010；张京红等，

2010)。从分类精度上看，中尺度的橡胶林遥感识别精度较高，一般橡胶成林可达到 85%以上，橡胶幼林可达到 70%以上，而大尺度的橡胶林分类精度较低，通常仅达到 50%～60%。小尺度的油棕榈、柚木林、桉树林等遥感分类精度则达 90%左右。由于混交、树龄、生长密度等因素引起的森林类型的复杂性，迄今人工林遥感识别仍面临多重挑战，尤其是大区域和景观破碎化地区的人工林遥感识别与制图(廖谌婳等，2014)。对于海南热带森林的分类以及类型识别研究大多采用野外调查、实地勘测等方法，而采用遥感手段对其进行分类和类型识别的研究和探讨较少(朱华和周虹霞，2002；王伯荪等，2007；吴裕鹏等，2013)。

综上所述，目前国内外对于热带森林分类的研究已经取得了一定的进展，但是热带森林自身的复杂性和热带地区气候对遥感数据的影响使得热带森林遥感分类还存在较大的问题，如目前还没有行之有效的适合热带森林的分类算法，且可识别的热带森林类型还是相对比较少。基于以上问题，以海南岛为研究区，利用光学遥感数据和多时相 SAR 数据开展了海南岛天然林主要林型的空间分布研究，该研究是一种新的尝试，可以为其他地区的热带天然林分类研究提供一定的参考，同时也为海南岛天然林的保护和规划提供决策支持信息。

7.2　基于多源遥感数据的海南热带森林分类

海南岛热带森林天然林主要分布于中部山区，主要有尖峰岭、霸王岭、黎母山、五指山和吊罗山五大热带森林分布区。其中尖峰岭是海南岛面积最大的热带森林分布区，由于地形和气候影响，尖峰岭热带森林类型丰富，植被种类繁多，具有垂直分布结构，植被类型的优势种并不明显。尖峰岭地区主要森林类型有典型热带雨林、热带季雨林、常绿苔藓林以及常绿落叶阔叶混交林。尖峰岭地区的植被种类多达 2800 多种，主要植被科目有芸香科、蝶形花科、菊科、乔本科、桑科、樟科、龙脑香科、棕榈科、桃金娘科、杜英科以及灰木科等。其他 4 个主要的森林分布区，地势、气候以及土壤类型等因素的影响造成了森林类型分布的一些差异，但总体上的森林类型以及植被种类分布情况基本相似。海南人工林主要分布在海拔较低的平原和丘陵地区，基本为大面积连续的单一树种，种植分布具有明显的规律，绝大多数为经济林种植区，主要包括橡胶林、桉树林、园地等，油棕榈、柚木林、桉树林等遥感分类精度则达 90%左右。混交、树龄、生长密度等因素会引起森林类型的复杂性。

由于海南岛热带森林分布十分复杂，为避免其他地物类型对天然林和人工林分类的影响，采用分层分类的策略构建了基于多源遥感数据的海南热带森林分类框架，其基本思想是，先分别精确识别出海南天然林和人工林的空间分布范围，在此基础上再进行海南天然林和人工林类型的进一步划分，最后合并得到总的热带森林空间分布及类型图。该框架主要分为五个部分。

(1) 数据预处理。主要进行 Landsat 光学遥感数据和 Sentinel-1 SAR 雷达数据预处理。

(2) 海南地物初级分类类型确定及分类。主要包括海南地物初级分类类型的确定、分类方法的选择及海南地物初级分类。

(3) 海南天然林/人工林范围的确定及天然林范围变化获取。该部分根据海南地物初级分类结果和相关地理信息工具确定海南天然林和人工林的准确边界，为下一步海南天然林和人工林的三级类型精确分类奠定基础；同时，基于多期次 Landsat 光学遥感数据提取海南天然林的范围并开展其变化分析。

(4) 海南天然林/人工林分类。该部分主要包括海南天然林遥感可分类的三级分类类型的确定、海南天然林/人工林分类方法策略和天然林/人工林分类。

(5) 分类结果合并分类后处理。对于分类后处理，主要根据实地观测数据以及对试验区地物类型分布的了解，对明显分得不正确的类别进行修正。图 7.1 为基于多源遥感数据的海南热带森林分类总体框架示意图。下文就相关部分涉及的关键技术问题做详细的阐述。

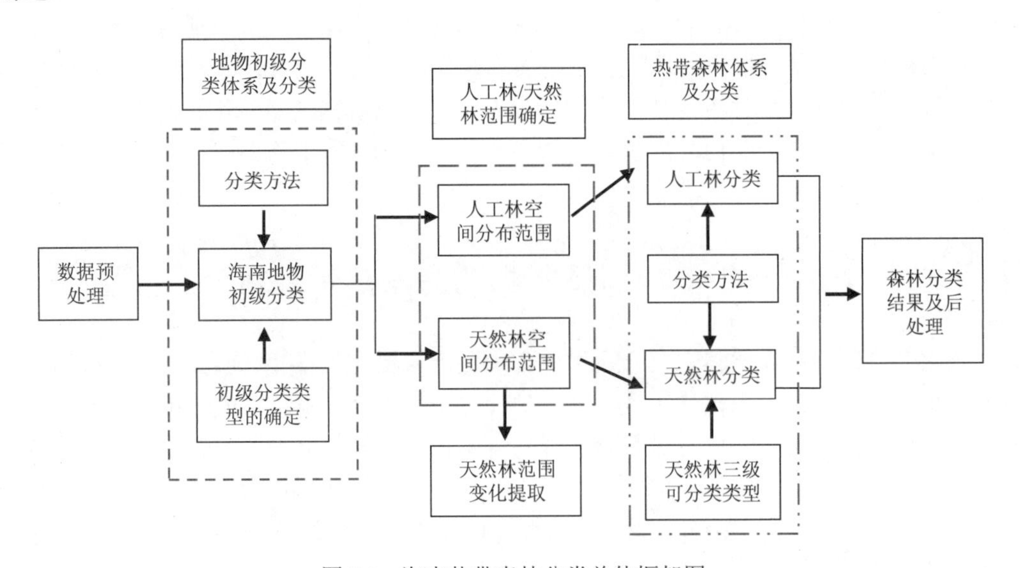

图 7.1　海南热带森林分类总体框架图

7.2.1　多源数据获取

考虑到数据分辨率的可分性与大区域应用的经济适用性之间的协同问题，选取中高空间分辨率的遥感数据作为数据源，包括 Landsat-8 卫星的 OLI 数据和 Sentinel-1A 卫星提供的干涉宽幅地距多视产品(IW-GRD)，既保证了能有效提取热带森林中的天然林类型，也节约了数据收集的成本。采用的投影均为基于 WGS84 的 UTM 投影。

总计收集了 1995 年、2005 年、2015 年和 2017 年四期的遥感数据，其中，1995 年、2005 年和 2017 年三期数据主要是 Landsat 光学遥感数据；2015 年一期数据包括：2015 年 11 月至 2016 年 2 月的 Landsat-8 卫星 OLI 数据共 4 景(云量较少，获取时间相近)，2015 年 6 月至 2016 年 4 月的 Sentinel-1A 卫星 SAR 数据 10 期共计 20 景(成像模式为干涉宽幅地距多视产品，GRD)。相关遥感数据信息见表 7.1 和表 7.2。

表 7.1　四期遥感数据时相参数

年份	Sentinel-1A SAR 数据	Landsat 光学数据
1995	0	1995/9～1999/12
2005	0	2004/2～2004/12
2015	2015/6～2016/4 共计 20 景	2015/11～2016/2 共计 4 景
2017	0	2017/1～2017/9 共计 5 景

表 7.2　Landsat 与 SAR 数据参数

参数	SAR 数据	光学数据
卫星	Sentinel-1A	Landsat 及 Landsat-8
获取时间	2015/6～2016/4	2015/11～2016/2
极化方式	VV/VH	
幅宽/km	250	185
空间分辨率/m	5×20	30×30
重访周期/天	12	16

除遥感数据外，为了保证分类结果的准确性和可靠性，还在海南岛进行了林业调查，得到天然林和人工林类型的采样数据集。在海南岛热带森林野外数据采集中，针对海南岛热带森林典型热带雨林、热带季雨林、常绿苔藓林、常绿落叶阔叶混交林等天然林类型以及橡胶林、桉树林、槟榔等人工林类型进行实地数据采集。数据采集实验主要测量参数有森林类型、地理坐标和森林类型特征(森林冠层特征、代表性树种)。

野外数据采集在考虑样本典型性以及采样地点可达性原则的基础上，选取了儋州、屯昌、乐东附近的人工林分布密集区，以及尖峰岭、百花岭、东寨港等天然林分布较为典型的区域。其中，人工林种植区多分布于人类活动易干扰区，为便于样本快速采集，人工林样本点基本沿国道或乡村道路采集；天然林多分布于山区，车辆不易通行，需要徒步进入采集，因此采样区域有限，此次天然林样本点采集主要集中在尖峰岭、百花岭等地区。本次数据采集样点分布及样本信息数据共包含 300 个样本点，采集数据后根据数据记录对采集的森林样本进行了总结和分析。海南地区热带森林类型具体特征总结如下。

(1) 人工林。主要分布在海拔较低的平原和丘陵地区，基本为大面积连续的单一树种，种植分布具有明显的规律，绝大多数为经济林种植区。

(2) 典型热带雨林。植被茂盛，树种类型丰富，基本没有受到人为影响，空间结构分层比较明显，一般分层达到 5～7 层，主要为草本层、灌木层、幼小乔木层、一般乔木层以及高大乔木层。

(3) 常绿落叶阔叶混交林。遭受到的人为影响很大，喜阳植物较多、分层不明显，一般只有 1～2 层，主要为灌木层和乔木层。其中落叶树种主要为榅树、枫香、海南菜豆树等。

(4) 热带季雨林。受到一定的人为影响，分层一般有 3～4 层，有一定的季相变化，其中变化树种主要为蒲桃、榕树等。

(5) 常绿针叶林。叶片形状为针形，树种主要为加勒比松、南亚松等松树，分布单块面积较小且零星分散，基本没有大面积连续的针叶林树种。

(6) 常绿苔藓林。主要分布在海拔 1200 m 以上的山顶，树木矮小，整个冠层高度较矮，且分布面积很小。

7.2.2 海南热带森林覆盖初级分类

对于海南热带森林遥感分类方法，由于热带森林中人工林类型及林下覆盖相对简单，且热带森林中的天然林类型及空间结构极其复杂，因此二者是研究的重点和难点，目前还没有比较公认的可有效用于热带天然林分类的方法。但是，在所有分类方法中，支持向量机分类方法(suppot vector machine, SVM)和随机森林分类方法(random forest, RF)在遥感领域中得到了广泛应用(Bruzzone et al., 2006; Bazi and Melgani, 2006; Pal, 2005; Belgiu and Drăguţ, 2016)。为了使分类结果具有更大的可靠性和精度，利用基于 SVM 和基于 RF 的热带森林分类及交叉对比验证的分类策略，其基本思想是用两种分类方法分别分类，结合实地观测数据，对得到的结果进行对比分析和交叉验证，选择可靠性和精度最高的分类方法的结果。

1. 初级分类类型

对海南土地覆盖进行初级分类的主要目的是对天然林和人工林的范围进行提取，因此，只需进行土地覆盖基本地物分类。参照遥感数据情况、海南岛土地覆盖的实际情况以及初级分类的用途，确定了海南土地覆盖初级分类类型。同时，对于初级分类中的地物类型，通过对 Landsat-8 卫星遥感影像进行解译，同时参考野外实地采样数据，建立了影像解译标志。表 7.3 为海南岛土地覆盖初级分类的类型及解译标志。本节将利用这些遥感影像解译标志进行样本的选取和训练，为利用 SVM 模型和 RF 模型进行海南岛初级分类奠定基础。

表 7.3 海南岛土地覆盖初级分类类型及解译标志

一级地类	二级地类	解译标志
森林	海岸林	暗绿色，位置在海边，中间有暗纹
	人工林	深绿色，大多数有规则的纹理特征
	天然林	深绿色偏亮，无规则纹理特征
非森林	人工地表	亮灰色，有些为蓝色
	水体	深青色，有的水体会偏绿色
	裸地	棕黄色，有些具有比较规则的纹理
	其他植被	浅绿色或者亮绿色，形状比较规则

2. 初级分类及天然林范围提取

利用 SVM 模型进行海南地区的土地初级分类，参照制定的土地初级分类体系，将海南岛分为水体、其他植被、人工林、天然林、人工地表、裸地以及海岸林 7 种地类。海南地区土地初级分类结果显示如图 7.2 所示。

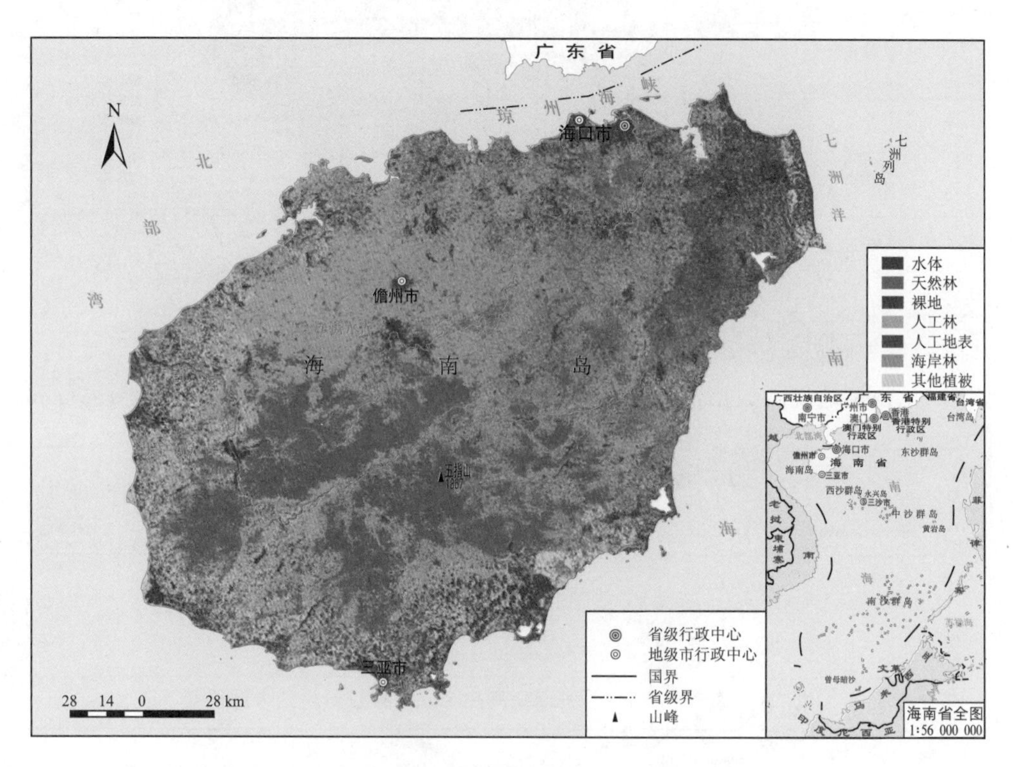

图 7.2 基于 SVM 模型的海南岛土地初级分类结果

通过野外实地采集的数据和海南林业部门提供的森林资源抽样调查的实地调查数据对结果进行分析，总体上说天然林的范围较为准确。通过对前人海南遥感分类的研究成果进行对比，进一步说明了该结果中天然林范围的准确性。

利用随机森林分类算法进行的热带森林初级分类结果如图 7.3 所示，可以看出海南岛东北部地势较为平坦的地区，大面积的人工林被错分为天然林，而且人工地表的分类范围明显过大，总体来说对于海南岛热带森林初级分类，RF 模型的效果并不理想。

混淆矩阵是现在应用最为广泛的分类精度评价方法之一，本节分类结果评价均采用混淆矩阵作为分类精度的评价方法。对于精度评价的指标，主要利用了生产者精度、用户精度、总体精度以及 Kappa 系数四个精度评价指标(表 7.4 和表 7.5)。

图 7.3　基于 RF 模型的海南岛热带森林初级分类结果

表 7.4　基于 SVM 模型的海南岛热带森林初级分类结果评价

		真实数据								
		水体	天然林	裸地	人工林	人工地表	海岸林	其他植被	总计	用户精度/%
分类数据	水体	2498	17	0	0	2	2	0	2519	99.17
	天然林	1	4525	1	393	0	85	0	5005	90.41
	裸地	1	0	2487	0	6	0	0	2494	99.72
	人工林	0	279	0	3611	0	17	3	3910	92.35
	人工地表	0	0	10	0	2494	0	3	2507	99.48
	海岸林	0	206	0	3	0	2396	0	2605	91.98
	其他植被	0	8	2	2	3	0	2494	2509	99.40
	总计	2500	5035	2500	4009	2505	2500	2500	21549	
	生产者精度	99.92%	89.87%	99.48%	90.07%	99.56%	95.84%	99.76%		
总体精度：95.15%				Kappa 系数：0.943						

表 7.5　基于 RF 模型的海南岛热带森林初级分类结果评价

		真实数据								
		水体	天然林	裸地	人工林	人工地表	海岸林	其他植被	总计	用户精度/%
分类数据	水体	2500	0	0	0	0	0	0	2500	100
	天然林	0	5024	1	7	0	3	0	5035	99.78
	裸地	0	1	2310	0	189	0	0	2500	92.40
	人工林	0	2361	0	1645	0	3	0	4009	41.03
	人工地表	0	1	3	0	2501	0	0	2505	99.84
	海岸林	0	127	8	14	0	2351	0	2500	94.04
	其他植被	0	0	4	20	91	0	2385	2500	95.40
	总计	2500	7514	2326	1686	2781	2357	2385	21549	
	生产者精度	100%	66.86%	99.31%	97.57%	89.93%	99.75%	100%		
总体精度：86.85%				Kappa 系数：0.84						

通过利用混淆矩阵对 SVM 和 RF 两种模型的分类结果的精度评价可以看出，基于 SVM 模型的分类方法在海南岛热带森林初级分类中得到了很好的效果，总体精度达到了 95.15%，Kappa 系数为 0.943，其中天然林的生产者精度和用户精度分别达到了 89.87% 和 90.41%。而 RF 模型虽然总体精度也达到了 86.85%，但是其天然林生产者精度只有 66.86%，人工林的用户精度更是只有 41.03%。这说明分类在天然林和人工林这两种地物类型中存在大量的错分、漏分现象。

在海南岛热带森林初级分类中，天然林和人工林在分类特征上比较相似，差异性很小，而且对于产生决策树分类结点的属性相似而且数量很多，这就使得属性的权值不可信，对决策树的分类结果造成很大的影响。因此造成了天然林和人工林大面积的错分、漏分现象。总体来说，在天然林和人工林两种林型的分类精度上 SVM 模型优于 RF 模型。说明 SVM 模型在海南地区更适合天然林提取，尤其是天然林和人工林的区分。

3. 天然林/人工林范围提取

在海南岛热带森林初级分类的基础上，对天然林/人工林的范围进行提取。对比两种分类算法的结果，尤其是天然林分类的精度，决定采用基于 SVM 模型的海南岛热带森林初级分类中天然林/人工林的范围。并以此为基础，依据野外实地调查数据、海南林业部门提供的森林抽样统计调查数据以及对高分辨率影像的目视解译，对 SVM 模型分类结果中的天然林/人工林零碎图斑进行识别，最终得到天然林的总体范围。天然林的总体范围如图 7.4 所示。

7.2.3　海南热带天然林三级分类

1. 热带天然林三级可分类型

海南热带天然林三级可分类型是本节的重点和难点。本节在表 7.6 的植被分类系统的基础上(宋永昌, 2011)，利用多时相 SAR 数据和单时相少云雾覆盖光学遥感数据，分析了热带典型林地光谱和散射特征差异和旱雨季的变化信息。结合海南热带天然林植被型组类型和海南热带天然林生长分布规律，提出了适合海南热带天然林的遥感植被型组的分类系统。图 7.5 为海南典型林地 SAR 和光学遥感特征差异，图 7.6 为海南典型林地 SAR 多时相差异。

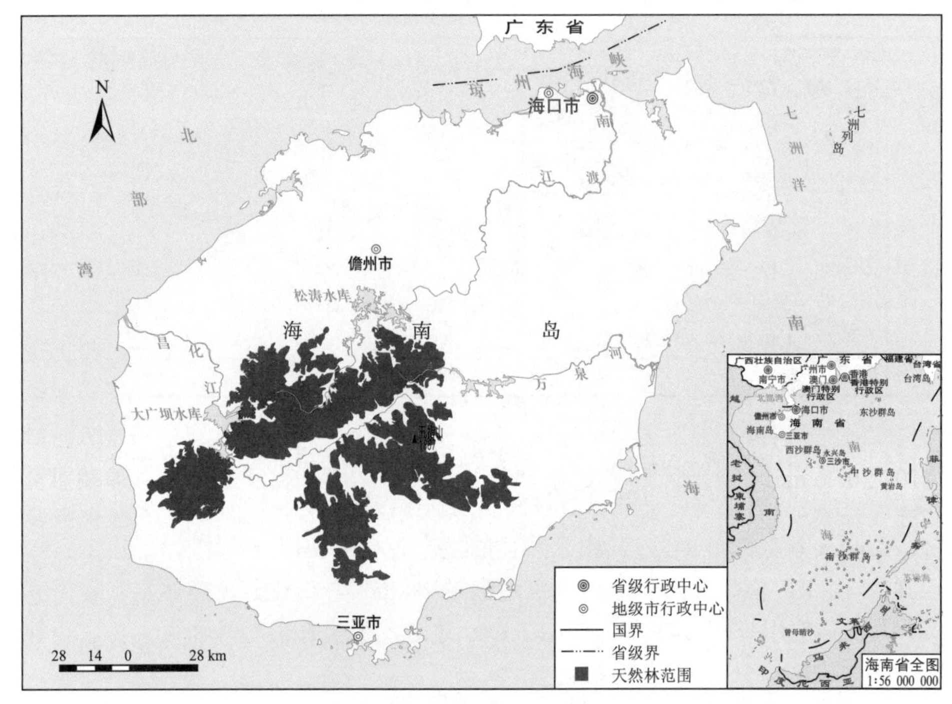

图 7.4　最终提取的海南天然林范围(红色区域)

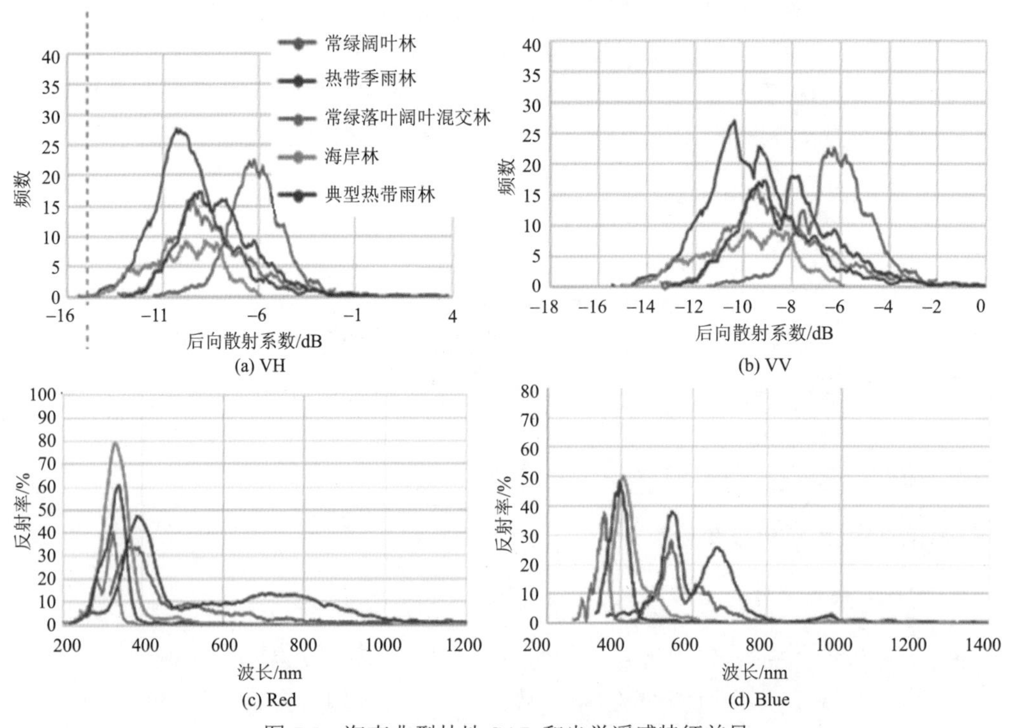

图 7.5　海南典型林地 SAR 和光学遥感特征差异

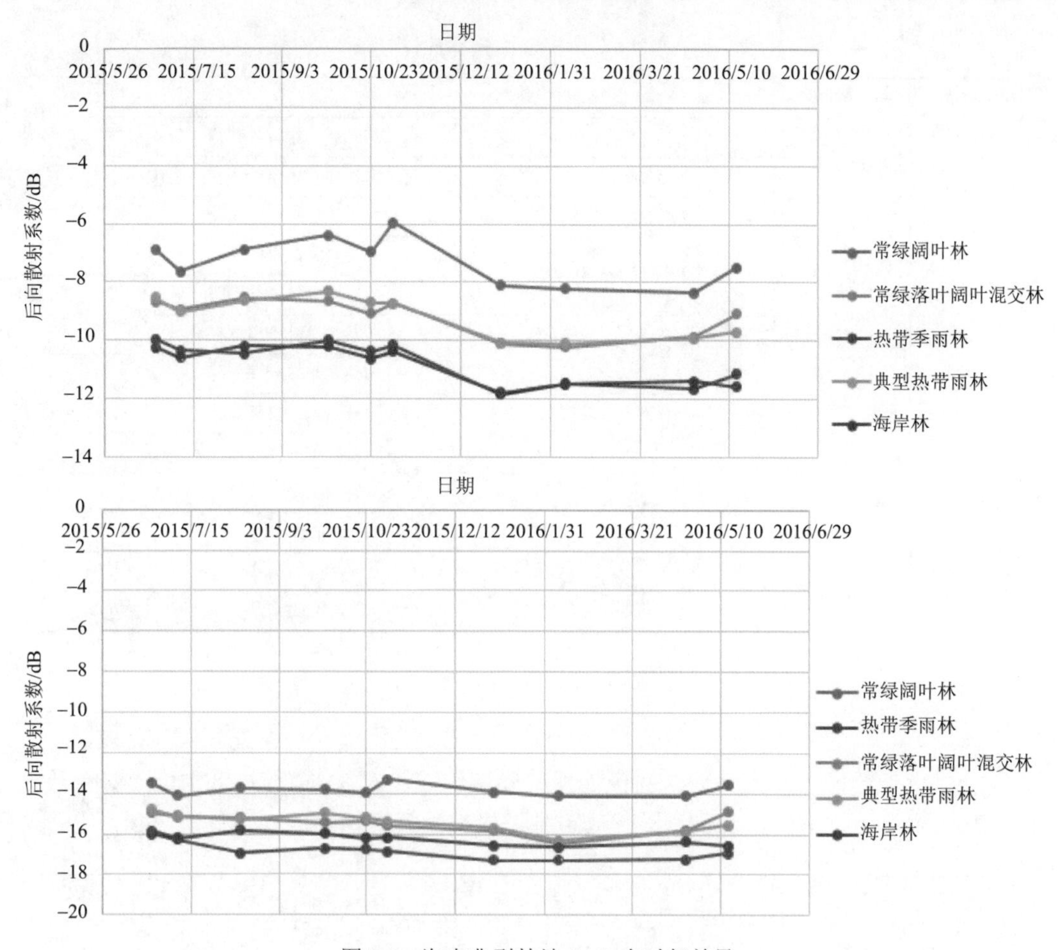

图 7.6　海南典型林地 SAR 多时相差异

由表 7.6 可见，森林属于植被型纲的一种，包含针叶林、阔叶林和竹林/竹丛三个植被型亚纲，三个植被型亚纲又包含 8 个植被型组。该研究主要尝试通过多源遥感数据对植被型组中提到的植被类型进行分类，这里称之为遥感可分三级类型，通过综合考虑表 7.6 的植被型组、实地考察和策略数据以及图 7.5 和图 7.6 中光学遥感数据的光谱特征和 SAR 数据的后向散射及多时相特征，遥感三级可分类型的确定思想如下：①针叶林的植被型组就常绿针叶林一种，在这里确定为遥感三级可分类型的一类；②海南地区的常绿落叶林只是零散地分布于常绿阔叶林中，两者之间并没有明显的区别，所以这里将常绿阔叶林和常绿落叶阔叶混交林分成一类，统一归类为常绿阔叶林；③对于常绿苔藓林和竹林，由于分布面积很小，在这里两者都不作为三级可分类的类型；④对于典型热带雨林、热带季雨林和海岸林，由表 7.3 和表 7.6 可见，基本可以通过光谱特征、后向散射特征和多时相特征将其分开，在这里分别可作为三类遥感可分类型。通过上面的分析，海南天然林遥感可分三级类型主要为典型热带雨林、热带季雨林、常绿落叶阔叶混交林、海岸林以及常绿阔叶林五类。

表 7.6　热带森林分类系统

植被型纲	植被型亚纲	植被型组	植被型
森林	Ⅰ. 针叶林	1. 常绿针叶林	1) 热性常绿针叶林
	Ⅱ. 阔叶林	2. 常绿落叶阔叶混交林	2) 次生常绿落叶阔叶混交林
		3. 常绿苔藓林	3) 山地常绿苔藓林
		4. 常绿阔叶林	4) 典型常绿阔叶林
			5) 季节(季风)常绿阔叶林
		5. 热带季雨林	6) 热带落叶季雨林
			7) 热带半落叶季雨林
		6. 热带雨林	8) 热带(典型)雨林
			9) 热带季节性雨林
		7. 海岸林	10) 红树林
			11) 热带珊瑚礁海岸林
	Ⅲ. 竹林与竹丛	8. 竹林	12) 丛生竹林
			13) 混生竹林

2. 天然林/人工林分类结果

经过 SAR 数据以及光学数据的预处理、样本选取、对 SVM 模型和 RF 模型两种模型的调试，得到了如图 7.7 和图 7.8 所示的海南热带雨林天然林的初步分类结果。从分类

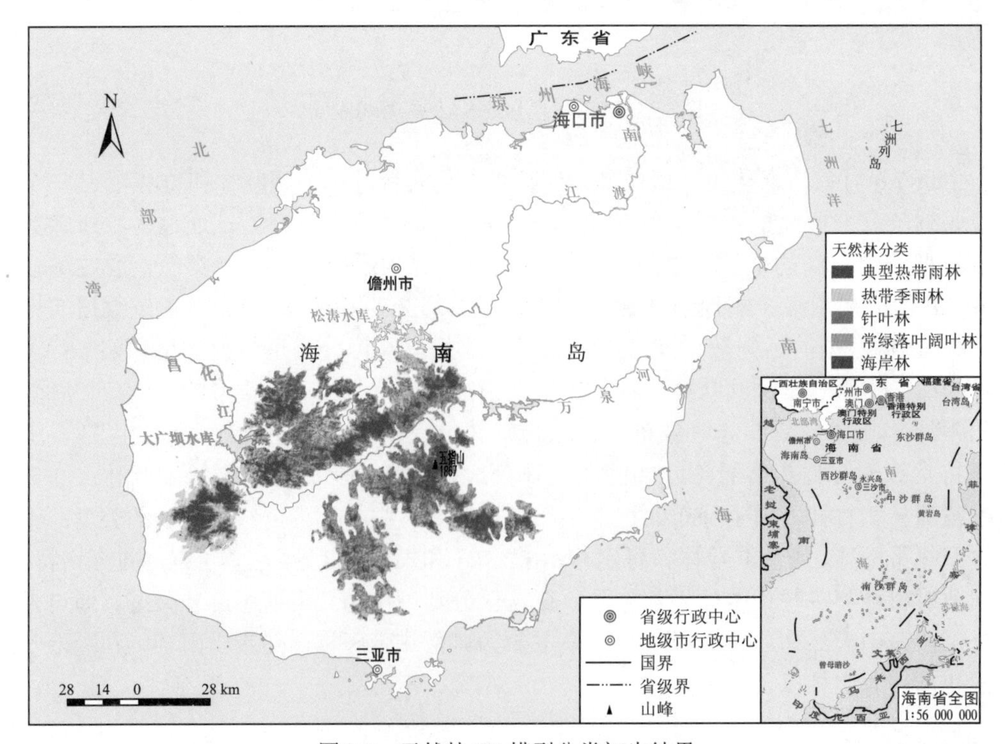

图 7.7　天然林 RF 模型分类初步结果

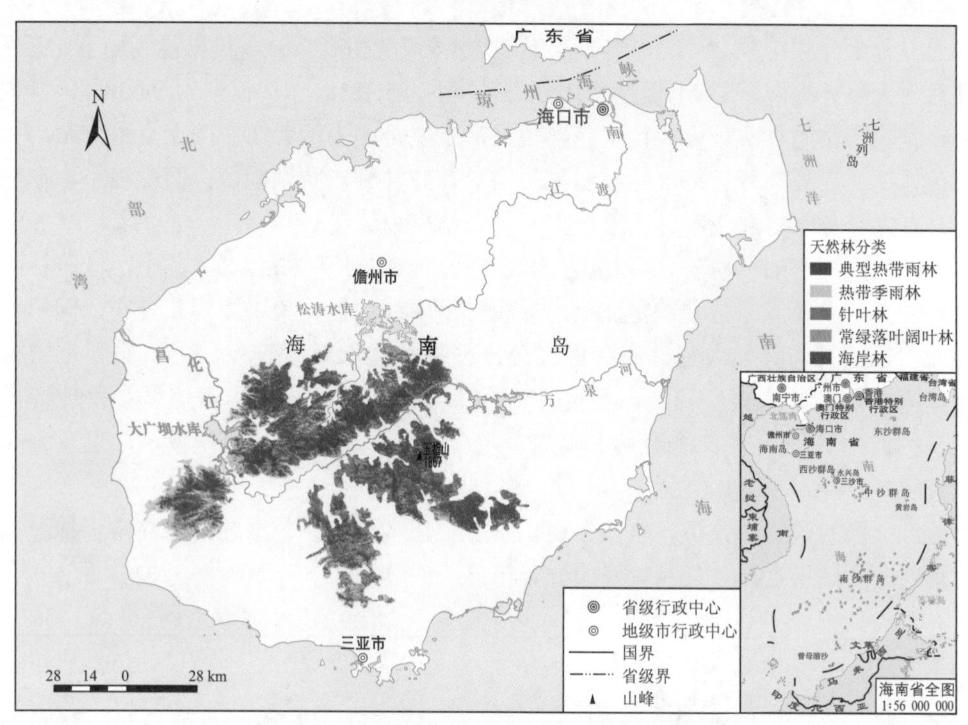

图 7.8　天然林 SVM 模型分类初步结果

结果来看，对于部分地区，典型热带雨林和热带季雨林分类结果差异较大，而且整体对于常绿针叶林的分类效果较差。从分类结果的细节图来看，RF 模型分类结果整体性较强，分类破碎斑块较少，而 SVM 模型的分类结果破碎斑块较多。两种模型的分类结果类型存在着一些差异，尤其是海拔较低的山地区域，热带季雨林和典型热带雨林有些差异，具体原因还需进一步研究。

将人工林区域进一步划分为橡胶林、桉树林、木麻黄以及其他人工林地。从人工林分类结果的细节图(图 7.9)来看，RF 模型分类结果团块状较为明显，而 SVM 模型的分类结果破碎斑块较多。两种算法对桉树林与其他人工农林地的区分存在差异，提高桉树林和其他人工农林地的分类精度是未来工作的重点。

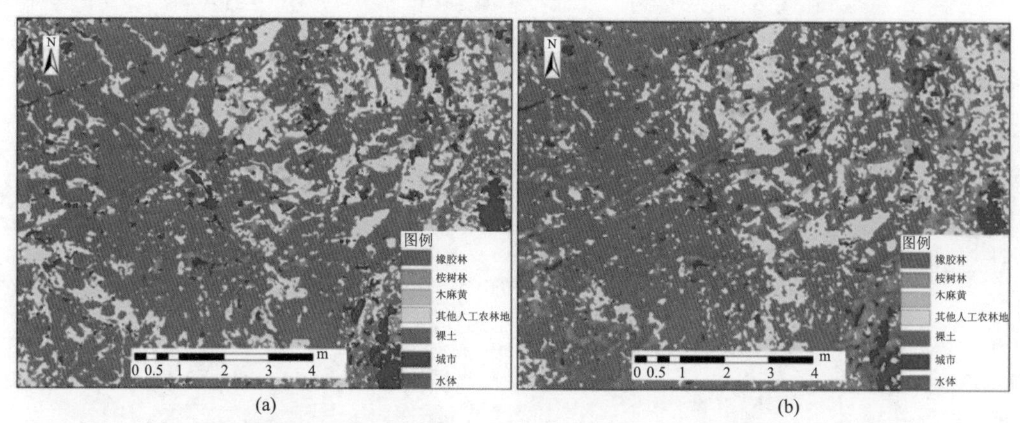

图 7.9　人工林 RF 模型分类结果局部细节图(a)和 SVM 模型分类结果局部细节图(b)

通过分析分类结果(图 7.10)与分类精度表(表 7.7 和表 7.8)，可以得到如下结论。

对于天然林提取，SVM 模型总体分类精度为 85.18%，RF 模型为 94.38%，典型热带雨林和热带季雨林两种林型精度差异较大，主要是因为两者在空间上交错分布，尤其是两种林型交界处，分类特征并不明显；常绿针叶林分布特别零散，面积很小，在分类图上只有零星分布，造成漏分现象严重，制图精度很低。

对于人工林，RF 分类总体精度为 88.67%，而 SVM 为 83.84%。其中，橡胶林的提取精度较高。主要原因是光谱特征上，橡胶林呈现深绿色，集中团块状分布，同质性纹理特征明显，易与其他人工林树种相区分；桉树林提取精度较差，主要原因是桉树林分布较为分散，林木冠层稀疏，桉树林所在像元中多混杂土壤光谱信息，纹理特征不明显，因此与其他人工农林地和土壤混分较严重；木麻黄分布面积较小，主要分布于海岸带区域。

通过上面的验证和分析，总体上说，基于上述多源遥感数据的海南热带森林分类框架得到的分类结果合理且具有较好的分类精度。

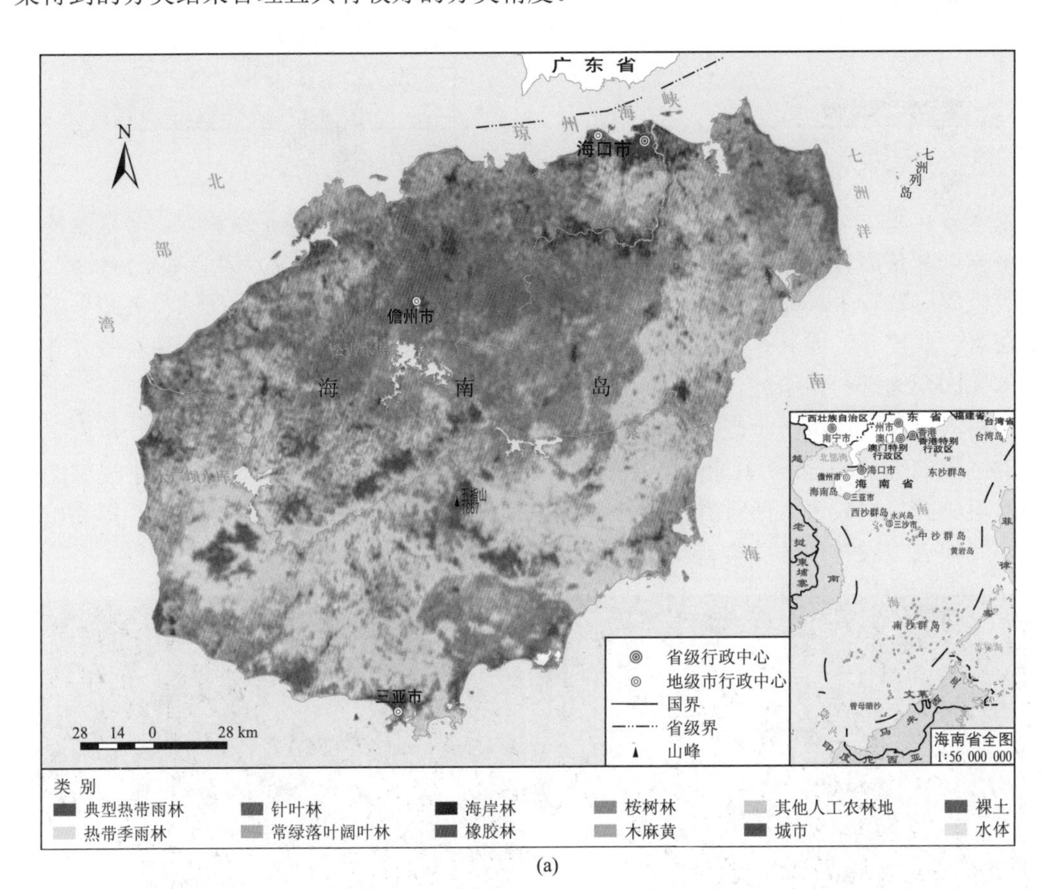

(a)

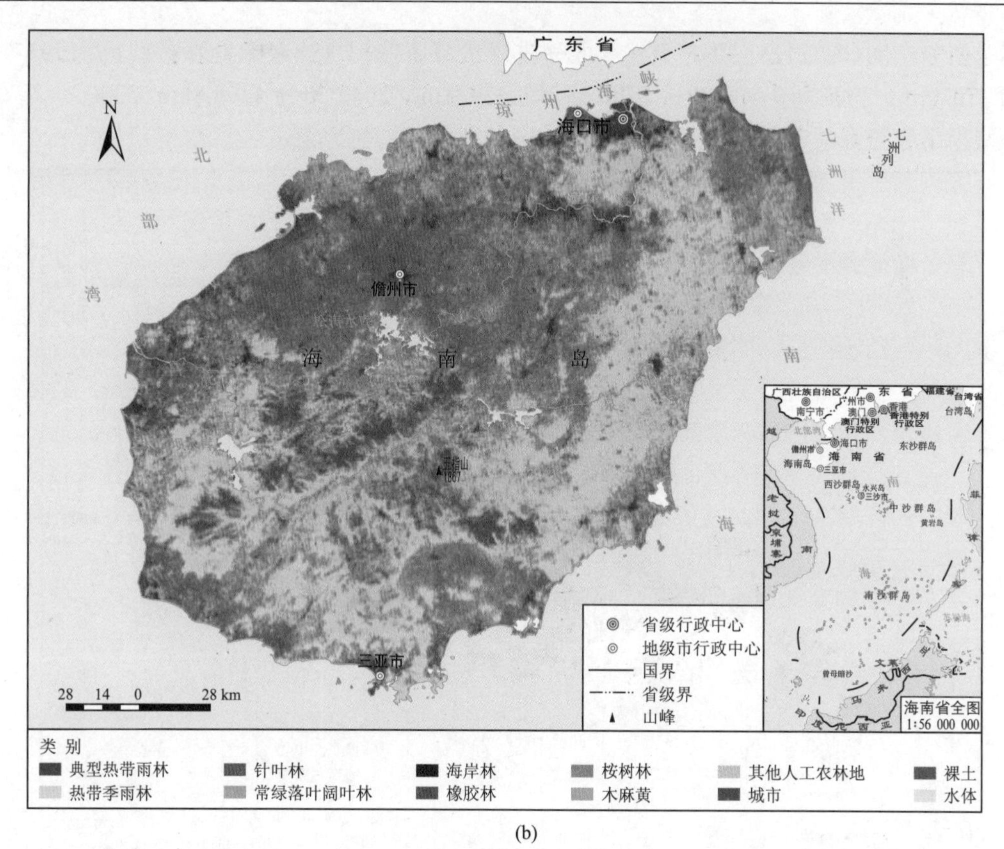

(b)

图 7.10　天然林、人工林 RF 模型分类最终结果(a)和 SVM 模型分类最终结果(b)

表 7.7　天然林、人工林 RF 模型分类精度

	橡胶林	桉树林	木麻黄	其他人工林地	典型热带雨林	热带季雨林	常绿针叶林	常绿阔叶落叶混交林	海岸林
PA/%	90.37	49.71	75.78	88.24	96.93	99.93	47.02	88.43	100
UA/%	85.31	86.91	86.22	81.43	90.54	89.56	92.94	100	99.72

表 7.8　天然林、人工林 SVM 模型分类精度

	橡胶林	桉树林	木麻黄	其他人工林地	典型热带雨林	热带季雨林	常绿针叶林	常绿阔叶落叶混交林	海岸林
PA/%	94.51	67.37	90.13	90.38	92.60	96.71	53.57	83.20	100
UA/%	87.01	86.24	90.95	88.78	81.28	88.61	100	99.71	99.54

7.3　海南热带天然林面积变化

天然林范围的变化是反映森林碳储量、森林生态系统和森林资源的一项重要指标，对于天然林范围的遥感监测具有重要的科学研究、社会和经济意义。基于四期 Landsat 光学遥感数据，完成了海南省 1995 年、2005 年、2015 年和 2017 年的四期天然林范围及其类型分布图(图 7.11)，并对天然林面积进行了统计(图 7.12)。相关结果如下：1995 年为 3703km^2，2005 年为 4692km^2，2015 年为 4292km^2，2017 年为 4365.8km^2，2005～2015 年减少了 5 万 hm^2 左右。

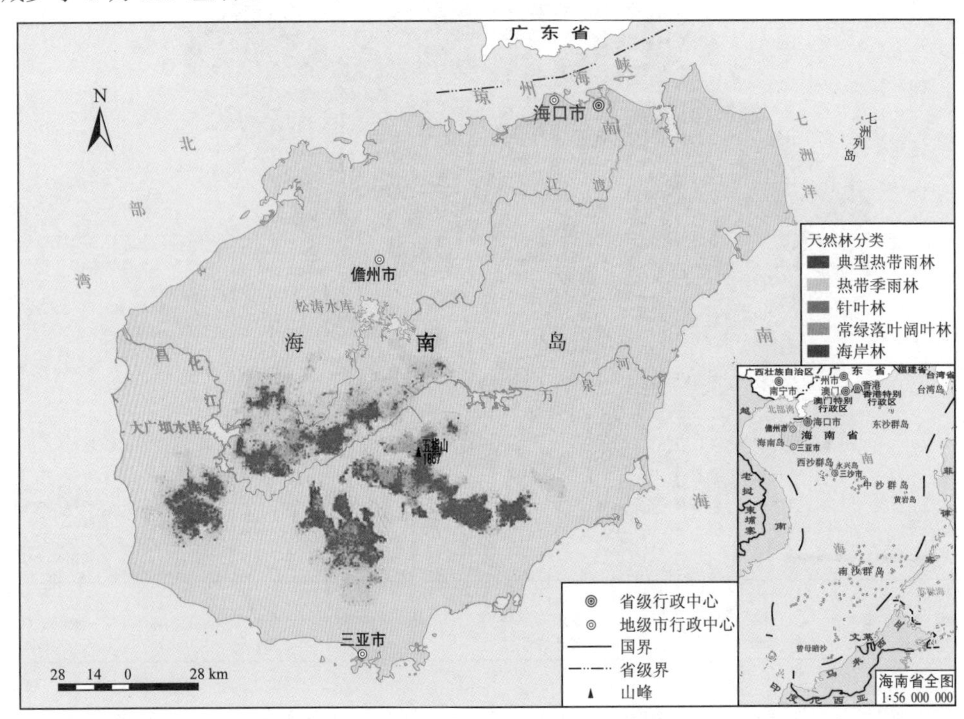

(a) 1995年海南省天然林类型分布图

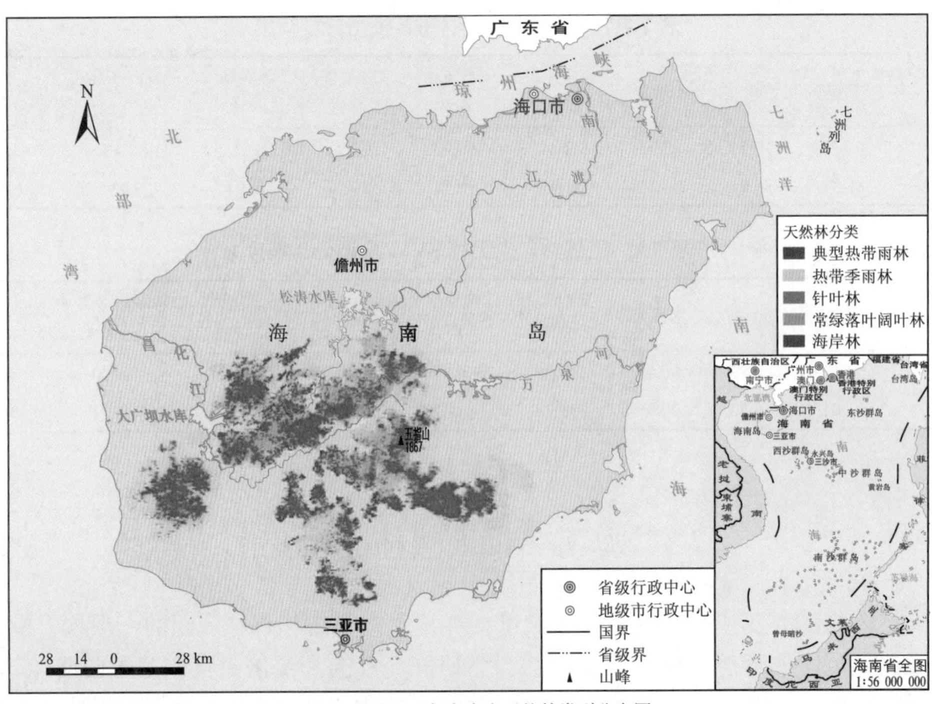

(b) 2005年海南省天然林类型分布图

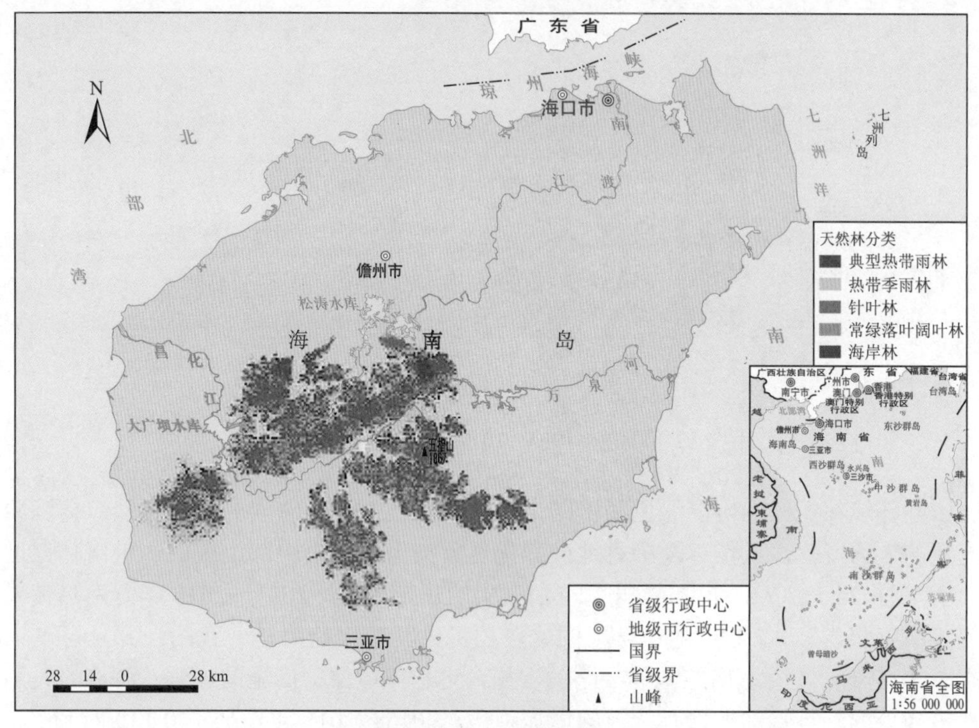

(c) 2015年海南省天然林类型分布图

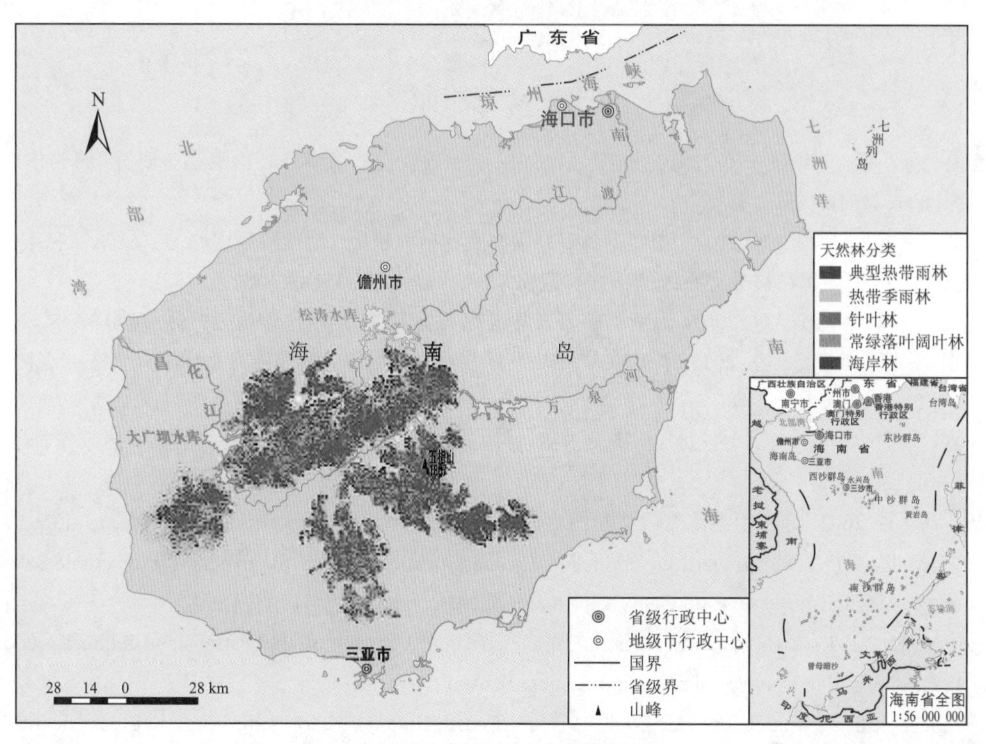

(d) 2017年海南省天然林类型分布图

图 7.11　海南省 1995 年、2005 年、2015 年和 2017 年四期天然林范围及其类型分布图

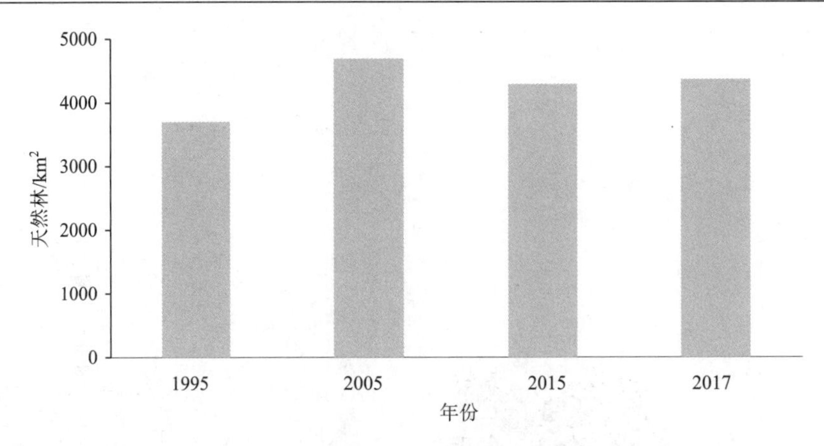

图 7.12　海南省 1995～2017 年天然林面积统计图

国际环境保护组织协会绿色和平结果为：2001～2010 年海南的热带天然森林资源遭遇严重的人为侵扰，天然林及栖息地破碎化现象突出，海南中部山区的热带雨林在过去 10 年消失了 24.7%（7.2 万 hm^2）（来源《消失中的热带雨林—2001～2010 年海南热带天然林变化研究报告》）。通过两个结果的比较，可见其变化趋势是一致的，并且可以认为 2011～2015 年，随着海南旅游岛战略的实施，生态环境保护措施的加强，海南的天然林在严重减少的趋势基础上，有一定的增加趋势。2015～2017 年增加了 0.737 万 hm^2，即天然林面积在 2015 年基础上增加了 1.7%，一定程度上反映了海南省天然林生态环境保护有向好的趋势。

参 考 文 献

陈汇林, 陈小敏, 陈珍丽, 等. 2010. 基于 MODIS 遥感数据提取海南橡胶信息初步研究. 热带作物学报, (7): 1181-1185.

廖谌婳, 封志明, 李鹏, 等. 2014. 中南半岛森林覆被变化研究进展. 地理科学进展, 33(6): 853-864.

宋永昌. 2011. 对中国植被分类系统的认知和建议. 植物生态学报, 35(8): 882.

王伯荪, 彭少麟, 郭泺, 等. 2007. 海南岛热带森林景观类型多样性. 生态学报, 27(5): 1690-1695.

吴裕鹏, 许涵, 李意德, 等. 2013. 海南尖峰岭热带林乔灌木层物种多样性沿海拔梯度分布格局. 林业科学, 49(4): 16-23.

张京红, 陶忠良, 刘少军, 等. 2010. 基于 TM 影像的海南岛橡胶种植面积信息提取. 热带作物学报, 31(4): 661-665.

朱华, 周虹霞. 2002. 西双版纳热带雨林与海南热带雨林的比较研究. 云南植物研究, 24(1): 1-13.

Bazi Y, Melgani F. 2006. Toward an optimal SVM classification system for hyperspectral remote sensing images. IEEE Transactions on Geoscience and Remote Sensing, 44(11): 3374-3385.

Belgiu M, Drăguţ L. 2016. Random forest in remote sensing: A review of applications and future directions. ISPRS Journal of Photogrammetry and Remote Sensing, 114: 24-31.

Bruzzone L, Chi M, Marconcini M. 2006. A novel transductive SVM for semisupervised classification of remote-sensing images. IEEE Transactions on Geoscience and Remote Sensing, 44(11): 3363-3373.

Capo M, Pereza A, Lozanoa J A. 2017. An efficient approximation to the K-Means clustering for massive data. Knowledge-Based Systems, 117: 56-59.

Dong J, Xiao X, Sheldon S, et al. 2012. Mapping tropical forests and rubber plantations in complex landscapes by integrating PALSAR and MODIS imagery. ISPRS Journal of Photogrammetry and Remote Sensing, 74: 20-33.

Foody G M, Cutler M E J. 2006. Mapping the species richness and composition of tropical forests from remotely sensed data with neural networks. Ecological Modelling, 95: 37-42.

Hyde P, Dubayah R, Walker W, et al. 2006. Mapping forest structure for wildlife habitat analysis using multi-sensor (LiDAR, SAR/InSAR, ETM+, Quickbird) synergy. Remote Sensing of Environment, 102 (1): 63-73.

Pal M. 2005. Random forest classifier for remote sensing classification. International Journal of Remote Sensing, 26 (1): 217-222.

Saatchi S, Buermann W, Ter Steege H, et al. 2008. Modeling distribution of Amazonian tree species and diversity using remote sensing measurements. Remote Sensing of Environment, 112 (5): 2000-2017.

Salovaara K J, Thessler S, Malik R N, et al. 2005. Classification of Amazonian primary rain forest vegetation using Landsat ETM+ satellite imagery. Remote Sensing of Environment, 97 (1): 39-51.

Thapa R B, Itoh T, Shimada M, et al. 2014. Evaluation of ALOS PALSAR sensitivity for characterizing natural forest cover in wider tropical areas. Remote Sensing of Environment, 155: 32-41.

Xu H. 2006. Modification of normalised difference water index (MNDWI) to enhance open water features in remotely sensed imagery. International Journal of Remote Sensing, 27 (14): 3025-3033.

第 8 章　海南内陆水环境遥感应用

海南水系为海岛独立水系，蓄水性湖库多为人工水库，雨量较充沛，但降水时空、地区分布不均，具有明显的多雨季和少雨季特征，东湿西干明显；由于地势中间高、四周低，比较大的河流大多发源于中部山区或丘陵区，呈放射状从中部山区向四周分流入海，水流方向具有多向性，且河流众多、河短坡陡、水流湍急，河流水量容易暴涨暴落，呈现季节性流量变化(周祖光，2004；向晓明，2007)。

海南总体地表水体水资源较丰富，河流径流充沛，但受干湿季风和地形影响，具有时空分布不均的特点，多年平均径流深 890mm，多年平均水资源总量为 307.57 亿 m^3，其中平均地表水资源总量 303.7 亿 m^3(谭键，2012)。全省独流入海的河流为 154 条，平均河流集水面积 220km^2，其中集水面积大于 100 km^2 的干、支流有 93 条(独流入海 39 条)，占全岛的 84.4%(周祖光，2004)。根据水系特点，海南岛被划分为南渡江、昌化江、万泉河、海南岛东北部、海南岛南部、海南岛西北部 6 个流域分区，主要河流有南渡江、昌化江和万泉河，全长分别为 333、232km 和 156 km，流域面积分别为 7033 km^2、5150 km^2 和 3693 km^2，占全岛流域面积的 47%，干流约可调蓄水 80 亿 m^3；集水面积在 1000～2000 km^2 的有陵水河、宁远河，500～1000 km^2 的有珠碧江、望楼河、文澜江、北门江、太阳河、藤桥河、春江及文教河，中小河流可蓄水 56 亿 m^3(徐磊磊等，2017)。全省水库面积为 5.6 万 hm^2，总库容 111.37 亿 m^3，其中大型水库为松涛、大隆、万宁、长茅、石碌、陀兴、大广坝、牛路岭、红岭和戈枕水库等(周祖光，2004)，松涛水库集水面积为 1440 km^2，为海南省最大水库，担负着儋州、临高、澄迈、海口等市县的工农业供水安全、生态安全和防洪安全任务，是全省重点饮用水源保护区。

内陆水体所蕴藏的各种丰富的自然资源对人类的生产和生活具有重要意义。研究海南内陆水环境现状及其存在的问题具有十分重要的意义。

8.1　海南内陆水环境现状与问题

8.1.1　海南内陆水环境现状

近年来，海南省内陆水质总体情况良好，全省地表水环境水质状况总体保持稳定，城镇、乡镇集中式生活饮用水水源地和城市河段大多数水体水质满足环境功能要求，少量河流、水库监测断面水质存在超标现象。根据 2019 年《海南省水文发展年度报告》中的海南省地表水资源质量状况(海南省水文水资源勘测局，2020)，海南省地表水体均受到不同程度的污染，其中河流水体呈现有机污染特征，主要污染指标为高锰酸盐指数、氨氮、石油类、溶解氧，丰水期有机物污染表现明显，主要污染源包括工业污水、生活污水、生活垃圾和农业面源污染；同时各市县河流植被也遭到不同程度破坏，水体自然净化能力和城镇地表水体生态功能减弱。2019 年海南省水务厅发布《海南省河湖管理公报》指出，海南省和各市县政府投入巨资进行水环境监测管理，自 2015 年起开展城镇内河(湖)集中综合整治，按照“一河一策、一湖一策”的要求实施水生态恢复和景观再造，保障水生态环境安全；治理突出水污染问题，控制源头污染物排放，向农业绿色发展转变，开展“清河”专项行动，严厉打击水环境违法行为，落实“河长制”制度，切实贯彻“不能下降，只能更好”的原则要求。

根据海南省生态环境厅发布的 2014～2019 年《海南省生态环境状况公报》和海南省水务厅发布的《海南省地表水资源质量状况报告》，全省地表水环境质量总体为优，河网水质总体逐渐提升，水质优良比例(Ⅰ～Ⅲ类)为 93.0%，主要水库水质集中在Ⅱ类和Ⅲ类，劣Ⅴ类水未完全消除，比例为 0.7%，与水功能区划要求相比仍有一定差距，总体水质较 2018 年有所下降。依据《地表水环境质量标准》(GB 3838—2002)的水质评价标准，如表 8.1 所示。在开展监测的 52 条主要河流 110 个断面、23 座主要水库 32 个点位中，92.7%河流断面、93.8%水库点位水质符合或优于可作为集中式生活饮用水水源地的国家地表水Ⅲ类标准，南渡江、昌化江、万泉河三大河流干流、主要大中型水库及大多数中小河流的水质保持优良状态，但个别水库和中小河流局部河段水质受到一定污染，开展监测的 18 个市县 30 个城市(镇)集中式生活饮用水水源地水质达标率为 100%，均符合国家集中式饮用水源地水质要求。海南省河流Ⅰ、Ⅱ类水质达标率为 54.0%～63.0%，水库为 41.2%～50.0%；河流Ⅲ类水质达标率为 12.9%～24.2%，水库为 31.2%～41.2%；河流 Ⅳ类水质达标率为 12.7%～22.6%, 水库为 6.2%～11.8%； Ⅴ类水质和劣Ⅴ类水质较少。劣于Ⅲ类标准的河流、水库水质主要受氮磷营养盐、石油类、化学需氧量、生化需氧量和高锰酸盐指数不同程度的影响。

表 8.1　地表水环境质量标准(GB 3838—2002)

水质类别	水域功能	水质状况
Ⅰ类	主要适用于源头水、国家自然保护区	优
Ⅱ类	主要适用于集中式生活饮用水地表水源地一级保护区、珍稀水生生物栖息地、鱼虾类产场、仔稚幼鱼的索饵场等	良好
Ⅲ类	主要适用于集中式生活饮用水地表水源地二级保护区、鱼虾类越冬场、洄游通道、水产养殖区等渔业水域及游泳区	
Ⅳ类	主要适用于一般工业用水区及人体非直接接触的娱乐用水区	轻度污染
Ⅴ类	主要适用于农业用水区及一般景观要求水域	中度污染

注:劣Ⅴ类水，指水质指标低于Ⅴ类水标准的水质，为重度污染水质，使用功能较差。

具体而言，全省河流总体水质为优，水质优良比例为 92.7%，开展监测的 52 条主要河流 110 个断面中，劣于Ⅲ类的水质主要分布在入海河口断面，主要污染指标为氨氮、化学需氧量、高锰酸盐指数，南渡江、万泉河、昌化江三大流域水质为优，除支流中南坤河、绿现水、龙州河、巡崖河、营盘溪、塔洋河、乐中水、石碌河水质良好外，其余干、支流水质为优，南部河流总体水质为优，东部、西部、北部总体河流水质良好，Ⅱ、Ⅲ类水质类别占比高达 80%左右；文教河、石壁河、东山河和罗带河 4 条河流水质为轻度污染，珠溪河水质为重度污染。全省主要水库总体水质为优，监测的 23 座主要水库中，松涛水库、大广坝水库等 21 座水库水质达到或优于地表水III类标准，水质优良；湖山水库、高坡岭水库 2 座水库为Ⅳ类水质，属于轻度污染，主要污染指标为化学需氧量、总磷、高锰酸盐指数。2015 年第一季度全省水环境质量状况报告显示，三亚、文昌、五指山、东方、澄迈和屯昌 6 个市县的城市内河水质达标率为 0%，海口城市内河水质达标率为 11.1%。还有一些城市内河(湖)水体富营养化严重。海口金牛湖水面长满水葫芦，水体呈现严重富营养化现象。2017 年以来轻度污染水库数量较 2016 年以前减少至两座，水质优良水库数量增多；对所有水库均开展营养状态监测，其中湖山水库为轻度富营养状态，其余 22 座水库为贫营养或中营养状态，2014～2019 年水库营养状态无明显变化。

由于海南省旅游业发达，对旅游水环境的监测也具有重要意义。在旅游水环境重点保护对象中，海南中部山区河流源头水，即海南中部山区等高线 800m 以上区域，水体和水环境较好，人口稀少，森林密布，各种人类开发活动甚少，生态环境优美。五指山南圣河历年水质监测结果显示，该河水质以及上游的海南中部山区河流源头水水质均优于 II类水质；主要滨海旅游区近岸海域、三大河流(南渡江、昌化江、万泉河)和两大水库(松涛水库、大广坝水库)等水体水质均为优良。

海南省 2020 年生态环境质量和城镇内河(湖)水质状况月度、季度报告显示，海南省河流、水库水质总体较 2019 年有所下降。监测的 52 条河流 110 个断面中，水质优良断面比例下降；Ⅳ～Ⅴ类断面比例上升；劣Ⅴ类断面比例上升，其中儋州市北门江南茶桥、定安县巡崖河龙湖镇、东方市罗带河罗带铁路桥、海口市演州河河口、三亚市三亚河妙林、万宁市东山河后山村 6 个断面轻度污染(Ⅳ类)，文昌市文教河坡柳水闸断面中度污染(Ⅴ类)，文昌市珠溪河河口断面重度污染(劣Ⅴ类)。重点治理城镇内河(湖)水质总体改善，水质达标率可达 90%以上，但仍有海口市、三亚市、儋州市、白沙黎族自治县、乐东黎族自治县、陵水黎族自治县 6 市县 8 个断面(点位)水质超标。轻度富营养水库增加至 4 个，湖山水库、高坡岭水库、春江水库为轻度污染、轻度富营养，石门水库水质良好、轻度富营养，珠碧江水库为轻度污染、重营养。

8.1.2 海南内陆水环境研究存在的问题

随着城市化进程的加快，海南省河流、水库水质面临的工业污染、生活污水等水污染问题日益严峻，海南中心城市水系水质不断恶化，黑臭河水、湖水不断增多，不仅严重影响人民群众的生活品质，也给城市面貌带来不少污点，加剧了海南人民群众不断增长的美好生活环境需要和现实反差之间的矛盾，因此研究内陆水体水质的水环境状况，对于科学决策和正确应对水环境恶化与改善生态环境质量具有重要的现实意义。

虽然海南省水环境质量现状是总体保持稳定，但其可持续发展状况不容乐观。水污染源多样，水污染情况重视不足，农村生活污水排放标准偏低，分散处理设施功能性退化及早期处理工艺达不到排放标准的问题较为突出，其中河流、水库和个别城镇集中式生活饮用水水源地水质超标主要源于农业面源污染和生活污水污染，乡镇集中式生活饮用水水源地水质超标主要是由海水、生活污水、生活垃圾、分散式畜禽养殖污水等的渗透污染和土壤中铁、锰背景值含量较高所致(揭秋云和符国基，2011)。水库水质下降难以满足饮用水源要求。水资源总量丰富，但水资源利用率低且浪费严重，长期以来，江河湖库等水利工程管理范围边界不清，水土资源产权不明，导致一些开发建设项目、生产经营活动随意侵占江河湖库等水利工程管理范围，违法建设、耕种、设障、采砂等行为屡禁不止，河流湖库及堤防等水利工程管理范围被侵占，严重干扰了正常水环境管理秩序，影响了河流湖库的运行安全和防洪安全，破坏生态环境。

因此加强水体水质实时监测，合理布置并提高水质监测频率，动态监测水体营养状态变化，对于内陆水体水环境研究十分重要。如今单纯依靠传统的水质监测方法，难以满足宏观、大面积以及动态监测的需要，难以应对较为迅速的水质变化，而卫星遥感手段可以克服常规观测方法的不足，具有周期性、快速、同步获取水体信息的优点，可以有效监测大范围水体组分含量的分布和动态变化(宫鹏，2012)；综合运用遥感大数据技术和多元化的分析方法，可以实现从突发事件到长期监测的多尺度、多时相、宏观规律与细节特征兼顾的生态环境监测(郭华东，2019)。水色遥感是利用可见光/近红外遥感数据探测水体生物、物理、化学等要素的一门交叉应用学科，是定量遥感的一个重要应用方向(张兵等，2012)。通过遥感传感器获取水体离水反射光谱，反演内陆水体水质参数，包括悬浮物浓度、叶绿素 a 浓度、有色可溶性有机物(CDOM)、水体透明度、营养状态指数等，从而监测水质状况。基本机制为，水体中的各个重要光学组成成分影响着水体的光学性质，主要表现为水体的吸收和散射特性，进而通过水中和水—气界面辐射传输过程影响水体离水辐射和离水反射率；通过卫星传感器接收水体离水辐射信号，针对一种或多种光学组分，从中剥离出反映水体光学组分含量的有用信息，利用生物-光学或者经验模型，反演获得水体中的一种或者多种重要组分含量(陈军等，2013)。

由于内陆水体组分多样，水体光学特性复杂多变，众多水质参数反演模型面临区域性与季节性的局限。水体颜色作为传统地面水质调查的一项重要内容，与水中光学组分浓度变化直接相关，是水体的重要光学特征。福莱尔水色计(Forel-Ule Index)将自然水体颜色划分为从深蓝色到红棕色的 21 个级别(Wang et al., 2018b)。不同空间区域、不同季节的内陆水体，由于水体组分和营养状况的差异通常显示出不同的颜色。例如，在富营养化程度较高的自然水体中，水体颜色受藻类色素影响，多呈绿色；在贫营养的较清洁水体中，水体受水分子本身吸收和散射的影响呈蓝色；浑浊水体无机泥沙含量高，呈黄色；而且同一水体在不同时期因水中组分不同，也显示出有差别的颜色。水体颜色与水体中各水色要素的吸收和散射作用密切相关，是下行入射到水面的太阳光与水体水色要素相互作用的结果。利用时间、空间分辨率较高的遥感图像数据，如 Landsat、哨兵-2、高分等卫星遥感数据提取水体颜色参量，对水体颜色与水体水质参数进行相关性分析，建立水色指数与水体透明度、营养化状态指数的关系，构建水质参数反演模型，从而达到动态监测和评价水环境质量的目的，掌握全省内陆水环境情况及其变化规律变得更为简单有效，可以为生态保护、水体污染控制与治理、水环境灾害监测和预警等提供重要科学依据。

8.2 海南内陆水体水质参数遥感反演

8.2.1 哨兵-2 多光谱遥感数据

哨兵-2 环境监测卫星是欧洲航天局“哥白尼计划”发射的多光谱对地观测卫星，由哨兵-2A 和哨兵-2B 双星组成。这两颗卫星由欧洲委员会和欧洲航天局共同设计实施，能实现高重访周期以及高分辨率陆地观测，实现对地表物质的监测、内陆水体的监测以及各种变化监测等，还可以提供大气吸收和扭曲的数据修正。

两颗卫星分别搭载一台多光谱相机(MultiSpectral Instrument, MSI)，每台相机幅宽 290 km。双星都属于太阳同步卫星，轨道离地面 786km，倾角 98.5°，降交点地方时 10:30，双星位于相同的轨道面，相位相差 180°，单星重访周期为 10 天，双星交替实现 5 天完全覆盖赤道的同一地区，周期时间较短。哨兵-2 卫星的多光谱成像仪覆盖可见光、近红外和短波红外共 13 个光谱波段(表 8.2)，空间分辨率为 10 m、20 m 和 60 m，为内陆水体水质参数反演提供了全新的高空间分辨率多光谱数据源。

本节采用的遥感数据源为哨兵-2 Level-2A 数据，是地面反射率数据。该数据是在哨兵-2 Level-1C 数据基础上利用 Sen2cor 大气校正插件进行大气校正后得到的大气底层反射率数据，对 Level-1C 数据进行了大气、地形和卷云校正，并且数据空间分辨率均重采样到了 10 m。哨兵-2 Level-2A 数据分块图像为 100 km×100 km 的 UTM/WGS84 投影的正射图像，分块图像大小约为 500 MB。

表 8.2 哨兵-2 多光谱遥感数据波段信息

波段	波长范围/nm	中心波长/nm	波段宽/nm	空间分辨率/m
B1 深蓝	430～457	443	27	60
B2 蓝	440～538	490	98	10
B3 绿	537～582	560	45	10
B4 红	646～684	665	38	10
B5 红边 1	694～713	705	19	20
B6 红边 2	731～749	740	18	20
B7 红边 3	769～797	783	66	20
B8 近红外	760～908	842	148	10
B8A 窄近红外	848～881	865	33	20
B9 水汽波段	932～958	945	26	60
B10 卷云	1337～1412	1375	75	60
B11 短波红外 1	1539～1682	1610	143	20
B12 短波红外 2	2078～2320	2190	242	20

8.2.2 内陆水体自动提取

内陆水体主要由湖库和河流两部分组成，但湖库与河流的分布比较破碎，受陆地临近像元影响较大，水体范围提取的精度直接影响水质反演的精度和效果，并且只有实现自动化提取才能满足大区域尺度的水质研究需求。

本节采用水体指数(multi-band water index,MBWI)(Wang et al., 2018a; Capo et al., 2017; Exelis, 2010)与其他常用水体指数相结合的方式提取水体。(normalized difference water index, NDWI)、(modified normalized difference water index, MNDWI)和(normalized difference vegetation index, NDVI)是目前比较常用的水体指数，但是上述三种水体指数单独使用时却无法有效抑制水体周边的植被、房屋、土壤、阴影等干扰因素(Mcfeeters, 1996; Xu, 2006)。Wang 等分析了水体、植被、农田、阴影、暗建筑物区域、明亮建筑物区域、土壤共 7 种地物在蓝光波段、绿光波段、红光波段、近红外波段、2 个短波红外波段共 6 个波段的反射率差异，基于 Landsat-8 OLI 遥感影像提出了 MBWI 水体指数，表达式为

$$\mathrm{MBWI}=2R(\mathrm{Green})-R(\mathrm{Red})-R(\mathrm{Blue})-R(\mathrm{NIR})-R(\mathrm{SWIR1})-R(\mathrm{SWIR2}) \tag{8.1}$$

该水体指数对于水体周边的干扰因素具有很好的抑制效果，所以将该水体指数与其他水体指数结合起来提取水体。因为海南省的湖泊、河流分布范围比较广泛，并不集中，所以选用 Gong 等(2019)基于 Sentinel-2 遥感影像和 Google Earth Engine 平台生产的空间分辨率为 10m 的全球覆盖图的结果向外膨胀 20m 作为最终水体提取的参考范围。因为水体的范围并不是固定不变的，会受到外界因素的影响产生变化，所以将 Gong 等(2019)的结果向外膨胀 20m 作为最终的水体提取参考范围。由于本次研究选用了 Sentinel-2 数据，避免了与 Gong 等(2019)的全球覆盖图空间分辨率不一致的问题。通常情况下，基于水体指数提取水体是计算最优阈值或人为选取经验阈值区分每景遥感影像的水体与非水体部分。本节首先使用 Sentinel-2 MSI: MultiSpectral Instrument, Level-2A 的 QA60 波段排除影像中的云干扰，再使用多水体阈值的方法能够更加高效、精确、自动化地区分每景遥感影像的水体与非水体部分，以 MBWI、NDWI、MNDWI 以及 NDVI 的灰度图像作为输入数据和 Gong 等(2019)的结果作为水体提取的参考范围，利用多阈值结合分析方法区分研究区内的水体与非水体。

8.2.3　内陆水体水色指数提取

水体颜色能够提供区域和全球范围内的水体水质特征信息，是水体基本光学参量之一。水体颜色是太阳光与水中物质相互作用的结果，水中各水色组分要素—叶绿素、悬浮物、CDOM 的吸收和散射作用共同决定了水体呈现的颜色(Barysheva, 1987; Kondratyev et al., 1998)。水体颜色观测开始于一百多年前，观测人员通过福莱尔水色计(Forel-Ule scale)把自然水体颜色分为从深蓝到红棕色的 21 个渐变的颜色级别。近年来，相关研究将卫星影像用于提取水体颜色参量，通过影像的水体离水反射率获得 Forel-Ule Index(简称 FUI)水色指数和色度角 α。研究同时发现 FUI 水色指数和色度角与水体营养状态、水中总悬浮物浓度和水体透明度有较好的相关性，能够指示水体综合水质。因此，以 FUI 水色指数和色度角为代表的水体颜色参量在近年来被提升为水体水质的重要光学参数，成为实现大范围水质遥感监测研究的重要切入点和发展方向。

基于卫星遥感图像提取水体 FUI 水色指数算法的主要思想是，首先，根据实验室测

量得到的 Forel-Ule 比色表中的 21 种水体颜色的色度坐标(图 8.2)，计算每个颜色分级对应的 α 角度值，建立 FUI 分级角度查找表；其次，根据图像可见光波段值，利用 RGB 三波段法或者多波段插值算法计算遥感图像上每个像元色度坐标及其对应的色度 α 角度；然后，基于湖库光谱数据库建立的校正公式对色度角 α 进行校正，校正目的是尽量消除遥感图像波段离散和波段设置带来的色度角计算偏差，校正方法为基于全球湖库光谱数据库构建偏差的多项式拟合公式，采用偏差拟合多项式对色度角 α 进行校正；最后，利用校正后的色度角 α 和 FUI 水色指数查找表可以计算得到 FUI，从而生产 FUI 和色度角 α 遥感图像产品。

需要指出的是，在计算遥感图像上每个像元色度坐标时，根据图像在可见光范围的波段数不同可以将计算方法分为 RGB 三波段法(Wang et al., 2015)和多波段插值算法(Van Der Woerd and Wernand, 2015)两种。因为哨兵-2 多光谱图像在可见光范围内有 5 个波段，所以选择用多波段插值算法计算色度坐标及其对应的色度角。此外，在计算颜色三刺激值 X 、Y 、Z 以及后续的色度角 α 时，不论是多光谱波段线性差分，还是 RGB 波段转换方法，由于遥感图像本身波段离散和位置设置的特点，与高光谱波谱积分结果相比，势必会产生色度角 α 计算的系统误差。该偏差可以表示为高光谱积分的色度角 α_{hyper} 与多光谱波段得到的色度角 α_{multi} 之差：

$$\Delta = \alpha_{\text{hyper}} - \alpha_{\text{multi}} \sim f(\alpha_{\text{multi}}) \tag{8.2}$$

为了消除由波段离散和波段设置带来的色度角偏差 Δ，基于水体离水反射率数据库建立误差多项式拟合公式，在通过多光谱图像计算得到色度角 α_{multi} 后加上多项式模拟的系统偏差 Δ 可以达到消除偏差的效果(Woerd and Wernand, 2015)。

因此，基于哨兵-2 多光谱图像的 FUI 水色指数提取流程包括以下几个主要步骤。

利用可见光波段计算图像像元的颜色三刺激值 X 、Y 、Z 。对于哨兵-2 多光谱图像，通过多波段插值算法获取其 X、Y、Z 值，各波段插值加权系数 x_i 、 y_i 、 z_i 如表 8.3 所示：

$$\begin{aligned} X &= \sum_{i=0}^{n} x_i \times R_{rs}(\lambda_i) \\ Y &= \sum_{i=0}^{n} y_i \times R_{rs}(\lambda_i) \\ Z &= \sum_{i=0}^{n} z_i \times R_{rs}(\lambda_i) \end{aligned} \tag{8.3}$$

表 8.3　基于哨兵-2 多光谱图像计算 CIE 颜色三刺激值的波段线性求和系数
(Woerd and Wernand， 2015)

哨兵-2 波段	B1	B2	B3	B4	B5
λ_i /nm	443	490	560	665	705
x_i	11.756	6.423	53.696	32.028	0.529
y_i	1.744	22.289	65.702	16.808	0.192
z_i	62.696	31.101	1.778	0.015	0.000

根据计算得到的颜色三刺激值 X、Y、Z 值计算图像像元色度坐标（x,y）：

$$x=\frac{X}{X+Y+Z}$$
$$y=\frac{Y}{X+Y+Z} \tag{8.4}$$
$$z=\frac{Z}{X+Y+Z}$$

由于 $x+y+z=1$，用 x、y 两个值就可以确定一个颜色，因此可以用 CIE-*xy* 色度图（图 8.1）表示可见光范围内的所有颜色，每种颜色都对应一个色度坐标（x，y）。

根据色度坐标计算图像像元在色度二维空间中对应的角度 α：

$$\alpha=\arctan2(y',x')=\arctan2(x-0.3333,y-0.3333) \tag{8.5}$$

对色度角 α 进行 Δ 校正，利用 Δ 校正拟合多项式消除多光谱波段计算得到的 α 值与高光谱积分得到的 α 值之差。对于哨兵-2 多光谱图像，其 Δ 校正公式为

$$\Delta=46.2094\times(\frac{\alpha}{100})^5-412.2561\times(\frac{\alpha}{100})^4+1385.5708\times(\frac{\alpha}{100})^3-2128.364\times(\frac{\alpha}{100})^2+1443.7115\times(\frac{\alpha}{100})-341.6433 \tag{8.6}$$

基于校正后的色度角 α 和 FUI 指数色度查找表（表 8.4），查找与对应 α 最邻近的色度值，该色度值对应的 FUI 即水体 FUI 水色指数。

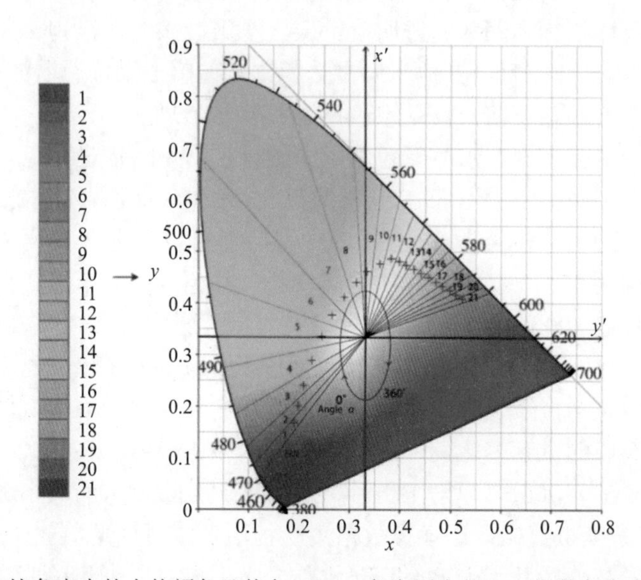

图 8.1　Forel-Ule 比色表中的水体颜色及其在 CIE-*xy* 色度图中的 FUI 指数色度坐标和划分示意图

其中，红色十字标志代表 FUI 指数色度坐标（色度坐标数据来自 Novoa et al., 2013）。色度角 α 即从 x' 轴（y=1/3）的负方向开始为 0°顺时针旋转回 x' 轴负方向为 360°（Wang et al., 2018b）

表 8.4 FUI 水色指数算法中 21 个级别对应的色度坐标(x, y)和 α 角度值

FUI	x	y	α	FUI	x	y	α
1	0.191363	0.166919	40.467	12	0.402416	0.4811	205.0622
2	0.198954	0.199871	45.19626	13	0.416243	0.47368	210.5766
3	0.210015	0.2399	52.85273	14	0.431336	0.465513	216.5569
4	0.226522	0.288347	67.16945	15	0.445679	0.457605	222.1153
5	0.245871	0.335281	91.29804	16	0.460605	0.449426	227.6293
6	0.266229	0.37617	122.5852	17	0.475326	0.440985	232.8302
7	0.290789	0.411528	151.4792	18	0.488676	0.43285	237.3523
8	0.315369	0.440027	170.4629	19	0.503316	0.424618	241.7592
9	0.336658	0.461684	181.4983	20	0.515498	0.416136	245.5513
10	0.363277	0.476353	191.8352	21	0.528252	0.408319	248.9529
11	0.386188	0.486566	199.0383				

8.2.4 基于水色指数的内陆水体透明度遥感反演

水体透明度是描述湖库光学特性的一个重要参量，可以反映水体浑浊和受污染的程度，同时也是评价湖库富营养化的一个重要指标，是水环境保护部门最关心的湖库水质参数之一。在野外透明度实测中，测量人员在船阴影处的湖面上将黑白相间的塞氏盘(直径 30 cm)逐渐沉入水中，直到它消失在测量者的视线之外，从水面到肉眼看不见时的垂直距离的下降距离读数称为湖水的透明度，或者塞氏盘深度，记为 Z_{SD}，单位为 m 或者 cm。由于其现场测量简单，且与其他水质参数相比对遥感卫星传感器波谱设置相对较低，因此湖库水体透明度遥感反演一直是水色遥感领域一个热点。

水体透明度变化会表现在水体颜色上，一般来说清澈水体呈蓝色，随着水体透明度降低，颜色从蓝绿到黄棕色变化，即 FUI 指数越大，水体越浑浊，水体透明度越小(Garaba et al., 2015; Li et al., 2016; Pitarch et al., 2019)。本节收集了大量湖库野外实测数据集，包括来自全国五个湖区 27 个湖库共 38 次采样实验，共包含 478 个采样点的实测数据，野外采样时间范围覆盖 2006～2019 年，其中星地同步匹配数据总共有 288 对。其中，采样点透明度范围为 0.1～13.1 m。采样湖库既包括位于青藏高原的清洁贫营养水体，例如青海湖和纳木错，也包括位于长江中下游地区的浑浊富营养化的水体，例如太湖和巢湖，也包括位于云贵高原的富营养化湖库，例如滇池。本节还采用了 IOCCG 发布的 Hydrolight 模拟数据集(IOCCG，2006)，以对 FUI 水色指数与透明度 Z_{SD} 的关系进行充分分析。该数据集包括 500 条模拟数据，该模拟数据集既包括水体固有光学量(IOP)，也包括表观光学量(AOP)。本节分别基于 Hydrolight 水体光学模拟数据集和星地同步数据集分析了水体颜色参量与水体透明度之间的相关关系，并基于星地同步数据发展了水体透明度 Z_{SD} 遥感反演模型。研究发现，不论基于模拟数据集还是基于星地同步数据集，Z_{SD} 均与 FUI 呈显著负相关关系，且 Z_{SD} 随 FUI 增长都呈负指数下降(R^2=0.95、0.93，如图 8.2 和图 8.3 所示)。需要说明的是，基于模拟数据集和星地同步数据集的拟合参数有些差别，

这是因为：①模拟数据集的 FUI 指数范围为 1～21，而星地同步数据集中 FUI 范围为 3～17，这是由于大型自然湖库中水体颜色一般不包含非常蓝和非常红棕的颜色；②模拟数据集由 Hydrolight 生物光学模型模拟得到（IOCCG, 2006），主要面向海洋水体和部分光学复杂水体，而全国范围内的湖库水体组分和水下光场分布更复杂且变化范围更大，因此在星地同步数据中 Z_{SD} 和 FUI 之间的相关关系较为松弛。

此外，研究发现当 FUI 值比较低的时候（如 FUI<8），FUI 水色指数与 Z_{SD} 之间的相关关系较弱，而当 FUI 值比较高的时候（如 FUI≥8），FUI 水色指数与 Z_{SD} 之间的相关关系较强。也就是说，当 FUI<8，即水体较清洁的时候，一个 FUI 值会对应一个 Z_{SD} 范围，而不是一个确定的 Z_{SD} 值。为了避免这一问题，本节同时分析了水体色度角 α 和水体透明度 Z_{SD} 之间的相关关系。如图 8.2(b)、图 8.3(b) 和图 8.3(c) 所示，在模拟数据集和星地同步数据集中，当 FUI<8 时，色度角 α 与水体透明度 Z_{SD} 之间的相关性明显优于 FUI 与水体透明度 Z_{SD} 之间的相关性，但当 FUI≥8 时，FUI 与水体透明度 Z_{SD} 之间的相关关系更好。因此，考虑到以上情况，本节基于星地同步数据集，利用一个分段模型进行水体透明度 Z_{SD} 估算：

$$\begin{aligned} \mathrm{FUI} < 8: Z_{SD} &= 3415.63 \times \alpha^{-1.49} \\ \mathrm{FUI} \geqslant 8: Z_{SD} &= 284.70 \times \mathrm{FUI}^{-2.67} \end{aligned} \tag{8.7}$$

在透明度 Z_{SD} 估算模型中，为了确保分段模型的平滑转换，FUI < 8 时模型经验参数由 $\alpha < 195°$（即 FUI < 11）的数据拟合得到。需要指出的是，在图 8.3(c) 中，基于星地同步数据的色度角 α 与 FUI 之间相关关系稍差，这是由于本节在清洁水体中的采样主要来自青藏高原地区湖库，野外实验条件艰苦而采样总数较少，并且当水体透明度较大的时候，野外测量也会受塞氏盘绳子倾斜或者光线等因素的影响而误差相对比较高。

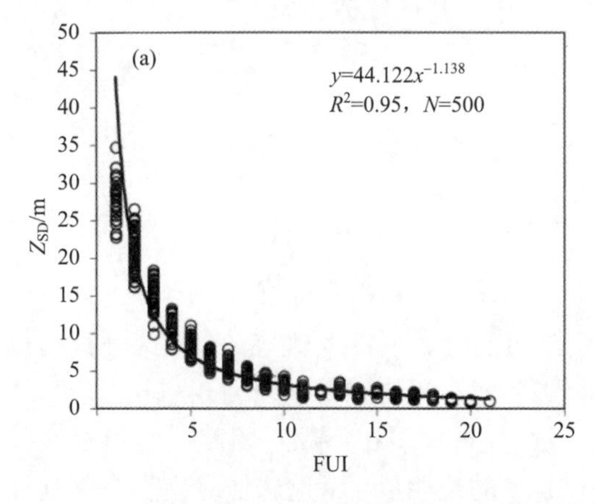

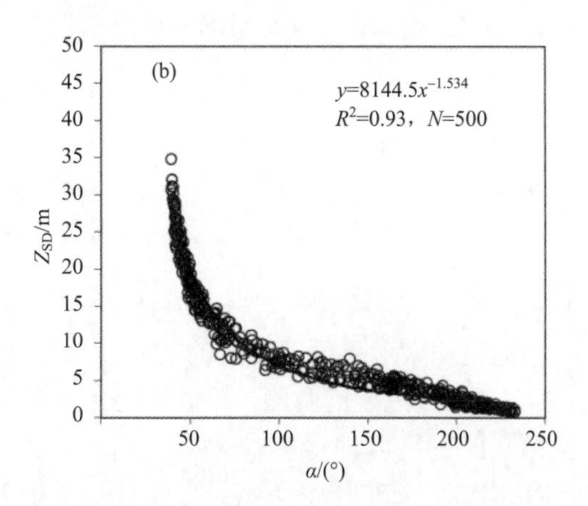

图 8.2　基于 Hydrolight 模拟数据集的 Z_{SD} 与 FUI 散点图(a) 以及 Z_{SD} 与色度角 α 散点图(b)（Wang et al., 2020）

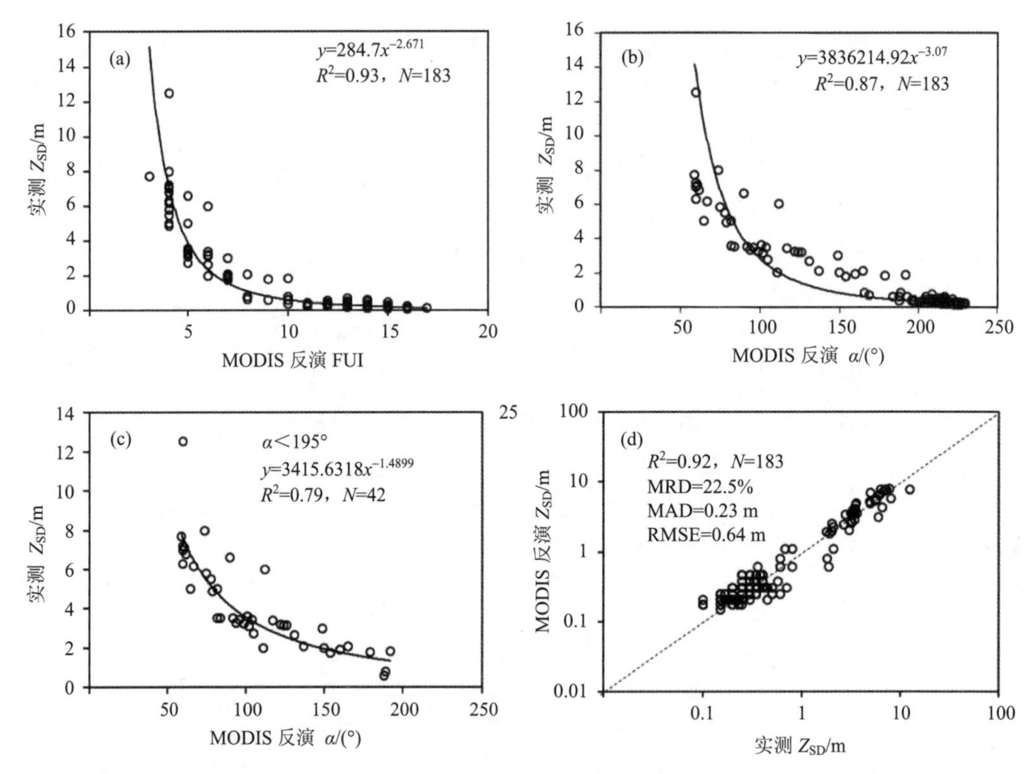

图 8.3　基于实测数据集 Z_{SD} 与 FUI 散点图(a)；Z_{SD} 与色度角 α 散点图(b)；当 α <195°时，Z_{SD} 与色度角 α 散点图(c)；实测 Z_{SD} 与基于 FUI&α 的模型估测 Z_{SD} 散点图(d)(Wang et al., 2020)

与此同时，本节利用独立试验获得的星地同步数据对构建的水体透明度反演模型进行了检验。其中，利用平均绝对误差(mean absolute difference, MAD)和平均相对误差(mean relative difference, MRD)对模型误差进行量化，其计算公式如下：

$$\mathrm{MAD}=\frac{\sum|M_i-m_i|}{N} \tag{8.8}$$

$$\mathrm{MRD}=\frac{\sum\frac{|M_i-m_i|}{m_i}}{N} \tag{8.9}$$

式中，M_i 和 m_i 分别表示模型估算值和实测值；N 表示匹配数据对数量。

通过比较遥感反演得到的透明度与同步实测透明度数据发现(图 8.4)，大部分数据点位于 1∶1 线附近的两侧，模型平均相对误差为 27.4%，平均绝对误差为 0.37 m，这与模型构建时的精度评价[图 8.3(d)]基本一致。通过分析模型在不同透明度范围相对误差 MRE 分布，如图 8.5 所示，可以看到基于 FUI&α 的透明度 Z_{SD} 遥感估算模型在极其浑浊水体及 Z_{SD} 在 1～3 m 时模型误差较大，误差中位数接近 40%，在其他范围内模型估测相对误差中位数都在 30%之内，模型相对稳定。这表明，基于 FUI 水色指数和色度角 α 的湖库透明度反演模型可以应用于不同水体类型的内陆水体，包括浑浊富营养化水体、较清洁水体以及清洁贫营养水体，模型精度在各不同类型中较稳定。因此，该模型可以用于基于遥感数据的大范围不同类型内陆水体透明度反演研究中。

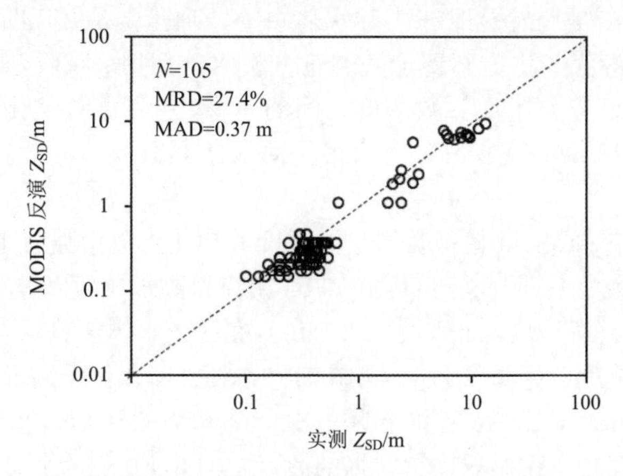

图 8.4　基于独立实验星地同步数据的实测水体透明度 Z_{SD} 与同步遥感图像反演得到的水体透明度 Z_{SD} 比较散点图(Wang et al., 2020)

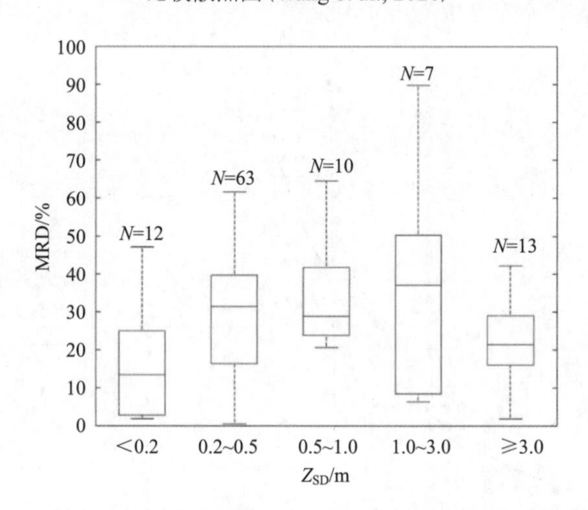

图 8.5　基于独立实验星地同步数据的水体透明度 Z_{SD} 模型在不同透明度范围内相对误差 MRD 分布箱形图(Wang et al., 2020)

但是，这里需要指出的是，目前的水体透明度模型是基于 MODIS 遥感数据构建的，尽管在FUI水色指数和色度角 α 提取中通过 Δ 校正已经从理论上消除了传感器波段设置对所得的水色参量的影响，但是，不可避免地，不同卫星遥感图像之间会存在一定差异，因而可能会在一定程度上影响模型反演效果。

8.2.5　基于水色指数的内陆水体营养状态评价

水体富营养化通常是指水中营养物质增多促使水体中某种或几种藻类以及其他水生生物快速生长和繁殖的现象(Jones and Lee, 1982; Le et al., 2010; Smith, 2003; Vollenweider, 1981)。水体富营养化会导致水体颜色加深，透明度下降，溶解氧浓度降低，化学需氧量(chemical oxygen demand, COD)浓度加大，水质变化并迅速老化衰退，从而使得水体生态和功能受到阻碍和破坏(OECD, 1982; Imteaz, 1997; 邓春光, 2007)。湖库水体富营养化监测是遥感技术在内陆水体中的一项重要应用，也是水色遥感的主要内容之一。水体的富营养化遥感评价是通过分析水体反射、吸收和散射太阳辐射能形成的光谱特征与富营养化水质参数浓度之间的关系，建立富营养化水质参数的定量遥感反演模型，并分析各水质参数之间的相关性，建立适当的富营养化评价模型(杨一鹏等, 2007)。

本节首先基于 Hydrolight 模拟数据集，分析了 FUI 水色指数与 TSI(Chl-a)营养状态指数之间的理论相关关系(图 8.6)。其中，FUI 由模拟离水反射率计算获得，TSI 由模拟数据中 Chl-a 浓度计算获得(Wang et al., 2018b)。在传统水体营养状态评价中，通常用的评价指标有 Chl-a 浓度、透明度 Z_{SD}、总磷 TP、总氮 TN 和化学需氧量 COD，但在遥感评价中最常用的指标为 Chl-a 浓度和透明度 Z_{SD}，本节将 Chl-a 浓度计算得到的 TSI 指数作为参考标准进行建模。由基于模拟数据的散点由图 8.6 可以看到，随着 TSI 由 0 到增长 68，FUI 水色指数整体随之增大，即水体营养状态指数越高，水体颜色越偏绿偏黄，二者强相关，决定系数 R^2 = 0.94(N=500)。

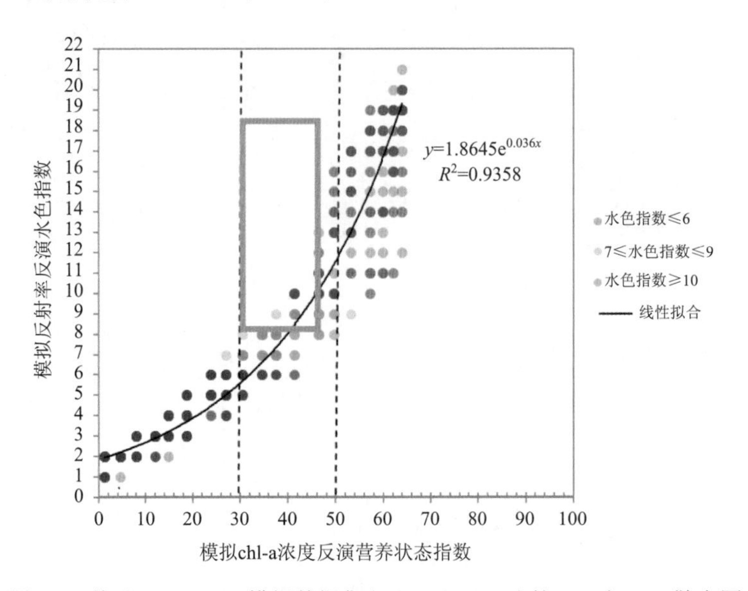

图 8.6　基于 Hydrolight 模拟数据集(IOCCG，2006)的 FUI 与 TSI 散点图

数据集包括 500 条模拟数据，叶绿素浓度范围为 0.05～30 mg/m^3，平均浓度为 6.08 mg/m^3。数据点设置为透明度 60%，以表示数据点的密集程度(Wang et al., 2018b)

同时，本节获取了全球 10 个不同类型湖库水体的野外实测 Chl-a 浓度与离水反射率 Rrs(λ)数据，包括 469 个采样点数据(Wang et al., 2018b)。这 10 个湖库水体分别来自亚洲、北美洲和欧洲，包含少量贫营养和中营养湖库水体站点以及大量富营养湖库水体站点，其中包括高悬浮物浓度水体和高 CDOM 水体。在实测数据集中，尽管可以看到当 TSI 较小时 FUI 随之增长，TSI 较高时 FUI 值也较高，但二者构建的散点图比较分散，相关关系不明显(图 8.7)。这是由于，一是对于实测数据而言，贫营养和中营养的采样点数远远小于富营养的采样点数；二是在浑浊湖库水体中，水体组分复杂，光学特性多变，

造成在富营养区域 FUI 与 TSI 之间的关系分散。由图 8.7 可以看出，实测数据散点图分为两个部分：①当 FUI < 10 时，与模拟数据集规律一致，FUI 随 TSI 的增大而增大(R^2 = 0.63)，并且这些采样点属于贫营养和中营养，即 TSI < 50，这说明，水体由蓝向绿转变时，水体营养状态由贫营养变为中营养；②当 FUI≥10 时，FUI 有随 TSI 增大而减小的趋势(R^2=0.11)，并且这些采样点以富营养化水体为主，即 TSI > 50，这表明在 FUI≥10 的浑浊水体中，水体由绿变黄棕色时，水体营养状态虽然呈富营养，但 TSI 指数会随之变小；当水体最绿，即 FUI 在 10～12 时水体营养状态 TSI 指数最高，这是由水中主导成分叶绿素强吸收造成的，因此水体颜色为绿色。

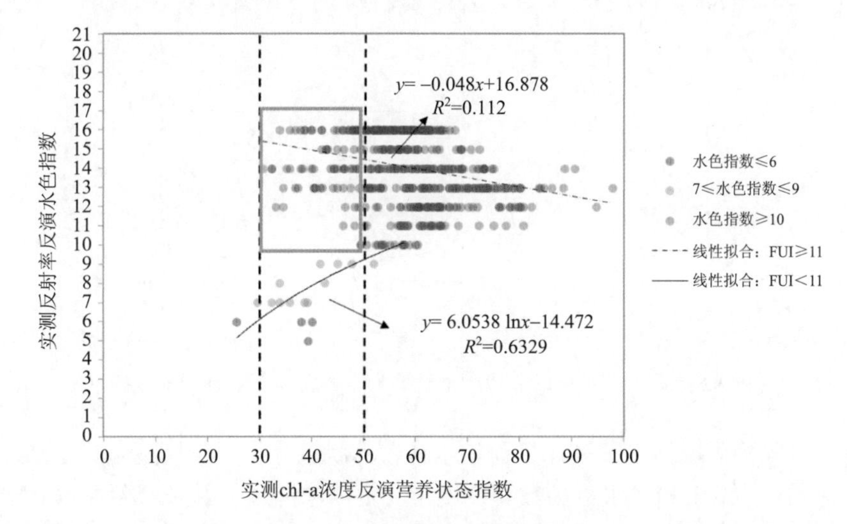

图 8.7　基于实测数据集的 FUI 与 TSI 散点图，数据点设置为透明度 60%表示数据点的密集程度(Wang et al., 2018b)

总结两个数据集中 FUI 与 TSI 的关系规律，可以初步通过 FUI 分段对水体营养状态进行划分，即当 FUI < 7 时，TSI < 30，水体贫营养；当 7≤FUI≤9 时，30< TSI < 50，水体中营养；当 FUI≥10 时，TSI > 50，水体富营养。在此划分下，82.7%的 FUI≥10 的实测采样点 TSI > 50，即富营养评价精度为 82.7%；83.3%的 7≤FUI <10 的实测采样点 30< TSI < 50，即中营养评价精度在 83.3%；贫营养实测采样点过少，无法进行精度评价，但在模拟数据集中有 93.1%的 FUI < 7 的数据点 TSI < 30。FUI 水色指数与 TSI 营养状态指数之间的相关关系可以由水中主导成分的吸收和散射解释，在贫营养水体中，水体清澈，水体吸收和散射由水分子本身主导，所以水体呈蓝色；在富营养水体中，水体浑浊，水体吸收和散射主要由叶绿素主导或者叶绿素与悬浮泥沙共同主导，因此水体呈现绿色或者黄绿色甚至黄棕色；在中营养水体中，水体中度浑浊，水体由水分子和中浓度的叶绿素共同主导，因此水体呈现青绿色。

然而在两个数据集中都可以看到，部分 FUI≥10 的采样点 TSI 呈中营养，如图 8.6 和图 8.7 所示。为了从富营养水体中区分出这些采样点，本节提出了红波段阈值法，即当 FUI≥10 但 $R_{rs}(645)$<0.00625 时将其判断为中营养。这是由于当水体由高 CDOM 浓度主导，但叶绿素和悬浮物浓度较低时，水体偏黄棕色，FUI 指数较高，但是，红波段

反射率很低，因此，可以通过红波段阈值方法辅助判断这类水体。在加入这个判断条件后，富营养水体的评价精度由 83.3%上升为 86.8%，在实测数据集中总体评价精度为 86.6%。基于 FUI 水色指数和红波段阈值的水体营养状态评价决策树如图 8.8 所示。

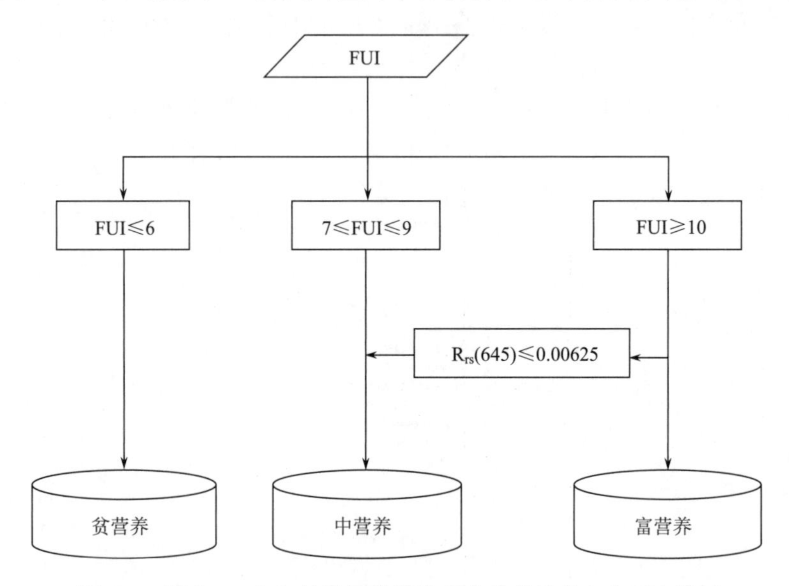

图 8.8　基于 FUI 和红波段阈值辅助的水体营养状态分级决策树

但是，这里仍需要指出的是，目前的水体营养状态分级评价模型是基于 MODIS 遥感数据构建的，尽管在 FUI 水色指数和色度角 α 提取中通过 Δ 校正已经从理论上消除了传感器波段设置对所得的水色参量的影响，但是，不可避免地，不同卫星遥感图像之间会存在一定差异，因而可能会在一定程度上影响模型评价效果。

8.3　海南内陆水体水质参数空间格局特征

8.3.1　基于遥感监测的海南主要内陆水体基本信息

本节基于哨兵-2 遥感图像对海南省内陆水体进行边界提取，并基于遥感图像提取结果挑选了海南省大于 $1km^2$ 的湖泊、水库，以及河宽大于 100m 的河流作为遥感监测目标。监测的水体包括 62 个水库及 9 条主要河流，基本信息见表 8.5 和表 8.6。

8.3.2　海南内陆水体水质空间格局分析

海南岛属于热带季风气候，干湿季明显，湿季为每年 5～10 月，干季为 11 月到次年 4 月。因此，笔者就 2020 年湿季和干季两个季节分析了海南省内陆水体水质空间分布状况。

表 8.5　基于哨兵-2 遥感图像监测的海南水库基本信息表

ID 号	类型	名称	经度(E)	纬度(N)	所在地	面积/km^2
1		跃进水库	19°37'29.39"	109°44'50.84"	临高县	4.66
2		尧龙水库	19°36'9.39"	109°36'9.39"	临高县	4.32
3		美亭水库	19°49'2.12"	110° 5'24.97"	澄迈县	1.42
4		福山水库	19°49'5.99"	109°56'39.72"	澄迈县	5.56
5		加潭水库	19°37'37.78"	110° 1'57.03"	澄迈县	2.42
6		南方水库	19°30'11.83"	110° 3'38.17"	澄迈县	1.16
7		玉凤水库	19°53'23.84"	110°11'1.21"	海口市	1.24
8		云龙水库	19°51'7.41"	110°28'25.26"	海口市	1.19
9		丁荣水库	19°52'18.72"	110°34'34.32"	海口市	1.73
10		凤潭水库	19°47'0.68"	110°37'3.57"	海口市	3.39
11		东湖水库	19°42'26.58"	110°35'25.48"	海口市	1.46
12		铁炉水库	19°41'32.65"	110°28'33.64"	海口市	2.36
13		风圮水库	19°38'16.32"	110°30'45.58"	海口市	1.73
14		岭北水库	19°46'31.19"	110°14'7.59"	海口市	1.52
15		龙虎山水库	19°51'34.54"	110°50'40.93"	文昌市	4.68
16		湖山水库	19°56'54.87″	110°42'47.07"	文昌市	5.96
17		宝芳水库	19°42'42.30"	110°48'30.33"	文昌市	1.88
18		东路水库	19°43'32.21"	110°40'23.67"	文昌市	3.74
19		石壁水库	19°30'23.55"	110°36'17.29"	文昌市	1.68
20	水库	爱梅水库	19°53'36.08″	110°49'14.13″	文昌市	1.76
21		春江水库	19°35'53.43"	109°15'18.50"	儋州市	5.38
22		红洋水库	19°30'8.96"	109° 1'55.25"	儋州市	2.31
23		沙河水库	19°29'39.70"	109°30'57.03"	儋州市	3.60
24		松涛水库	19°22'23.47"	109°32'52.71"	儋州市、白沙黎族自治县	112.02
25		加乐潭水库	19°30'5.28"	110° 7'24.73"	屯昌县	1.22
26		木色水库	19°12'29.22"	109°58'30.57"	屯昌县	2.33
27		南扶水库	19°29'52.07"	110°21'12.91"	定安县	11.43
28		白塘水库	19°26'42.75"	110°25'31.78"	定安县	1.16
29		美蓉水库	19°25'44.49"	110°28'17.85"	琼海市	2.47
30		文岭水库	19°24'21.18"	110°29'37.78"	琼海市	1.28
31		石合水库	19°17'14.08"	110°22'26.11"	琼海市	1.65
32		牛路岭水库	18°58'32.03"	110° 9'4.92"	琼海市	25.31
33		合水水库	19°17'4.91"	110°35'13.32"	琼海市	4.12
34		官墓水库	19° 8'15.43"	110°22'54.38"	琼海市	1.37
35		南塘水库	19° 2'31.43"	110°16'49.83"	琼海市	1.39
36		中平仔水库	19° 0'51.52"	110°16'53.19"	琼海市	2.26
37		探贡水库	19° 9'12.57"	108°49'38.67"	东方市	1.60
38		天安水库	18°59'34.20"	108°52'19.64"	东方市	2.23
39		湾溪水库	18°56'39.50"	108°45'57.35"	东方市	1.66

续表

ID 号	类型	名称	经度(E)	纬度(N)	所在地	面积/km²
40	水库	大广坝水库	18°58'16.06"	109° 0'55.02"	东方市	88.58
41		陀兴水库	18°51' 41.16"	108° 49' 13.79"	东方市	3.73
42		石碌水库	19°14'52.75"	109° 6'12.42"	昌江黎族自治县	9.42
43		珠碧江水库	19°23'10.75"	109°12'45.45"	白沙黎族自治县	1.42
44		万泉河红岭水库	19° 5'33.88"	109°59'24.19"	琼中黎族苗族自治县	14.71
45		军田水库	18°58'14.55"	110°20'4.24"	万宁市	3.09
46		万宁水库	18°47'9.22"	110°18'45.73"	万宁市	7.64
47		碑头水库	18°43'14.10"	110°15'24.27"	万宁市	1.73
48		长茅水库	18°38'25.44"	109° 5'28.75"	乐东黎族自治县	9.06
49		高坡岭水库	19° 4'35.82"	108°43'56.47"	乐东黎族自治县	7.02
50		陈考水库	18°37'35.95"	109°12'26.88"	乐东黎族自治县	2.28
51		大安水库	18°37'11.96"	109°10'4.64"	乐东黎族自治县	3.72
52		石门水库	18°32'35.13"	108°59'32.43"	乐东黎族自治县	2.13
53		三曲沟水库	18° 33' 29.59"	108° 47' 35.13"	乐东黎族自治县	1.62
54		毛拉洞水库	18°34'54.82"	109°28'4.17"	保亭黎族苗族自治县	1.55
55		小妹水库	18°41'35.39"	109°56'57.79"	陵水黎族自治县	3.41
56		走装水库	18°32'55.27"	109°52'50.37"	陵水黎族自治县	1.51
57		田仔水库	18°29'31.15"	109°50'35.84"	陵水黎族自治县	1.60
58		大隆水库	18°26′40.28″	109°14′44.08″	三亚市	5.85
59		赤田水库	18°25'22.10"	109°42'20.33"	三亚市	4.64
60		汤他水库	18°24'0.34"	109°23'49.53"	三亚市	1.27
61		水源池水库	18°21'48.03"	109°28'34.34"	三亚市	1.03
62		抱古水库	18°24′56.81″	109°15′6.38″	三亚市	1.35

表 8.6 基于哨兵-2 遥感图像监测的海南河流基本信息表

ID 号	类型	名称	经度(E)	纬度(N)	所在地	河宽/m
1	河流	南渡江	20°4′52.58″	108°39′27.57″	白沙黎族自治县、琼中黎族苗族自治县、儋州市、澄迈县、海口市	953
2		文教河	19°37′20.5″	110°52′39.84″	文昌市	373
3		万泉河	19°9′14.22″	109°29′47.40″	琼中黎族苗族自治县、琼海市	736
4		昌化江	19°19′1.49″	108°39′27.57″	琼中黎族苗族自治县、乐东黎族自治县、五指山市、东方市、昌江黎族自治县	230
5		藤桥河	18°23′4.93″	109°44′40.23″	保亭黎族苗族自治县、三亚市	288
6		陵水河	18°29' 51.73"	110°5' 23.88"	保亭黎族苗族自治县、陵水黎族自治县	381
7		宁远河	18°20′58.45″	109°29′47.40″	三亚市	240
8		临春河	18°14′5.57″	109°30′41.79″	三亚市	151
9		三亚河	18°14′5.73″	109°29′47.22″	三亚市	283

基于遥感监测的2020年湿季海南省主要水库和河流FUI水色指数分布图如图8.9所示。从分布图中可以看出，海南省9条主要河流在2020年湿季FUI水色指数都相对较高，其中宁远河和临春河FUI水色指数在8～10，三亚河、昌化江、万泉河FUI水色指数在10～12，其余4条河流FUI水色指数都大于12，表明水体在湿季比较浑浊。这可能与湿季降雨充沛、地表径流带来更多泥沙等污染物有关。

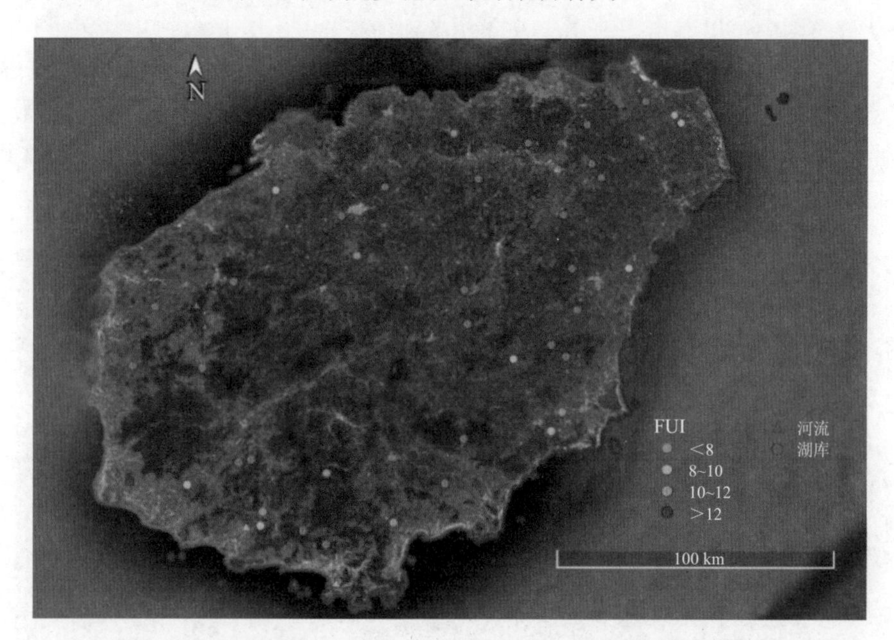

图 8.9　2020年湿季(5～10月)海南省内陆水体FUI水色指数分布图

基于遥感监测的2020年湿季海南省62个监测的水库中(图8.10)，有10%的水库水体FUI水色指数范围小于8，表明水体较清洁，主要位于西北部的儋州市、东南部的万宁市、北部的澄迈县以及南部的三亚市和保亭黎族苗族自治县，其中就包括大型的松涛水库；有13%的水库水体FUI水色指数在8～10，表明水体相对清洁，这主要包括几个大型水库，即春江水库、牛路岭水库等；有40%的水库水体FUI水色指数在10～12，表明水体相对浑浊，这些水库大部分位于海南岛省东半部和西南部，包括西南部的大广坝

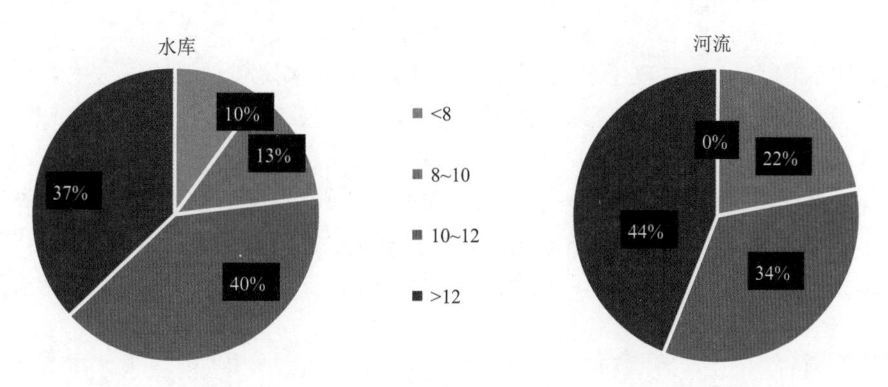

图 8.10　2020年湿季(5～10月)海南省水库及河流FUI水色指数比例饼状图

水库、石碌水库以及东部的万泉河红岭水库，其余水库水体面积相对较小，容易受地表径流及周边环境因素的影响；此外，另有 37%的水库水体 FUI 水色指数大于 12，表明水体较浑浊。这些水库主要位于海南岛北部和西南部位置，包括西南部的长茅水库和陀兴水库，而北部水库的水体面积较小。

基于遥感监测的 2020 年干季海南省主要水库和河流 FUI 水色指数分布图如图 8.11 所示。从分布图中可以看出，海南省 9 条主要河流在 2020 年干季 FUI 水色指数比湿季相对低，表明水质有所改善，仅南渡江水体较浑浊，FUI 水色指数大于 12，其余 8 条河流 FUI 水色指数都小于 12，其中，文教河、临春河、昌化江、宁远河 FUI 水色指数在 8～10，藤桥河、陵水河、三亚河、万泉河 FUI 水色指数在 10～12，表明水体在干季相对较清澈。这可能与干季地表径流减少、泥沙等污染物沉降有关。

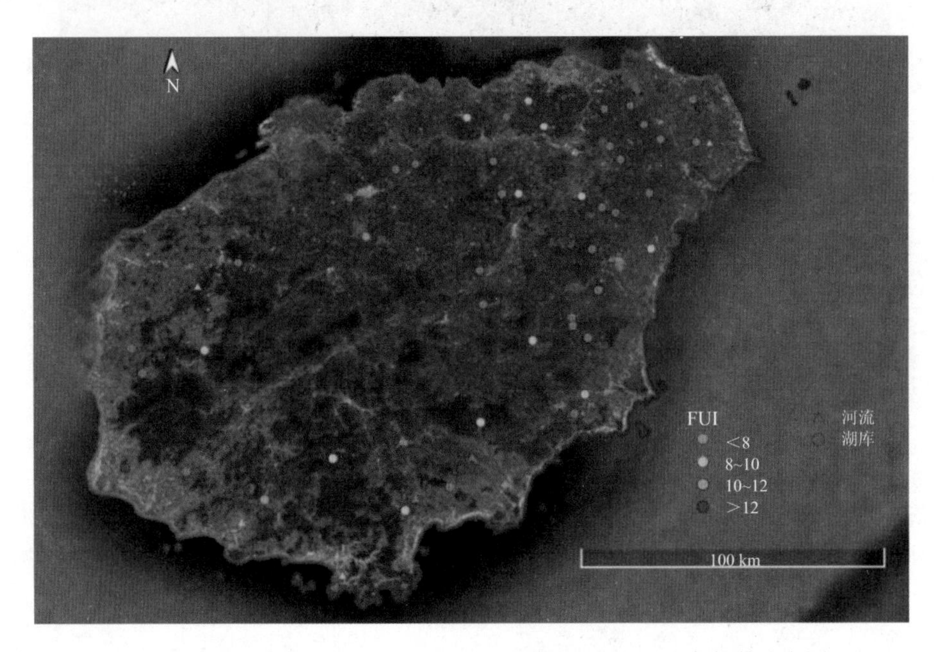

图 8.11 2020 年干季(11～12 月)海南省内陆水体 FUI 水色指数分布图

基于遥感监测的 2020 年干季海南省 62 个监测的水库中(图 8.12)，有两个水库水体 FUI 水色指数范围小于 8，表明水体较清洁，即位于儋州市的松涛水库和三亚市的大隆水库；有 19%的水库水体 FUI 水色指数在 8～10，表明水体相对清洁，这主要包括西部的几个大型水库，包括大广坝水库、牛路岭水库等，以及东部部分水库；有 52%的水库水体 FUI 水色指数在 10～12，表明水体相对浑浊，这些水库大部分位于海南岛省东半部，也有少部分位于海南省西部，这些水库水体面积相对较小，容易受地表径流及周边环境因素的影响；此外，在干季另有 26%的水库水体 FUI 水色指数大于 12，表明水体较浑浊，这些水库主要位于海南岛北部和西南部位置，包括西南部的长茅水库等，其他水体面积较小。

对比海南省 2020 年湿季和干季水库河流水质情况可以发现，河流水体在湿季水体较浑浊，在干季会变得较清澈，这可能与雨季地表径流带污染物入河有关；水库水体中，降水量相对较大的东部地区水库在湿季较浑浊，在干季水体清洁程度有所上升，这可能与雨季地表径流带污染物入湖有关；降水量相对较小的西部地区水库在干湿季差别较小，但干季水体清洁程度略低于湿季，这很可能与水库水量有关。

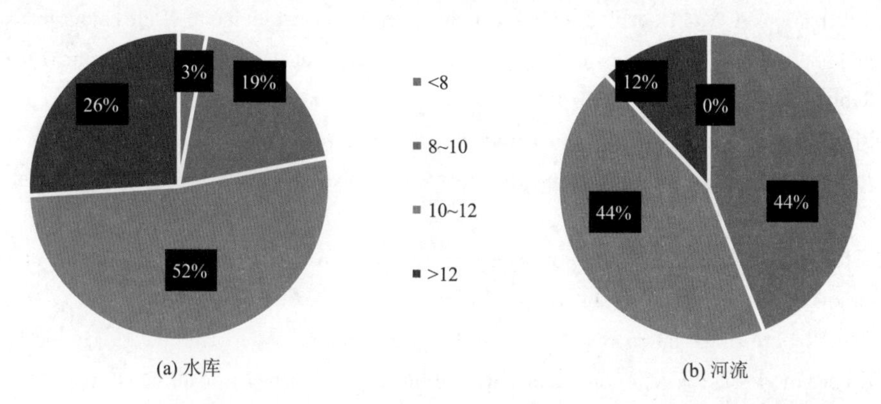

图 8.12　2020 年干季(11～12 月)海南省水库及河流 FUI 水色指数比例饼状图

参 考 文 献

陈军, 付军, 盛辉. 2013. 海岸带环境遥感原理与应用. 北京: 海洋出版社.

邓春光. 2007. 三峡库区富营养化研究. 北京: 中国环境科学出版社.

宫鹏. 2012. 拓展与深化中国全境的环境变化遥感应用. 北京: 清华大学.

郭华东. 2019. 《海南资源环境遥感产品数据集专刊》卷首语. 中国科学数据(中英文网络版), 4(2): 2.

海南省水文水资源勘测局. 2020. 2019 年海南省水文发展年度报告. 海南: 海南省水文水资源勘测局.

海南省水务厅. 2020. 2019 年海南省河湖管理公报. 海南: 海南省水务厅.

海南省生态环境保护厅. 2015. 2014 年海南省环境状况公报. 海南: 海南省生态环境保护厅.

海南省生态环境保护厅. 2016. 2015 年海南省环境状况公报. 海南: 海南省生态环境保护厅.

海南省生态环境保护厅. 2017. 2016 年海南省环境状况公报. 海南: 海南省生态环境保护厅.

海南省生态环境保护厅. 2018. 2017 年海南省环境状况公报. 海南: 海南省生态环境保护厅.

海南省生态环境保护厅. 2019. 2018 年海南省生态环境状况公报. 海南: 海南省生态环境保护厅.

海南省生态环境保护厅. 2020. 2019 年海南省生态环境状况公报. 海南: 海南省生态环境保护厅.

揭秋云, 符国基. 2011. 海南国际旅游岛旅游水环境现状调查与分析. 环境科学与管理, 36(6): 133-138.

谭键. 2012. 海南省生态安全的空间结构研究. 长沙: 中南大学.

向晓明. 2007. 海南岛水资源基本特点及影响可持续发展的主要因素初探. 海南师范大学学报(自然科学版), (1): 80-83.

徐磊磊, 刘海清, 金琰, 等. 2017. 海南省水资源开发利用特点及主要水资源问题. 热带农业科学, 37(9): 120-127.

杨一鹏, 王桥, 肖青. 2007. 太湖富营养化遥感评价研究. 地理与地理信息科学, 23(3): 33-37.

张兵, 李俊生, 王桥. 2012. 内陆水体高光谱遥感. 北京: 科学出版社.

周祖光. 2004. 海南省水资源现状与开发利用. 水利经济, (4): 35-38.

Barysheva L. 1987. On the issue of intercorrespondence of color scales used in limnology. Remote Monitoring of Large Lakes, 1: 60-65.

Capo M, Pereza A, Lozanoa J A. 2017. An efficient approximation to the K-Means clustering for massive data. Knowl.-Based Syst., 117, 56-59.

Exelis. 2010. Exelis Visual Information Solutions. http:// www. exelisvis. com[2014-06-06].

Garaba S P, Friedrichs A, Voß D, et al. 2015. Classifying natural waters with the forel-ule colour index system: Results, applications, correlations and crowdsourcing. International Journal of Environmental Research and Public Health, 12(12): 16096-16109.

Gong P, Liu H, Zhang M, et al. 2019. Stable classification with limited sample: Transferring a 30m resolution sample set collected in 2015 to mapping 10m resolution global land cover in 2017. Science Bulletin, 64: 370-373.

Imteaz M A. 1997. Modelling of Lake Eutrophication Including Artificial Mixing and Effects of Bubbling Operations on Algal Bloom. Saitama Univesrity Jpana.

IOCCG. 2006. Reports of the International Ocean-Colour Coordinating Group. Dartmouth, 3: 140.

Jones R A, Lee G F. 1982. Recent advances in assessing impact of phosphorus loads on eutrophication-related water quality. Water Research, 16(5): 503-515.

Kondratyev K Y, Pozdnyakov D, Pettersson L. 1998. Water quality remote sensing in the visible spectrum. Remote Sense, 19: 957-979.

Le C, Zha Y, Li Y, et al. 2010. Eutrophication of lake waters in China: Cost, causes, and control. Environmental Management, 45(4): 662-668.

Li J, Wang S, Wu Y, et al. 2016. MODIS observations of water color of the largest 10 lakes in China between 2000 and 2012. International Journal of Digital Earth, 9(8): 788-805.

Mcfeeters S K. 1996. The use of the normalized difference water index(NDWI) in the delineation of open water features. International Journal of Remote Sensing, 17(7): 1425-1432.

Novoa S, Wernand M R, Van Der Woerd H J. 2013. The Forel-Ule scale revisited spectrally: Preparation protocol, transmission measurements and chromaticity. Journal of the Europe an Optical Society-Rapid publications, 8(1): 13057.

Organisation for Economic Co-operation and Development(OECD). 1982. Eutrophication of Waters: Monitoring, Assessment and Control. Organisation for Economic Co-operation and Development. Washington, DC: Sold by OECD Publications and Information Center.

Pitarch J, Van Der Woerd H, Brewin R, et al. 2019. Optical properties of forel-ule water types deduced from 15 Years of global satellite ocean color observations. Remote Sensing of Environment, 231: 111249.

Smith V H. 2003. Eutrophication of freshwater and coastal marine ecosystems a global problem. Environmental Science and Pollution Research, 10(2): 126-139.

Van Der Woerd H J, Wernand M R. 2015. True colour classification of natural waters with mediumspectral resolution satellites: SeaWiFS, MODIS, MERIS and OLCI. Sensors, 15(10), pp.25663-25680.

Vollenweider R A. 1981. Eutrophication—A global problem. Water Quality Research Journal of Canada, 6(3): 59-62.

Wang X B, Xie S P, Zhang X L, et al. 2018a. A robust Multi-Band Water Index(MBWI) for automated extraction of surface water from Landsat 8 OLI imagery. International Journal of Applied Earth Observation Geoinformation, 68: 73-91.

Wang S, Li J, Shen Q, et al. 2015. MODIS-based radiometric color extraction and classification of inland water with the Forel-Ule scale: A case study of Lake Taihu. IEEE Journal of Selected Topics in Applied Earth Observations and Remote Sensing, 8(2): 907-918.

Wang S, Li J, Zhang B, et al. 2018b. Trophic state assessment of global inland waters using a MODIS-derived Forel-Ule index. Remote Sensing of Environment, 217: 444-460.

Wang S, Li J, Zhang B, et al. 2020. Changes of Water Clarity in Large Lakes and Reservoirs across China Observed from Long-term MODIS. Remote Sensing of Environment, 247: 111949.

Woerd H J, Wernand M R. 2015. True colour classification of natural waters with mediumspectral resolution satellites: SeaWiFS, MODIS, MERIS and OLCI. Sensors, 15(10): 25663-25680.

Xu H. 2006. Modification of normalised difference water index (MNDWI) to enhance open water features in remotely sensed imagery. International Journal of Remote Sensing, 27(14): 3025-3033.

第 9 章　海南生态状况评价

生态系统是地球生命支持系统的基本组成部分，其状况与变化趋势对人类生存及社会、经济的可持续发展具有决定性影响。海南岛位于中国最南端，属于海洋性热带季风气候，光热充足、雨水充沛，具有丰富的自然资源和物种多样性。随着近些年海南国际旅游岛和生态文明建设的快速推进，了解海南省生态环境现状及变化情况、对海南省生态环境进行评测与监管是关系到海南现代化建设的全局和长远发展的战略性工作。

在对海南岛生态资源监管评估中，基于跨度近 20 年的遥感影像，结合地面基础地理信息数据，提出有针对性的海南岛陆域生态系统格局、生态系统质量、生态系统服务功能及典型区域的生态承载力的评估方法和指标体系，全面掌握海南省生态环境的分布、质量、格局等变化特征，对典型城市构建其生态承载力模型和预警系统，对海南省的生态环境保护和生态文明建设决策提供了科学基础和重要依据。

9.1　生态系统格局与变化

生态格局现状及变化分析主要利用遥感解译获取，并将经过地面或高分辨率卫星影像验证的 2000 年、2005 年、2010 年、2015 年以及 2020 年 5 期生态系统空间分布数据集作为数据源。根据基于遥感技术的全国生态系统分类体系（欧阳志云，2015），结合海南省的实际情况，建立适用于海南的生态系统分类，包括 7 个大类、11 个亚类、17 个小类，见表 9.1。

表 9.1　海南陆地生态系统分类体系

<table>
<tr><th>序号</th><th>一级指标</th><th>二级指标</th><th>三级指标</th></tr>
<tr><td>1</td><td>森林生态系统</td><td>阔叶林</td><td>常绿阔叶林</td></tr>
<tr><td>2</td><td>灌丛生态系统</td><td>灌丛</td><td>灌木林</td></tr>
<tr><td>3</td><td>草地生态系统</td><td>草地</td><td>草丛</td></tr>
<tr><td rowspan="6">4</td><td rowspan="6">湿地生态系统</td><td rowspan="3">沼泽</td><td>沼泽</td></tr>
<tr><td>滩涂</td></tr>
<tr><td>滩地</td></tr>
<tr><td rowspan="2">湖泊</td><td>湖泊</td></tr>
<tr><td>水库/坑塘</td></tr>
<tr><td>河流</td><td>河流</td></tr>
<tr><td rowspan="3">5</td><td rowspan="3">农田生态系统</td><td rowspan="2">耕地</td><td>水田</td></tr>
<tr><td>旱地</td></tr>
<tr><td>园地</td><td>园地</td></tr>
<tr><td rowspan="2">6</td><td rowspan="2">城镇生态系统</td><td>居住地</td><td>居住地</td></tr>
<tr><td>工矿交通</td><td>工矿交通</td></tr>
<tr><td rowspan="3">7</td><td rowspan="3">裸地生态系统</td><td rowspan="3">裸地</td><td>裸地</td></tr>
<tr><td>盐碱地</td></tr>
<tr><td>沙地</td></tr>
</table>

本节将生态系统类型构成比例、生态系统类型面积变化率两个指标作为生态系统构成及其变化评估指标，将斑块数、平均斑块面积、边界密度、聚集度指数 4 个指标作为生态系统景观格局特征及其变化评估指标，将各类生态系统变化方向、综合生态系统动态度两个指标作为生态系统结构总体变化特征的评估指标(王思远等，2001)。生态变化评估的指标体系及计算方法见表 9.2。

表 9.2　海南生态变化评估指标

内容	指标	定义	计算方法
生态系统构成及其变化	生态系统类型构成比例	评估区内各类生态系统面积比例，代表各生态系统类型在评估区内的组成现状	$P_{ij}=\frac{S_{ij}}{\mathrm{TS}}$ (9.1) 式中，P_{ij} 指第 i 类生态系统在第 j 年的面积比例；S_{ij} 指第 i 类生态系统在第 j 年的面积；TS 是评估区域总面积。该指标越大，该生态系统类型所占面积比例越高
	生态系统类型面积变化率	评估区内一定时间范围内某类生态系统的面积数量变化情况，代表评估区内各类生态系统在一定时间的变化程度	$E_{\mathrm{V}}=\frac{\mathrm{EU_b}-\mathrm{EU_a}}{\mathrm{EU_a}}\times 100\%$ (9.2) 式中，E_{V} 指评估时段内某一生态系统类型的变化率；$\mathrm{EU_a}$ 和 $\mathrm{EU_b}$ 分别为研究期初及研究期末某一类生态系统的面积
生态系统景观格局特征及其变化	斑块数	评估区内各类生态系统斑块的数量，反映某类生态系统在区域内分布的总体规模	$\mathrm{NP}=n_i$ (9.3) 式中，NP 为斑块数量指数；n_i 为第 i 类生态系统的斑块数量。该指数越大，该生态系统类型分布的规模越大或越破碎，需结合平均斑块面积指数综合分析
	平均斑块面积	评估区内某类生态系统斑块面积的算术平均值，反映该类生态系统斑块规模的平均水平	$\overline{A_i}=\frac{1}{N_i}\sum_{j=1}^{N_i}A_{ij}$ (9.4) 式中，$\overline{A_i}$ 为平均斑块面积指数；N_i 为第 i 类生态系统的斑块总数；A_{ij} 为第 i 类生态系统第 j 块的面积。该指标越大，该生态系统类型所占面积比例越高或越完整，需结合斑块数量指数综合分析
	边界密度	评估区内某类生态系统边界与总面积的比例，从该类边形特征描述生态系统破碎化程度	$\mathrm{ED}_i=\frac{1}{A_i}\sum_{j=1}^{M}P_{ij}$ (9.5) 式中，ED_i 为第 i 类生态系统边界密度指数；P_{ij} 为第 i 类生态系统斑块与相邻第 j 类生态系统斑块间的边界长度；A_i 为第 i 类生态系统的总面积。该指标越大，该生态系统类型距离边界较小的核心面积越小
	聚集度指数	评估区内所有类型生态系统斑块的相邻概率，反映各类生态系统斑块的非随机性或聚集程度	$C=C_{\max}+\sum_{i=1}^{n}\sum_{j=1}^{n}P_{ij}\ln P_{ij}$ (9.6) 式中，C 为生态系统聚集度指数；P_{ij} 为斑块类型 i 与 j 相邻的概率；n 为各类生态系统斑块总数；$C_{\max}$ 为 P_{ij} 参数的最大值。该指标越大，则该区域各类生态系统聚集程度越高

续表

<table>
<tr><th>内容</th><th>指标</th><th>定义</th><th>计算方法</th></tr>
<tr><td rowspan="2">生态系统结构总体变化特征</td><td>各类生态系统变化方向</td><td>借助生态系统类型转移矩阵分析评估区域内各类生态系统的变化方向，反映评估初期各类生态系统的流失去向及评估末期各类生态系统的来源与构成</td><td>$$\begin{cases} A_{ij} = a_{ij} \times 100 / \sum_{j=1}^{n} a_{ij} \\ B_{ij} = a_{ij} \times 100 / \sum_{i=1}^{n} a_{ij} \end{cases} \quad (9.7)$$
式中，i 为初期生态系统类型；j 为末期生态系统类型；a_{ij} 为生态系统类型的面积；A_{ij} 为初期第 i 种生态系统类型转变为末期第 j 类生态系统类型的比例；B_{ij} 为末期第 j 类生态系统类型中由初期的第 i 类生态系统类型转变而来的比例。该指标越大，表示某两类生态系统之间在评估期内的转换面积越大</td></tr>
<tr><td>综合生态系统动态度</td><td>评估时段内生态系统类型间的转移，反映评估区生态系统类型变化的剧烈程度，便于找出生态系统类型变化的热点区域</td><td>$$\mathrm{EC} = \frac{\sum_{i=1}^{n} \Delta \mathrm{ECO}_{i-j}}{2\sum_{i=1}^{n} \mathrm{ECO}_i} \times 100\% \quad (9.8)$$
式中，EC 为生态系统综合动态度；ECO_i 为初期第 i 类生态系统类型面积；$\Delta \mathrm{ECO}_{i-j}$ 为第 i 类生态系统类型转化为非 i 类生态系统类型面积的绝对值</td></tr>
</table>

9.1.1　生态系统的构成及空间分布

生态格局的宏观结构反映了海南省热带季风气候岛屿生态系统的特点。以 2020 年海南生态系统分布来看，海南岛陆地面积约为 3421167.154hm^2，以森林生态系统为主。森林生态系统所占比重最大，占比为生态系统总面积的 55.63%，面积约为 1903298.323hm^2。农田生态系统占生态系统总面积的 25.41%，面积约为 869360.91hm^2。灌丛生态系统占生态系统总面积的 7.08%，面积约为 242205.2146hm^2。草地生态系统占生态系统总面积的 3.37%，面积约为 115422.1661hm^2。湿地生态系统占生态系统总面积的 4.18%，面积约为 143152.08hm^2。城镇生态系统占生态系统总面积的 4.09%，面积约为 140077.23hm^2。裸地生态系统占生态系统总面积的 0.22%，面积约为 7651.23hm^2。海南省 2020 年一级生态系统结构比例见表 9.3、表 9.4 和图 9.1，生态系统具体分布见图 9.2～图 9.4。

表 9.3　海南一级生态系统结构比例

海南省生态系统	面积/hm^2	面积占比/%
森林生态系统	1903298.323	55.63
灌丛生态系统	242205.2146	7.08
草地生态系统	115422.1661	3.37
湿地生态系统	143152.08	4.19
农田生态系统	869360.91	25.41
城镇生态系统	140077.23	4.09
裸地生态系统	7651.23	0.22

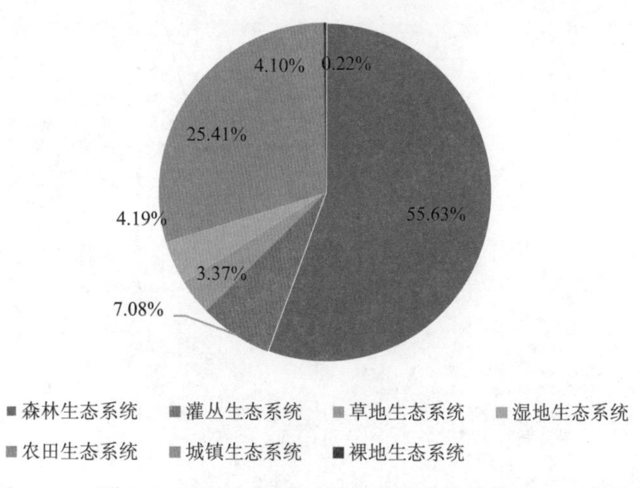

图9.1 2020年海南一级生态系统结构比例

1. 森林生态系统

海南岛热量充足、降水多，林地资源丰富，森林生态系统在涵养水源、净化空气、调节气候、防风固岸等方面有着特殊重要的意义。森林生态系统在海南省生态系统中占比最大且分布广泛，以常绿阔叶林与园地为主，占海南省面积的55.63%。其密集地分布在海南省中部、南部的鹦哥岭山脉、五指山山脉等山地丘陵地带，零星地分布在四周的平原地区。园地生态系统多分布在海南山地丘陵外的平原地区，集中在海南省北部。

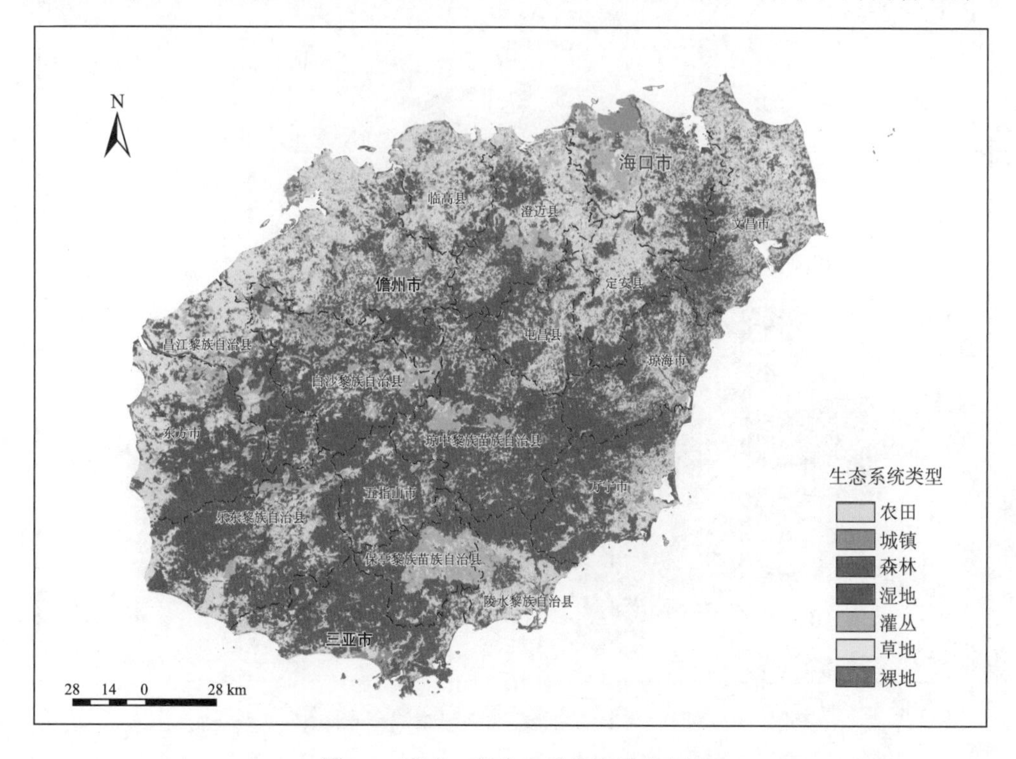

图9.2 海南一级生态系统格局分布图

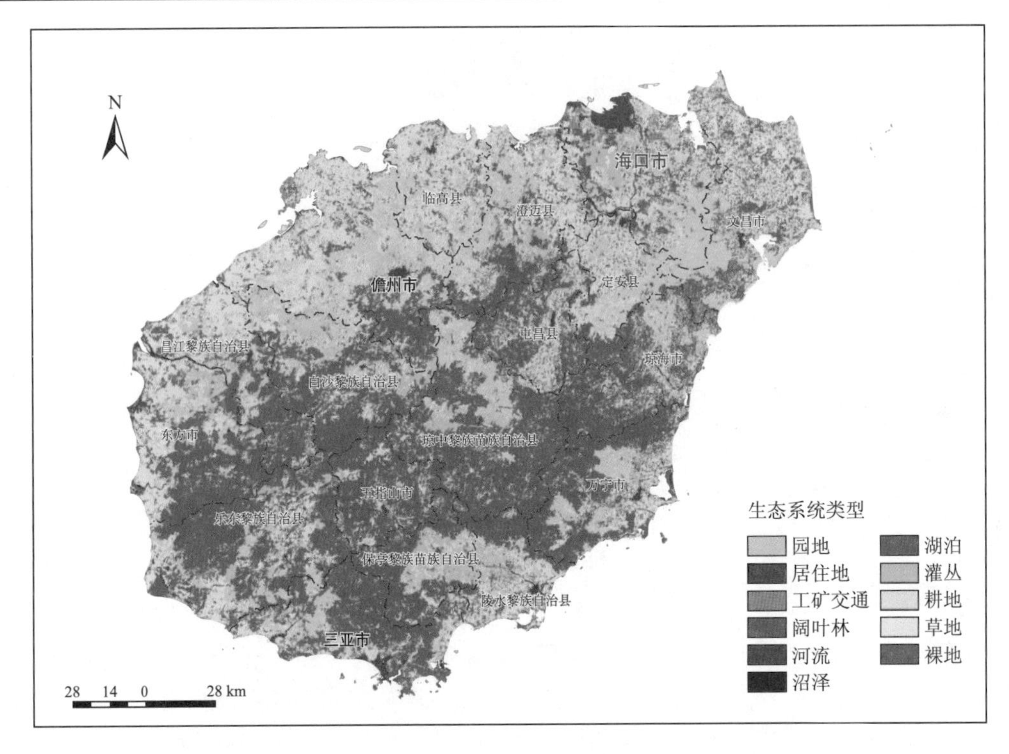

图 9.3　海南二级生态系统格局分布图

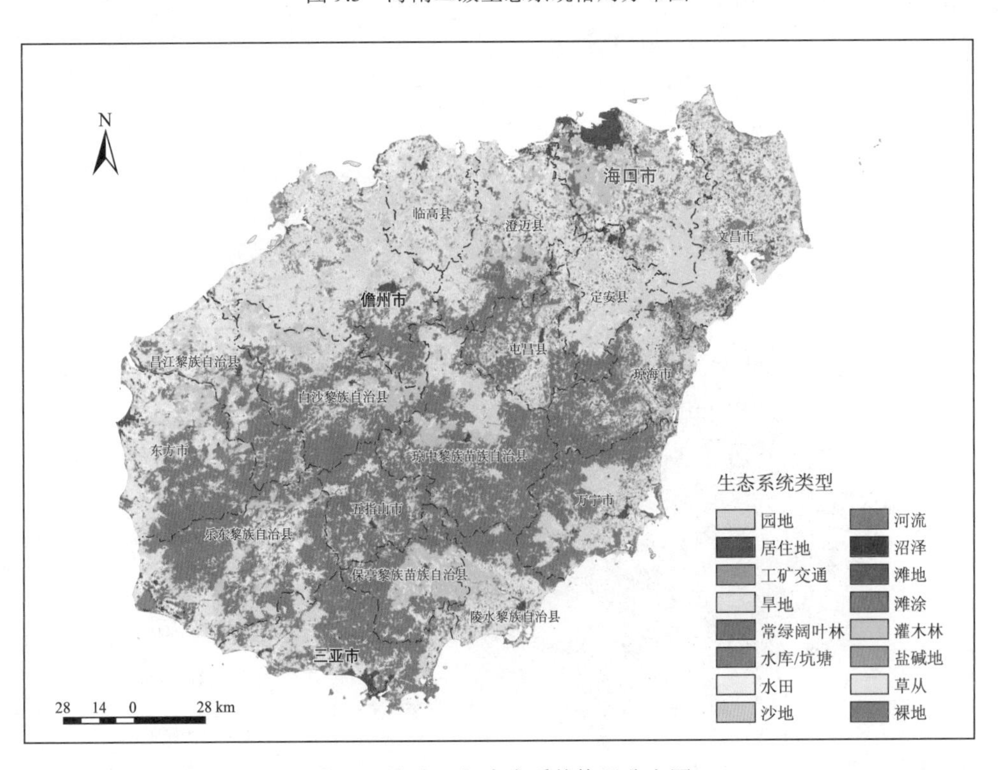

图 9.4　海南三级生态系统格局分布图

2. 灌丛生态系统

海南灌丛生态系统以灌木林为主，面积占比为 7.08%。主要分布在海南岛北部的海口市及周边地区以及南部近海的保亭黎族苗族自治县地区，其他零星分布在海南岛的西部、中部。

3. 草地生态系统

海南属于热带季风气候，降水充沛，草地生态系统占比较少，占海南省面积的 3.37%，草地生态系统在海南岛中部、西部密集点状分布，集中分布在海南岛西南的东方市。

4. 湿地生态系统

海南湿地生态系统二级指标又分为沼泽生态系统、湖泊生态系统和河流生态系统。沼泽生态系统三级指标又分为沼泽生态系统、滩涂生态系统、滩地生态系统。湿地生态系统中湖泊有明显优势，二级指标湖泊生态系统(坑塘/水库)面积为 100154.70 hm^2 ，约占总生态系统面积的 2.93%。其主要分布在海南省东南部小海、鹦哥岭山脉西部边缘的湖泊以及四周平原地带的水库等。河流生态系统主要为南渡江、昌化江、万泉河等海南主要河流地区，面积为 18840.17 hm^2，占海南陆地面积的 0.55%。沼泽生态系统面积为 24157.24 hm^2，占生态系统总面积的比例为 0.71%，滩涂生态系统与滩地生态系统呈带状分布在西北部沿海地区，沼泽生态系统零星分布。三级指标沼泽生态系统面积为 1286.53 hm^2，面积占比为 0.04%。滩涂生态系统面积为 13436.1 hm^2，面积占比为 0.39%。滩地生态系统面积为 9434.581 hm^2，面积占比为 0.28%。

5. 农田生态系统

农田生态系统也是海南生态系统面积比例较大的生态系统，大约占总生态系统面积的 25.41%。农田生态系统以旱地为主，水田也占较大比重。耕地生态系统面积为 869360.91 hm^2，占比 25.41%。耕地生态系统三级指标分为旱地生态系统和水田生态系统。旱地、水田分布在海南近海平原地区，面积分别为 557473.9 1hm^2 与 311887 hm^2，占海南岛陆地面积比例分别为 16.29%与 9.12%。

6. 城镇生态系统

城镇生态系统占生态系统总面积的 4.10%。城镇面积比例近年来逐年提升，城镇生态系统以居住地为主，二级指标分为居住地与工矿用地，居住地面积为 89886.42hm^2，占海南岛陆地面积比例约为 2.63%。工矿用地面积为 50190.81hm^2，占海南岛陆地面积比例约为 1.47%。城镇生态系统主要分布在海南的沿海平原地区。

7. 裸地生态系统

裸地三级分类指标为裸土、盐碱地和沙地。裸地是海南占比最小的生态系统，约占生态系统总面积的 0.22%。海南裸地生态系统以沙地为主。沙地分布在海南岛的近海地区，面积为 7518.28 hm^2，占海南岛陆地面积的比例约为 0.22%。裸土与盐碱地在海南仅有零星点状分布，分级分别为 70.97 hm^2 与 61.98 hm^2，占海南岛陆地面积的比例不足 0.01%。

9.1.2　生态系统类型变化分析

2000～2020 年，海南生态系统类型规模变化处于较低水平，生态系统格局基本保持稳定。生态系统动态度增加，受到的人为扰动强烈。森林、湿地、城镇三类生态系统之间转移变化较为强烈，城市发展和人口的增长表现在居住地和工矿交通用地的增加，城镇大幅度扩张。同时在人为因素和各生态系统之间相互转化的影响下，海南生态系统景观破碎度增大，完整性趋于降低，景观由简单趋向复杂。海南省 2000～2020 年 5 个时期的生态系统类型结构见表 9.4、图 9.5。

表 9.4　海南不同时期 I 级生态系统类型结构

生态系统类型	项目	2000 年	2005 年	2010 年	2015 年	2020 年
森林生态系统	面积/km^2	1928750.56	1929928.28	1926741.00	1910691.27	1903298.32
	比例/%	56.37	56.41	56.31	55.85	55.64
灌丛生态系统	面积/km^2	252137.17	249004.36	247214.00	244362	242205.21
	比例/%	7.37	7.28	7.23	7.14	7.08
草地生态系统	面积/km^2	123359.07	116811.61	113545.00	115126.70	115422.17
	比例/%	3.61	3.41	3.32	3.37	3.37
湿地生态系统	面积/km^2	129505.8	141074.8	145551.00	144120.9	143152.08
	比例/%	3.79	4.12	4.25	4.21	4.18
农田生态系统	面积/km^2	899904.26	893125.42	888736.00	871867.03	869360.91
	比例/%	26.30	26.11	25.98	25.48	25.42
城镇生态系统	面积/km^2	74794.76	81683.67	90870.00	127499.30	140077.23
	比例/%	2.19	2.39	2.66	3.73	4.09
裸地生态系统	面积/km^2	12784.34	9607.85	8579.00	7564.78	7651.23
	比例/%	0.37	0.28	0.25	0.22	0.22

根据 2000～2020 年海南省生态系统结构的统计结果，在研究时间段内，各生态系统间都存在不同幅度的增减变化。海南生态系统的主要特征仍以森林生态系统为主，占比为 55.63%。从变化趋势来看，森林、农田、灌丛、草地、裸地等生态系统的面积均有所下降，城镇生态系统迅速扩张，湿地生态系统都先增加后减少。在研究时间序列中，2020 年湿地生态系统面积高于原来的水平。从变化幅度来看，城镇生态系统变化幅度最大，增长了 1.9 个百分点。森林、农田、灌丛、草地、裸地等生态系统面积均有所下降，森林生态系统减少的面积最多，减少了 25452.24 hm^2。城镇、湿地生态系统面积有所增长，2000～2020 年海南城镇处于较快发展时间，城市迅速扩张，城镇生态系统增加 65282.47 hm^2。

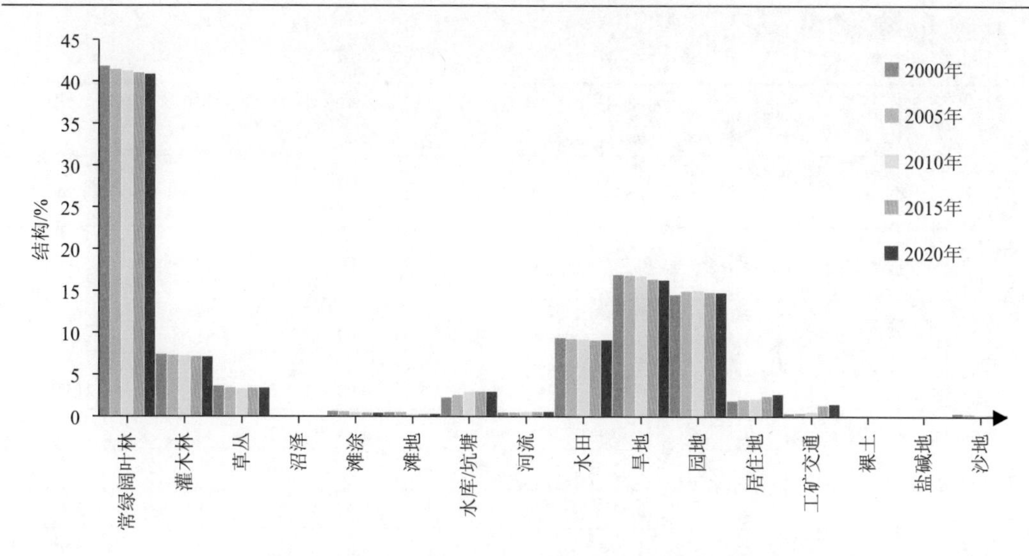

图 9.5　海南不同时期III级生态系统类型结构变化图

在 2000～2005 年、2005～2010 年、2010～2015 年、2015～2020 年 4 个不同时段，海南森林、灌丛、草地、湿地、农田、裸地、城镇生态系统变化差异明显。

城镇生态系统在 2000～2010 年增加了 16075.24hm²；2010～2020 年城镇建设提速，变化比例大，面积增加了 49207.23hm²。这反映了城市不断扩张、人口增长、建设用地不断增加，城市建设发展迅猛。城镇快速发展的同时也会带来一些生态方面的问题，如交通拥堵和环境污染等。

面积占比最大的森林生态系统持续下降，2000～2010 的 10 年间，面积呈下降趋势，面积减少 2009.56hm²；2010～2020 年面积减少 23442.68 hm²。作为海南最主要和最重要的生态系统，森林在保护环境、调节气候、提供自然资源等方面起着重要作用。由于新开垦土地、城镇扩张、资源开采、基础设施建设等因素，森林面积不断减少，但整体比例还呈较高的水准。

农田生态系统面积呈现持续下降的趋势，2000～2020 年建设用地的增长，特别是居民点和工矿交通、水设施的建设，以及园地对农田的侵占，农田生态系统减少了 30543.35 hm²。对于海南面积基数大的农田，农田生态系统保持在一个稳定的状态。

随着 2000～2010 年水库、水电站等水利设施的建设，湿地生态系统面积呈增长趋势，增加了 16045.2hm²。2010～2020 年缓慢减少 2398.92hm²。在研究时段内，海南湿地生态系统面积增长显著，并增长到一个稳定的水平。

灌丛生态系统呈持续减少的趋势，每年减少面积大致相同，2000～2020 年减少了 9931.96hm²。草地生态系统在 2000～2015 年减少了 9814.07hm²，2015～2020 年趋于稳定。灌丛生态系统和草地生态系统由于城镇扩张和耕地开垦，都遭受了一定幅度的破坏。

裸地生态系统在 2000～2015 年逐渐减少了 5219.56hm²，在 2015～2020 年趋于稳定。海南裸地生态系统比重小，这主要由于沙地生态系统向其他生态系统，如居住点、工矿交通和草丛发生转移。面积占比小的裸土和盐碱地生态系统格局保持稳定。海南不同时期生态系统动态度见表 9.5 和图 9.6。

表 9.5　海南不同时期生态系统动态度

一级指标	二级指标	三级指标	2000~2005 年/%	2005~2010 年/%	2010~2015 年/%	2015~2020 年/%	2000~2020 年/%
森林生态系统	阔叶林	常绿阔叶林	0.95	0.41	0.56	0.18	1.96
灌丛生态系统	灌丛	灌木林	0.57	0.51	1.08	0.46	2.54
草地生态系统	草地	草丛	2.74	1.80	1.60	0.52	6.03
湿地生态系统	沼泽	沼泽	0.38	20.67	0.90	0.65	21.99
		滩涂	5.20	4.60	4.71	2.33	14.39
		滩地	7.03	21.67	3.12	0.92	23.79
	湖泊	湖泊	0.63	33.92	0.92	0.11	19.81
		水库/坑塘	1.45	1.60	3.61	2.62	7.08
	河流	河流	0.96	1.39	1.00	1.03	3.52
农田生态系统	耕地	水田	0.62	0.97	1.61	0.41	3.22
		旱地	0.78	0.89	1.76	0.53	3.54
	园地	园地	1.32	0.71	1.18	0.38	3.09
城镇生态系统	居住地	居住地	0.15	4.18	0.75	0.22	3.85
	工矿交通	工矿交通	3.49	17.13	9.47	8.54	20.22
裸地生态系统	裸地	裸土	0.00	0.00	1.41	0.00	1.41
		盐碱地	30.33	0.00	0.00	0.00	0.00
		沙地	12.54	6.79	7.58	1.19	22.97

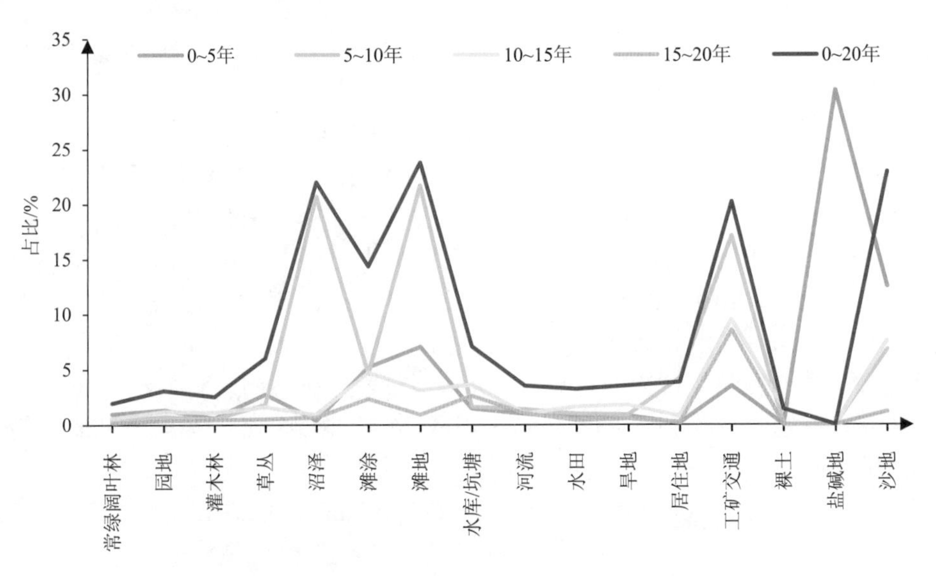

图 9.6　海南不同时期生态系统动态度图

根据统计数据，海南生态系统中动态度比例较大的是湿地生态系统中的沼泽、滩地和湖泊，分别变化了 21.99%、23.79%与 19.81%；城镇生态系统中的工矿交通变化了 22.2%；裸地生态系统中的沙地变化了 22.97%。湿地生态系统和城镇生态系统在 2005～2010 年的生态系统动态度变化幅度大；而裸地生态系统中的沙地在 2000～2005 年生态系统动态度变化较大。从生态系统面积变化率来看，湖泊与工矿交通面积迅速增长，特别是 2010～2015 年有大幅度扩张。盐碱地和裸土则变化幅度小，面积变化率不足 1%。

林地、灌木林、草地、旱地、水田的净面积减少，园地、水库/坑塘的净面积增加。林地大部分转为园地和工矿交通，部分转为草地、旱地、水田、居住地和水库/坑塘；灌木林大部分转为工矿交通、居住地、水库/坑塘和园地；草地主要转为林地、园地和工矿交通。旱地和水田主要转为工矿交通、居住地和水库/坑塘。

园地、水库/坑塘、工矿交通和居住地净面积增加。园地主要由林地、旱地和水田转入；水库/坑塘主要由旱地、草地和林地转入。工矿交通和居住地主要由园地、林地、旱地和水田转入。

生态系统中净面积变化幅度大的有工矿交通、居住地、水库/坑塘、林地和旱地。其中工矿交通、居住地、水库/坑塘分别以 1822 hm^2/a、1298.4 hm^2/a 和 9603 hm^2/a 的速度增加；林地和旱地分别以 1659 hm^2/a 和 1114.5 hm^2/a 的速度减少，表明生态系统受到的人为干扰强烈，生态系统转移变化频繁，林地、灌木、草地、耕地等生态系统减少而城镇生态系统迅速扩张。

9.1.3　生态系统景观格局变化

生态系统景观格局变化以生态系统景观指数进行分析与评价。生态系统景观格局指数是指能够高度浓缩景观格局信息、反映结构组成和空间配置特征的定量指标，广泛应用于资源景观格局研究中。在充分了解景观格局指数意义基础上，选用斑块数(NP)、平均斑块面积(MPS)、边界密度(ED)和聚集度指数(CONT)分析海南景观格局空间结构特征的演变规律，了解其结构组成特征、空间配置关系与时间过程的关系(刘海燕，1995)。边界密度可以反映景观破碎化程度；平均斑块面积反映不同景观类型分布的均匀性和复杂性程度；斑块数反映了评估区内各类生态系统斑块的数量，反映了某类生态系统在区域内分布的总体规模。聚集度指数反映了所有类型生态系统斑块的相邻概率，反映了各类生态系统斑块的非随机性或聚集程度(刘纪远，1997)。

表 9.6～表 9.9 与图 9.7～图 9.10 为海南省 2000 年、2005 年、2010 年、2015 年、2020 年的生态系统类型景观指数的变化情况。海南省的森林生态系统与农田生态系统的斑块数、平均斑块面积、边界密度明显高于其他同类型的指数，表明森林生态系统、农田生态系统始终占据优势。

表 9.6　海南不同时期生态系统斑块数　　(单位：个)

一级指标	二级指标	三级指标	2000 年	2005 年	2010 年	2015 年	2020 年
森林生态系统	阔叶林	常绿阔叶林	6372	6364	6461	6516	6480
灌丛生态系统	灌丛	灌木林	2485	2481	2466	2482	2518

续表

一级指标	二级指标	三级指标	2000 年	2005 年	2010 年	2015 年	2020 年
草地生态系统	草地	草丛	2579	2588	2594	2636	2658
湿地生态系统	沼泽	沼泽	25	26	22	24	23
		滩涂	105	127	111	116	118
		滩地	313	395	266	258	318
	湖泊	湖泊	15	19	20	20	16
		水库/坑塘	1392	1477	1595	1591	1680
	河流	河流	97	94	86	81	83
农田生态系统	耕地	水田	6250	6139	6117	6168	6205
		旱地	5803	5727	5757	5935	6005
	园地	园地	3123	3401	3464	3535	3521
城镇生态系统	居住地	居住地	3797	3769	3636	3599	3632
	工矿交通	工矿交通	199	243	351	1093	1218
裸地生态系统	裸地	裸土	6	6	6	6	6
		盐碱地	2	1	2	2	2
		沙地	117	155	155	150	151

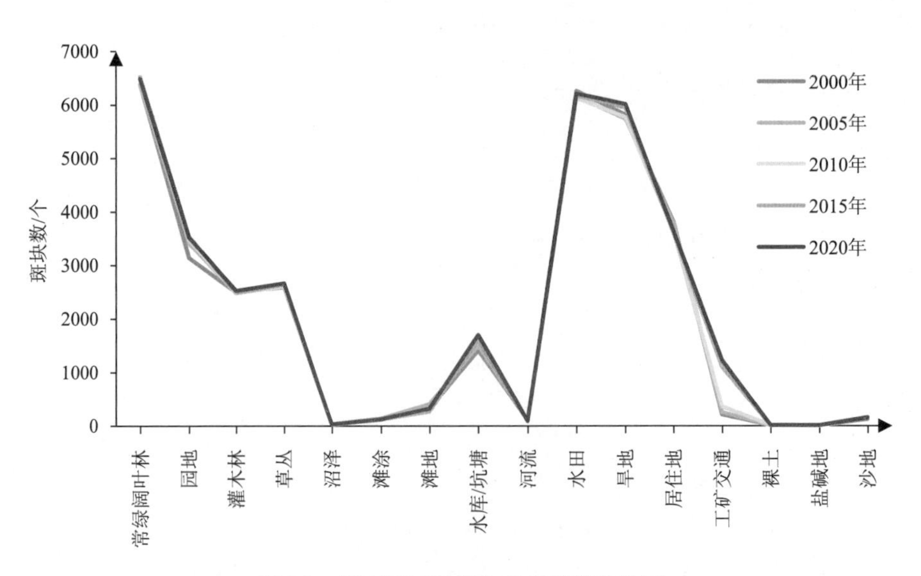

图 9.7　海南不同时期生态系统斑块数图

表 9.7　海南不同时期生态系统平均斑块面积　　(单位：km^2)

一级指标	二级指标	三级指标	2000 年	2005 年	2010 年	2015 年	2020 年
森林生态系统	森林	林地	224.6352	223.0872	218.4669	215.3268	215.7606
	园地	园地	159.487	150.9692	148.7373	143.6144	143.6888
灌丛生态系统	灌丛	灌木林	101.5005	100.5331	100.2489	98.4564	96.2243
草地生态系统	草地	草丛	47.8496	45.2117	43.7722	43.6762	43.4402

续表

一级指标	二级指标	三级指标	2000年	2005年	2010年	2015年	2020年
湿地生态系统	沼泽	沼泽	53.2692	50.8535	35.2309	54.3225	55.937
		滩涂	201.5631	152.3608	148.4992	121.4938	113.9034
		滩地	49.2358	42.7258	34.9247	34.2726	29.6788
	湖泊	湖泊	10.65	18.0142	5.5125	252.2205	314.5669
		水库/坑塘	54.6354	59.1603	62.999	60.202	56.6416
	河流	河流	159.1033	170.6477	214.0755	235.3167	227.0733
农田生态系统	耕地	水田	51.2403	51.56	51.4669	50.4552	50.2821
		旱地	99.9449	100.943	99.6895	94.4708	92.8686
城镇生态系统	居住地	居住地	16.6949	18.1409	19.7576	22.9499	24.7575
	工矿交通	工矿交通	57.4408	55.3407	54.2208	41.0848	41.2224
裸地	裸地	裸土	11.94	11.94	11.94	11.82	11.82
		盐碱地	30.78	24.39	30.78	31.14	31.14
		沙地	108.1638	61.4723	54.4848	49.5726	49.807

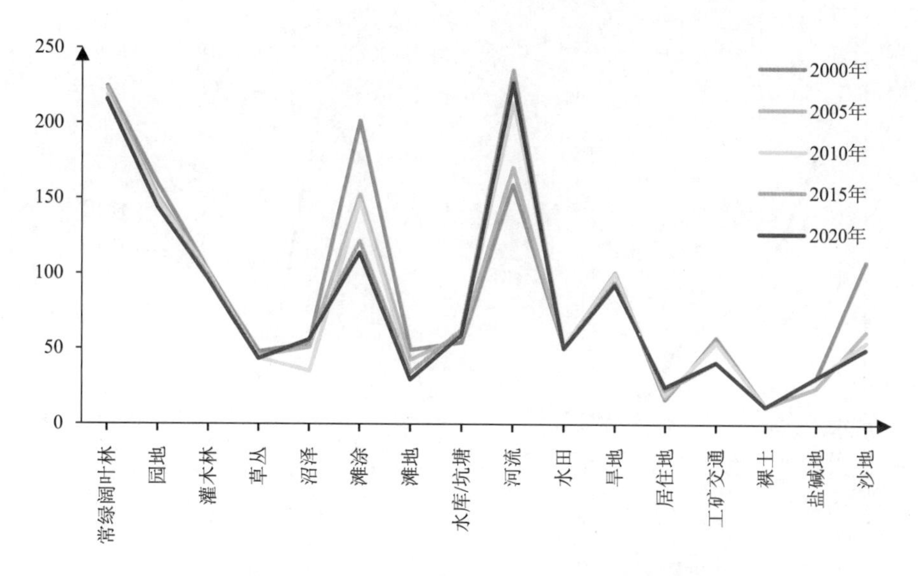

图9.8 海南不同时期生态系统平均斑块面积

表9.8 海南不同时期生态系统斑块边界密度

一级指标	二级指标	三级指标	2000年	2005年	2010年	2015年	2020年
森林生态系统	森林	林地	15.8706	15.7826	15.8585	15.8505	15.7934
	园地	园地	8.9442	9.314	9.4211	9.4303	9.4393
灌丛生态系统	灌丛	灌木林	5.6215	5.5812	5.5557	5.5138	5.4951
草地生态系统	草地	草丛	4.1571	3.9977	3.9388	3.9781	4.0044

续表

一级指标	二级指标	三级指标	2000 年	2005 年	2010 年	2015 年	2020 年
湿地生态系统	沼泽	沼泽	0.0437	0.0435	0.0293	0.0387	0.0377
		滩涂	0.2972	0.2779	0.2362	0.229	0.2282
		滩地	0.5338	0.5917	0.3419	0.324	0.3594
	湖泊	湖泊	0.0092	0.0167	0.0082	0.0287	0.0274
		水库/坑塘	2.1098	2.2738	2.4377	2.44	2.5134
	河流	河流	0.753	0.7653	0.814	0.863	0.8451
农田生态系统	耕地	水田	12.0318	11.9085	11.8403	11.7718	11.7855
		旱地	15.469	15.395	15.3193	15.1894	15.217
城镇生态系统	居住地	居住地	2.189	2.2113	2.201	2.2916	2.3675
	工矿交通	工矿交通	0.2707	0.3283	0.4119	1.164	1.2552
裸地	裸地	裸土	0.0043	0.0043	0.0043	0.0043	0.0043
		盐碱地	0.0018	0.0009	0.0018	0.0018	0.0018
		沙地	0.2457	0.2552	0.2352	0.2137	0.2135

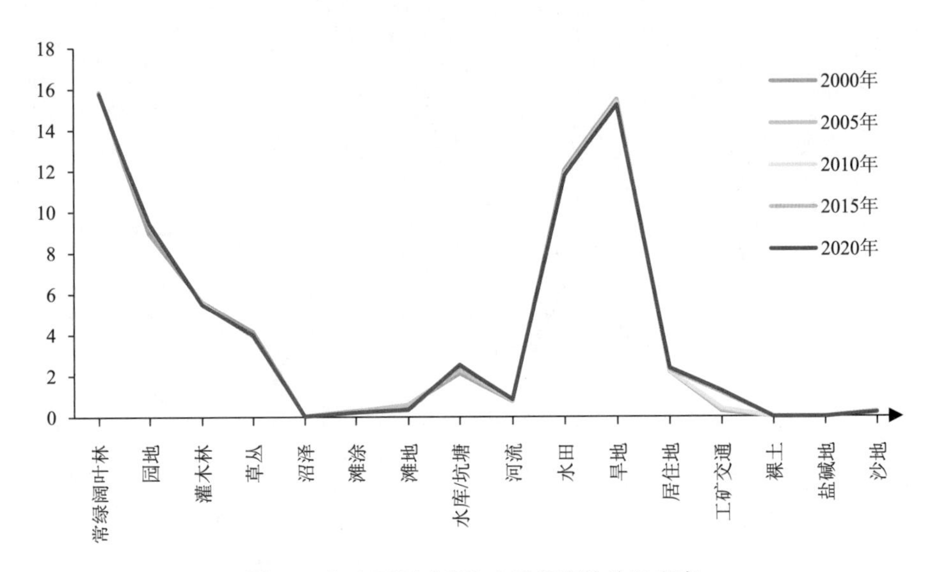

图 9.9　海南不同时期生态系统斑块边界密度

表 9.9　海南不同时期生态系统聚集度指数(%)

一级指标	二级指标	三级指标	2000 年	2005 年	2010 年	2015 年	2020 年
森林生态系统	森林	林地	97.1668	97.1565	97.1293	97.1144	97.1145
	园地	园地	95.402	95.3554	95.321	95.2487	95.2259
灌丛生态系统	灌丛	灌木林	94.3228	94.2933	94.2786	94.2549	94.2229
草地生态系统	草地	草丛	91.4161	91.2837	91.1607	91.1879	91.1587

续表

一级指标	二级指标	三级指标	2000 年	2005 年	2010 年	2015 年	2020 年
湿地生态系统	沼泽	沼泽	92.3407	92.3024	91.3018	93.1607	93.2628
		滩涂	93.6682	93.385	93.2225	92.3907	92.1522
		滩地	91.2591	91.176	90.7828	90.8515	90.4702
	湖泊	湖泊	87.3016	88.8933	83.2353	98.9608	99.0195
		水库/坑塘	92.9347	93.3472	93.7625	93.4492	93.2087
	河流	河流	87.6251	87.873	88.7648	88.4916	88.5996
农田生态系统	耕地	水田	90.3995	90.3741	90.3932	90.3369	90.3473
		旱地	93.1775	93.1805	93.1742	93.0733	93.0221
城镇生态系统	居住地	居住地	91.1584	91.7104	92.1364	92.8681	93.2187
	工矿交通	工矿交通	93.9953	93.7792	94.4285	93.1791	93.2648
裸地	裸地	裸土	87.6221	87.6221	87.6221	87.6234	87.6234
		盐碱地	96.2738	96.4637	96.2738	96.3186	96.3186
		沙地	94.5596	92.5652	92.2505	91.9863	92.0859

图 9.10　海南不同时期生态系统聚集度指数

9.2　生态环境质量评价

9.2.1　生态环境质量评价方法

海南省生态环境质量评价以地市级和县(市)级为单元,主要通过构建生物丰度指数、植被覆盖指数、水网密度指数、土地胁迫指数、污染负荷指数五个分指数和一个环境限制指数来计算生态环境质量指数(EI),并根据生态环境质量指数将生态环境质量分为五级,即优、良、一般、较差和差(表 9.10)。具体评价指标、方法和权重执行环境保护部发布的《生态环境状况评价技术规范》（HJ 192—2015）。

表 9.10　生态环境状况分级

级别	优	良	一般	较差	差
指数	EI≥75	55≤EI＜75	35≤EI＜55	20≤EI＜35	EI＜20
描述	植被覆盖度高，生物多样性丰富，生态系统稳定	植被覆盖度较高，生物多样性较丰富，适合人类生活	植被覆盖度中等，生物多样性水平一般，较适合人类生活，但有不适合人类生活的制约性因子出现	植被覆盖度较低，严重干旱少雨，物种较少，存在着明显限制人类生活的因素	条件较恶劣，人类生活受到限制

根据生态环境状况指数与基准值的变化情况，将生态环境质量变化幅度分为 4 级（见表 9.11），即无明显变化、略有变化（好或差）、明显变化（好或差）、显著变化（好或差）。各分指数变化分级评价方法可参考生态环境状况变化度分级。

表 9.11　生态环境状况变化度分级

级别	无明显变化	略有变化	明显变化	显著变化
变化值	|ΔEI|＜1	1≤|ΔEI|＜3	3≤|ΔEI|＜8	|ΔEI|≥8
描述	生态环境质量无明显变化	如果 1≤ΔEI＜3，则生态环境质量略微变好，–1≥ΔEI＞–3，则生态环境质量略微变差	如果 3≤ΔEI＜8，则生态环境质量明显变好，–3≥ΔEI＞–8，则生态环境质量明显变差；如果生态环境状况类型发生改变，则生态环境质量明显变化	如果 ΔEI≥8，则生态环境质量显著变好；如果 ΔEI≤–8，则生态环境质量显著变差

如果生态环境状况指数呈现波动变化特征，则该区域生态环境敏感，根据生态环境质量波动变化幅度，将生态环境变化状况分为稳定、波动、较大波动和剧烈波动（表 9.12）。

表 9.12　生态环境状况波动变化分级

级别	稳定	波动	较大波动	剧烈波动
变化值	|ΔEI|＜1	1≤|ΔEI|＜3	3≤|ΔEI|＜8	|ΔEI|≥8
描述	生态环境状况稳定	如果|ΔEI|≥1，并且 ΔEI 在 3 和–3 之间波动，则生态环境状况呈现波动特征	如果|ΔEI|≥3，并且 ΔEI 在 8 和–8 之间波动变化，则生态环境状况呈现较大波动特征	如果|ΔEI|≥8，并且 ΔEI 变化呈现正负波动特征，则生态环境状况剧烈波动

9.2.2　生态环境质量现状

2020 年，海南省 18 个市县（不含三沙市）的生态环境状况指数（EI）平均为 80.91，生态质量为优，全省植被覆盖度高，生物多样性丰富，生态系统稳定。

参与评价的 18 个市县 EI 值介于 71.84～91.07，EI 值为前三名的市县分别为琼中黎族苗族自治县、五指山市和保亭黎族苗族自治县，EI 值分别为 91.07、89.82 和 88.54(表 9.13)。文昌、琼海、万宁、陵水、三亚、乐东、五指山、保亭、琼中、屯昌、定安、澄迈、儋州、白沙、昌江 15 个市县生态质量为优，占全省面积的 82.7%；海口、东方、临高 3 个市县生态环境质量为良，占全省面积的 17.3%(图 9.11)。

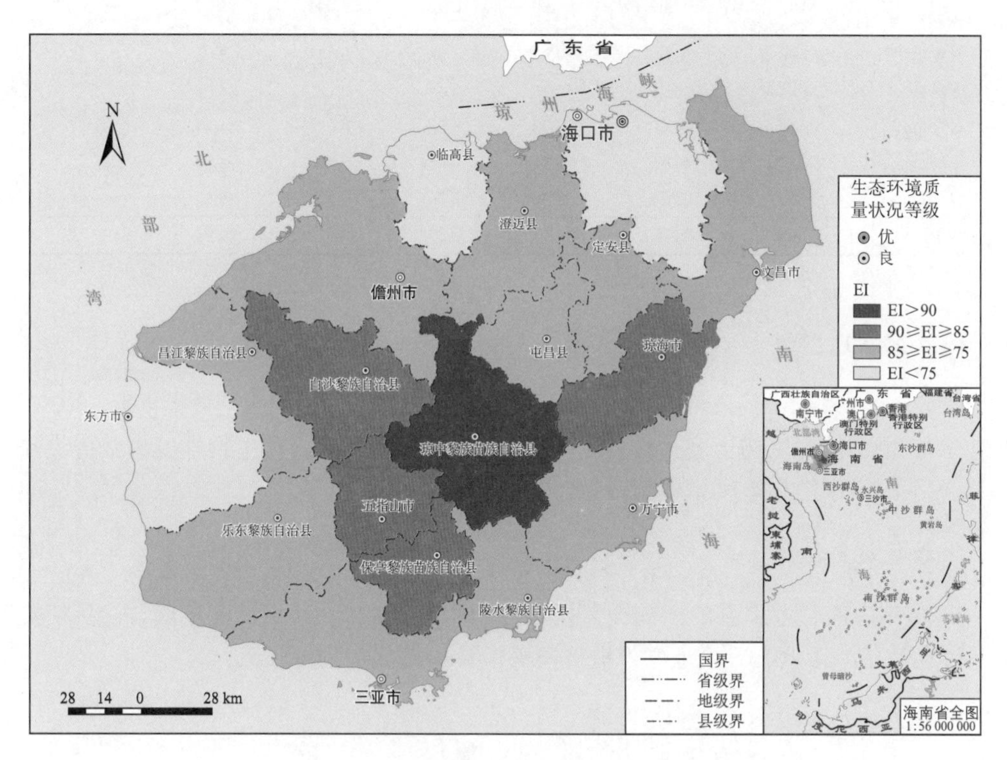

图 9.11　2020 年海南岛各市县生态环境质量评价图

表 9.13　2020 年海南省生态环境质量指数(EI)统计表

市县名称	生物丰度指数	植被覆盖指数	水网密度指数	土地胁迫指数	污染负荷指数	EI	生态环境状况等级
白沙黎族自治县	87.62	105.67	38.70	0.93	0.29	87.72	优
保亭黎族苗族自治县	92.00	101.93	40.69	1.50	0.14	88.54	优
昌江黎族自治县	71.12	93.54	35.03	2.56	1.38	78.01	优
澄迈县	70.09	96.44	43.77	3.39	0.93	79.61	优
儋州市	69.78	95.50	37.29	3.72	0.51	78.28	优
定安县	70.12	97.38	48.17	2.90	0.11	80.66	优
东方市	60.83	85.75	39.42	2.65	0.42	73.20	良
海口市	54.78	87.11	47.84	7.98	0.88	71.84	良
乐东黎族自治县	69.83	91.40	37.26	2.69	0.28	77.45	优
临高县	57.75	95.08	41.21	4.15	0.31	74.51	良

续表

市县名称	生物丰度指数	植被覆盖指数	水网密度指数	土地胁迫指数	污染负荷指数	EI	生态环境状况等级
陵水黎族自治县	64.50	90.11	43.69	4.75	0.33	75.91	优
琼海市	79.66	97.76	59.98	3.39	0.28	85.78	优
琼中黎族苗族自治县	90.93	104.00	55.88	0.90	0.04	91.07	优
三亚市	76.36	93.34	29.87	5.98	0.84	78.56	优
屯昌县	74.85	100.25	54.76	2.65	0.18	84.06	优
万宁市	81.34	95.33	50.73	3.08	0.07	84.44	优
文昌市	64.41	89.10	51.31	4.01	0.44	76.87	优
五指山市	95.19	103.78	38.46	1.20	0.33	89.82	优
全省平均	73.95	95.75	44.11	3.25	0.43	80.91	优

1. 生物丰度指数

海南省至今尚未做县域生物多样性评价，生物丰度指数暂使用生境质量指数。2020 年，海南省 18 个市县的生物丰度指数值平均为 73.95。其中五指山市生物丰度指数值最高，达 95.19；海口市生物丰度指数值最低，为 54.78。

2. 植被覆盖指数

2020 年海南省各市县的植被覆盖指数值平均为 95.75。其中白沙黎族自治县植被覆盖指数值最高，为 105.67；东方市植被覆盖指数值最低，为 85.75。

3. 水网密度指数

水网密度指数通过构建区域河流长度、区域湖库面积和水资源量来计算。其中，区域河流长度通过 1∶25 万基础地理信息数据提取，区域湖库面积通过遥感影像数据解译得到，水资源量数据来自《水资源公报》。2020 年，海南省各市县的水网密度指数值平均为 44.11，其中琼海市水网密度指数值最高，为 59.98；三亚市最低，为 29.87。

4. 土地胁迫指数

2020 年海南省各市县的土地胁迫指数值平均为 3.25。其中海口市土地胁迫指数最高，达 7.98；琼中黎族苗族自治县值最低，为 0.90。

5. 污染负荷指数

2020 年海南省各市县的污染负荷指数值平均为 0.43。其中昌江县污染负荷指数最高，达 1.38；琼中黎族苗族自治县最低，为 0.04。

6. 环境限制指数

环境限制指数是生态环境状况的约束性指标，根据区域内出现的严重影响人居生产生活安全的生态破坏和环境污染事项，如重大生态破坏、环境污染和突发环境事件等，对生态环境状况类型进行限制和调节。2020 年，海南省未发生突发环境事件或生态破坏环境污染，故环境限制指数为 0。

9.2.3 生态质量年际变化分析

“十三五”期间，海南省生态质量均为优(图 9.13)，EI 值范围在 80.49～81.85(图 9.12)，年间变化幅度为 1.36，呈略微上升至略微下降趋势。与“十二五”末相比，海南省 EI 值下降了 1.91，生态质量略微变化，呈现“波动”特征。

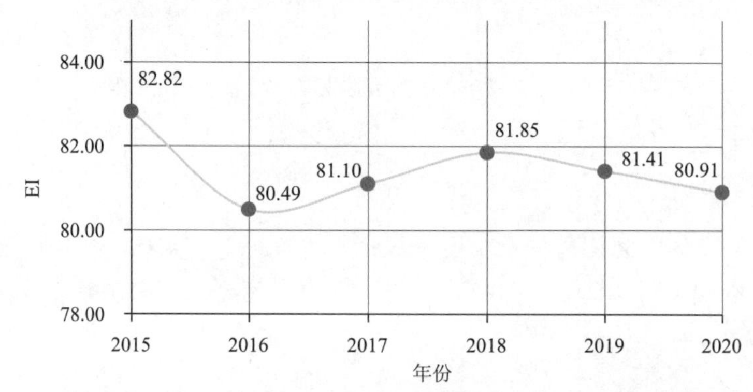

图 9.12 2015～2020 年海南省生态环境状况指数(EI)变化

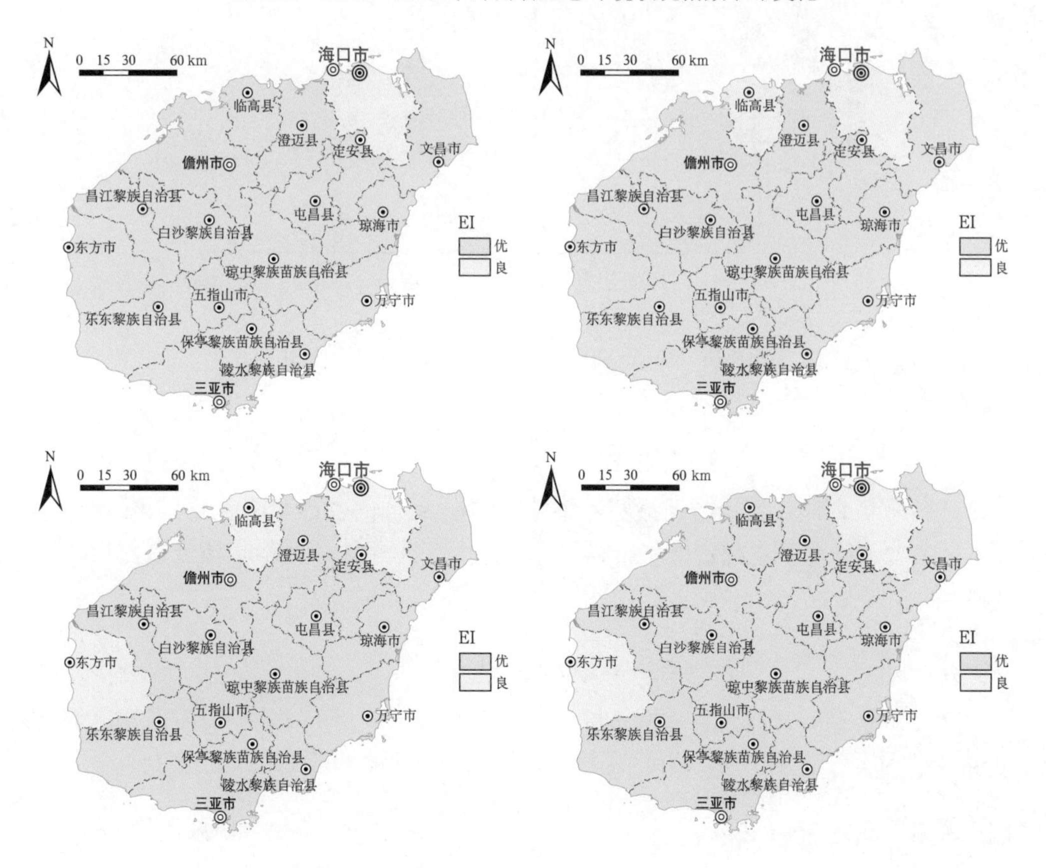

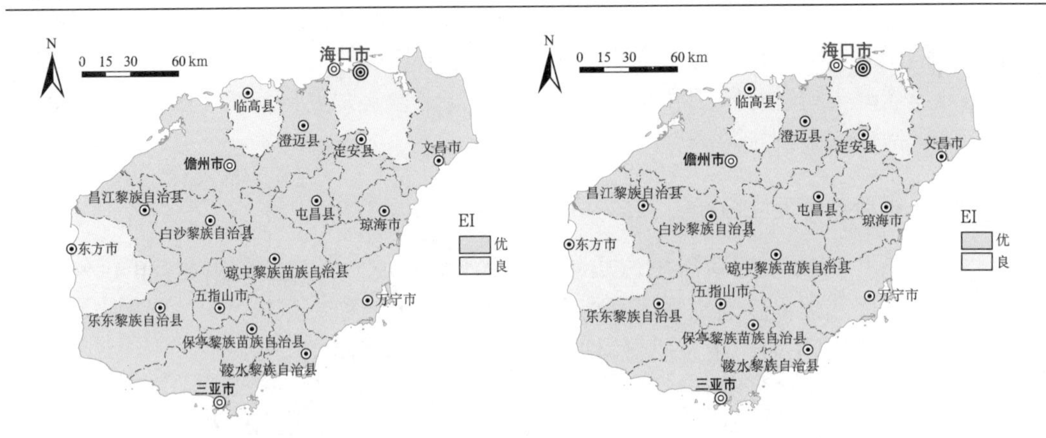

图 9.13 2015～2020 年海南省生态环境状况评价变化

1. 生物丰度指数

“十三五”期间，海南省生物丰度指数范围为 73.91～74.48，变化幅度为 0.57，呈略微下降至基本稳定的特征(图 9.14)。与“十二五”末相比，海南省生物丰度指数下降了 0.56。

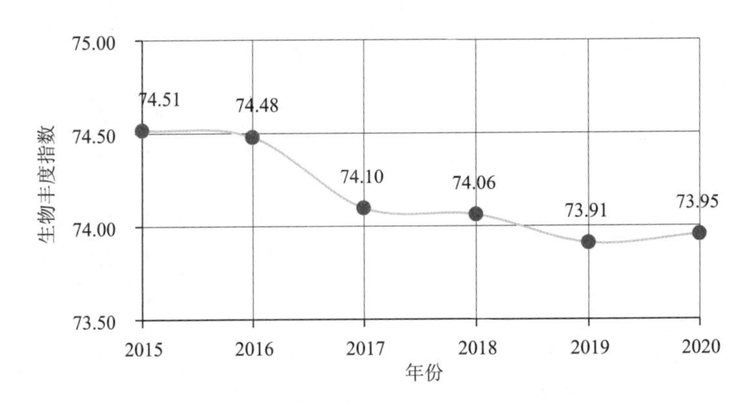

图 9.14 2015～2020 年海南省生物丰度指数变化

2. 植被覆盖指数

“十三五”期间，海南省植被覆盖指数范围在 95.44～96.44(图 9.15)，变化幅度为 1.00，呈略微下降至基本稳定的特征。与“十二五”末相比，海南省植被覆盖指数下降了 1.97。

3. 水网密度指数

“十三五”期间，海南省水网密度指数范围在 38.97～50.02(图 9.16)，变化幅度为 11.05，呈波动特征。与“十二五”末相比，海南省水网密度指数上升了 8.11。

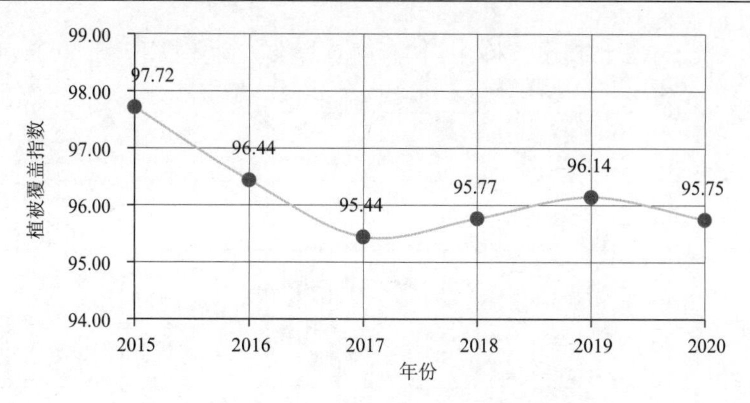

图 9.15　2015～2020 年海南省植被覆盖指数变化

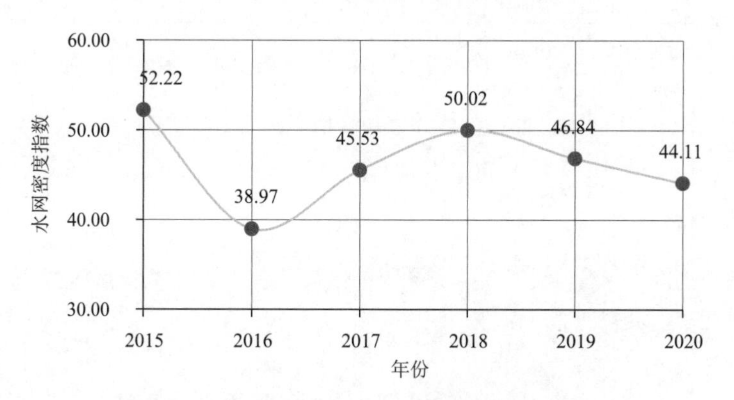

图 9.16　2015～2020 年海南省水网密度指数变化

4. 土地胁迫指数

“十三五”期间，海南省土地胁迫指数范围在 3.16～3.25（图 9.17），变化幅度为 0.09，呈略微上升趋势。与“十二五”末相比，海南省土地胁迫指数略微上升。

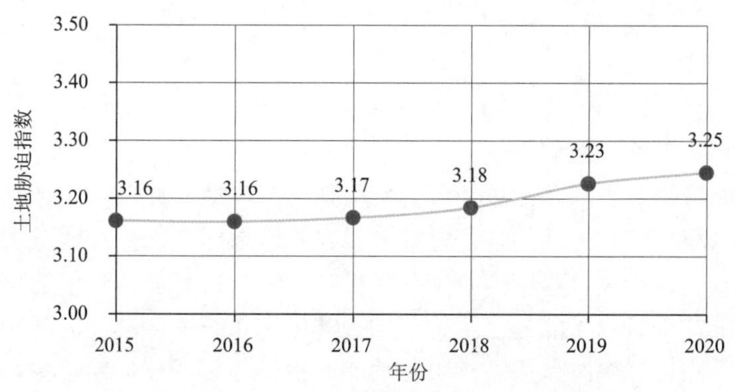

图 9.17　2015～2020 年海南省土地胁迫指数变化图

5. 污染负荷指数

“十三五”期间，海南省污染负荷指数范围为 0.37～0.60（图 9.18），变化幅度为 0.23，呈略微波动特征。与“十二五”末相比，海南省污染负荷指数下降了 0.08。

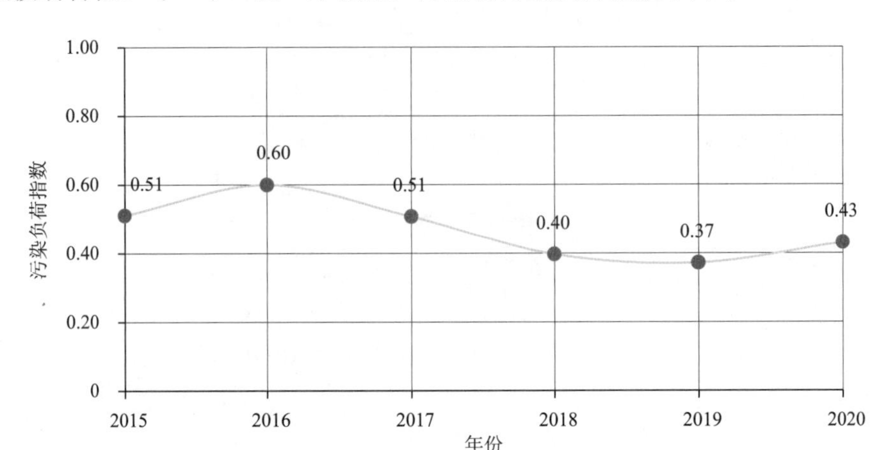

图 9.18 2015～2020 年海南省污染负荷指数变化图

6. 环境限制指数

“十三五”期间及“十二五”末，海南省均未发生突发环境事件或生态破坏环境污染事件，故环境限制指数均为 0。

9.3 生态系统服务功能价值评估

生态系统服务功能是指生态系统在生态过程中所形成及所维持的人类赖以生存的自然环境条件与效用，它不仅给人类提供生存必需的食物、医药及工农业生产的原料，还维持了人类赖以生存和发展的生命支持系统，维持生命物质的生物地球化学循环和水文循环，维持生物物种的多样性，净化环境，维持大气化学的平衡与稳定(赵鸿雁等，2020；殷杉等，2011)。生态系统服务是人类赖以生存和发展的基础(朱文泉等，2007；栾乔林等，2009)。

目前，生态系统服务价值核算大致可以分为两类，即基于单位服务功能价格的方法(功能价值法)和基于单位面积价值当量因子的方法(当量因子法)。功能价值法即基于生态系统服务功能量的多少和功能量的单位价格得到总价值，此类方法通过建立单一服务功能与局部生态环境变量之间的生产方程来模拟小区域的生态系统服务功能。但是该方法的输入参数较多、计算过程较为复杂，更重要的是对每种服务价值的评价方法和参数标准也难以统一。当量因子法是在区分不同种类生态系统服务功能的基础上，基于可量化的标准构建不同类型生态系统各种服务功能的价值当量，然后结合生态系统的分布面积进行评估。相对于功能价值法而言，当量因子法较为直观易用，数据需求少，特别适用于区域和全球尺度生态系统服务功能价值评估。

9.3.1　生态系统服务功能价值评估方法

结合研究区特点及现实需求，明确研究区生态系统服务功能，包括气候调节、土壤保持、气体调节、生物多样性、美学景观等，使用当量因子法，首先根据生态系统类别，借鉴中国单位面积生态系统服务功能价值当量表进行调整(谢高地等，2015；Xie et al., 2017；宋文杰等，2018)，构建海南省当地生态系统服务估算指标体系，使用海南当地的社会发展因子与空间异质性因子对当量因子表进行适应性修改(薛明皋等,2018;宋洁等,2021；庞雅颂和王琳，2014)，进行生态系统服务功能价值评估，并进行长时间序列的时空动态变化分析。

1. 生态系统服务功能价值评估指标体系

根据全省生态系统服务功能价值评估的目标与内容，构建全省生态系统服务功能价值评估指标体系(谢高地等，2015；Xing et al., 2018)，见表 9.14。

表 9.14　海南省生态系统服务功能价值评估指标

内容	指标	指标定义
生态系统服务功能价值评估	生态系统类别	评估区域内各类生态系统，根据海南省生态系统类别整合当量因子表
	11 项生态系统服务功能	评估区域内各类生态系统各项生态系统服务功能价值情况，完成对全省生态系统服务功能价值评估的目标
当量调整因子	社会经济资源调整因子	根据海南省人民的支付意愿与支付能力以及资源稀缺性对当量因子进行社会经济资源调整，使当量因子更符合海南经济发展状况；
	空间异质性调整因子	根据 NPP、降水、土壤保持量调整因子调节由生物量等区域差异造成的评估误差，使当量因子更符合海南自然条件
	农产品指数调整因子	根据农产品指数修正由市场波动造成的农产品价格差异，使各期生态系统服务功能价值评估减少市场影响
生态系统服务功能价值总体变化特征	各类生态系统的生态系统服务功能价值变化方向	借助生态系统类型转移矩阵分析评估区域内各类生态系统的变化方向，并借助各类生态系统的服务功能价值结果分析变化好坏
	各类生态系统服务功能价值变化方向	评估时段内各类生态系统服务功能价值的变化，反映评估区域服务功能价值变化的优劣，对生态政策的制定具有指导作用

2. 生态系统服务功能价值评估数据源

生态系统服务功能价值评估主要利用遥感解译获取，并将经过地面或高分辨率卫星影像验证的 2000 年、2005 年、2010 年、2015 年、2020 年 5 期生态系统空间分布数据集、行政区划数据、数字高程数据、NPP 反演参数等遥感参数数据以及恩格尔系数、人口密度、人均生产总值、农产品价格指数、主要农作物数据等社会经济数据作为数据源，见表 9.15。

表 9.15 海南省生态系统服务功能价值评估数据源

序号	名称	精度	时间	范围	来源
1	生态系统分类数据	30m	2000 年、2005 年、2010 年、2015 年、2020 年	海南省	资源环境科学与数据中心
2	年均 NDVI 数据	30m	2000 年、2005 年、2010 年、2015 年、2020 年	全国	GEE 云平台反演
3	年均 NPP 数据	500m	2000 年、2005 年、2010 年、2015 年、2020 年	全国	GEE 云平台 MODIS 数据产品
4	社会经济数据	—	2000 年、2005 年、2010 年、2015 年、2020 年	海南省/全国	中国经济社会大数据研究平台
5	行政区划数据	—	2020 年	海南省	资源环境科学与数据中心

3. 生态系统服务功能价值评估方法

1）海南省生态系统服务功能总价值

海南省生态系统服务功能总价值（ESV）由下式可得：

$$\mathrm{ESV} = \sum \mathrm{VC} \times P_j \times A_j \times \mathrm{PI} \tag{9.9}$$

式中，ESV 为生态系统服务功能总价值（元）；VC 为生态系统服务功能价值系数（元/hm^2）；P_j 表示空间异质性修正系数；A_j 表示 j 类生态系统的面积（hm^2）；PI 表示社会经济修正因子。

中国单位面积生态系统服务功能价值当量表见表 9.16，展示了各个生态系统中食品生产、原料生产、水资源供给、气体调节、气候调节、净化环境、水文调节、土壤保持、维持养分循环、生物多样性和美学景观 11 个生态系统服务功能的单位面积价值当量因子，根据此表与海南省生态系统类别整理出海南省单位面积生态系统服务价值当量表，见表 9.17。

表 9.16 中国单位面积生态系统服务功能价值当量表

生态系统分类		供给服务			调节服务				支持服务			文化服务
一级分类	二级分类	食品生产	原料生产	水资源供给	气体调节	气候调节	净化环境	水文调节	土壤保持	维持养分循环	生物多样性	美学景观
农田	旱地	0.85	0.40	0.02	0.67	0.36	0.10	0.27	1.03	0.12	0.13	0.06
	水田	1.36	0.09	–2.63	1.11	0.57	0.17	2.72	0.01	0.19	0.21	0.09
森林	针叶	0.22	0.52	0.27	1.70	5.07	1.49	3.34	2.06	0.16	1.88	0.82
	针阔混交	0.31	0.71	0.37	2.35	7.03	1.99	3.51	2.86	0.22	2.60	1.14
	阔叶	0.29	0.66	0.34	2.17	6.50	1.93	4.74	2.65	0.20	2.41	1.06
	灌木	0.19	0.43	0.22	1.41	4.23	1.28	3.35	1.72	0.13	1.57	0.69
草地	草原	0.10	0.14	0.08	0.51	1.34	0.44	0.98	0.62	0.05	0.56	0.25
	灌草丛	0.38	0.56	0.31	1.97	5.21	1.72	3.82	2.40	0.18	2.18	0.96
	草甸	0.22	0.33	0.18	1.14	3.02	1.00	2.21	1.39	0.11	1.27	0.56

续表

生态系统分类		供给服务			调节服务				支持服务			文化服务
一级分类	二级分类	食品生产	原料生产	水资源供给	气体调节	气候调节	净化环境	水文调节	土壤保持	维持养分循环	生物多样性	美学景观
湿地	湿地	0.51	0.50	2.59	1.90	3.60	3.60	24.23	2.31	0.18	7.87	4.73
荒漠	荒漠	0.01	0.03	0.02	0.11	0.10	0.31	0.21	0.13	0.01	0.12	0.05
	裸地	0	0	0	0.02	0	0.10	0.03	0.02	0	0.02	0.01
水域	水系	0.80	0.23	8.29	0.77	2.29	5.55	102.24	0.93	0.07	2.55	1.89
	冰川积雪	0	0	2.16	0.18	0.54	0.16	7.13	0	0	0.01	0.09

为将表 9.3 与表 9.16 进行对应调整，对相应类别进行归类合并：将沼泽、滩涂、滩地和水库/坑塘归为湿地生态系统，将河流归为水系生态系统，将裸土、盐碱地和沙地归为裸地生态系统，将水田、旱地生态系统各项价值当量因子，由于海南处于热带地区，岛上绝大部分森林都为阔叶林，故将森林生态系统对应阔叶生态系统，将灌木生态系统各项价值当量因子对应灌木生态系统，由于海南省草地绝大部分为灌草丛，故将草丛生态系统对应灌草丛生态系统。

使用海南省当地的生态系统分类进行当量表整合，最终得到海南省单位面积生态系统服务功能价值当量表，见表 9.17。

表 9.17　海南省单位面积生态系统服务功能价值当量表

一级功能	二级功能	农田	森林	灌木	草地	湿地	裸地	水系	建设用地	总计
供给服务	食品生产	1.105	0.29	0.19	0.38	0.51	0	0.8	0.01	3.285
	原料生产	0.245	0.66	0.43	0.56	0.5	0	0.23	0	2.625
	水资源	–1.305	0.34	0.22	0.31	2.59	0	8.29	–7.51	2.935
调节服务	气体调节	0.89	2.17	1.41	1.97	1.9	0.02	0.77	–2.42	6.71
	气候调节	0.465	6.5	4.23	5.21	3.6	0	2.29	0	22.295
	净化环境	0.135	1.93	1.28	1.72	3.6	0.1	5.55	–2.46	11.855
	水文调节	1.495	4.74	3.35	3.82	24.23	0.03	102.24	0	139.905
支持服务	土壤保持	0.52	2.65	1.72	2.4	2.31	0.02	0.93	0.02	10.57
	维持养分循环	0.155	0.2	0.13	0.18	0.18	0	0.07	0	0.915
	生物多样性	0.17	2.41	1.57	2.18	7.87	0.02	2.55	0.34	17.11
文化服务	休闲和文化	0.075	1.06	0.69	0.96	4.73	0.01	1.89	0.01	9.425
总计		3.95	22.95	15.22	19.69	52.02	0.2	125.61	–12.01	227.63

2) 标准当量经济价值计算与调整

当量表的标准当量是农田的食品生产价值指数，全国尺度标准当量是指 1 个标准单位生态系统生态服务价值当量因子，它是 $1hm^2$ 全国平均产量的农田每年自然粮食产量的经济价值(马荣华等，2001；杜倩倩等，2017；Mancini et al., 2018)。标准当量经济价值计算公式为

$$\mathrm{VC}=\frac{1}{7}\times\sum_{i=1}^{n}m_i p_i q_i\Big/M\times\frac{R}{R_0} \tag{9.10}$$

式中，i 为海南省粮食种类，主要粮食类别有稻谷、大豆等；n 为粮食类别数；m_i 为第 i 类粮食的面积(hm^2)；p_i 为第 i 类粮食的全国单位面积产量(kg/hm^2)；q_i 为第 i 类粮食的全国平均价格(元/kg)；M 为 n 种粮食的总面积(hm^2)；R 为海南省农田单位面积粮食产量(t/hm^2)；R_0 为全国农田单位面积粮食产量(t/hm^2)。引入农产品生产价格指数(CPI)，以2015 年的价格作为基准对标准当量因子价值进行修正。 根据相关统计资料，统计 2000 年、2005 年、2010 年、2015 年、2020 年各粮食作物的全国平均价格与全国单位面积产量，得到海南省各年份标准当量因子价值量分别为 1223.98 元/hm^2、1289.59 元/hm^2、1533.58 元/hm^2、1627.53 元/hm^2、1472.49 元/hm^2，最终以五期数据平均价值量 1429.434 元/hm^2 作为标准当量因子价值(王彦芳，2017；郑德凤等，2014；Zhang et al., 2020)：

$$y_n=\begin{cases}100 & n=2000\\ x_n & n=2001\\ \dfrac{x_n\times y_{n-1}}{100} & n=2002,2003,\cdots\end{cases} \tag{9.11}$$

式中，x_n 为相对于上一年等于 100 的第 n 年的农产品生产价格指数；y_n 为相对于基期年(2000 年)等于 100 的第 n 年的农产品生产价格指数；n=2000, …, 2020。

3) 社会经济资源调整系数

海南省社会经济资源因素的调整，包括支付能力、支付意愿以及资源稀缺度指数(Sun et al., 2020)：

$$\mathrm{PI}=W_t\times A_t\times S \tag{9.12}$$

式中，PI 为社会经济资源因素的调整系数；W_t 为支付意愿，价值越高，意味着支付意愿越高；A_t 为支付能力，价值越高，意味着支付能力越高；S 代表资源稀缺度指数。

$$W=\frac{2}{1+\mathrm{e}^{-m}}\times\frac{E}{\overline{E}}\times\frac{I}{\overline{I}} \tag{9.13}$$

$$m=\frac{1}{\mathrm{En}}-2.5 \tag{9.14}$$

$$\mathrm{En}=\mathrm{En}_{\mathrm{r}}\times(1-P_{\mathrm{u}})+\mathrm{En}_{\mathrm{u}}\times P_{\mathrm{u}} \tag{9.15}$$

式中，m 为社会发展阶段系数；En 为第 t 年的恩格尔系数；En_{u} 为第 t 年城乡恩格尔系数，分别代表城市恩格尔系数和农村恩格尔系数；P_{u} 为第 t 年城市人口的比例(%)；E 为受教育程度(年)；$\overline{E}$ 为全国平均受教育程度(年)；I 为人均可支配收入(元)；$\overline{I}$ 为全国人均可支配收入(元)(Tan et al., 2020)。

因此支付意愿系数的公式如下(Hu et al., 2020)：

$$W_{\mathrm{t}}=\frac{W_{\mathrm{s}}}{W_{\mathrm{g}}} \tag{9.16}$$

式中，W_{s} 为研究区的支付意愿；W_{g} 为国家尺度的支付意愿。

GDP 与经济发展水平一致，可以代表支付能力(Hu et al., 2019)：

$$A_t = \frac{\mathrm{pGDP_A}}{\mathrm{pGDP_N}} \times \frac{U_\mathrm{A}}{U_\mathrm{N}} \tag{9.17}$$

式中，$\mathrm{pGDP_A}$ 是研究区域的人均国内生产总值(元)；$\mathrm{pGDP_N}$ 是全国人均国内生产总值(元)；U_A 是研究区域的城市化率(%)；U_N 是全国城市化率(%)。

资源稀缺性反映了区域生态资源的供需关系(Dai et al., 2020)：

$$S = \ln P_\mathrm{A} / \ln P_\mathrm{N} \tag{9.18}$$

式中，S 为资源稀缺度指数；P_A 为研究区人口密度(人/km^2)；P_N 为全国人口密度(人/km^2)。

4)空间异质性调整系数

生态系统在不同区域、不同时间段的内部结构与外部形态是不断变化的，因而其所具有的生态服务功能及其价值量也是不断变化的，生态系统食物生产、原材料生产、气体调节、气候调节、净化环境、维持养分循环、生物多样性和美学景观功能与生物量在总体上呈正相关。基于上述认识确定了生物量的时空动态因子。

生物量时空调节因子：

$$P_j = \left(\frac{B_j}{\overline{B}} + \frac{N_j}{\overline{N}} \right) \Big/ 2 \tag{9.19}$$

式中，B_j 为 j 类生态系统的 NPP(t/hm^2)；$\overline{B}$ 为全国范围该类生态系统的平均 NPP(t/hm^2)；N_j 为 j 类生态系统的 NDVI 值；$\overline{N}$ 为全国范围该类生态系统的平均 NDVI 值。

9.3.2　生态系统服务功能价值变化分析

1. 海南整体生态系统服务功能价值状况及其变化

1)海南总体 ESV 值

如表 9.18 所示，2000～2020 年海南省森林、灌木林、农田生态系统在不断减少，不过减少幅度很小；裸地生态系统不断减少，减少幅度较大；湿地、水系生态系统先增后减；建设用地生态系统不断增加。

表 9.18　海南省生态系统面积　(单位：hm^2)

类别/年份	2000 年	2005 年	2010 年	2015 年	2020 年
森林	1929453	1933173	1926740	1910746	1904057
农田	900232	894627	888736	871892	869676
建设用地	74821	81821	90870	127502	140128
灌木林	252229	249423	247214	244369	242293
草地	123404	117008	113545	115130	115464
湿地	113959	124929	127032	120021	119323
水系	15593	16383	18521	24105	23880
裸地	12788	9624	8578	7569	7654

根据海南省调整后标准当量因子价值量、空间异质性调整因子与海南省生态统类别可以得到海南省各个生态系统的 11 个服务功能价值量与海南省生态系统服务功能总价值量。

从图 9.19 中可以看到，海南省 2000 年、2005 年、2010 年、2015 年和 2020 年总 ESV 值分别为 1558.07 亿元、932.02 亿元、995.99 亿元、1281.46 亿元和 957.75 亿元，变化趋势为先减少后增加再减少；从图 9.19 中可以看出，海南省 ESV 较高的区域主要集中在森林生态系统分布广泛的中部山区以及湿地、水系生态系统；2000 年、2010 年、2015 年单位面积 ESV 高值区(2.8 万元以上)分布较为明显，主要集中在湿地、水系和森林生态系统，而 2005 年和 2020 年单位面积 ESV 高值区(2.8 万元以上)分布较少，主要集中在水系生态系统。

2)海南多种生态系统服务功能价值

本节计算了食品生产、原料生产、水资源供给、气体调节、气候调节、净化环境、水文调节、土壤保持、维持养分循环、生物多样性和美学景观共 11 种生态系统服务功能价值量，如表 9.10 所示。

从表 9.19 中可以看到各个年份 11 个生态系统服务功能的价值量排序是一致的，从高到低分别为气候调节、水文调节、土壤保持、生物多样性、气体调节、净化环境、美学景观、原料生产、食品生产、维持养分循环、水资源供给；调节服务、文化服务与支持服务这些间接价值远大于供给服务的直接价值，其中调节服务的价值量最高，气候调

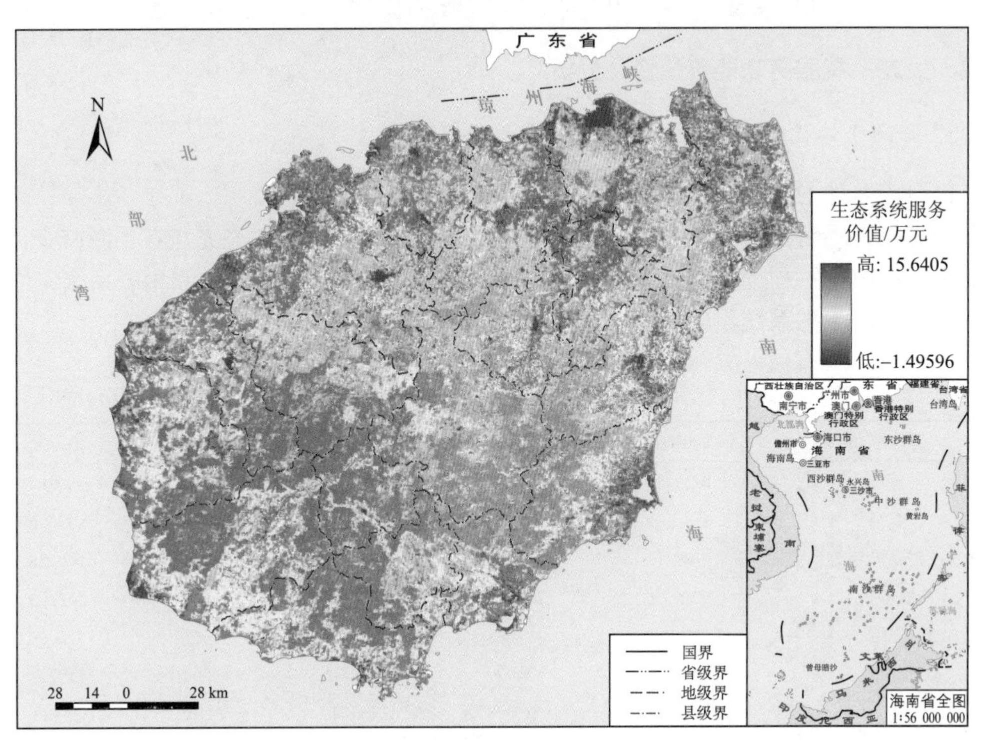

(a) 2000年

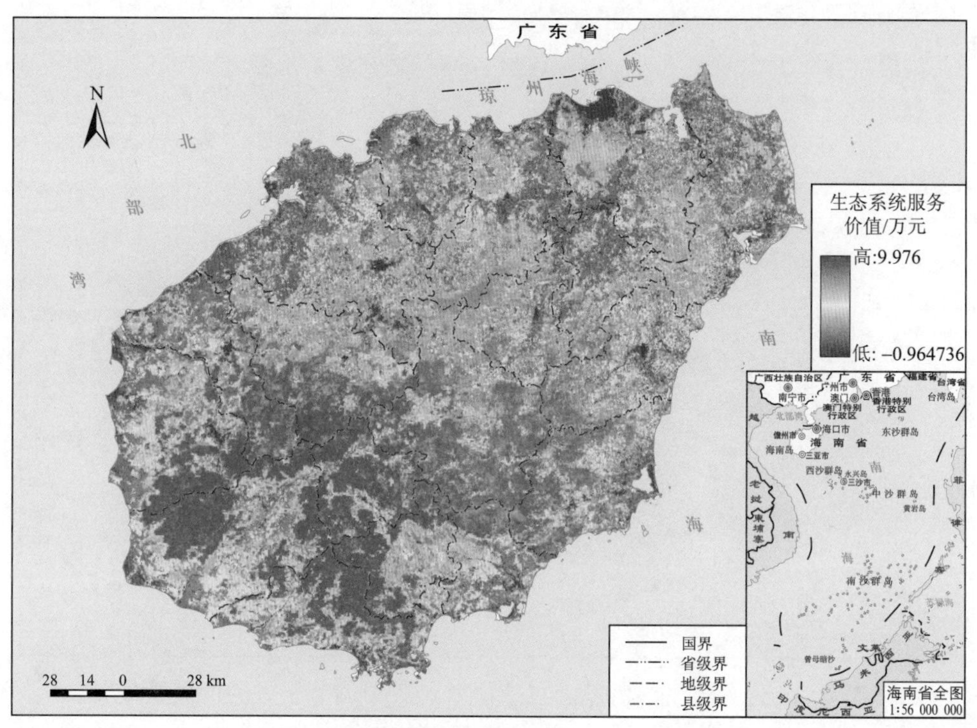

(b) 2005年

(c) 2010年

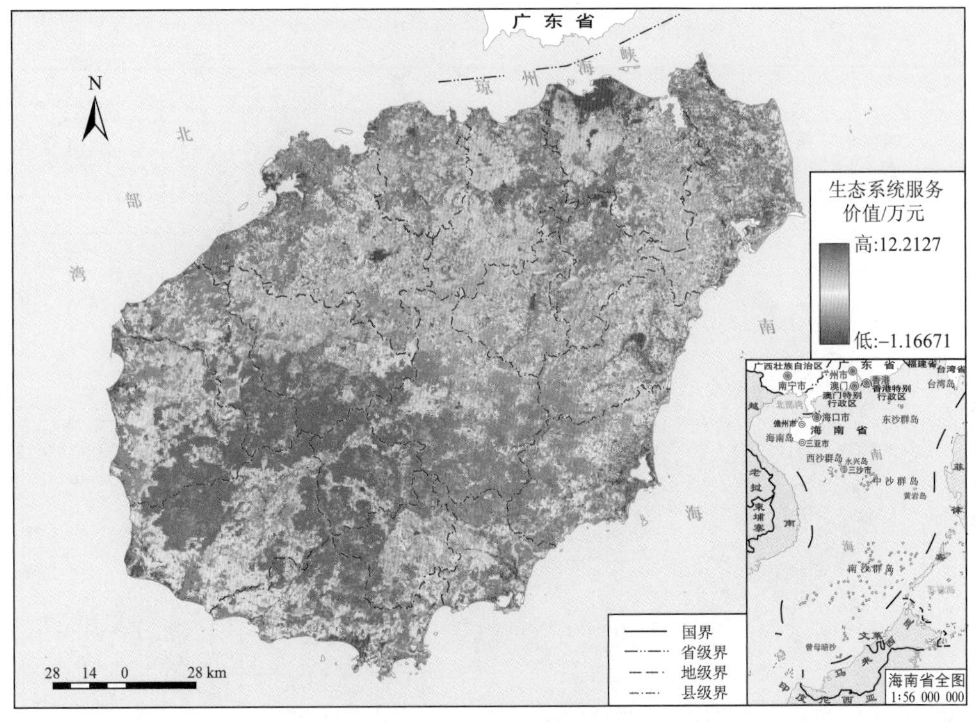

(d) 2015年

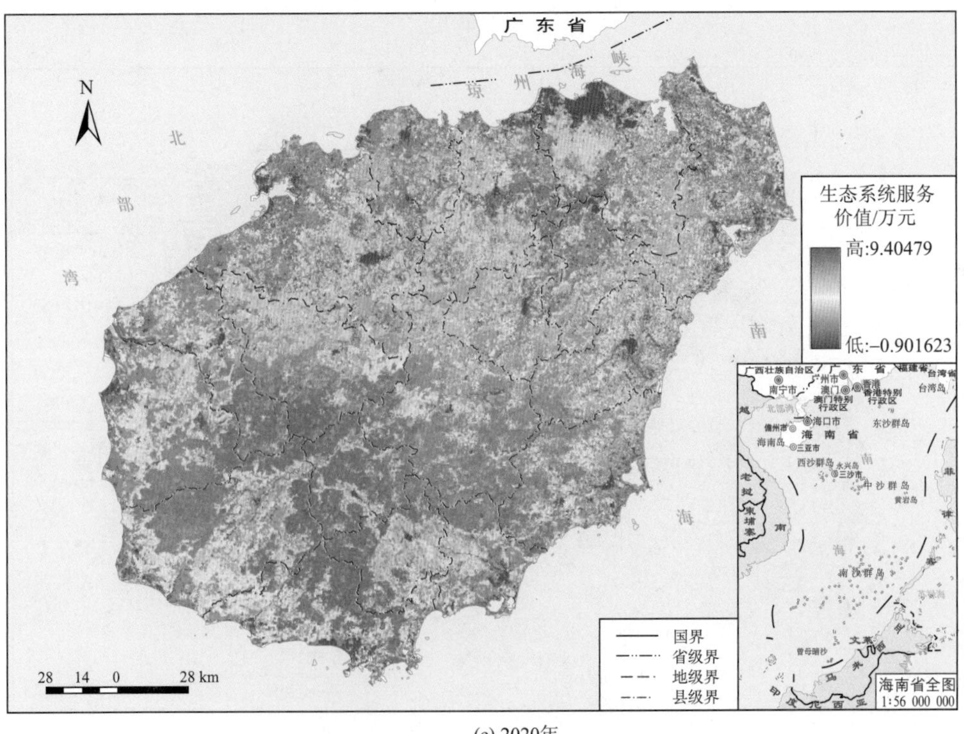

(e) 2020年

图 9.19　海南岛 ESV 空间分布图

表 9.19　11 种生态系统服务功能价值量　　（单位：万元/a）

生态系统服务功能	2000 年	2005 年	2010 年	2015 年	2020 年
水资源供给	−80259.74	−47468.95	−57813.49	−118048.85	−99566.03
维持养分循环	153277.67	91093.81	97295.98	125485.40	93966.41
食品生产	398562.27	234949.73	254789.00	329658.62	247772.96
原料生产	452896.17	269739.78	287007.72	369895.63	276707.31
美学景观	732895.63	440797.63	471415.05	610245.62	457556.44
净化环境	1230834.87	734749.34	780862.01	993552.28	739926.24
气体调节	1480704.70	879851.82	934780.53	1190158.98	887063.99
生物多样性	1621919.08	973422.13	1038445.80	1344131.22	1007320.36
土壤保持	1739968.47	1037742.05	1102430.17	1420848.07	1062521.33
水文调节	3788578.31	2282183.10	2481817.08	3240594.93	2432042.36
气候调节	4061370.18	2423152.54	2568824.15	3308111.29	2472196.10

节、水文调节、气体调节和净化环境占总体 ESV 的绝大部分比例，支持服务的生物多样性、土壤保持和维持养分循环次之，接着是供给服务的原料生产、食品生产和水资源，文化服务的价值量最低。11 种生态系统服务功能价值量在各个年份所占比例如图 9.20 所示，各类生态系统服务功能价值量所占比例在不同年份变化整体较少，只有水文调节和水资源供给的变化幅度相对较大，而由生物量调节的各个生态系统服务功能价值量所占比例变化微小，说明海南省的生物量变化较少，生态系统较为稳定。

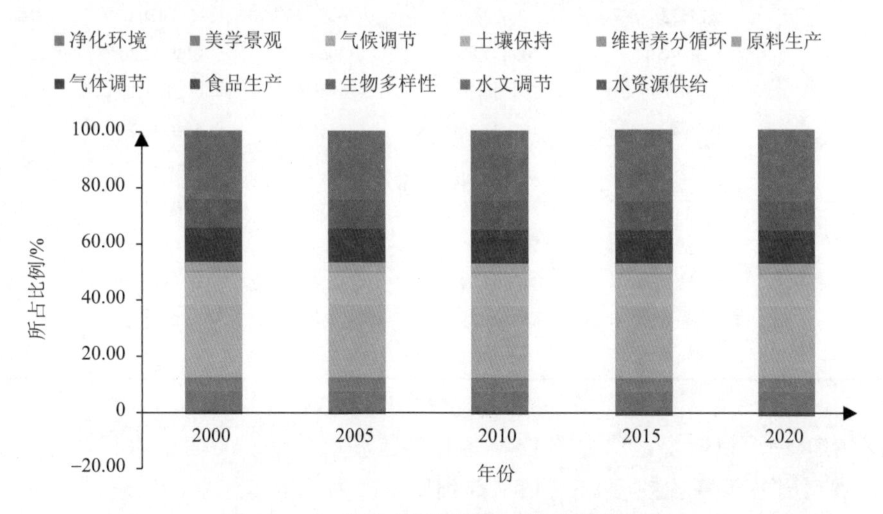

图 9.20　11 种生态系统服务功能价值量占比

从图 9.20 中可以看到气候调节、水文调节、气体调节、净化环境、生物多样性、土壤保持、维持养分循环、美学景观、食品生产和原料生产在 2000～2020 年均呈现先减少后增加再减少的变化趋势，与海南省总体 ESV 变化趋势相似，而水资源供给在 2000～

2020 年呈现先增加后减少再增加的变化趋势，这主要是由于农田生态系统面积不断减少，水资源消耗减少；需要生物量调节因子进行调整的服务功能价值量均与生物量调节因子的平均值及其变化趋势相似。

2. 海南各县市生态系统服务功能价值状况及其变化

根据海南省行政区划数据统计海口市、白沙黎族自治县、保亭黎族苗族自治县、昌江黎族自治县、澄迈县、儋州市、定安县、东方市、乐东黎族自治县、五指山市、临高县、陵水黎族自治县、琼海市、琼中黎族苗族自治县、屯昌县、万宁市、文昌市、三亚市共 18 个县市(以下各县市名称均用简称)的生态系统服务功能价值量数据，如表 9.20 所示。

表 9.20　各县市生态系统服务功能价值　　(单位：万元/a)

行政区划	2000 年	2005 年	2010 年	2015 年	2020 年
海口	719303.20	416941.92	449248.96	574979.55	422442.71
白沙	1302574.34	766464.64	839678.95	1052372.92	783719.20
五指山	824376.52	511865.91	538035.45	699095.98	515888.13
昌江	755547.45	454664.64	507293.49	653385.63	481423.07
澄迈	778204.44	439221.16	463855.56	566837.47	436898.97
儋州	1094366.49	619830.47	678657.16	806484.63	619137.75
定安	403062.75	229314.85	250970.91	319274.27	244949.64
东方	1042620.31	635587.79	723203.12	931536.22	673586.34
乐东	1455382.19	889822.09	956672.53	1261430.00	920846.14
临高	367450.83	203437.89	232065.52	290142.30	222181.81
陵水	430359.56	268236.26	276940.03	375121.16	276460.76
琼海	764140.39	463833.20	483358.44	636728.23	482995.06
琼中	1727254.66	1057195.79	1101371.13	1421253.49	1078038.45
屯昌	563477.41	319068.19	337554.94	416642.47	324859.93
万宁	929699.11	563051.26	577064.17	781647.41	587292.66
文昌	727266.68	440603.09	484773.39	623581.00	482744.80
三亚	1055847.79	642243.48	652764.33	861592.77	626439.42
保亭	639813.48	398830.36	406345.92	542527.71	397602.61

从表 9.20 中可以看出，琼中的 ESV 值在各年度均最高，而临高的 ESV 值在各年度均最低，海南省各年度各县市 ESV 值从高到低依次为琼中、保亭、乐东、白沙、三亚、万宁、儋州、琼海、澄迈、昌江、海口、文昌、屯昌、陵水、定安、临高，其中琼中、保亭、乐东、白沙、文昌、屯昌、陵水、定安、临高在各年度的排名没有变化，其余县市排名略有变化；各县市 ESV 值在各年度的变化趋势与海南省总体 ESV 值变化趋势相同，2000～2020 年先减少后增加再减少，如图 9.21 所示。

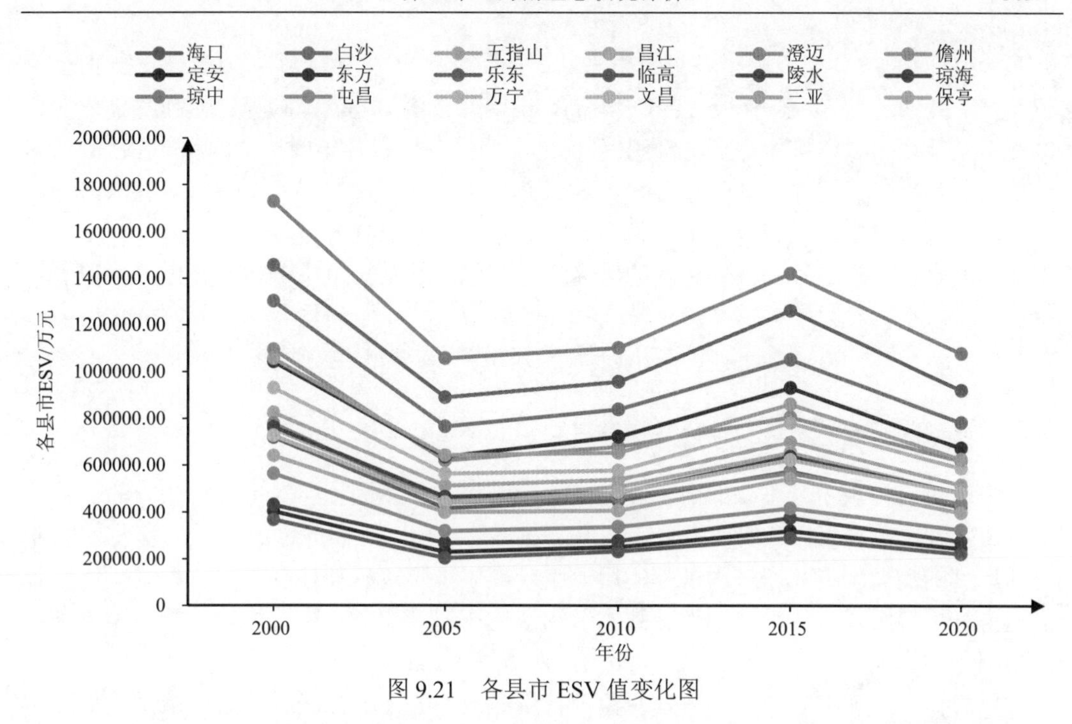

图 9.21　各县市 ESV 值变化图

由于各县市面积不同，只比较各县市的 ESV 值不能准确反映生态状况的良好程度，所以统计了各县市每公顷土地的 ESV 均值，如表 9.21 所示。

表 9.21　各县市单位面积 ESV　（单位：万元/hm²）

行政区划	2000 年	2005 年	2010 年	2015 年	2020 年
海口	3.20	1.85	2.00	2.56	1.88
白沙	6.18	3.63	3.98	4.99	3.72
五指山	6.93	4.30	4.52	5.88	4.34
昌江	4.71	2.83	3.16	4.07	3.00
澄迈	3.75	2.12	2.23	2.73	2.10
儋州	3.33	1.89	2.06	2.45	1.88
定安	3.43	1.95	2.14	2.72	2.09
东方	4.60	2.81	3.19	4.11	2.97
乐东	5.37	3.28	3.53	4.65	3.40
临高	2.83	1.57	1.79	2.24	1.71
陵水	3.88	2.42	2.50	3.38	2.49
琼海	4.54	2.75	2.87	3.78	2.87
琼中	6.41	3.92	4.09	5.28	4.00
屯昌	4.51	2.56	2.70	3.34	2.60
万宁	4.77	2.89	2.96	4.01	3.01
文昌	3.07	1.86	2.05	2.63	2.04
三亚	5.60	3.41	3.46	4.57	3.32
保亭	5.54	3.46	3.52	4.70	3.44

单位面积 ESV 值反映了各县市生态状况的优良，从表 9.21 中可以看出，五指山单位面积 ESV 值较为接近，在各县市中最高，说明此市的生态状况最好；临高的单位面积 ESV 值在各县市中最低，说明临高生态状况最差。海南省各年度单位面积 ESV 值从高到低依次为五指山、琼中、白沙、保亭、三亚、万宁、乐东、琼海、屯昌、昌江、东方、陵水、澄迈、定安、海口、文昌、儋州、临高，其中三亚、澄迈、定安、海口、文昌、屯昌、陵水、定安、临高在各年度的排名没有变化，其余县市排名略有变化。

9.4 典型区域生态承载力评估与预警

9.4.1 典型区域生态承载力评估及预警研究

生态足迹模型中最重要的两个参数是均衡因子和产量因子，对生态承载力的评估结果有决定性影响。研究表明，不同计算方法获得的均衡因子和产量因子差距较大，全国/全球尺度的均衡因子和产量因子不适用于小尺度生态足迹模型核算。生态系统提供服务的能力是可持续发展的重要框架，故本节利用生态系统服务功能价值量进行均衡因子和产量因子的本地化计算(刘某承等，2010；祝玲等，2019)。

以海口、三亚典型城市为研究对象，使用改进生态足迹法进行典型区域生态承载力评估，首先结合 2000 年、2005 年、2010 年、2015 年、2020 年生态系统类别数据确定区域生态生产性土地类型，使用以上生态服务功能评估结果计算均衡因子和产量因子，并计算典型区域生态足迹与生态承载力，并且利用生态赤字/盈余对预警进行分级划分，构建典型区域生态承载力评估与预警模型，最终得到典型区域 20 年来生态承载力与预警的评估结果。

1. 生态承载力评估指标体系

根据典型城市生态资源环境承载力评估及预警的目标与内容，构建全省典型城市生态承载力评估及预警评价指标体系，见表 9.22。

表 9.22 典型城市生态承载力评估及预警评价指标

内容	数据指标	数据来源
三亚/海口市生态系统分类数据	三亚/海口市典型区域生态生产性土地类型分类	生态系统分类数据
均衡因子和产量因子区域化改进	生态生产性土地均衡因子 生态生产性土地产量因子	生态系统服务功能价值反演

2. 生态承载力评估数据源

典型城市生态承载力评估及预警研究主要利用遥感解译获取，并将经过地面或高分辨率卫星影像验证的 2000 年、2005 年、2010 年、2015 年、2020 年 5 期生态系统空间分布数据集，三亚市和海口市行政区划数据，9.3 节所计算的生态系统服务功能价值评估数据作为数据源。

3. 生态承载力评估方法

1)均衡因子与产量因子

传统的均衡因子和产量因子的计算均假定每类土地只具有生物生产功能，模型的计算主要集中在初级产品供给和消耗方面，对生态系统提供的调节和支持服务考虑较少。本节承认生态系统的多功能性，将生态足迹模型构建于生态系统服务的基础上，可以更加全面地衡量人类活动对生态系统产生的影响(郭慧等，2020)。

A. 均衡因子

在生态足迹模型的计算中，由于不同类型的生物生产性土地的生产力不同，为了便于比较，需将面积转换为具有相同生物生产力的土地面积，该转换系数为均衡因子(郭慧等，2020)。

$$r_j = \frac{P_j}{\overline{P_{\mathrm{NP}}}} = D_t \times \frac{F_j}{\dfrac{\left(\sum_0^n \left(D_t \times F_j \times S_j\right)\right)}{\sum_0^n S_j}} \tag{9.20}$$

式中，r_j 为均衡因子，指研究区中，某一生态系统类型单位面积提供某种生态系统服务的能力与所有生态系统类型单位面积提供该种生态系统服务的平均能力的比值；P_j 为 j 种生态系统类型单位面积的生态系统服务价值(元)；$\overline{P_{\mathrm{NP}}}$ 为所有用地类型单位面积平均生态系统服务价值(元)；D_t 为第 t 年度研究区内 1 个标准当量因子的生态系统服务价值量(元/hm^2)；F_j 为研究区内第 j 类生态系统的生态系统服务价值当量因子之和，不同生态系统服务价值当量见表；n 为研究区内涉及的提供生态系统服务的生态系统种类；S_j 为 j 类生态系统的面积(hm^2)。

B. 产量因子

产量因子是为了便于比较不同区域之间生物生产性土地面积，体现定区域某一类土地面积的生产能力与对应的整体平均水平的差异。

$$y_j = \frac{P_j}{E_j} = (D_t \times F_j)/(D_{qt} \times F_j) = D_t / D_{qt} \tag{9.21}$$

式中，y_j 为产量因子，指区域内某一生态系统类型提供某种生态系统服务的能力与该类生态系统服务的国家平均水平的比值；E_j 为 j 土地利用类型的全国平均单位面积生态系统服务价值；D_{qt} 为 t 年度全国 1 个标准当量因子的生态系统服务价值量(元/hm^2)。

2)生态足迹

生态足迹(ecological footprint，EF)是指任何个人和地区维持生存所需求的资源和所排放的废弃物、具有生产力的面积总和。传统的生态承载力指特定区域可以提供给人类生态服务面积的总和，生态足迹是指特定区域人口在某一时段所消费的服务所需要的生物生产性土地面积(李莹等，2017；张甜，2018；刘建兴等，2008)。

$$\mathrm{EF} = N \times \mathrm{ef} = N \times \sum_{j=1}^{n} a_j \times r_j \tag{9.22}$$

式中，EF 为生态足迹(hm^2)；N 为总人口数(人)；ef 为人均生态足迹(hm^2)；a_j 为人均占有的 j 类生物生产土地面积(hm^2)；r_j 为均衡因子；n 为参与评估的生态系统种类数量。

3) 生态承载力

生物承载力(ecological capacity，EC)是指在一定范围内，生态系统在自我调节和人类积极作用下健康、有序地发展，生态系统所能支持的环境纳污程度、资源消耗程度、社会经济发展强度以及一定消费水平的人口数量(谭键，2012)。生态承载力计算方法是将区域内各类生物生产性土地面积乘以均衡因子和产量因子，求和得到总生态承载力，除以总人口数，即人均生态承载力(周业晶等，2017)。

$$\mathrm{ECC} = N \times \sum_{j=1}^{n} \mathrm{ecc}_j = N \times \sum_{j=1}^{n} a_j \times r_j \times y_j \tag{9.23}$$

式中，ECC 为地区总生态承载力，是各类土地生态承载力之和(hm^2)；N 为总人口数(人)；ecc$_j$ 为人均生态承载力(hm^2)；a_j 为人均占有 j 类生物生产土地面积(hm^2)；r_j 为均衡因子；y_j 为产量因子；n 为参与评估的生态系统种类数量。

4) 生态预警

A. 生态赤字和盈余

生态赤字(盈余)可用来计量人地系统间生态服务的供需情况和可持续程度。

$$\mathrm{ED} = \mathrm{ECC} - \mathrm{EF} \tag{9.24}$$

式中，$\mathrm{ED} \leqslant 0$ 表示区域的生态赤字(hm^2)；$\mathrm{ED} > 0$ 表示区域的生态盈余(hm^2)；EF 为区域生态足迹总量；ECC 为区域生态承载力总量。

如果区域的生态足迹大于生态承载力就会出现生态赤字，反之，则会出现生态盈余。在生态足迹和生态承载力计算的基础上可以对区域的生态发展可持续性进行评估，如果出现了生态赤字，表示区域生态发展不可持续，如果出现了生态盈余，表示区域生态发展处于可持续状态(苏雷等，2018；姜徐欣，2015)。

B. 生态赤字/盈余标准化

为了对生态状况进行预警，对生态赤字/盈余进行分级研究，将生态赤字/盈余结果进行标准化，计算公式为

$$\mu(\mathrm{ED}) = \frac{\mathrm{ED} - \min(\mathrm{ED})}{\max(\mathrm{ED}) - \min(\mathrm{ED})} \tag{9.25}$$

式中，ED 为区域的生态赤字/盈余(hm^2)；$\max(\mathrm{ED})$ 为区域生态赤字/盈余的最大值；$\min(\mathrm{ED})$ 为区域生态赤字/盈余的最小值。

C. 生态预警

将标准化后的生态赤字/盈余进行分级，划分预警级别，见表 9.23。

表 9.23　生态预警级别

预警级别	生态赤字/盈余
安全	<0.3
较安全	0.3～0.6
临界预警	0.6～0.8
预警	0.8～0.9
重警	>0.9

9.4.2　典型区域生态承载力变化分析

1. 均衡因子与产量因子

1) 均衡因子

从表 9.24 中可以看出每年不同区域、不同生态生产性土地的均衡因子均不同，且三亚市各年份各类别生态生产性土地均衡因子均高于海口市同类别生态生产性土地均衡因子。

海口市五种生态生产性土地均衡因子从高到低依次为湿地、草地、林地、耕地和建设用地，湿地均衡因子远高于其余生态生产性土地均衡因子，均值高达 1.92；林地与草地均衡因子较接近，但均未超过 1，均值分别为 0.86 和 0.89；耕地与建设用地均衡因子最低，均值分别为 0.23 和 0.25。

三亚市五种生态生产性土地的均衡因子从高到低依次为湿地、林地、草地、建设用地和耕地，湿地均衡因子远高于其余生态生产性土地均衡因子，均值高达 2.84；林地与草地均衡因子较接近，均值分别为 1.39 和 1.19；耕地与建设用地均衡因子最低，均值分别为 0.27 和 0.36。

表 9.24　典型区域生态生产性土地均衡因子

均衡因子	海口市						三亚市					
	2000 年	2005 年	2010 年	2015 年	2020 年	均值	2000 年	2005 年	2010 年	2015 年	2020 年	均值
林地	0.86	0.82	0.86	0.86	0.90	0.86	1.40	1.42	1.35	1.42	1.37	1.39
耕地	0.21	0.21	0.26	0.23	0.24	0.23	0.26	0.25	0.31	0.26	0.26	0.27
湿地	1.91	2.04	1.74	1.89	2.02	1.92	2.94	2.97	2.48	2.90	2.90	2.84
建设用地	0.19	0.23	0.28	0.26	0.29	0.25	0.26	0.33	0.42	0.38	0.39	0.36
草地	0.78	0.77	0.78	0.97	1.12	0.89	1.20	1.17	1.14	1.18	1.24	1.19

2) 产量因子

从表 9.25 中可以看出不同区域、不同生态生产性土地产量因子每年也不相同，且三亚市各年份各类别生态生产性土地产量因子均高于海口市同类别生态生产性土地产量因子。

海口市五种生态生产性土地产量因子从高到低依次为耕地、湿地、草地、建设用地和林地，耕地产量因子高于其余生态生产性土地产量因子，均值为 0.98；湿地产量因子次之，均值为 0.85。建设用地与草地产量因子较为接近，均值均为 0.71；林地的产量因子最低，均值为 0.69。

三亚市五种生态生产性土地产量因子从高到低依次为湿地、林地、耕地、建设用地和草地，湿地产量因子高于其余生态生产性土地的产量因子，均值为 1.25；林地与耕地的产量因子均值分别为 1.11 与 1.09；建设用地与草地产量因子最低，均值分别为 1.01 和 0.95。

表 9.25 典型区域生态生产性土地产量因子

产量因子	海口市						三亚市					
	2000 年	2005 年	2010 年	2015 年	2020 年	均值	2000 年	2005 年	2010 年	2015 年	2020 年	均值
林地	0.68	0.65	0.69	0.69	0.73	0.69	1.11	1.12	1.09	1.13	1.11	1.11
耕地	0.91	0.92	0.92	0.95	0.98	0.93	1.09	1.11	1.08	1.10	1.06	1.09
湿地	0.86	0.91	0.84	0.80	0.83	0.85	1.32	1.33	1.19	1.23	1.19	1.25
建设用地	0.68	0.72	0.70	0.70	0.73	0.71	0.94	1.04	1.05	1.03	1.00	1.01
草地	0.63	0.64	0.64	0.79	0.84	0.71	0.97	0.98	0.93	0.96	0.92	0.95

2. 生态承载力

1) 海口市生态承载力

海口市河流处的单位面积生态承载力最高，单位面积生态承载力较高的区域主要分布在海口市的中部地区与东南部地区，北部地区单位面积生态承载力较低。

从表 9.26 中可以看到，海口市各生态生产性土地产生的总生态承载力由高到低依次为湿地、林地、耕地、建设用地和草地。总生态承载力在 2000～2020 年的变化趋势为先增加后减少再增加，在 2005 年最高，在 2015 年最低；各生态生产性土地的生态承载力变化趋势与总生态承载力的变化趋势一致。林地生态承载力贡献度接近湿地。

表 9.26 海口市各生态生产性土地生态承载力

用地类型	2000 年	2005 年	2010 年	2015 年	2020 年
林地	105642.500	85743.250	88063.880	77887.520	83092.550
耕地	35874.090	40729.710	53270.730	37184.450	39545.720
建设用地	4287.825	7368.684	9349.794	8718.256	10755.100
草地	1479.315	1306.255	1377.488	4192.162	5523.933
湿地	110900.700	184517.600	119725.600	115790.800	112820.900
共计	258184.500	319665.500	271787.500	243773.200	251738.200

2) 三亚市生态承载力

三亚市生态承载力依然是河流处的单位面积生态承载力最高，单位面积生态承载力较高的区域主要分布在三亚市的北部地区，西南部地区与东北部地区单位面积生态承载力较低。

从表 9.27 中可以看到，三亚市各生态生产性土地产生的总生态承载力由高到低依次为林地、湿地、耕地、草地和建设用地。总生态承载力在 2000～2020 年的变化趋势为先增加后减少再增加再减少，2005 年最高，2020 年最低；其中林地、湿地的生态承载力变化趋势与总生态承载力的变化趋势一致；耕地与建设用地的生态承载力在 2000～2020 年的变化趋势为先增加再减少。

表 9.27　三亚市各生态生产性土地生态承载力

用地类型	三亚市				
	2000 年	2005 年	2010 年	2015 年	2020 年
林地	326495.600	333055.600	298628.200	320857.700	298598.600
耕地	23848.530	31605.850	33983.530	28243.310	26720.980
建设用地	1577.314	3205.525	7640.183	6351.017	6785.217
草地	9414.634	8559.504	7858.404	8382.920	10706.090
湿地	162466.400	179804.500	147279.500	155243.90	150381.200
共计	523802.500	556231.000	495389.900	519078.800	493192.100

3. 生态预警

1) 海口市生态预警

从表 9.28 中可以看出，海口市预警与重警级别的土地面积在 2015 年最多，其次为 2020 年、2005 年、2000 年与 2010 年；临界预警级别的土地面积在 2005 年最多，其次为 2000 年、2010 年、2015 年与 2020 年；较安全与安全级别的土地面积在 2020 年最多，其次为 2010 年、2015 年、2000 年与 2005 年。

表 9.28　海口市生态预警面积统计　（单位：hm^2）

预警级别	2000 年	2005 年	2010 年	2015 年	2020 年
重警	2555.55	2598.57	1735.29	3007.62	2857.95
预警	860.31	1140.57	829.53	1113.66	1006.20
临界预警	98388.63	101305.30	92006.37	91248.21	85131.36
较安全	114521.70	112986.60	119535.20	122041.00	126791.30
安全	8040.96	6768.09	10355.58	7042.14	8669.70

2) 三亚市生态预警

从表 9.29 中可以看出，海口市预警与重警级别的土地面积在 2020 年最多，其次为 2015 年、2010 年、2005 年与 2000 年；临界预警级别的土地面积在 2000 年最多，其次为 2020 年、2010 年、2005 年与 2015 年；较安全与安全级别的土地面积在 2015 年最多，其次为 2005 年、2010 年、2000 年与 2020 年。

表 9.29　三亚市生态预警面积统计　(单位：hm^2)

预警级别	2000 年	2005 年	2010 年	2015 年	2020 年
重警	1129.68	1222.47	1383.75	1815.84	1927.35
预警	334.35	362.25	584.91	419.85	459.63
临界预警	41968.62	40110.39	40930.92	38797.92	41032.08
较安全	69143.67	73499.67	72639.00	75358.08	74268.72
安全	73795.59	71177.13	70693.11	70016.04	68624.73

参 考 文 献

杜倩倩, 张瑞红, 马本. 2017. 生态系统服务价值估算与生态补偿机制研究——以北京市怀柔区为例. 生态经济, 33(11): 146-152, 176.

郭慧, 董士伟, 吴迪, 等. 2020. 基于生态系统服务价值的生态足迹模型均衡因子及产量因子测算. 生态学报, 40(4): 1405-1412.

胡喜生, 洪伟, 吴承祯. 2013. 土地生态系统服务功能价值动态估算模型的改进与应用——以福州市为例. 资源科学, 35(1): 30-41.

姜徐欣. 2015. 海南省生态环境安全度预警分析. 经济研究导刊, (7): 194-195, 224.

李莹, 林文鹏, 宗玮. 2017. 基于改进模型的区域生态足迹动态分析——以江苏省南通市为例. 长江流域资源与环境, 26(4): 500-507.

刘海燕. 1995. GIS 在景观生态学研究中的应用.地理学报, (S1): 105-111.

刘纪远. 1997. 国家资源环境遥感宏观调查与动态监测研究. 遥感学报, (3): 225-230.

刘建兴, 王青, 孙鹏, 等. 2008. 中国 1990～2004 年生态足迹动态变化效应的分解分析. 自然资源学报, (1): 61-68.

刘某承, 李文华, 谢高地. 2010. 基于净初级生产力的中国生态足迹产量因子测算. 生态学杂志, 29(3): 592-597.

栾乔林, 王芳, 黄朝明, 等. 2009. 海南省土地资源可持续利用的生态安全评价指标体系研究.安徽农业科学, 37(8): 3676-3678.

马荣华, 黄杏元, 胡孟春, 等. 2001. 海南生态环境现状评价与变化分析. 南京大学学报(自然科学版), (3): 269-274.

欧阳志云, 张路, 吴炳方, 等. 2015. 基于遥感技术的全国生态系统分类体系. 生态学报, 35(2): 219-226.

庞雅颂, 王琳. 2014. 区域生态安全评价方法综述. 中国人口·资源与环境, 24(S1): 340-344.

石垚, 王如松, 黄锦楼, 等. 2012. 中国陆地生态系统服务功能的时空变化分析. 科学通报, 57(9): 720-731.

宋洁, 温璐, 王凤歌, 等. 2021. 乌兰布和沙漠生态系统服务价值时空动态. 生态学报, 41(6): 2201-2211.

宋文杰, 张清, 刘莎莎, 等. 2018. 基于 LUCC 的干旱区人为干扰与生态安全分析——以天山北坡经济带绿洲为例. 干旱区研究, 35(1): 235-242.

苏雷, 李俊英, 樊梦雪. 2018.基于遥感的城市绿色空间时空演变与生态效应研究综述. 云南地理环境研究, 30(6): 1-8, 18.

谭键. 2012. 海南省生态安全的空间结构研究. 长沙: 中南大学.
王思远, 刘纪远, 张增祥, 等. 2001. 中国土地利用时空特征分析.地理学报, (6): 631-639.
王彦芳. 2017. 京津冀地区生态系统服务价值估算与分析. 环境保护与循环经济, 37(7): 50-54.
谢高地, 张彩霞, 张雷明, 等. 2015. 基于单位面积价值当量因子的生态系统服务价值化方法改进. 自然资源学报, 30(8): 1243-1254.
薛明皋, 邢路, 王晓艳. 2018. 中国土地生态系统服务当量因子空间修正及价值评估. 中国土地科学, 32(9): 81-88.
张甜. 2018. 基于改进生态足迹模型的我国西北地区主要城市生态安全研究. 西安: 西北大学.
赵鸿雁, 陈英, 裴婷婷, 等. 2020. 土地整治的生态系统服务价值评估——参数优化与实证.干旱区研究, 37(2): 514-522.
郑德凤, 臧正, 孙才志. 2014. 改进的生态系统服务价值模型及其在生态经济评价中的应用.资源科学, 36(3): 584-593.
朱文泉, 张锦水, 潘耀忠, 等. 2007. 中国陆地生态系统生态资产测量及其动态变化分析. 应用生态学报, (3): 586-594.
周业晶. 2017. 城镇环境规划中环境承载力和生态补偿标准的定量化研究. 武汉: 华中科技大学.
祝玲, 林爱文, 陈飞燕. 2019. 基于生态敏感性和生态系统服务价值的生态安全格局构建与优化.国土与自然资源研究, (3): 58-63.
Dai X, Wang L C, Huang C B, et al. 2020. Spatio-temporal variations of ecosystem services in the urban agglomerations in the middle reaches of the Yangtze River, China. Ecological Indicators, 115: 106394.
Hu M M, Li Z T, Wang Y F, et al. 2019.Spatio-temporal changes in ecosystem service value in response to land-use/cover changes in the Pearl River Delta. Resources, Conservation & Recycling, 149: 106-114.
Hu S, Chen L Q, Li L, et al. 2020. Simulation of land use change and ecosystem service value dynamics under ecological constraints in Anhui Province, China. International Journal of Environmental Research and Public Health, 17(12): 4228.
Mancini M S, Galli A, Coscieme L, et al. 2018. Exploring ecosystem services assessment through Ecological Footprint accounting. Ecosystem Services, 30: 228-235.
Sun C W, Gu B T, Zhang J. 2020. Ecosystem service value assessment based on clustering analysis and ESV algorithm. World Scientific Research Journal, 6(5): 54-61.
Tan Z, Guan Q Y, Lin J K, et al. 2020. The response and simulation of ecosystem services value to land use/land cover in an oasis, Northwest China. Ecological Indicators, 118: 106711.
Xie G D, Zhang C X, Zhen L, et al. 2017. Dynamic changes in the value of China’s ecosystem services. Ecosystem Services, 26: 146-154.
Xing L, Xue M G, Wang X Y. 2018. Spatial correction of ecosystem service value and the evaluation of eco-efficiency: A case for China’s provincial level. Ecological Indicators, 95: 841-850.
Zhang Z P, Xia F Q, Yang D G, et al. 2020. Spatiotemporal characteristics in ecosystem service value and its interaction with human activities in Xinjiang, China. Ecological Indicators, 110: 105826.

第 10 章　海南自然保护区遥感监测与评估

生物多样性丧失和自然生态系统破坏已经成了当今世界重大的环境问题，为保护日益减少的生物多样性与逐渐脆弱的自然生态系统，建立自然保护区成为保护生态环境与生物多样性的关键(白一杰等，2021；陈静，2016)。自然保护区是为了保护重要的生态系统及其环境，拯救濒于灭绝的物种，以及为了保护自然历史遗产而划定的特殊地域的实体单位，在保护生物多样性、维护生态平衡和社会经济的可持续发展方面有着至关重要的作用(崔文连等，2015；邓娇，2014)。海南岛是我国唯一的热带岛屿，物种丰富，生态系统复杂多样，目前已设立多个不同类型、不同等级的保护区，但近年来随着社会经济的发展，保护区核心区及缓冲区自然生态系统均受到了不同程度的扰动。因此，利用遥感手段开展保护区高频率及不定时的变化监测及保护区保护成效评估十分必要。

10.1　海南自然保护区概况

海南省自 1960 年开始筹建第一个自然保护区——尖峰岭国家级自然保护区以来，自然保护区建设事业在海南省各级政府部门的大力支持下得到了迅猛发展。截至 2014 年已

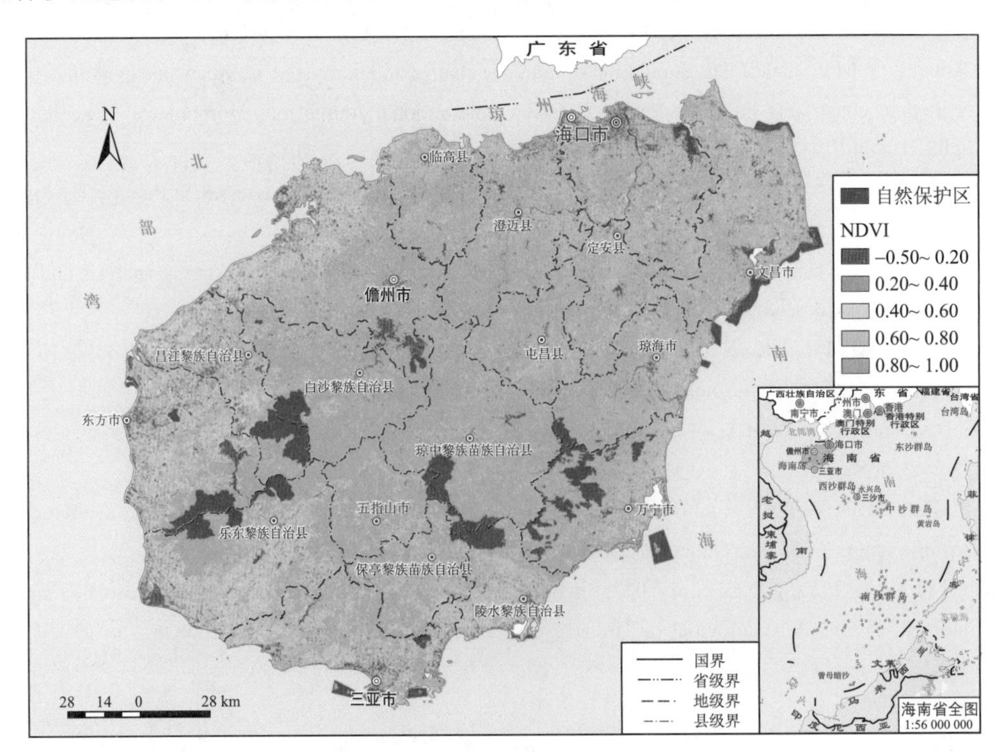

图 10.1　自然保护区位置图

建成保护区 68 个，初步形成了一个保护森林、野生动植物、海岸带、自然景观、文化遗产和地质遗迹等资源景观的海南省自然保护区体系。海南省自然保护区分为 4 级：国家级、省(自治区、直辖市)级、市(自治州)级、县(自治县、旗、县级市)级。自然保护区位置如图 10.1 所示。

基于 1988～2017 年的遥感影像对自然保护区的地表覆盖类型逐一进行查看，确定地表覆盖变化的初步结果。主要将保护区地表变化分为以下三种类型：

(1)类型 1——向好变化：植被变茂盛、地表覆盖状态趋于稳定；

(2)类型 2——向差趋势：地类图斑破碎化，出现人为耕作、种植迹象；

(3)类型 3——向差明显：建设用地开发。

经初步查看，共有 8 个自然保护区变化类型确定为类型 1，12 个自然保护区变化类型确定为类型 2，18 个自然保护区变化类型确定为类型 3。各类型所占比例如图 10.2 所示。

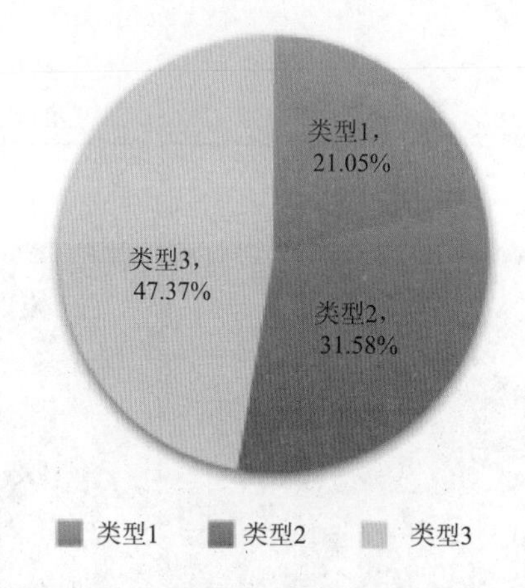

图 10.2　自然保护区不同地标类型占比图

针对自然保护区地表变化情况选取了 11 个自然保护区作为采样区进行实地踏勘，位置如图 10.3 所示，自然保护区具体保护对象及所处县市见表 10.1。

表 10.1　海南岛自然保护区描述

序号	保护区名称	主要保护对象	类型	创建时间	级别
1	海南大田国家级自然保护区	海南坡鹿及其生境	野生动物	1976.10.09	国家级
2	海南大洲岛国家级自然保护区	金丝燕及其生境	野生动物	1987.08.01	国家级
3	海南东寨港国家级自然保护区	红树林生态系统	森林生态	1980.01.03	国家级
4	海南尖峰岭国家级自然保护区	热带雨林生态系统	森林生态	1976.10.09	国家级
5	海南三亚珊瑚礁国家级自然保护区	珊瑚礁及其生态系统	海洋海岸	1990.09.30	国家级
6	海南铜鼓岭国家级自然保护区	珊瑚礁及野生动物	海洋海岸	1983.01.01	国家级
7	海南五指山国家级自然保护区	热带原始森林	森林生态	1985.11.01	国家级
8	海南霸王岭国家级自然保护区	黑冠长臂猿	野生动物	1980.01.29	国家级
9	海南吊罗山省级自然保护区	热带雨林	森林生态	1987.04.01	国家级
10	海南邦溪省级自然保护区	海南坡鹿及其生境	野生动物	1976.06.16	省级

续表

序号	保护区名称	主要保护对象	类型	创建时间	级别
11	海南甘什岭省级自然保护区	无翼坡垒	野生植物	1985.11.01	省级
12	海南会山省级自然保护区	热带季雨林	森林生态	1981.09.25	省级
13	海南番加省级自然保护区	热带季雨林	森林生态	1981.09.25	省级
14	海南佳西省级自然保护区	热带季雨林	森林生态	1981.09.25	省级
15	海南尖岭省级自然保护区	热带季雨林	森林生态	1981.09.25	省级
16	海南礼纪青皮林省级自然保护区	青皮林	森林生态	1998.07.16	省级
17	海南六连岭省级自然保护区	热带季雨林	森林生态	1981.09.25	省级
18	海南南林省级自然保护区	热带季雨林	森林生态	1981.09.25	省级
19	海南南湾省级自然保护区	海南猕猴	野生动物	1965.09.25	省级
20	海南清澜港省级自然保护区	红树林生态系统	海洋海岸	1981.09.25	省级
21	海南上溪省级自然保护区	热带季雨林	森林生态	1981.09.25	省级
22	海南东方黑脸琵鹭省级自然保护区	麒麟菜	野生植物	1983.04.28	省级
23	海南省麒麟菜省级自然保护区	麒麟菜	野生植物	1983.04.28	省级

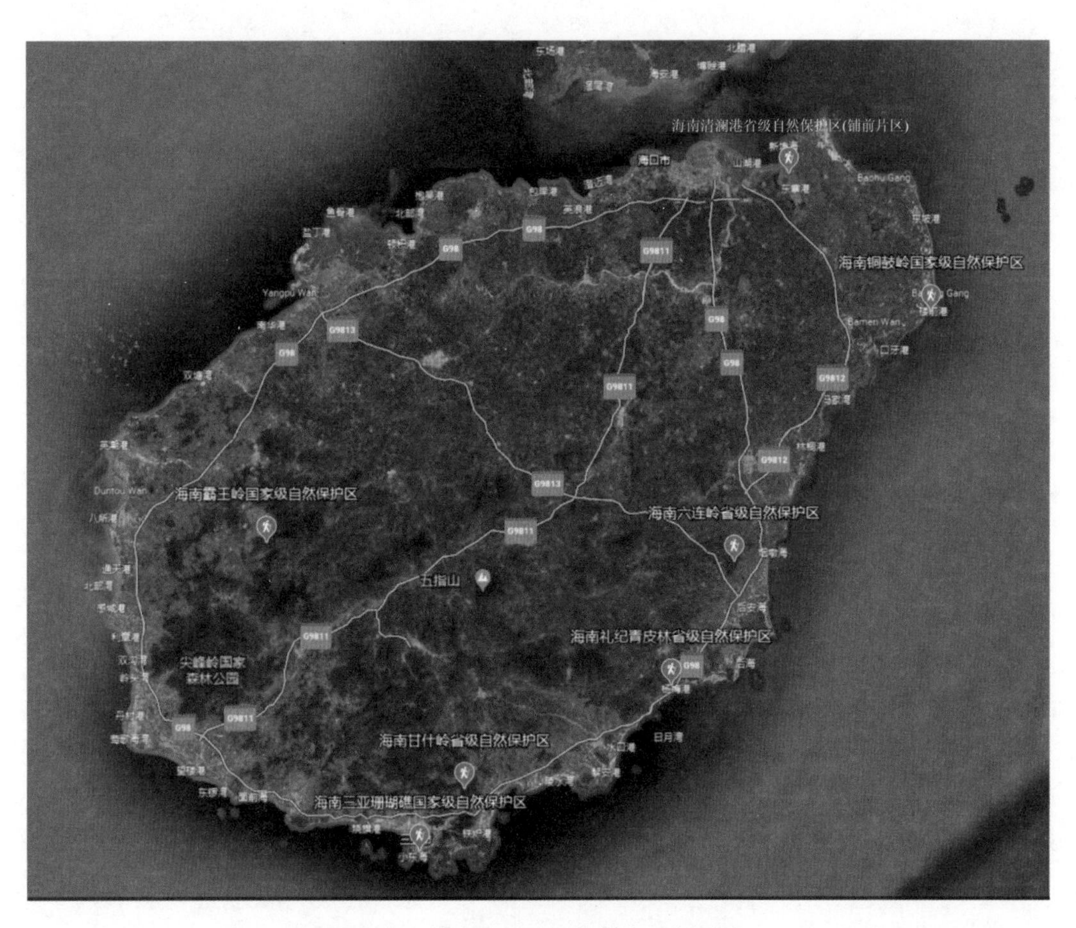

图 10.3 海南岛实地踏勘保护区位置图

根据实际踏勘结果，按不同等级对踏勘的保护区进行分类，结果如下。

1) 国家级自然保护区

A. 海南霸王岭国家级自然保护区

海南霸王岭国家级自然保护区(简称霸王岭保护区)位于昌江，面积 29980 hm^2，其中核心区面积为 10540 hm^2，缓冲区面积为 8910 hm^2，实验区面积为 10530 hm^2，该保护区建于 1980 年 4 月，属于国家级自然保护区，主要保护对象为黑冠长臂猿及其生境，热带雨林及其生态系统，是典型的以森林生态系统为主的自然保护区。该保护区状况良好，近 30 年来核心区内地表覆盖几近稳定状态，且在 2006 年被评定为“全国自然保护区示范单位”。

霸王岭保护区地质构造上属于华夏背斜，地貌形态以花岗岩为主，间有变质岩和沉积岩。该保护区内有雅加大岭、斧头岭、黄牛岭三大山脉。地势南高北低，地形破碎复杂，多为山地、山谷，全境海拔 350～1560 m，最高岭为黑岭，海拔 1560 m。

霸王岭保护区属于热带季风气候，四季不明显，受季风影响大。每年 11 月到次年 4 月为干季，以东北季风为主，3 月、4 月间偶有短暂的老挝热风影响；每年 5～10 月为湿季，有雷雨和台风。年均温 21.3℃，极端高温 37.5℃，极端低温 1.1℃。年平均降水量 1657 mm，主要集中在 7～10 月，年平均相对湿度为 84.2%。图 10.4 为该保护区 2020 年 12 月 landsat 影像真彩色显示效果图，近年来保护区植被状况较为稳定，人为扰动较少。

图 10.4　保护区植被覆盖图

图中影像为红、绿、蓝波段真彩色显示

B. 海南东寨港国家级自然保护区

海南东寨港国家级自然保护区(简称东寨港保护区)位于海口市，110°32'～110°37'E，19°57'～20°01'N，面积 5240 hm^2，建于 1980 年 1 月，属于国家级自然保护区，主要保护对象为红树林及生境。该保护区海岸地区是微咸沼泽地，海湾水深一般在 4m 内，海水含氯量最高为 33.44%，最低为 9.3‰，平均为 21.86‰。该保护区属于热带季风气候，年平均气温为23.8℃，年降水量为1700mm，海水温度最高32.6℃，最低14.6℃，平均24.5℃。该保护区生态环境逐渐向好发展，近30年来区内地表覆盖呈明显改善状态，并且该保护区于2006年被评定为“全国自然保护区示范单位”。图10.5所示为东寨港保护区1988～2016年影像真彩色显示效果图，从图10.6中可以看出该保护区红树林区域呈增加趋势，尤其自2000年以来，我国高度重视红树林的保护和恢复，采取了多种措施保护和修复红树林，先后实施了“南红北柳”、海洋生态文明建设战略等，使得东寨港保护区的红树林恢复成效显著。

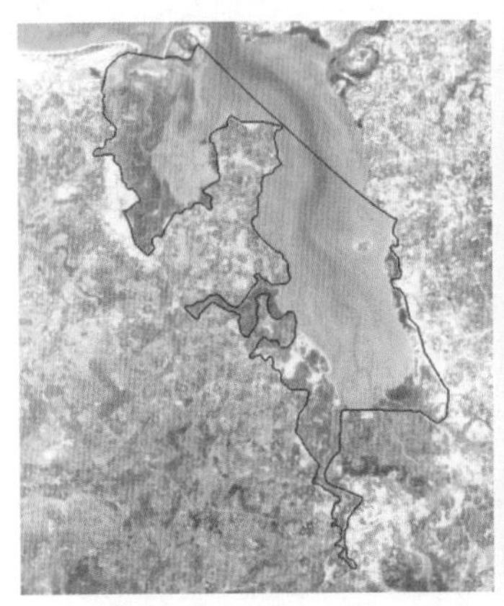

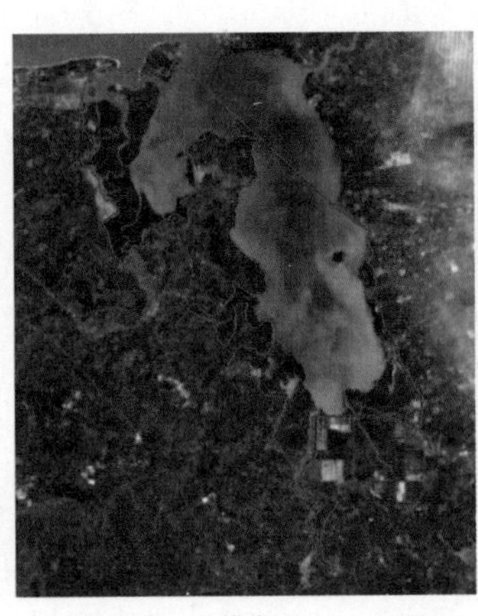

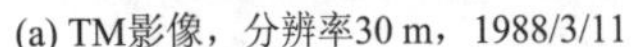

(a) TM影像，分辨率30 m，1988/3/11　(b) TM影像，分辨率30 m，1998/8/23　(c) Sentinel-2A 影像，分辨率10 m，2016/12/9

图10.5　该保护区主要保护对象20年变化图

C. 海南三亚珊瑚礁国家级自然保护区

海南三亚珊瑚礁国家级自然保护区(简称三亚珊瑚礁保护区)是1990年9月经国务院批准建立的国家级海洋类型自然保护区之一，位于海南省三亚市南部近岸及海岛四周海域，地理位置为109°20′50″～109°40′30″E，18°10′30″～18°15′30″N。与鹿回头半岛和著名的大、小东海沿岸海域(包括小洲岛)接壤；西濒传奇、美丽的东、西瑁岛四周海域。该保护区自东向西由亚龙湾片区、鹿回头半岛——榆林角片区以及东、西瑁岛片区三部分组成，保护总面积85 km^2，各片区分有核心区、缓冲区和实验区。保护区主要保护对象为造礁珊瑚、非造礁珊瑚、珊瑚礁及其生态系统和生物多样性。造礁珊瑚的建造者为珊瑚虫，珊瑚虫属于热带海洋腔肠动物。区内珊瑚种类繁多，截至目前，已查明有117种(包括5个亚种)造礁珊瑚，分别属于13科、33属和2亚属。还有在成礁建造中有积极意义的苍珊瑚、笙珊瑚、多孔螅和多种非造礁珊瑚——软珊瑚、柳珊瑚，以及与珊瑚礁生态系统共栖和密切依赖的其他丰富多样的海洋生物。迄今为止，该保护区已发展成为热门旅游景区，保护区内的岛屿上已经开发出大量的人工建设用地，同时保护区周边的水域中也遍布游艇，这些人类活动对珊瑚礁及其生境的影响程度、方式需要进一步论证。海南三亚珊瑚礁国家级自然保护区不同年份影像如图10.6所示。

(a) TM影像，分辨率30 m，1988/3/11

(b) Sentinel-2A影像，分辨率10 m，2016/12/9

图 10.6　海南三亚珊瑚礁国家级自然保护区不同年份影像图

2) 省级自然保护区

A. 海南礼纪青皮林省级自然保护区

青皮林是非常珍贵的森林生态系统，对于保护与合理利用海南岛自然资源具有重大的科学、文化与经济价值(陈伟等，2007)。海南礼纪青皮林省级自然保护区(简称青皮林保护区，图 10.7)位于海南岛东部万宁市沿海，18°11′N，110°10′E。长 16 km、宽 400 m，总面积 14234 亩，其中核心区面积 4784 亩，缓冲区 496 亩，该区域的青皮林是世界上仅存的面积最大且保存最完整的滨海青皮林，也是我国唯一的滨海青皮林，具有防风固沙、涵养水源的功能，是当地居民的饮水之源、固土之本，已被列为国家重点保护树种之一。保护区的动植物种类繁多，生物多样性十分丰富。全球青皮林绝大多数生长在中红壤类型的土壤里，而万宁青皮林生长在滨海白砂土里，土壤中的营养含量低于其他类型土壤，其土壤性质使青皮林成为世界植物区系中亚洲最北沿交界处的热带雨林标志种。目前该保护区存在的问题极为严重，保护区内存在大量建设用地以及人类活动造成的空地，严重危害了青皮林的生长空间。

B. 海南清澜港省级自然保护区

海南清澜港红树林位于海南省文昌市文昌河，文教河和横山河等八条大小河流入清澜港北侧汇合处。八门湾红树林以该湾四面滩涂为中心，辐射文昌河、文教河等河流上游数千米，其范围包括文城、清澜、头苑、东阁、东郊、文教六个镇接连八门湾之区域，面积达三万亩。八门湾红树林与东寨港红树林是海南省两处著名的红树林景观，有“海上森林公园”之美称，是世界上海拔最低的森林。

图 10.7 海南礼纪青皮林省级自然保护区影像图(Sentinel-2A，分辨率 10 m，2016 年)

海南省清澜港省级自然保护区(简称清澜港保护区，图 10.8)范围内除了有同东寨港基本相同的红树植物种类外，还有独特的成片正红树林子，沿着霞村的岸边形成雄伟的景观。在这里可以看到小片的木果核群落。木果裓的蛇状呼吸根在这里有典型的表现。海桑属的 4 个种，即海桑、杯尊海桑、大叶海桑和海南海桑在这里都有自然分布，其笋状呼吸根形成这些种类的明显特色。小花老鼠簕在东寨港自然群落中并不多见，而在该

图 10.8 海南省清澜港省级自然保护区影像图(Sentinel-2A，分辨率 10 m，2016 年)

保护区的潮沟滩涂林缘却常见它与其他红树植物伴生。海芒果、海漆等红树植物也较东寨港的自然群落中容易被发现。显然这里的种类多样性优于东寨港，具有典型性和稀有性，因而具有较大的潜在的科研意义。该保护区内大量的红树林生长境地已被破坏，取而代之的是大面积挖塘，并进行海水养殖。

C. 海南甘什岭省级自然保护区

海南甘什岭省级自然保护区(简称甘什岭保护区，图 10.9)地处三亚市东北面，在海榆中线公路边。地理坐标为 109°34′～109°42′E，18°21′～18°26′N。东以海棠湾镇万树山为界，南接林旺北山岭北坡，西至海榆中线公路，北与保亭县毗邻。甘什岭保护区重点保护海南特有珍贵树种无翼坡垒，俗称铁棱(国家二级保护植物)，这是海南省最大的也是全国唯一的无翼坡垒自然保护区。该保护区属于热带季风海洋性气候，由于季风和台风的影响，年平均降水量分配不均匀，呈明显干湿两季，气候年均温 25℃，1 月均温为 20℃，7 月均温为 28℃。降水集中，年降水量约 1800 mm，干湿季明显，每年 6～10 月为雨季，11 月至翌年 5 月为干季。

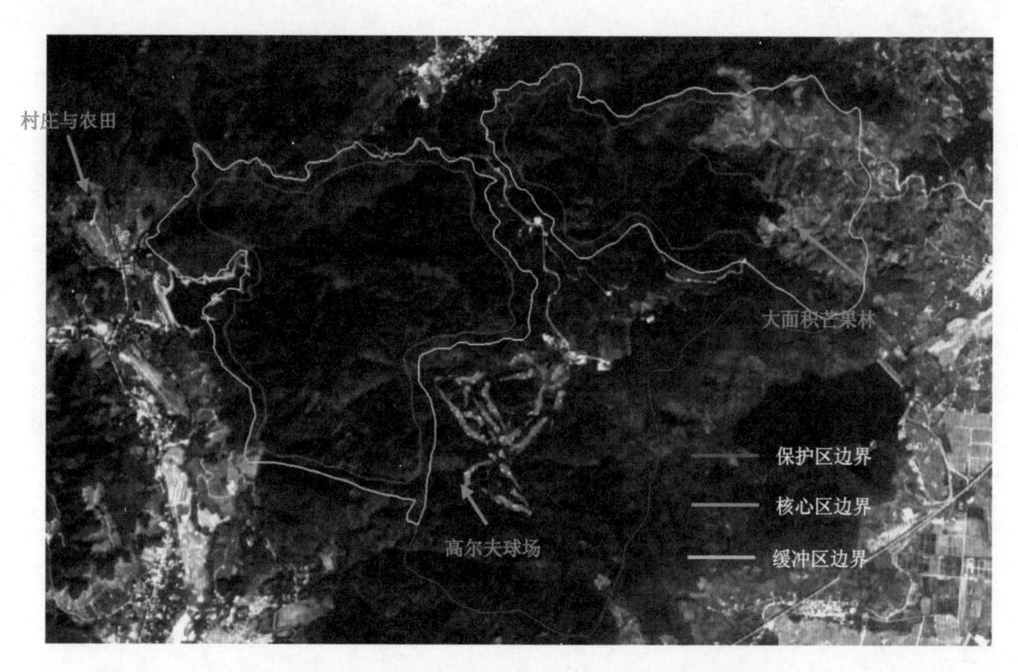

图 10.9　海南甘什岭省级自然保护区影像图(Sentinel-2A，分辨率 10 m，2016 年)

10.2　自然保护区动态变化遥感监测

10.2.1　基于 Landtrendr 算法的自然保护区动态变化遥感监测

Landtrendr 人类干扰自动检测算法是一种能够同步检测出变化趋势和扰动事件的算法。该算法采用任意时间分割技术(arbitrary temporal segmentation)分割光谱轨迹，用直线段来模拟时间轨迹的重要特征，分割出直线段端点的时间和光谱值，为生成变化图提供所需的基本信息。

研究利用 Landtrendr 算法，针对海南省典型保护区进行了长时间序列的变化监测，主要结果如图 10.10 所示。

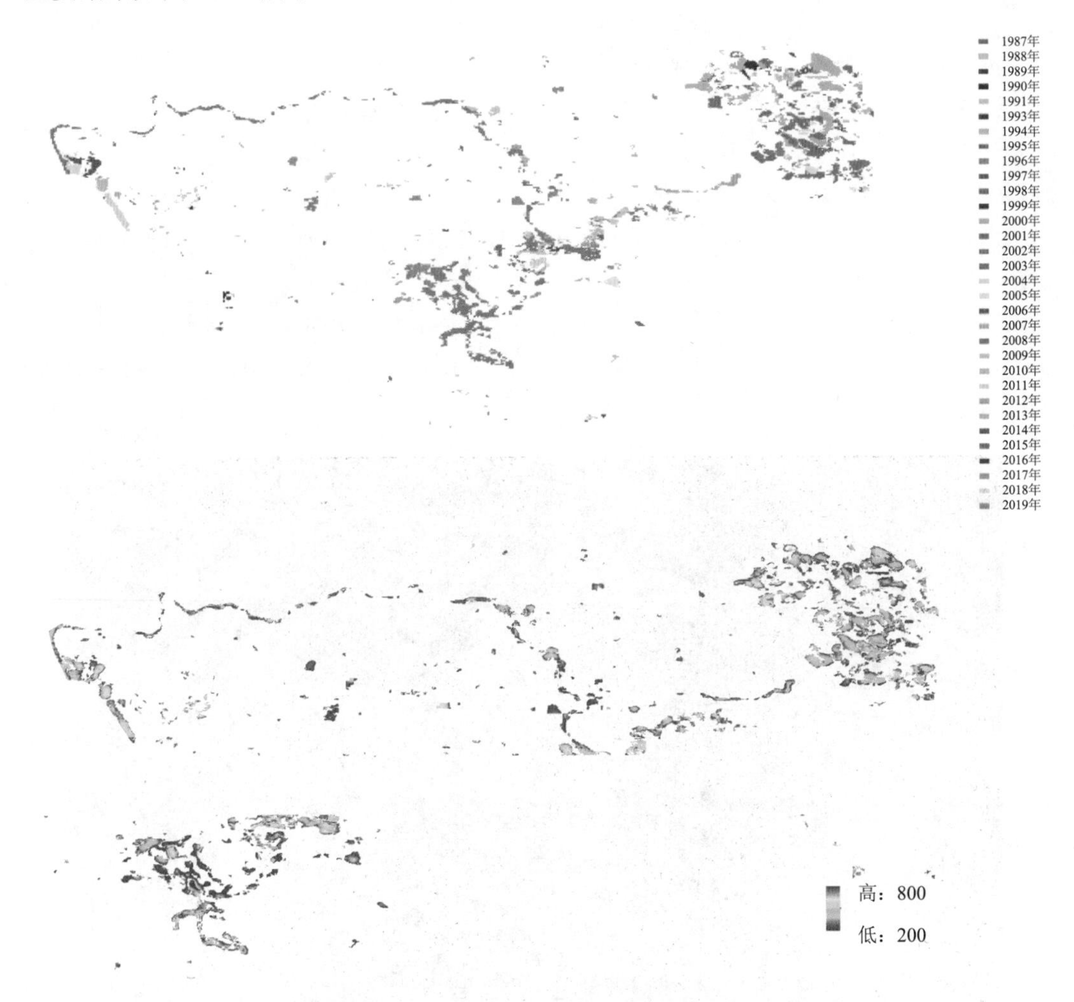

图 10.10 1987～2019 年海南甘什岭省级自然保护区 Landtrendr 检测结果空间分布图

无 1992 年数据，因为该年份没有发生扰动

由图 10.10 可知，从时间方面来看，1987～2019 年海南甘什岭省级自然保护区干扰发生的时间主要集中在 2000 年、2008 年；从空间方面来看，1987～2019 年海南甘什岭省级自然保护区干扰发生强度最高的地区分布在中部高尔夫球场和裸地区，以及东北部芒果林区。

10.2.2 基于 CCDC 算法的自然保护区动态变化遥感监测

CCDC 人类干扰自动检测(continuous change detection and classification)是一种专门针对遥感领域设计的一种基于时间序列的变化检测算法，它使用所有可用的陆地卫星数据来建模时间光谱特征，包括季节性、趋势和光谱变异性。1998～2019 年海南甘什岭省级自然保护区 CCDC 检测结果空间分布图如图 10.11 所示。

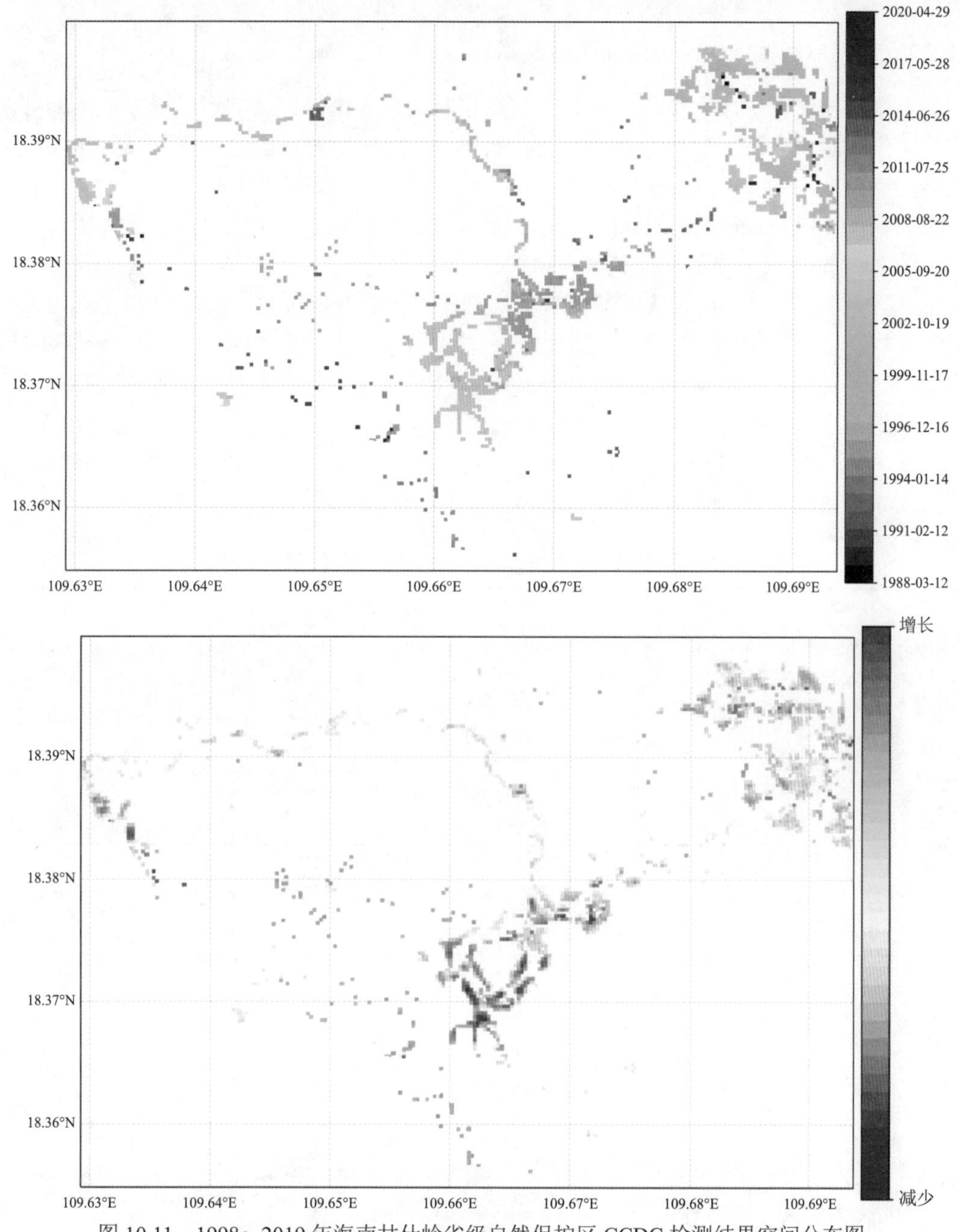

图 10.11　1998～2019 年海南甘什岭省级自然保护区 CCDC 检测结果空间分布图

基于所有可用 Landsat 影像，先根据各像元时序中 15 个无云观测值初始化模型，然后通过对比模型预测值和观测值之间的差异来检测变化。若某像元时序中的观测值和预测值差异连续超过阈值 3 次就判定为变化。可检测多种土地覆被变化，包括渐变(如植被生长和演替、虫害、异常气候等带来的变化)和突变。

以海南甘什岭省级自然保护区为例，对比两种人类干扰自动检测方法，CCDC 方法更适用于连续时间范围内的监测。

10.2.3 海南自然保护区人类活动遥感监测

海南岛自然保护区人类活动主要分布在实验区，26 个保护区的实验区人类活动总面积为 1251.01 hm^2，占人类活动总面积的 50.30%。24 个保护区的缓冲区存在人类活动，人类活动总面积为 498.04 hm^2，占 20.03%。23 个保护区的核心区存在人类活动，人类活动总面积为 185.12 hm^2，占 7.44%。6 个无功能区的保护区存在人类活动，人类活动总面积为 552.07 hm^2，占 22.20%，见表 10.1。

从数量而言，自然保护区实验区人类活动斑块的总数量最多，共有 2170 处，占人类活动斑块总数量的 48.69%，其次是缓冲区，有 1130 处，占 25.35%，无功能区有 871 处，占 19.54%，核心区有 286 处，占 6.42%，见表 10.1。

从道路长度而言，自然保护区实验区道路总长度为 536.48 km、缓冲区 263.68 km、核心区 154.30 km、无功能分区 101.36 km，分别占整个自然保护区道路总长度的 50.81%、24.97%、14.61%、9.61%，实验区的道路占一半，见表 10.2。

表 10.2　自然保护区人类活动面积及数量

保护地名称		核心区	缓冲区	实验区	保护水域	无功能区	总计
大洲岛国家级海洋生态自然保护区	面积/hm^2	—	—	0.34	—	—	0.34
	数量/处	—	—	3	—	—	3
	道路长度/km	—	—	0	—	—	0
霸王岭国家级自然保护区	面积/hm^2	3.14	8.91	120.02	—	—	132.07
	数量/处	10	19	146	—	—	175
	道路长度/km	10.72	31.66	66.14	—	—	108.52
大田国家级自然保护区	面积/hm^2	—	—	—	—	275.38	275.38
	数量/处	—	—	—	—	134	134
	道路长度/km	—	—	—	—	38.17	38.17
吊罗山国家级自然保护区	面积/hm^2	1.99	1.94	14.51	—	—	18.44
	数量/处	3	6	41	—	—	50
	道路长度/km	36.76	63.96	41.52	—	—	142.24
东寨港国家级自然保护区	面积/hm^2	10.21	106.51	7.28	0.74	—	124.74
	数量/处	56	450	76	6	—	588
	道路长度/km	0.18	4.46	0.66	0	—	5.30
尖峰岭国家级自然保护区	面积/hm^2	1.69	3.41	3.38	—	—	8.48
	数量/处	9	23	14	—	—	46
	道路长度/km	32.23	19.58	3.73	—	—	55.54
东方黑脸琵鹭省级自然保护区	面积/hm^2	0.58	6.18	150.62	—	—	157.38
	数量/处	2	23	53	—	—	78
	道路长度/km	0.05	3.42	6.83	—	—	10.3
铜鼓岭国家级自然保护区	面积/hm^2	0.50	0.46	42.52	—	—	43.48
	数量/处	4	6	138	—	—	148
	道路长度/km	0.02	0	0.87	—	—	0.89

续表

保护地名称		核心区	缓冲区	实验区	保护水域	无功能区	总计
五指山国家级自然保护区	面积/hm^2	0	0.64	3.55	—	—	4.19
	数量/处	0	6	10	—	—	16
	道路长度/km	1.02	3.28	12.34	—	—	16.64
三亚珊瑚礁国家级自然保护区	面积/hm^2	5.24	5.15	311.90	—	—	322.29
	数量/处	61	22	761	—	—	844
	道路长度/km	7.93	1.08	52.77	—	—	61.78
鹦哥岭国家级自然保护区	面积/hm^2	0.36	3.59	41.83	—	—	45.78
	数量/处	2	14	81	—	—	97
	道路长度/km	8.82	21.50	67.22	—	—	97.54
俄贤岭省级自然保护区	面积/hm^2	0.05	0.01	2.39	—	—	2.45
	数量/处	1	1	14	—	—	16
	道路长度/km	2.84	1.88	7.42	—	—	12.14
番加省级自然保护区	面积/hm^2	0.07	9.45	3.68	—	—	13.20
	数量/处	4	33	14	—	—	51
	道路长度/km	1.73	8.83	7.01	—	—	17.57
甘什岭省级自然保护区	面积/hm^2	0	0.64	4.05	—	—	4.69
	数量/处	0	32	41	—	—	73
	道路长度/km	0.20	12.87	15.71	—	—	28.78
猴猕岭省级自然保护区	面积/hm^2	0	0.02	32.51	0	—	32.53
	数量/处	0	1	59	0	—	60
	道路长度/km	8.17	2.65	33.68	0.05	—	44.55
会山省级自然保护区	面积/hm^2	—	—	—	—	28.14	28.14
	数量/处	—	—	—	—	81	81
	道路长度/km	—	—	—	—	22.29	22.29
佳西省级自然保护区	面积/hm^2	0	0	0.01	—	—	0.01
	数量/处	0	0	1	—	—	1
	道路长度/km	1.65	0.98	9.03	—	—	11.66
尖岭省级自然保护区	面积/hm^2	8.76	135.29	89.31	—	—	233.36
	数量/处	11	47	122	—	—	180
	道路长度/km	4.54	13.17	40.43	—	—	58.14
黎母山省级自然保护区	面积/hm^2	0	0.57	70.26	—	—	70.83
	数量/处	0	12	166	—	—	178
	道路长度/km	9.83	10.75	56.70	—	—	77.28
六连岭省级自然保护区	面积/hm^2	—	0.04	2.90	—	—	2.94
	数量/处	—	1	16	—	—	17
	道路长度/km	—	1.72	7.62	—	—	9.34
南林省级自然保护区	面积/hm^2	0.09	0.32	2.74	—	—	3.15
	数量/处	2	2	30	—	—	34
	道路长度/km	4.30	3.16	20.53	—	—	27.99

续表

保护地名称		核心区	缓冲区	实验区	保护水域	无功能区	总计
南湾省级自然保护区	面积/hm^2	0.23	0	3.45	—	—	3.68
	数量/处	3	0	25	—	—	28
	道路长度/km	1.34	1.14	8.42	—	—	10.9
茄新省级自然保护区	面积/hm^2	2.41	1.25	18.13	—	—	21.79
	数量/处	4	10	13	—	—	27
	道路长度/km	5.71	8.29	10.40	—	—	24.40
青皮林省级自然保护区	面积/hm^2	12.83	27.73	31.44	—	—	72.00
	数量/处	35	33	45	—	—	113
	道路长度/km	4.35	9.63	5.86	—	—	19.84
清澜港省级自然保护区	面积/hm^2	135.91	181.41	269.80	—	—	587.12
	数量/处	73	368	170	—	—	611
	道路长度/km	0.29	7.90	2.74	—	—	10.93
上溪省级自然保护区	面积/hm^2	1.02	3.68	13.22	—	—	17.92
	数量/处	4	19	81	—	—	104
	道路长度/km	4.65	26.58	41.62	—	—	72.85
邦溪省级自然保护区	面积/hm^2	—	—	—	—	84.08	84.08
	数量/处	—	—	—	—	68	68
	道路长度/km	—	—	—	—	10.93	10.93
保梅岭省级自然保护区	面积/hm^2	0.03	0.86	10.69	—	—	11.58
	数量/处	2	2	40	—	—	44
	道路长度/km	6.99	5.19	15.81	—	—	27.99
三亚红树林自然保护区	面积/hm^2	—	—	—	—	18.18	18.18
	数量/处	—	—	—	—	78	78
	道路长度/km	—	—	—	—	6.82	6.82
铁炉港红树林自然保护区	面积/hm^2	—	—	—	—	76.12	76.12
	数量/处	—	—	—	—	300	300
	道路长度/km	—	—	—	—	0.84	0.84
亚龙湾青梅港自然保护区	面积/hm^2	—	—	0.51	—	—	0.51
	数量/处	—	—	10	—	—	10
	道路长度/km	—	—	1.41	—	—	1.41
名人山鸟类自然保护区	面积/hm^2	—	—	—	—	70.16	70.16
	数量/处	—	—	—	—	210	210
	道路长度/km	—	—	—	—	22.32	22.32
面积	汇总/hm^2	185.11	498.06	1251.04	0.74	552.06	2487.01
	占比/%	7.44	20.03	50.30	0.03	22.20	100.00
数量	汇总/处	286	1130	2170	6	871	4463
	占比/%	6.41	25.32	48.62	0.13	19.52	100.00
道路长度	汇总/km	154.32	263.68	536.47	0.05	101.37	1055.89
	占比/%	14.61	24.97	50.81	0.01	9.60	100.00

注：一代表无数据。

10.3　自然保护区人类活动干扰评估

10.3.1　人类活动干扰评估体系构建

人类被认为是全球生态系统的主控因子，其活动也成为生态环境演变的重要驱动力(符国基等，2007；付晓花等，2015；郭恒亮等，2021；Correa et al., 2017)。依照《中华人民共和国自然保护区条例》相关规定，自然保护区核心区和缓冲区内禁止出现各种类型的人类活动，实验区内禁止开设与保护方向不一致的参观、旅游项目，不得建设污染环境、破坏资源或者景观的生产设施(何柏华等，2020；江东等，2016；靳勇超等，2015)。因此，对于自然保护区内禁止出现的人类活动类型以及适宜开展的人类活动类型，法律法规中做了明确的规定。然而，随着社会经济的快速发展，自然保护与社区经济发展之间的矛盾日益突出，各类旅游开发项目、农业生产项目、资源开采等人类活动逐年增长(孔梅等，2020；刘佳琦，2018；刘晓曼等，2020)。另外，自然保护区周边社区的发展逐渐蚕食着保护区土地。2017 年上半年，环境保护部对全国已获取边界数据的 660 处省级及以上自然保护区开展了人类活动状况遥感监测，结果显示 660 处省级及以上自然保护区均存在不同程度人类活动，其中大部分自然保护区内都存在采石场、工矿用地、能源设施、交通设施、旅游设施和养殖场等。各种人类活动对部分自然保护区造成的影响已经超过了其生态承载力，对保护区内主要保护对象及其生境造成了极大的破坏。

利用 2017 年和 2020 年高分辨率 Sentinel-2 影像、珞珈一号夜间灯光数据以及社会经济统计数据等，基于自然(nature)、经济(economy)、社会(social)三个方面建立人类活动干扰评价体系，选取反映人类活动干扰的评价指标，构建了“N-E-S”评价模型，最终分析了保护区及其外围不同范围实验区的人类活动干扰程度，以期得到 2017 年海南颁布环保督察政策以来，保护区人类活动干扰的变化情况，从而为自然保护区管理部门在改善保护区生态系统健康、促进可持续发展以及在保护区的合理规划方面提供科学依据。

10.3.2　人类活动干扰评估指标遥感反演

基于适应性、科学性、代表性、可操作性等原则(Roth et al., 2016)，本节从三个方面选取了不同的评价指标。首先在自然方面，结合保护区以森林植被类型为主的特点，选取了植被覆盖度、植被净初级生产力以及地表温度为评价指标；在经济方面，因为经济与人口紧密相连，所以选取了人均 GDP、夜间灯光数据以及人口密度为评价指标；在社会方面，人类活动主要表现为城镇化的进展，所以选取了归一化城市指数、耕地面积比例为评价指标。各项指标获取方式等具体情况见表 10.3。

表 10.3　评价指标

评价指标	单位	相关性	获取方式
植被覆盖度	km^2	—	Google Earth Engine
植被净初级生产力	g/m^2	—	Google Earth Engine
地表温度	℃	+	遥感影像反演

续表

评价指标	单位	相关性	获取方式
人均 GDP	万元/km^2	+	海南当地统计年鉴
夜间灯光数据	—	+	https://www.ngdc.noaa.gov/eog/download.html
人口密度	人/km^2	+	《海南统计年鉴》
归一化城市指数	—	+	遥感影像反演
耕地面积比例	km^2	+	LUCC 结果计算

注："—"表示与人类活动干扰强度呈负相关性，即该值越大，人类活动干扰强度越小；"+"表示与人类活动干扰强度呈正相关性，即该值越大，人类活动干扰强度越大。"LUCC"是指土地利用分类数据。

Sentinel-2 号影像数据的空间分辨率为 10m，经过几何校正、大气校正等预处理后，这些数据可以作为分类的数据源；植被覆盖度、植被净初级生产力以及地表温度数据均来自遥感数据云平台(Google Earth Engine)，空间分辨率为 30m；人均 GDP 及人口密度数据来自《海南统计年鉴》或海南政府网站，利用渔网工具对保护区栅格图层进行格网化，栅格大小为 30m×30m，并按照统计数据对每个栅格进行赋值，得到不同社会统计数据的栅格图；夜间灯光数据来自珞珈一号数据产品，通过亮度转换公式($L = \mathrm{DN}^{3/2} \times 10^{-10}$)进行辐射定标，空间分辨率为 130m；归一化城市指数利用公式 $\mathrm{VANUI} = (1 - \mathrm{NDVI}) \times \mathrm{NTL}$，基于 NDVI 栅格数据、夜间灯光数据处理后得到，空间分辨率为 30m，NTL 指夜间灯光数据；耕地面积比例基于 LUCC 数据获得，空间分辨率为 10m。

10.3.3 人类活动干扰评估模型构建

人类活动干扰强度与自然、经济、社会紧密联系，是自然环境条件与人类社会经济活动综合作用的结果。在"自然-经济-社会(N-E-S)"模型中，"自然"表示区域的自然条件现状，是人类活动对生态环境干扰的直接表现，同时自然条件好的区域对人类活动的干扰有一定缓冲作用(冯珍珍，2019；骆蒙蒙和吴雅睿，2019)；"经济"表示区域开发度，经济发展与区域开发是人类活动的核心，经济增长是人类活动的主要目的和结果，经济发展水平的高低与环境受到的扰动程度呈正相关关系；"社会"表示人文影响度，自然界所受到的人类扰动程度与社会的规模和构成有关。自然、经济和社会相互制约、相互影响，共同决定人类活动干扰强度的大小。因此，笔者利用框架模型，通过技术系统的中介作用，将自然、经济、社会三大系统有机结合起来，形成一套多因素指标、多层次结构的复合整体，以此评价人类活动干扰对保护区的影响。

10.3.4 典型自然保护区人类活动干扰空间分析

利用 N-E-S 模型，通过熵值法对指标数据的权重计算，利用综合评价法得到了 2017 年和 2020 年的人类活动干扰强度空间分布图,并在此基础上得到了不同强度类型在不同功能区的占比情况，通过综合这些结果，得到了以下结论。

利用空间统计的方法，结合人类活动强度干扰空间分布栅格图，把栅格图分为 30m ×30m 的单元，计算每个像元的人类活动干扰值，再利用像元个数计算保护区人类活动干扰的平均值，得到2017年均值为0.35, 2020年均值为0.38。由此可知，三年以来该保护区人类活动干扰强度整体增大，但增大幅度不大。由图10.12得知，从人类活动干扰强度空间位置来看，该保护区人类活动干扰主要发生在东部，主要受石梅湾旅游度假区的影响，但2020年该地区人类活动干扰有所下降，主要是环保督察以来，该保护区对周围可能影响保护区生境的旅游设施进行整改或要求停业，西部及中部受人类活动干扰小。结合土地利用分类数据(图10.12)来看，该保护区受农业用地以及居民点的干扰较大，且随着农业用地和居民点用地的增加，人类活动干扰强度增大，主要因为这两种地类分布范围广，面积较大，并且是与人类活动最相关的两种用地类型。结合图10.12，从不同范围来看，保护区内部受人类活动干扰较低，以低和较低类型为主，在3km实验区范围内，干扰类型中，高类型增加约3%，低类型减少7%，其他三种类型都有不同程度的增加，在6km实验区范围内，干扰类型仍旧以低为主，但是其他四种类型增加，尤其是较高和高两种类型所占面积达到总面积的26%。

综上所述，2017年与2020年相比，人类活动干扰强度增大，且干扰范围扩大，干扰主要与农业用地和居民点相关，其他地类对干扰强度的影响不大。从不同实验区来看，保护区受人类活动影响不大，距离保护区越远，干扰程度越高，主要原因是保护区得到有效管理，原有的植被都得到了较好的保护，而实验区的农业用地和居民点较多，变化较大。

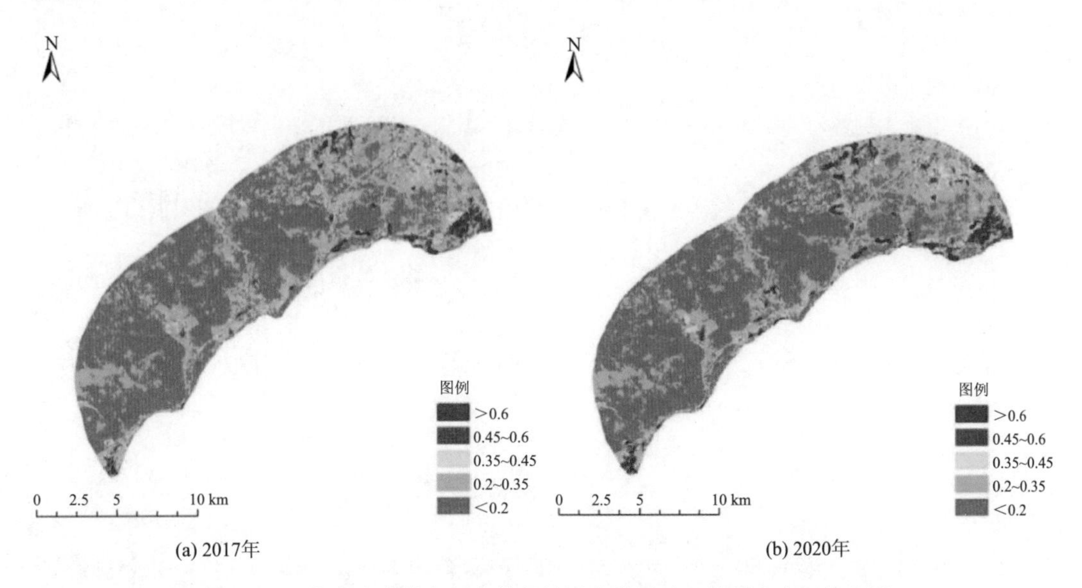

(a) 2017年　　(b) 2020年

图10.12　海南青皮林省级自然保护区人类活动干扰强度空间分布图

10.4　本 章 小 结

本章整体介绍了海南岛不同级别和不同类型的自然保护区概况，针对自然保护区发生的不同程度变化开展了时间序列保护区变化的动态监测，可监测保护区历史变化情况及变化规律，为后续保护区管理提供数据支持。变化监测算法主要采用 landtrendr 以及 CCDC 两种算法，分别以年及月尺度为时间间隔，探测保护区变化发生的时间及强度。最后针对人类活动干扰，综合自然-经济-社会各方面指标构建了人类活动干扰评估体系，得到了保护区人类活动干扰强度空间分布图，可为该保护区的建设管理提供理论支撑。

参考文献

白一杰, 蒙仲举, 吕新丰. 2021. 人类活动干扰下希拉穆仁草原景观格局的演变. 内蒙古农业大学学报(自然科学版), (4), 1-11.

陈静. 2016. 人为干扰下的自然保护区生态环境动态变化及对策研究. 福州: 福建师范大学.

陈伟, 兰国玉, 陈秋波, 等. 2007. 海南岛青皮林生态系统服务功能及保护对策. 西北林学院学报, (5): 207-210, 221.

崔文连, 刘杰, 刘善伟, 等. 2015. 崂山自然保护区人类活动遥感监测与评价. 海洋科学, 39(2): 118-121.

邓娇. 2014. 候鸟类型国家级自然保护区保护成效评估. 长沙: 中南林业科技大学.

冯珍珍. 2019. 基于“N-E-S”模型的丹江口库区人类活动干扰评价研究. 郑州: 郑州大学.

符国基, 徐恒力, 陈文婷. 2007. 海南省人类活动对自然生态的影响.环境科学研究, (6): 61-66.

付晓花, 董增川, 山成菊, 等. 2015. 人类活动干扰下的滦河河流生态径流变化分析. 南水北调与水利科技, 13(2): 263-267.

郭恒亮, 冯珍珍, 赫晓慧, 等. 2021. 2000～2020 年丹江口库区人类活动干扰强度时空特征. 人民长江, 52(4): 88-94.

何柏华, 张晓勉, 薛晓坡, 等. 2020. 自然保护区人类活动遥感监测效果分析——以广西为例.安徽林业科技, 46(3): 3-8.

江东, 阎晓曦, 付晶莹. 2016. 人类活动信息多尺度遥感影像提取的适用性比较——以灵武白芨滩自然保护区为例. 资源科学, 38(8): 1409-1422.

靳勇超, 罗建武, 朱彦鹏, 等. 2015. 内蒙古辉河国家级自然保护区湿地保护成效. 环境科学研究, 28(9): 1424-1429.

孔梅, 孟祥亮, 高洁, 等. 2020. 山东省省级自然保护区人类活动遥感监测与评价. 环境监控与预警, 12(1): 16-19.

刘佳琦. 2018. 黄河三角洲人类干扰动态及生态保护红线区管控研究. 聊城: 聊城大学.

刘晓曼, 付卓, 闻瑞红, 等. 2020. 中国国家级自然保护区人类活动及变化特征. 地理研究, 39(10): 2391-2402.

栾卓然. 2020. 河北省自然保护地人类活动遥感动态监测.环境与可持续发展, 45(3): 134-138.

骆蒙蒙, 吴雅睿. 2019. 自然保护区人类活动干扰状况及思考——以宁夏沙坡头自然保护区为例. 区域治理, (46): 67-71.

骆蒙蒙. 2020. 自然保护区人类活动干扰状况遥感监测研究. 西安: 西安科技大学.

汪永华, 胡玉佳, 翁应云. 2003. 海南岛青皮林自然保护区. 植物杂志, (5): 8.

王贵, 赵骥民, 郝清玉. 2012. 石梅湾青皮林自然保护区景观破碎化研究. 广东农业科学, 39(11): 171-174.

Correa A C A, Mendoza M E, Etter A, et al.2017. Anthropogenic impact on habitat connectivity: A multidimensional human footprint index evaluated in a highly biodiverse landscape of Mexico. Ecological Indicators, 72: 895-909.

Roth D, Moreno-Sanchez R, Torres-Rojo J M, et al. 2016. Estimation of human induced disturbance of the environment associated with 2002, 2008 and 2013 land use/cover patterns in Mexico. Applied Geography, 66(3): 22-34.

第 11 章　海南城市绿度空间信息提取与评价

作为城市生态系统不可或缺的组成元素，城市绿度空间(urban green space)对优化城市生态系统、改善城市生态环境质量与提高城市环境美景度起到至关重要的作用。但是，在城市发展过程中，城市绿度空间的分布往往很不均衡，对其进行科学的度量与评价意义重大。科学度量与评价城市绿度空间，不仅可以帮助城市居民更好地认识城市绿度空间，更能为管理与规划城市绿度空间提供科学依据，进而促进城市绿度空间质量和配置的不断完善，为最大化发挥其生态功能和服务价值提供科学的理论支持。

城市化促进了城市形态的形成，也促进了城市形态的快速演变(Li et al., 2015a)。城镇人口的增加加快了城市扩张，在城市扩张过程中，地表的自然覆盖被城市不透水面(建筑物、道路等)所取代，与此伴随而来的是一系列城市环境问题(Bastian et al., 2012)。城市植被作为城市生态系统中主要的自然成分和初级生产者，在改善环境质量、调节生态平衡、维护生态安全上具有不可替代的作用。在城市高速发展的情况下，亟须加强城市绿地建设以保障其最大限度发挥综合效益(Wu et al., 2013)。以往评价城市绿度空间的研究多基于其自身属性研究城市绿度空间的面积等指标，评价方法相对简单。遥感影像空间分辨率的不断提高，为城市绿度空间研究提供了很好的数据基础。国内外学者通过格网法、缓冲区法等进行城市绿度空间综合性评价。定量描述城市绿地面积、人均绿地面积、绿地种类及绿地生物量等是较常用的城市绿度空间度量方法(Edwards et al., 2013)。近年兴起的城市街道街景地图是一种实景地图服务，通过车载相机实地拍摄街道周围的环境，利用图像处理技术，为地图浏览用户提供城市街道环境的真实图像，真正实现了和行人视角一样的地图浏览体验(Li et al., 2015b; Richards and Edwards, 2017)。街景数据为城市绿度空间评价技术研究带来了新视角。

本章聚焦于城市绿度空间评价，分别从城市景观俯视和城市街道侧视视角开展研究。基于高分二号卫星影像和百度全景影像对城市绿度空间环境要素进行信息提取与分析。进而分别从卫星遥感的俯视角度与街景的侧视角度研究城市绿度空间环境特征。

11.1　基于高分二号影像的城市绿度空间信息提取

数据预处理是遥感技术应用的第一步，也是后续处理的基本步骤，主要包括数据正射校正、辐射定标和大气校正等。数据预处理后需要进行图像的分类，提取出地物信息，为后续的研究打下基础。具体流程如图 11.1 所示。

正射校正是几何校正的高级形式，可以消除遥感平台、传感器本身和地球曲率造成的几何变形。常用的正射校正模型主要有严格物理模型和通用经验模型两大类。严格物理模型的主要方法有共线方程和仿射变换等(Xian et al., 2005; Chen et al.,2006; Groenewegen et al., 2006; Frome, 2009; Fuller and Gaston, 2009)，能够在没有或缺乏地表控制点的情况下实现几何校正。常见的通用经验模型的主要方法有直接线性、多项式、有理函数和神经网络模型等(Litschke and Kuttler, 2008; Mitchell and Popham, 2008; Walker and Blaschke, 2008; Landry, 2011; Largo-Wight et al., 2011)。辐射定标是将卫星传感器所得的观测值转化为绝对亮度值(绝对定标)或是变换为与地表反射率、表面温度等物理量有关的相对值(相对定标)的处理过程，也是进行大气校正的前提(Torii et al., 2009; Yang et al., 2009)。在实际应用中，一般通过定期地面测量建立起卫星传感器的观测值与地面测量值(如辐射亮度值或反射率)的线性关系。

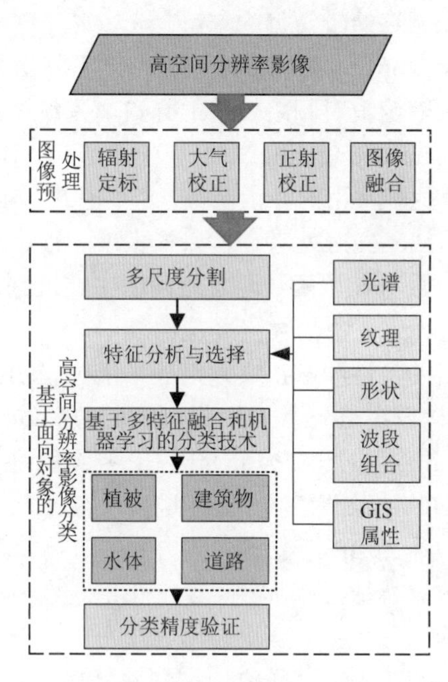

图 11.1　数据预处理与分类流程

大气校正是将大气顶层的辐射亮度值(或者大气顶层反射率)转换为地表发射的太阳辐射值(或地表发射率)的过程，主要目的是消除大气对辐射传输的影响(Wolf, 2005; Hillsdon et al., 2006; Maas et al., 2006)。依据大气校正的方法的原理可将其分为统计模型和物理模型(Chiesura, 2004; Ghulam et al., 2004)。统计模型是基于地表变量和遥感数据的相关关系而建立的，具有简单和所需参数少的优点，但是通用性较差，常用的统计方法有经验线性法和平场域法等(Zhu et al., 2008; Arbogast et al.,2009)。

遥感图像配准是指基于变换参数将来自不同的传感器、不同的视角的相同获取时间及覆盖范围的两个或更多个图像投影到单个坐标系中，并且在像素层获得最佳匹配的过程(Chen et al., 2013; Liu et al., 2013)。随着传感器技术的发展，遥感图像数量海量增长。由于不同传感器本身光学器件和获取图像的成像条件具有差异性，因此不同的图像可能无法做到严密的几何一致性。为了充分利用不同的图像优势，完成特定任务，必须进行配准处理，以使得不同的图像在几何层面具有严格的一致性。目前图像的配准方法有很多，主要分为基于区域的配准、基于特征的配准、基于混合配型的配准和基于物理模型的配准(Nichol and Wong, 2007)。

图像融合技术是将高空间分辨率的卫星影像与多光谱图像融合，融合后的影像既保留了高空间分辨率卫星影像的细节信息，也包含了多光谱图像的波段光谱信息(Balram and Dragievi, 2005)。图像融合之后的影像质量对后续的研究或信息的提取分析起决定性的作用。对于高分二号影像而言，采用的是将 1m 全色波段影像和 4m 多光谱波段影像融合。

选择海南省三亚市中区为研究区，基于国产高空间分辨率卫星高分二号卫星影像，利用 BP(backpropagation)神经网络图像分类算法，实现对城市主要地物的分类。BP 神经网络是用来训练人工神经网络的较常见的方法之一，是一种与梯度下降法结合使用的算法(Nielsen et al., 2013; Nutsford et al.,2013)。因为梯度下降法是完成 BP 神经网络算法的环节之一，需计算平方误差函数对网络权重的导数。系统激活函数的选择是构建神经网络过程中的重要环节(Adams and Smith, 2014)，一般来讲，BP 神经网络要求系统激活函数是可微分函数。以下是两种常用的激活函数：S 型函数(log-sigmoid function)和双曲正切 S 型函数(tan-sigmoid function)，两者在输入很大或者很小的时候，输出都几乎平滑，梯度很小。双曲正切 S 型函数与 S 型函数两者之间的主要区别是函数的值域不同，双曲正切 S 型函数值域是(–1,1)，而 S 型函数值域是(0,1)。

新构建的 BP 神经网络的特性和解决实际问题的能力是由 BP 神经网络的结构决定的，所以 BP 神经网络的结构设定是一个非常重要的环节，需要根据研究的实际需要来进行确定(Farinha-Marques et al., 2011)。在充分分析 BP 神经网络结构特点以及分类需求的基础上，预设一个四层的 BP 神经网络结构，包含一个输入层、一个输出层和两个隐含层，采用双曲正切 S 型函数作为 BP 神经网络结构中各节点的激活函数。

根据高分二号影像的数据特征，可确定其对应 BP 神经网络的每一层神经元节点的数量。根据本节参与分类的影像特征有 4 个，即 3 个可见光波段和 1 个近红外波段，首先确定 BP 神经网络输入层的节点数。输入的信息特征维数为 4，BP 神经网络输入层节点数为 4；对于分类需求，需将研究区的城市地物类型分为三类：植被、建筑物和水体。据此确定输出层的节点数，即对应的 BP 神经网络输出层节点数为 3；最后根据神经元节点数计算公式 2×(输入层+输出层)+1 来确定隐含层的节点数，得到 BP 神经网络隐含层的节点数为 15。本节对应的 BP 神经网络为 4-15-3 型结构。

对于构建好的 BP 神经网络模型，在应用到城市地物分类中还需要对一些关键参数进行设置。其中，最重要的两个参数是训练误差和最大迭代次数。训练误差设定为 0.05，在训练过程中当训练误差小于 0.05 时，训练完成；将最大迭代次数设定为 20000，在训练过程中如果迭代次数已经达到 20000，但训练误差未达到设定值(即不小于 0.05)，训练结束。可以通过重新修改 BP 神经网络的参数，如网络结构、动量因子或者各层学习率，或者重新选择训练样本进行训练，使训练结果达到满意。

经过以上 BP 神经网络模型的设定，将经过预处理的研究区高分二号影像和训练样本输入到模型中，得到研究区城市地物类型分类结果，如图 11.2 所示。

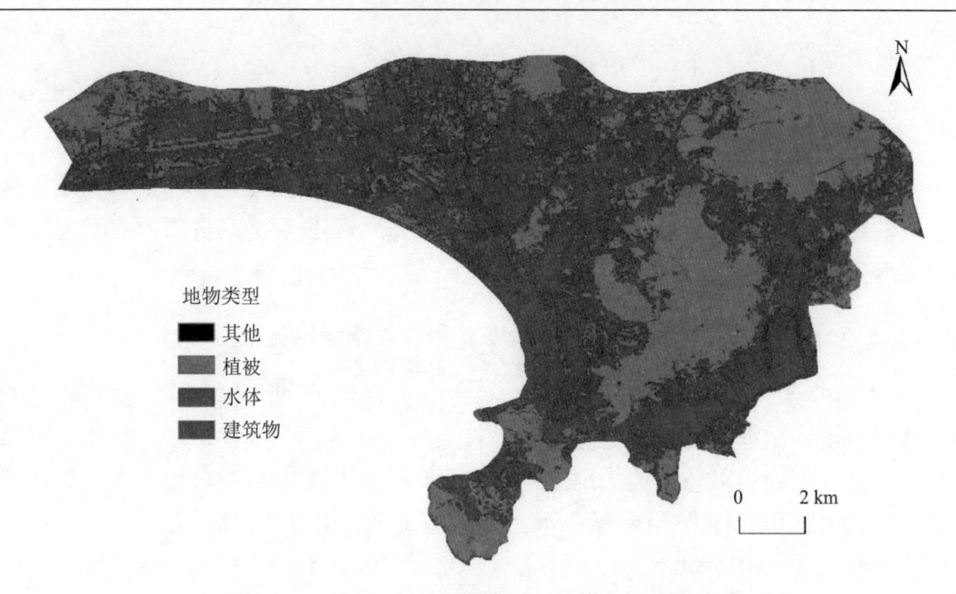

图 11.2　基于 BP 神经网络的三亚市中区地物分类

将分类结果与遥感影像进行对比，出现一定的误差，误差来源如下：①植被分类误差——城市中的建筑物阴影会被误分为植被；农村地区的乡间小道被误分为植被；②建筑物分类误差——某些未利用地的区域会被误分为建筑物；道路边缘绿化被误分为建筑物。将利用 BP 神经网络算法得到的初始分类结果进行处理，得到最终的分类结果。利用初始的样本计算分类结果的精度及其对应的混淆矩阵，采用混淆矩阵来实现对 BP 神经网络分类结果的精度评定，详细参数见表 11.1，其中总体精度为 91.35%，Kappa 系数为 0.87。可见，在四种目标地物类别中，水体分类精度最高，植被其次，建筑物区分难度最大。

表 11.1　基于 BP 神经网络分类的混淆矩阵

类型	其他	植被	水体	建筑物	总和
其他	401	220	0	4	625
植被	7	1756	29	18	1810
水体	0	0	1318	9	1327
建筑物	15	14	35	235	299
总和	423	1990	1382	266	4061

11.2　基于高分二号影像的城市绿度空间景观评价

根据城市地物分类结果，引入生态景观格局的思想，针对研究区城市绿地景观的特点，综合考虑研究的精度及数据情况，优选最能代表研究区城市绿度空间景观格局特征的指标。进而，开展城市绿度空间斑块构成、绿度环境组成格局和城市绿度环境景观格局研究，从卫星遥感俯视平面角度进行城市绿地评价。

11.2.1　城市绿地景观斑块构成分析

本节通过三亚市中区城市绿度空间的绿地斑块数量构成及绿地类型所占比重、城市绿度空间的绿地斑块形状分析和城市绿度空间的绿地斑块景观格局分析，了解三亚市中区城市绿度空间特征。

1. 三亚市中区城市绿度空间的绿地斑块数量构成及绿地类型所占比重

由表 11.2 可见，三亚市中区城市绿度空间的绿地类型以中型及以上的绿地类型为主，三种绿地类型所占比重达到 77%，主要分布在三亚市中区的四周区域。由图 11.3 可见，东部和东北部有两处面积较大的绿地，结合三亚市中区的实际情况分析，这两处是三亚市中区主要的山脉和森林公园风景区，其中东部绿地斑块的面积为 2178.29 hm^2，东北部绿地斑块的面积为 1710.08 hm^2。通过以上对三亚市中区城市绿度空间的绿地斑块数量的分析，说明三亚市中区的城市绿度空间的覆盖度较高。

表 11.2　三亚市中区城市绿地类型统计情况

绿地类型	小型绿地	中小型绿地	中型绿地	大中型绿地	大型绿地
比重/%	5	18	23	23	31

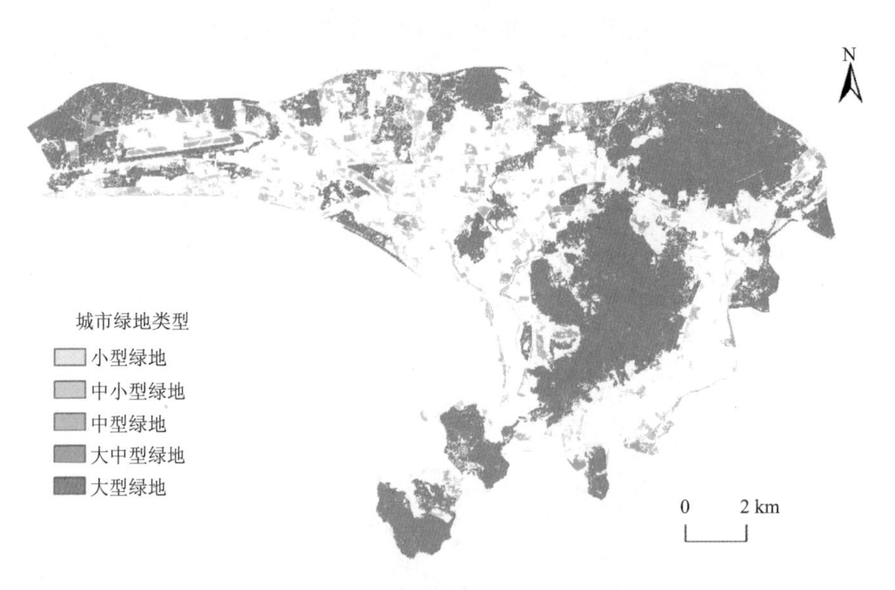

图 11.3　三亚市中区城市绿地类型分布图

2. 三亚市中区城市绿度空间的绿地斑块形状分析

选取斑块形状指数(SI)和斑块面积加权的平均分维数(FRAC_AM)两个指标来分析三亚市中区城市绿度空间的绿地斑块形状。图 11.4 是三亚市中区城市绿度空间的绿地斑块形状指数的分布图，图 11.5 是三亚市中区城市绿地斑块面积加权的平均分维数的分布图，表 11.3 显示了以上两个指标的统计结果。

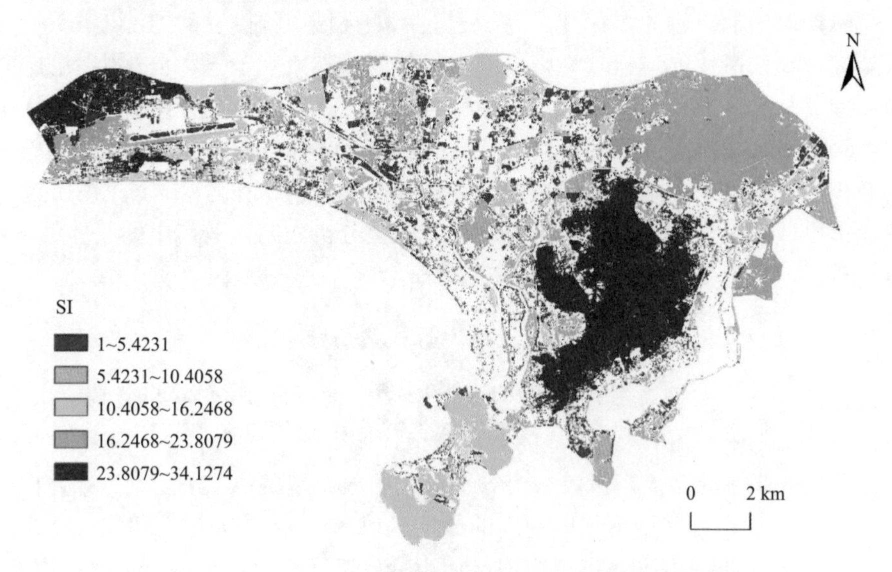

图 11.4　三亚市中区城市绿度空间的绿地斑块形状指数

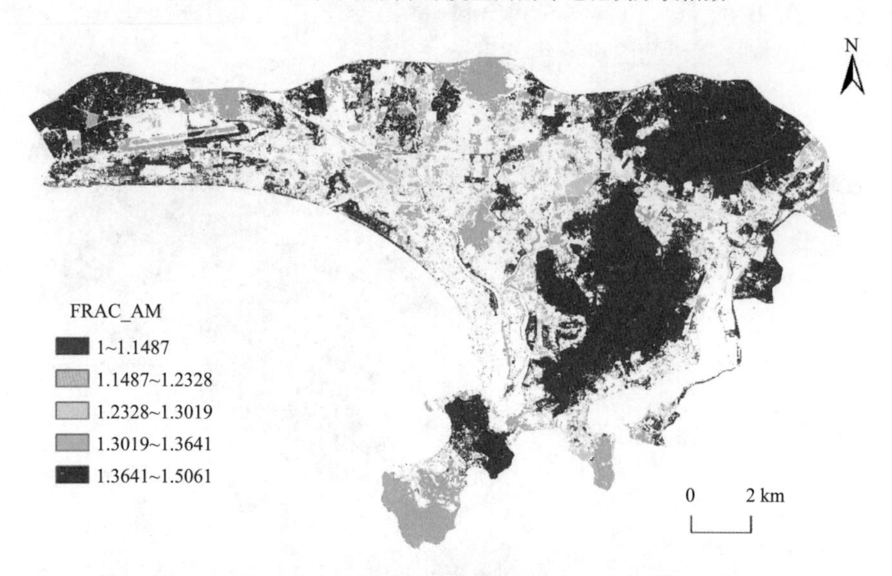

图 11.5　三亚市中区城市绿度空间的绿地斑块面积加权的平均分维数

表 11.3　三亚市中区城市绿度空间的绿地斑块形状指数统计结果

SI	[1,5.42)	[5.42,10.41)	[10.41,16.25)	[16.25,23.81)	[23.81,34.13]
比重/%	16	14	18	22	30
FRAC_AM	[1, 1.48)	[1.48, 1.23)	[1.23, 1.31)	[1.31, 1.36)	[1.36, 1.51]
比重/%	76	6	4	5	9

斑块形状指数和斑块面积加权的平均分维数的值越接近 1，斑块形状越接近正方形或圆形，其形状就越规则。规则的城市绿度空间的绿地斑块形状有利于内部生态系统的稳定，同时可以增加生物的多样性。另一方面，如果城市绿度空间的绿地斑块受到人为的干扰越大，那么斑块的形状越规则，城市绿地的自然景观形态和自然生态的演替受到的破坏程度就越高。由绿地斑块形状指数分布图(图 11.4)及其统计结果(表 11.3)可见，三亚市中区城市绿度空间的绿地斑块形状复杂程度多样化，且各区间的比重相差不大。但斑块面积加权的平均分维数的分布图及其统计结果表明，在考虑斑块面积的基础上，整个三亚市中区的绿地斑块形状趋于规则化。以上分析表明三亚市中区整体的城市绿地规划效果明显，绿地受到的人为干扰程度较强。

3. 三亚市中区城市绿度空间的绿地斑块景观格局分析

选取最近距离(ENN)指数来分析三亚市中区城市绿度空间的绿地斑块的景观格局情况，ENN 的值越大，斑块间相隔的距离越远，城市绿地斑块的分布越离散；ENN 的值越小，斑块间相隔的距离越近，城市绿地斑块的分布越集中，呈团聚分布。图 11.6 和表 11.4 显示了三亚市中区城市绿度空间的绿地斑块 ENN 的分布情况和统计结果。

由图 11.6 和表 11.4 可见，三亚市中区城市绿度空间的绿地斑块分布聚集程度高，并且绿地斑块间的 ENN 最大值为 136.89 m，说明三亚市中区整体的绿地虽然受到了较强的人为干扰，但绿地斑块间的距离相差不远，聚集度高。

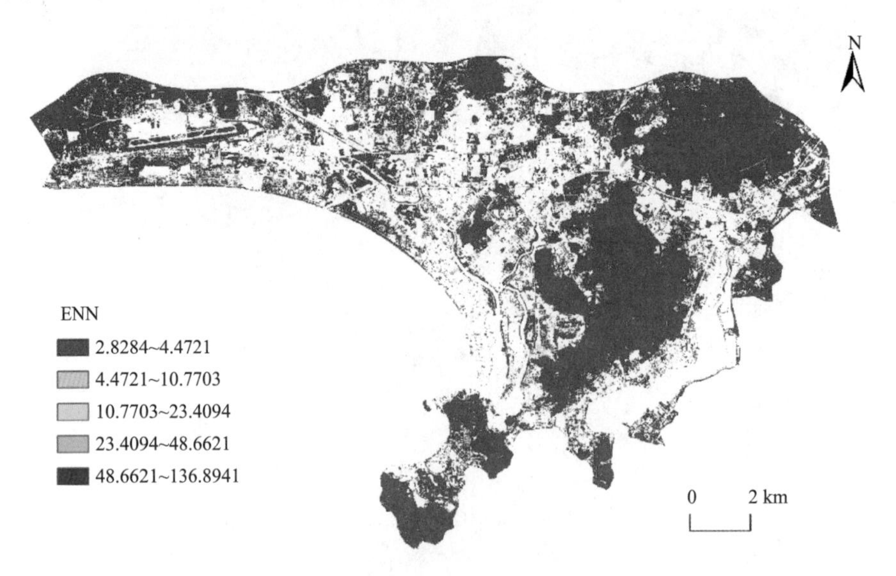

图 11.6　三亚市中区城市绿度空间的绿地斑块 ENN 分布图

表 11.4　三亚市中区城市绿度空间的绿地斑块 ENN 统计结果

ENN/m	[2.81,4.47)	[4.47,10.77)	[10.77,23.41)	[23.41,48.66)	[48.66, 136.89]
比重/%	65	18	9	4	3

11.2.2　三亚市中区城市环境组成格局分析

由表 11.5 中的数量指数统计结果可见，三亚市中区植被所占的面积比例最大(PLAND=21.64%)，说明三亚市中区整体的城市植被覆盖水平较高，并且面积最大的植被斑块也是三种类型中最大的(LPI=10.24%)，主要是因为三亚市中区有凤凰岭海誓山盟景区，总体规划面积达 17 km^2，景区内被大面积的森林所覆盖。由形状指数的面积加权平均斑块分维数统计结果可见，三种类型中建筑物的几何形状最复杂(FRAC_AM=1.55)，说明三亚市中区的城市建筑物规划尚需完善。由空间格局指数统计结果可见，水体是三种类型中分离度最高的(SPLIT=7137.68)，但水体斑块的破碎程度最低，这是因为三亚市中区中水体主要分布在南部沿海地区，其中三亚河、临春河和榆林港面积占比相对较大且连片分布，榆林港与前两者之间的距离较远，造成水体的景观分离度指数值偏高。建筑物类型斑块的破碎程度最高但分离度最低，植被的分离度和破碎程度处于居中水平，说明三亚市中区建筑物和植被间相互衔接，交错出现，表明三亚市中区的城市绿度空间分布受到强烈的人为干扰，在城市发展与规划中，城市绿度空间被不同的建筑类型和纵横交错的交通道路不断分割，最终导致城市植被斑块的破碎化程度加剧。

表 11.5　三亚市中区城市环境组成景观格局指标

类型	数量指数				形状指数	空间格局指数				
	AREA_MN	AREA_SD	PLAND	LPI	FRAC_AM	ED	SPLIT	AI	COHESION	ENN_MN
植被	0.15	11.76	21.64	10.24	1.37	187.78	220.15	95.67	99.78	6.97
建筑物	0.12	27.71	19.06	2.87	1.55	213.61	35.21	94.36	99.98	6.88
水体	0.03	2.84	2.45	3.99	1.27	26.72	7137.68	94.59	99.32	15.50

11.2.3　三亚市中区城市绿度环境景观格局分析

由表 11.6 可见，三亚市中区的景观要素斑块密度为 374.62，说明三亚市中区城市景观整体上破碎程度较高，这一结果与上一节中得出的三亚市中区城市环境组成类型的斑块破碎程度较高的结论相符。这也说明，除去三亚市中区中几个面积较大的区域，城市中的斑块面积普遍较小。

由表 11.6 可以看出，三亚市中区城市绿度环境香农多样性指数(SHDI)的值为 0.87，说明该三亚市中区的城市绿度空间多样性和异质性水平较差，城市绿度空间景观类型的齐整度较低，同时，城市绿度空间各类型所占比例差异比较明显。通过对三亚市中区城市绿度空间类型的分析发现，导致三亚市中区城市香农多样性指数(SHDI)值偏低的主要原因是三亚市中区的城市绿地类型的面积和数量分配不均匀，其中，大中型绿地面积所占比例为 54%，小型绿地面积所占比例仅为 5%，大中型绿地的面积比率占绝对优势，这就导致三亚市中区的其他类型绿地面积相对较小，因此，从香农多样性指数(SHDI)的结果分析来看，三亚市中区城市绿地多样性需进一步提高。

表 11.6　三亚市中区城市环境组成景观格局指标计算结果

数量指数(PD)	空间格局指数(SHDI)
374.62	0.87

11.3　基于百度全景影像的城市街道绿度评价

采用街景数据，基于 GrabCut 算法对图像进行分割，在图像分割的基础上，建立图像的特征与分类规则库，结合地物的光谱特征，基于 OTSU 与 BP 神经网络算法对城市植被、建筑物、天空等环境信息进行自动化、精细化提取。基于分类后的影像建立全景绿视率(PGVI)、绿色视觉熵(GVE)、天空开阔率(SOI)等指标来表征城市街道绿度给行人带来的视觉感受。运用层次分析法创建城市绿度空间评价指数，评价分析研究区域城市绿度空间分布的优劣，并分析本节评价方法的可行性，具体流程如图 11.7 所示。

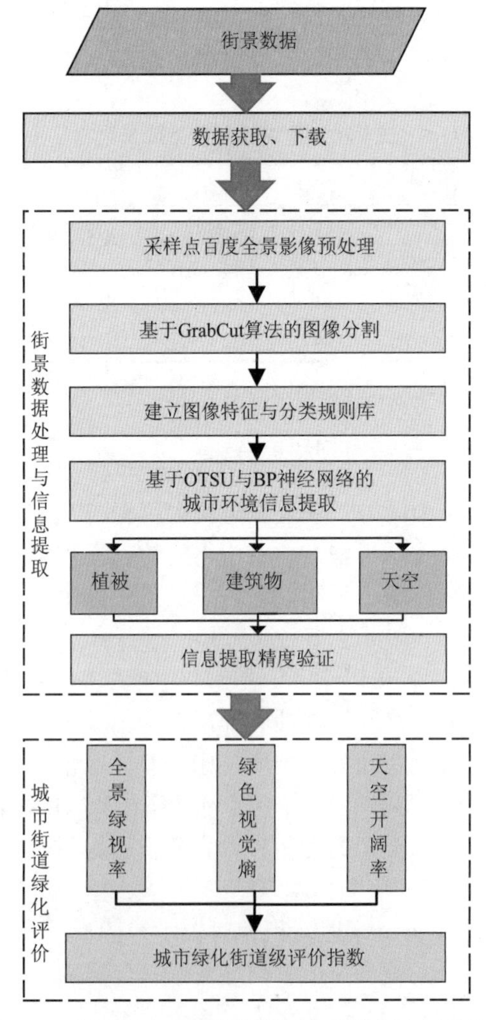

图 11.7　基于百度全景影像的城市街道绿度评价流程

11.3.1　行人视角下的城市街道绿度评价因子

1. 全景绿视率

基于街景数据信息提取结果，根据下式计算全景绿视率(PGVI)：

$$\mathrm{PGVI}=\frac{\mathrm{area}_{\mathrm{green}}}{\mathrm{area}_{\mathrm{all}}}\times 100\% \tag{11.1}$$

式中，$\mathrm{area}_{\mathrm{green}}$ 是百度全景街景图像中的绿色植被面积；$\mathrm{area}_{\mathrm{all}}$ 是图像的总面积。该指数可反映出“俯视视角”下绿色植被占该区域的比例。

图 11.8 显示三亚市中区所有采样点的 PGVI 值。PGVI 值的范围为 0.0007～0.6832，平均值为 0.12，方差为 0.09。结果表明，街道周围的绿度环境不够“绿化”，总体差异不明显。图 11.8 显示具有较高 PGVI 值的采样点位于研究区域的中间区域。从行人角度看，该位置意味着中部地区的街道看起来比其他地区的街道“更绿色”。此外，基于 natural break 方法，PGVI 值分为五个区间：(0.0007，0.0746)、(0.0746，0.1362)、(0.1362，0.2206)、(0.2206，0.3630)和(0.3630，0.6832)。图 11.9 显示 PGVI 值的频率分布直方图，以上五个区间的比例分别为 29.8%、36.6%、23.1%、8.1%、2.4%。通过对 PGVI 值的统计分析，发现研究区的总体绿度环境状况不令人满意，需要改进。

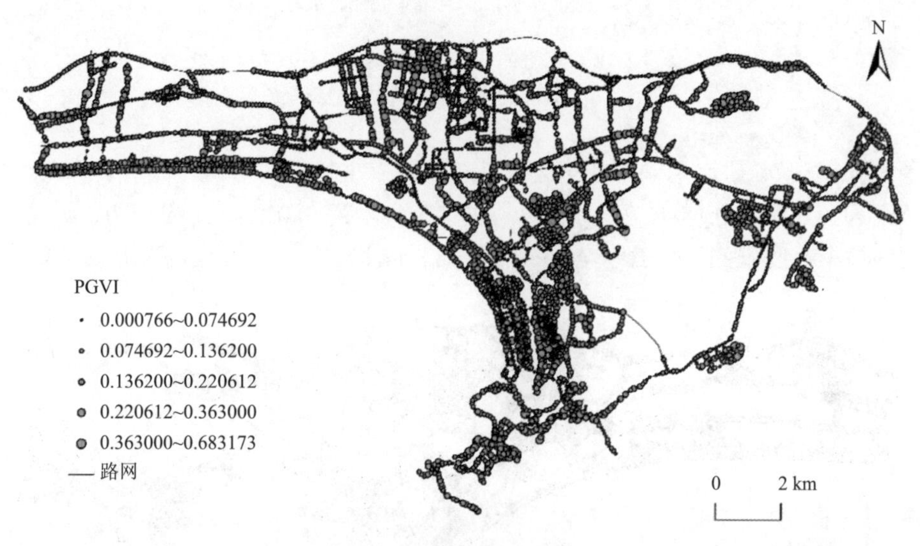

图 11.8　研究区采样点 PGVI

2. 绿色视觉熵

视觉熵根据人的视觉感知对可获得的信息进行量化，以信息论为基础，准确地量化视觉信息，在反映人眼视觉特性和二维场景统计信息的同时，对视觉敏感度进行研究。视觉熵量化了二维表面上的纹理分布和散焦模糊。计算一幅百度全景影像的绿色视觉熵(GVE)建立在图像分割的基础上，影像被分割成 N 个具有显著边界的区域，其中第 i 个

区域出现的概率为 $P_i=(i=1,2,3,\cdots,n)$，对于由 M 个绿色区域构成的整个全景照片而言，产生的绿色视觉熵计算公式为

$$\mathrm{GVE}=-\sum_{i=1}^{m}P_i \lg P_i \tag{11.2}$$

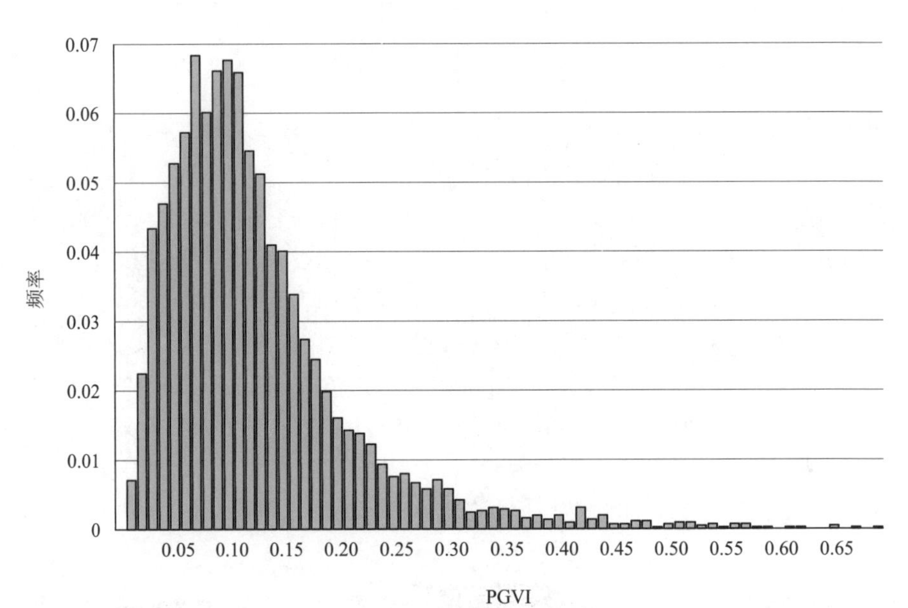

图 11.9 研究区采样点 PGVI 计算结果

图 11.10 显示了研究区域中使用公式计算的所有采样点的 GVE 值。整个研究区 GVE 值的范围为 0.0023～0.1598，平均值为 0.0991，方差为 0.0338。结果表明，研究区的街道绿度环境丰富度偏低，但总体差异不明显。图 11.10 显示了具有较高 GVE 值的采样点

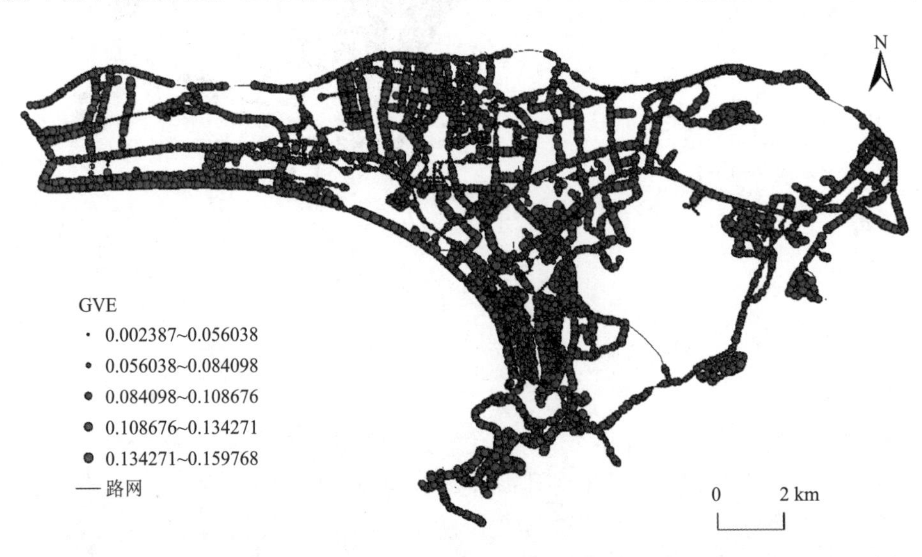

图 11.10 研究区采样点 GVE 值计算结果

位于研究区域的中间区域，此区域是三亚市中区的中心区域，经济发展水平较高，街道两侧的植被类型多样，所以街道的绿度环境元素多且丰富。从行人角度看，意味着中部地区的街道看起来比其他地区的街道绿度水平高。此外，基于 natural break 方法，GVE 值分为五个区间：(0.0023，0.0561)、(0.0561，0.0841)、(0.0841，0.1087)、(0.1087，0.1343)和(0.1343，0.1598)。图 11.11 显示了 GVE 值的频率分布直方图，以上五个区间的比例分别为 9.1%、19.8%、31.8%、19.4%、19.9%。

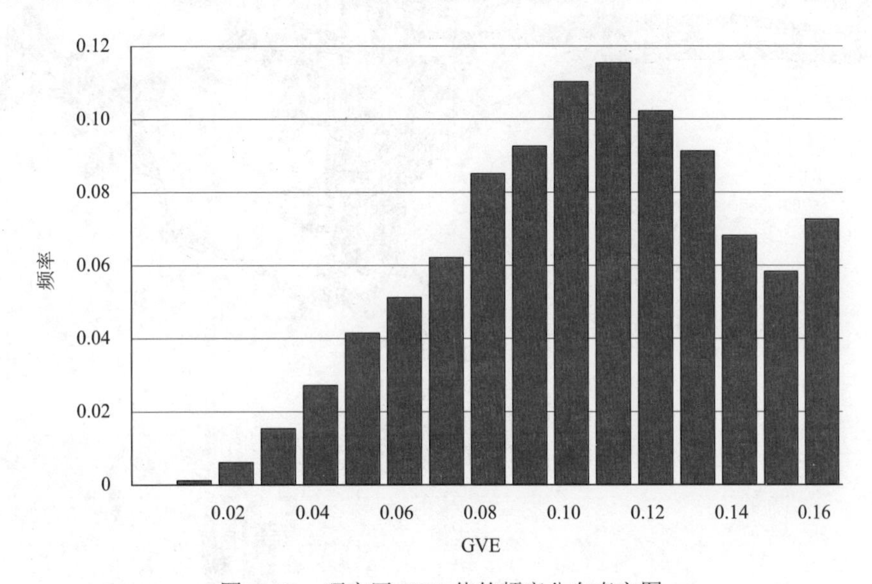

图 11.11　研究区 GVE 值的频率分布直方图

3. 天空开阔率

除了考虑植被因素外，还应该考虑天空给城市街道环境带来的益处。同时，从街道绿度的角度来讲，适当的天空景色与特定的景物相结合时，能够给行人带来不同的体验感受。天空开阔率(SOI)定义为以观测点为中心，以视域锥面为场景，计算场景内天空所占的面积比例。将一幅百度全景影像中的天空面积除以该幅全景影像的总面积定义为天空开阔率，其计算公式为

$$\mathrm{SOI} = \frac{A_{\mathrm{s}}}{A_{\mathrm{t}}} \tag{11.3}$$

式中，A_{s} 为一幅百度全景影像中天空所占的像素数；A_{t} 为整张百度全景影像的像素总数。

图 11.12 显示了三亚市中区所有采样点的 SOI 值。整个研究区 SOI 值的范围为 0.0168～0.8177，平均值为 0.5256，方差为 0.1436。结果表明，研究区的街道周围环境要素对天空的遮挡不是很明显，且方差值大于前两种因子(PGVI 和 GVE)，表明不同街道采样点处的天空开阔程度变化较大。SOI 值越高，说明街道的视野越开阔，天空区域所占的面积也越大，这一特点与道路的实际功能相符，这就表明本节的 SOI 计算结果是切合实际的。此外，基于 natural break 方法，SOI 值分为五个区间：(0.0168，0.2521)、

(0.2521，0.4058)、(0.4058，0.5266)、(0.5266，0.6258)和(0.6258，0.8177)。图 11.13 显示了 SOI 值的频率分布直方图，以上五个区间的比例分别为 5.6%、12.6%、16.4%、29.5%、35.9%。

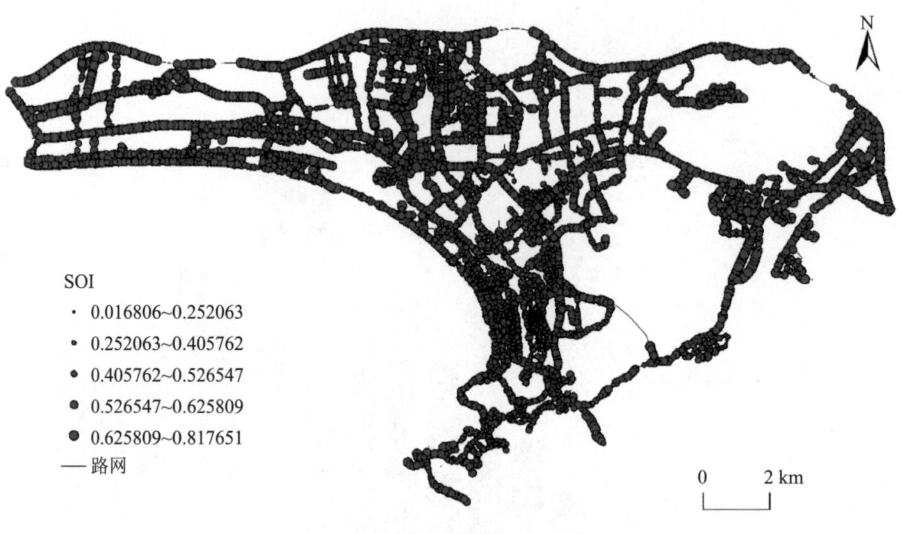

图 11.12　研究区采样点 SOI 值计算结果

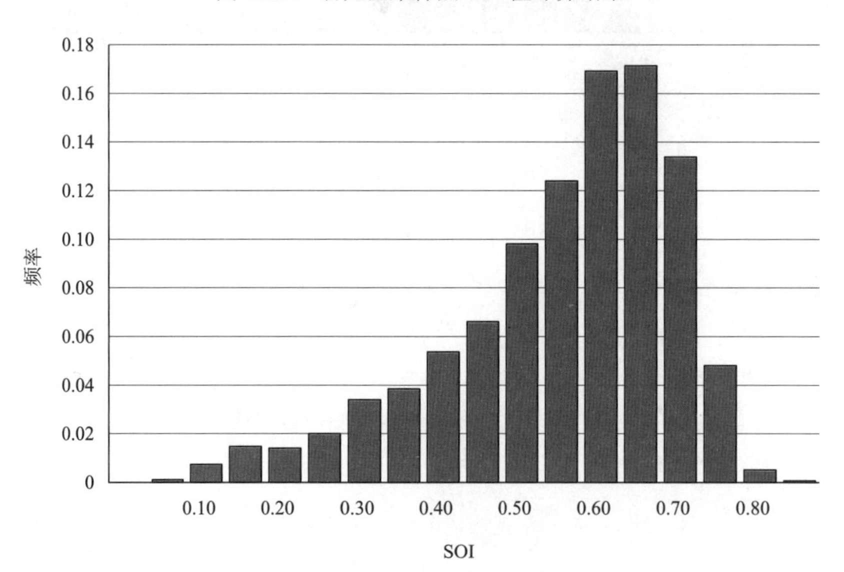

图 11.13　研究区 SOI 值的频率分布直方图

11.3.2　基于百度全景影像的城市街道绿度评价结果

综合上一节中分析的三个因子，考虑其对城市街道绿度的贡献程度，分别赋予它们不同权重比例，定义城市街道绿度评价指数(Urban Street Green Index, USGI)：

$$UGSI = 0.6442 \times PGVI + 0.2706 \times GVE + 0.0852 \times SOI \tag{11.4}$$

根据上述计算公式，得到研究区采样点的城市街道绿度指数值，如图 11.14 所示。整个研究区 USGI 值的范围为 0.0188～0.4727，平均值为 0.1492，方差为 0.0596。图 11.15 显示了整个研究区城市街道绿度指数值的频率分布直方图，研究区内的 USGI 值大多分布在[0.1, 0.2]区间内，高值所占的比例较小，说明研究区内的城市绿度环境水平不高。

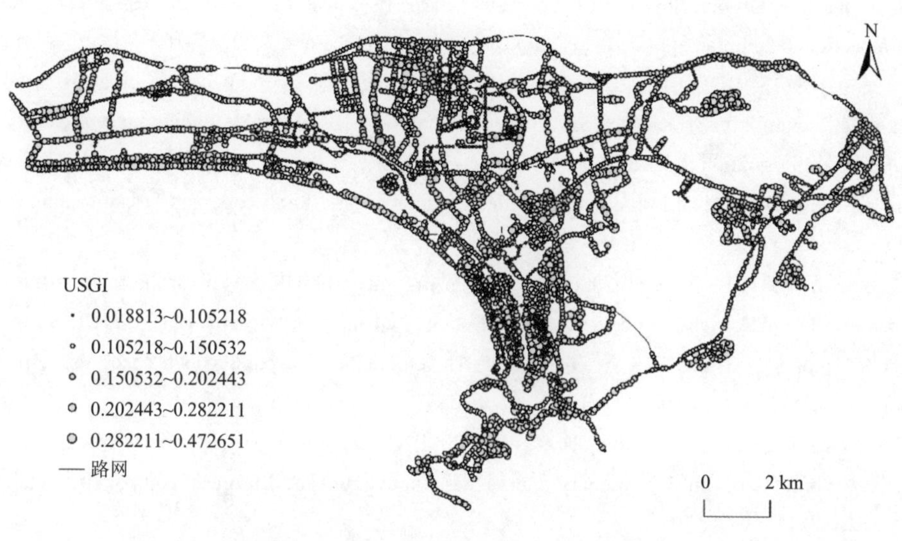

图 11.14　研究区采样点 USGI 值计算结果

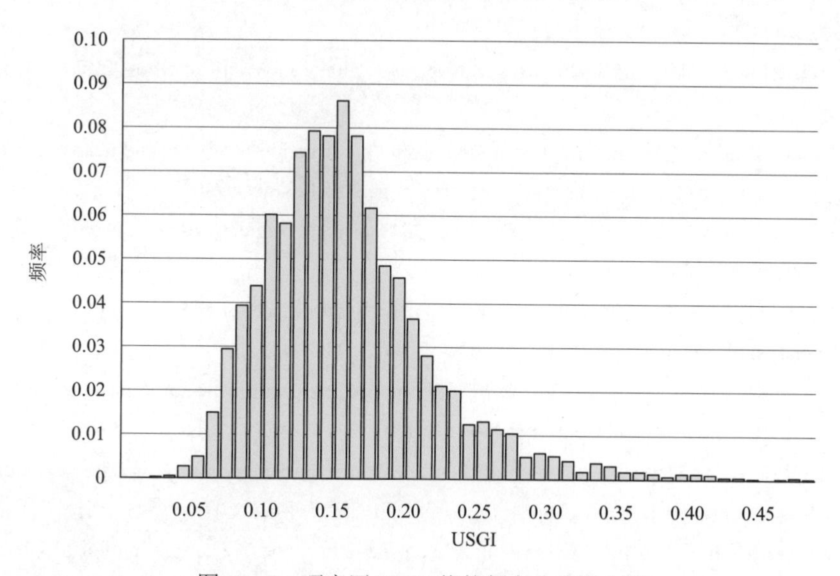

图 11.15　研究区 USGI 值的频率分布直方图

参 考 文 献

Adams M P, Smith P L. 2014. A systematic approach to model the influence of the type and density of vegetation cover on urban heat using remote sensing. Landscape & Urban Planning, 132: 47-54.

Arbogast K L, Kane B C P, Kirwan J L, et al. 2009. Vegetation and outdoor recess time at elementary schools:

What are the connections. Journal of Environmental Psychology, 29(4): 450-456.

Balram S, Dragievi S. 2005. Attitudes toward urban green spaces: Integrating questionnaire survey and collaborative gis techniques to improve attitude measurements. Landscape and Urban Planning, 71(2-4): 147-162.

Bastian O, Haase D, Grunewald K. 2012. Ecosystem properties, potentials and services-the epps conceptual framework and an urban application example. Ecological Indicators, 21(3): 7-16.

Chen J, Yang T S, Li W H, et al. 2013. Research on geographical environment unit division based on the method of natural breaks(Jenks). ISPRS-International Archives of the Photogrammetry. Remote Sensing and Spatial Information Sciences, XL-4/W3(1): 47-50.

Chiesura A. 2004. The role of urban parks for the sustainable city. Landscape and Urban Planning, 68(1): 129-138.

Chen X L, Zhao H M, Li P X, et al. 2006. Remote sensing image-based analysis of the relationship between urban heat island and land use/cover changes. Remote Sensing of Environment, 104(2): 133-146.

Edwards N, Hooper P, Trapp G S A, et al. 2013. Development of a public open space desktop auditing tool(posdat): A remote sensing approach. Applied Geography, 38(1): 22-30.

Farinha-Marques P, Lameiras J, Fernandes C, et al. 2011. Urban biodiversity: A review of current concepts and contributions to multidisciplinary approaches. Innovation-The European Journal of Social Science Research, 24(3): 247-271.

Frome A. 2009. Large-Scale privacy protection in Google street view. Proc.ieee Int.conf.on Computer Vision Sept, 30(2): 2373-2380.

Fuller R A, Gaston K J. 2009. The scaling of green space coverage in european cities. Biology letters, 5(3): 352-355.

Ghulam A, Qin Q, Zhu L. 2004. 6s Model based atmospheric correction of visible and near-infrared data and sensitivity analysis. Acta Scicentiarum Naturalum Universitis Pekinesis, 40(4): 611-618.

Groenewegen P P, Berg A E, Vries S, et al. 2006. Vitamin G: Effects of green space on health, well-being, and social safety. BMC Public Health, 6(1): 149.

Hillsdon M, Panter J, Foster C, et al. 2006. The relationship between access and quality of urban green space with population physical activity. Public Health, 120(12): 1127-1132.

Liu J, Shen J, Zhao R, et al. 2013. Extraction of individual tree crowns from airborne lidar data in Human Settlements. Mathematical and Computer Modelling, 58(3): 524-535.

Li X, Zhang C, Li W, et al. 2015a. Assessing street-level urban greenery using Google street view and a modified green view index. Urban Forestry & Urban Greening, 14(3): 675-685.

Li X, Zhang C, Li W, et al. 2015b. Who lives in greener neighborhoods? The distribution of street greenery and its association with residents' socioeconomic conditions in Hartford, Connecticut, USA. Urban Forestry & Urban Greening, 14(4): 751-759.

Largo-Wight E, Chen W W, Dodd V, et al. 2011. Healthy workplaces: The effects of nature contact at work on employee stress and health. Public Health Reports, 126(1_suppl): 124-130.

Landry S. 2011. Object-Based urban detailed land cover classification with high spatial resolution IKONOS imagery. International Journal of Remote Sensing, 32(12): 3285-3308.

Litschke T, Kuttler W. 2008. On the reduction of urban particle concentration by vegetation-a review.

Meteorologische Zeitschrift, 17(3): 229-240.

Maas J, Verheij R A, Groenewegen P P, et al. 2006. Green space, urbanity, and health: How strong is the relation? Journal of Epidemiology and Community Health, 60(7): 587-592.

Mitchell R, Popham F. 2008. Effect of exposure to natural environment on health inequalities: An observational population study. Lancet, 372(9650): 1655-1660.

Nielsen A, Van Den Bosch M, Maruthaveeran S, et al. 2013. Species richness in urban parks and its drivers: A review of empirical evidence. Urban Ecosystems, 17(1): 305-327.

Nutsford D, Pearson A, Kingham S. 2013. An ecological study investigating the association between access to urban green space and mental health. Public Health, 127(11): 1005-1011.

Nichol J, Wong M S. 2007. Remote sensing of urban vegetation life form by spectral mixture analysis of high-resolution IKONOS satellite images. Taylor & Francis, Inc., 28(5): 985-1000.

Richards D R, Edwards P J. 2017. Quantifying street tree regulating ecosystem services using Google street view. Ecological Indicators, 77: 31-40.

Torii A, Havlena M, Pajdla T. 2009. From Google Street View to 3d City Models. 1<yoto: IEEE International Conference on Computer Vision Workshops: 2188-2195.

Wolf K L. 2005. Business district streetscapes, trees, and consumer response. Journal of Forestry, 103(8): 396-400.

Walker J S, Blaschke T. 2008. Object-based land-cover classification for the Phoenix Metropolitan Area: optimization Vs. transportability. Taylor & Francis, Inc., 29(7): 2021-2040.

Wu J, Cheng S, Li Z, et al. 2013. Case study on rehabilitation of a polluted urban water body in yangtze river basin. Environmental Science & Pollution Research, 20(10): 7038-7045.

Xian G, Crane M, Steinwand D. 2005. Dynamic modeling of tampa bay urban development using parallel computing. Computers & Geosciences, 31(7): 920-928.

Yang J, Zhao L, Mcbride J, et al. 2009. Can you see green? Assessing the visibility of urban forests in cities. Landscape and Urban Planning, 91(2): 97-104.

Zhu S, Xia X, Zhang Q, et al. 2008. An image segmentation algorithm in image processing based on threshold segmentation. Journal of Optoelectronics·Laser, (10): 1383-1387.

第 12 章 海南城镇化扩展时空特征

城镇化是国家及地区经济发展的必经之路。城市的发展为区域经济增长、提供就业岗位、促进创新等都提供了重要支撑(Cohen, 2006)。了解城镇化的发展进程有助于提前应对由此引发的各种问题，以及可以利用城市群的集聚优势对未来发展做出规划(Wang et al., 2012)。改革开放以来，中国的人口城镇化与土地城镇化均不断发展，其中，《中国人口和就业统计年鉴》显示，2019 年城镇人口比重已突破 60%，而城市人口的快速增长导致了城市土地需求的增加，从而使得土地利用模式发生变化。土地城镇化能较直观地反映城镇化进程，对中国城镇化的快速及可持续发展发挥着越来越重要的支撑和制约作用，因此，评价分析土地城镇化和人口城镇化具有同样重要的意义(Lin et al., 2015)。

在人口城镇化和土地城镇化的指标界定方面，已有研究采用城镇人口占总人口的比重来表示人口城镇化率，如 Liu 等分析预测了 1950～2050 年一带一路沿线 75 个国家城镇人口的时空演变特征和空间自相关关系(Liu et al., 2018)，结果表明其城镇人口分布存在显著的空间差异，并推断了未来人口增长和人口城镇化的热点地区；Chen 等利用城镇人口占比表示城镇化，运用改进的象限散射法分析 2011 年中国城镇化和经济发展水平之间的空间格局关系，结果表明东部沿海地区以过度城镇化为主，中西部地区以欠城镇化为主(Chen et al., 2014)。但也有研究综合考虑了工业和服务业的就业人数占比(Wang et al., 2020, 2019)、人口密度(Wang et al., 2019)等指标构建综合的人口城镇化评价体系。土地城镇化可用单一指标表示，如 Xu 等(2018)用建设用地的占比、空间聚集等特征来研究土地城镇化对广州市城市植被固碳效应的影响；Qiu 等(2020)以不透水地表面积数据来表示城镇化情况，计算了由城市扩张造成的耕地损失。Wang 等(2021)则选用土地利用方式、利用效率、利用强度、开发投入等指标构建综合的土地城镇化指标，分别从国家尺度和区域尺度分析土地城镇化对霾污染的影响路径和区域异质性。在研究区的选择上，当前的城镇化研究多是以全国范围(Feng et al., 2019; Qiu et al., 2020)或城市群为研究区，如 Sun 等(2020)基于循证实践方法(evidence-based practice)，分析城镇化对长三角城市群土地资源承载力的影响及其变化情况；贺三维和邵玺(2018)分析了京津冀地区 150 个县市单元的人口、土地、经济城镇化的发展阶段、时空演变特征及空间集聚模式。在研究方法上，研究人口和土地之间关系所用到的方法有耦合协调度模型(金丹和戴林琳，2021)、分位数回归模型(Xu et al., 2020)、回归模型(Chi and Ho, 2018)。也有学者构建新的指标来进行评价，如 Deng 等(2021)建立了新的指标对人口和土地的时空变化进行耦合，主要评价土地扩张是否推动了新的人口(副)中心的出现。

综上，针对海南岛的人口城镇化和土地城镇化时空格局分析以及耦合关系的研究成果仍较少。因此本章基于《中国人口和就业统计年鉴》《海南统计年鉴》数据和遥感数据，使用核密度曲线及耦合协调模型，从人口城镇化和土地城镇化和谐发展的角度分析 2011～2019 年海南岛主要县市的城镇化水平时空发展格局。

12.1　海南城镇化发展

海南省自 1988 年建省以来，社会经济不断发展，目前是我国的经济特区、自由贸易试验区，至 2019 年末，已有常住人口 944.72 万人，人均 GDP 达到 56507 元。

2015 年海南省发布了《海南省总体规划(2015—2030)纲要》，针对岛内东、西、南、北、中不同的经济发展区域，制定了“严守生态底线、优化经济布局、促进陆海统筹”的区域发展战略部署，推进城乡和区域协调发展，特别是“海澄文一体化”省会经济圈和大三亚(三亚市、陵水黎族自治县、乐东黎族自治县、保亭黎族苗族自治县)一体化旅游经济圈建设，以促进区域共发展。在此期间，海南坚持全省统一规划，促进南北两极一体化发展，提高城镇及乡村的就业吸纳力以及收入带动力，促进就地就近城镇化，推进大中城市和小城镇、乡村的协调发展，优化区域空间资源配置。“十三五”期间，海南提出了坚持“全省一盘棋、全岛同城化”的发展方针，强调着力优化空间布局和经济结构，坚持协调发展，力争实现各要素在海南相得益彰、共生共荣。

综合考虑海南省城镇的行政级别、城镇化水平、空间分布情况、经济与人口状况、城镇间的可比性以及数据可获取性等多个方面，因为海南省三沙市建市较晚，且具有陆地面积小、常住人口少等特点，故本章只有在分析讨论海南省总体人口情况时包含三沙市，而对海南省内各县市的人口城镇化及土地城镇化空间分析，选择 1 个省会(首府)城市(海口)、2 个地级市(三亚、儋州)、15 个县级行政单位(包括 5 个县级市、4 个县、6 个自治县)，共 18 个区域开展研究，揭示 2011～2019 年城镇化发展的时空特征。

12.1.1　数据来源

本章采用单一维度的指标来表示人口城镇化和土地城镇化。人口城镇化用城镇人口占总人口的比重来表示，其中，海南与全国的人口城镇化数据来源于《中国人口和就业统计年鉴》中的“分地区年末城镇人口比重”，海南省内各县市及全省的常住人口数据则来源于《海南统计年鉴》。土地城镇化率用不透水面面积占区域总面积的比重表示，其中，不透水面数据采用 Gong 等(2020)反演的全球高空间分辨率(30 m)人造面逐年动态数据产品(1985～2018 年)，投影坐标为 Albers 等面积投影。

考虑到数据可获取性的原因，海南省及全国的人口城镇化数据时间跨度为 2010～2019 年，海南岛全岛及全国的土地城镇化数据时间跨度为 2011～2018 年，海南岛各县市的人口城镇化选取 2011～2019 年的数据，土地城镇化选取 2011～2018 年的数据。

12.1.2　时空发展变化分析

核密度估计是一种非参数密度估计方法，核密度曲线的形状、波峰等信息可用于分析变量的时序变化特征(杨喜等, 2021)。因此本节采用核密度估计方法分析海南岛各县市土地城镇化和人口城镇化的地域差异，所用的核函数为高斯核函数，公式如下：

$$f(x)=\frac{1}{nh}\sum_{i=1}^{n}K\left(\frac{x_i-x}{h}\right) \tag{12.1}$$

式中，K 为核函数，本章选取高斯核函数；h 为带宽，即核函数的方差；n 为样本量，在本章为研究区内 18 个县市；x_i 为第 i 个县市的样本值，在本章即人口城镇化率或土地城镇化率；x 为样本均值。

12.1.3　增长率变化分析

针对各区域的人口城镇化率和土地城镇化率随时间变化的增长情况，采用年均增长率进行评估，增长率的计算公式如下所示：

$$F = \sqrt[(n-1)]{\frac{S_2}{S_1}} - 1 \tag{12.2}$$

式中，F 为年均增长率，为百分数；S_2 为时间序列中观测时间段的值；S_1 为基期值，即观测时间前 n 年的值。

12.1.4　耦合协调模型构建

耦合协调模型可用于分析两个或多个系统之间的协调发展水平(王少剑等, 2021)，因此本节引入此模型分析研究期内海南岛人口城镇化和土地城镇化之间的协调关系，计算过程如下所示：

$$C = 2 \times \left[\frac{U_1 \times U_2}{(U_1 + U_2)^2} \right]^{1/2} \tag{12.3}$$

$$T = aU_1 + bU_2 \tag{12.4}$$

$$D = \sqrt{C \times T} \tag{12.5}$$

式中，C 为耦合度；T 为协调指数；D 为耦合协调度；U_1 和 U_2 为各年份的人口城镇化和土地城镇化数据经标准化之后得到的结果，标准化后为 0 的值用 0.001 来代替；a、b 为待定系数，且 $a+b=1$，因认为人口城镇化和土地城镇化互相影响，在此设定 $a=b=0.5$。

12.2　海南人口城镇化时空分析

12.2.1　人口城镇化

我国针对区域人口情况的统计指标主要有户籍人口数和常住人口数，其中，户籍人口数是指已向公安户籍管理机关登记了常住户口的人口数，该数据并不受登记人外出情况的影响，而常住人口数指实际经常居住于某地区达到一定时间(半年以上)的人口数量。2010～2019 年，海南省的户籍人口城镇化率和常住人口城镇化率如表 12.1 所示。

表 12.1　海南省户籍人口城镇化率和常住人口城镇化率

城镇化率	2010 年	2011 年	2012 年	2013 年	2014 年	2015 年	2016 年	2017 年	2018 年	2019 年
户籍人口/%	38.33	38.13	37.95	37.83	37.65	37.09	38.62	38.93	39.35	40.38
常住人口/%	49.80	50.50	51.60	52.74	53.76	55.12	56.78	58.04	59.06	59.23

从时间序列变化来看，2010～2019 年海南省常住人口城镇化率一直高于户籍人口城镇化率，大体上呈现户籍人口城镇化率先下降后上升、常住人口城镇化率逐年提升的现象。2019 年海南省常住人口城镇化率已达到 59.23%，户籍人口城镇化率达到 40.38%，2010～2019 年常住人口城镇化率和户籍人口城镇化率的年均增长率分别为 1.95%和 0.58%，表明随着社会经济的发展以及海南新的人口引进政策的实施，海南省城镇区域对人口的吸引力不断增强，落户人数逐渐上升。

因常住人口数能较好地表示社会不断发展导致的人口流动情况下的各地人口居住情况，因此本章选择使用常住人口城镇化率作为人口城镇化指标。

12.2.2　海南岛人口城镇化时空分析

对比全国和海南的人口城镇化数据(图 12.1)，2010～2019 年全国和海南的人口城镇化率均持续上升，其中，全国人口城镇化率由 2010 年的 49.95%上升到 2019 年的 60.60%，海南人口城镇化率由 2010 年的 49.80%上升到 2019 年的 59.23%。在研究期内，海南的人口城镇化率一直低于全国水平，且在 2018 年之后增速明显下降，表明海南岛的人口城镇化率在全国范围内处于略迟缓的状态。

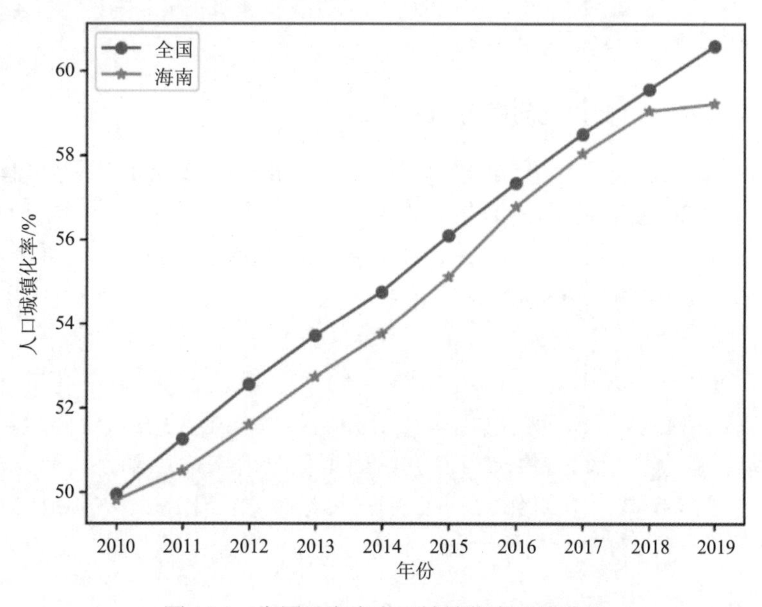

图 12.1　全国及海南人口城镇化率对比曲线

鉴于数据可获取性的原因，从《海南统计年鉴》中选取 2011～2019 年海南省的省会城市(海口)以及两个地级市(三亚、儋州)的常住人口城镇化数据进行对比分析，其时序变化如图 12.2 所示。结果表明海口市的人口城镇化率在此期间一直处于全岛前列，但增速较缓，且近年来与三亚市的人口城镇化率之间的差距不断减小。儋州市的人口城镇化率处于三个城市中的最低水平，虽然其在研究期内持续上升，已由 2011 年的 45.22%上升到了 2019 年的 55.50%，但仍低于海南人口城镇化的总体水平。由此可见，作为省会城市的海口市以及著名旅游城市的三亚市为海南岛的人口城镇化建设提供了强大支持，而作为 2016 年第一批国家新型城镇化综合试点地区的儋州市，其对周边人口的吸引力还有待提升。

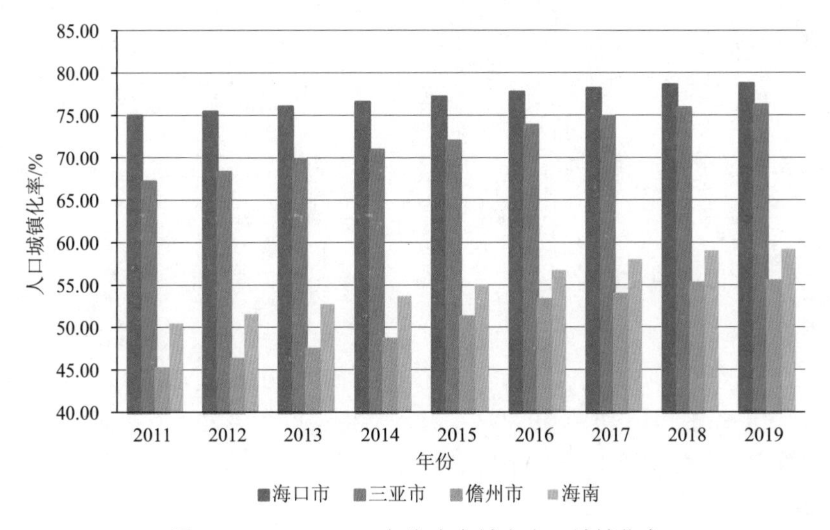

图 12.2　2011～2019 年海南岛城市人口城镇化率

12.2.3　海南岛县市人口城镇化时序分析

研究区内 15 个县级行政单位的人口城镇化率如表 12.2 所示，从人口城镇化率的水平来看，2011～2019 年五指山市的人口城镇化率处于 15 个县级单位中的最高水平，昌江黎族自治县、文昌市的人口城镇化率均属于较高水平，2016 年后澄迈县的人口城镇化率水平上升至前列，白沙黎族自治县的人口城镇化率则一直处于最低位，然而 2015～2019 年，五指山市的人口城镇化率始终低于海南岛的总体水平；从增速看，澄迈县的人口城镇化率增长最快，由 2011 年的 40.49%增长到 2019 年的 56.61%，其次是白沙黎族自治县，其人口城镇化率在研究期内增长了 12.31 个百分点；在空间分布上，文昌市、澄迈县紧邻海口市，而五指山市位于海南岛中部，其西北部与昌江黎族自治县和白沙黎族自治县相邻，结果表明，人口城镇化率会受到相邻县市一定的影响。

表 12.2　海南岛县级市及县人口城镇化率(%)

县市	2011 年	2012 年	2013 年	2014 年	2015 年	2016 年	2017 年	2018 年	2019 年
五指山市	51.29	52.30	53.05	53.85	55.02	55.94	57.28	58.26	58.45
文昌市	47.42	48.49	48.89	49.45	50.37	51.49	52.74	53.75	53.93
琼海市	40.97	42.06	43.47	44.60	46.13	48.15	50.02	51.74	51.92
万宁市	41.08	42.14	43.47	44.57	45.69	47.80	49.95	51.02	51.18
定安县	37.54	38.63	39.76	40.77	42.00	44.04	45.28	46.30	46.48
屯昌县	39.50	40.40	41.58	42.66	43.89	44.92	46.16	47.19	47.33
澄迈县	40.49	41.56	42.94	44.11	47.57	51.45	55.30	56.41	56.61
临高县	37.13	38.22	39.75	40.88	41.97	43.87	45.13	46.16	46.34
东方市	38.14	40.50	41.64	42.78	43.92	45.78	47.04	48.06	48.19
乐东黎族自治县	29.36	30.46	31.88	32.97	34.06	36.45	37.99	39.22	39.32
琼中黎族苗族自治县	30.08	31.17	32.21	33.28	34.54	37.87	40.19	42.18	42.32
保亭黎族苗族自治县	31.70	32.77	34.07	35.63	36.95	38.20	39.50	40.51	40.65
陵水黎族自治县	37.83	38.93	40.56	41.77	43.14	44.52	45.79	46.81	46.92
白沙黎族自治县	25.62	26.77	29.09	31.55	33.98	35.55	36.81	37.83	37.93
昌江黎族自治县	48.28	48.93	49.58	50.68	51.92	53.47	54.70	55.72	55.87

12.2.4　海南岛人口城镇化时空发展变化特征

从时间序列来看，2011～2019 年研究区内各地区人口城镇化率均有一定程度的提升(图 12.3)，其中位数值由 2011 年的 39.99%上升至 2019 年的 49.69%。从空间分布来看，海口市和三亚市的人口城镇化水平在此期间一直处于海南岛前列，2015 年后，儋州市及其周边地区逐渐迈入人口城镇化高值区，2019 年海南岛东部各市的人口城镇化率有所发展，研究区形成了南北两极高，东部、西北部较高，中部较低的发展格局。从演变过程来看，东部的城市由沿海逐渐向中部形成高值聚集区，西部和北部的城市逐渐连成高值带，而白沙黎族自治县一直是海南岛人口城镇化低值区，该县于 2020 年 2 月才正式脱贫摘帽，未来在区域城镇化的发展上仍有很大的提升空间。

利用核密度估计分析海南岛总体的人口城镇化时空发展变化特征，结果显示 2011～2019 年核密度曲线逐渐右移，同时波峰高度持续升高，且波峰形态没有太大的改变，曲线尾部出现了抬高的情况(图 12.4)，表明在此期间研究区内总体的人口城镇化率不断上升，地域差异无明显改变，高值区的占比出现了增大的特征。

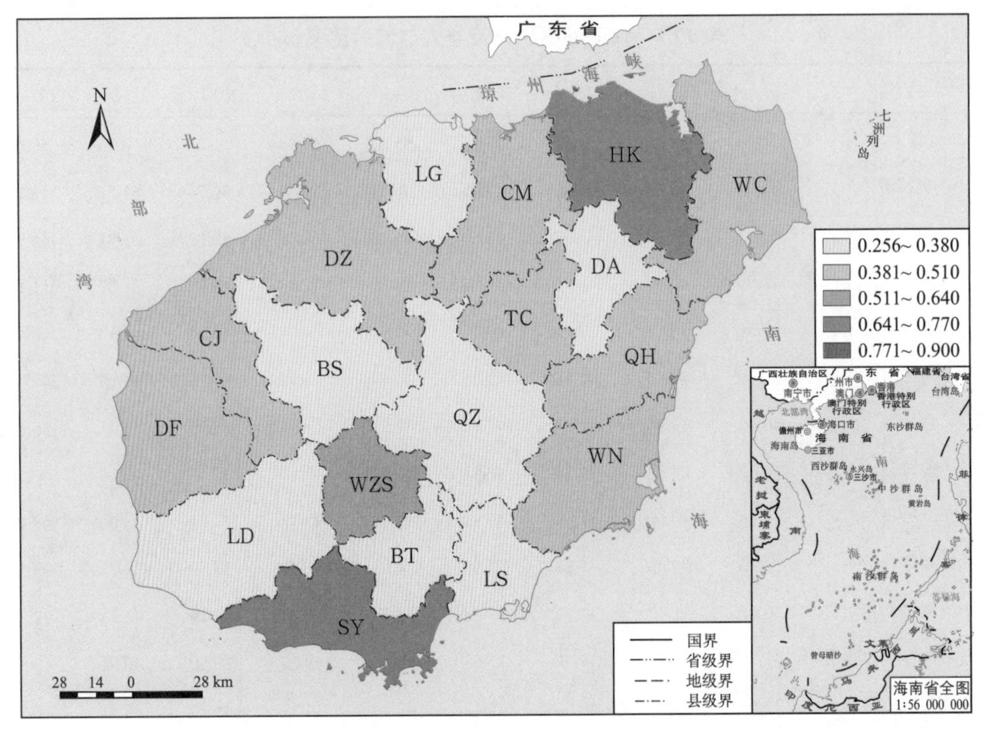

(a) 2011年

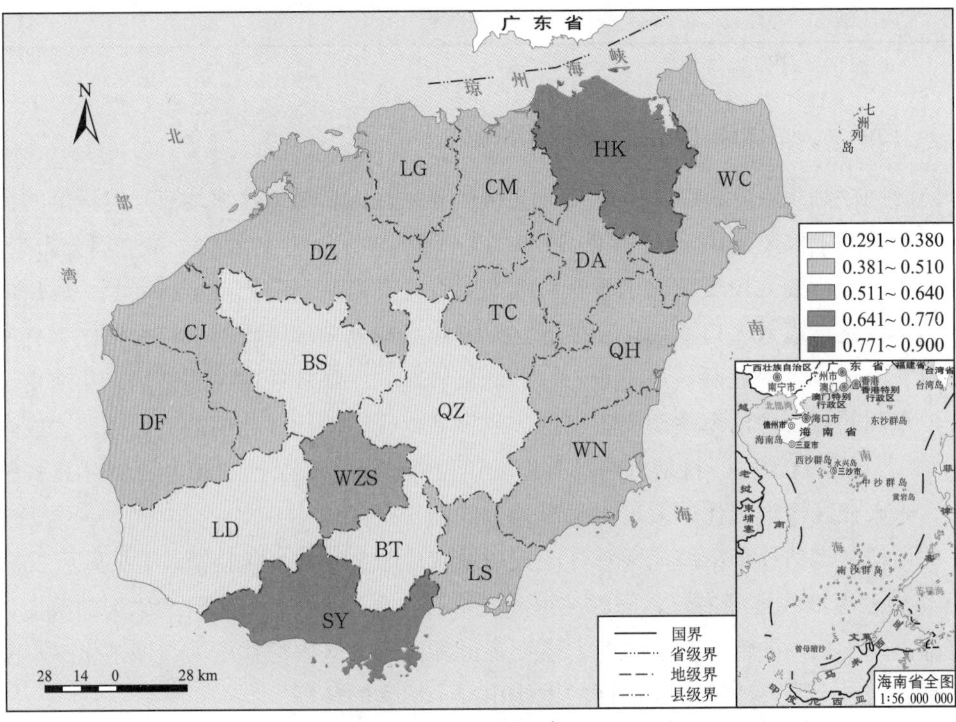

(b) 2013年

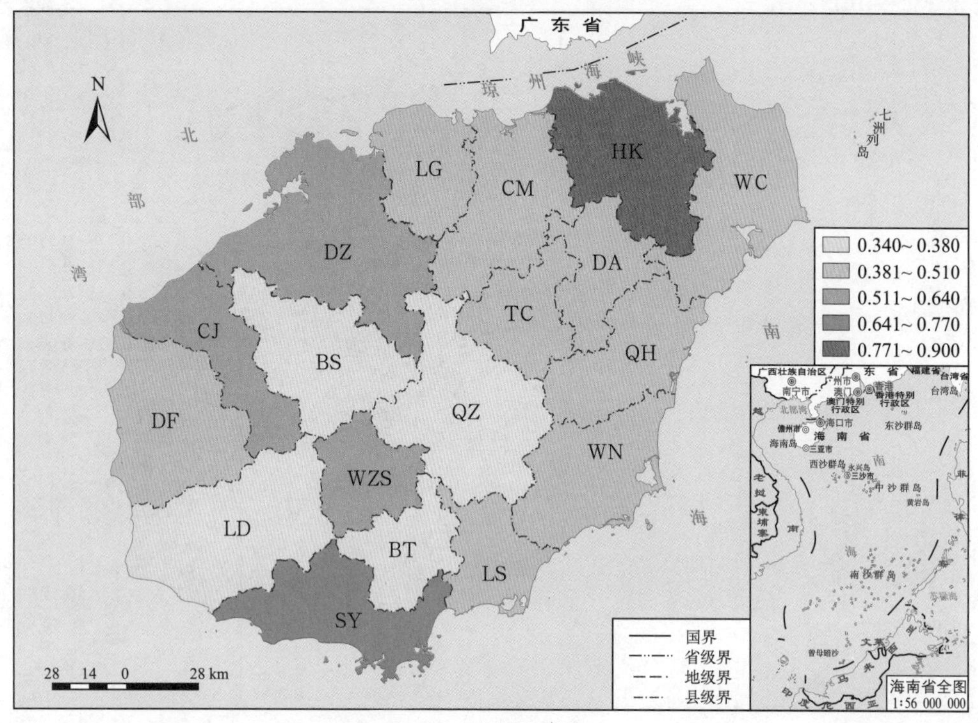

(c) 2015年

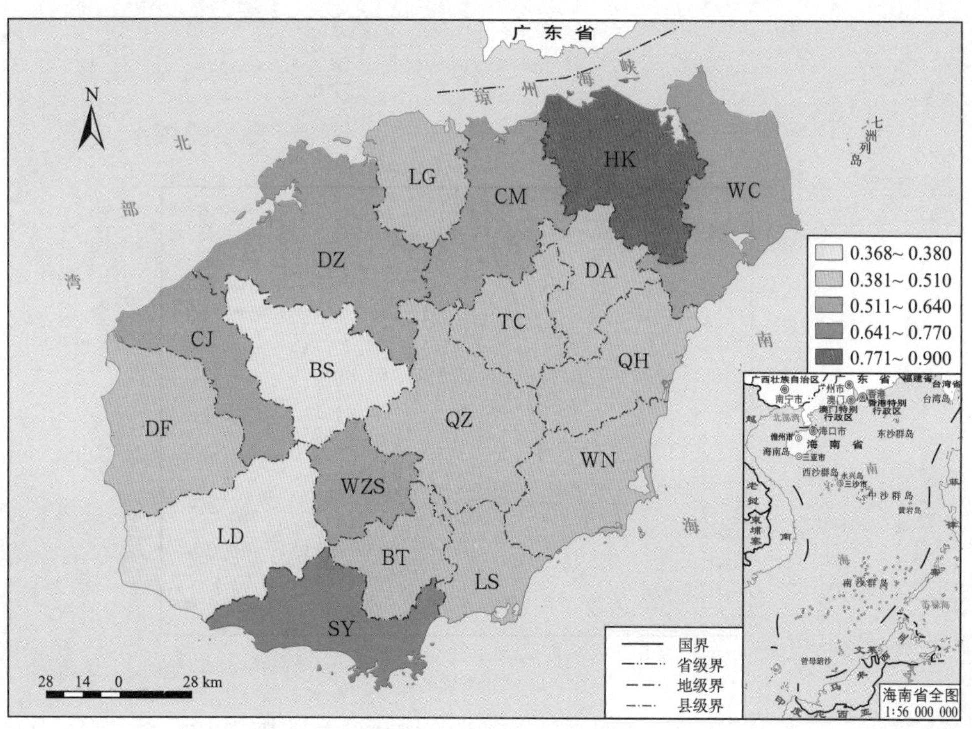

(d) 2017年

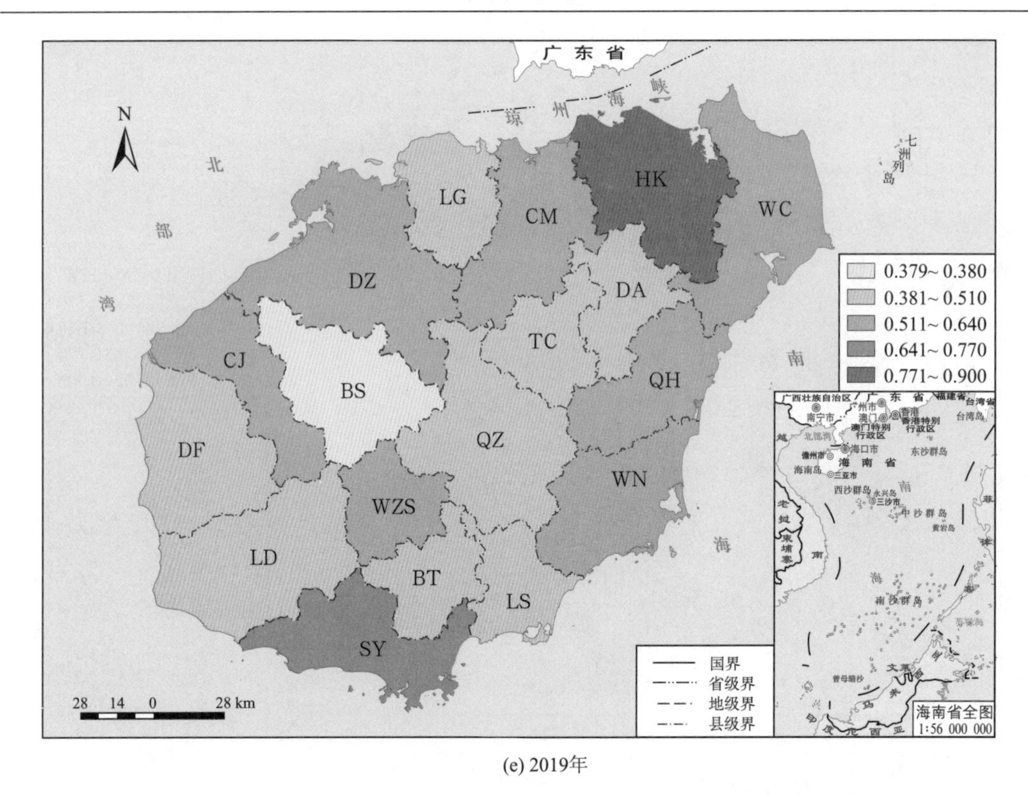

(e) 2019年

图 12.3　2011～2019 年海南岛人口城镇化水平空间格局演化

HK：海口市，SY：三亚市，DZ：儋州市，WZS：五指山市，QH：琼海市，WC：文昌市，WN：万宁市，DF：东方市，DA：定安县，TC：屯昌县，CM：澄迈县，LG：临高县，BS：白沙黎族自治县，CJ：昌江黎族自治县，LD：乐东黎族自治县，LS：陵水黎族自治县，BT：保亭黎族苗族自治县，QZ：琼中黎族苗族自治县

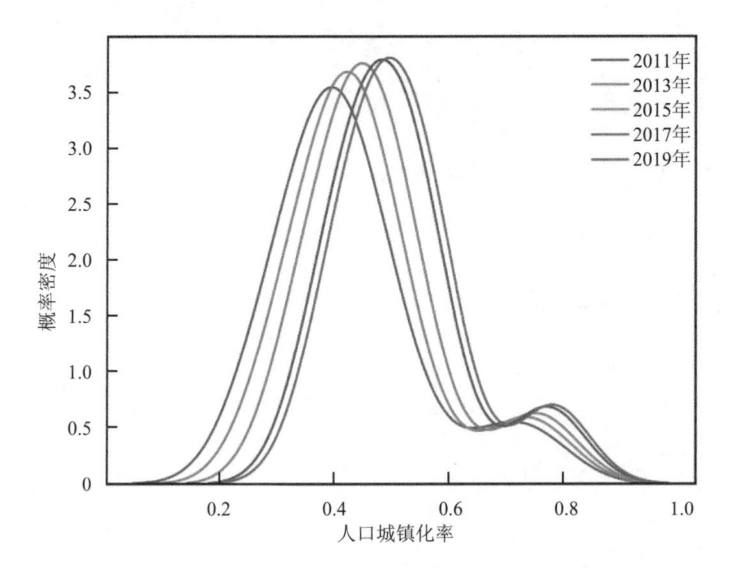

图 12.4　基于核密度估计的海南岛人口城镇化率水平时空特征

12.3 海南土地城镇化时空分析

12.3.1 土地城镇化

人工不透水面主要是指由任何能阻止水渗入土壤的材料组成的人工建筑物，包括屋顶和主要道路表面等，研究分析不透水面的面积变化有助于了解城镇化对人类社会以及环境的影响(Gong et al., 2020)。不透水面面积虽然与城市建成区以及城市面积并不直接相等，然而这也是其中一种理解和评估城镇化的指标(Liu et al., 2014)。因此本章采用不透水面占行政区域面积的比值来评估土地城镇化，以此来宏观反映土地城镇化水平。

12.3.2 海南岛城市土地城镇化时序分析

对比分析全国和海南岛的土地城镇化率，结果表明 2013 年后海南岛的土地城镇化率均高于全国水平，且两者间的差值有逐渐增大的趋势(表 12.3)。年均增长率反映了海南岛土地城镇化进程的速度也高于全国水平。

表 12.3 2011 年以来全国和海南土地城镇化率

区域	2011 年	2013 年	2015 年	2017 年	2018 年	年均增长率
全国/%	1.43	1.63	1.89	2.07	2.09	5.60
海南/%	1.38	1.74	2.17	2.60	2.65	9.75

选取 2011 年以来海口、三亚以及儋州市这三个地级市的土地城镇化数据进行分析(图 12.5)，结果表明，海口作为海南省的省会，研究期内其土地城镇化率均高于其他地级市和海南综合水平，同时，三亚的土地城镇化率和其年均增长率均高于海南岛综合水平，海口和三亚的不断发展是海南岛土地城镇化进程的强大推动力，年均增长率分别达到 9.12%和 9.98%。而于 2008 年履行地级市权责的儋州市，其土地城镇化率和年均增长率在研究期内均低于海南岛综合水平。

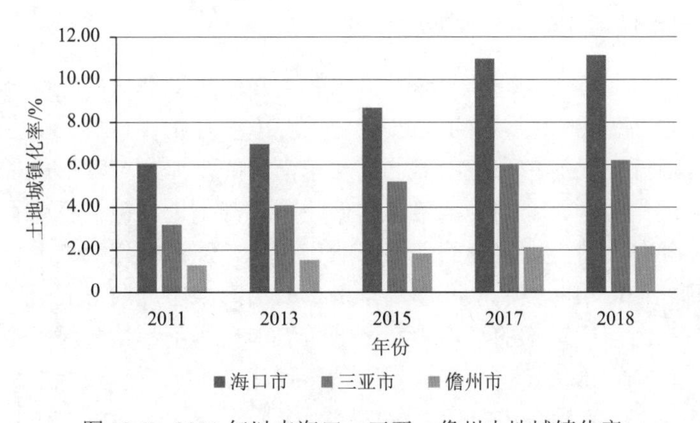

图 12.5 2011 年以来海口、三亚、儋州土地城镇化率

12.3.3 海南岛县市土地城镇化时序分析

2011～2017 年，研究区内除万宁市、陵水黎族自治县外，其他各县级行政单位土地城镇化率大多低于海南岛的综合水平，2017 年后澄迈县土地城镇化率也升至海南岛综合水平之上，然而东方市开始从综合水平线上跌落，琼海市、临高县、东方市、乐东黎族自治县以及昌江黎族自治县的土地城镇化年均增长率也低于海南岛综合水平(表 12.4)，结果表明，研究区内县级区域在研究期内的土地城镇化进程较海南岛整体而言滞后，而海口市和三亚市则为海南岛的土地城镇化率提供了强大动力。

表 12.4 2011 年以来海南岛县市土地城镇化率（%）

区域	2011 年	2013 年	2015 年	2017 年	2018 年	年均增长率
五指山市	0.28	0.42	0.58	0.74	0.75	15.32
文昌市	0.72	0.93	1.24	1.57	1.59	12.00
琼海市	1.14	1.44	1.68	2.01	2.05	8.72
万宁市	1.44	2.03	2.48	2.99	3.02	11.10
定安县	0.78	0.98	1.21	1.52	1.53	10.18
屯昌县	0.50	0.73	0.89	1.03	1.04	11.03
澄迈县	1.17	1.56	2.11	2.75	2.82	13.39
临高县	1.17	1.38	1.71	1.98	2.00	8.05
东方市	1.52	1.89	2.17	2.35	2.39	6.67
乐东黎族自治县	0.90	1.24	1.46	1.57	1.60	8.63
琼中黎族苗族自治县	0.11	0.16	0.22	0.27	0.27	13.73
保亭黎族苗族自治县	0.22	0.36	0.49	0.59	0.60	15.35
陵水黎族自治县	2.46	3.48	4.59	5.64	5.71	12.81
白沙黎族自治县	0.14	0.21	0.28	0.33	0.34	12.86
昌江黎族自治县	0.96	1.26	1.50	1.65	1.69	8.41

12.3.4 海南岛土地城镇化时空发展变化特征

从时间序列来看，2011～2018 年研究区内各地区土地城镇化率均有一定程度的提升(图 12.6)，其中位数值由 2011 年的 1.05%上升至 2018 年的 1.84%。从空间分布来看，土地城镇化的高值区主要集中在海南岛北部和东南部的沿海区域，形成了分别以海口市和三亚市为中心的聚集区，而同为地级市的儋州市，其土地城镇化率并不突出，且四周均与县级单位相邻，有待发挥自身的城市影响力作用。从演变规律来看，海口市和三亚市周边区域在研究期内不断发展，海南岛东南部的沿海城市逐渐形成一条土地城镇化率高值带。东方市是海南西南部的经济中心，随着海南自由贸易试验区和中国特色自由贸易港的不断发展，东方市依托自身优势不断调整优化，主动适应新常态进行发展，同时推进保障性安居工程、农村危房改造、棚户区改造等建设工作，2017 年其土地城镇化率已突破低值区。

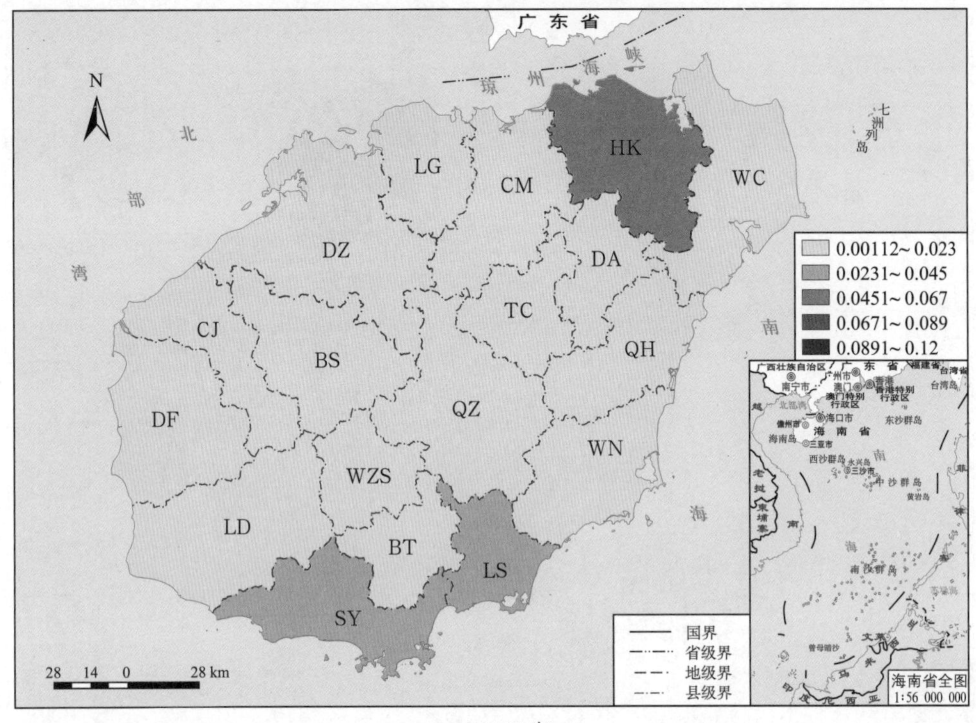

(a) 2011年

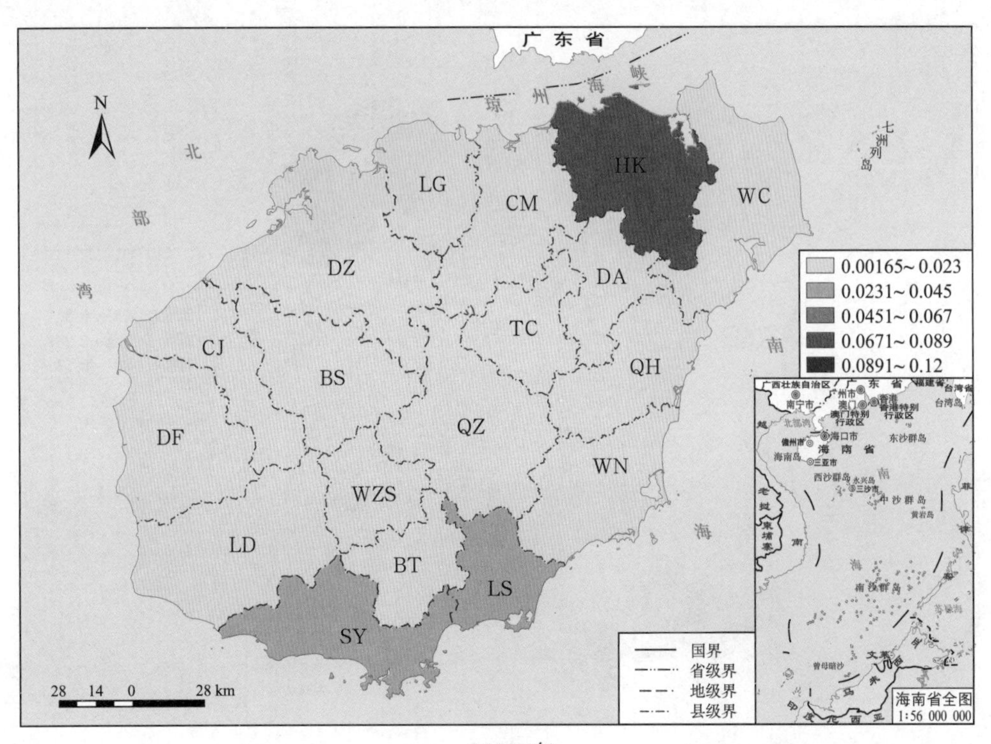

(b) 2013年

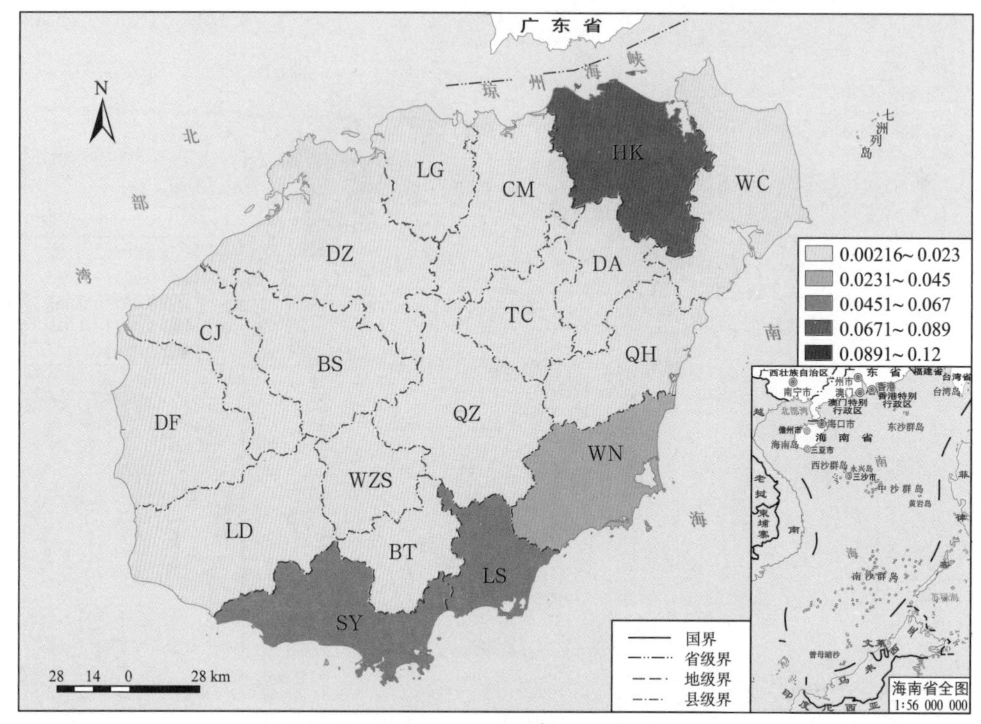

(c) 2015年

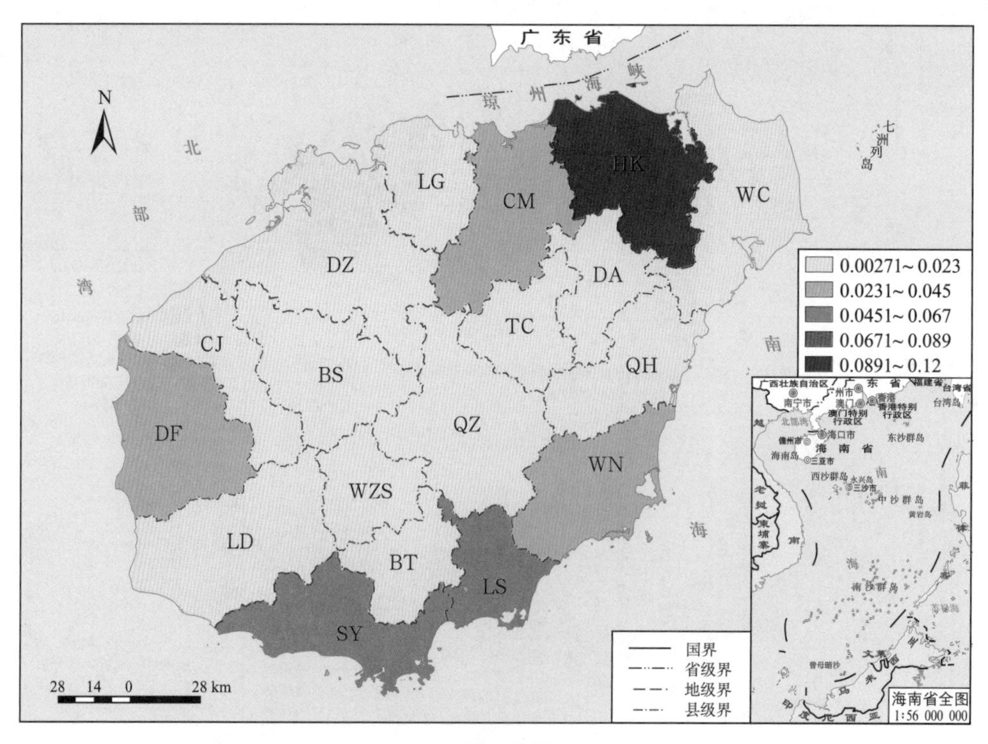

(d) 2017年

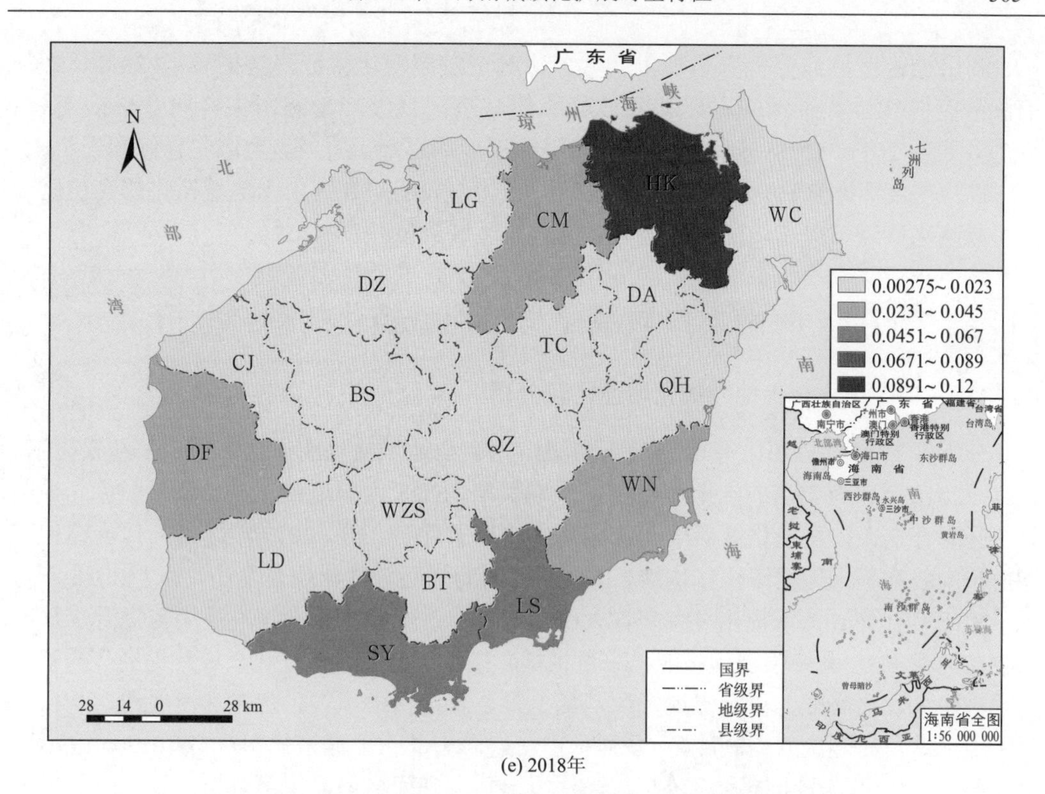

(e) 2018年

图 12.6　2011～2018年海南岛土地城镇化水平空间格局演化

HK：海口市，SY：三亚市，DZ：儋州市，WZS：五指山市，QH：琼海市，WC：文昌市，WN：万宁市，DF：东方市，DA：定安县，TC：屯昌县，CM：澄迈县，LG：临高县，BS：白沙黎族自治县，CJ：昌江黎族自治县，LD：乐东黎族自治县，LS：陵水黎族自治县，BT：保亭黎族苗族自治县，QZ：琼中黎族苗族自治县

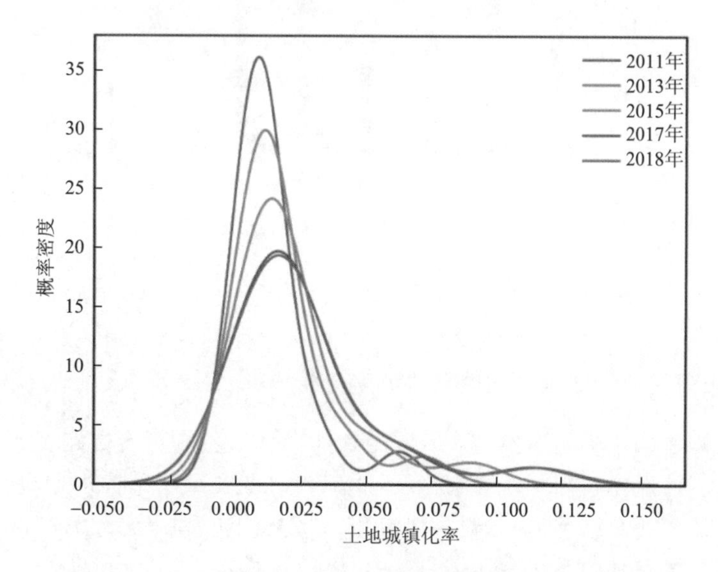

图 12.7　基于核密度估计的海南岛土地城镇化率时空特征

利用核密度估计分析海南岛土地城镇化时空发展变化特征，结果显示 2011～2018 年核密度曲线位置逐渐向右迁移，波峰峰值减小，且波峰形态由尖峰向宽峰演变(图 12.7)，表明 2011～2018 年海南岛土地城镇化程度均逐渐上升，但地域差异倾向于扩大。从曲线的尾部形态来看，其呈现出了延长的趋势，表明研究区内土地城镇化的高值区部分的城镇化率逐年提高，但达到这一高值区的区域数量并没有增加。

12.4 海南人口城镇化与土地城镇化的耦合分析

12.4.1 人口城镇化与土地城镇化增速比较分析

分别计算 2011～2018 年海南岛人口城镇化和土地城镇化的年均增长率，结果显示，2011～2016 年，海南岛的土地城镇化年均增长率均高于人口城镇化的年均增长率，说明研究区内存在人口城镇化落后于土地城镇化的现象(图 12.8)。2017 年之后人口城镇化年均增长率略高于土地城镇化年均增长率，两者间的差距较往年明显变小，且于 2018 年持平。2018 年 1 月，海南提出《海南省人民政府关于进一步加强土地宏观调控提升土地利用效益的意见》，其中强调了按照“总量锁定、增量递减、存量优化、效益提高”的基本要求，坚守发展底线，设定土地资源消耗上限、耕地保护红线、生态环境底线，且实行建设用地总量和强度双控制度，一系列举措使得海南岛土地城镇化指数自 2017 年之后增速放缓，为提升海南土地利用效益、优化国土开发空间格局提供了有力支持。

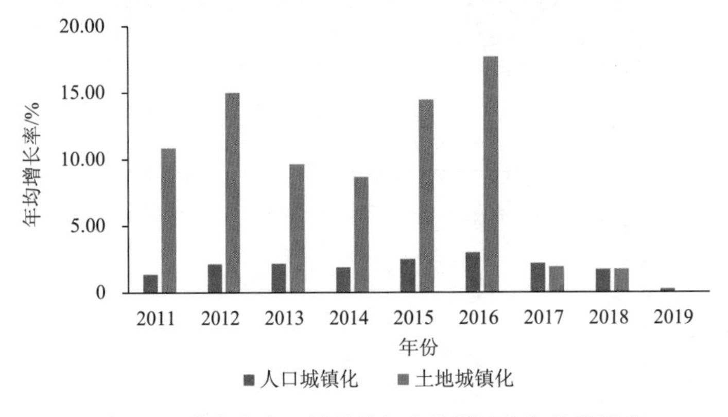

图 12.8　海南岛人口城镇化与土地城镇化年均增长率

12.4.2 人口城镇化与土地城镇化耦合协调度分析

根据公式构建耦合协调度模型，最后得到耦合度 C 值和耦合协调度 D 值，其中，耦合度 C 值反映了各指标间相互作用的程度，而耦合协调度 D 值反映其协调水平的高低(周成等, 2016)，参考已有的研究(金丹和戴林琳, 2021；王成和唐宁, 2018)，分别将耦合度 C 值和耦合协调度 D 值划分为以下阶段，如表 12.5 和表 12.6 所示。

表 12.5　耦合度评价分级

耦合度 C	阶段	特征
(0,0.3]	低水平耦合	人口城镇化和土地城镇化之间相互作用较小
(0.3,0.5]	颉颃阶段	人口城镇化和土地城镇化相互作用有所增强，但是其中一方影响较大
(0.5,0.8]	磨合阶段	人口城镇化和土地城镇化之间开始相互制衡和配合
(0.8,1]	高水平耦合	人口城镇化和土地城镇化之间互相作用较大且趋于良性发展

表 12.6　耦合协调度评价分级

耦合协调度 D	阶段	特征
(0,0.2]	严重失调	人口城镇化和土地城镇化差距过大，导致两者严重失调
(0.2,0.4]	中度失调	人口城镇化或土地城镇化在两者中处于优势地位，但两者差距有所缩小
(0.4,0.5]	基本协调	人口城镇化和土地城镇化达到基本协调
(0.5,0.8]	中度协调	人口城镇化和土地城镇化差距进一步缩小，两者趋于良性相互作用
(0.8,1]	高度协调	人口城镇化和土地城镇化相互促进，良性发展

从时间序列上看，海南岛人口-土地城镇化的耦合度 C 值总体呈上升趋势，其均值由 2011 年的 0.80 上升到了 2018 年的 0.81。从耦合度分类统计结果来看(图 12.9)，处于高水平耦合的城市数量总体上有所上升，由 2011 年的 12 个城市上升到了 2018 年的 15 个；处于颉颃阶段的城市数量于 2013 年清零，主要原因是在此期间五指山市的土地城镇化有所发展，2013 年五指山市的人口-土地城镇化耦合度已达到 0.508，从而上升至磨合阶段；处于磨合阶段的城市数量由 2011 年的 3 个降为 2018 年的 1 个，3 个在 2011 年处于磨合阶段的区域已于 2018 年上升至高水平耦合阶段(文昌市、屯昌县、保亭黎族苗族自治县)；白沙黎族自治县在此期间一直处于低水平耦合阶段，这是由于白沙黎族自治县为 2020 年才正式脱贫摘帽的自治县，其人口城镇化水平一直处于研究区最低水平，与其土地城镇化标准化数据存在一定的差距，而 2015 年白沙黎族自治县的人口城镇化率有所提高，与人口城镇化率位于倒数第二位的乐东黎族自治县差距缩小，导致标准化后的乐东黎族自治县人口城镇化数据与土地城镇化数据处于低水平耦合阶段；琼中黎族苗族自治县在 2011～2018 年的人口-土地城镇化协调度一直处于低水平耦合阶段，主要原因为琼中黎族苗族自治县是海南岛的生态核心区，包含多个国家级、省级的林区和保护区，其土地城镇化水平在研究期内一直是研究区内的最低值，因此对耦合度产生了一定的影响。从空间分布来看，2018 年海南岛的大部分市县的人口-土地城镇化耦合度都处于高水平耦合阶段，高值区主要在北部的海口市及其周边地区(澄迈县和定安县)、临高县，东南部的万宁市和三亚市，以及西部的东方市，中部地区如五指山市和琼中黎族苗族自治县均未达到高水平耦合阶段。

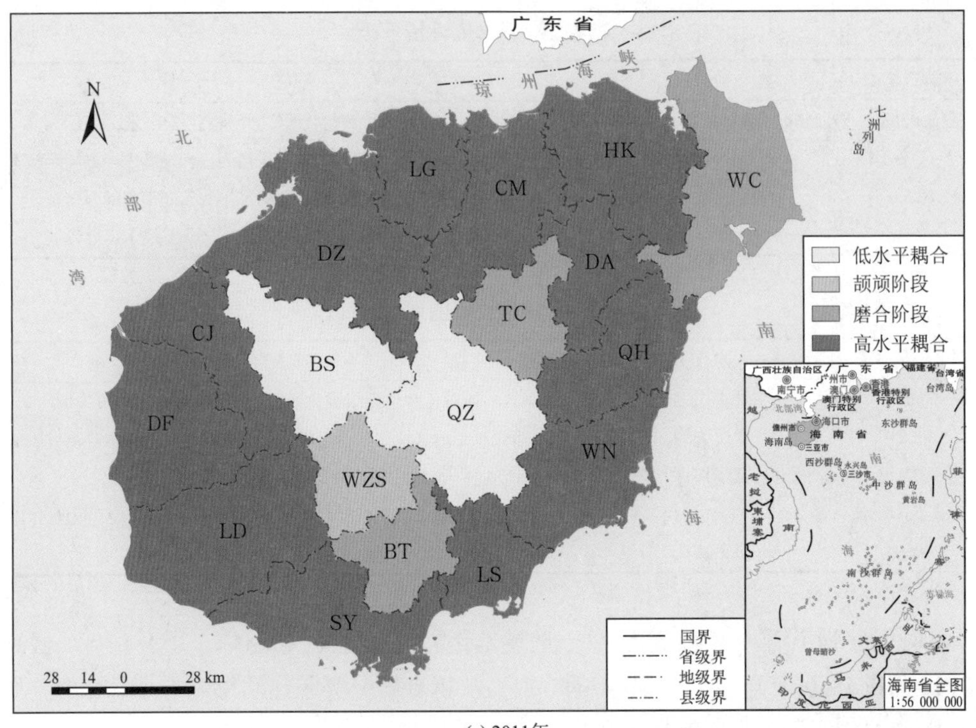

(a) 2011年

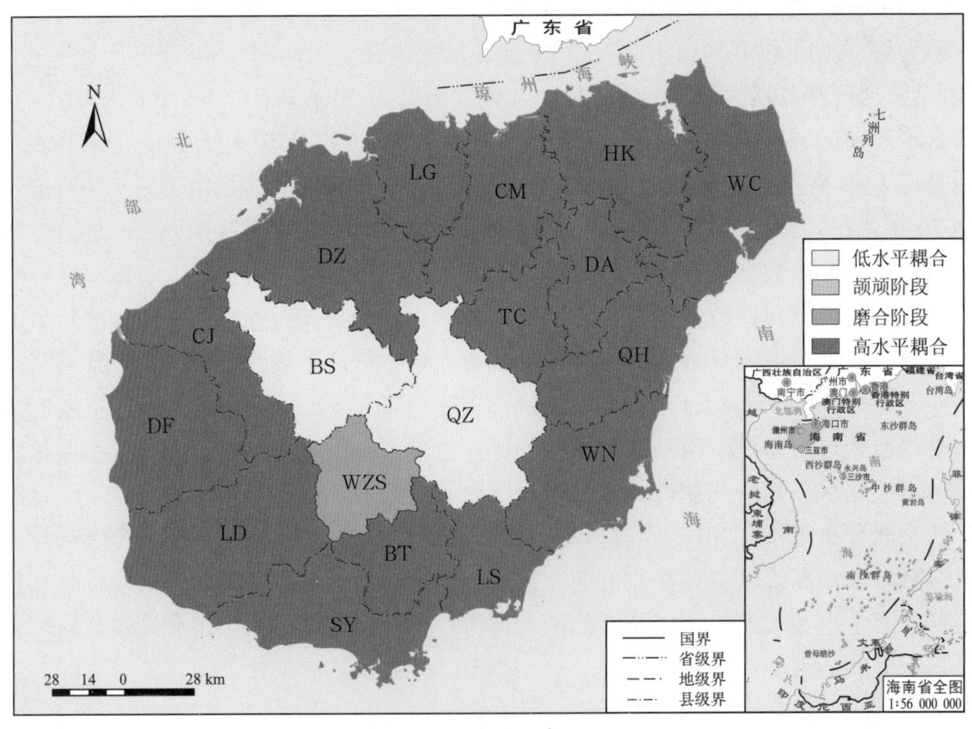

(b) 2013年

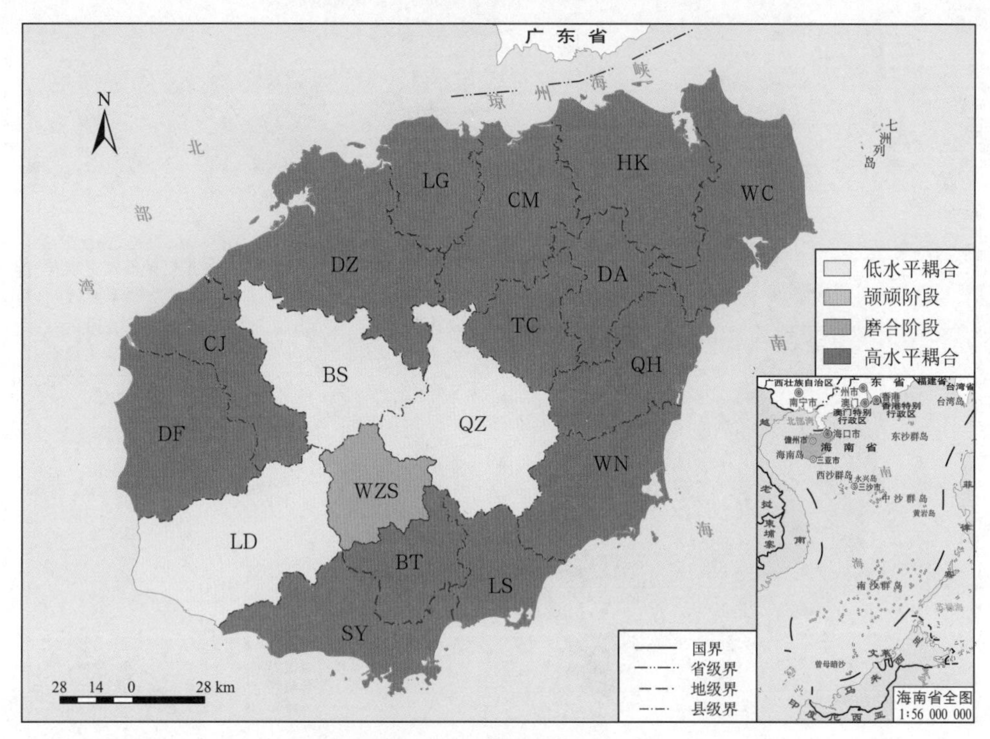

(c) 2015年

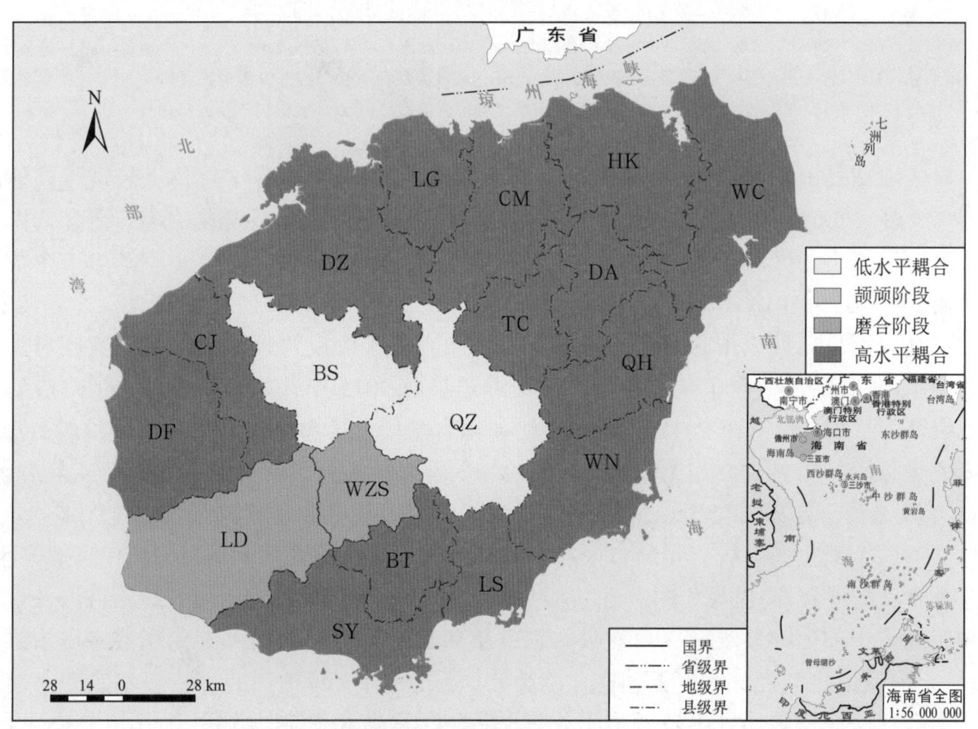

(d) 2017年

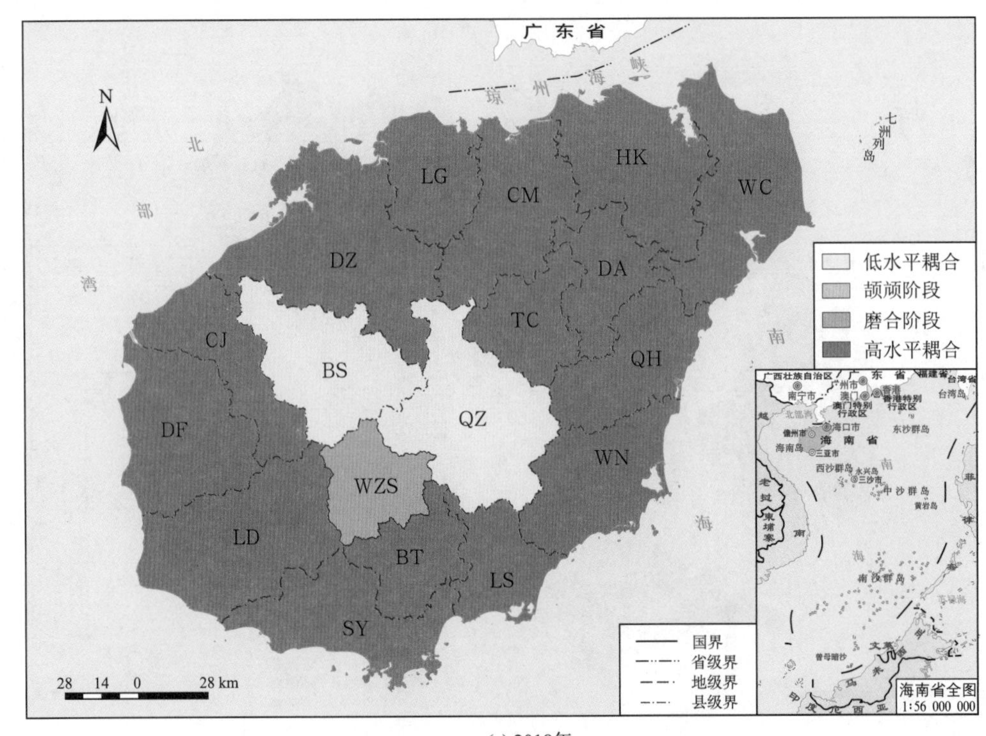

(e) 2018年

图 12.9　海南岛人口–土地城镇化耦合度空间分布

HK：海口市，SY：三亚市，DZ：儋州市，WZS：五指山市，QH：琼海市，WC：文昌市，WN：万宁市，DF：东方市，DA：定安县，TC：屯昌县，CM：澄迈县，LG：临高县，BS：白沙黎族自治县，CJ：昌江黎族自治县，LD：乐东黎族自治县，LS：陵水黎族自治县，BT：保亭黎族苗族自治县，QZ：琼中黎族苗族自治县

对于海南岛人口–土地城镇化的耦合协调度，从时间序列来看，总体上表现为高值区域数量不变，低值区域数量有所增加(图 12.10)。从耦合协调度各类型来看，研究期内达到高度协调耦合的区域个数一直为 2，分别为海口市和三亚市；中度协调的城市个数则先增后降：2011～2013 年由 4 个升为 5 个，之后在 2017 年及 2018 年又降为 4 个，其中，陵水黎族自治县、儋州市、万宁市在研究期内一直处于中度协调阶段，昌江黎族自治县则在 2015 年之后跌落至了基本协调阶段，澄迈县自 2015 年开始升至中度协调阶段后便持续保持，而东方市只在 2013 年为中度协调耦合阶段，其余年份为基本协调阶段；处于中度失调阶段的城市主要为屯昌县、五指山市、乐东黎族自治县、保亭黎族苗族自治县，2015 年及之后，定安县由于土地城镇化较为滞后，由基本协调阶段降至中度失调阶段，导致低值区个数上升。从空间分布来看，海口市和三亚市的“南北两极”地位仍然突出，整体处于“高耦合–高协调”的良性共振类型，且对相邻的澄迈县、陵水黎族自治县带动效应明显。中部琼中黎族苗族自治县、白沙黎族自治县以及西南部的乐东黎族自治县为人口–土地城镇化耦合协调度低值区，屯昌县、五指山市、琼中黎族苗族自治县的土地城镇化指数在研究期内均处于较低水平。综合耦合度 C 值和耦合协调度 D 值的结果，可以看出海南岛内各县市人口–土地城镇化指数虽大部分处于高水平耦合阶段，但其耦合协调水平仍有待提高。

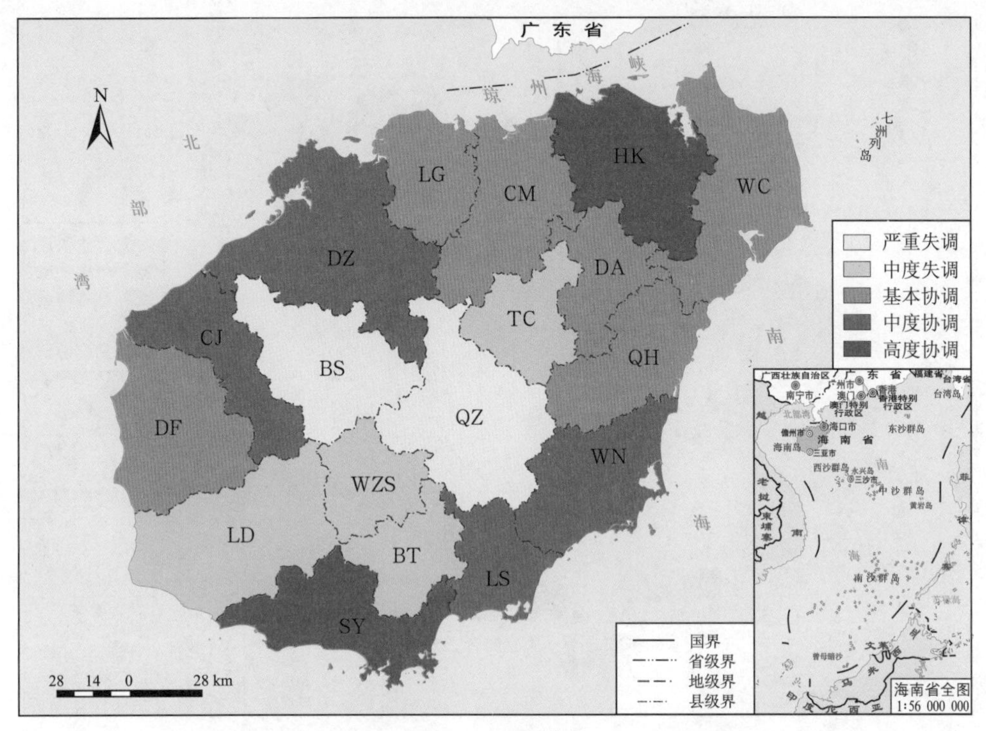

(a) 2011年

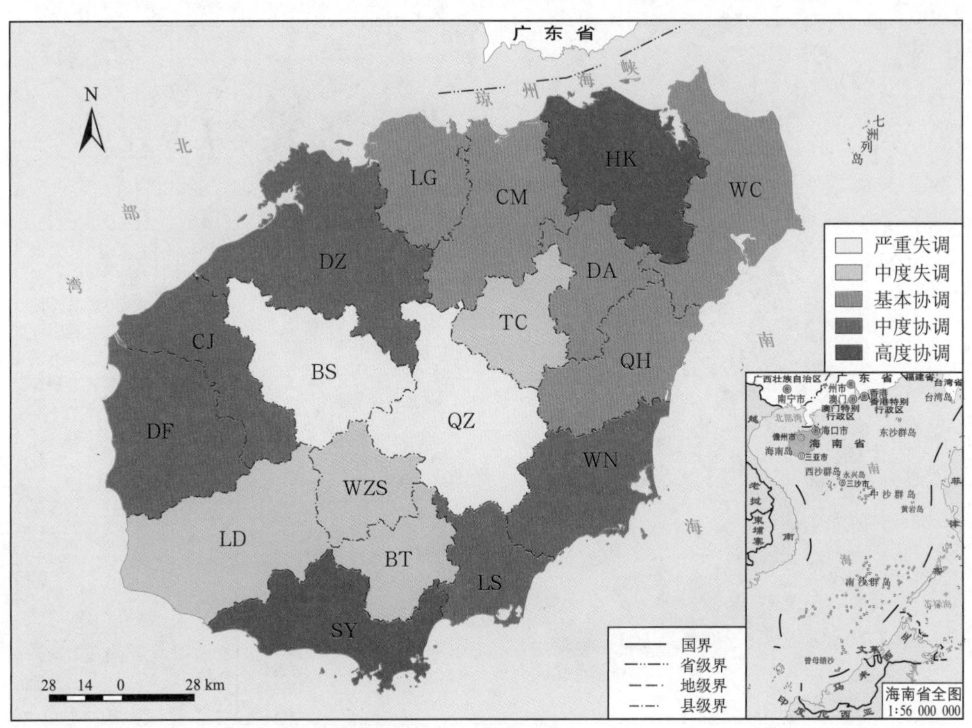

(b) 2013年

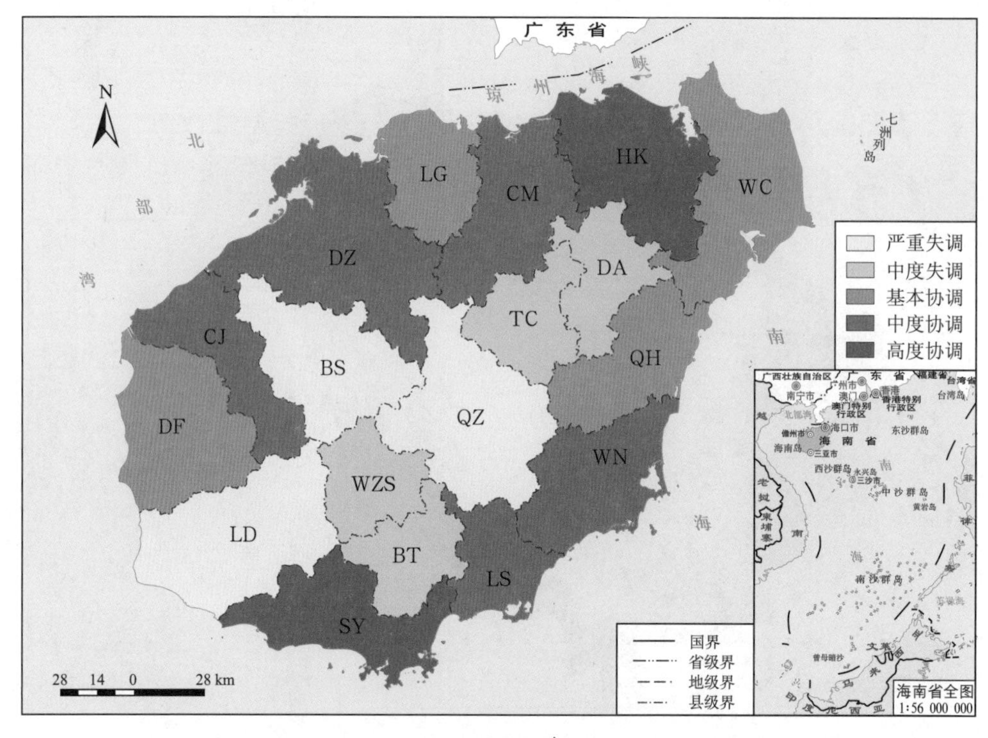

(c) 2015年

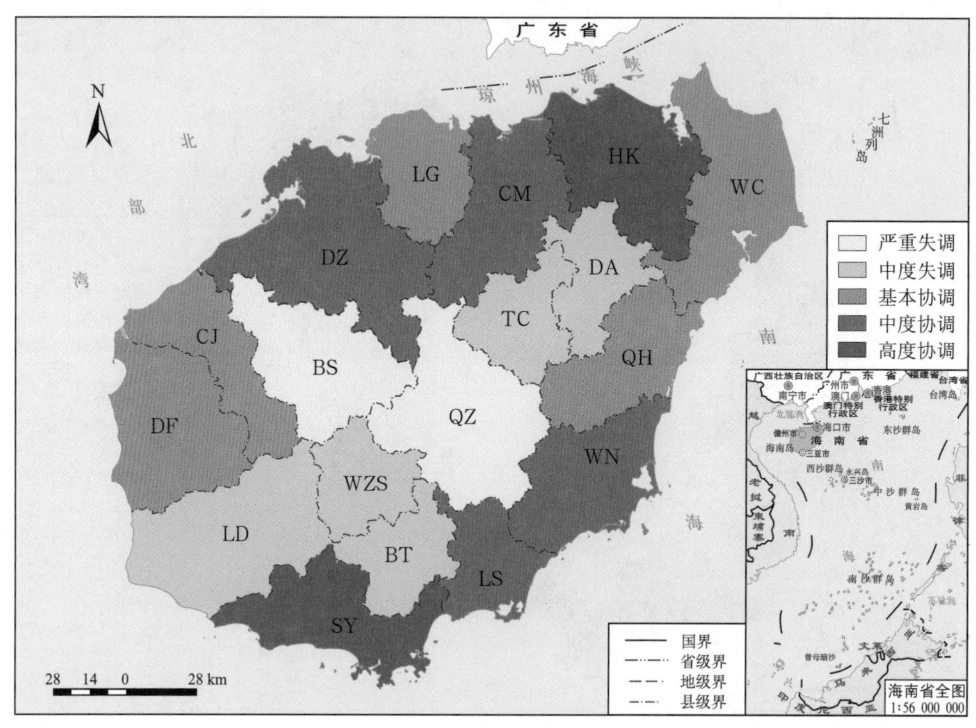

(d) 2017年

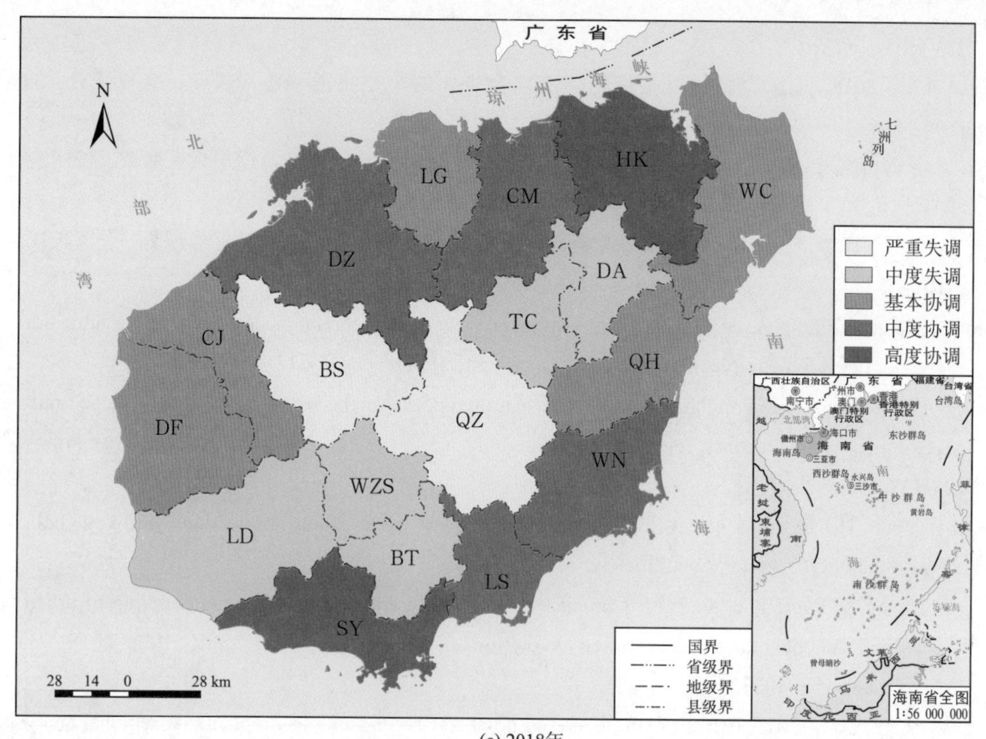

(e) 2018年

图 12.10　海南岛人口-土地城镇化耦合协调度空间分布

HK：海口市，SY：三亚市，DZ：儋州市，WZS：五指山市，QH：琼海市，WC：文昌市，WN：万宁市，DF：东方市，DA：定安县，TC：屯昌县，CM：澄迈县，LG：临高县，BS：白沙黎族自治县，CJ：昌江黎族自治县，LD：乐东黎族自治县，LS：陵水黎族自治县，BT：保亭黎族苗族自治县，QZ：琼中黎族苗族自治县

本章通过统计数据和遥感数据，结合核密度估计、年均增长率、耦合协调度模型对海南岛 2011～2019 年的人口城镇化率和土地城镇化率的时空发展特征以及协调发展情况进行了研究分析，结果表明：①研究期内海南岛各地区人口城镇化率和土地城镇化率均有一定程度的提升，形成了南北两极高，东部、西北部较高，中部较低的人口城镇化发展格局，北部和东南部的沿海区域高值聚集的土地城镇化发展格局。②从整体上看，海南岛的人口城镇化水平低于全国总体水平，而土地城镇化水平在 2013 年之后则高于全国总体水平；海南岛人口城镇化年均增长率由落后于土地城镇化年均增长率转为趋于接近，并于 2018 年持平。③海南岛各县市的城镇化耦合度在 2011～2018 年呈现总体上升的现象，而耦合协调度的高值区域数量不变，低值区域数量有所增加。

参 考 文 献

贺三维，邵玺. 2018. 京津冀地区人口—土地—经济城镇化空间集聚及耦合协调发展研究. 经济地理，38(1): 95-102.

金丹，戴林琳. 2021. 中国人口城镇化与土地城镇化协调发展的时空特征与驱动因素. 中国土地科学，35(6): 74-84.

王少剑，崔子恬，林靖杰，等. 2021. 珠三角地区城镇化与生态韧性的耦合协调研究. 地理学报，76(4):

973-991.

王成，唐宁. 2018. 重庆市乡村三生空间功能耦合协调的时空特征与格局演化. 地理研究，37(6)：1100-1114.

杨喜，卢新海，侯娇. 2021. 长江经济带城市土地开发强度时空格局特征及溢出效应研究. 长江流域资源与环境, 30(4)：771-781.

周成，冯学钢，唐睿. 2016. 区域经济—生态环境—旅游产业耦合协调发展分析与预测——以长江经济带沿线各省市为例. 经济地理, 36(3)：186-193.

Chen M, Huang Y, Tang Z, et al. 2014. The provincial pattern of the relationship between urbanization and economic development in china. Journal of Geographical Sciences, 24(1): 33-45.

Chi G, Ho H C. 2018. Population stress: A spatiotemporal analysis of population change and land development at the county level in the contiguous united states, 2001–2011. Land Use Policy, 70: 128-137.

Cohen B. 2006. Urbanization in developing countries: Current trends, future projections, and key challenges for sustainability. Technology in Society, 28(1): 63-80.

Deng H, Zhang K, Wang F, et al. 2021. Compact or disperse? Evolution patterns and coupling of urban land expansion and population distribution evolution of major cities in china, 1998–2018. Habitat International, 108: 102324.

Feng W, Liu Y, Qu L. 2019. Effect of land-centered urbanization on rural development: A regional analysis in china. Land Use Policy, 87: 104072.

Gong P, Li X, Wang J, et al. 2020. Annual maps of global artificial impervious area (GAIA) between 1985 and 2018. Remote Sensing of Environment, 236: 111510.

Lin X, Wang Y, Wang S, et al. 2015. Spatial differences and driving forces of land urbanization in china. Journal of Geographical Sciences, 25(5): 545-558.

Liu H, Fang C, Miao Y, et al. 2018. Spatio-temporal evolution of population and urbanization in the countries along the belt and road 1950–2050. Journal of Geographical Sciences. 28(7): 919-936.

Liu Z, He C, Zhou Y, et al. 2014. How much of the world's land has been urbanized, really? A hierarchical framework for avoiding confusion. Landscape Ecology. 29(5): 763-771.

Qiu B, Li H, Tang Z, et al. 2020. How cropland losses shaped by unbalanced urbanization process? Land Use Policy, 96: 104715.

Sun M, Wang J, He K. 2020. Analysis on the urban land resources carrying capacity during urbanization——a case study of chinese yrd. Applied Geography. 116: 102170.

Wang F, Wang G, Liu J, et al. 2021. Impact paths of land urbanization on haze pollution: Spatial nesting structure perspective. Natural Hazards, 109(1): 975-998.

Wang H, He Q, Liu X, et al. 2012. Global urbanization research from 1991 to 2009: A systematic research review. Landscape and Urban Planning. 104(3): 299-309.

Wang S, Gao S, Li S, et al. 2020. Strategizing the relation between urbanization and air pollution: Empirical evidence from global countries. Journal of Cleaner Production. 243: 118615.

Wang Z, Liang L, Sun Z, et al. 2019. Spatiotemporal differentiation and the factors influencing urbanization and ecological environment synergistic effects within the Beijing-Tianjin-Hebei urban agglomeration. Journal of Environmental Management, 243: 227-239.

Xu F, Wang Z, Chi G, et al. 2020. The impacts of population and agglomeration development on land use intensity: New evidence behind urbanization in china. Land Use Policy, 95: 104639.

Xu Q, Dong Y, Yang R. 2018. Influence of land urbanization on carbon sequestration of urban vegetation: A temporal cooperativity analysis in guangzhou as an example. Science of The Total Environment, 635: 26-34.

第13章　海南文化旅游遥感应用

旅游资源是指自然界和人类社会能对旅游者产生吸引力，可为旅游业开发利用，并可产生经济效益、社会效益和环境效益的各种事物现象和因素(薛桂澄，2011)。地质旅游资源是在地球漫长的演化过程中，由于地壳构造变动、岩浆活动、古地理环境演变、古生物进化等因素而保存在岩层中的化石、岩体、构造形迹、矿床、地貌景观等资源，具有观赏、科学研究与普及教育价值，对游人产生了某些吸引力，形成了地质旅游资源。地质旅游是通过参观、考察一系列地质遗迹和地质特征(地理风貌和景观)，使人们了解地质学与地理学等相关学科知识的旅游活动(董红梅和刘慧芳，2017；何小芊等，2015)。

目前，对海南岛旅游资源的调查和评价大多集中在旅游资源的特征分析(王新军，1996)、调查与评价体系(王永挺，2008；王志凯，2011；李悦铮等，2013；孙亚莉，2006；薛桂澄，2011；符国基，2010)和开发战略规划等(余中元等，2009；康玉玮，2013；史文强等，2013；游长江等，2015；符启基等，2015)方面。海南岛比较著名的地质旅游资源主要包括海口的中国雷琼世界地质公园、儋州石花水洞省级地质公园、儋州蓝洋观音岩省级地质公园、保亭七仙岭省级地质公园、三亚大小洞天等，但还有很多地质旅游资源需要深度挖掘，系统整理。

为了进一步深度挖掘海南岛地质旅游资源，在调研已有资料的基础上，本章基于遥感、地质、地理等多源数据，结合野外实地调查情况，根据国家标准《旅游资源分类、调查与评价》(GB/T 18972－2003)，分析评价了海南岛地质旅游资源，形象、直观地集中展示了它们的空间分布及其评价级别，希望能为海南地质旅游经济的发展提供参考。

13.1　海南地质旅游资源概况

海南岛的交通便利，主要有“三纵”公路(海榆东线、海榆中线和海榆西线)、环岛高速公路、东环铁路、西线铁路及西环铁路贯穿。此外，还有海口美兰国际机场、三亚凤凰国际机场以及海口港、三亚港、八所港、清澜港、洋浦港等与国内外相连。

海南岛地处特提斯构造域、西太平洋构造域和欧亚大陆板块构造域的交合部位，具有多阶段、多旋回的演化特征。在漫长而复杂的地史演化过程中，伴随各时期不同的地质事件，形成了一系列不同类型的沉积建造、变质建造和构造相等，进而形成了丰富的地质旅游资源。集海洋、山川、河流、湖泊、海岸带等于一身，海南岛发育了名山大川(如五指山)、瀑布(如枫果山瀑布)、温泉(如官塘温泉)等，形成了特色的火山熔岩地貌(如雷琼世界地质公园)、喀斯特地貌(如石花水洞)和海蚀地貌(如天涯海角)等。基于上述地质旅游资源，形成著名景点100多处。其中，1处为世界地质公园、2处为国家地质公园、10处为国家级保护区、6处为5A级景区、21处为4A级景区、25处3A级景区、23处为省级保护区(爱游蛙，2017；数据禾，2019)。海南岛交通图如图13.1所示，海南岛主要的地质旅游景区见表 13.1。

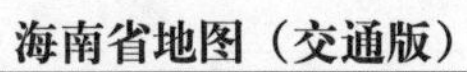

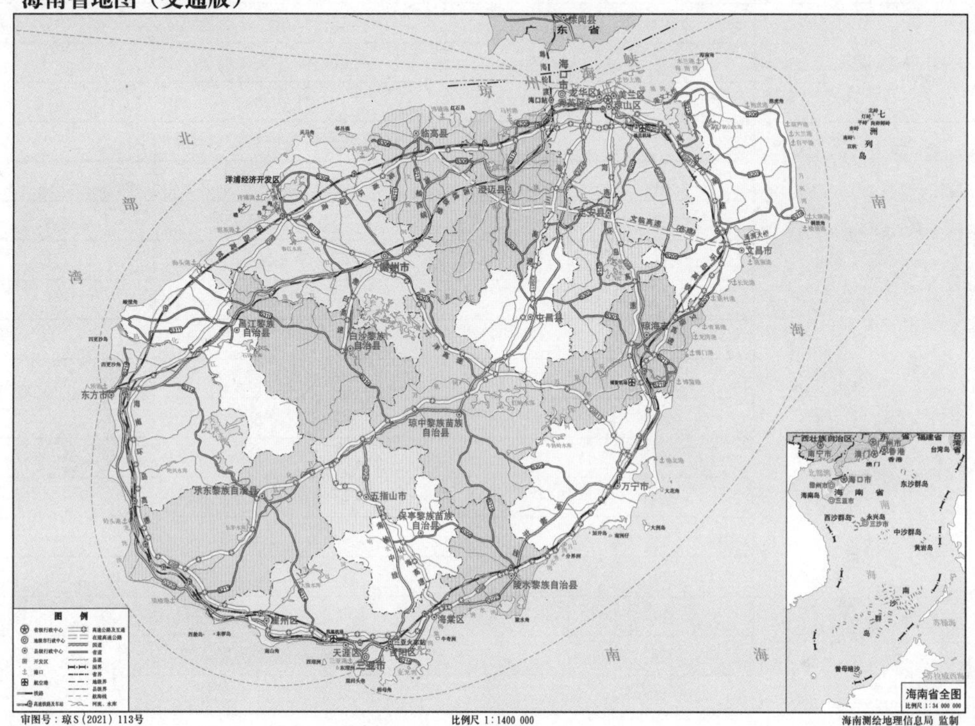

图 13.1　海南岛交通图

表 13.1　海南岛主要的地质旅游景区

分类	序号	景区
世界地质公园	1	中国雷琼世界地质公园
国家地质公园	2	中国雷琼世界地质公园
	3	海南白沙陨石坑地质公园
国家级保护区	4	海南东寨港国家级自然保护区
	5	海南三亚珊瑚礁国家级自然保护区
	6	海南铜鼓岭国家级自然保护区
	7	海南大洲岛国家级自然保护区
	8	海南大田国家级自然保护区
	9	海南鹦哥岭国家级自然保护区
	10	海南霸王岭国家级自然保护区
	11	海南尖峰岭国家级自然保护区
	12	海南吊罗山国家级自然保护区
	13	海南五指山国家级自然保护区
5A 级景区	14	南山文化旅游区
	15	大小洞天风景区
	16	蜈支洲岛旅游区

续表

分类	序号	景区
5A 级景区	17	槟榔谷黎苗文化旅游区
	18	呀诺达雨林文化旅游区
	19	分界洲岛
4A 级景区	20	中国雷琼海口火山群世界地质公园
	21	鹿回头风景区
	22	兴隆热带植物园
	23	东山岭文化旅游区
	24	三亚亚龙湾热带天堂森林公园
	25	亚龙湾爱立方滨海乐园
	26	天涯海角游览区
	27	三亚西岛海洋文化旅游区
	28	三亚大东海旅游区
	29	博鳌亚洲论坛永久会址景区
	30	南湾猴岛生态旅游区
	31	海口假日海滩旅游区
	32	海南热带野生动植物园
	33	海口观澜湖旅游度假区
	34	海南文笔峰盘古文化旅游区
	35	海南三亚亚龙湾
	36	海南七仙岭温泉国家森林公园
	37	三亚热带海滨风景名胜区
3A 级景区	38	五指山热带雨林风景区(水满区)
	39	亚龙湾海底世界
	40	三亚凤凰岭海誓山盟景区
	41	海南白石岭旅游景区
	42	海口白沙门公园
	43	海南儋州石花水洞地质公园
省级保护区	44	海南吊罗山省级自然保护区
	45	海南甘什岭省级自然保护区
	46	海南南湾省级自然保护区
	47	海南清澜省级自然保护区
	48	海南六连岭省级自然保护区
	49	海南尖岭省级自然保护区
	50	海南黎母山省级自然保护区
	51	海南猕猴岭省级自然保护区
	52	海南西南中沙群岛省级自然保护区

13.2　海南地质旅游资源遥感综合评价

随着人们生活水平的提高,旅游在日常生活中的比例越来越高,受到越来越广泛的关注。近年来，在旅游资源调查(范继跃等，2007；肖艳等，2012；贺瑾瑞等，2015)、旅游区监测(胡凤伟等，2005；李尉尉等，2012；额尔敦格日乐和永胜，2013)、旅游地图编制(陈锦辉，2005；王婷玉等，2013)、旅游资源评价(Chaplin and Brabyn, 2013；Mukesh et al., 2015；Yang et al., 2011；许基伟等，2017；张婷婷和侯利朋，2017)和旅游资源开发(韩瑛等，2015；彭京宜，2011)等方面开展了大量工作，取得了显著成绩。海南岛地质旅游资源丰富，但需要对其进行系统总结与评价，为发展海南岛地质旅游事业提供相关资料。

13.2.1　评价技术路线

在调研已有文献的基础上，本章采用如图 13.2 所示的技术路线。其主要包括资料收集、遥感图像获取及处理、地质旅游资源个体性敏感因子获取、地质旅游资源潜力性敏感因子获取和地质旅游资源遥感综合评价五个部分(王钦军等，2017)。

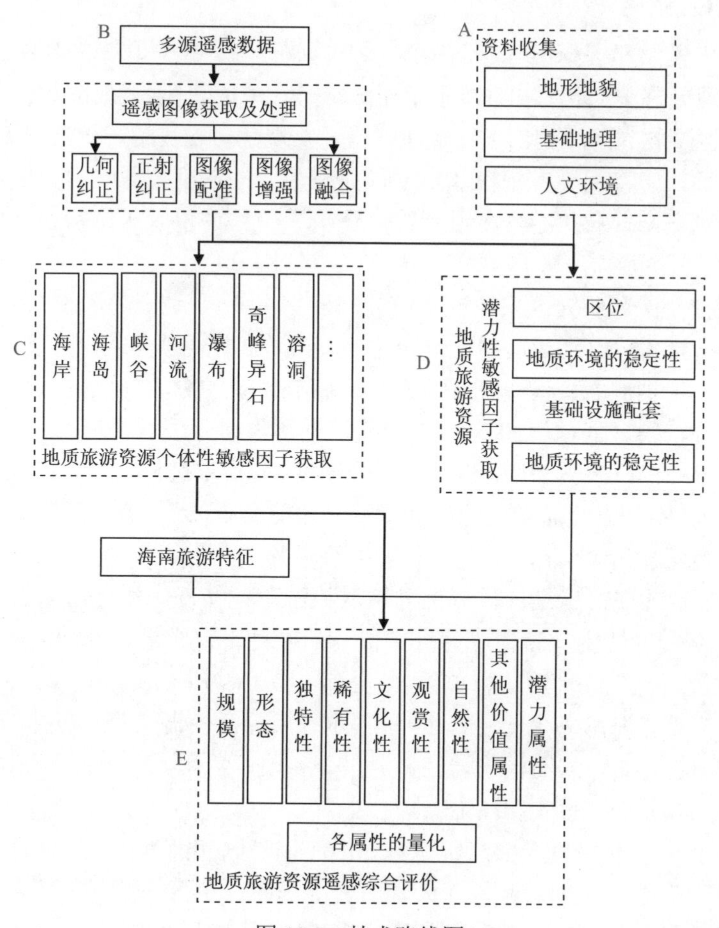

图 13.2　技术路线图

(1) 资料收集：收集地质地形地貌及其他基础地理信息数据，人文环境及旅游现状相关的文献资料，形成先验背景知识库。

(2) 遥感图像获取及处理：获取多源遥感影像数据，包括中分辨率的 TM/ETM、ASTER，高分辨率的 QuickBird、SPOT、高分一号等。结合 DEM 及野外定标对多源遥感影像数据开展几何纠正、正射纠正、图像配准等一系列预处理工作。

(3) 地质旅游资源个体性敏感因子获取：基于遥感影像进行地质旅游资源个体的分析判读和识别，提取海南各类地质旅游资源的个体性敏感因子。结合地面调查验证，获取各类地质旅游资源个体性敏感因子的规模及分布现状。

(4) 地质旅游资源潜力性敏感因子获取：基于高分辨率遥感影像，并结合已有资料获取各敏感个体的区位(路网交通的易达性)、地质环境的稳定性(崩塌、滑坡、塌陷等)、土地利用现状、基础配套设施等敏感性因子信息。

(5) 地质旅游资源遥感综合评价：综合海南旅游特征，分别从个体性敏感因子的规模、形态、独特性、稀有性、文化性、观赏性、自然性以及潜力性敏感因子的量化分级等各方面构建海南岛地质旅游资源评价指标体系，开展海南岛地质旅游资源综合评价。

13.2.2 海南岛地质旅游资源综合评价

依据中华人民共和国标准《旅游资源分类、调查与评价》(GB/T 18972—2017)，从地理位置、外观形态与结构、内在性质、组成成分、成因机制与演化过程、规模与体量、环境背景、关联事物、区域进出条件、保护与开发现状；观赏游憩价值、历史文化价值、科学价值、珍稀或奇特程度、规模及丰度、完整性、知名度和影响力、使用范围、污染状况等方面，对海南地质旅游资源进行综合评价。上述评价因子结构及其评价标准见图 13.3 和表 13.2。

采用专家打分法对研究区旅游资源进行评价，主要包括旅游资源个体评价、开发条件评价以及综合评价，得到最后的评价分值。根据《旅游资源分类、调查与评价》(GB/T 18972—2017)，依据旅游资源单体评价总分，将旅游资源分为五级，从高级到低级依次为五级旅游资源，得分值域≥90 分；四级旅游资源，得分值域 75～89 分；三级旅游资源，得分值域 60～74 分；二级旅游资源，得分值域 45～59 分；一级旅游资源，得分值域 30～44 分。其中，五级旅游资源称为“特品级旅游资源”，五级、四级、三级旅游资源通称为“优良级旅游资源”，二级、一级旅游资源通称为“普通级旅游资源”。

根据表 13.2 的评价标准评价海南岛地质旅游单体情况，结合海南省地质调查院在 2009～2011 年开展的海南旅游地质调查评价示范项目研究成果，共调查 146 处旅游单体，其中 3 级及以上的优良级地质旅游单体 85 处(表 13.3)。

调查结果表明，海南岛主要发育 13 种基本地质旅游资源类型，包括岛区、岩礁、滩地、山丘、火山与熔岩、岩石洞与岩穴、温泉、谷地、悬瀑、观光游憩湖区、地震遗迹、矿石积聚地和陨击坑(表 13.4 和图 13.5)。

如图 13.4 所示，从空间分布特征来看，沿海以岛区和滩地为主，北部火山喷发丘陵区以火山与熔岩为主，东部岩浆侵入低矮山区以瀑布、温泉为主，中部岩浆侵入高山区以山岳、峡谷和瀑布为主，西部和南部低矮沉积山区以岩石洞、岩穴和水域风光为主。

从大类上划分，上述基本类型可以划分为依托海洋和山岳基础旅游资源衍生的旅游资源类型。形成以热带海岛风光和土地资源为基础，以沙滩、温泉、山岳森林为核心层次，以黎苗风情、开疆文化史迹等社会文化旅游资源和其他自然风景资源为辅助层次的结构特点(王新军，1996)。

如表 13.5 所示，依托海洋发展的优良级地质旅游单体共计 44 处，占 51.8%。其包括岛区 13 处、岩礁 2 处、滩地 28 处、地震遗迹 1 处。图 13.4 表明，依托海洋发展的地质旅游资源主要分布在研究区的南部、东部和北部沿海地区，尤其以南部三亚地区的沿海旅游资源发育较为成熟。

如表 13.6 所示，依托山岳发展的优良级地质旅游单体共计 41 处，占 48.2%。其包括山丘 13 处、火山与熔岩 9 处、岩石洞与岩穴 7 处、温泉 2 处、谷地 2 处、悬瀑 3 处、观光游憩湖区 3 处、矿石积聚地 1 处、陨击坑 1 处。图 13.4 表明，北部低矮火山岩区主要发育以雷琼世界地质公园为代表的火山与熔岩地质旅游资源；中部以五指山为代表的侵入岩高山区，发育山丘、悬瀑和温泉等地质旅游资源类型；西部碳酸岩沉积低矮山区发育以石花水洞、猕猴洞为代表的岩石洞与岩穴地质旅游资源。

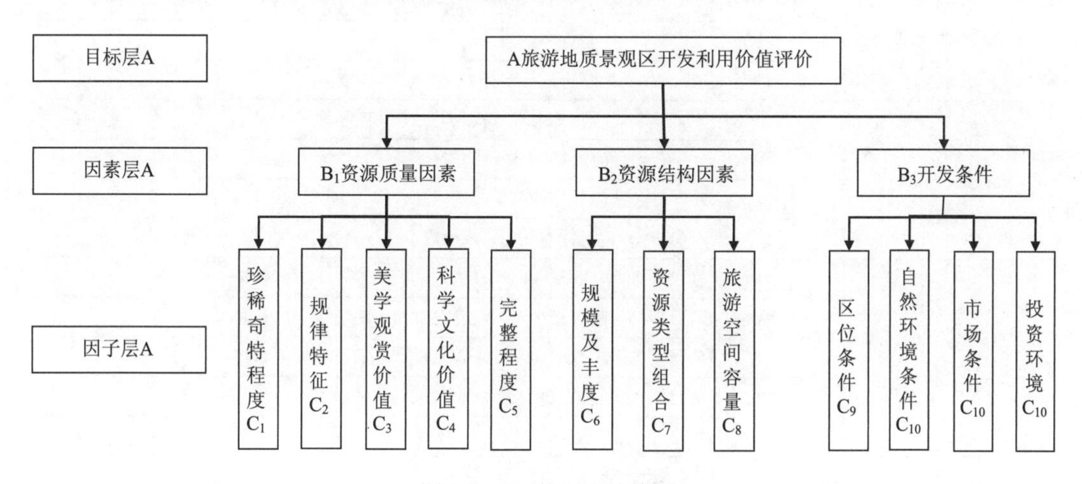

图 13.3　评价因子结构图

表 13.2　地质旅游资源评价标准表

评价项目	标准	
单体为游客提供的观赏价值，或游憩价值，或使用价值	全部或其中一项具有极高的观赏价值、游憩价值、使用价值	22～30
	全部或其中一项具有很高的观赏价值、游憩价值、使用价值	13～21
	全部或其中一项具有较高的观赏价值、游憩价值、使用价值	6～12
	全部或其中一项具有一般观赏价值、游憩价值、使用价值	1～5
单体蕴含的历史价值，或文化价值，或科学价值，或艺术价值	同时或其中一项具有世界意义的历史价值、文化价值、科学价值、艺术价值	20～25
	同时或其中一项具有全国意义的历史价值、文化价值、科学价值、艺术价值	13～19
	同时或其中一项具有省级意义的历史价值、文化价值、科学价值、艺术价值	6～12
	历史价值，或文化价值，或科学价值，或艺术价值具有地区意义	1～5

续表

评价项目	标准	
珍稀性、奇特性	有大量珍稀物种，或景观异常奇特，或此类现象在其他地区罕见	13～15
	有较多珍稀物种，或景观奇特，或此类现象在其他地区很少见	9～12
	有少量珍稀物种，或景观突出，或此类现象在其他地区少见	4～8
	有个别珍稀物种，或景观比较突出，或此类现象在其他地区较多见	1～3
个体规模、群体结构、疏密度	独立型单体规模、体量巨大；组合型旅游资源单体结构完美、疏密度优良；自然景象和人文活动周期性发生或频率极高	8～10
	独立型单体规模、体量较大；组合型旅游资源单体结构很和谐、疏密度良好；自然景象和人文活动周期性发生或频率很高	5～7
	独立型单体规模、体量中等；组合型旅游资源单体结构和谐、疏密度较好；自然景象和人文活动周期性发生或频率较高	3～4
	独立型单体规模、体量较小；组合型旅游资源单体结构较和谐、疏密度一般；自然景象和人文活动周期性发生或频率较小	1～2
是否受到自然或人为干扰和破坏，保存是否完整	保持原来形态与结构	4～5
	形态与结构有少量变化，但不明显	3
	形态与结构有明显变化	2
	形态与结构有重大变化	1
在什么范围内有知名度？在什么范围内构成名牌	在世界范围内知名，或构成世界承认的名牌	8～10
	在全国范围内知名，或构成全国性的名牌	5～7
	在本省范围内知名，或构成省内的名牌	3～4
	在本地区范围内知名，或构成本地区名牌	1～2
开发旅游后，多长时间适宜游览？或可以服务于多少游客	适宜游览的日期每年超过 300 天，或适宜所有游客使用和参与	4～5
	适宜游览的日期每年超过 250 天，或适宜 80%左右游客使用和参与	3
	适宜游览的日期每年超过 150 天，或适宜 60%左右游客使用和参与	2
	适宜游览的日期每年超过 100 天，或适宜 40%左右游客使用和参与	1
本单体是否受到污染，环境是否安全？有没有采取保护措施使环境安全得到保障	已受到严重污染，或存在严重安全隐患	–5
	已受到中度污染，或存在明显安全隐患	–4
	已受到轻度污染，或存在一定安全隐患	–3
	已有工程保护措施，环境安全得到保证	3

表 13.3　海南岛优良地质旅游单体

单体	级别	单体	级别
南湾猴岛	五	大广坝水库	四
分界洲岛	四	棋子湾	四
天涯海角	五	石梅湾	三
盈滨半岛	四	淇水湾	三
鹿回头公园	四	冯家湾	三
神州半岛	五	马鞍岭	五
枫果山瀑布	五	雅加瀑布	三
尖峰岭	五	陵水湾	三

续表

单体	级别	单体	级别
罗经盘	四	小海	四
双池岭	四	石花水洞	五
七仙岭	五	南山国家重点风景区	五
玉带滩	四	蜈支洲岛	五
永茂岭	四	大小洞天	四
雷虎岭	四	亚龙湾	五
杨南岭	四	大东海	四
昌道岭	四	白石岭	四
东山岭	四	三亚湾	五
大里瀑布	四	雷琼世界地质公园	五
石头公园	四	海棠湾	四
鱼鳞州	四	石碌铁矿	五
黎母岭	四	东寨港红树林国家级自然保护区	五
吊罗山	四	崖州湾	四
香水湾	四	毛公山	四
铜鼓岭	四	落笔洞	五
铜鼓角	四	石壁	四
月亮湾	四	五指山国家自然保护区	五
东屿岛	四	太平山瀑布	四
锦母角	四	红峡谷	四
黎安港	四	皇后湾	四
新村港	四	江边喀斯特	四
高隆湾	四	仙安石林	四
椰林湾	四	小东海	四
白沙门滨海浴场	四	白沙陨击坑	四
海口西海岸	四	六罗峡谷	四
假日海滩	四	官塘温泉	四
西秀海滩	四	笔架岭火山口	四
海口东海岸	四	西岛	四
桂林洋浴场	四	皇帝洞	四
大洲岛	四	东岛	四
木兰头	四	天安喀斯特	三
博鳌湾	四	济公山风景区	三
南燕湾	四	南新温泉	三
莺歌海水道口海滩岩	四		

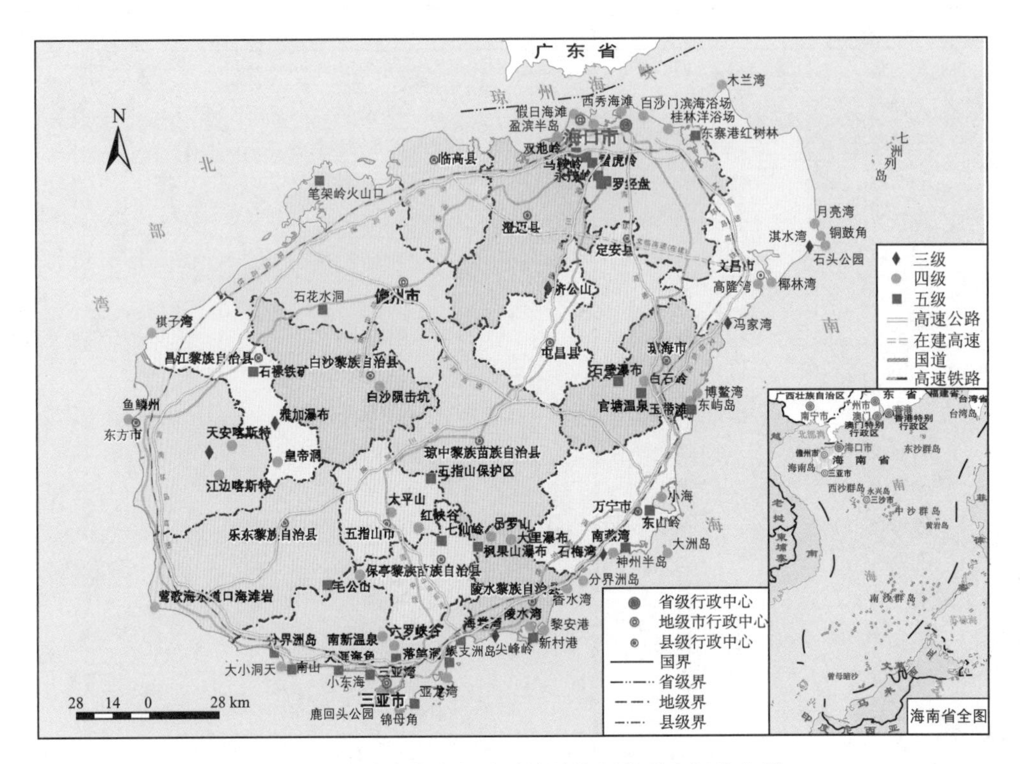

图 13.4　海南岛优良级地质旅游资源类型空间分布图

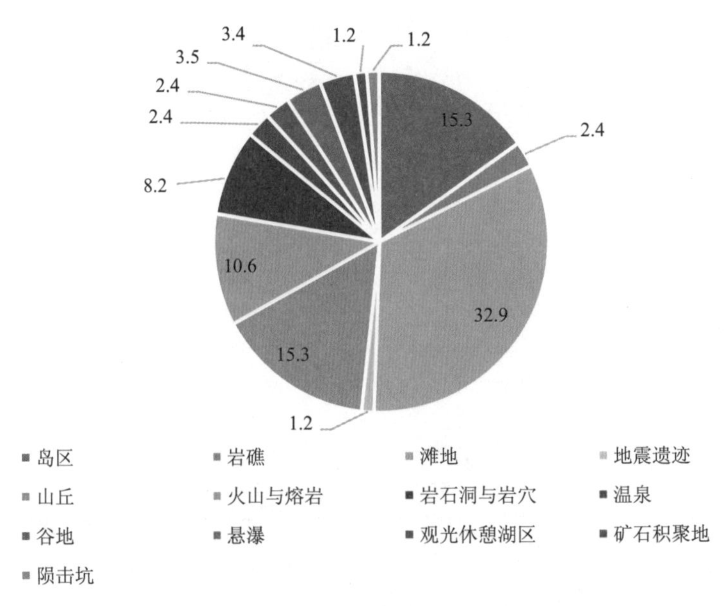

图 13.5　海南岛地质旅游资源基本类型所占比例图

表 13.4　海南岛优良级地质旅游单体分类表

类型	序号	名称	类型	序号	名称
岛区	1	神州半岛	滩地	44	三亚湾
	2	南湾猴岛		45	海棠湾
	3	铜鼓角		46	玉带滩
	4	分界洲岛		47	皇后湾
	5	东屿岛		48	盈滨半岛
	6	博鳌湾		49	鱼鳞州
	7	锦母角		50	月亮湾
	8	黎安港		51	淇水湾
	9	新村港		52	鹿回头公园
	10	大洲岛		53	大东海
	11	东岛		54	崖州湾
	12	西岛		55	小东海
	13	蜈支洲岛		56	椰林湾
火山与熔岩	14	罗经盘		57	高隆湾
	15	双池岭		58	白沙门滨海浴场
	16	昌道岭		59	海口西海岸
	17	杨南岭		60	假日海滩
	18	雷虎岭		61	西秀海滩
	19	永茂岭		62	海口东海岸
火山与熔岩	20	马鞍岭	滩地	63	桂林洋浴场
	21	笔架岭火山口		64	木兰湾
	22	雷琼世界地质公园		65	石梅湾
岩礁	23	香水湾		66	南燕湾
	24	石头公园		67	莺歌海水道口海滩岩
观光游憩湖区	25	大广坝水库		68	棋子湾
	26	小海		69	陵水湾
	27	冯家湾		70	亚龙湾
山丘	28	尖峰岭		71	天涯海角
	29	南山	岩石洞与岩穴	72	江边喀斯特
	30	七仙岭		73	天安喀斯特
	31	东山岭		74	皇帝洞
	32	铜鼓岭		75	石花水洞
	33	吊罗山		76	落笔洞
	34	石壁瀑布		77	大小洞天
	35	济公山		78	仙安石林
	36	白石岭	温泉	79	官塘温泉
	37	五指山国家自然保护区		80	南新温泉
	38	太平山瀑布	悬瀑	81	枫果山瀑布
	39	毛公山		82	大里瀑布
	40	黎母岭		83	雅加瀑布
谷地	41	红峡谷	地震遗迹	84	东寨港红树林国家级自然保护区
	42	六罗峡谷	矿石积聚地	85	石碌铁矿
陨击坑	43	白沙陨击坑			

表 13.5 海南岛依托海洋发展的优良级旅游资源表

序号	名称	序号	名称
1	白沙门滨海浴场	23	南燕湾
2	博鳌湾	24	淇水湾
3	大东海	25	棋子湾
4	大小洞天	26	三亚湾
5	大洲岛	27	石梅湾
6	东岛	28	天涯海角
7	东屿岛	29	铜鼓角
8	东寨港红树林国家级自然保护区	30	蜈支洲岛
9	分界洲岛	31	西岛
10	冯家湾	32	西秀海滩
11	高隆湾	33	香水湾
12	桂林洋浴场	34	小东海
13	海口东海岸	35	小海
14	海口西海岸	36	新村港
15	海棠湾	37	亚龙湾
16	皇后湾	38	椰林湾
17	假日海滩	39	莺歌海水道口海滩岩
18	锦母角	40	盈滨半岛
19	黎安港	41	鱼鳞州
20	陵水湾	42	玉带滩
21	鹿回头公园	43	月亮湾
22	木兰湾	44	崖州湾

表 13.6 海南岛依托山岳发展的优良级旅游资源表

序号	名称	序号	名称
1	神州半岛	15	尖峰岭
2	白沙陨击坑	16	江边喀斯特
3	白石岭	17	雷虎岭
4	笔架岭火山口	18	雷琼世界地质公园
5	昌道岭	19	黎母岭
6	大广坝水库	20	六罗峡谷
7	大里瀑布	21	罗经盘
8	吊罗山	22	落笔洞
9	东山岭	23	马鞍岭
10	枫果山瀑布	24	毛公山
11	官塘温泉	25	南山
12	红峡谷	26	南湾猴岛
13	皇帝洞	27	南新温泉
14	济公山	28	七仙岭

续表

序号	名称	序号	名称
29	石壁瀑布	36	铜鼓岭
30	石花水洞	37	五指山国家自然保护区
31	石碌铁矿	38	仙安石林
32	石头公园	39	雅加瀑布
33	双池岭	40	杨南岭
34	太平山	41	永茂岭
35	天安喀斯特		

13.2.3　海南岛地质旅游资源考察

本节分别在 2016 年 11 月、2017 年 7 月以及 2018 年 3 月、7 月和 11 月开展 4 次野外考察(图 13.6～图 13.9)，行驶里程 4000 多公里。主要调查地质旅游单体的地理位置、单体个数，评价其旅游价值，明确地质旅游单体的岩性、规模、形态、独特性、稀有性、文化性、观赏性、所处地质环境及其稳定性等。

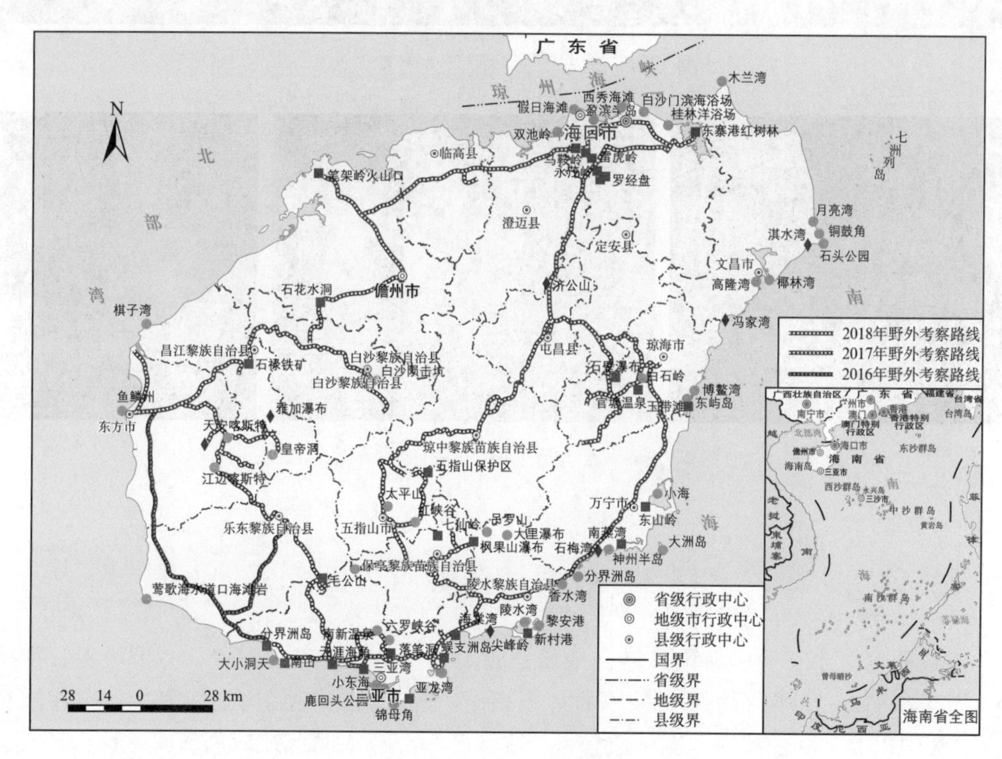

图 13.6　野外考察路线图

图 13.7　东方市鱼鳞洲野外考察照片

图 13.8　东方市猕猴洞野外考察照片

图 13.9　东方市俄贤洞野外考察照片

13.3　海南潜在地质公园

经过研究，本节明确海南岛潜在地质公园主要包括东方市、石壁、六罗峡谷、猕猴洞、石花水洞、白沙陨石坑、仙安石林、五指山、南山和红峡谷 10 处。其中，白沙陨石坑已于 2018 年 3 月获批为国家地质公园；猕猴洞和石花水洞已经成为省级地质公园，但其仍具有申报国家级地质公园的潜力。明确今后可重点打造的地质公园主要包括东方市、石壁和六罗峡谷 3 处，并对重点区进行了地质旅游价值的评价和地质旅游路线的规划。优化形成《东方市地质旅游路线图》《石壁地质旅游路线图》《六罗地质旅游路线图》，为发展海南的潜在地质公园提供了规划路线与实地调研资料（王钦军等，2018a，2018b，

2018c)。

13.3.1　东方市地质旅游资源特征

1. 东方市概况

东方市地处海南岛西部，北距海口 210 km，南距三亚 160 余公里。处于 108°36′46″E～109°07′19″E，18°43′08″N～19°18′43″N，东西宽 53.6 km，南北长 65.4 km。西临北部湾，南与乐东黎族自治县接壤，东部及北部与昌江黎族自治县交界。

如图 13.10 所示，东方市的公路交通四通八达。G98 环岛高速贯穿东方市全境，有多个高速路口与其相接；G225 国道自东北方向的昌江黎族自治县，连通东方市，之后沿西海岸向南至乐东黎族自治县的白沙港；S218 省道从东方市市区出发，向西北连接至四更镇；S314 省道在北端的大田乡连接 G225 国道，向南穿越大广坝风景区后连接乐东黎族自治县县城；境内多条县道、乡道交织成网，公路交通非常方便。

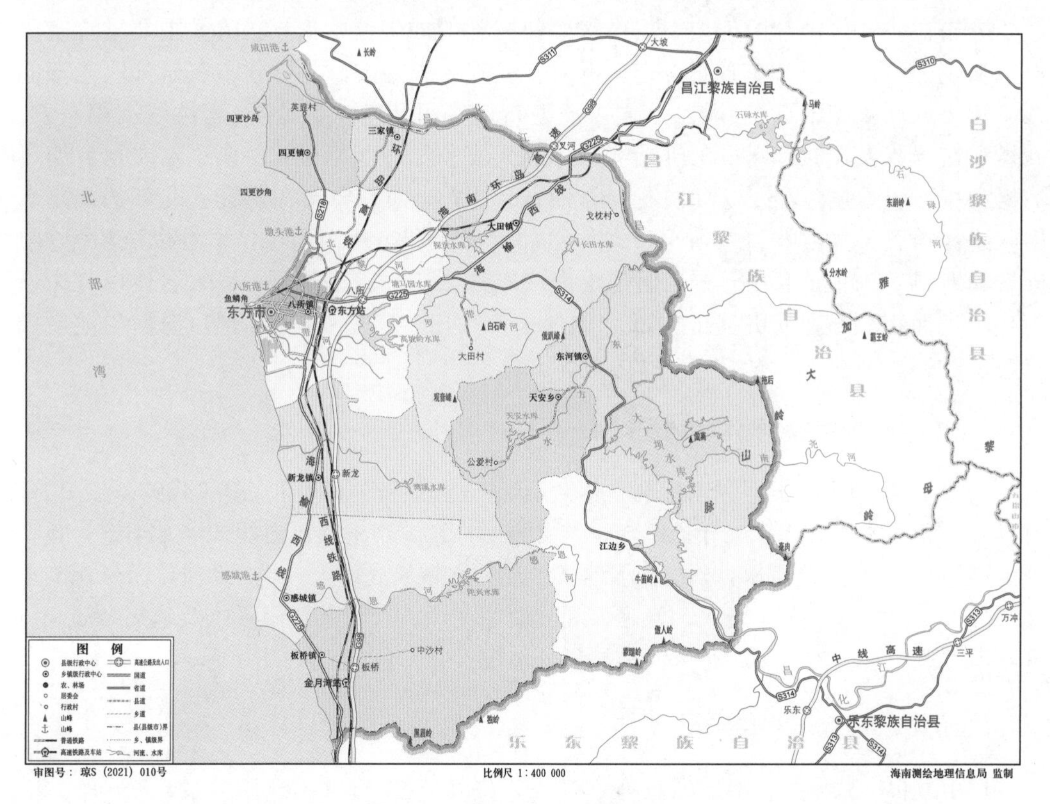

图 13.10　东方市交通图

在铁路方面，海南环岛高铁西线于 2015 年 12 月 30 日开通，还有石碌—八所、八所—三亚两条铁路线，客运、货运皆有。境内还拥有八所港等优良港口，是东方市对外交流的重要窗口。

东方市属于热带季风气候，日照长，气温高，热多寒少。由于五指山对于东南季风的阻挡，东方市处于背风侧，因此较为干燥，雨量少且集中，干湿显著。全年平均气温24～25℃，全年平均日照长度达2628 h，年降水量为1150 mm(海南省地方志编纂委员会办公室，1992)。

东方市境内主要水系有两个。一是昌化江水系，流域面积916.1 km^2；二是独流入海的境内河流，主要分布在西部和西南部地区，为平行状，流域面积1138.1 km^2。主要河流有昌化江、南港河、感恩河、通天河、罗带河、北黎河6条。其中昌化江是过境最长河流，河流长232 km。境内的水力资源丰富，建有4座水电站及多座大型水库(海南省地方志编纂委员会办公室，1992；海南省东方市史志编纂委员会，2011)。

东方市地层位于海南岛隆起的西部、石碌向斜的南段，横贯全岛东南向的昌江—琼海和尖峰岭—吊罗山大断裂层之间。先后经历了晋宁、加里东、海西、印支和喜马拉雅等构造运动(海南省地质调查院，2009)。

东方市发育的地层主要包括奥陶系、志留系、二叠系、白垩系、第四系以及侵入岩体。奥陶系主要发育南碧沟组地层，岩性以变质千枚岩、板岩和基性火山岩为主，主要分布在研究区中部的毛安、陀兴水库和东部的冲俄苗附近；志留系主要发育空烈村组和陀烈组地层，以变质石英岩、板岩、沉积灰岩为主，主要分布在研究区东部的东河和大广坝水库附近；二叠系地层主要发育俄查组和南龙组地层，岩性以沉积泥岩、砂岩和灰岩为主，主要分布在研究区东部的天安和江边乡附近；白垩系主要发育鹿母湾组和报万组地层，岩性以沉积泥岩和砂岩为主，小面积分布在研究区北部的天惠水库附近；第四系主要发育八所组、北海组、烟墩组和全新统地层，岩性以沉积泥岩、砂岩和海滩岩为主，主要分布在西部沿海和东部大广坝水库地区；侵入岩体以花岗岩为主，大面积分布在研究区的中部，如保平、大田、广坝乡、黑眉等(海南省地质调查院，2009)。

2. 东方市地质旅游单体的调查结果

如图13.11所示，根据国家标准《旅游资源分类、调查与评价》(GB/T 18972—2017)，对东方市的地质旅游单体进行了调查。结果表明，东方市地质旅游资源非常丰富，包括俄贤岭等11个地质旅游单体，发育了地文景观和水域风光两大主类。地质旅游资源类型又可分为山丘、岩石洞与岩穴、岩礁、观光游憩河段、观光游憩湖区以及地热与温泉6种基本类型。它们的地质旅游资源类型划分情况及其特色如表13.7所示。

3. 东方市地质旅游资源特征

1) 东方市地质旅游交通便捷、发展潜力巨大

东方市拥有四通八达的公路交通网络，如G98高速、G225国道、S218省道、S314省道在境内形成便捷的交通网络，迅速连接昌江、乐东和三亚等周边地区；此外，东方市还拥有海南岛环岛高铁、石碌—八所、八所—三亚两条铁路线，客运、货运皆有。发达的交通网络成为创建地质公园的干线，为打造景区提供了外部便利条件。

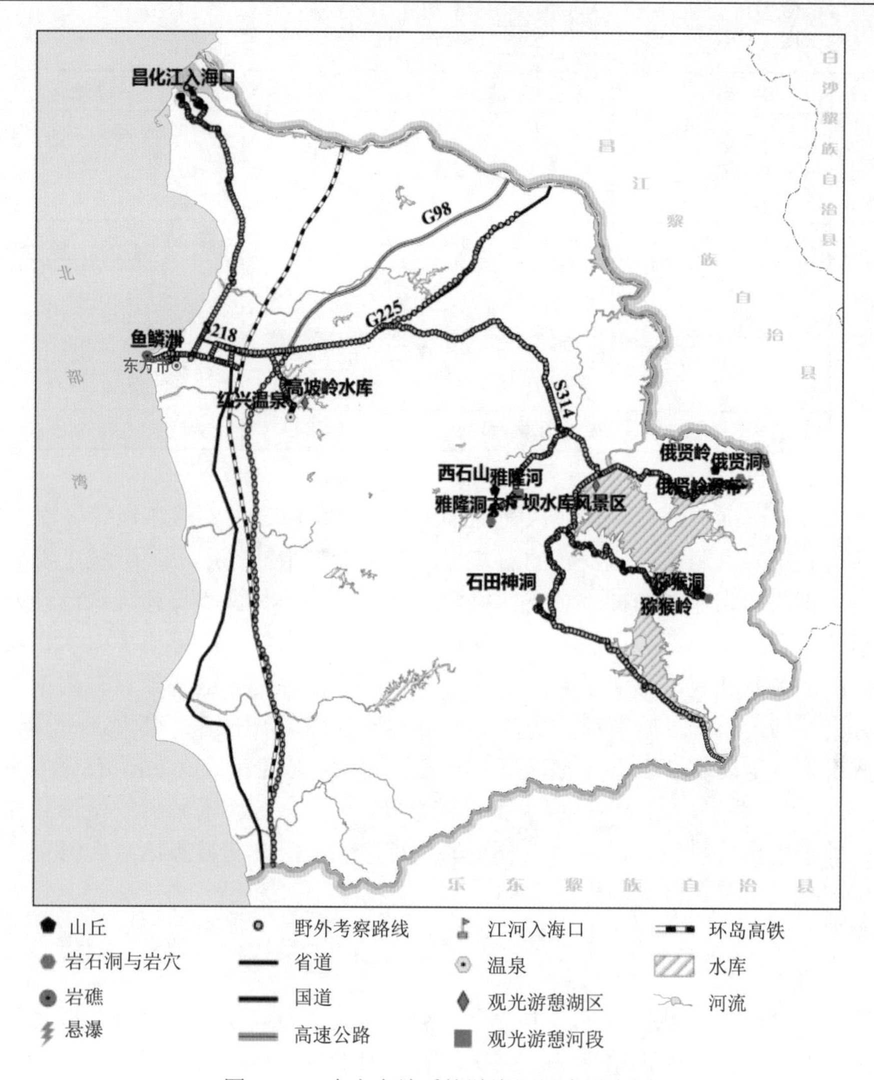

图 13.11　东方市地质旅游资源调查示意图

表 13.7　东方市地质旅游资源分类及其特色表

主类	亚类	基本类型	旅游单体	特色
A 地文景观	AA 综合自然旅游地	AAA 山丘型旅游地	俄贤岭 猕猴岭	喀斯特地貌
	AC 地质地貌过程形迹	ACL 岩石洞与岩穴	猕猴洞	岩性纯净(灰岩) 规模巨大
			俄贤洞	岩性复杂多样 规模较大
			石田神洞	黑色和白色灰岩 石梯田，复式洞穴
			雅隆洞	灰岩，规模较小

续表

主类	亚类	基本类型	旅游单体	特色
A 地文景观	AE 岛礁	AEB 岩礁	鱼鳞洲	北部湾重要航标、山石形似鱼鳞，海南稀有的灰岩海岸 构造剖面
B 水域风光	BA 河段	BAA 观光游憩河段	昌化江	入海口处的河水与海水交界线
	BB 天然湖泊与沼泽	BBA 观光游憩湖区	大广坝水库	东方小桂林 亚洲第一大土坝、中国最早水电站遗址、日本侵华遗址
			高坡岭水库	钓鱼、周边有温泉
	BD 泉	BDB 地热与温泉	红兴温泉	自然喷涌、水温高

东方市发育有地文景观和水域风光两个主类，包括综合自然旅游地等 6 个亚类，11 个景点的地质旅游资源。广泛发育的石灰岩，在大量降水的作用下，形成了猕猴洞、俄贤洞、石田神洞和雅隆洞等神奇洞穴，里面发育了石柱、石笋和石林等规模较大、栩栩如生、活泼可爱的象形石。再加上大广坝水库、高坡岭水库等，形成了山水相依的喀斯特地貌，蔚为美丽壮观，形成了名副其实的“东方小桂林”。这些景点有的正在开发，而大部分尚待开发，知名度有待进一步提升，地质旅游发展的潜力很大。

东方市不仅地质旅游资源丰富，而且规模较大。它东西宽 53.6 km，南北长 65.4km，面积 3500 多平方公里，在海南岛属于大规模景区。大部分旅游资源仍然保持其独特的原始风貌，处于起步阶段。可以通过进一步的景点建设，提升东方市地质旅游资源的知名度，有望形成国家甚至世界级地质公园。

2) 东方市地质旅游资源类型多样、动静结合，可组合为大景观区，奠定了建设地质公园的坚实基础

在巍峨的俄贤岭和猕猴岭等山中发育有神秘而又惊险刺激的猕猴洞、俄贤洞和石田神洞等，又有安静舒适的鱼鳞洲、昌化江、大广坝水库、高坡岭水库和红兴温泉等，是集动、静于一体的休闲娱乐、旅游观光的潜力景区：动可爬山涉水、蹦极、雨林穿越，体现旅游惊险刺激的一面，适合精力充沛的年轻人锻炼身体、丛林探险。静可安营扎寨，划船、钓鱼、戏水，适合老人、妇女、儿童和全家人游山玩水、闲暇观光旅游。

东方市地质旅游资源不仅适宜人群广，而且可供旅游的时间长。研究区内气候湿润、风景秀丽，一年中可供旅游的时间大于 300 天，可游山、可玩水、可入洞、可出海，成为闲暇旅游的好去处，奠定了建设地质公园的坚实基础。

此外，在人文旅游资源方面，东方市拥有众多历史文化遗迹，独特的黎、苗族民俗风情节，包括当地的三月三传统文化、古镇州城遗址、汉马伏波井、黎族白查村船形屋等。它们为地质旅游景区披上了神秘的人文历史文化色彩。

3) 东方市地质旅游自西向东在空间分布上错落有致

西部沿海景区可以听涛观海、埋沙浴阳，中部可以泡温泉、水库钓鱼，东部可以爬山瞭望、泛舟观洞，满足不同层次人的多个爱好。在同一个地区可以同时体验大山的高耸巍峨、水库的端庄秀丽和大海的辽阔壮观，集上述资源于一体，可打造出著名的高级

地质公园。

4. 东方市地质旅游资源发展的建议

东方市地质旅游资源丰富，只是旅游项目开发及其旅游配套措施等有待进一步完善和提高，需要通过进一步建设和宣传来提高其知名度。建议今后在以下几个方面加强工作，以打造东方市地质旅游品牌、发展东方市甚至海南岛的地质旅游经济。

1)形成观海—钓鱼—爬山综合旅游路线

建议对东方市重点旅游景点进行开发和保护，将各个旅游景点连接起来，深入打造西部听涛观海、中部疗养钓鱼、东部爬山观洞的综合地质旅游路线。通过建设美丽东方，吸引更多游人走进东方市，发展地质旅游经济。

注重旅游项目的推进，对大广坝水库及其周边的俄贤岭和猕猴岭进行重点开发和保护，将其打造为有山、有水、有溶洞的喀斯特地貌探险旅游路线；将东方市红兴温泉与高坡岭水库一同开发，形成高坡岭湖滨温泉度假风景区；进一步推进旅游交通项目建设，连通各景点的旅游环线，实现交通的网络化、快捷化。

2)揭示景区的地质演化过程，增加地质科学内涵

在现有调查成果的基础上，吸收各领域专业人员，开展详查。深入、细致地调查地文景观、水域风光等景点的类型、数量和特点。通过分析代表性样品，揭示景区的地质演化过程及其标志性产物，并对典型地质现象(如岩石洞穴、构造地层等)进行标识，加强地质学知识的科普教育与宣传。

3)制定地质旅游资源开发与保护措施，促进东方市地质旅游经济的发展

基于东方地质旅游资源详查结果，制定地质旅游资源开发与保护的战略目标、开发原则、总体设计，规划旅游线路和旅游产品。开发新型观赏旅游资源，合理规划旅游环线，推进旅游交通工具，如缆车、观光车等基础设施的建设；建立景区安全管理和生态保护系统，健全景区服务人员培训、管理、投诉处理机制，优化环境，提升服务形象；加强与周边景区的合作，做好景区对接、宣传对接、管理对接、路线对接等几方面的内容。提高其旅游景点知名度，打造东方市地质旅游品牌，促进地质旅游经济的发展。

13.3.2　琼海市石壁地质旅游资源特征

1. 琼海市石壁镇概况

石壁镇位于海南岛琼海市西南部万泉河中游北岸，毗邻安定、屯昌两县，被万泉镇、龙江镇和翰林镇所环绕(图 13.12)。明代林、胡等姓村民从顺德县迁此经商，因万泉河边有一巨石而称石壁圩。1986 年建镇，面积 171 km^2，人口约 1.7 万人(海南省琼海市地方志编纂委员会，1995)。

石壁镇拥有“十”字形四通八达的交通网络。位于万泉河北岸的 X351 县道向东经过万泉镇连接 S301 省道至环岛高速 G98 可至琼海市区，向西连接东进农场；位于万泉河南岸的 X356 县道经过龙江镇至环岛高速 G98 也可到达琼海市区；Y126 乡道则与北面的中瑞农场相连，之后通过县道 X229 与省道 S301 相连。

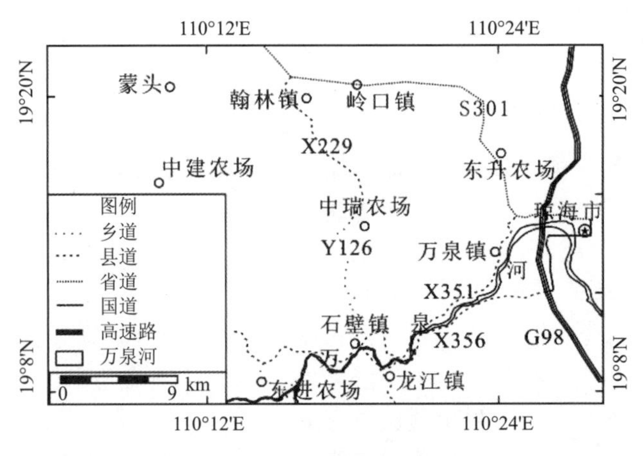

图 13.12　石壁镇位置图

石壁镇处于热带季风气候区，年平均降水量为 2200～2600 mm，年平均温度为 23.3℃。温度适宜、植被常青，一年适宜旅游的天数大于 300 天，其中，最好的旅游季节在每年的 11 月到次年 1 月。

石壁镇的地势西高东低，造就了万泉河自西向东呈蛇曲形流经石壁镇之后注入南海，研究区内长约 15 km，河面宽度约 100m，水流温顺平缓，适宜开展水面观光旅游。

在地质构造运动方面，石壁镇先后经历了多期岩浆活动，如华力西、印支和燕山期等，从而形成了多样的构造建造和多旋回的地质演化过程(海南省地质调查院，2009)。同时，发育了多种多样的岩石类型，如眼球状混合岩、片麻岩，岩屑—长石砂岩以及多期次侵入岩等，尤其是其特殊的火山角砾岩为发展地质旅游资源奠定了坚实多样的岩石类型基础。

2. 石壁镇地质旅游资源调查与评价

基于遥感影像提取了道路、水体、居民地和地质旅游单体等信息。根据地质旅游资源信息的提取结果进行实地调查。明确地质旅游单体的岩性、规模、形态、独特性、稀有性、文化性、观赏性、所处地质环境及其稳定性等。

如图 13.13 所示，我们在 2017 年 7 月对石壁地质旅游资源进行野外调查，主要调查了石虎、石壁瀑布、石壁湾文化公园和凳子岭水库等景点。考察了它们的周边环境、岩性、交通状况、风土人情、军坡文化等。结果表明，石壁镇地质环境优美、地质旅游资源丰富，特色小镇建设初具规模，具有很大的发展潜力。

如表 13.8 所示，根据《旅游资源分类、调查与评价》(GB/T 18972—2017)(中华人民共和国国家质量监督检验检疫总局，2003)对研究区的地质旅游单体进行了分类。结果表明，石壁镇发育了南牛岭、南牛岭瀑布(石壁瀑布)、凳子岭、登子岭水库、石虎、石龟、石壁、石壁湾 8 个旅游单体。可将其划分为地文景观、水域风光以及建筑与设施 3 个主类，其中，包括山丘型旅游地、奇特与象形山石、观光休憩河段、悬瀑和水库观光游憩区段 5 个基本类型。旅游资源丰富，具有连片开发的优势。

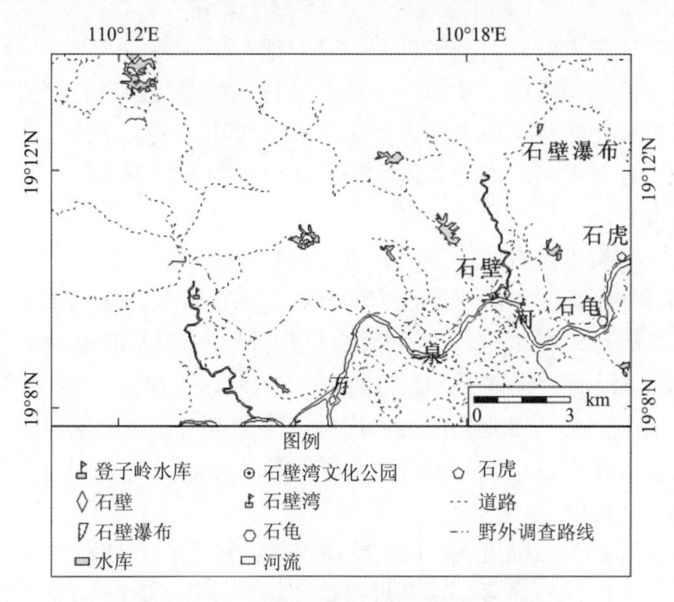

图 13.13　石壁地质旅游资源野外调查图

表 13.8　石壁镇地质旅游资源分类表

主类	亚类	基本类型	旅游单体	特色
A 地文景观	AA 综合自然旅游地	AAA 山丘型旅游地	南牛岭	火山角砾岩
			凳子岭	玄武岩
	AC 地质与地貌过程形迹	ACE 奇特与象形山石	石虎	象形石
			石龟	象形石
			石壁	象形石
B 水域风光	BA 河段	BBA 观光休憩河段	石壁湾	冼夫人文化长廊
	BC 瀑布	BCA 悬瀑	南牛岭瀑布	地下悬瀑
F 建筑与设施	FG 水工建筑	FGA 水库观光游憩区段	登子岭水库	水库瀑布

3. 石壁镇地质旅游资源特征

1) 石壁镇地质旅游资源丰富、规模大，具有进一步开发成地质公园的天然条件

研究区地质旅游资源丰富，发育了 3 个大类中的 5 个基本类型，尤其以象形山石和悬瀑最为奇特，且具有代表性。古老的军坡文化更是给石壁镇披上了俊朗而又神秘的面纱。召唤着来自五湖四海的朋友们，不远千里来到山间码头，游景点、品文化、赏风情、尝特产。

研究区不仅地质旅游资源丰富，而且规模较大。它东西长约 20km，南北宽约 12km，面积约 240km^2，在海南岛属于大规模景区。旅游资源开发尚处于起步阶段，各类旅游资源仍然保持其独特的原始风貌。可以通过进一步的景点开发、建设，提升石壁镇的知名度，有望形成地质公园。

2) 动静结合，适宜人群广、可供旅游的时间长

石壁镇发育有惊险刺激的石壁瀑布、热带雨林，也有成因奇特、岩性特殊的石虎、石龟和石壁，更有文化底蕴深厚、适合休憩的石壁湾和冼夫人文化长廊，是集动、静于一体的休闲娱乐、旅游观光的潜力景区。研究区风景秀丽、气候湿润、温度适宜，一年中可旅游的时间很长，是旅游观光的好去处。

3) 旅游资源的空间错落有致，可组合为大景观区

自西向东，研究区地质旅游资源在空间分布上错落有致。在陆上，可沿公路欣赏山丘、雨林、水库和瀑布；在水里，沿万泉河可泛舟而下，在欣赏石壁、石龟和石虎等奇石的同时，也可游览沿河两岸郁郁葱葱的热带雨林和橡胶、槟榔、椰子等热带经济作物，进而体验唐代诗仙李白所写《望天门山》诗中“两岸青山相对出，孤帆一片日边来”的壮丽景观。陆路和水路旅游路线的组合奠定了地质公园建设的基础。

4) 区位优越、交通便捷

石壁镇位于琼海西约 20km，以地质旅游资源为特色。与周边的白石岭、官塘温泉等景区形成呼应，区位优势显著。可通过打造“奇石怪瀑、风情石壁”的石壁地质旅游品牌，创建特色风情小镇。此外，研究区的道路呈“十”字形，具有四通八达的交通网络，通过 G98 高速路与琼海市区相连，外部交通条件非常便利，为打造景区提供了便利的交通条件。

4. *石壁地质旅游资源发展的建议*

石壁镇地质旅游资源丰富，只是旅游项目开发及其旅游配套措施等有待进一步完善和提高，需要通过进一步的建设和宣传来提高知名度。建议今后在以下几个方面加强工作，以打造石壁地质旅游品牌、发展石壁甚至海南岛的地质旅游经济。

1) 石壁地质旅游资源开发利用规划设计

基于石壁地质旅游资源详查结果制定地质旅游资源开发与保护的战略目标、开发原则、总体设计、旅游线路和旅游产品的规划。通过加强宣传和市场营销，打造石壁地质旅游品牌，进而形成著名的石壁地质旅游景区，促进当地甚至海南岛地质旅游经济的发展。

2) 深度挖潜，增加地质科学内涵

在现有调查成果的基础上，吸收各领域专业人员，开展详查。深入、细致地调查研究区地质旅游资源的类型、数量及其特点。通过对代表性样品的分析，揭示研究区的地质演化过程及其标志性产物，并对典型地质现象(如构造破碎带、火山角砾岩等)进行标识，加强地质学知识的科普教育与宣传。

3) 连通现有景点，形成水路和陆路两条旅游路线

建议对万泉河沿河绿化带重点旅游景点进行开发和保护，将各个沿河旅游景点连接起来，打造水上游船旅游路线和陆上越野旅游路线。在水上游船旅游路线方面，沿万泉河泛舟而下，自西向东不仅可以游览石壁、石壁湾、石龟和石虎等象形石，而且还可以观赏沿河两岸的低矮山丘及其覆被的热带雨林和热带经济作物；在陆上越野旅游路线方面，沿县道 X351 自西向东不仅可依次参观凳子岭水库、石壁古镇、石壁湾、南牛岭瀑

布(石壁瀑布)，而且还可以通过游览冼夫人文化公园、冼夫人文化长廊和冼夫人纪念馆来体验石壁镇浓郁的军坡文化，提升旅游线路的文化品位。

13.3.3　三亚市六罗地质旅游资源特征

1. 三亚市六罗概况

研究区位于海南岛南部的三亚市凤凰镇高峰乡六罗村附近，如图 13.14 所示。其东西长约 12.3km，南北长约 12.4km，面积 152.52km^2，属于热带海洋季风性气候，年平均气温 25.8℃，最高气温 35.9℃，最低气温 5.1℃，最冷月为 1 月，平均气温 21.6℃，最热月为 6 月，平均气温 28.8℃；年平均降水量 1392.2mm；阳光充足，年平均日照时数 2476.9 h(黄海智和黄萍，2010)。

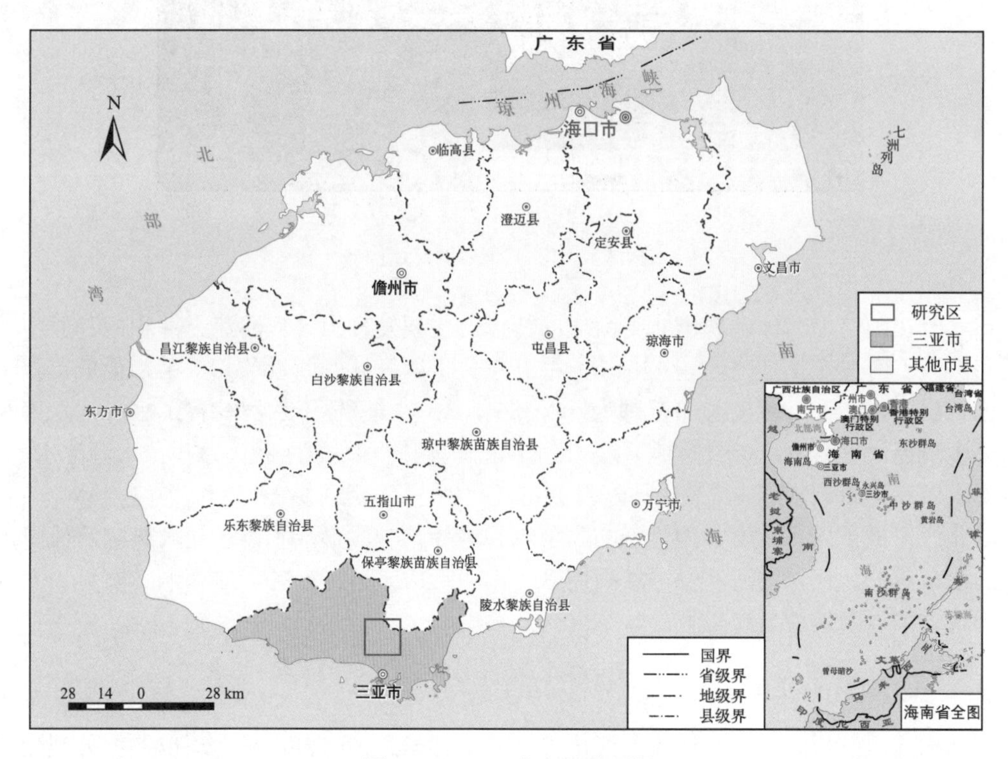

图 13.14　三亚市六罗位置图

如图 13.15 所示，研究区的道路呈“8”字形交叉，形成连通条件较好的交通网络。沿着西部的师部农场路一直向上，依次经过水源地水库、干沟山的福万水库和六罗山的六罗峡谷；再自北向南返回福万水库的南端，沿半岭水库北路向东，依次经过半岭水库、落笔洞水库、三亚学院，最后到达落笔洞景区，通过 G98 高速路与市区相连。福万水库以南的道路以柏油马路为主，交通条件较好。

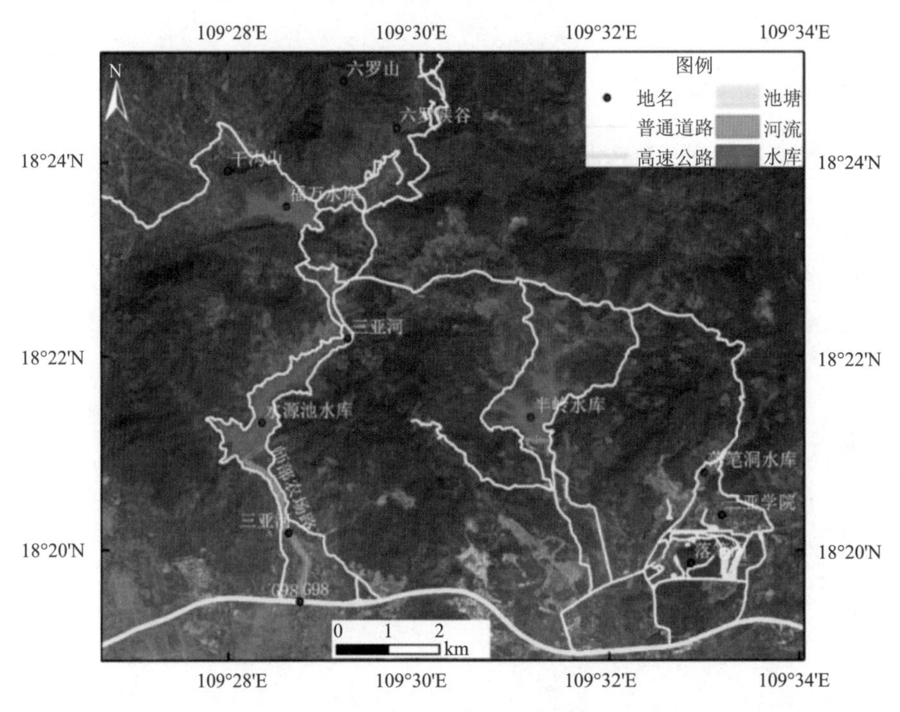

图 13.15　三亚市六罗交通图

六罗在地势上总体呈现出北高南低的特点，主要发育山区、河流、冲积扇和岩溶等地貌类型。海拔变化范围为 4～761m，最高点位于六罗峡谷附近的六罗山，最低点位于南部平原及水库区；坡度分布范围为 0°～56°，最大坡度位于六罗峡谷、水源池水库和落笔洞附近。在上述地形的控制下，自北向南，自西向东发育了福万水库、水源池水库、半岭水库和落笔洞水库。

北段形成了以六罗峡谷为代表的高山峡谷地貌，中段形成了以风光旖旎的河流阶地及其水域风光为代表的河流侵蚀堆积地貌，南段形成了以形态各异的溶洞、石笋、石钟乳为代表的岩溶地貌景观类型。

2. 六罗地质旅游资源调查与评价

根据《旅游资源分类、调查与评价》（GB/T 18972—2017），从地理位置、外观形态与结构、内在性质、组成成分、成因机制与演化过程、规模与体量、环境背景、关联事物、区域进出条件、保护与开发现状；观赏游憩价值、历史文化价值、科学价值、珍稀或奇特程度、规模及丰度、完整性、知名度和影响力、使用范围、污染状况等方面对研究区旅游资源进行旅游资源的分类、调查与评价。调查研究区的旅游资源情况，如表 13.9 所示。

3. 六罗地质旅游资源特征

1) 六罗地质旅游资源规模大、类型丰富，具有进一步开发成地质公园的天然条件

依据《旅游资源分类、调查与评价》（GB/T 18972—2017），研究区发育了地文景观、水域风光、生物景观、遗址遗迹、建筑与设施和人文活动六种旅游资源。其中，以地文

景观中的山岳型旅游地、谷地型旅游地、峡谷和暗滩、岩石洞与岩穴，以及水域风光中的观光休憩河段、观光休憩湖区、悬瀑和跌水等最具有吸引力。

表 13.9　六罗地质旅游资源调查结果表

主类	亚类	基本类型	景点(地点)
地文景观(A)	综合自然旅游地(AA)	山岳型旅游地(AAA)	六罗山、千沟山
		谷地型旅游地(AAB)	六罗峡谷、山前洪积扇
	地质地貌过程行迹(AC)	峡谷(ACG)和暗滩(ACN)	六罗峡谷
		岩石洞与岩穴(ACI)	壶穴、落笔洞
水域风光(B)	河段(BA)	观光休憩河段(BAA)	峡谷内湍流河段、水库支流、三亚河
	天然湖泊与沼泽(BB)	观光休憩湖区(BBA)	福万水库、水源池水库、半岭水库、落笔洞水库
	瀑布(BC)	悬瀑(BCA)和跌水(BCB)	六罗瀑布
生物景观(C)	树木(CA)	林地(CAA)	原始热带雨林
	草原与草地(CB)	疏林草地(CBB)	谷地中的稀疏草坪
	野生动物的栖息地(CD)	陆地动物栖息地(CDB)	野猪
遗址遗迹(E)	社会经济文化活动遗址遗迹(EB)	军事遗址与古战场(EBB)	落笔洞(三亚人遗址)、防空洞及废弃的军事设施
建筑与设施(F)	景观建筑与附属型建筑设施(FC)	人工洞穴(FCJ)	防空洞
人文活动(H)	人事记录(HA)	人物(HAA)	藏爱人人物传记
	民间习俗(HC)	地方风俗与民间礼仪(HCA)	黎族风俗三月三

研究区东西长约 12.3km，南北长约 12.4km，面积约 153km^2，在海南岛属于罕见的大规模景区，而且景区尚未开发，各类型旅游资源仍然保持其独特的原始风貌，具备了开发成旅游景点的先天条件。因旅游资源类型丰富、可观赏性强，通过进一步的景点开发、建设，提升景点的知名度，有望形成地质公园。

2)六罗地质旅游资源具有动静结合、适宜人群广的特点

研究区旅游资源发育有惊险刺激的六罗峡谷、热带雨林，也有成因奇特、岩性特殊的落笔洞，更有适合休憩的三亚河河流阶地与水库，是集动、静于一体的休闲娱乐、旅游观光潜力区。

3)六罗地区适宜旅游的时间长，开发成景区的优势明显

旅游资源调查评价结果表明，研究区大部分景点都属于优良级旅游资源，且尚未开发，原始地貌景观得到很好的保护，非常具有进一步发展的潜力，开发成景区的优势明显；六罗地处中国南端的三亚市，气候湿润、温度适宜，一年中有大于 300 天的时间开展旅游，适宜旅游的时间长，且海拔高，温度相对低，是三亚乘凉纳暑的好去处。

4)六罗地质旅游资源空间组合好，可组合为大景观区

自北向南，研究区在北段形成了以“险、峻、奇”为特点的六罗峡谷，中段形成了

以“幽、静、曲”为特点的河流阶地及其水域风光，南段形成了以“峭、异、丛”为特点的溶洞、石笋、石钟乳等岩溶地貌景观类型。它们在空间分布上错落有致，人们在不同地点可欣赏不同的美景，可组合成大景观区，为建设地质公园奠定了基础。

5) 六罗区位优越、交通便捷

六罗位于三亚市的北端，以地质旅游资源为特色，与南端的海洋资源旅游形成互补，区位优势显著，可通过打造山地旅游品牌， 提升三亚地质旅游的知名度。另外，研究区的道路呈 8 字形交叉，形成连通条件较好的交通网络，通过 G98 高速路与市区相连，为打造大景区提供了便利的交通条件。

参 考 文 献

爱游蛙. 2017. 海南 4A 景区. https://www.maigoo.com/goomai/193627.html[2021-11-12].
陈锦辉. 2005. 遥感影像在旅游地图编制中的应用. 广西师范学院学报(自然科学版), 22(2): 94-97.
陈林, 蒋琼玉, 黄浩, 等. 2017. 四川兴文世界地质公园景观特征与价值评价. 四川地质学报, 37(1): 172-176.
丁家瑞. 1993. 遥感在旅游资源调查、评价、开发规划、管理中应用概述. 国土资源遥感, 3: 1-6.
董红梅, 刘慧芳. 2017. 地质旅游的概念与特征分析. 旅游纵览, (10): 65-67.
额尔敦格日乐, 永胜. 2013. 基于 TM 遥感影像的达里诺尔自然保护区旅游环境影响动态监测. 北方环境, 29(3): 7-9.
范继跃, 何政伟, 赵银兵, 等. 2007. 龙门山南段(芦山段)旅游资源遥感调查与评价. 测绘科学, 32(3): 96-99.
符国基. 2010. 海南自然旅游资源调查、分类与评价. 海南大学学报自然科学版, 28(1): 52-58.
符启基, 林才, 徐新显. 2015. 海南省天安喀斯特地质遗迹景观开发初探. 西部探矿工程, 6: 117-119.
海南省地方志编纂委员会办公室. 1992. 海南史志丛书《海南县情辑要》. 海口: 南海出版社.
海南省地质调查院. 2009. 海南省地质图. 北京: 地质出版社.
海南省东方市史志编纂委员会. 2011. 东方县志. 北京: 新华出版社.
海南省琼海市地方志编纂委员会. 1995. 琼海县志. 广州: 广东科技出版社.
韩瑛, 白玫, 冯文勇, 等. 2015. 五台山国家地质公园旅游资源开发研究. 长春师范大学学报, 34(10): 88-93.
何小芊, 刘宇, 熊国保. 2015. 国内外地质旅游研究现状与展望. 热带地理, 35(1): 130-138.
贺瑾瑞, 南赞, 郝春燕, 等. 2015. 北京市重要地质遗迹资源及其形成. 基础地质, 10(Z1): 261-268.
胡凤伟, 胡龙华, 武娟. 2005. ArcGIS 在亚龙湾旅游度假区遥感监测中的应用探讨. 北京测绘, (1): 36-39.
黄海智, 黄萍. 2010. 三亚市旅游气候舒适度评价. 气象研究与应用, 31(4): 70-74.
蒋云志, 孟爱国, 张文君, 等. 2008. 基于遥感技术的旅游自然景观全貌设计. 山地学报, 26: 34-39.
康玉玮. 2013. 海南岛西部海岸带旅游资源开发战略研究. 海口: 海南大学.
李尉尉, 李铜基, 朱建华, 等. 2012.基于遥感的旅游型海岛监控要素的研究. 海洋技术, 31(2): 63-67.
李悦铮, 李鹏升, 黄丹. 2013. 海岛旅游资源评价体系构建研究. 资源科学, 35(2): 304-311.
罗朝霞. 2008. 浅论遥感影像在农业旅游规划中的应用. 安徽农学通报, 14(13): 187-188.
彭京宜. 2011. 三亚旅游资源的开发与保护—兼论旅游资源研究的理论与方法. 北京: 中国地质大学.

史文强, 陈伟海, 黄保健, 等. 2013. 海南省洞穴资源的主要特征及保护利用. 海南大学学报自然科学版, 31(4): 352-358.

数据禾. 2019. 海南省国家级自然保护区分布. https://baijiahao. baidu.com/s? id=1649436579975873103&wfr=spider&for=pc[2021-11-12].

孙亚莉. 2006. 国家地质公园地质遗迹资源评价及可持续发展对策. 贵阳: 贵州师范大学.

王钦军, 陈玉, 魏永明, 等. 2018a. 三亚六罗山及其附近区域旅游资源调查与评价. 四川地质学报, 38(1): 168-172.

王钦军, 陈玉, 周红英. 2017. 三亚市地质旅游资源调查与评价. 海南师范大学学报(自然科学版), 30(4): 443-449.

王钦军, 李志超, 陈玉, 等. 2018b. 海南琼海石壁镇地质旅游资源特征研究. 西北师范大学学报(自然科学版), 54(3): 90-96.

王钦军, 李志超, 陈玉, 等. 2018c. 海南省东方市地质旅游资源特征. 西北师范大学学报(自然科学版), 54(6): 110-116.

王婷玉, 石云, 米文宝. 2013. 宁夏遥感影像旅游地图的编制. 宁夏工程技术, 12(1): 27-29.

王新军. 1996. 海南旅游资源结构特征与开发评价. 热带地理, 16(2): 175-182.

王永挺. 2008. 海南中部民族地区旅游业发展历史与现状研究. 科技和产业, 8(10): 16-18.

王志凯. 2011. 海南岛滨海旅游资源评价研究. 海口: 海南大学.

肖艳, 姜琦刚, 李远华. 2012. 吉林省自然旅游资源现状遥感调查及综合评价. 江西农业学报, 24(8): 134-136.

萧清碧, 张粮锋. 2015. 福建永安国家地质公园旅游资源评价. 海南师范大学学报(自然科学版), 28(3): 303-309.

许基伟, 方世明, 黄荣华. 2017. 广西大化七百弄国家地质公园地质遗迹资源评价及地学意义. 山地学报, 35(2): 221-229.

薛桂澄. 2011. 海南旅游地质调查评价示范报告. 海口: 海南省地质调查院.

杨传明. 2002. 广西旅游资源遥感调查的影像特征作用及意义. 广西地质, 15(4): 27-32.

游长江, 侯佩旭, 邓灿芳, 等. 2015. 西沙群岛旅游资源调查与评价. 资源科学, 37(8): 1609-1620.

余中元, 毕华, 赵志忠, 等. 2009. 海南文化旅游资源特色与开发研究. 农业现代化研究, 30(5): 553-557.

张宏群, 安裕伦, 谷花云, 等. 2003. 遥感技术支持下的黄果树风景名胜区自然旅游环境状况. 贵州师范大学学报(自然科学版), 21(4): 98-102.

张明湖. 2011. 琼北滨海旅游带旅游生态适宜性评价—以海口滨海旅游区为例. 海口: 海南师范大学.

张婷婷, 侯利朋. 2017. 青海共和龙羊峡地质遗迹类型及综合评价. 中国锰业, 35(2): 49-54.

中华人民共和国国家质量监督检验检疫总局. 2003. 旅游资源分类、调查与评价(GB/T18972-2003).

Chaplin J, Brabyn L. 2013. Using remote sensing and GIS to investigate the impacts of tourism on forest cover in the Annapurna Conservation Area, Nepal. Applied Geography, 43: 159-168.

Mukesh S B, Vít V, Komal C. 2015. Land use/cover disturbance due to tourism in Jesenı´ky Mountain, Czech Republic: A remote sensing and GIS based approach. The Egyptian Journal of Remote Sensing and Space Sciences, 18: 17-26.

Yang G F, Yang Z, Zhang X J, et al. 2011. RS-based geomorphic analysis of Zhangjiajie Sandstone Peak Forest Geopark, China. Journal of Cultural Heritage, 12: 88-97.

第 14 章　南海海洋动力过程卫星 SAR 遥感

海洋动力(ocean dynamics)研究海水的运动，包含海浪、内波、涡旋等多时空尺度过程，对理解海洋与陆地、大气等多圈层交互作用，海洋物质和能量收支至关重要。中国南海是位于北太平洋西南的半开放边缘海，连通东海、菲律宾海、苏禄海、爪哇海，最大深度超过 5000m，覆盖从赤道到 23°N，99°E 到 121°E 的海域。其上层环流主要受东亚季风驱动，具有较强的季节性变化，总体呈现冬季逆时针、夏季顺时针的流场特征。南海北部存在季节性的黑潮入侵和南海暖流，将北太平洋热带水、北太平洋中层水与局地南海水混合；南海南部属于印太暖池的一部分，常年水温较高。南海不仅具有重要的经济和交通价值，其丰富多变的环境特征也使其成为研究海洋动力过程的天然实验室。

20 世纪后期以来，卫星海洋遥感以其独特的优势(大面积同步、长期连续、准实时监测)推动海洋科学和全球气候变化研究取得重大进展和突破。对海观测的星载传感器中，星载合成孔径雷达(synthetic aperture radar, SAR)既具有全天候、全天时等微波传感器共有的优点，又具有可与光学成像传感器相比拟的高空间分辨率和宽刈幅的优点。其对海成像的机制既包括海面的微波散射，又包括海洋中小尺度动力过程对散射信号的调制；具有多波段、多极化特性，展现了突出的对海观测能力和潜力，有助于发现和揭示诸多重要的海洋现象和过程。星载 SAR 海洋学研究的核心科学问题包括：①海洋环境参数和目标的定量反演和提取；②海洋现象和过程的发现、理解和认知；③针对海洋科学目标和任务的星载 SAR 系统方案设计。

针对南海海洋动力观测需求，围绕上述三个科学问题，本章重点介绍高分三号 SAR 海面风场反演、南海海洋内波和岛后风涡动力过程的 SAR 遥感以及面向南海、海上丝绸之路观测的低倾角轨道星载 SAR 系统方案设计。

14.1　高分三号星载 SAR 海洋风场遥感反演

14.1.1　引言

海面风场作为海洋环境的重要动力参数之一，不仅是全球海洋环流的主要动力(Pond and Pickard, 1983)，也是海洋和大气之间物质能量交换的媒介，同时也是一种可利用的、可再生的清洁能源。目前，观测海面风场的方法主要有浮标、测风塔、船舶和卫星遥感等。浮标和测风塔能够准确、连续、及时地观测定点海风，但数目有限以及浮标自身的不确定状况会影响数据的连续性。船舶能获取其航行轨迹上的海风，但数据的时效性较低。上述观测资料都难以满足区域尺度或者全球尺度的海洋环境监测和时空覆盖需求。卫星遥感能提供高时空分辨率的宏观数据，是目前获取全球或者区域海面风场的有效手段。

观测海面风场的微波遥感方式主要有微波辐射计、微波散射计和合成孔径雷达遥感等，它们都具有全天时和全天候等特点。微波辐射计和微波散射计获取的风场分辨率通常为 12.5～25km，不能满足一些更高分辨率的海面风场应用需求。合成孔径雷达遥感可以获取 500～2000m 的高分辨率海面风场，具有非常突出的优势。尤其对于海岸带地区具有显著时空变化特征的海洋风，SAR 的观测优势极其突出(杨劲松等, 2001)，因此，20 世纪 90 年代以来，星载 SAR 海面风场遥感反演一直是星载 SAR 海洋研究的前沿和热点。

高分三号是我国高分辨率对地观测系统中唯一的雷达卫星，将为我国实施海洋开发、陆地环境资源监测和防灾减灾等提供重要技术支撑(张庆君, 2017)。高分三号是 C 波段(5.43GHz)太阳同步轨道合成孔径雷达卫星，卫星轨道高度约 755km，在轨设计寿命 8 年。高分三号具有非常鲜明的特色：工作模式多(是目前在轨工作模式最多的 SAR 卫星)、全极化成像能力强、空间分辨率高，图 14.1 是获取的全极化、多模式图像。高分三号

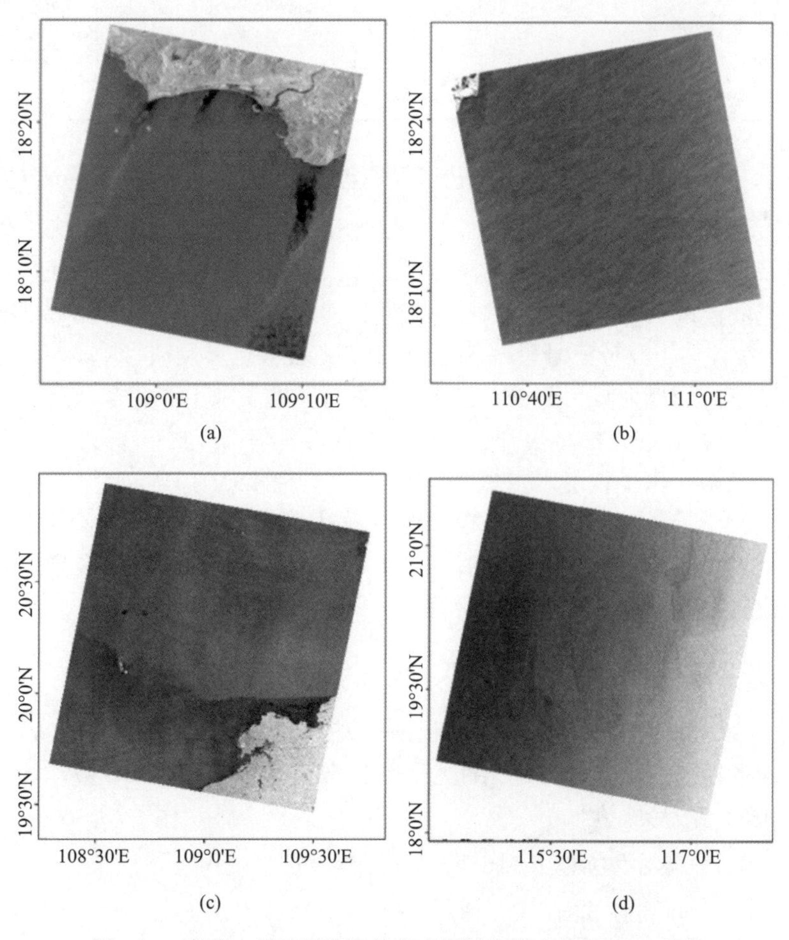

图 14.1　高分 3 号卫星获取的海南周边海域多极化 SAR 图像

(a)VV 极化全极化条带模式，2018 年 12 月 30 日；(b)HH 极化精细条带模式，2020 年 10 月 19 日；(c)VV 极化标准条带模式，2020 年 9 月 16 日；(d)VV 极化窄幅扫描模式，2017 年 10 月 24 日

SAR 卫星包含 4 种成像方式(聚束、条带、扫描和波模式)，12 种工作模式(聚束、超精细条带、精细条带 1、精细条带 2、标准条带、窄幅扫描、宽幅扫描、全球观测模式、全极化模式 1、全极化模式 2、波模式和扩展入射角模式)，见表 14.1。其中具有全极化成像能力的模式有 3 种，即全极化条带 1 模式(QPSI)、全极化条带 2 模式(QPSII)和波模式，前两种统称为全极化条带模式，而波模式可以看作全极化条带工作模式的子集，它通过控制成像时间来实现成像区域的间隔采样。高分三号的分辨率/成像带宽从聚束模式的 1 m@10 km 到全球观测模式的 500 m@650 km，能够为不同层次的应用提供数据源。

表 14.1　本节使用到的高分三号 SAR 数据的技术参数

工作模式	QPSI	QPSII	WSC
入射角/(°)	20～41	20～38	17～50
方位向分辨率/m	8	6～9	100
距离向分辨率/m	25	15～30	50～100
标称分辨率/m	8	25	100
标称带宽/km	30	40	500
极化方式	全极化	全极化	可选双极化

高分三号是我国星载 SAR 发展历程上从定性到定量观测海洋的重要开端，在国际上引起了关注。笔者前期选择了能够准确评估星载 SAR 海洋观测能力的波模式数据海浪方向谱非线性反演、全极化数据海面风场定量反演、全极化数据海岸带滩涂散射机制分析、条带模式数据海洋风机尾流探测、宽幅模式数据海洋内波观测、双极化数据海冰监测六方面内容，系统评估了高分三号星载 SAR 海洋动力参数定量反演、海洋动力过程观测和海上目标探测三方面能力(Li et al., 2018a)，进而提出了利用遥感定量反演对高分三号 SAR 辐射定标再校正的方法，提升了共极化垂直发射垂直接收(VV)通道海面风速反演精度，建立了共极化水平发射水平接收(HH)和交叉极化(VH/HV)通道海面风速反演模型，实现了高分三号全极化数据不同极化通道海面风速反演精度一致，基本达到了国际先进星载 SAR 水平(Zhang et al., 2019)。以下重点介绍基于高分三号全极化条带模式不同极化通道数据海面风速反演的相关研究。

14.1.2　高分三号全极化条带模式 VV 极化数据海面风速反演

对于星载 SAR 的 VV 极化海面风速反演，较为成熟的方式是利用经验型的地球物理模式函数，以入射角、风向、方位角和海面后向散射系数作为输入参数，计算得到海面风速，其函数的一般形式为

$$\sigma_0 = B_0\left(v,\theta\right)\left(1 + B_1\left(v,\theta\right)\cos\phi + B_2\left(v,\theta\right)\cos 2\phi\right) \tag{14.1}$$

式中，σ_0 为雷达后向散射截面；B_0、B_1、B_2 为与风速和雷达入射角有关的参数；ϕ 为风向与雷达视线之间的夹角；θ 为雷达入射角；v 为海面风速。

对于 VV 极化数据而言，影响其海面风速反演精度的因素主要有经验型模型的适用性、输入风向的准确性以及后向散射系数的精度。前人的研究已经证明了 CMOD5.N 函

数(Hersbach, 2010)对于高分三号 QPS 模式数据的适用性(Ren et al., 2017)。因此我们使用 CMOD5.N 函数进行 QPS 模式 VV 极化数据海面风速反演。在现有匹配到的风向的基础上，SAR 辐射校正精度成为影响 VV 极化数据反演海面风速的关键因素。定标常数的准确性直接影响高分三号 VV 极化数据辐射校正的精确度。我们首先通过仿真实验来检验 VV 极化数据辐射校正的准确性。随后进行海面风速反演，并将反演的风速分别与 WindSat 风速和 ERA-Interim 风速进行比较，以探究 VV 极化数据风速反演性能。

截至 2019 年 3 月，高分三号共公布了两套定标常数。较新的定标常数发布于 2018 年 5 月，其中条带模式定标系数对目前已有的数据都有效。基于 CMOD5.N，我们模拟得到 SAR 观测的雷达后向散射，其于 SAR 真实观测未绝对定标的雷达后向散射差值为 $\Delta\sigma$，可视作“真实”的定标常数。图 14.2 为 $\Delta\sigma$ 随雷达入射角的变化。图中蓝色三角为每个入射角区间内的子图像对应的旧定标常数的均值，绿色三角为新定标常数的均值。对比新、旧定标常数可以发现，二者的大小关系约以 34.5°为界，形成两种截然相反的状况。入射角小于 34.5°和大于 34.5°时，二者平均分别相差 1.06 dB 和 1.36 dB。旧定标常数与修订的定标常数相差 2.07 dB，新定标常数与修订的定标常数总体吻合较好，二者平均相差 1.26 dB，尤其是在 35°～40°入射角区间内(数据最集中的区间)。这些都说明新的定标常数对旧的定标常数进行了一定程度的修订，新的定标常数更接近真实值。有两处值得注意：一是入射角在 22.5°～27.5°时，修订的定标常数小于公布的定标常数；二是入射角在 42.5°～50°时，修订的定标常数几乎全部大于公布的定标常数。这说明高分三号 QPS 模式的定标常数仍需要进一步修订，尤其是上述两个入射角范围对应的定标常数。取箱线图的中位数作为修订的定标常数。

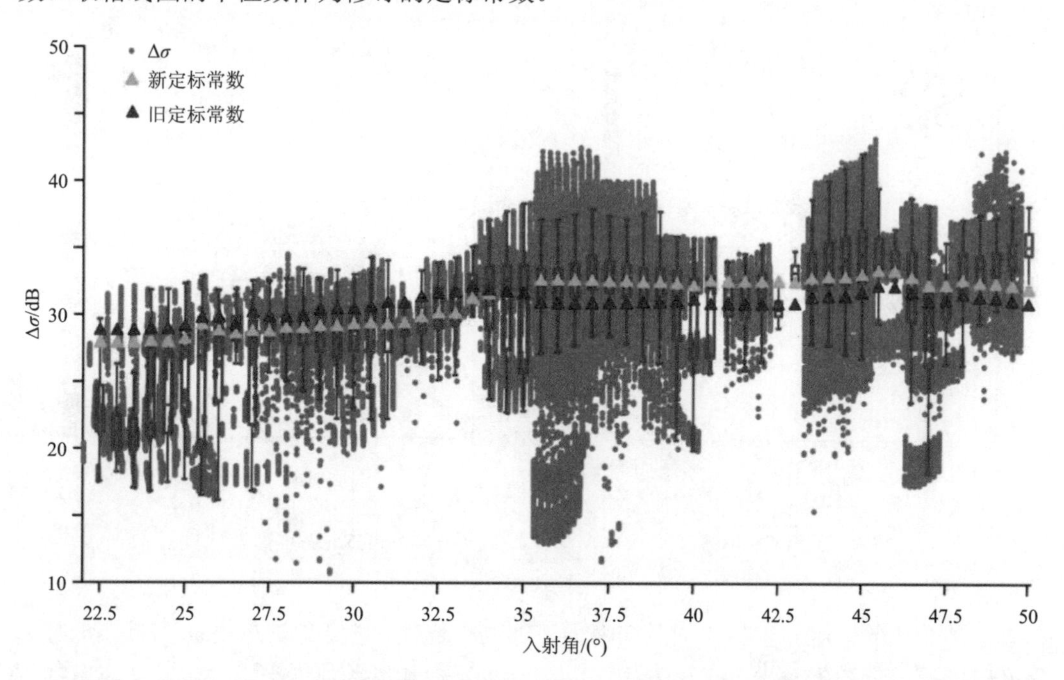

图 14.2　利用 CMOD5.N 模拟得到的雷达后向散射与真实观测值差异 $\Delta\sigma$ 随入射角变化图

为了进一步评估旧定标常数、新定标常数和修订的定标常数海面风速反演的精度，分别使用这三组定标常数进行VV极化辐射校正，然后基于CMOD5.N函数进行海面风速反演。因修订的定标常数是由ERA-Interim风场数据得到的，所以本节使用独立于这三组定标常数的WindSat风向作为参考风向，最后将风速反演结果与WindSat测量风速进行比较。计算出反演的风速与WindSat风速之间的偏差和均方根误差(95%置信区间下)，结果见图14.3。与WindSat测量的海面风速相比，使用旧定标常数反演的海面风速的均方根误差最大，为2.89 m/s。而使用新定标常数反演的海面风速与WindSat测量风速最接近，均方根误差为2.50 m/s，这与修订的定标常数(视为“真实的定标常数”)和WindSat风速的均方根误差(2.58 m/s)非常接近。

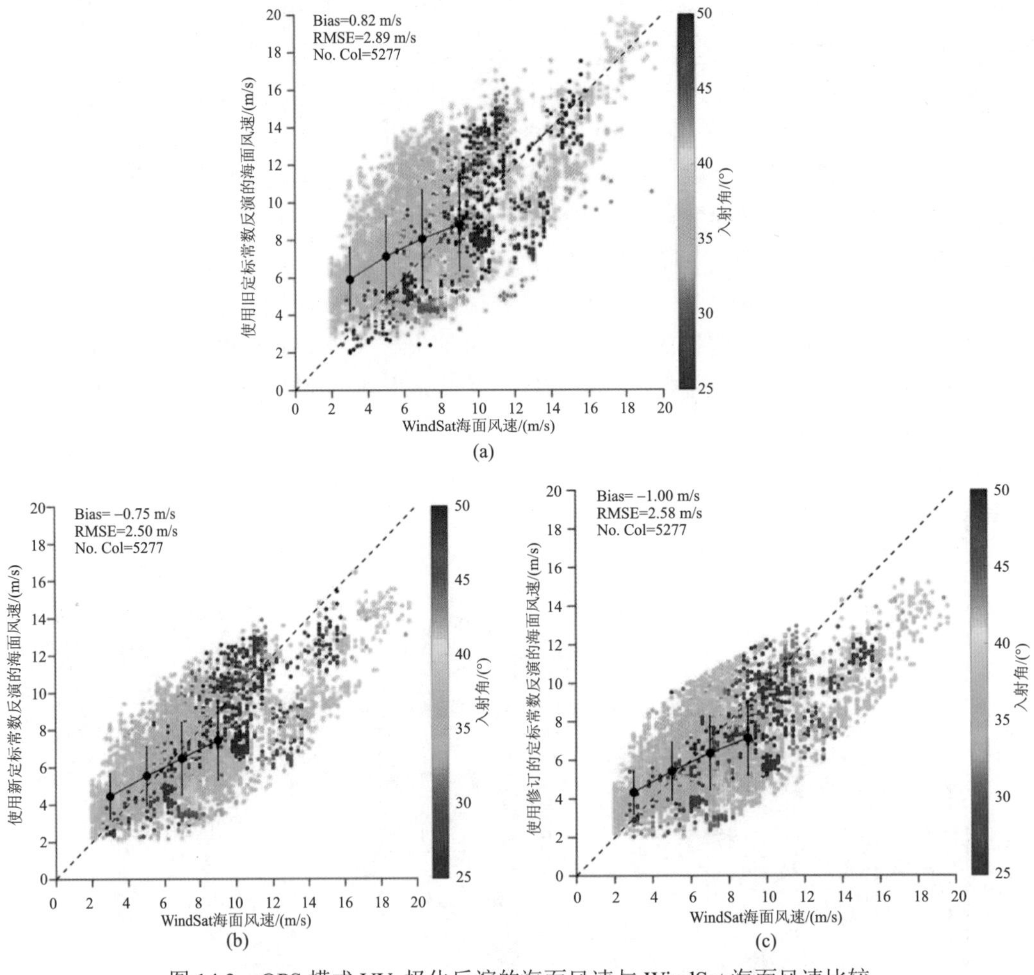

图14.3　QPS模式VV极化反演的海面风速与WindSat海面风速比较

(a)使用旧定标常数；(b)使用新定标常数；(c)使用修订的定标常数

上述分析验证了新定标常数反演海面风速的较优性。由于与WindSat测量风场数据比较时匹配到的数据较少，进而使用ERA-Interim模式风场数据来进一步验证新定标常数反演海面风速的精度。这里以ERA-Interim数据点所在0.125°范围内的SAR图像作为风速反演和比较的子图像。比较结果见图 14. 4。与 ERA-Interim 模式风速相比，新定标常数反演的风速误差为 0.18 m/s，均方根误差为 2.36 m/s。反演的海面风速大多集中在 2～8 m/s 的对角虚线的周围，此风速范围对应的偏差和均方根误差分别为 0.58 m/s 和 1.86 m/s。需要更多在高风速条件下(大于 10 m/s)的 QPS 模式数据，以支撑进一步研究。

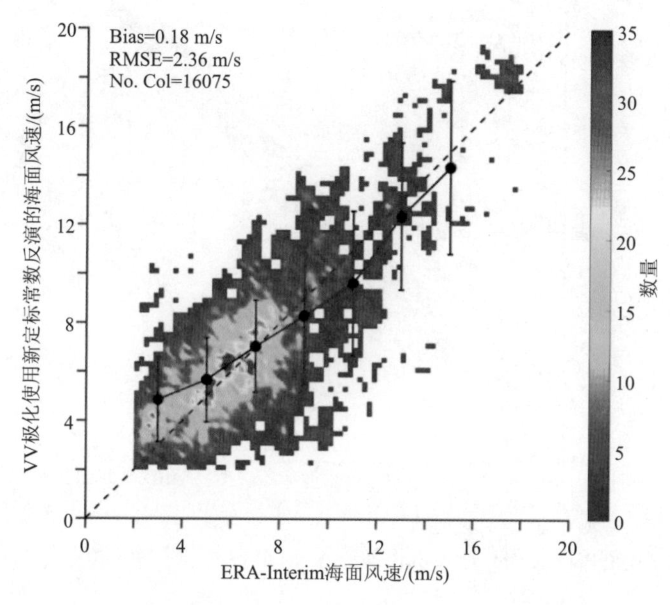

图 14.4 VV 极化数据反演的海面风速与 ERA-Interim 海面风速比较

14.1.3 高分三号全极化条带模式 HH 极化海面风速反演

QPS 模式数据的 VV-HH 数据的极化比对入射角和方位角有显著的依赖性，对风速无明显的依赖性。基于前人关于入射角和方位角的 PR(polarization ratio) 模型 (Mouche et al., 2005)，使用最小二乘法，确定 QPS 模式的 PR 关于入射角和方位角的模型的系数，记为 QPS-AA 模型，参考式(14.2)：

$$\mathrm{PR}(\theta) = A\exp(B\theta) + C \tag{14.2}$$

式中，A、B 和 C 均为模型的系数；θ 为入射角(°)。基于 QPS 模式的 PR 值以及对应的入射角，使用最小二乘法计算出各系数的值，见表 14.2。

表 14.2 高分三号 QPS 模式关于入射角的 PR 模型的系数

模型	系数	值
Mouche 模型	A	0.649
	B	0.0268
	C	–0.14

在进行 HH 极化海面风速反演之前，使用 QPS-AA 模型将 HH 极化后向散射系数转换为 VV 极化后向散射系数，并与 SAR 测量的 VV 极化后向散射进行比较，见图 14.5。

该结果表明，利用式(14.1)建立的极化比模型能够准确地将 HH 极化数据的雷达后向散射转化为 VV 极化数据的雷达后向散射。

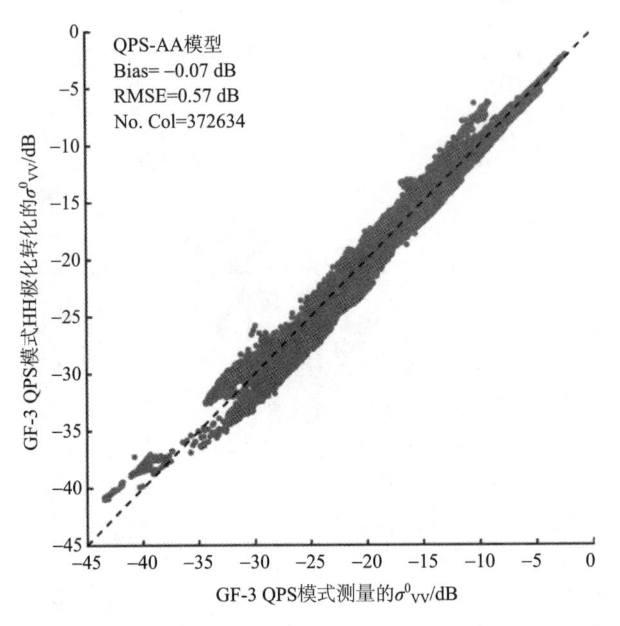

图 14.5　利用所建立的 QPS-AA 极化比模型将高分三号 QPS 模式 σ^0_{HH} 转换的 σ^0_{VV} 与观测的 σ^0_{VV} 的比较

利用所建立的 QPS-AA 极化比模型，将 HH 极化数据的雷达后向散射转化为 VV 极化数据的，进而利用 CMOD5.N 反演海面风速。反演结果与 ERA-Interim 模式结果相比，结果见图 14.6，偏差和均方根误差分别为 0.07 m/s 和 2.26 m/s。

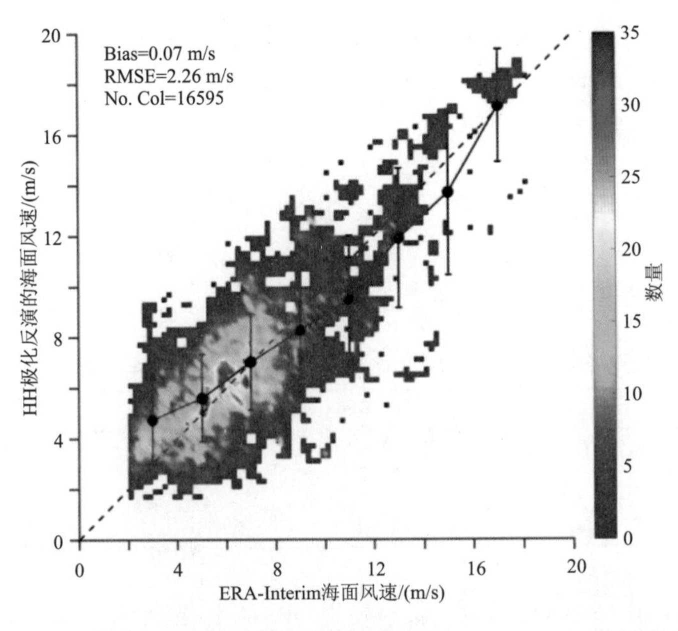

图 14.6　QPS 模式 HH 极化数据反演的海面风速与 ERA-Interim 海面风速比较

14.1.4　高分三号全极化条带模式交叉极化海面风速反演

图 14.7 为高分三号全极化条带模式数据交叉极化(VH)通道后向散射系数与匹配到的 ERA-Interim 海面风速的关系图。以 2m/s 为间隔覆盖上了箱线图，箱内红色横线位置为每个风速区间内的 VH 极化后向散射系数的中位数，可以看到它们几乎在同一条直线上。使用最小二乘法拟合 VH 极化后向散射系数与海面风速的一阶线性关系式，见式(14.3)，记为 QPS-CP 模型，也即图 14.7 中的黄色虚线。式(14.3)中的 U_{10} 表示海面 10 m 高度处的风速；$\sigma_{\rm VH}^0$ 为辐射校正后的 VH 后向散射系数(dB)。图 14.7 中暖色部分显示 $\sigma_{\rm VH}^0$ 数据集中在拟合趋势线的两侧，这印证了 $\sigma_{\rm VH}^0$ 与风速之间确实存在着强线性关系。

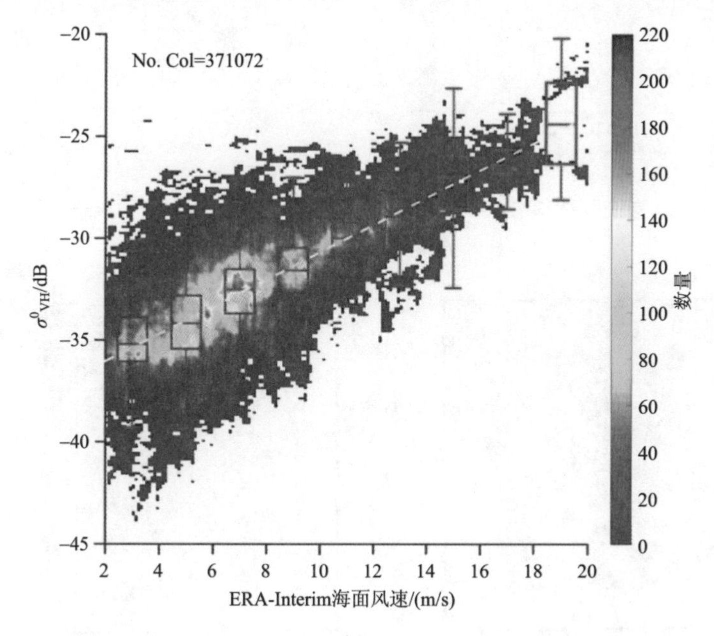

图 14.7　高分三号 QPS 模式 $\sigma_{\rm VH}^0$ 随 ERA-Interim 海面风速变化图

$$\sigma_{\rm VH}^0 = 0.6683U_{10} - 37.3732 \tag{14.3}$$

基于图 14.7 的结果，拟合了高分三号全极化条带模式数据通道后向散射系数与海面风速的线性关系式[式(14.3)]。基于该关系式，可直接利用交叉极化通道雷达后向散射系数数值直接反演海面风速，不需要再利用较为复杂的地球物理模式函数。

在建立了针对 HH 极化数据、VH 极化数据的海面风速反演模型的基础上，利用三个通道数据同时反演海面风速，并比较相互之间的一致性。图 14.8 是 QPS 模式 HH 极化、VH 极化与 VV 极化反演的海面风速的比较图(95%置信度下)。QPS-AA 模型和 QPS-CP 模型分别被用于 HH 极化和 VH 极化海面风速反演。VV 极化和 HH 极化数据的反演使用了 ERA-Interim 风向作为参考风向。图 14.8(a)展示了 VV 极化和 HH 极化反演的海面风速具有很好的一致性，二者的偏差为–0.12 m/s，均方根误差为 0.55 m/s。HH 极化反演的风速略小于 VV 极化反演的风速。图 14.8(b)是 VH 极化和 VV 极化海面风速反演的比较，二者的偏差为–0.35 m/s，均方根误差为 1.88 m/s。从误差棒图可以看出，在数据最集中的 4～12 m/s，VH 极化和 VV 极化反演的风速有很好的一致性。但是，当风速增大时，VH 极化反演的海面风速趋向于低于 VV 极化反演的海面风速。

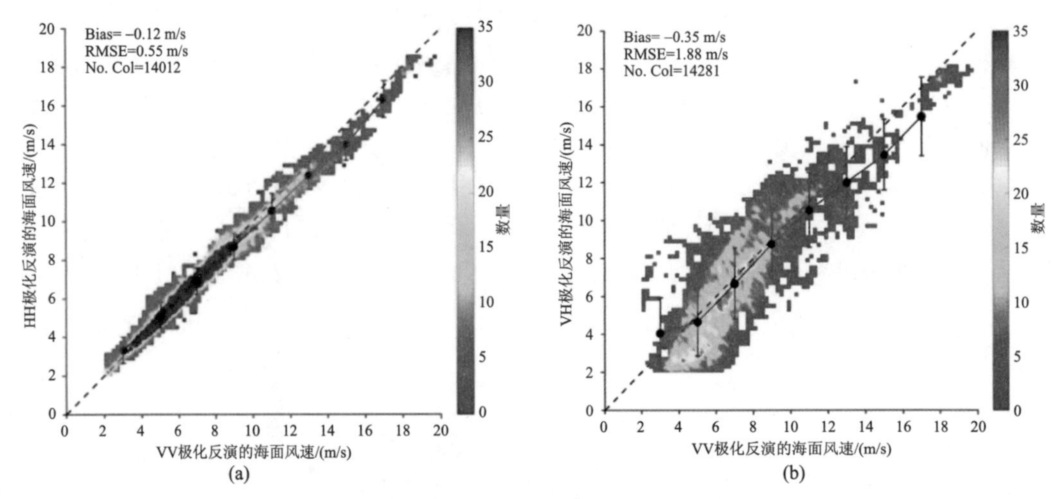

图 14.8　高分三号 QPS 模式 HH 极化、VH 极化与 VV 极化海面风速反演比较图

(a) HH 极化与 VV 极化；(b) VH 极化与 VV 极化

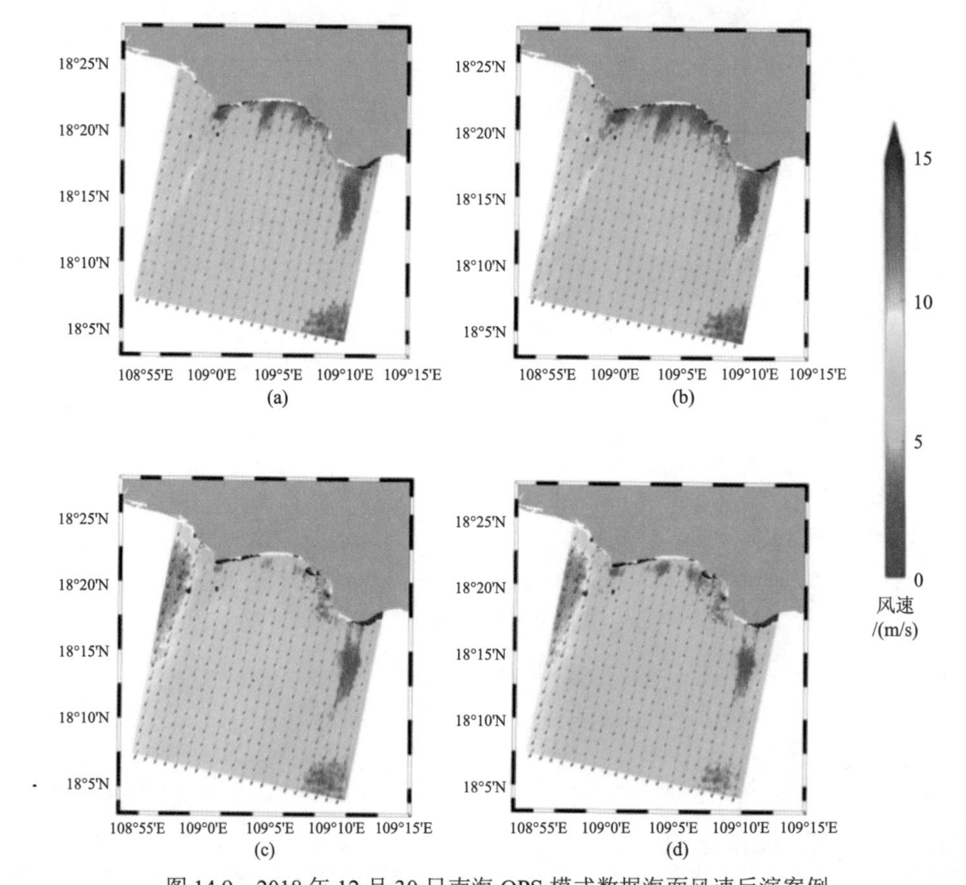

图 14.9　2018 年 12 月 30 日南海 QPS 模式数据海面风速反演案例

(a) VV 极化反演的海面风速；(b) HH 极化反演的海面风速；(c) VH 极化反演的海面风速；(d) HV 极化反演的海面风速

图 14.9 是 QPS 模式的 VV、HH、VH 和 HV 极化数据反演南海海面风速的实例，其幅度图像见图 14. 1(a)。在反演 VV 极化和 HH 极化风速时，使用 ERA-Interim 海面风向作为风速反演的输入风向。其中 VV 极化使用 CMOD5.N 模型反演海面风速。HH 极化使用 QPS-AA 模型和 CMOD5.N 模型反演海面风速。VH 和 HV 极化使用 QPS-CP 模型反演海面风速。

图 14.9 中 SAR 数据获取时间为 2018 年 12 月 30 日。VV 极化与 HH 极化反演的风速较为接近，HH 极化反演的风速略小于 VV 极化风速。VH 极化与 HV 极化的结果非常接近，但均高于 HH 和 VV 极化风速。

14.2　南海海洋内波动力过程 SAR 遥感观测与数值模拟

海洋内波是指振幅出现在密度层化海水内部、频率介于惯性频率和浮力频率之间的波动。在南海，强潮流与吕宋海峡的陡变地形相互作用产生巨大的海洋内波。海洋内波对南海的中深层海水混合、海洋工程结构物的运行性能、水下潜艇活动和海底沉积物的再悬浮具有显著的影响，是区域乃至全球海洋内波研究的重点。

国内外学者采用了现场观测、卫星遥感观测和数值模拟三种手段对南海海洋内波进行了研究。现场观测提供了海洋内波的垂向结构特征，卫星遥感观测提供了海洋内波的水平二维特征，数值模拟则提供了海洋内波的动力演变过程。三种手段各有利弊，相互结合才是研究海洋内波的最佳方式。然而，现今对南海海洋内波的研究仍以单一手段为主。本节以东沙岛礁海洋内波的折射-交叉过程(Jia et al., 2018)和海南岛东南部海洋内波的产生演变过程(Liang et al., 2019)为例，介绍以观测与模拟相结合研究南海海洋内波动力过程的成果。

14.2.1　东沙岛礁海洋内波的折射-交叉过程

东沙岛礁在南海北部海洋内波的西向传播路径中扮演着非常重要的角色。一般认为，海洋内波自吕宋海峡产生后向西传入南海，与东沙岛礁相遇发生衍射，然后分为南北两支继续向西传播，并在东沙岛礁背部(西侧)交叉汇合形成新的波列，最终传播至近岸破碎消亡。但是，我们通过分析卫星观测结果，发现南北两支海洋内波在东沙岛礁背后交叉汇合的位置是变化的。至今，学界对位置变化的类型和内在影响机制不是很清楚。基于年际尺度的 Envisat 卫星先进合成孔径雷达(ASAR)数据关注了东沙岛礁附近海洋内波的时空分布特征，利用内波非线性折射模型(NRM)，揭示了海洋层化、背景流场、内波初始振幅、内波初始位置和波峰线形状对南北两支海洋内波在岛礁背后交叉位置的影响机制。

1. 东沙岛礁海洋内波发生时空特征的遥感研究

利用 61 幅具有清晰内波条纹的 Envisat/ASAR 宽刈幅影像分析了东沙岛礁海洋内波发生的时空特征。由图 14.10 看出，SAR 在全年 12 个月都可以观测到内波，但夏季(6～8 月)内波的出现频率最高。一方面是因为相比于其他季节，夏季的密度跃层强度更大、位置更浅，内波的非线性程度更强，使得内波信号容易被 SAR 观测到；另一方面是因为夏季适宜的风速(小于 10m/s)也为 SAR 观测内波提供了有利条件。观察海洋内波的空间分布图(图 14.11)，发现内波传播到东沙岛礁附近时具有不同的波峰线形态和不同的出现位置。特别地，我们发现内波经东沙岛礁的衍射分成南北两支继续向西传播时，岛礁背后的交叉位置可以以东沙岛的长轴延伸线为基准，大致分为四类：交叉位置在东沙岛西部[图 14.12(a)]，占 30%；交叉位置相对于东沙岛长轴延伸线偏北[图 14.12(b)]，占 26.7%；交叉位置相对于东沙岛长轴延伸线偏南[图 14.12(c)]，占 10%；不交叉[图 14.12(d)]，占 33.3%。

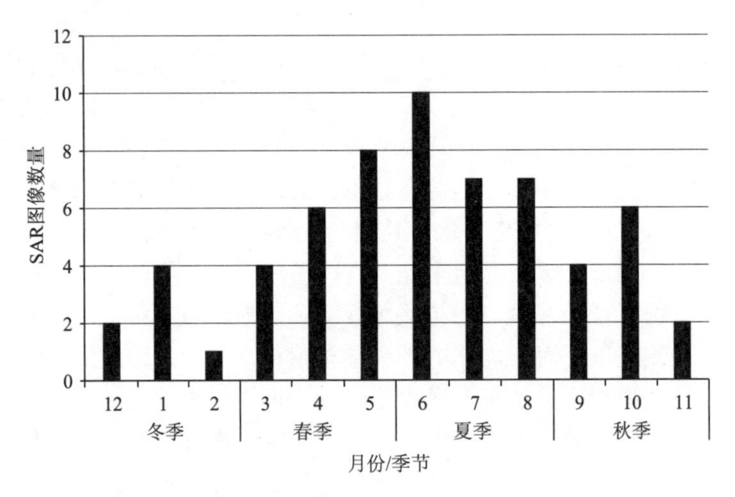

图 14.10　东沙岛礁附近海洋内波 SAR 图像数量随月份的变化图

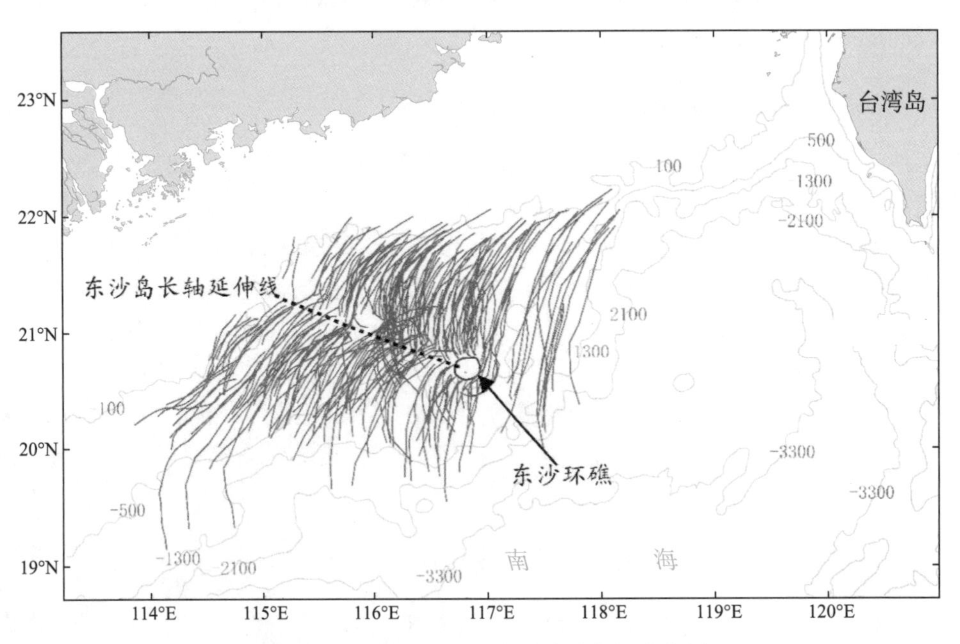

图 14.11　东沙岛礁附近海洋内波空间分布图

图中灰色的弧线代表从 SAR 图像上观测到的波峰线

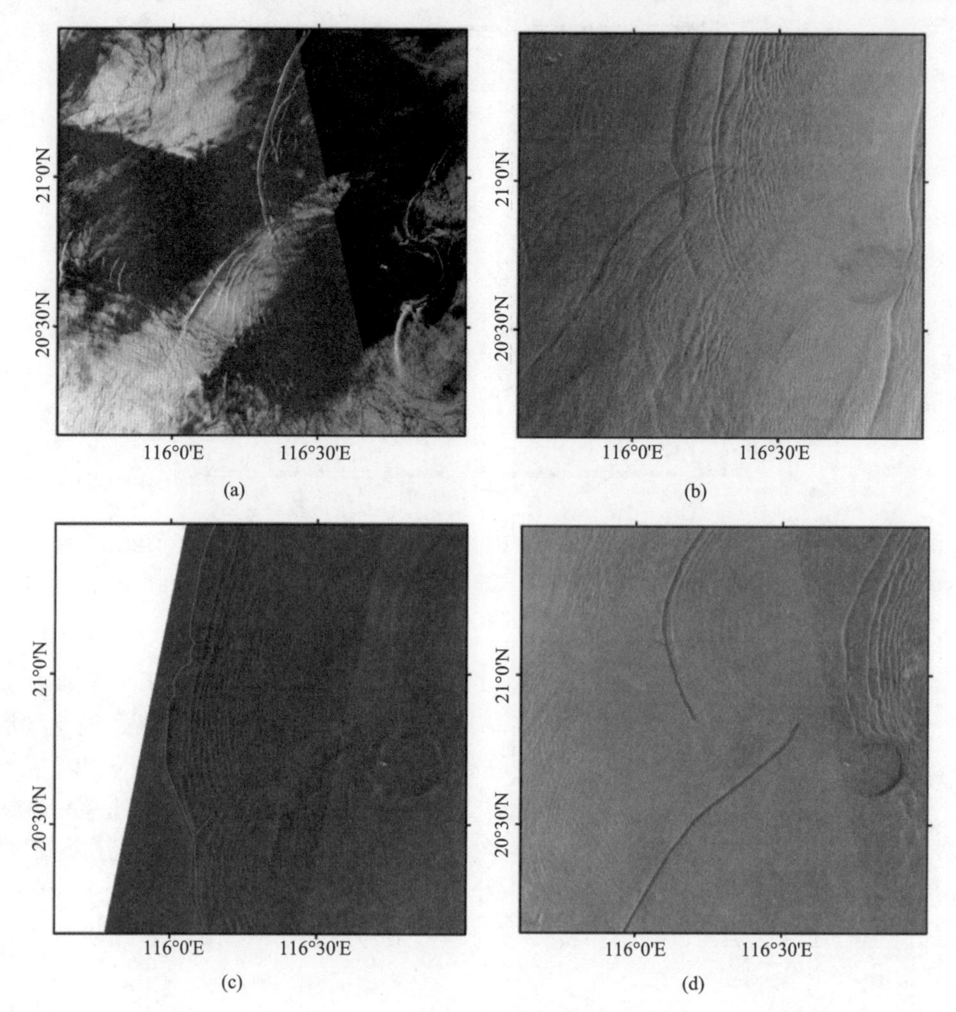

图 14.12　南北两支海洋内波在东沙岛礁背后交叉位置的分类图

(a) 交叉位置在东沙岛西部；(b) 交叉位置相对于东沙岛长轴延伸线偏北；(c) 交叉位置相对于东沙岛长轴延伸线偏南；(d) 不交叉

2. 东沙岛礁海洋内波折射-交叉过程的遥感和模拟研究

基于两幅间隔约 12 h 的 TerraSAR-X 影像，利用内波非线性折射模型(NRM)模拟南北两支海洋内波在东沙岛礁背面区域的折射-交叉过程。NRM 使用 ETOPO1 地形数据、SAR 观测日期的 HYCOM 温盐流数据以及第一幅 SAR 影像的内波位置、形状和反演的内波振幅作为输入。比较模拟结果和 SAR 观测结果(图 14.13)得出，NRM 可以用来模拟内波在东沙岛礁背面的折射-交叉过程。以该实验作为参考实验，通过依次改变海洋垂直层化，背景流场，南北两支内波到达东沙岛礁时的初始振幅、初始位置和波峰线形状来探究这些因素对折射-交叉过程的影响机制。

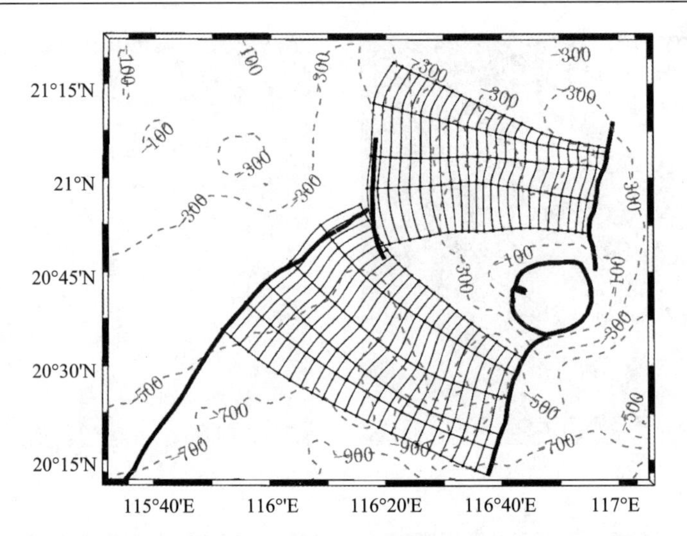

图 14.13　间隔 12 h 的 TerraSAR-X 影像观测的内波位置与基于 NRM 模拟的内波位置

纬向黑细线和经向黑细线分别代表模拟的波峰线和射线，右侧和左侧黑粗线分别代表在第一幅 TerraSAR-X 图像和第二幅 TerraSAR-X 图像中的内波，灰色虚线代表水深等值线

对比分析参考实验(图 14.13)和敏感性实验(图 14.14)的模拟结果发现，海洋垂直层化、背景流场、内波在东沙岛礁的初始振幅、内波在东沙岛礁的初始位置和波峰线形状都会改变南北两支内波在岛礁背后的交叉位置。然而，背景流场、内波在东沙岛礁的初始位置和波峰线形状对内波在东沙岛礁背后交叉位置的影响最大，海洋垂直层化次之，影响最小的是内波的初始振幅。海洋垂直层化、背景流场、内波在东沙岛礁的初始振幅通过影响内波传播速度而改变内波在东沙岛礁背后的交叉位置，而到达东沙岛礁时波峰线的形态通过决定内波的初始传播方向和初始位置影响内波在东沙岛礁背后的传播路径。

综上，基于年际尺度的卫星 SAR 数据发现了东沙岛礁海洋内波折射-交叉过程的规律。进一步，结合遥感观测和数值模拟，揭示了影响南北两支海洋内波在岛礁背后折射-交叉过程的动力机制，丰富了对海洋内波在东沙岛礁浅化过程的科学认知。

14.2.2　海南岛东南部海洋内波的产生演变过程

国内外学者分别利用星载 SAR 数据、现场观测和数值模拟探讨了南海西北部不同区域海洋内波的源区和产生机制，得到了不同的结论。然而，由于研究结果缺少多角度、深层次的比较验证，已有的研究结论仍有进一步明确的空间。基于这种研究现状，我们通过分析年代际尺度的星载 SAR 数据，于 2017 年夏季在海南岛东南海域实施了星海同步实验，并开展了同步三维数值模拟实验，确定了海南岛东南海域海洋内波的源区和一个可信的生命历程。

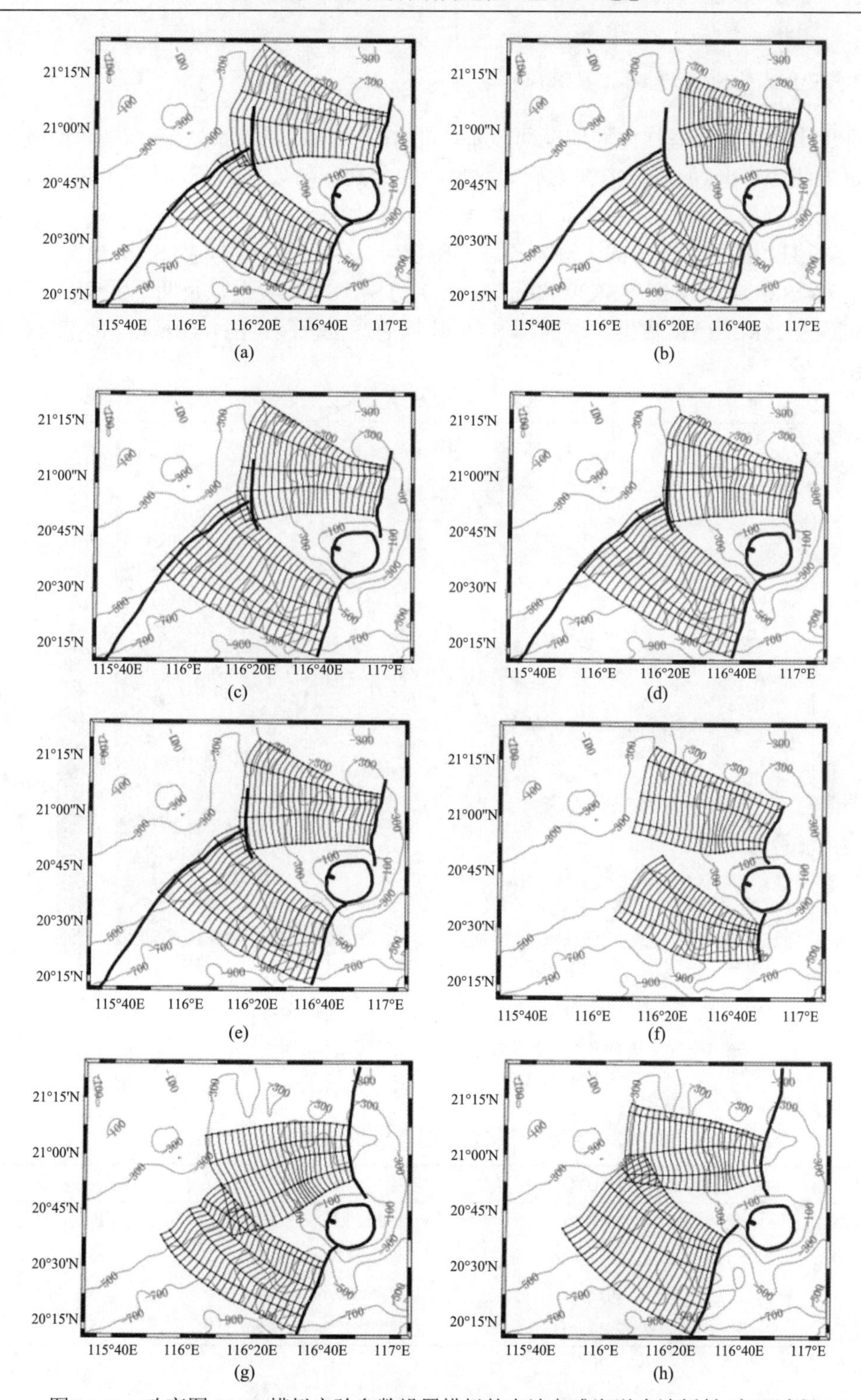

图 14.14　改变图 14.13 模拟实验参数设置模拟的东沙岛礁海洋内波折射-交叉过程

(a) 层化采用夏季平均层化；(b) 背景流纬向分量增加 0.2m/s；(c) 背景流纬向分量减小 0.1m/s；(d) 内波初始振幅增加 10%；(e) 内波初始振幅增加 20%；(f)、(g)、(h) 初始波峰线分别取自 2005 年 3 月 27 日、2008 年 8 月 27 日和 2004 年 6 月 20 日 Envisat/ASAR 观测

1. 基于卫星 SAR 观测的星海同步实验

基于南海西北部海洋内波的空间分布特征(图 14.15)，我们选定海南岛东南海域(图中红色虚线矩形框)的海洋内波为研究对象，并分别在陆架坡折(S2)和中陆架(S1)设置两个现场观测站位。假定海南岛东南海域的内波为潮生，将星海同步实验时间确定为 2017 年 6 月 10 日～12 日的大潮阶段。实验期间，收集了四景星载 SAR 数据：两个 X 波段的 COSMO-SkyMed(CSK)和 TerraSAR-X(TSX)SAR 数据以及两个 C 波段的 GF-3 和 Radarsat-2(R2)SAR 数据。这四种 SAR 数据的成像范围见图 14.16，具体信息列于表 14.3 中。

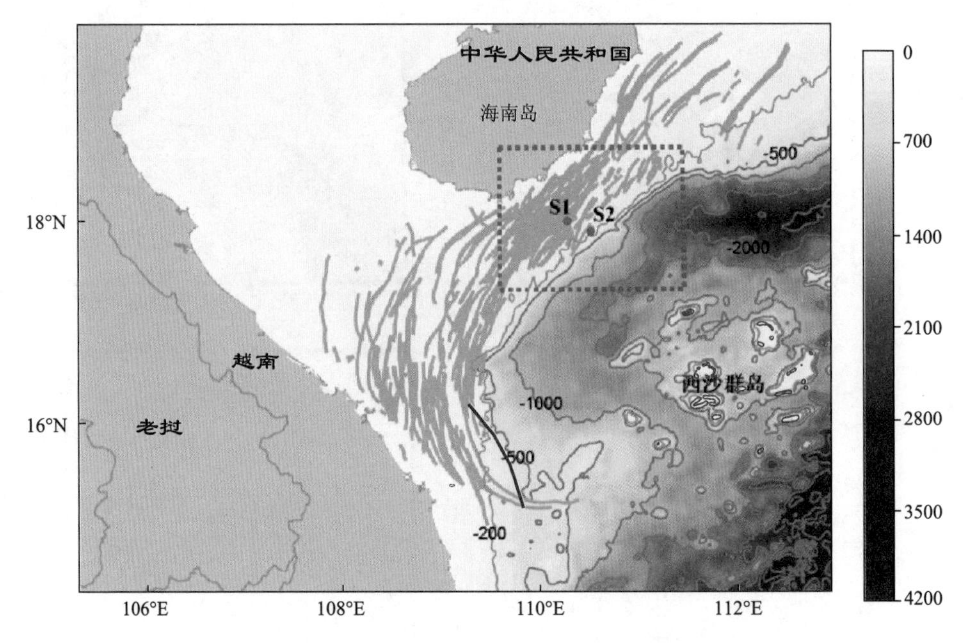

图 14.15　南海西北部内波的空间分布

橙色条纹为从卫星 SAR 图像上提取的内波信号，红色虚线矩形框表示星海同步实验的研究海域，S1 和 S2 为现场实验站位

表 14.3　星海同步实验中四景 SAR 数据的具体信息

SAR	成像时间(UTC)	成像模式	分辨率
CSK	22:22　2017/6/10	Wide Region ScanSAR	20 m×20 m
TSX	22:32　2017/6/10	ScanSAR	36 m×36 m
GF-3	22:43　2017/6/10	Standard Stripmap	8 m×8 m
R2	22:37　2017/6/11	Wide Swath Beam	25 m×25 m

在现场实验中，S1 站位实验时间为 6 月 10～11 日，S2 站位实验时间为 6 月 11～12 日。实验的仪器设备列于表 14.4 中。在实验站位处，通过布放 Seaguard II DCP 锚链[图 14.17(a)]来收集海洋上层流场数据，通过布放加载 RBR 温深/温度传感器的自制温度链

来收集海水温度数据[图 14.17(b)]，通过上拉和下放 CTD 剖面仪(型号 RINKO ASTD 102)来收集即时的温度和盐度数据。

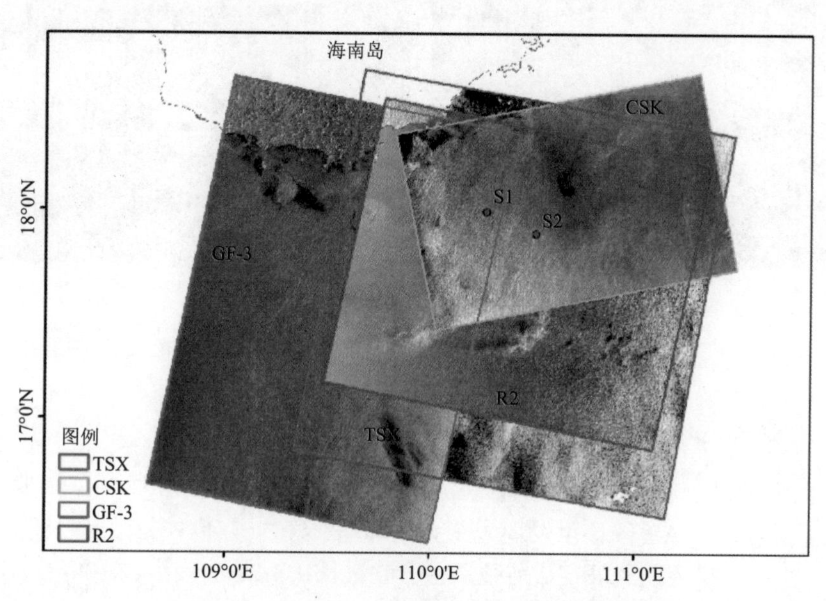

图 14.16　星海同步实验收集的四景星载 SAR 数据

表 14.4　2017 年星海同步实验中的设备

设备名称	型号	精度	测量要素	测量方法
CTD	RINKO ASTD102 (日本)	温度：0.01℃， 电导率：0.01mS/cm	温度、深度、电导率	断面单次观测、 定点连续观测； 采样频率 10 Hz
温度链	自制(150 m)	温度：0.01℃	剖面温度	定点连续观测； 采样频率 1 Hz
自记式温深传感器	RBR Duo TD (加拿大)	温度：0.002℃	剖面温度、深度	绑缚于温度链上，与温度链组成共计 14 个温度测量节点的测量设备； 采样频率 0.1 Hz
Doppler Current Profiler	SeaguardII 600 kHz (挪威)	额定量程：30～80 m 流速精度：0.3 cm/s	剖面流场	定点锚系观测； 垂直分辨率：1m 脉冲发射频率：0.2 Hz 流速记录间隔：1min
超声波自动气象站	自制	同芬兰 Airmar220 WX 传感器精度	温、压、湿、风	距离海面高度 10 m； 走航、定点观测； 采样频率：1 min

(a)

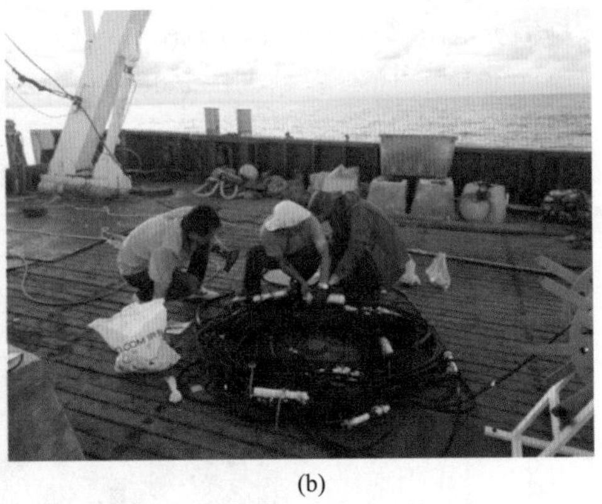
(b)

图 14.17 成功布放 Seaguard II DCP 锚链(a)以及在自制温度链上绑缚 RBR 温深/温度传感器(b)

2. 卫星 SAR 观测结果

利用星海同步实验期间搜集的星载 SAR 数据(图 14.18)来分析中陆架上非线性内波的特征。观测 GF-3 SAR 图像可发现一个大振幅非线性内波列(P1)[图 14.18(a)]，P1 波列含 5 个以上依序排列的子波，从前往后，子波波长从 1.2km 减小到 300m。对含 P1 的子图开展快速傅里叶分析，得出 P1 沿 294°(从正北 0° 顺时针旋转)方向向岸传播的结论。P1 沿其传播方向，内波条纹表现为先亮后暗，这表明 P1 为一模态下凹型。由于 TSX[图 14.18(c)]和 GF-3 SAR 图像的获取时间仅相隔 11 分钟，因此可以利用内波在这两景 SAR 图像中的空间位移精确地获得 P1 波包中前导波的传播速度，由此计算得到的 P1 前导波的传播速度为 0.66m/s，与该位置的一模态线性相速度一致。

通过对卫星 SAR 图像上内波条纹的亮暗顺序、传播速度和波列特征的分析，得出海南岛东南中陆架上的非线性内波是一模态下凹型内孤立波。

3. 现场观测结果

连续的星载 SAR 观测表明，非线性内波从外陆架传播到中陆架。因此，GF-3 SAR 观测的内波应该在更早时刻经过图 14.16 中的 S1 站。由于 P1 波列中先导波的传播速度从 S1 站的 0.89m/s 减小到 SAR 观测位置的 0.66m/s，结合两者的空间距离 44.7km，推得 P1 波应该在 2017 年 6 月 10 日 3：54 UTC 至 8：46 UTC 之间经过 S1 站。观察向岸流速在海水上层(–32～–8m)的时间序列图可知[图 14.19(a)]，只有一个非线性内波出现在 2017 年 6 月 10 日的 5：07 UTC，该时刻恰好位于预测的时间范围内。非线性内波表现为其向岸流速在季节性跃层上方均为正值。同时，半小时后(5：35)，经过 S1 站的非线性内波也出现在船载温度链记录的温度时间序列中[图 14.19(b)]。此时，非线性内波表现为沿季节性强跃层传播的下凹型波状涌。波状涌是连接初始非线性内潮和其最终演变为内孤立波列的一种非稳态波动。

对现场观测数据的分析表明，外陆架上的非线性内波是一个沿季节性强温跃层传播的下凹型波状涌，其演变为中陆架上的内孤立波列。

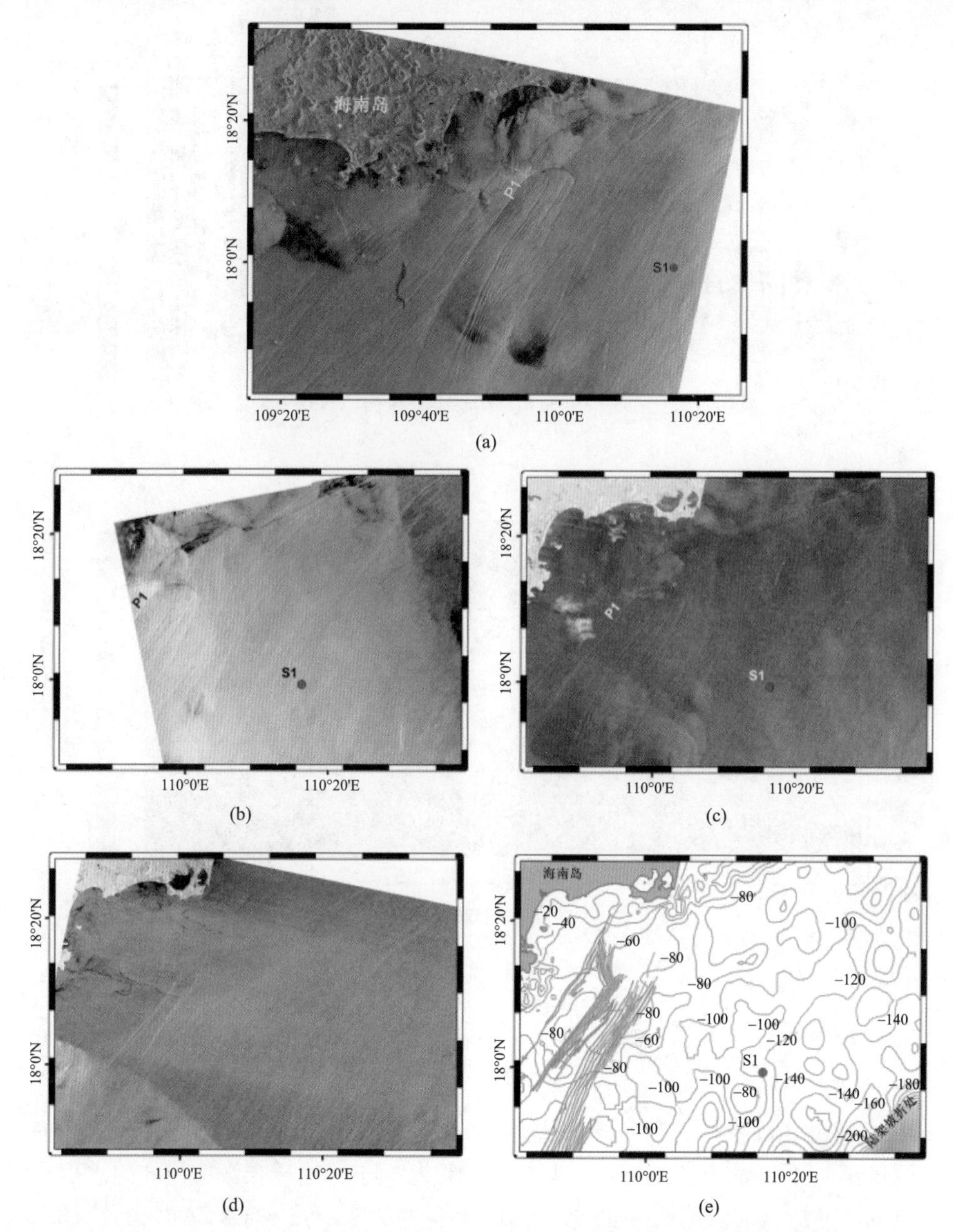

图 14.18　高分三号 SAR 的子图像(a)，分别为 CSK(b)、TSX(c)和 R2 SAR(d)子图像以及从 CSK 和 GF-3 SAR 图片提取的波峰线(e)

图(a)数据获取时间为 2017 年 6 月 10 日(UTC)，P1 为所关注的非线性内波，S1 为海上实验站。

4. MITgcm 三维数值模拟结果

前文阐明了非线性内波从外陆架到中陆架的传播和演变。本节利用三维非静压的 MITgcm(massachusetts institute of technology general circulation model)来揭示非线性内波的源区以及内潮如何演变出外陆架的非线性内波。

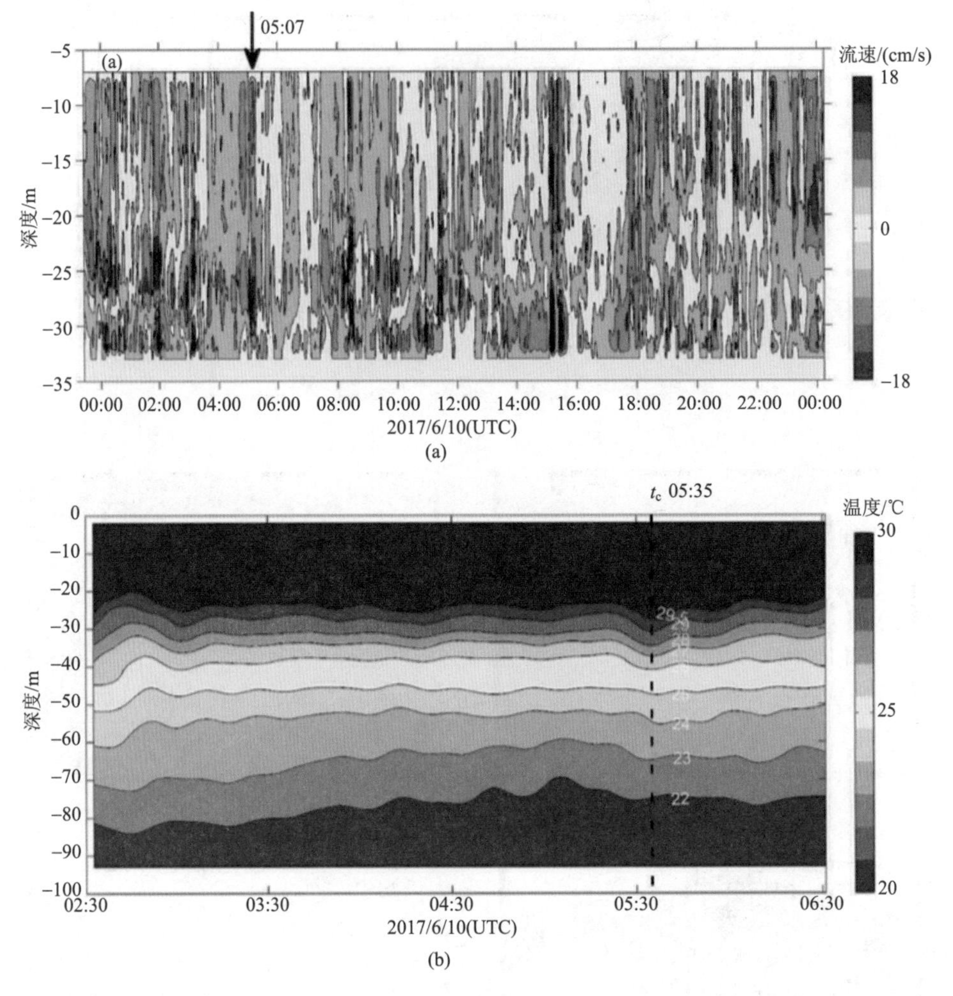

图 14.19　现场观测的流速和温度(局地水深 130 m)

(a)向岸流速在 2017 年 6 月 9 日 23：25 UTC 至 2017 年 6 月 11 日 00: 14 UTC 的时间序列图，箭头标示了 GF-3 SAR 观测的 P1 波；(b)相对于调查船的温度时间序列图。t_c 是 P1 经过调查船的时刻

为得到准确的模拟结果，先介绍如何利用卫星 SAR 和现场观测结果来设置 MITgcm。现场观测表明，非线性内波在外陆架上的波长约为 1 km，这要求数值模式的水平分辨率至少为 100m 才可以准确地模拟非线性内波。相隔 24h 的 GF-3 和 R2 SAR 图片(图 14.18)显示了近乎相同的非线性内波特征，这些特征在一个潮周期相似时间的吻合表明，非线性内波是潮致的。

为了确定计算内区的范围，我们需要确定非线性内波最可能的源区。为此，计算了正压体积力F:

$$F=-\frac{zN^2}{h^2}\left[\left(\int Q_x \mathrm{d}t\right)\frac{\partial h}{\partial x}+\left(\int Q_y \mathrm{d}t\right)\frac{\partial h}{\partial y}\right] \tag{14.4}$$

式中，Q 为正压质量通量矢量 $Q=\left(Q_x,Q_y\right)=-\left(u_b h_b, v_b h_b\right)$；$u_b$ 和 v_b 为正压速度的纬向和经向分量。

图 14.20 为 2016 年 6 月 10 日 M2 和 K1 分潮的正压体积力深度积分后取最大值的空间分布。由图 14.20 中看出，内潮的产生在西沙群岛很强，但在局地陆架坡折很弱，这意味着西沙群岛是卫星 SAR 和现场观测到的内波的源区。因此，计算内区包括外陆架和 215km 外的西沙群岛。

基于上述分析，模拟实验的具体设置如下。实验使用三维、完全非线性、非静压的 MITgcm。模式水平方向采用球坐标，垂向采用 z 坐标。水平方向使用两类网格：在计算内区使用高精度分辨率，dx =100m，dy =250m；在计算外区使用指数增长的分辨率，使得经纬向网格点间距从中间区域的均匀网格渐增到边界处的 104m。垂向采用不均匀网格，共分为 150 层：分辨率为 5 m 的上 40 层，分辨率为 10 m 的次上 30 层， 分辨率为 20 m 的中 26 层，分辨率为 50 m 的下 41 层，以及分辨率为 150m 的底 13 层。模式初始条件包括温度和地形。初始温度场采用水平均一场，垂向温度剖面采用融合的 2013 年 World Ocean Atlas 气候态温度数据和现场测量的平均温度数据。地形采用 Smith and Sandwell 在 2014 年提供的 30 arc second 全球水深(SRTM30_PLUS)数据。在固边界处，模式采用无滑移侧/底边界条件，底摩擦与流速平方成正比，底摩擦系数为 0.0025。为接近真实的潮流强迫，在四个开边界添加四个半日(M2、S2、N2、K2)和四个全日(K1、O1、P1、Q1)天文分潮的潮流，潮流数据取自美国俄勒冈州立大学在 2016 年提供的中国海 1/30°潮流数据集。为使开边界潮流无损进入计算区域，同时又可以有效抑制内波的反射，在开边界处添加了海绵边界层，边界层方案为：$\begin{cases}\dfrac{\partial u}{\partial t}=G(u)-\sigma_x(u-u_e)\\ \dfrac{\partial v}{\partial t}=G(v)-\sigma_y(v-v_e)\end{cases}$。为模拟次网格尺度过程，使用描述内波破碎所致混合的湍流闭合方案：$K_z=\Gamma L_T^2 N_s$。

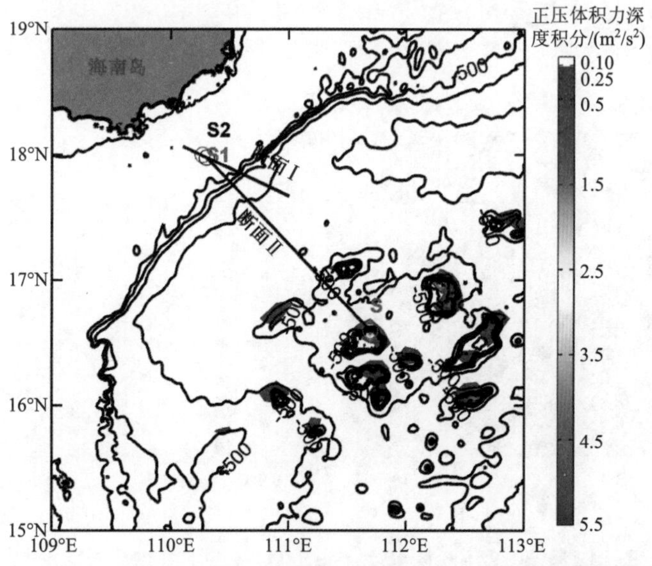

图 14.20　2017 年 6 月 10 日的 M2 和 K1 潮周期内正压体积力深度积分后取最大值的空间分布

I 和 II 标示了图 14.21 和图 14.22 所在的横断面。S1 是现场观测内波位置；S2(110.303°E，17.976°N)是模拟的非线性内波的预计到达位置。S(110.696°E，16.596°N)是预测的内波源区，也是图 14.22 中内潮射线的起点

图 14.19(a)显示，非线性内波在 2017 年 6 月 10 日 5：07 UTC 经过 S1。利用卫星 SAR 图片确定的传播方向 294°和估算的传播速度 0.89m/s，推算该非线性内波在 2017 年 6 月 10 日 4：00 UTC 到达 110.303°E，17.976°N(图 14.20 中的 S2)。分析数值模拟结果表明，非线性内波在 2017 年 6 月 10 日 4:00 UTC 到达 110.286°E，17.983°N[图 14.21(a)中的箭头]，距离预测位置 S2 大约 2.0km。因此， 数值模拟准确地提供了非线性内波的到达时刻和位置。此外，模拟的水平斜压流速 $u' = u - U$ （u 是总流速，U 是正压流速)和温度显示，非线性内波在季节性温跃层中具有负值流核[图 14.21(a)]，表明非线性内波是向岸传播的，这一结果与卫星 SAR 观测一致。比较模拟和观测的水平斜压流速可以看出，它们的结构相似且均在约 29 m 处达到最大值[图 14.21(b)]。然而，模拟的水平斜压流速可能仍然包含周期大于 6 h 的斜压流速，导致模拟值低估了观测值 30%～50%。总之，模式模拟出了可与外陆架观测相比较的非线性内波。

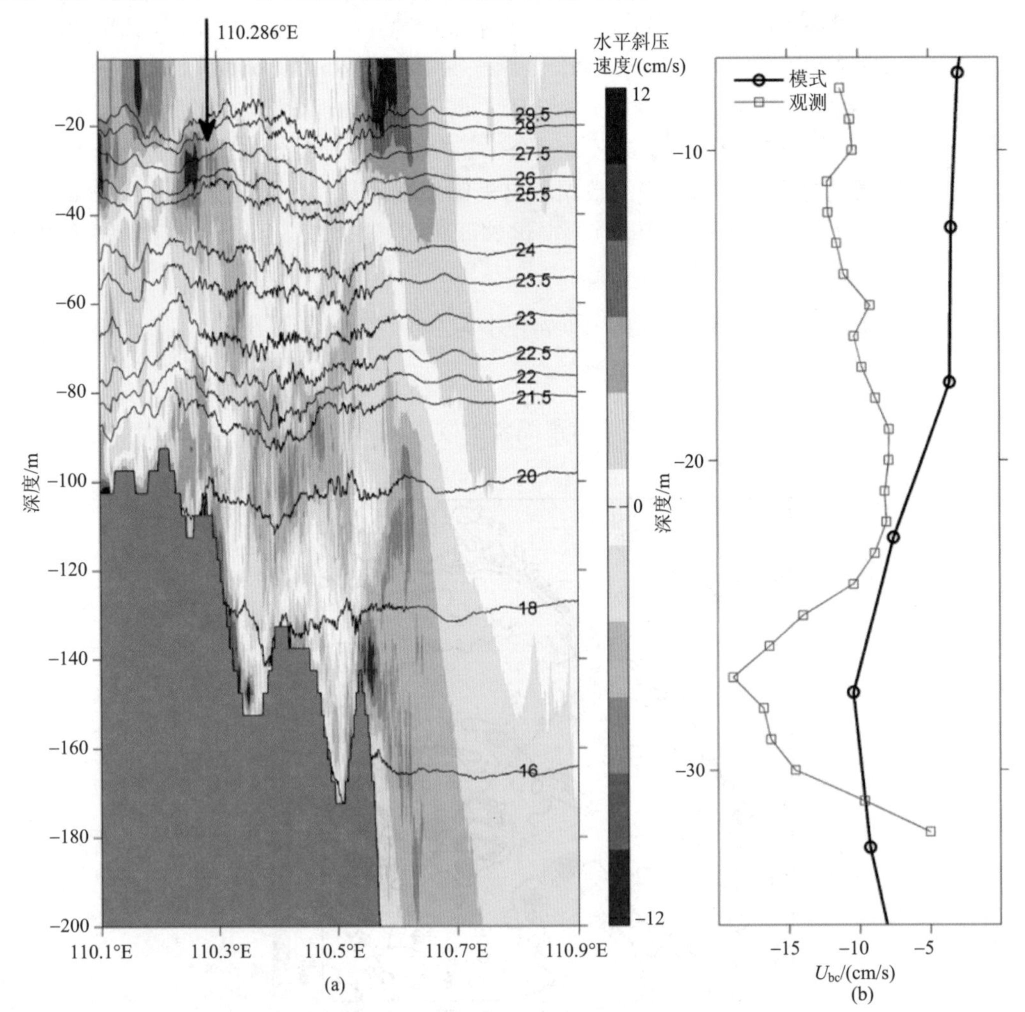

图 14.21　2017 年 6 月 10 日 04：00 UTC 断面 I 内的斜压波场

断面 I 的倾斜方向为 294°T，与卫星 SAR 获取的内波传播方向一致

(a)背景彩色代表水平斜压流速，黑线是温度等值线。箭头指向模拟的非线性内波。(b)带空心圆的黑线和带空心正方形的红线分别表示模拟和在 S1 站观测的水平斜压流速

数值模拟与现场观测的比较表明，数值模拟结果是可信的。在此基础上，通过在图 14.20 的第 II 断面绘制内潮射线来追踪源区。射线路径的表达式为

$$\frac{\mathrm{d}x}{\mathrm{d}z}=\sqrt{\frac{N^2-\omega^2}{\omega^2-f^2}} \tag{14.5}$$

式中，ω 为角频率；f 为惯性频率。图 14.22 显示了 K_1 内潮的射线路径。可以看出，射线路径与模拟的内潮束吻合。射线起源于西沙群岛的海槛(图 14.20 中的 S)，在该处内潮的产生是最强的。然后，射线向下倾斜，在 1000～1100m 的海底向上反射，并到达上层的季节性温跃层。季节性温跃层使射线再次反射。反射的射线继续向西传播，并在 120 m 的水深发生第二次海底反射。最终，射线向海面传播并到达模拟的非线性内波(图 14.22 的蓝色虚线)的波前，并且，图 14.22(b)显示，只有当入射内潮到达陆架坡折时，它才会开始急剧变陡并发生强烈的非线性转变，从而产生短尺度的非线性扰动。内潮在深水海盆没有发生裂变，保持了内潮束的形式。此外，数值结果没有提供明显的证据来支持陆架坡折处内潮的产生，这与正压体积力的分析计算相吻合(图 14.20)。

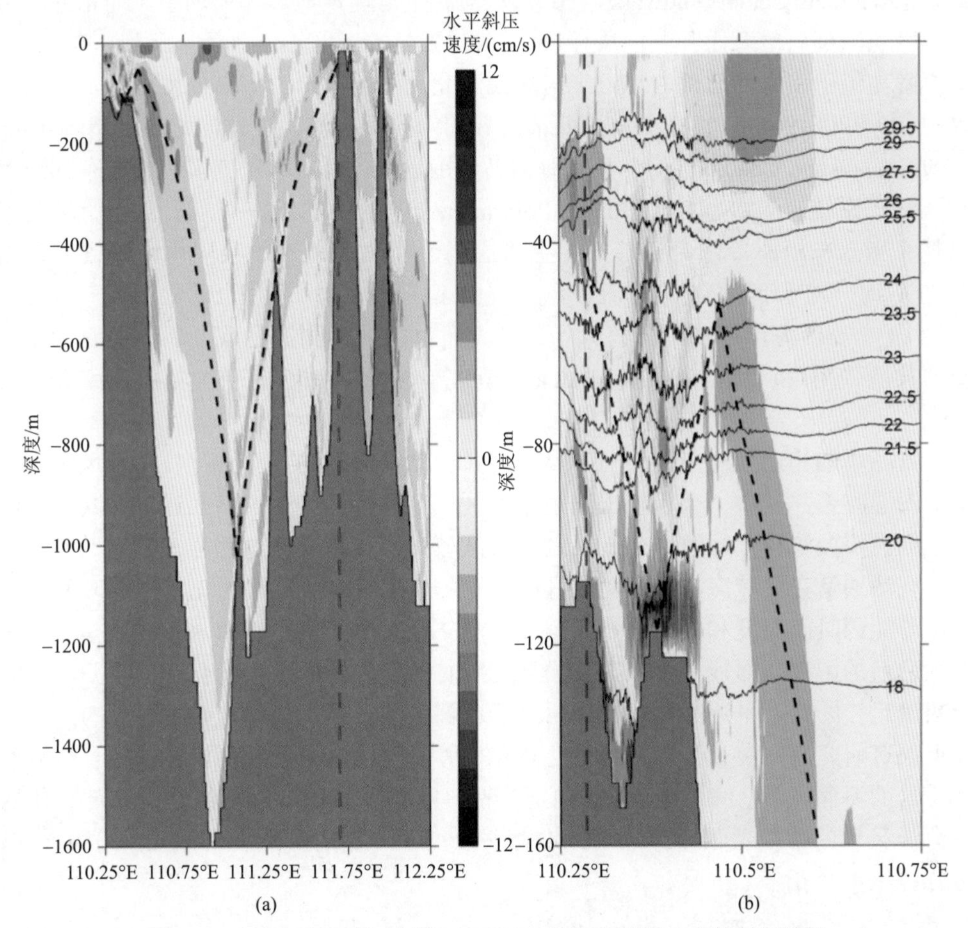

图 14.22　2017 年 6 月 10 日 04：00 UTC 位于断面 II 内的斜压波场

(a)背景彩色代表水平斜压速度，黑色虚线是 K1 内潮的射线，粉色虚线标注源区(图 14.20 的 S)。源区有最强的内潮产生。(b)图(a)陆架坡折处表层至 160 m 的放大图。黑线是温度等值线，蓝虚线指示图 14.21(a)模拟的非线性内波

综上，综合利用卫星 SAR 观测、现场观测和数值模拟三种手段，发现海南岛东南海域的非线性内波源自西沙群岛，其距离局地陆架坡折 215km，全日内潮先在西沙群岛产生，在西向传播过程中，以内潮束的形式在海底和季节性温跃层发生连续的反射，然后内潮在陆架坡折处发生强烈的非线性转变，产生短尺度的非线性涌，内涌沿变浅的陆架传播，最终在中陆架上演变成内孤立波列。

14.3 海南岛后风涡动力过程的多源遥感研究

14.3.1 岛后风涡过程简介

受陆地地形的影响，岛屿的背风面风速降低，通常存在可观测的岛后风涡过程(或称风尾流现象)(Smith et al., 1997)，其空间尺度往往在百公里量级，属于典型的海气相互作用中尺度动力过程。根据不同地区具体水文条件存在多种机制改变局地风尾流的海洋响应过程，并因环流和相关涡旋而进一步复杂化。在海南岛西南海域，同样也存在岛后风涡现象(Hainan Island windwake，HIWW)，产生自陆地地形和亚洲季风的相互作用，通常可以观测到局地海面升温现象(Li et al., 2012)。

海南岛位于南海西北部，靠近半封闭浅海北部湾的入口。南海的主要环流是由季风驱动的(Wyrtki, 1961)，存在冬季沿西部边界向南的沿岸流和夏季向北的沿岸流(Chu et al., 1999; Shaw and Chao, 1994)。关于海南岛周围地区，以前的研究多集中在东部沿海的夏季上升流系统。例如，文献(Su and Pohlmann, 2009)中的工作揭示了夏季西南风和偏南风是海南东部沿海冷水中心形成的主要原因，而风和地形的共同作用导致上升流中心分布不均。对于西海岸，潮流被认为是导致局部锋面产生的重要因素(Hu et al., 2003)。夏季在西海岸存在下降流风场条件，但也能观察到上升流，是潮汐混合和海洋层结的共同作用(Li et al., 2018b; Lu et al., 2008)。然而，很少有研究集中在海南岛西南沿海。

北方冬季的稳定强风条件使 HIWW 成为研究岛后风涡的理想案例。岛后风涡伴随出现局地海温暖带，其中一个重要机制是尾流区风速降低而产生的潜热通量的减少。然而有一个问题需要解释，即海洋热平流是否对区域海洋热量演化过程存在影响？海洋热平流和海气热通量在区域海洋热演化过程中的竞争作用在学界已经讨论了很长时间，其相对作用可能因时间尺度和空间分布而有所不同。已有研究指出，海水温度的季节变化受海气热通量的影响，而浅海海域在几天至几周时间尺度上的温度变化则主要归因于海洋平流热输运。因此，平流热输运的作用对于理解区域热演化过程是必不可少的。

近期有研究利用星载合成孔径雷达(SAR)等多传感器卫星观测资料，结合微波和光学传感器的海面风场、海表温度(SST)等产品，以及数值模式模拟结果，研究了 HIWW 相关海洋风场的特征及其海洋热响应过程并取得了一定的进展(Sha et al., 2019)，以下将进行详细的介绍。

14.3.2　基于 SAR 的个例观测

利用 2011 年 12 月 10 日 02:47(UTC)的 SAR 图像，以及利用其反演的高分辨率海面风场数据(图 14.23)，可以清晰地捕捉到海南岛岛后风涡的空间分布特征。受传感器入射角的影响，后向散射截面(NRCS)图像从右下角向左上角呈现逐步变暗的整体趋势。在海南岛的西南沿岸，存在较暗的中尺度倒三角足印，从海南一直延伸约 200km 至越南沿岸，覆盖整个北部湾的西南入海口。暗色区域，即低 NRCS 区域，表征足印区域的低风速特征(较周边低约 10m/s)，且越靠近海南岛风速越低。同时，在风应力旋度场中也可以观测到，暗色足印边缘区域存在较强的正向/负向的风应力旋度条纹，沿着离岸方向分布，条纹宽度处于次中尺度量级。

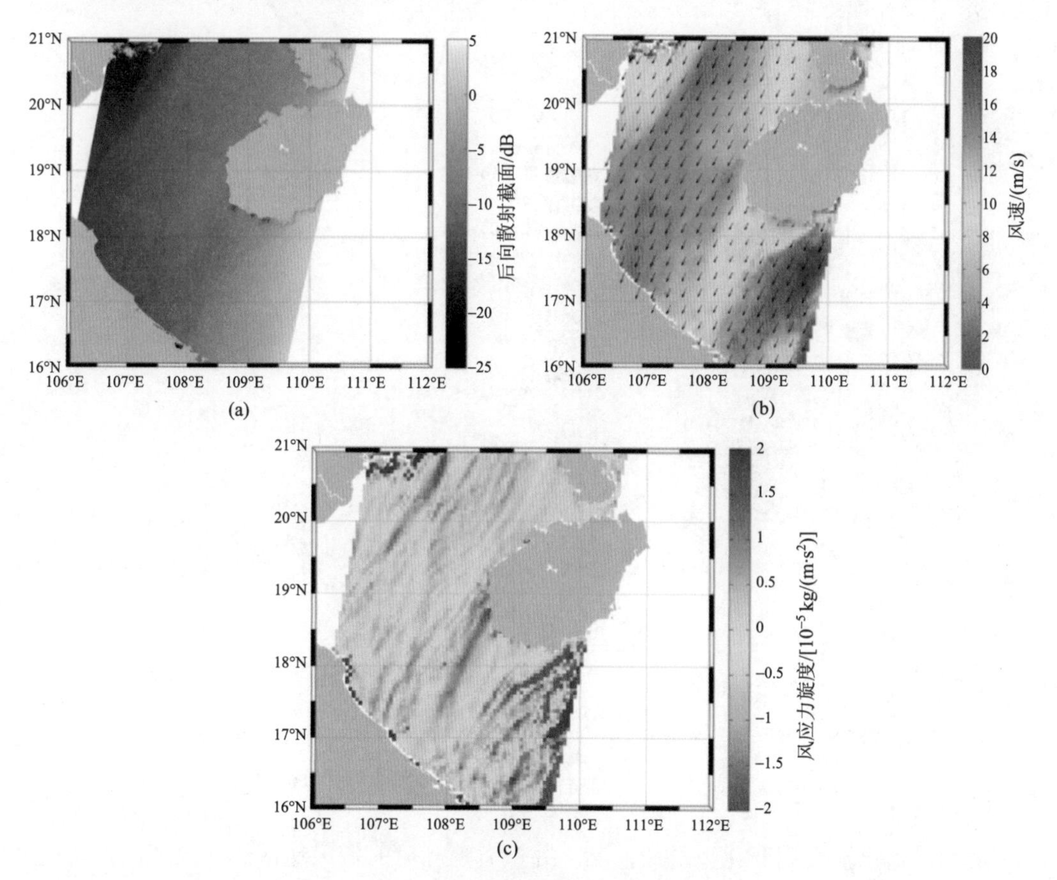

图 14.23　海南岛基于 ASAR 的风涡观测

(a) 2011 年 12 月 10 日 ASARWSM 后向散射截面图像；(b) 基于 ASAR 数据海面风场；(c) 基于 ASAR 数据的海面风应力涡度

14.3.3　岛后风涡的季节性分布特征

尽管已经知道南海区域季风盛行且其是区域海洋动力的主要驱动因素之一，但局地风场的分布特征仍然需要进一步澄清，以有助于研究海南岛后风涡的时空分布特征。基于 WRF 2011～2014 年日均风场模拟数据，局地风场特征可以使用风玫瑰图表示(图 14.24)。海南岛区域几乎没有南风。秋季和冬季西北风盛行，夏季则是东南风盛行。各个季节的主要风速区间从冬季、春季、夏季到秋季依次是 10～12 m/s(22.9%)、4～6 m/s(31.9%)、4～6 m/s(25.5%)、6～8 m/s(22.1%)。

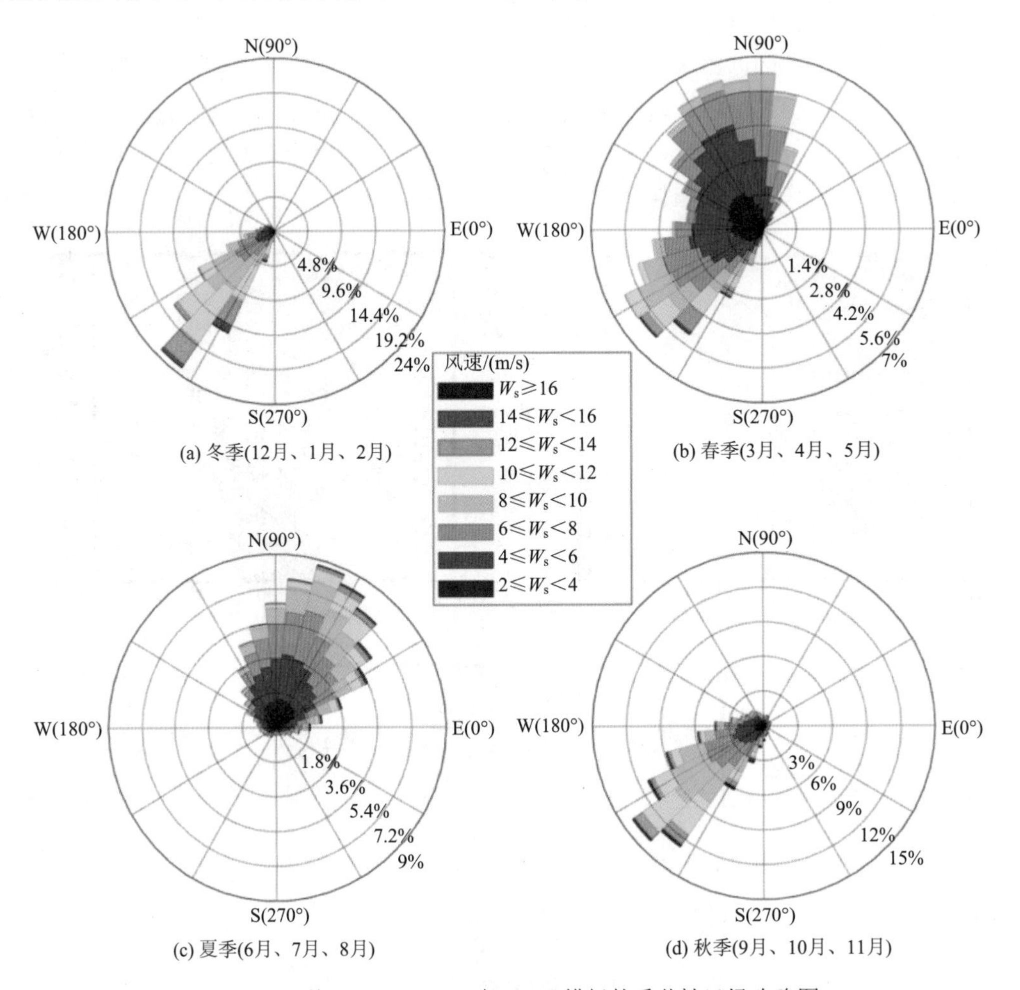

图 14.24　基于 2011～2014 年 WRF 模拟的季节性风场玫瑰图

海南岛后风涡受到变化风场的控制，并以海南岛后的低风速区作为表征，其典型风速比周边至少要低 2m/s。如图 14.25 所示，发现海南岛周边存在着 3 个典型的低风速区。一个位于海南岛西南沿海，与岛后风涡足印相对应；一个位于琼州海峡以西；最后一个位于越南沿岸，产生自夏季的西南季风与越南陆地地形相互作用。110.5°E 以东没有任何低风速区存在。相比于其他低风速区，西南沿海的低风速足印覆盖面积最大，这与当地的季风特征一致，即冬季(10 月至次年 1 月)风速最高。

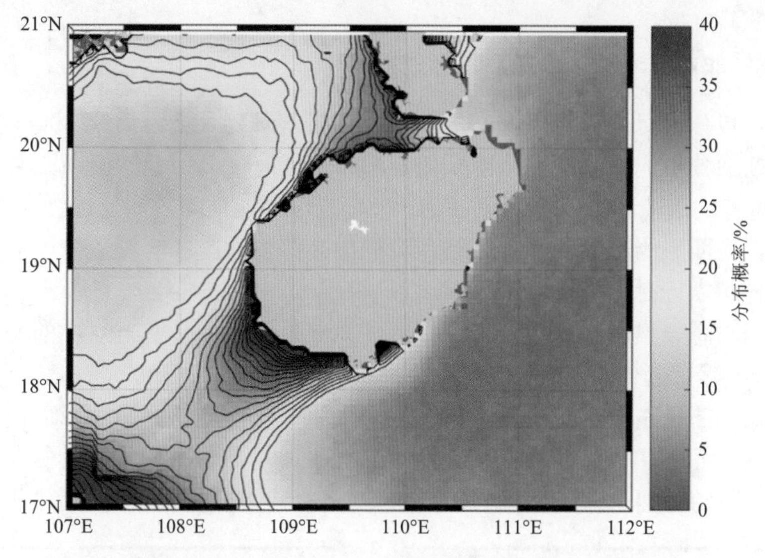

图 14.25　海南岛基于 WRF 模拟的低风速区分布概率图

这里的“低风速”定义为较日均区域平均风速低 2m/s。时间范围为 2011～2014 年。该计算步骤中陆地区域已经被排除。每个等高线代表 2m/s 的风速区间

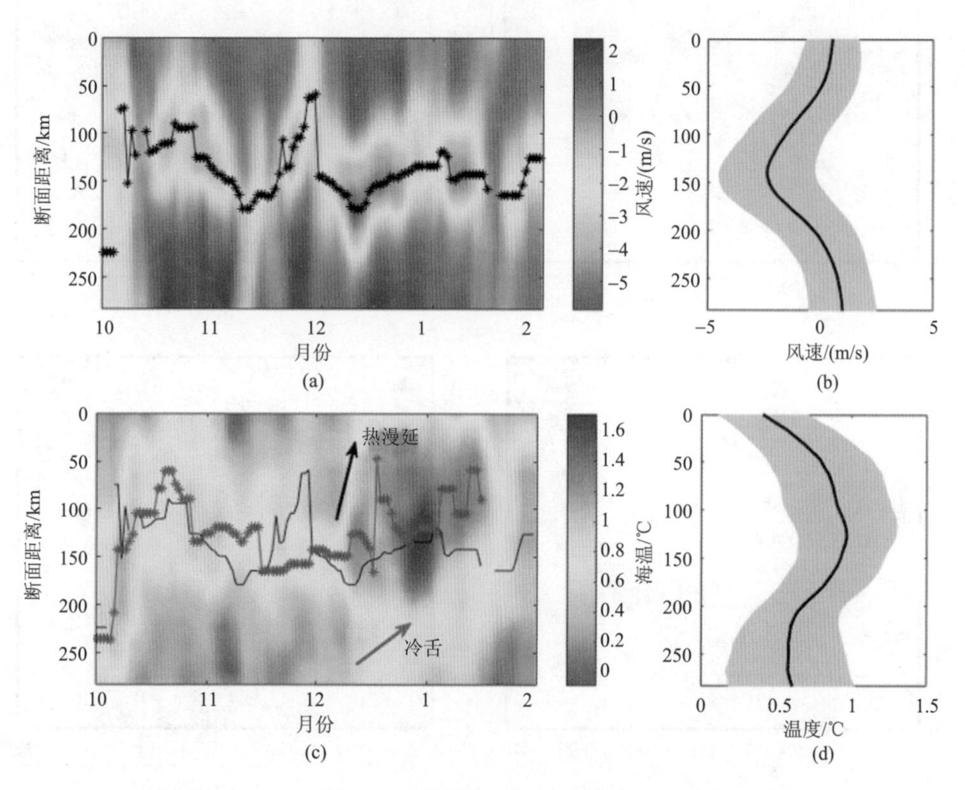

图 14.26　断面风速和海温比较

(a) 2011 年冬季断面风速异常图；(c) 2011 年冬季断面海温异常图；(b) 和 (d) 分别对应 (a) 和 (c) 的时域平均值

14.3.4　风涡的非对称海洋热响应及其形成机制

为了进一步分析海南岛后风涡产生的海洋响应，研究人员沿离岸 30km 进行数据重采样并进行断面分析。从海南岛东南开始，顺时针至海南岛西北，沿断面共计 548 个采样点。断面位置的选取基于以下两点考虑：一是要尽可能地靠近海岸，因为越靠近海岸，风速差越大，海面影响越显著；二是要尽可能提高海表温度和叶绿素浓度数据的空间覆盖率，其数据越靠近海岸则覆盖度越差。

风场数据与海表温度的比较分析则揭示了风涡足印区域具有非对称的海洋热响应分布：其西北侧有暖带延伸，而东南侧有冷舌形成(图 14.26)。对于海表温度变化规律而言，季节性的降温趋势是主要支配过程，该过程受太阳热辐射变化的影响。而由风涡区域风速降低导致的海面潜热通量的降低，无法单独解释风涡足印海域的非对称海洋热响应。该研究通过重构海洋热平流输运项(图 14.27)并进行诊断分析发现，风涡足印区域的海洋

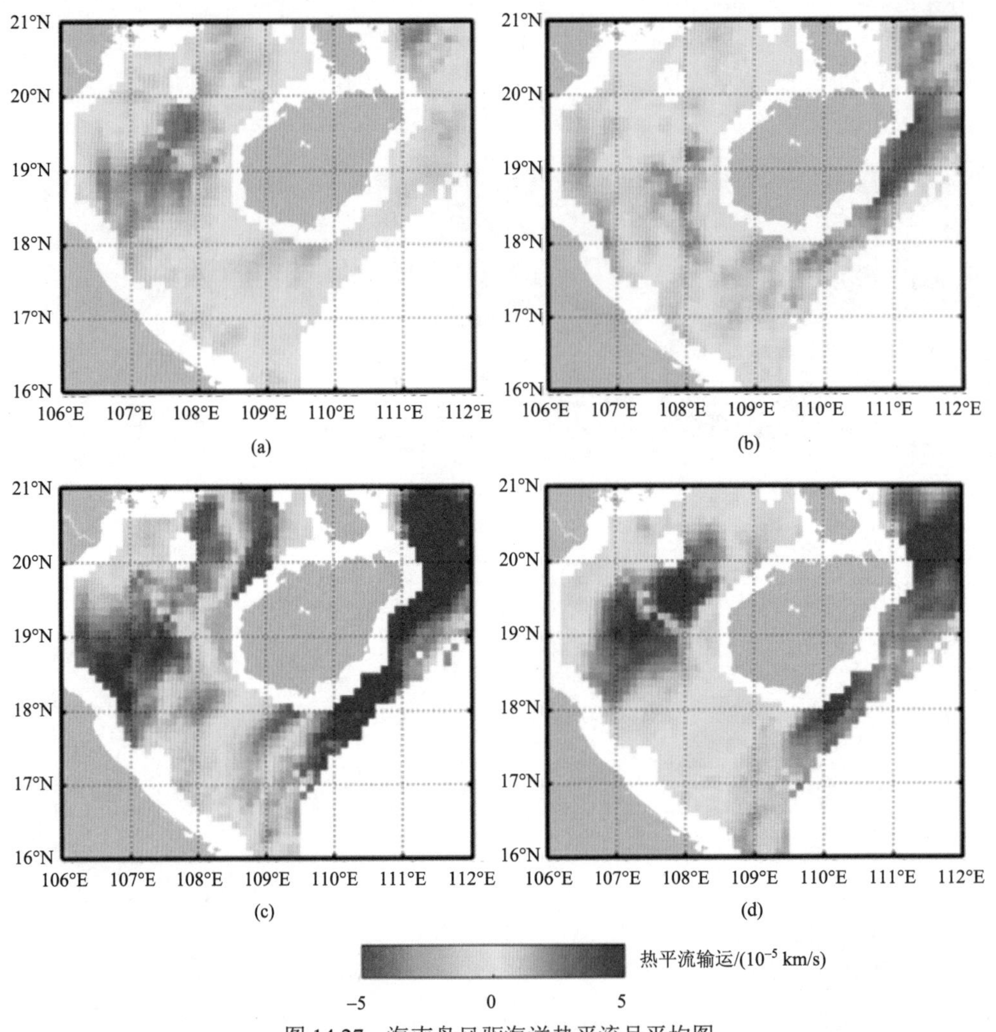

图 14.27　海南岛风驱海洋热平流月平均图

(a)～(d)分别为 2011 年 10 月、2011 年 11 月、2011 年 12 月以及 2021 年 1 月月均热平流

热响应过程主要受控于风生海流热输运、正压地转流热输运以及海面潜热通量的动态平衡。其中，风生海流热输运倾向于在风涡西北侧增温、在西南侧降温，而地转流热输运则起相反作用。

该研究揭示了海南中尺度风涡过程的次中尺度结构和时空分布特征，阐明了海南岛后风涡的非对称海洋热响应机制，深化了对区域海洋动力过程的理解和认知。

14.4　低纬度海洋动态观测星座 SAR

遥感卫星的轨道一般分为三类：极轨轨道(也称为太阳同步轨道)、静止轨道和低倾角轨道。目前在轨运行的遥感卫星多数为极轨轨道和静止轨道卫星。

海洋是一个显著的时变系统，利用卫星遥感实现大面积海洋动态观测和监测所面临的瓶颈是如何提高覆盖度和重访频次。决定覆盖度和重访频次的关键要素是遥感卫星的轨道和数量。目前大部分遥感卫星都将观测重点放在人类经济活动最活跃的中高纬度地区(欧洲、北美、东亚和俄罗斯)，经常采用适合对这些区域进行重复观测的大倾角极轨卫星轨道。在目前全球曾经发射的 797 颗极轨遥感卫星中，采用 40°以内小倾角轨道的只有 39 颗，而其中能够实现遥感成像的卫星又少之又少。南海南北横越约 2000 km，东西纵跨约 1000 km，需要观测的面积巨大，而南海恰恰处于低纬度区域，因此现在面临的主要问题就是：虽然国内外有诸多遥感卫星在轨运行，但是对包括南海在内的低纬度地区的观测覆盖能力严重不足，导致对南海海洋观测的有效能力极低。因此，开展低纬度区域动态监测遥感卫星研制具有极其重要的作用和意义。

由于处于低纬度的海洋受到云雨的影响特别显著，因此，SAR 在低纬度海洋观测中所能发挥的作用更加显著。因此，针对目前星载 SAR 海洋观测的瓶颈问题，创新性地提出了低倾角轨道星座 SAR 系统方案，突出低纬度海域高时空覆盖度观测能力。经轨道模拟计算，卫星轨道平面倾角设置为 30°，三颗 SAR 均匀分布组成星座(参考图 14.28)，可以实现约 210 分钟无缝覆盖整个南海一次，全球南北纬 30°以内区域可以实现每天全覆盖观测 2 次以上。

在长期利用国内外星载 SAR 海洋学研究基础上，针对海洋观测科学目标和我国海洋观探测实际需求，兼顾载荷成熟技术和硬件成本，设计了以下关键技术指标。

波段与重量：C 波段(400 kg)或 X 波段(200 kg，有利于小型化)；

等效噪声系数：优于–22dB，决定了对海洋散射弱信号的探测灵敏度；

辐射定标精度：优于 0.5dB，决定了海洋动力参数定量反演精度；

极化组合：VV 与 VH 组合，对于海洋动力观测与反演(VV 响应最敏感)、海上目标探测(VH 或 HV 响应最敏感)、海洋污染监测(极化组合)具有综合优势。

成像幅宽和空间分辨率：幅宽 400 km，空间分辨率 20～30 m。二者是一对需要平衡的指标。对于海洋观测，大幅宽、中高分辨率是最优组合。

该创新方案中，针对海洋动力参数高精度定量反演、海洋动力过程连续观测和海上目标持续监测的科学目标和任务设计卫星 SAR 系统，从根本上提升我国南海及海上丝绸之路沿线海域动态海洋的空间观测能力。

图 14.28　以 30°倾角轨道、3 颗星载 SAR 组成的星座对低纬度区域观测覆盖情况

图中绿、青、紫 3 种颜色代表 3 颗 SAR 星下点轨迹

参 考 文 献

杨劲松, 黄韦艮, 周长宝, 等. 2001. 合成孔径雷达图像的近岸海面风场反演. 遥感学报, 1: 13-16.

张庆君. 2017. 高分三号卫星总体设计与关键技术. 测绘学报, 3: 269-277.

Chu P C, Edmons N L, Fan C W. 1999. Dynamical mechanisms for the South China Sea seasonal circulation and thermohaline variabilities. Journal of Physical Oceanography, 29: 2971-2989.

Hersbach H. 2010. Comparison of C-Band scatterometer CMOD5.N equivalent neutral winds with ECMWF. Journal of Atmospheric and Oceanic Technology, 27: 721-736.

Hu J Y Y, Kawamura H, Tang D L. 2003. Tidal front around the Hainan Island, northwest of the South China Sea. Journal of Geophysical Research-Oceans, 108 (C11): 3342.

Jia T, Liang J J, Li X M, et al. 2018. SAR observation and numerical simulation of internal solitary wave refraction and reconnection behind the dongsha atoll. Journal of Geophysical Research-Oceans, 123: 74-89.

Li J X, Wang G H, Xie S P, et al. 2012. A winter warm pool southwest of Hainan Island due to the orographic wind wake. Journal of Geophysical Research-Oceans, 117 (C8): C08036-1-C08036-9.

Li X M, Zhang T Y, Huang B Q, et al. 2018a. Capabilities of Chinese Gaofen-3 synthetic aperture radar in selected topics for coastal and ocean observations. Remote Sensing, 10 (12): 1929.

Li Y N, Peng S Q, Wang J, et al. 2018b. On the mechanism of the generation and interannual variations of the summer upwellings west and southwest off the Hainan Island. Journal of Geophysical Research-Oceans, 123: 8247-8263.

Liang J J, Li X M, Sha J, et al. 2019. The lifecycle of nonlinear internal waves in the Northwestern South China Sea. Journal of Physical Oceanography, 49: 2133-2145.

Lu X G, Qiao F L, Wang G S, et al. 2008. Upwelling off the west coast of Hainan Island in summer: Its detection and mechanisms. Geophysical Research Letters, 35(2): 2604-1-2604-5-0.

Mouche A A, Hauser D, Daloze J F, et al. 2005. Dual-polarization measurements at C-band over the ocean: Results from airborne radar observations and comparison with ENVISAT ASAR data. Ieee Transactions on Geoscience and Remote Sensing, 43: 753-769.

Pond S, Pickard G L. 1983. Currents with friction; Wind-driven circulation. Introductory Dynamical Oceanography, 1: 106-110.

Ren L, Yang J S, Mouche A, et al. 2017. Preliminary analysis of Chinese GF-3 SAR Quad-Polarization measurements to extract winds in each polarization. Remote Sensing, 9(12):1215.

Sha J, Li X M, Chen X, et al. 2019. Satellite Observations of wind wake and associated oceanic thermal Responses: A case study of Hainan Island wind wake. Remote Sensing, 11(24): 306.

Shaw P T, Chao S Y. 1994. Surface circulation in the South China Sea-ScienceDirect. Deep Sea Research Part I: Oceanographic Research Papers, 41: 1663-1683.

Smith R B, Gleason A C, Gluhosky P A, et al. 1997. The wake of St. Vincent. Journal of the Atmospheric Sciences, 54: 606-623.

Su J, Pohlmann T. 2009. Wind and topography influence on an upwelling system at the eastern Hainan coast. Journal of Geophysical Research-Oceans, 114(C6): 1.

Wyrtki K. 1961. Physical oceanography of the Southeastern Asia Waters. Scientific Results of Marine Investigations of the South China Sea and Gulf of Thailand. 1959-1961. Naga Report, 2.

Zhang T Y, Li X M, Feng Q, et al. 2019. Retrieval of sea surface wind speeds from Gaofen-3 Full polarimetric data. Remote Sensing, 11: 813.

第 15 章　南海台风灾害多源卫星遥感监测

我国是全球受台风灾害影响最频繁的国家，每年平均约有 7 次台风登陆我国沿海区域，直接经济损失超过 100 亿元，台风及其造成的风暴潮也是海南最主要的海洋灾害。海南岛紧邻南海，是我国受到台风灾害影响时间最长、频次最高的省份之一，造成的人员伤亡和经济损失巨大。我国近年来非常重视气象灾害防灾减灾能力建设，在台风灾害的实时立体监测和预警预报方面取得了长足进步，通过汇集地基、海基、航空和航天平台的实时观测数据，在高精度数值模式支持下，气象海洋等部门可及时开展台风动态监测、路径预测与防灾疏散预警，显著降低了台风灾害带来的人员和财产损失。近年来，卫星遥感技术的飞速发展，尤其是卫星遥感载荷在时空分辨率和探测波段等方面的提升，极大地推动了台风灾害监测与预报的整体水平，加深了对南海区域热带气旋生成及发展物理机制的理解，为台风登陆位置及其强度的预报提供更加有效的监测手段，推动了卫星遥感技术在海南台风防灾减灾业务化工作中的深入应用。

15.1　海南台风灾害概况

台风是发生在西北太平洋和中国南海海域的一种强热带气旋过程。根据 2006 年发布的《热带气旋等级(GB/T 19201—2006)》国家标准，我国将热带气旋由弱到强分为六个等级：热带低压(tropical depression, TD)、热带风暴(tropical storm，TS)、强热带风暴(severe tropical storm，STS)、台风(Typhoon，TY)、强台风(severe typhoon，STY)、超强台风(super typhoon，SuperTY)。各等级热带气旋对应的风速和海况范围详见表 15.1。

表 15.1　热带气旋等级划分表

热带气旋等级	10m 处最大平均风速 /(m/s)	浪高/m	海面状况	陆面物象
热带低压	10.8～17.1	3.0～4.0	大浪白沫离峰 破峰白沫成条	电线有声 步行困难
热带风暴	17.2～24.4	5.5～7.0	浪长高有浪花 浪峰倒卷	折毁树枝 小损房屋
强热带风暴	24.5～32.6	9.0～11.5	海浪翻滚咆哮 波峰全呈飞沫	拔起树木 损毁重大
台风	32.7～41.4	≥14	海浪滔天	摧毁极大
强台风	41.5～50.9			
超强台风	≥51.0			

15.1.1　影响海南的台风灾害生消特征

登陆海南岛的台风次数占全国登陆总次数的近四分之一，海南素有“台风走廊”之称(施健和殷秀纯，1992)。1971～2020 年，西北太平洋共发生了 2068 个热带气旋，其中有 1297 个获得了世界气象组织的正式命名，强度达到台风及以上等级的共有 712 个。平均来看，在西北太平洋和南海海域每年约有 41 个热带气旋生成、26 个获得正式命名、14 个发展成为台风，逐年统计的详细数据如图 15.1 所示。60 年间，热带气旋发生最多的年份是 1985 年(57 次)，命名气旋数目最多的是 1994 年(36 次)，台风数目最多的年份是 1971 年(24 次)(图 15.2)。

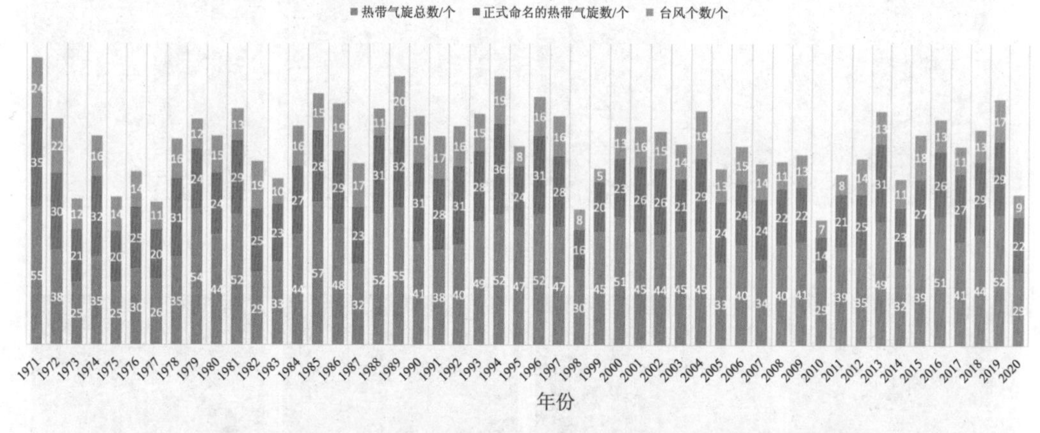

图 15.1　西北太平洋和中国南海区域台风频次统计(1971～2020 年)

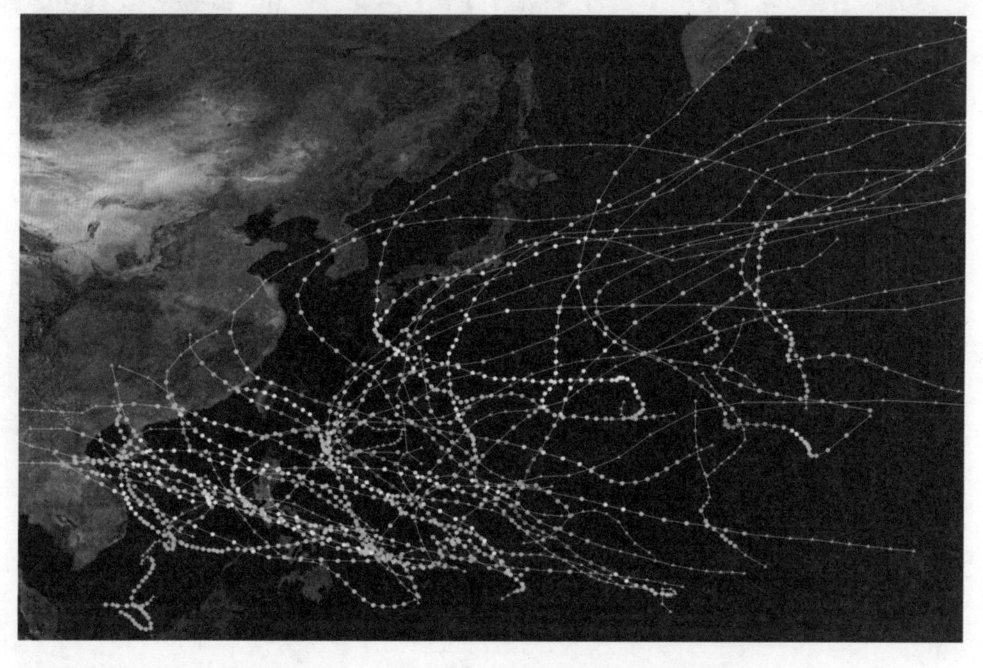

图 15.2　1971 年西北太平洋海域热带气旋路径分布图

影响海南的台风有两类，一类在南海海域产生，也称为土台风(local typhoon)；另一类在西北太平洋产生，向东移动进入南海。从历史资料统计来看，土台风占比43%左右，平均每年约产生5个土台风和9个非局地台风。其中，土台风在9月发射频数最高，而非局地台风在8月最多。图15.3给出了2018～2020年对海南造成较大影响的土台风和非局地台风的路径实例及其发生起止时间、最高强度等级和中心最大风速。从图15.3中的信息可以发现，相对而言，土台风持续时间短、总体强度较低，但路径复杂多变。基于长时序台风路径再分析资料得出的统计结果也同样存在此现象(程撼等，2014)。

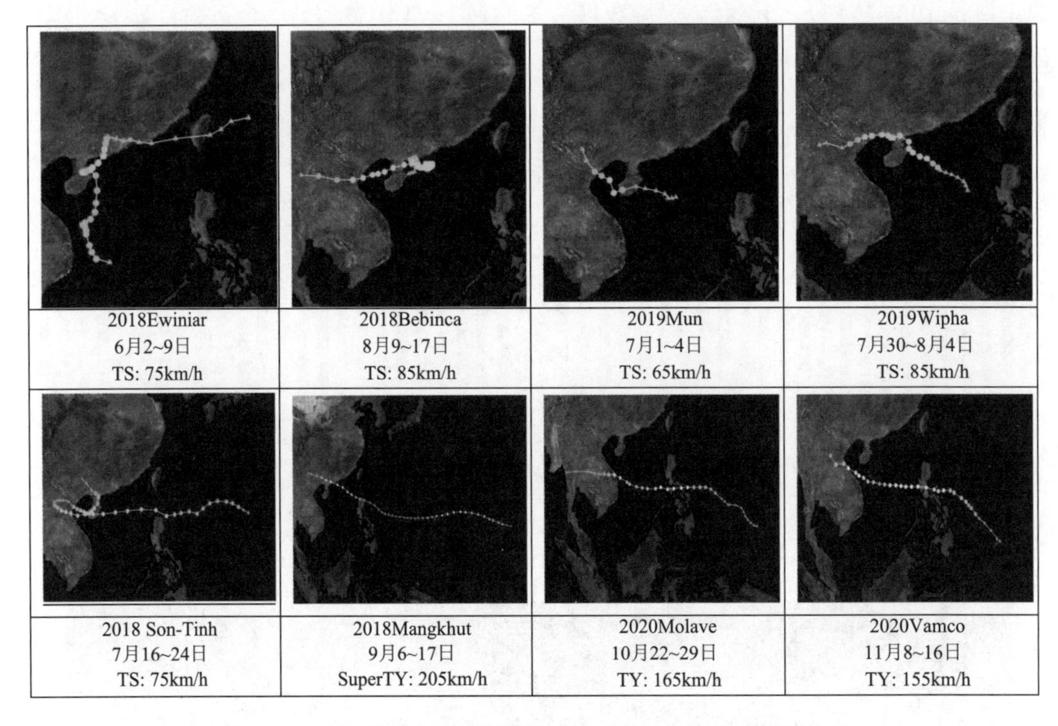

图15.3　南海土台风(上行)和非局地台风(下行)移动路径实例

下文将2013年第21号台风蝴蝶和2018年第17号台风沙德尔作为两个台风实例进一步介绍南海土台风和非局地台风的差异。如图15.4所示，台风蝴蝶起源于2013年9月23日的一个热带云团，在9月25日强度达到热带低压级别，并开始从菲律宾以西海域缓慢向西移动。9月27日其强度达到热带风暴级别并被正式命名为蝴蝶(Wutip)。9月28日其强度进一步增强至强热带风暴，并持续向西移动，随后迅速变强到台风级别。9月29日，其强度继续增大，中心产生了清晰的风眼结构。9月30日，其强度减弱为热带风暴，随后缓慢消散于10月2日。

2018年第17号台风沙德尔的移动路径如图15.5所示。2018年10月16日下午在帕劳东偏东南方向约850 km海域出现了一个热带对流云团，其向西北方向移动并逐渐增强，于10月18日晚达到热带低压级别，被正式命名为“沙德尔”。随后，10月20日，沙德尔登陆菲律宾并横穿吕宋岛。进入南海海域后，沙德尔持续增强并达到台风级别，并于10月23日达到其峰值强度，中心最大风速约120 km/h。然而，其最强风速持续时间近数小时，最后其强度持续减弱，在 10 月 24 日登陆越南前其强度已降低至热带风暴级别，并于 25 日消亡。

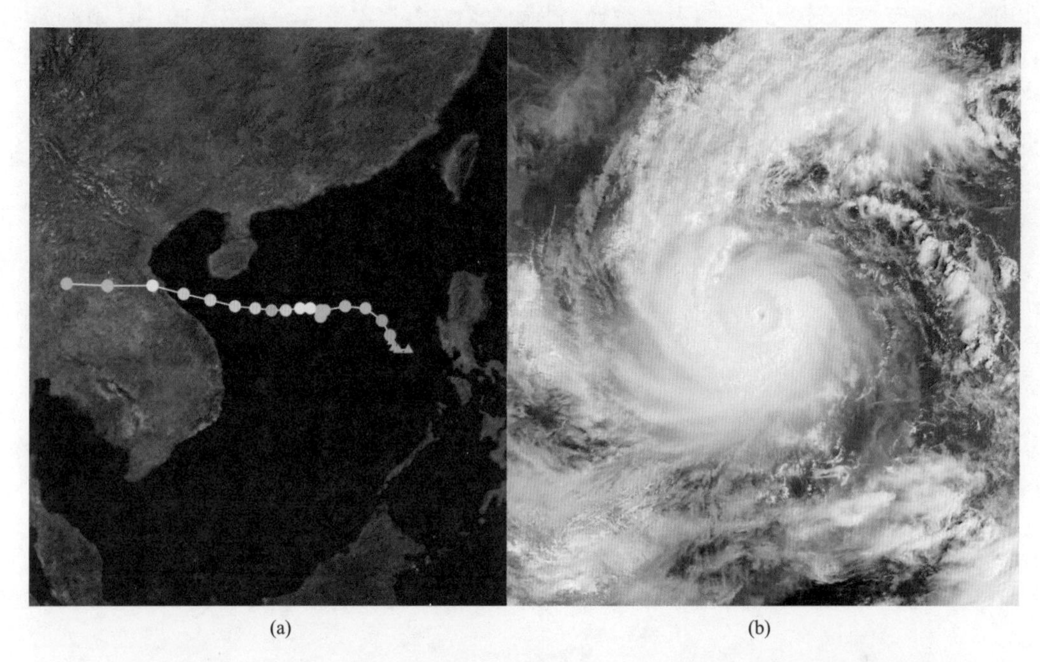

(a)　(b)

图 15.4　2013 年南海土台风“蝴蝶”移动路径(a)及其最强时刻光学卫星云图(b)

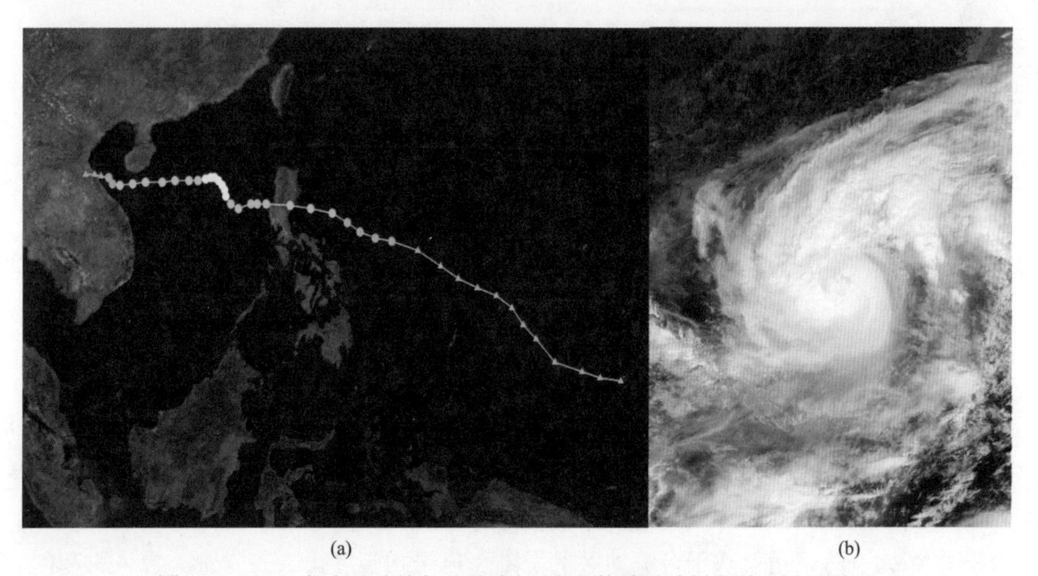

(a)　(b)

图 15.5　2018 年台风沙德尔移动路径(a)及其最强时刻光学卫星云图(b)

15.1.2　影响海南的台风频数

海南岛的台风不但入侵次数多，而且时间长、强度大，是该岛最主要和严重的自然灾害。由于台风的形成通常需要较高的海水温度(26.5℃以上)和较强的海气交换，因此，台风多发于夏秋两季的中低纬度海域。从气象观测资料统计来看，西北太平洋海域年均约 112 天存在热带气旋，南海海域年均约 23 天有热带气旋。图 15.6 给出了西北太平洋和南海海域有热带气旋存在的天数统计，平均来看，西北太平洋海域 7～10 月、南海 7～11 月是热带气旋高发季节。1997 年 8 月是西北太平洋海域热带气旋发生最频繁的月份，当月全部 31 天都有热带气旋发生；1986 年 10 月则是南海海域热带气旋发生最频繁的月份，当月共有 12 天海域内存在热带气旋(雷小途和应明，2017)。

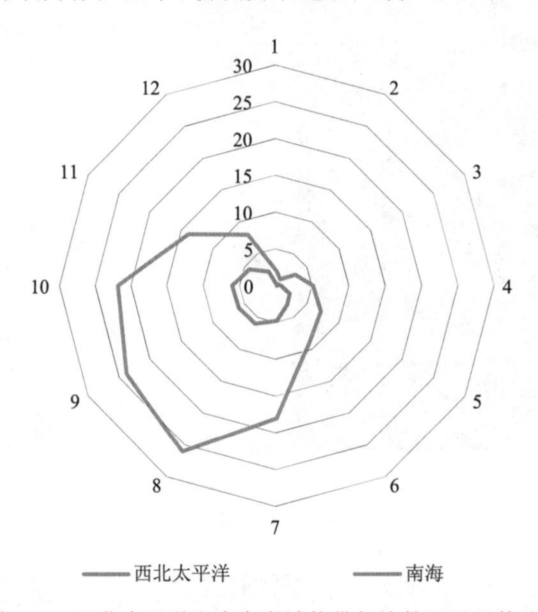

图 15.6　西北太平洋和南海海域热带气旋的逐月日数分布

图中数字代表气旋个数

在西北太平洋和南海生成的热带气旋中最终登陆海南岛的数量较少，平均来看，每年约有 2 次热带气旋登陆海南岛，最多的年份为 4 次，也有少数年份无登陆台风影响；从月份分布看，7～10 月为高发季节，冬春两季则很少受台风影响。1981～2010 年登陆海南的热带气旋逐年和逐月统计详见图 15.7 和图 15.8。

台风登陆海南的位置主要分布在海南岛的整个东侧和东南侧文昌至三亚一线，其中文昌、三亚、琼海和万宁是台风登陆频次最高的区域。本节统计了 1981～2010 年 57 次登陆海南岛的热带气旋后发现，其中登陆时强度达到超强台风级别 1 次、台风级别 17 次、热带风暴至强热带风暴级别 23 次、热带低压级别 16 次，登陆台风最大平均风极值的中位数约 22 m/s、最大阵风极值的中位数可达 34 m/s。与中国各沿海省份登陆台风的平均强度相比，海南是仅次于台湾地区的登陆台风平均强度第二高省份。台风引起的大风、暴雨和洪涝是其致灾的主要因素。房屋倒塌和农作物受灾是台风直接经济损失最大的两个方面，尤其是 8～10 月正好是海南岛晚稻生长期至灌浆成熟期，台风对农业生产的影响不可忽视。在全球气候持续变暖的大背景下，海水温度持续升高，满足台风产生所需的 26.5℃以上海温的范围持续扩大并不断往高纬度海域推进，台风发生的频次和强度会增加(Knutson et al., 2010)。基于长时序卫星遥感资料还发现，台风最大风速出现的地点有越来越靠近陆地的趋势(Wang et al., 2021)，导致登陆台风或近岸台风的强度比以往更强，造成的危害和因灾损失将更大，为我国防灾减灾提出了更高的要求，必须继续加强防台领域的科技创新，而卫星遥感无疑是台风立体动态监测中不可或缺的技术手段。

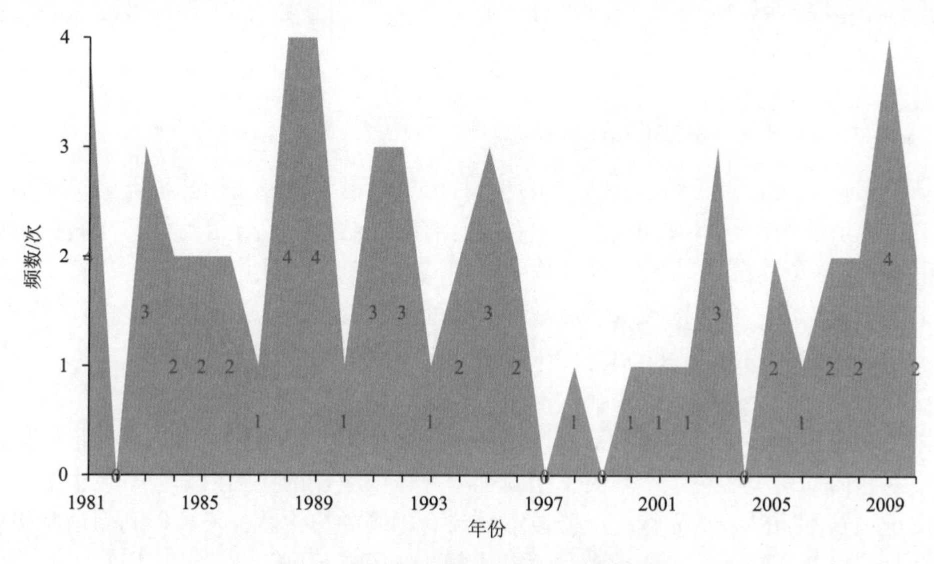

图 15.7　登陆海南的热带气旋年频数

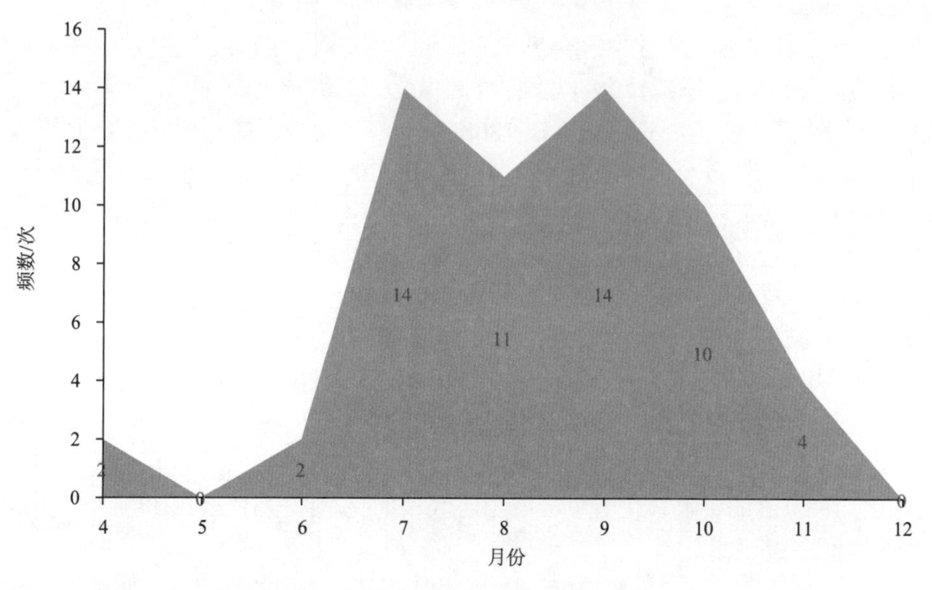

图 15.8　登陆海南的热带气旋月频数

15.2　台风自动检测与中心定位技术

台风灾害是发生在热带或副热带洋面上具有暖心结构的低压涡旋，是一种能量强大的热带天气系统。近 50 年来，平均每年约有 10 个台风登陆我国，造成的经济损失高达

100 亿人民币以上，伤亡人数高居各类自然灾害的首位。卫星遥感是台风观测与预警的重要数据源，极轨卫星搭载的微波遥感载荷可提供台风检测、中心定位、强度估计、发展态势预测等信息，为海洋防灾减灾提供高时效性信息保障(李晓峰等，2020)。本节将以我国自主风云气象卫星和海洋业务卫星为例，介绍台风灾害的卫星遥感快速检测与中心定位技术。

15.2.1 基于微波辐射计观测的台风自动检测

基于遥感卫星观测识别台风的本质是一种分类问题，是在大面积覆盖的卫星影像中识别出台风所在的那一小块区域。由于台风具有暖心结构、涡度等特征，与其他云系在特征上有一定的区别，众多的研究工作者利用图像分割的方法，基于一定的特征或阈值等，把图像分割成各个小区域，然后基于台风的独有特征，确定台风的存在(耿晓庆等，2014)。利用支持向量机(support vector machine, SVM)的方法，分别根据台风在微波辐射计观测图像上的不同特征，实现台风的自动检测。

微波辐射计能够穿透非降水云，探测到下垫面情况，或者穿透降水云的顶部直接探测出降水区内部情况；对于不同的下垫面类型，微波波段的比辐射率会有较大的差别，可以用于识别不同的下垫面特征；微波辐射计有不同的极化特征，可以利用这些极化信息获取气象以及下垫面的参数。微波辐射计各个波段在不同极化条件下所获得的亮度温度影像有着明显的区别。

FY-3C 10GHz 的水平极化波段台风中心附近 3º 范围内，其亮度温度在 130K 以上，一定比例的像元亮度温度在 170K 以上，周围像元的亮度温度在 110K 以下。10GHz 的垂直极化波段台风中心区域亮度温度在 180K 以上，气旋外围像元亮度温度小于 170K。18GHz 的水平极化波段台风中心区域亮度温度在 200K 以上，周围像元亮度温度小于 170K。18GHz 的垂直极化波段台风中心区域亮度温度在 220K 以上，周围像元的亮度温度小于 210K。在 23GHz 水平极化波段，台风中心区域亮度温度在 250K 以上，外围区域亮度温度小于 230K。23GHz 的垂直极化波段台风中心区域像元的亮度温度在 260K 以上，周围区域像元的亮度温度小于 250K。36GHz 的水平极化波段台风中心区域像元的亮度温度在 230K 以上，周围区域像元的亮度温度小于 180K。36GHz 的垂直极化波段台风中心区域像元的亮度温度在 240K 以上，周围区域像元的亮度温度小于 230K。89GHz 的水平极化波段台风中心区域像元的亮度温度在 240K 以下，周围区域像元的亮度温度大于 260K。89GHz 的垂直极化波段台风中心区域的亮度温度在 240K 以下，周围区域像元的亮度温度在 260K 以上。

根据上述各频段不同辐射的特性，对各频段设置了不同的亮度温度阈值作为台风自动检测的判据，具体的数值详见表 15.2。

在各波段选取亮度温度时，表 15.2 给出了最大值与最小值，间隔为 10K 取值。根据选择的上述亮度温度特征，基于 SVM 方法即可训练得到 FY-3 卫星微波辐射计台风检测模型。以 2014 年西北太平洋海域的 FY-3C 卫星微波成像仪观测数据为例，其共包括 73 个台风发生时的观测数据和 137 个未发生台风时的观测数据。基于这些数据，随机选择 30 个台风期间的观测数据和 30 个非台风的观测数据作为训练数据，基于 SVM 方法训练得到台风检测模型，并将所有数据作为验证数据进行检测精度评定。

表 15.2　风云三号卫星微波成像仪各频段的最大与最小亮度温度阈值

频段/GHz	最小值/K	最大值/K
10.65	110	200
18.7	170	260
23.8	180	270
36.5	180	270
89	180	270

基于 FY-3C 微波成像仪进行台风检测的技术流程包括：

(1) 对于一次 FY-3C 观测，如果地面上注的辅助预报数据显示可能出现台风，则以上注数据中提供的台风可能出现的中心位置作为中心初猜值。对这类数据，优先使用该中心位置 $3°\times 3°$ 范围作为感兴趣区域并获得不同波段亮度温度在各阈值内的比例，然后基于 SVM 训练模型进行判定，如果确定出现了台风，则结果为 1，进入下一景影像的判定，如果判断该区域没有出现台风，则返回按照下述预报数据没有出现台风的处理方式处理。

(2) 对于一景 FY-3C 影像，如果辅助预报数据没有出现台风，则遍历所有观测数据，首先，以左上角 $3°\times 3°$ 的范围作为感兴趣区域 a_1，在该感兴趣区域内获得不同波段亮度温度在各阈值内的比例，然后基于 SVM 训练模型进行判定，如果确定出现了台风，则结果为 1，检测结束；如果判断该区域没有出现台风，则进入下一个感兴趣区域 a_2，继续判断。选择下一个感兴趣区域 a_2 的原则为，首先沿着经度方向向右选择 $3°\times 3°$ 的框，其中，这个感兴趣框 a_2 与前一个 a_1 有一半的重合，这样做的目的是防止每个感兴趣框正好覆盖台风中心的一半或更小区域的出现。当遍历到该行最后一个感兴趣框 a_n 时，仍然没有出现台风现象，则进入第二行遍历，在第二行遍历的时候，感兴趣框的范围与第一行的一半重合，如 b_1 与 a_1 有一般覆盖范围的重合，然后依次遍历迭代。直到判断出现台风或遍历到最后一个感兴趣区域 m_n，结束这一景影像的判断。有发生台风现象，结果为 1；未发现台风现象，结果为–1。

下文以一个实际的台风案例对上述方法进行详细分析。台风夏浪(1411，Halong)是 2014 年发生在西北太平洋海域的第 11 号台风，最高强度等级达到超强台风。根据中国气象局、日本气象厅、联合台风预警中心等发布的最佳路径数据信息，夏浪超强台风发生期间的强度信息见表 15.3。表 15.3 中每天的最佳路径数据是 12:00(UTC) 对应的最大风速值。

表 15.3　夏浪(1411)超强台风期间最佳路径的最大风速

时间	强度等级	台风强度–最大风速/(m/s)		
		CMA	JMA	JTWC
2014/7/28	热带低压	13	—	15.43
2014/7/29	热带风暴	20	23.15	28.29
2014/7/30	热带风暴	23	23.15	28.29

续表

时间	强度等级	台风强度-最大风速/(m/s)		
		CMA	JMA	JTWC
2014/7/31	强热带风暴	28	23.15	28.29
2014/8/1	台风	33	30.87	30.87
2014/8/2	超强台风	58	54.02	72.02
2014/8/3	超强台风	58	51.44	66.88
2014/8/4	强台风	42	43.73	51.44
2014/8/5	台风	40	38.58	43.73
2014/8/6	强台风	45	43.73	43.73
2014/8/7	台风	40	41.16	38.58
2014/8/8	台风	35	38.58	36.01
2014/8/9	台风	35	36.01	33.44
2014/8/10	强热带风暴	30	28.29	20.58

在夏浪(1411)台风发生期间,FY-3C卫星共得到覆盖台风发生区域的14次观测数据。基于上述训练模型对这些数据进行测试，这14次观测均能识别出发生台风的区域。识别结果如图15.9所示，图15.9给出了18GHz水平极化波段的亮度温度图像，图中黑色框中的区域是该次观测中识别出的发生台风的区域。

最终，进行基于FY-3C卫星微波成像仪数据的台风快速检测结果的精度验证试验，验证结果详见表15.4。

表15.4 FY-3C辐射计数据在不同台风强度下的监测识别精度

强度/(m/s)	数量/个	正确识别	识别精度/%
台风(32.7～41.4)	18	16	88.9
强台风(41.5～50.9)	13	13	100
超强台风(≥51.0)	12	11	91.7
所有台风(≥32.7)	43	40	93.02

由表15.4可以看出，该方法的台风检测的总体精度为93.02%。台风强度越高，检测精度越好，在强台风以上等级，可以非常准确地识别出台风。

15.2.2 台风中心自动定位算法

在众多描述台风的参数中,台风中心位置是监测和预测台风路径及强度的关键信息,实时、准确地确定台风中心位置将有助于台风运行轨迹的预测。传统的台风中心定位研究主要基于物理量诊断的方法，由于统计资料以及观测资料的匮乏，仅依靠常规观测资料的分析结果很难正确地体现出台风中心位置。卫星遥感的应用为台风的监测提供了更可靠的资料。对台风中心客观定位的方法主要包括基于云系形态、风场结构、云体温湿及时空运动匹配等技术，所有预测方法均已取得了不错的定位效果，不同的定位方法也

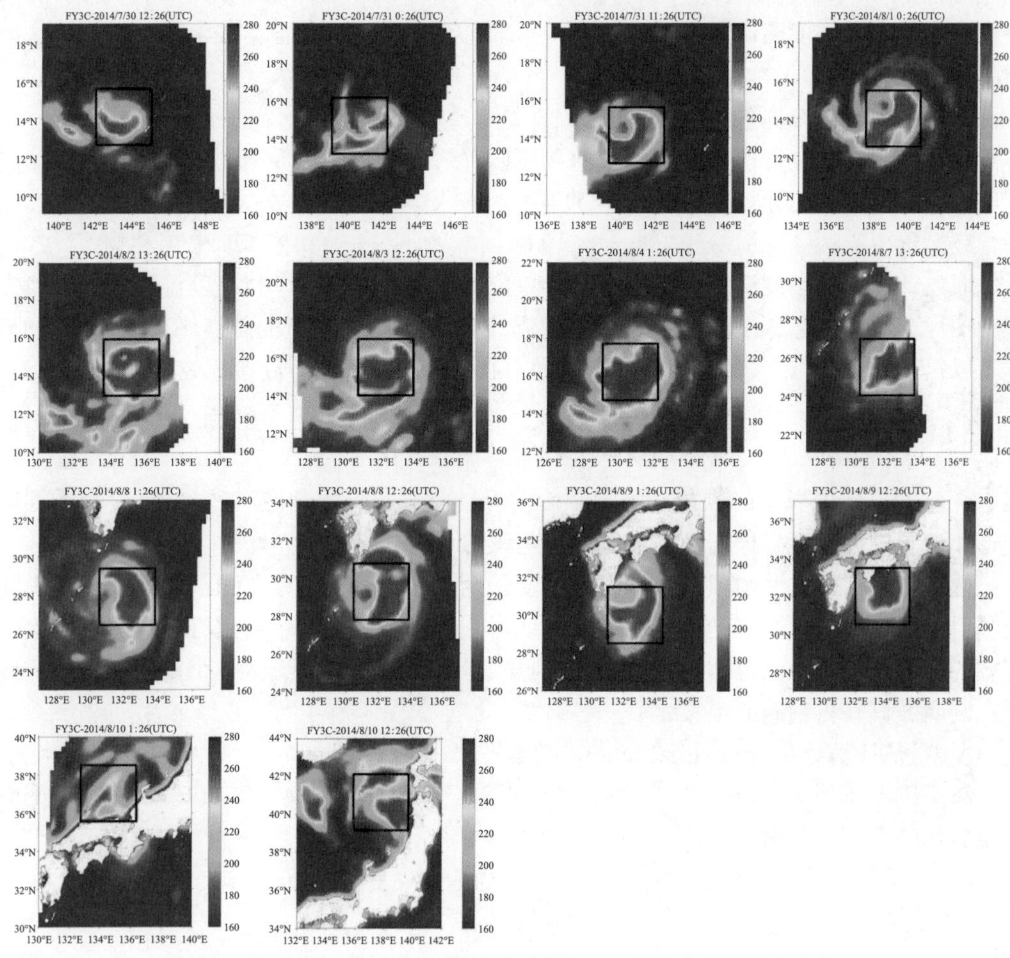

图 15.9　FY-3C 卫星台风快速检测案例——超强台风夏浪(1411)

各有优缺点，传统分析法如利用螺线拟合进行台风中心定位存在着拟合方程多样性且螺线提取困难等局限性，而对于无眼台风的中心定位仍然存在较大偏差及困难。本节介绍了一种基于国产 FY-3C 微波成像仪观测，利用台风风眼区域的旋转中心特征，进行西北太平洋台风的中心自动定位的算法，并对中心定位结果进行精度评价。

1. 微波辐射计台风中心定位方法原理

台风中心卫星遥感最常用的方法是由 Wimmers 和 Velden(2010)提出的自动旋转中心台风风眼反演算法(automated rotational center hurricane eye retrieval，ARCHER)。基于该方法，许多研究人员做了大量优化改进，并将其应用于多种传感器的中心定位。FY-3C 卫星上搭载的微波辐射计包含 89GHz，ARCHER 算法也可用于国产 FY-3C 卫星搭载的微波辐射计。针对 85～92GHz 水平极化波段，ARCHER 算法的流程共包含五大步，详细步骤如下所示。

1)原始影像预处理

根据卫星位置和亮度温度图像上各像元点的经纬度位置，对辐射计 85～92GHz 水平极化波段的亮度温度图像进行视差校正，并通过等间距经纬度插值，得到 Archer 算法所需的输入数据。

2)初始中心估计位置

初始中心估计位置作为一个参考值，可以有效地限制处理数据的范围，提高算法的速度。该初始中心估计值来自 NHC、JTWC、JMA 等预报路径数据。

3)螺旋中心法

通过计算影像亮度温度梯度与螺旋形单位矢量场的交叉积，将亮度温度影像转换为螺旋图像。该算法使用的是整个图像的梯度，这些梯度是由台风的整体螺旋风场形成的。

以笛卡儿坐标(x, y)表示，并以原点为中心的单位向量的螺旋模式表示为

$$S(x,y)=\frac{\alpha x \mp y}{[(1+\alpha^2)(x^2+y^2)]^{0.5}}\boldsymbol{x}+\frac{\alpha y \mp x}{[(1+\alpha^2)(x^2+y^2)]^{0.5}}\boldsymbol{y} \tag{15.1}$$

式中，α 为以弧度表示的倾角；$\mp$ 为螺旋的旋转，在北半球是逆时针，为+。为了螺旋图形和配置图像能更好地匹配，图像梯度与螺旋单位向量需强正交。

螺旋中心定位方法由粗估计法与细估计法两种估计方法运行，原因是，在一个大的范围内，即使对位置的初步估计精度非常低，利用函数对旋转中心进行粗略估计时也是有效的；而在一个小的范围内，如果提供(第一步粗略估计提供)了一个好的初始估计位置，则函数具有更精确的定位。

A. 粗估计函数(coarse spiral score，CSS)

这个函数本质上是计算一个分数，该分数反映了以影像边界和给定点(ϕ,θ)为中心的螺旋线的平均对齐情况。

$$\mathrm{CSS}(\phi,\theta)=c_{ss}N^{-1}\sum_{i\in\mathrm{disk}}\|\nabla\log(I_i)\times\boldsymbol{S}_i(\phi,\theta)\|-c_0 \tag{15.2}$$

其中，

$$S_i(\phi,\theta)=\frac{\alpha x_i \pm y_i}{[(1+\alpha^2)(x_i^2+y_i^2)]^{0.5}}\hat{\boldsymbol{x}}+\frac{\alpha y_i \mp x_i}{[(1+\alpha^2)(x_i^2+y_i^2)]^{0.5}}\hat{\boldsymbol{y}} \tag{15.3}$$

$$x_i=(\phi_i-\phi)/\cos\theta \tag{15.4}$$

$$y_i=\theta_i-\theta \tag{15.5}$$

式中，c_{ss} 为 15；c_0 为 20；用来把结果控制在 0～50 范围；ϕ 为经度，θ 为纬度；N 为样本圆环范围内的像元总数；i 为样本圆环范围内的一个像元点；disk 是以初始猜测位置为中心的圆环中的 N 个格网点的范围；$\|\cdot\|$ 为矢量范数函数；I 为微波水平极化亮度温度影像，对 I 的 log 函数降低梯度的极值；S 为 log-5 螺旋矢量场；α 为以弧度表示的螺旋矢量场的倾斜度(零表示圆形矢量场，log-5 场从圆形矢量场向外倾斜 5°或 0.087 弧度)；$\pm$ 中的+表示北半球，–表示南半球，$\mp$ 则相反；$(\hat{\boldsymbol{x}},\hat{\boldsymbol{y}})$ 为北向和东向的单位向量；(x_i, y_i) 为 $(\hat{\boldsymbol{x}},\hat{\boldsymbol{y}})$ 方向上的偏移距离；其中 x_i 被归一化为约等于 y_i 的间距。

B. 细估计函数(fine spiral score，FSS)

利用细估计函数得到精确螺旋分数的公式如下：

$$\mathrm{FSS}(\phi,\theta)=c_{ss}N^{-1}\sum_{i\in\mathrm{disk}}\begin{cases}0.62\,|\nabla\log(I_i)\times\boldsymbol{S}_i(\phi,\theta)|-c_0 & \text{where } |\nabla\log(I_i)\times\boldsymbol{S}_i(\phi,\theta)|>0\\ -|\nabla\log(I_i)\times\boldsymbol{S}_i(\phi,\theta)|-c_0 & \text{where } |\nabla\log(I_i)\times\boldsymbol{S}_i(\phi,\theta)|<0\end{cases}\tag{15.6}$$

式(15.6)中两部分的权重差别可以确保眼墙的内边界比外边界具有更大的权重。根据经验，确定常数 0.62 为该分割方法的最佳权重。

4) 圆环中心法

该方法的目的是计算确定台风中眼墙的存在，从而确定风眼的位置。通过计算得到的值称为圆环分数(ring score，RS)。该方法是在图像的梯度和围绕给定环形图案的一组径向单位向量之间找到最高的平均点积。当迭代一个范围内的点和半径 r 范围时，这个公式的最大值应该出现在风眼中心。

$$\mathrm{RSR}(\phi,\theta,r)=c_{\mathrm{RSR}}\frac{r^{0.1}}{N}\sum_{i\in\mathrm{ring}}[-\nabla(I^{1/3})_i\cdot\hat{\boldsymbol{r}}_i]\tag{15.7}$$

$$\mathrm{RS}(\phi,\theta)=\max[\mathrm{RSR}(\phi,\theta,r),r]\tag{15.8}$$

式中，RSR 为圆环得分半径；(ϕ,θ) 为点的经度和纬度；c_{RSR} 为常数 250，控制结果范围为 0～100；r 为被评估半径的长度(度)；N 为样本圆环的像元数；i 为样本圆环像元数的一个点的索引；$I^{1/3}$ 为微波影像水平极化亮度温度的 1/3 次方；$\hat{\boldsymbol{r}}$ 为从环的中心向外辐射指向环上索引 i 点的单位向量；$\max[\mathrm{RSR}(\phi,\theta,r),r]$ 为在范围 r 内，三维场 RSR 中的最大值。权重 $r^{0.1}$ 的目的是稍微偏向与较大半径相对应的分数，因为在较大风眼情况下，中心更不规则，可能不太符合完美圆上的点。

需要特别注意的是，并不是所有的 TC 影像都有一个形态规则且清晰的风眼区域，在这种情况下，RS 通常很低。这意味着，除非相应的螺旋分数非常高，否则算法默认初始猜测点为中心位置，而不是分数最大值点。

5) 联合螺旋中心和圆环中心优化

本部分引入了距离惩罚场(distance penalty field)的概念，其是指图像上的所有像元到初始猜测中心距离平方的一个场。因此，这个近中心位置的值小，图像边缘范围的值大。该距离惩罚场保证了无论影像多特别，最终结果都不会不合理地远离初始猜测点。联合分数场的多步算法如下。

A. 指导的粗螺旋模式(guided coarse spiral，GCS)

$$\mathrm{GCS}(\phi,\theta,\phi_0,\theta_0)=\mathrm{CSS}(\phi,\theta)-\omega_{D1}\mathrm{dist}^2(\phi,\theta,\phi_0,\theta_0)\tag{15.9}$$

式中，(ϕ_0, θ_0) 为初始猜测点位置；$\mathrm{dist}^2(\phi,\theta,\phi_0,\theta_0)$ 为初始猜测点和 TC 中心范围内 (ϕ,θ) 点的距离的平方；w_{D1} 为 2。这个 GCS 得分场作为下一步算法的输入。

B. 指导的细螺旋模式(guided fine spiral，GFS)

$$\mathrm{GFS}(\phi,\theta,\phi_0,\theta_0)=\mathrm{FSS}(\phi,\theta)-\omega_{D2}\mathrm{dist}^2(\phi,\theta,\phi_0,\theta_0)\tag{15.10}$$

式中，w_{D2} 为 1。GFS 处理的目的是输出用于计算组合分数的整体螺旋分量的格网化结果。步骤 B 的处理范围为步骤 A 中 GCS 最大值附近区域，具体大小可根据 TC 尺寸微调。

C. 圆环分数场

计算方法与前文圆环中心一致。

D. 联合分数场(combined score，CS)

联合分数场通常生成一个格网场，该格网场围绕最大值形成靶心模式。这个最大值位置简化称为目标位置(target position)。这个分数是根据步骤 B.和步骤 C.的权重计算得到的。这个格网分数场的最大值用来确定目标位置和最终的 ARCHER 位置。

$$\mathrm{CS}(\phi,\theta,\phi_0,\theta_0)=\omega_{\mathrm{GFS}}(\phi,\theta,\phi_0,\theta_0)+\mathrm{RS}(\phi,\theta) \tag{15.11}$$

$$\mathrm{MCS}=\max[\mathrm{CS}(\phi,\theta,\phi_0,\theta_0)] \tag{15.12}$$

$$(\phi_f,\theta_f)=\begin{cases}(\phi_t,\theta_t) & \text{where } \mathrm{CS}(\phi_t,\theta_t,\phi_0,\theta_0)=\mathrm{MCS} \quad \text{if } \mathrm{MCS}\geqslant\tau \\ (\phi_0,\theta_0) & \text{if } \mathrm{MCS}<\tau\end{cases} \tag{15.13}$$

式中，标量值 MCS 为最大组合分；(ϕ_t,θ_t)为目标位置；(ϕ_f,θ_f)为最终的 ARCHER 位置；(ϕ_0,θ_0)为初始猜测位置；τ 为 MCS 阈值，用来判断最终选择目标位置或初始猜测位置。

针对 85～92GHz 水平极化波段，ARCHER 算法中主要采用了两种迭代过程，第一种迭代过程是利用常规方法对整个卫星影像图进行处理，第二种迭代过程是利用亮度温度阈值对高度较大的特征掩膜，如果掩膜之后还剩 50%以上的像元数，且掩膜之后的螺旋和圆环得分高于第一种迭代过程，则以第二种结果为最终结果。

在 ARCHER 算法中，定标后的权重和阈值详见表 15.5。

表 15.5　ARCHER 算法中的权重和阈值

台风强度/kt	ω_{GFS}	τ(调整后)	τ(调整前)
$34\leqslant V_{\max}<65$	14.4	17.4	268
$65\leqslant V_{\max}<84$	14.4	13.6	209
$V_{\max}\geqslant 84$	38.0	8.0	312

表中的τ(scaled)可由下式计算所得：

$$\tau(\mathrm{scaled})=\tau(1+\omega_{\mathrm{GFS}})^{-1} \tag{15.14}$$

2. 微波辐射计台风中心定位及精度评价

FY-3C 卫星上搭载的微波成像仪也具有 89GHz 通道，ARCHER 算法适用于国产卫星 FY-3C 微波成像仪观测数据。基于 FY-3C 卫星微波成像仪 89GHz 水平极化波段亮度温度观测的台风中心卫星遥感定位流程如下。首先，对 FY-3C 数据进行预处理，视差校正经纬度数据集减去 10km，然后将数据重采样到 25km×25km，并将利用前述中心定位算法得到的台风预测位置作为初始中心位置。

图 15.10 是 2014 年第 11 号超强台风夏浪(Halong)8 月 2 日的 FY-3C 数据的中心定位结果图。其中，图 15.10(a)是通过螺旋中心法得到的台风中心，“+”是初始猜测中心位置(15.0477°N，134.9810°E)，是由中央气象台提供的预报位置，“□”是通过螺旋方法得到的中心位置(15.1477°N，134.8774°E)；图 15.10(b)是通过圆环中心法得到的台风中心位置，“+”是通过螺旋方法得到的台风中心位置(15.1477°N，134.8774°E)，“□”

是通过圆环方法得到的台风中心位置(15.0977°N，134.8774°E)；图 15.10(c)是联合螺旋中心和圆环中心得到的台风中心位置，“+”是初始猜测中心位置(15.0477°N，134.9810°E)，“□”是联合螺旋中心和圆环中心得到的台风中心位置(15.1477°N，134.8774°E)；图 15.10(d)是通过 ARCHER 算法最终确定的台风中心位置，“+”是初始猜测中心位置(15.0477°N，134.9810°E)，“□”是最终确定的台风中心位置(15.1477°N，134.8774°E)。计算得到 ARCHER 算法最终确定的台风位置与初始猜测中心位置的差距是 12.43km。

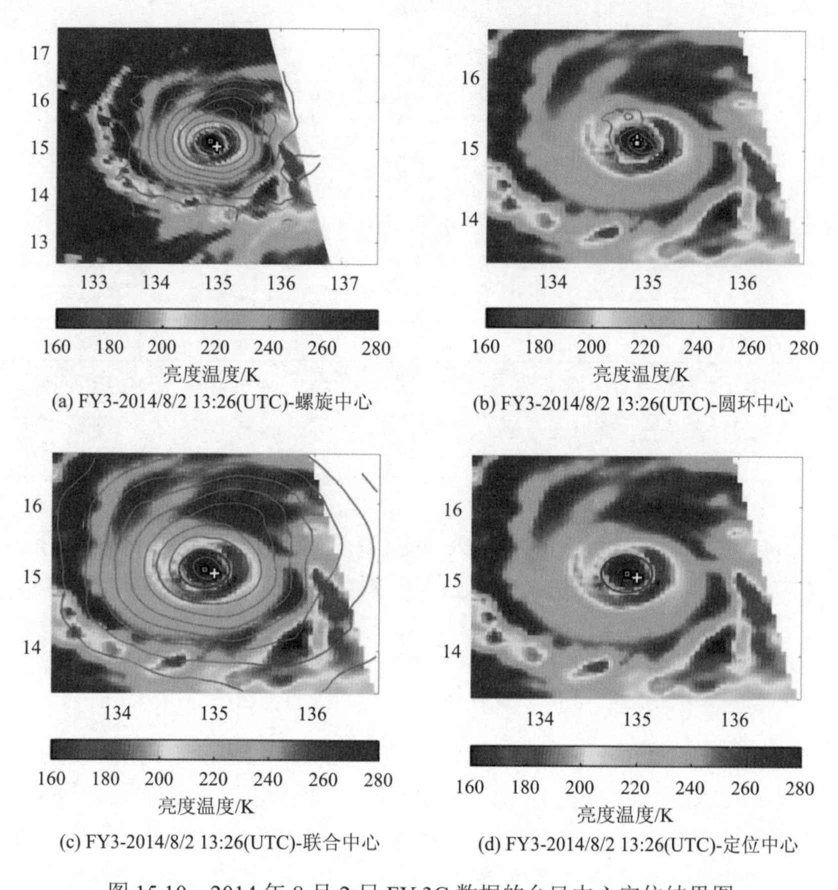

(a) FY3-2014/8/2 13:26(UTC)-螺旋中心

(b) FY3-2014/8/2 13:26(UTC)-圆环中心

(c) FY3-2014/8/2 13:26(UTC)-联合中心

(d) FY3-2014/8/2 13:26(UTC)-定位中心

图 15.10　2014 年 8 月 2 日 FY-3C 数据的台风中心定位结果图

本节共利用西北太平洋海域 2014 年台风季的 FY-3C 辐射计实测数据对中心定位算法进行了精度测试。在 2014 年西北太平洋海域台风季中，FY-3C 辐射计共获得了 13 个台风发生期间的 73 次有效观测。所有观测的最终的中心定位精度是 28.7km，所有数据确定的台风中心位置与最佳路径数据的中心距离差的统计如图 15.11 所示。

进一步评估了中心定位算法在不同强度台风条件下的定位精度，按照台风强度等级分别统计各强度等级的中心定位精度结果，见表 15.6。

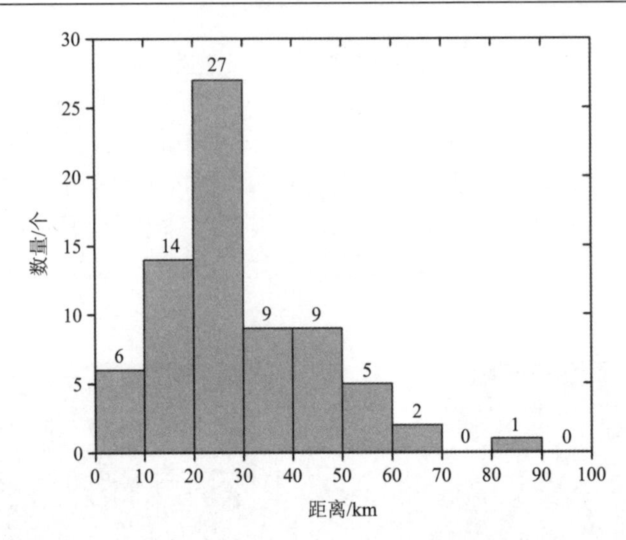

图 15.11　基于 FY-3C 观测的台风中心定位结果与最佳路径资料的距离误差直方图

表 15.6　FY-3C 各台风强度等级中心定位精度

强度/(m/s)	数量/个	定位精度/km
台风(32.7～41.4)	13	24.0
强台风(41.5～50.9)	12	21.1
超强台风(≥51.0)	73	28.7

从表 15.6 中可以看出，台风强度越大，定位精度越高，这主要是因为在台风以上强度时，风眼螺旋特征明显，台风形状更倾向于规则，该算法应用于国产卫星被动微波遥感器时具有更好的适用性。

3. 微波辐射计台风中心定位案例分析

利用 2014 年第 11 号台风夏浪(1411)发生期间获取的 FY-3C 卫星微波成像仪观测数据，共得到覆盖台风发生区域的 14 次有效观测。根据卫星遥感算法确定台风中心位置，并与相应的中国气象局台风最佳路径再分析资料进行比较，表 15.7 是夏浪(1411)超强台风发生时应用卫星遥感算法确定的中心位置经纬度与最佳路径对比的结果。

表 15.7　夏浪(1411)超强台风卫星遥感定位结果与再分析资料对比表

时间	最大风速/(m/s)	最佳路径纬度(°N)	最佳路径经度(°E)	算法纬度(°N)	算法经度(°E)	距离/km
7 月 30 日 12:25	22.35	14.322	143.635	14.472	143.429	27.8
7 月 31 日 0:25	22.49	15.014	141.950	15.014	141.795	16.7
7 月 31 日 11:25	26.94	14.929	140.576	14.829	140.524	12.4
8 月 1 日 0:25	29.16	14.322	139.143	14.372	138.833	33.8
8 月 2 日 13:25	56.84	15.048	134.981	15.098	134.877	12.4
8 月 3 日 12:25	56.16	15.829	132.235	15.979	132.131	20.0
8 月 4 日 1:25	47.44	16.619	130.705	16.469	130.653	17.9

续表

时间	最大风速/(m/s)	最佳路径纬度(°N)	最佳路径经度(°E)	算法纬度(°N)	算法经度(°E)	距离/km
8 月 7 日 13:25	38.88	26.419	131.576	26.469	131.632	7.9
8 月 8 日 1:25	36.93	27.515	131.576	27.515	131.689	11.1
8 月 8 日 12:25	34.02	28.750	131.622	28.950	131.736	24.9
8 月 9 日 1:25	34.02	30.691	132.248	30.591	132.422	20.1
8 月 9 日 12:25	34.02	32.257	133.022	32.257	132.963	5.6
8 月 10 日 1:25	31.38	34.701	134.658	34.601	134.050	56.7
8 月 10 日 12:25	29.02	39.080	137.007	39.180	136.749	24.8

图 15.12 是夏浪(1411)超强台风期间中心位置的动态监测结果图。由表 15.7 和图 15.12 可以看出，夏浪超强台风发生期间，卫星遥感算法确定的台风中心与 CMA 最佳路径中心位置的距离平均误差是 20.8km，平均纬度误差是 0.09°，平均经度误差是 0.17°，误差可控制在一个像元之内。

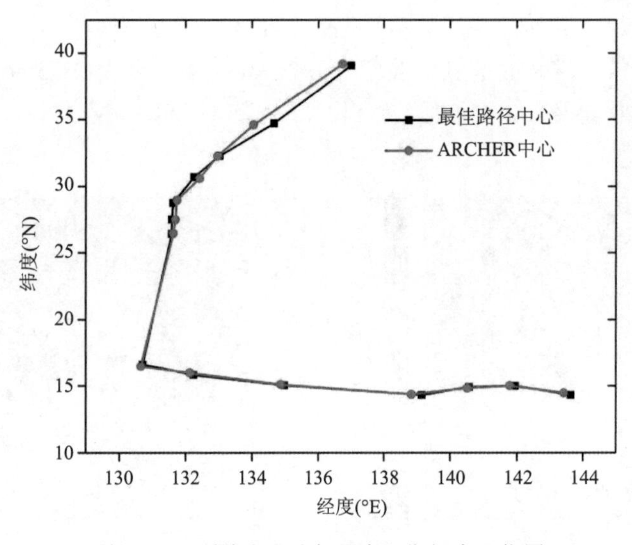

图 15.12　夏浪(1411)超强台风期间中心位置

15.3　台风强度卫星遥感估算技术

台风定位定强是台风预报的基础，台风定位定强的准确性不仅会影响台风路径和强度预报，也会影响台风大风、暴雨甚至风暴潮预报的准确性。因此，对台风中心、强度的准确估计对于预报台风的路径和发展具有重要意义，准确的台风定位定强分析可以起到趋利避害的作用，最大限度地减少台风灾害和损失。现在国际上通用的基于卫星遥感的台风定强采用的是 Dvorak 技术，这套分析法利用了光学遥感影像的可见光与红外波段，根据不同的云型，基于一些限定规则和约束条件确定最终的强度指数(Dvorak，1975)。

该套方法在 1987 年被世界气象组织正式通过使用。低云和中云会被最顶层的云层遮蔽，红外影像很难探测到卷云下的中低层台风特征，而随着微波技术的发展，微波遥感探测可以穿透上层卷云，探测到卷云下不同层次上的台风内部信息。用微波影像分析台风的结构相较于其他受限制的影像是非常有优势的。被动微波辐射计可以获得台风中心及其周围的亮度温度，微波散射计可以获得海表面风场，基于主被动微波的联合，可以更好地分析台风的强度。笔者将重点介绍一种针对我国海洋二号卫星特有的同时搭载主动微波载荷(散射计)和被动微波载荷(辐射计)的体制特点，通过分析筛选对台风强度最敏感的特征参数，利用相关向量机模型，建立主被动微波联合的台风自动定强新方法(Xiang et al.，2019)。

15.3.1　训练样本数据集构建

主被动微波遥感观测与台风强度匹配样本集由西北太平洋海域的多年度台风海洋二号 A 星(HY-2A)遥感观测数据和对应的中国气象局(CMA)发布的台风最佳路径再分析资料构建而成。HY-2A 卫星搭载了 Ku 波段旋转波速束散射计[图 15.13(a)]，其在当地时间 6:00 降交点过境，在当地时间 18:00 升交点过境。微波成像仪[图 15.13(b)]是被动微波辐射计，它能提供海洋表面的亮度温度等信息。其在 4 个频段(19.35 GHz、22.235 GHz、37.0 GHz、91 GHz)上拥有 7 个波段(除了 22.235GHz 只有 V 极化)。

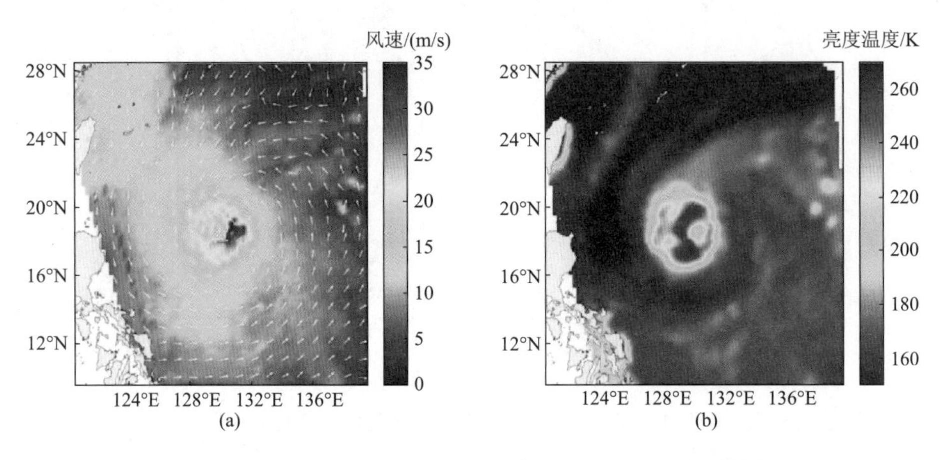

图 15.13　台风 Fitow(1323)2013 年 10 月 2 日卫星影像图

(a)散射计风场图像；(b)辐射计亮度温度图像

最佳路径数据可以每隔 6 h 提供台风的中心位置和最大风速。最佳路径强度初始根据 Dvorak 技术估算，然后根据其他观测方式修正，如航空飞机观测、站点、多普勒雷达等。因此，最佳路径强度数据是目前最接近真值的数据。笔者共收集整理了 2012～2017 年的 97 次台风数据，用于开展台风强度的分析和验证研究。首先，根据 CMA 最佳路径数据匹配 HY-2A 散射计和辐射计数据。匹配的基本原则是对同一个台风观测，数据获取时间在 1 h 之内。最终，选中了 120 个台风的 409 个有效数据。其中一些数据作为训练数据，另一部分数据作为验证数据。具体的数据信息详见表 15.8。

表 15.8　训练数据和验证数据

年份	训练数据		验证数据	
	台风数/个	样本数量/个	台风数/个	样本数量/个
2012	18	55	5	31
2013	23	63	5	29
2014	15	43	3	10
2015	16	47	7	57
2016	9	15	1	4
2017	16	40	2	15
总计	97	263	23	146

15.3.2　台风强度遥感特征参数优选

为了更有效地建立台风强度估算模型，需要先确定对台风强度最为敏感的特征参数作为模型输入。本节利用台风中心同心圆和圆环计算散射计的海表面风场参数和辐射计的亮度温度参数。由于最佳路径数据获取的时间间隔是 6h，因此，需要根据卫星数据获取时间查找最近的两个最佳路径数据，然后线性插值得到参考真值。本节采用两种选择参数的途径。一种是同心圆环，以台风中心为圆心，从 0.5°～2.5°间隔 0.25°取半径范围的值。另一种方法是从 0.5°～2.5°间隔 0.25°的同心圆环取数值(如半径为 1°的内环和半径为 1.25°的外环，两者之间的圆环范围)。然后，分别计算范围内数值的最大值(MAX)、最小值(MIN)、平均值(MEAN)、标准差(STD)、最大值-最小值(MAX_MIN)、最大值-平均值(MAX_MEAN)、平均值-最小值(MEAN_MIN)。由于参数众多，统一命名规则如下。对于 SSMIS 的亮度温度参数，首先是频率和极化方式(如 TB19H 代表 19GHz 的水平极化)；然后是参数类型(TB19H_MEAN)；最后是圆环或同心圆的表示(A 代表同心圆环，C 代表同心圆，如 TB19H_MEAN_A10125 表示内环半径 1°、外环半径 1.25°的 19GHz 水平极化的亮度温度的平均值)。HY-2A 散射计参数表示与辐射计类似(SSW_MEAN_A10125 或者 SSW_MEAN_C10 等)。

笔者采用线性回归方法对上述获得的各类微波辐射计和微波散射计的特征参数进行回归分析，分别优选出主动微波和被动微波最佳的特征参数。其中最优的 10 个被动微波遥感相关的亮度温度参数见表 15.9，表 15.9 给出了相关系数和均方根误差。研究发现，与台风强度最相关的被动微波遥感参数是台风中心 1°范围内 19GHz 频段水平极化亮度温度的最小值，即 BT19H_MIN_C10。

表 15.9　高相关的亮度温度参数

亮度温度参数	相关系数	均方根误差/(m/s)
BT19H_MIN_C10	0.844	6.667
BT37H_MIN_C125	0.841	6.718
BT19H_MIN_C125	0.827	6.981

续表

亮度温度参数	相关系数	均方根误差/(m/s)
BT37H_MIN_C10	0.8261	7.000
BT19H_MIN_C75	0.8258	7.005
BT19H_MIN_A7510	0.8167	7.168
BT19V_MIN_C10	0.8152	7.194
BT37H_MIN_A7510	0.8139	7.218
BT37H_MIN_C15	0.8139	7.218
BT37H_MIN_A10125	0.8107	7.272

与主动微波相关最优的 10 个相关的海表面风场参数如表 15.10 所示，表 15.10 给出了相关系数和均方根误差，相关系数最高的参数是台风中心区域 1°范围内的平均风速，即 SSW_MEAN_C10。

表 15.10　高相关的海表面风场参数

海表面风场参数	相关系数	均方根误差/(m/s)
SSW_MEAN_C10	0.822	7.096
SSW_MEAN_C125	0.821	7.090
SSW_MEAN_C15	0.815	7.201
SSW_MIN_C10	0.810	7.287
SSW_MEAN_C75	0.808	7.240
SSW_MEAN_C175	0.805	7.375
SSW_MIN_A7510	0.799	7.202
SSW_MEAN_C20	0.794	7.566
SSW_MEAN_A7510	0.789	7.356
SSW_MEAN_C225	0.780	7.777

最终选择的参数为微波辐射计亮度温度参数——BT19H_MIN_C10，微波散射计海表面风场参数——SSW_MEAN_C10。

15.3.3　台风强度客观估计模型构建

本节采用相关向量机(relevance vector machine，RVM)方法构建非线性的台风强度估算模型。RVM 是基于贝叶斯的概率学习模型，能获得更稀疏化的模型和给出预测的概率信息。对于训练样本 $\{x_n, t_n\}_{n=1}^{N}$，其中 $\{x_n\}_{n=1}^{N}$ 为输入的特征参数向量，t_n 为输出的台风强度向量，假设输入向量和输出向量都是独立同分布，则关系可表示为

$$t_n = y(x_n; w) + \varepsilon_n \tag{15.15}$$

式中，ε_n 为独立同分布的高斯噪声，即 $\varepsilon \in N(0, \sigma^2)$。然后可得

$$p(t_n \mid x) = N(t_n \mid y(x_n), \sigma^2) \tag{15.16}$$

RVM 模型的输出可表示为

$$y(x;w)=\sum_{i=1}^{N}w_iK(x,x_i)+w_0 \tag{15.17}$$

式中，$K(x,x_i)$为核函数；$w=[w_0,w_1,\cdots,w_N]^{\mathrm{T}}$，为权值向量。本书用到的核函数是 Gauss 核函数：

$$K(x,x_i)=\exp\left(-\frac{\|x-x_i\|^2}{2\sigma^2}\right) \tag{15.18}$$

15.3.4　模型测试与评估

利用建模使用之外的匹配样本数据对台风强度预测模型精度进行测试，并基于 CMA 最佳路径数据验证预测精度，验证结果如图 15.14 所示，图 15.14 中横轴是估算的台风强度，纵轴是 CMA 最佳路径强度数据。实线是 $y=x$ 线，虚线是回归拟合线。

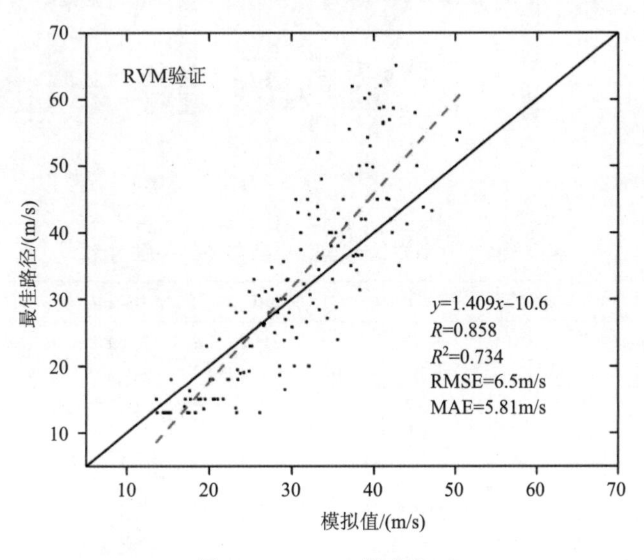

图 15.14　RVM 模型验证

将超强台风 Usagi（1319 年）作为典型案例还可以进一步分析预测模型的应用效能。图 15.15 给出了预测模型估计的台风强度的时间序列值。结果表明，当台风形状较规则时，由估算模型得到的台风的最大风速接近最佳路径数据的最大风速。但在台风发展成熟阶段，最大风速将被低估。尤其是风速大于 60m/s 时，最大风速低估明显。

对该方法与目前存在的估计台风强度的方法进行比较。比较均方根误差（RMSE）和平均绝对误差（MAE）的结果统计见表 15.11。从表 15.11 中可以看出，该预测模型的台风强度估算精度优于各类现有算法。

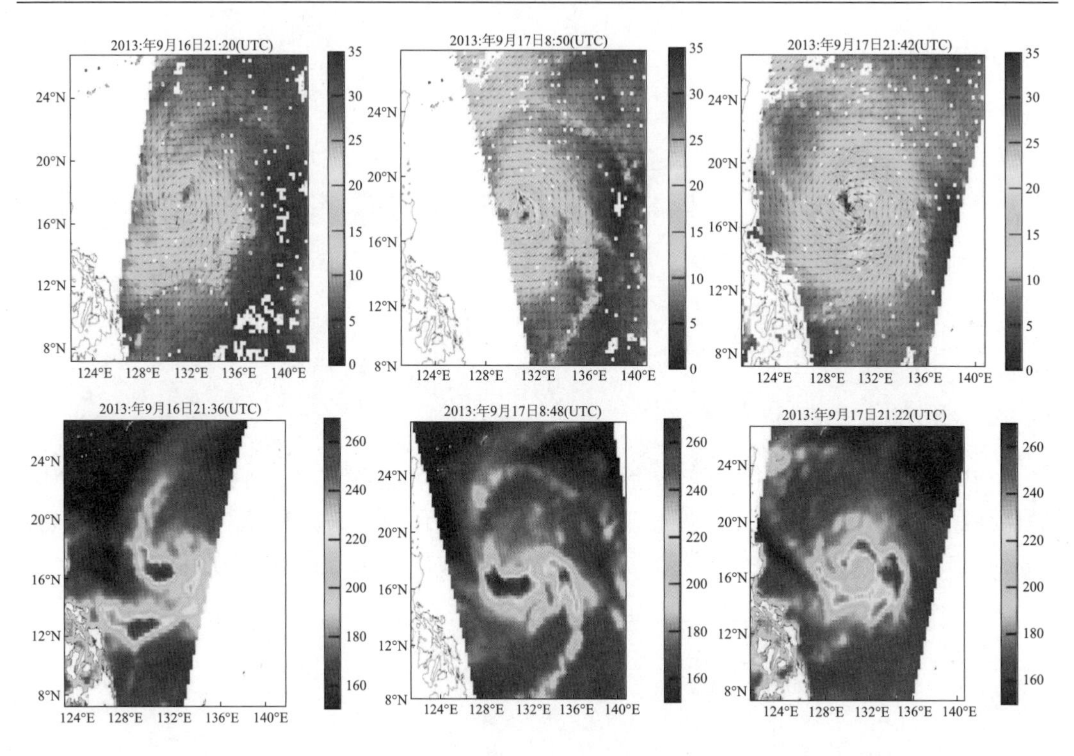

图 15.15　超强台风 Usagi(1319 年)时间序列遥感影像图以及模型估计结果与最佳路径对比

表 15.11　本节方法与国际现有方法的精度对比

方法	数据源	验证数据	RMSE/(m/s)	MAE/(m/s)	参考文献
Feature-based K-nearest	SSM/I	最佳路径数据	9.31～10.19	7.20～8.23	Bankert 和 Tag(2002)
Warm Core Anomaly	AMSU	最佳路径数据	7.20	5.40	Demuth 等(2006)
Multi-variate Regression	IR	飞机观测	8.59	6.79	Kossin 等(2007)
Advanced Dvorak Technique	IR	飞机观测	7.67	5.61	Olander 和 Velden(2007)
Deviation Angle Variance(DAV)	IR	最佳路径数据	6.17～7.72	—	Ritchie 等(2014)
Feature Analogs in Satellite Imagery(FASI)	IR	最佳路径数据	6.53	5.61	Fetanat 等(2013)
Deep Convolutional Neutral Network	IR	飞机观测	6.02	—	Pradhan 等(2018)
PMW-IE Combined Model for t=6h	TMI	飞机观测	6.17/6.48	4.63/4.94	Jiang 等(2019)
本节方法	HY-2A	最佳路径数据	5.94	4.62	Xiang 等(2019)

15.4　台风形态参数遥感提取与风场重构技术

遥感技术的发展为台风研究提供了大量的有效资料，通过遥感观测得到的台风结构特征和风场强度信息为台风参数化模型的构建提供了数据支持。自 20 世纪 60 年代末和 70 年代初开展开创性研究以来，使用建模方法进行研究得到了显著改善(Tryggvason et al., 1976)。在台风风场的建模方面，可以通过使用更复杂的物理模型使得方法得到改进，而计算能力的加强也使得台风建模发展迅速，很大程度上模型方法的迅速发展依赖于可用的测量数据的数量和质量大幅提高，可以用来改进和验证提出的台风物理模型和统计模型。从模型参数的角度出发，物理模型是利用气压-风场之间的关系构建的气压模型，采用的参数多与海气相互作用过程有关，如台风中心压强、环境压强、空气密度等；统计模型的构建则是通过分析观测的实际台风风场信息，采用的参数多基于统计学考虑，如风速增长因子、风速衰减因子等。从模型模拟的风速的结构特征考虑，可以将模型分为切向风廓线模型、对称性二维模型和非对称性二维模型，由于切向风廓线模型在二维空间上的模拟结果是轴对称的，因此可以将切向风廓线模型和对称性二维模型统称为对称性模型。

15.4.1　对称性模型

切向风廓线模型分为固定函数的气压剖面分布形式和可变函数的最优气压剖面分布形式两种，前者采用固定的模型参数，计算方便但误差较大；后者可根据台风案例确定最合适的参数，精度较高但是确定参数较为复杂(Myers, 1957)。基于台风风场与压力场的关系，发展出了切向风廓线模型(简称 H80 模型)，该模型将压力场表示为半径的函数，再利用风-压关系计算得到切向风(Holland，1980)。在 H80 模型中引入了一个关键的台风形状参数 B，该参数的取值可以影响台风强度和影响范围，而且参数 B 取值的准确性会影响台风风场的模拟误差。Holland(1980)通过研究确定了其大致的取值范围为[1, 2.5]。Willoughby 等(2006)利用飞机观测台风数据，通过统计分析，提出了单、双指数的模型函数。此外，Batts(1980)基于 Rusell 的随机参数模拟台风法提出了新的台风风场模型，该模型使用中心压强差、最大风速处半径和经验常数来描述最大梯度风速。虽然模型的形式简单、易于求解，但是难以准确地模拟复杂地理和天气情况下的风场，对影响台风的物理因素考虑不周全，在进行内陆和近海的风速估计时存在一定程度的偏差。

基于 Rankine 涡场和经典的气压梯度风模型，国外学者后续发展了多种切向风廓线模型。Holland(2008)等首先利用修正后的 Holland-气压与风速关系准则(H08 准则)确定形状参数 B，在该准则中参数 B 不再是固定数值而是关于风梯度约化系数和半径的函数；此外，为了重新确定水汽密度 ρ，H08 准则中引入了海表温度 SST，使得水汽密度不再是固定值，为模型增加了更多的变化，也更符合台风区域实际情况。之后，Holland 等(2010)在此基础上进一步改进了 H80 模型，具体改进包括：①改善外部和核心风场的观测能力；②减小对最大风速处半径准确知识的依赖；③描述双风壁导致的风廓线双峰形态的能力；④在最大风速区域，由于分辨率限制而低估最大风速的问题。改进后的径向风模型输入数据包括外部风和表面压力，海面温度，最大风半径和中心压力，所有这些参数都可以从台风资料中获得。实验结果表明，模型模拟结果与 SFMR 测量值契合度较高。

在 Rankine 涡旋和罗斯比波理论(vortex Rossby wave theory，VRW)的研究基础上，Mallen 等(2005)利用美国国家海洋和大气管理局飓风研究中心提供的 1977～2011 年大西洋和东太平洋热带气旋的飞机观测资料(flight-level data)提出了 SMRV 模型(single-modified Rankine vortex)。该模型使用分段函数的形式描述台风的剖面风速，引入了关键的风速衰减指数 α，并利用飞机观测数据集分析了该参数针对不同强度的飓风的取值特点。与 Mallen 等(2005)一样，Sitkowski 等(2011)也利用 1977～2007 年 79 个飓风的飞机观测资料研究了台风双眼墙结构对风速的影响，并构建了 DMRV 模型(double-modified Rankine vortex)。与 SMRV 模型相比，DMRV 模型也采用分段函数的形式描述切向风速，适用于表征台风眼墙变化(ERC)过程中含有强化和弱化阶段的情况，在这种台风情况下，这两个相位剖面中存在内部和外部风最大值。之后，为了弥补 SMRV 和 DMRV 模型不能描述台风发展中出现的“再增强阶段”的缺点，Zhang 等(2014)首先利用 C-波段交叉极化 SAR 影像观测到了台风的再增强阶段，然后利用阈值法提取了台风风眼位置，并采用 C-2PO 风速反演算法得到台风风速，从风速结果中提取最大风速、风速转折点，进而得到最大风速处半径和风速转折点半径，最后利用以上数据资料构建了 OHMRV 模型，模型验证结果表明，新模型的最大风速误差为 2.11m/s，最大风速处半径误差为 3.33km。总的来说，这三个基于 Rankine 涡场的切向风模型的适用条件不同。DMRV 模型适用于表征台风眼墙变化(ERC)过程中含有强化和弱化阶段的情况，即双眼墙结构，在这种台风情况下，这两个相位剖面中存在内部和外部风最大值。相比之下，OHMRV 模型适用于表征 ERC 含有再强化阶段的情况，在这些台风中，存在衰减的内部风速最大值(拐点)和外部风速最大值。一旦无法再检测到内部风力最大值，风暴将恢复到单个眼墙结构，在这种情况下，SMRV 模型仍可准确描述切向风变化。

此外，Wang 等(2015)基于物理分析提出了 λ 模型描述热带气旋的风速廓线。为了测试 λ 模型，研究采用了理想的全物理数值模型来提供风廓线样本，并探究了环境温度和初始涡旋特性对热带气旋尺寸的影响。在模拟中发现热带气旋的大小对海面温度、对流层上温度和初始涡旋结构很敏感。此外，λ 模型与数值模型的良好一致性表明，λ 模型可以仅用一个参数表征热带气旋风结构。Murty 等(2016)通过研究孟加拉湾热带气旋的特点，通过在原有 Jelesnianski(1965)模型的基础上增加一个幂指数参数表示风速变化速率，构建了新的切向风廓线模型。根据孟加拉湾热带气旋的数据集分析，该模型中将幂指数参数设置为常数，能为该海域台风风速提供合理的估算。

以上切向风模型均是基于台风为圆对称分布的假设，对称性模型还包括将台风视为椭圆对称分布的模型。如 Li 等(2013)根据高分辨率 SAR 影像观测数据研究台风形态，提出大多数台风风眼形状是圆形或者椭圆形且仅有小部分台风具有不同的形状这一原则。据此，Zhang 等(2017a)假设台风风眼区域为椭圆形结构，提出了一个新的基于 C-波段交叉极化 SAR 影像的椭圆对称的台风模型(SHEW 模型+修正后的流入角模型)，该模型由两部分组成：一部分是模拟风速的椭圆对称的台风风速模型 SHEW，该模型与 SMRV 模型类似，区别在于方位角参数计算方法不同，使得模型呈现椭圆形分布；另一部分是模拟风向的改进得到的流入角模型(Zhang and Perrie，2012)，能有效模拟椭圆形分布的风向信息。模型验证结果表明，重建的台风风场与 SFMR 数据相比，均方根误差小于 4 m/s，相关系数高于 60%。进一步，Zhang 等(2017b)还基于 RADARSAT-2 观测到的台风 Ike(2008 年)的交叉极化 SAR 影像数据和 SHEW 模型构建了适用于双眼墙的

SHEW 模型(double-eye SHEW model)。该模型也属于椭圆形对称结构，并能有效模拟台风风速径向的变化特点。与 SFMR 实测数据进行对比验证，其偏差值、均方根误差和相关系数分别为–3.53 m/s、4.64 m/s 和 0.83，表明新模型具有较高的精度。

总之，对称性模型是将台风视为圆对称分布或椭圆对称分布，圆对称分布仅考虑台风风场在径向上的风速变化；椭圆对称分布则将风场在方位向的变化进行简化，重点考虑径向上风速的非对称性。对称性模型由于几乎不考虑方位向差异，因此模型形式较为简洁，计算方便，但往往会丢失重要的非对称性信息，使得模型的精度受限，不能用于模拟非对称性较强的台风案例。

15.4.2　非对称性模型

受台风运动、摩擦因素、垂直剪切和环境因素、表面摩擦的不连续性、潜热通量和 β 效应等因素的影响(陈国民等，2010)，台风的风场往往不是圆对称的，特别是台风形成初期不稳定性较强和登录期间受地形摩擦影响较大，这种不对称性更为明显。风场的非对称性难以模拟，往往会导致计算的风暴潮误差较大，出现预报错误(Houston et al., 1999)。为了更好地模拟台风风场，国内外学者针对台风风场非对称性开展了很多研究。

国内学者大多是通过改进已有的气压场或风场模式来构建非对称性台风风场模型。陈洁等(2009)回顾了台风气压场、风场研究的发展过程，从台风气压场与风场的理论研究、台风的不对称性结构、最大风速与变分调整方法、台风气压场与风场的数值模拟和台风作用下水汽热交换等方面的研究进展进行了综合分析与述评。具体来说，章家琳等(1986)等基于 Myers 公式构造出等压线为非相似形结构的 Myers 型公式，相比于以往仅用一个参数的数学模式，新的气压风场模型更接近实际风场；随后于 1989 年采用含摩擦力项及台风中心移动影响的修正梯度风方程，反映了台风风场的非圆对称性，改善了实际风场模拟的精度(章家琳和隋世峰，1989)。盛立芳和吴增茂(1993)等为了描述台风气压场的非对称性，采用经验知识与梯度风合成的模式表示台风风场，新模式能够模拟出各种强度及不同半径的台风风场，与实际情况更为接近。朱首贤等(2002)针对近岸台风不对称性非常明显的特征，建立了基于特征等压线的不对称型气压场和风场模型；此外，还提出了台风模型风场和背景风场合成、单站资料同化的思想和方法，既提供台风过程大范围、长时间风场，又进一步拟合了台风风场的不对称特征。李岩等(2003)采用非对称性的气压模型对台风风场进行数值计算，与实测资料的对比结果相比，非对称性模型的计算结果明显优于对称性模型。黄小刚等(2004)针对台风数值预报中由于采用对称模型而导致预报误差的现实，通过引入非对称分布的台风最大风速、最大风速半径等因子，利用最佳权系数方案来得到非对称的台风外围风速分布因子，进而得到了台风海面非对称风场的计算式。王长波等(2010)从台风的物理特性出发建立了不对称的二维和三维台风风场模型，利用该模型可以得到不同情况下台风的强度和风速变化。李健等(2013)通过叠加移动风场，获得右侧风速偏大的风场，并尝试添加背景风场来改善风场模拟结果。周旋等(2014)使用 RADARSAT-1 的 SAR 影像数据，利用改进的非对称的 H80 模型模拟得到了 2005 年台风“卡努”的非对称性风场分布结果。最近，吴彦等(2020)在研究海浪模拟时分析了四象限非对称风场模型与叠加风场模型的优缺点，将模型结果与实测风速进行对比验证，表明四象限非对称模型关于风速的计算值与实测值吻合度更高，尤其是当台风中心距离测站较近时。

除了研究边界层流动或涡旋结构外，学者们还直接开发了一些非对称的台风风场模型。Xie 等(2006)通过使用美国国家海洋和大气管理局(NOAA)的国家飓风中心(NHC)的台风预报指导和实时浮标观测数据，在 H80 模型的基础上开发了一种模拟台风风场的近实时预报非对称性台风模型。该模型在 Holland 模型的基础上引入了方位角参数，将最大风速处半径和压力场设计为方位角的函数，以该压力场为基础，并结合 H80 模型构建了非对称性的台风风场模型(以下称为 AHM80 模型)。新模型使用最大风速和压力场计算形状参数 B，并利用 NHC 浮标数据拟合多项式曲线获得压力场函数中的系数，最后利用台风区域内的浮标数据构建成本函数对系数进行二次确定，从而确定模型参数。实验结果表明，AHM80 模型与 H80 模型、HRD 再分析数据集相比，重建的台风风场偏差和均方根误差均更小。以台风 Isabel 为例，新的非对称模型 6 h 预测值和 12 h 预测值的均方根误差分别为 3.85 m/s 和 3.5 m/s，而 H80 模型和改进后的 OHM80 模型均方根误差分别为 12.85 m/s 和 5.49 m/s。之后，Xie 等(2011)利用 AHM80 模型继续研究了飓风场非对称结构对风暴潮的影响。Loridan 等(2014)分析了西北太平洋南部温带过渡期间的气旋风场不对称性，在风险评估体系中分析了台风最大风速与台风移动方向、台风结构之间的位置关系，结果表明对台风风场进行建模时有必要考虑风险评估体系的背景。在此研究基础上，Loridan 等(2015)发现，北半球台风强风多位于气旋的右侧，由于风暴运动的方向，左侧的风要弱得多；并且这种不对称的假设不适用于日本各地经历热带过渡的气旋，过渡系统中气旋的两侧都可能为强风。为此他们开发了一种新的热带过渡阶段参数公式，用于风险评估系统，并选择 Willoughby 等(2006)开发的热带风模型作为起点，并应用参数偏置校正场来构建目标形状。这种新开发的热带过渡阶段的参数模型，在只使用有限数量的输入参数的情况下，能够准确模拟西北太平洋观测到的风场的非对称性特征。进一步地，Loridan 等(2017)考虑到应用简单的参数方法会难以准确把握热带气旋风场多变的特点，无法准确评估台风的风险等问题，探讨了使用机器学习方法代替简单参数模型的方法。首先，使用 WRF 模型构建西北太平洋台风数据集；然后通过主分量分析分解模拟的风场，并训练分位数回归模型以预测前三个主要分量权重的条件分布。使用此模型可以预测主分量权重分布中的任何分位数，从而提供一种考虑建模风场不确定性的方法。同样，将这种模型作为台风风险评估框架的一部分，可以有效提高台风风险评估能力。该研究也证明了机器学习方法可以用于构建台风模型。此后 Olfateh 等(2017)为了建立非对称性参数模型，研究涡旋结构理论以及历史台风风场的方位角非对称性，分析了 2003～2011 年期间 H*WIND 提供的 24 条台风数据，引入了余弦参数来描述方位角非对称性，最终结合 H80 模型提出了一种新的非对称模型(以下称为 OLF17 模型)。该模型可用于研究台风系统的不对称特性，包括最大风速的方位角、不对称程度以及不对称与前进速度之间的关系。最近，Zhang 等(2020)利用覆盖近 10 年台风的 RADARSAT-2 交叉极化 SAR 影像研究了台风的结构特征，还基于 1 波数非对称和 SMRV 模型构造了理想化的台风非对称模型。该模型将最大风速设计为方位角的函数，即利用余弦函数来描述最大风速在各个方向上的振幅变化，然后将其代入 SMRV 模型得到非对称性的 SMRV 模型。实验结果表明新模型可以有效模拟非对称台风风场。

总体来说，风暴潮、风浪以及强降雨等由台风引起的自然灾害与台风风场密切相关，也推动了台风参数化模型的研究，目前关于台风模型已经有了不错的进展，台风的结构特征越来越受到重视，尤其是风速在径向和方位向上的非对称分布。在径向上，台风风速的模拟也越来越符合台风结构的变化，如在不同的台风演变阶段采用不同的模型(SMRV、DMRV、OHMRV 等)进行风速模拟；在方位向上，通过引入方位角参数、余弦函数模拟参数变化等方法构造了不少非对称模型(AHM80、非对称 SMRV 等)。但是，目前非对称性台风参数化模型的构建还有很大的改进空间，主要存在以下问题：①大多数模型还存在参数较多的问题，且部分参数难以直接获取或依赖于其他辅助观测资料，使得模型的适用性较低；②切向风廓线模型对于径向风速的模拟不够准确，尤其是对台风风眼和眼墙(高风速区)处风速变化的模拟存在较大误差；③已有的非对称性模型对台风的非对称性信息描述不够准确，尤其是当台风非对称结构较为明显时，现有模型对于不同方位角上的强弱风速的描述与实际情况差别较大。因此，构建一种形式简洁、能准确描述台风非对称结构关键信息且精度较高的台风参数化模型对于台风风场模拟、风暴潮等台风灾害的风险评估具有重要意义。

基于上述台风风场反演算法、台风非对称性参数化模型和台风形态参数遥感提取方法，可以实现基于卫星遥感观测的台风理想化风场重构。下文将通过一个台风实例，来进一步验证本节提出的新方法的可用性。图 15.16 是一景加拿大 RADARSAT-2 卫星获取的 2014 年台风 ANA 的合成孔径雷达图像。

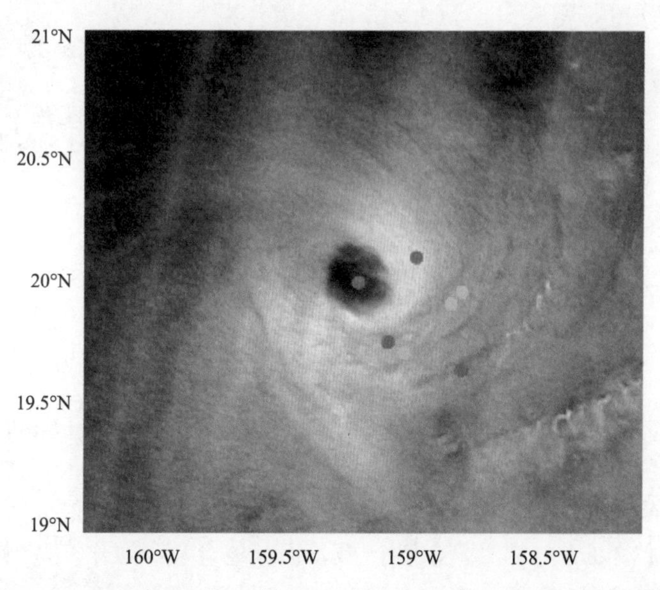

图 15.16　2014 年 10 月 19 日 04:44 台风 ANA 的 RADARSAT-2 图像

首先，将卫星获取的 SAR 图像利用 C-3PO 地球物理模式函数反演得到台风海面风场分布。利用 C-3PO 模式建立了海面风速、风向、入射角与雷达后向散射系数之间的定量关系，将经过绝对辐射定标处理的 SAR 后向散射图像和雷达观测几何带入 C-3PO 模式中即可反演得到台风的海面风场(Zhang et al., 2017a)。再通过提取台风中心位置、最大风速半径及中低风速海面风场数据拟合台风二维参数化模型，确定台风模型参数，构建台风海面风场。

图 15.17 是利用台风海面风场 SAR 反演结果和基于不同台风参数化模型得到的重构风场。图 15.17 共给出了 5 种不同的台风重构风场种类：除了对称性模型(H80)和余弦非对称模型(ASHEW)之外，还增加了两种椭圆非对称模型(Olf17 和 SHEW)以及新提出的 AHWSE 模型(Wang et al., 2021)。对比卫星反演风场和重构风场可以发现：SAR 反演风场存在较多的噪声，明显受到了降雨、边界层涡旋等其他现象的干扰，但也证明了台风 ANA 的风场分布在此刻确实存在明显的非对称性；5 种重构风场中，基于 AHWSE 模型的重构风场最能准确描述台风的非对称特征。

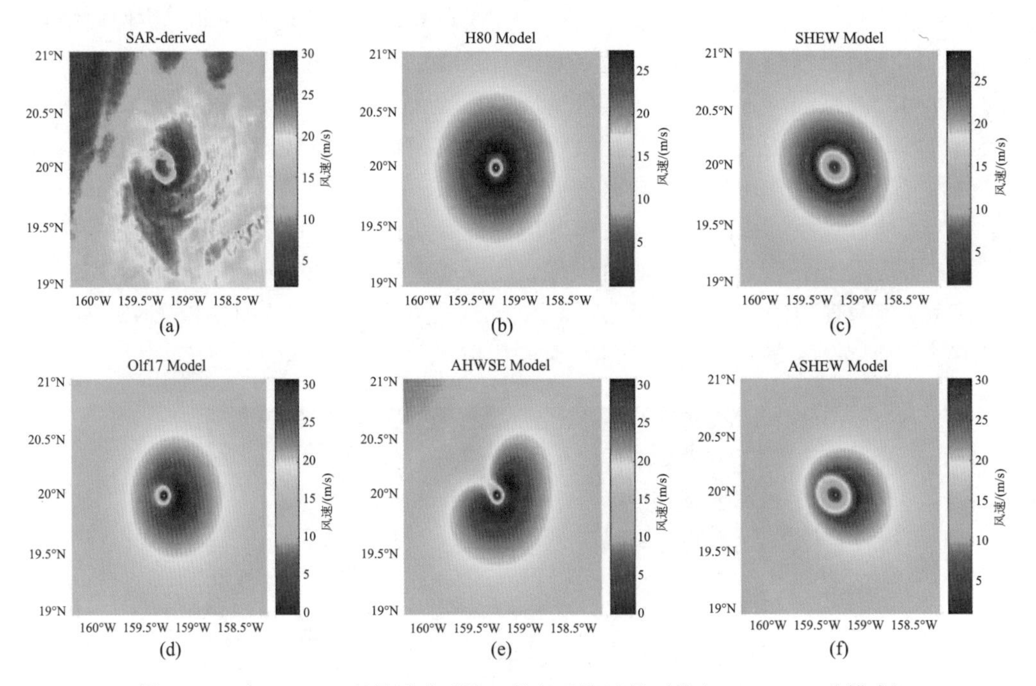

图 15.17 台风 ANA 卫星遥感反演风场与重构风场对比(1 km×1 km 分辨率)
(a) SAR 反演风场；(b)～(f) 为不同参数化模型得到的重构风场

为了进一步定量评估重构风场与反演风场的差异，按照 5°方位角间隔提取了反演风场和重构风场各方位间隔内的平均最大风速，结果如图 15.18 所示。从图 15.18 中可以明显地发现，利用 AHWSE 模型得到的重构风场与 SAR 反演风场的最大风速之间的整体偏差最小，在各方位角方向上的误差较为一致，而其他台风参数化模型则在第四象限存在明显的低估。

为测试重构风场的有效范围，进一步收集了多个典型台风过程，通过提取径向风速廓线，对比重构风场和卫星遥感反演风场偏差随距离台风中心位置的变化情况，基于非对称台风参数化模型得到的重构风场可以实现对距离台风中心最大接近 170km 范围内的风场进行准确模拟。

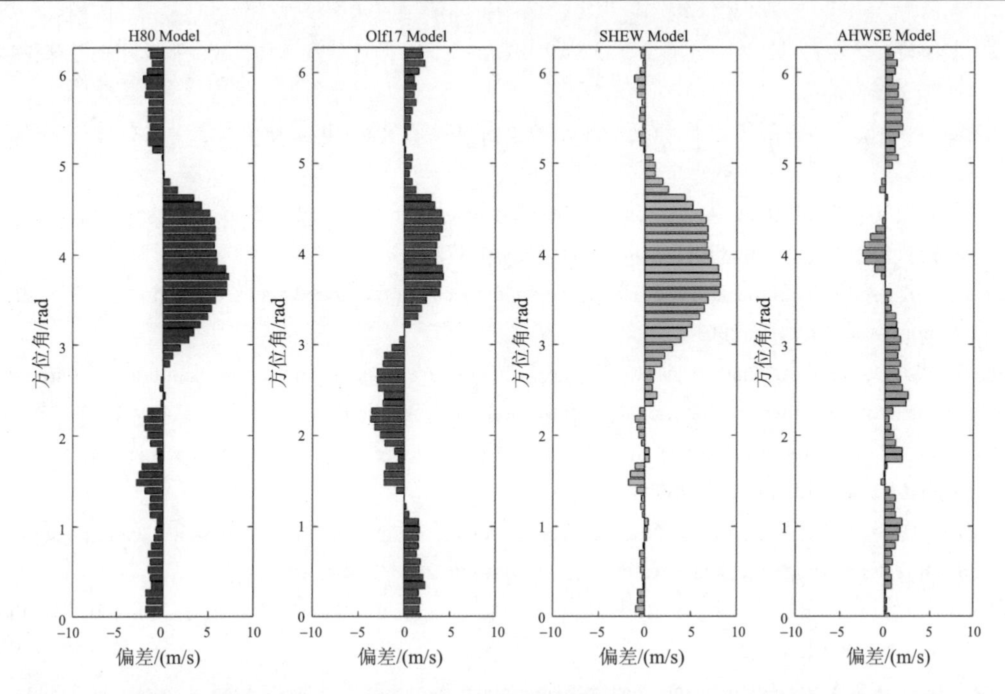

图 15.18　利用不同模型得到的台风重构风场与卫星遥感反演风场最大风速偏差的方位向分布对比

参 考 文 献

陈国民, 沈新勇, 杨宇红. 2010. β 效应和垂直切变对台风非对称结构及眼墙替换的影响. 高原气象, 29(6): 1474-1484.

陈洁, 汤立群, 申锦瑜, 等. 2009. 台风气压场与风场研究进展. 海洋工程, 27(3): 136-142.

程撼, 梁楚进, 董昌明, 等. 2014. 南海土台风和非局地台风的对比研究. 海洋学研究, 32(1): 19-30.

耿晓庆, 李紫薇, 杨晓峰. 2014. 静止卫星图像热带气旋云系自动识别. 中国图象图形学报, 19(6): 964-970.

黄小刚, 费建芳, 张根生, 等. 2004. 一种台风海面非对称风场的构造方法. 热带气象学报, (2): 129-136.

雷小途, 应明. 2017. 西北太平洋热带气旋气候图集(1981—2010). 北京: 科学出版社.

李健, 侯一筠, 孙瑞. 2013. 台风模型风场建立及其模式验证. 海洋科学, 37(11): 95-102.

李晓峰, 张彪, 杨晓峰. 2020. 星载合成孔径雷达遥感海洋风场波浪场. 雷达学报, 9(3): 425-443.

李岩, 杨支中, 沙文钰, 等. 2003. 台风的海面气压场和风场模拟计算. 海洋预报, (1): 6-13.

盛立芳, 吴增茂. 1993. 一种新的台风海面风场的拟合方法. 热带气象学报, (3): 265-271.

施健, 殷秀纯. 1992. 海南岛台风的某些气候特征. 热带作物学报, 13(2): 113-120.

王长波, 朱振毅, 高岩, 等. 2010. 基于物理的台风建模与绘制. 中国图象图形学报, 15(3): 513-517.

吴彦, 赵红军, 叶荣辉, 等. 2020. 非对称风场对台风浪模拟效果的比较研究. 海洋预报, 37(1): 1-7.

章家琳, 房文鸾, 徐启明, 等. 1986. 构造台风地面等压线为非相似形结构的尝试. 东海海洋, (4): 8-18.

章家琳, 隋世峰. 1989. 台风波浪数值预报的 CHGS 法—Ⅱ.台风风场中梯度风摩擦修正系数和风向内偏角的计算. 热带海洋, (1): 58-66.

周旋, 杨晓峰, 李紫薇, 等. 2014. 基于星载SAR数据的台风参数估计及风场构建. 中国科学:地球科学, 44(2): 355-366.

朱首贤, 沙文钰, 丁平兴, 等. 2002. 近岸非对称型台风风场模型. 华东师范大学学报(自然科学版), (3): 66-71.

Bankert R L, Tag P M. 2002. An Automated Method to estimate tropical cyclone intensity using SSM/I imagery. Journal of Applied Meteorology, 41(5): 461-472.

Batts M E, Russell L R, Simiu E. 1980. Hurricane wind speeds in the united-states. Journal of the Structural Division-Asce, 106(10): 2001-216.

Demuth J L, Demaria M, Knaff J A. 2006. Improvement of advanced microwave sounding unit tropical cyclone intensity and size estimation algorithms. Journal of Applied Meteorology, 45(45): 1573-1581.

Dvorak V F. 1975. Tropical cyclone intensity analysis and forecasting from satellite imagery. Monthly Weather Review, 103(5): 420-430.

Fetanat G, Homaifar A, Knapp K R. 2013. Objective tropical cyclone intensity estimation using analogs of spatial features in satellite data. Weather and Forecasting, 28(6): 1446-1459.

Holland G J. 1980. An analytic model of the wind and pressure profiles in hurricanes. Monthly Weather Review, 108(8): 1212-1218.

Holland G J. 2008. A revised hurricane pressure-wind model. Monthly Weather Review, 136(9): 3432-3445.

Holland G J, Belanger J I, Fritz A. 2010. A revised model for radial profiles of hurricane winds. Monthly Weather Review, 138(12): 4393-4401.

Houston S H, Shaffer W A, Powell M D, et al. 1999. Comparisons of HRD and SLOSH surface wind fields in hurricanes: Implications for storm surge modeling. Weather and Forecasting, 14(5): 671-686.

Jelesnianski P. 1965. A numercial computation of storm tides by a impinging on a continental shelf. Monthly Weather Review, 96(6): 343-358.

Jiang H, Tao C, Pei Y. 2019. Estimation of tropical cyclone intensity in the north atlantic and northeastern pacific basins using trmm satellite passive microwave observations. Journal of Applied Meteorology and Climatology, 58(2): 185-197.

Kossin J P, Knapp K R, Vimont D J, et al. 2007. A globally consistent reanalysis of hurricane variability and trends. Geophysical Research Letters, 34(4): 4815-1-4815-6-0.

Knutson T R, McBride J L, Chan J, et al. 2010. Tropical cyclones and climate change. Nature Geoscience, 3(3): 157-163.

Li X, Zhang J A, Yang X, et al. 2013. Tropical cyclone morphology from spaceborne synthetic aperture radar. Bulletin of the American Meteorological Society, 94(2): 215-230.

Loridan T, Scherer E, Dixon M, et al. 2014. Cyclone wind field asymmetries during extratropical transition in the western north pacific. Journal of Applied Meteorology and Climatology, 53(2): 421-428.

Loridan T, Khare S, Scherer E, et al. 2015. Parametric modeling of transitioning cyclone wind fields for risk assessment studies in the western north pacific. Journal of Applied Meteorology and Climatology, 54(3): 624-642.

Loridan T, Crompton R P, Dubossarsky E. 2017. A machine learning approach to modeling tropical cyclone wind field uncertainty. Monthly Weather Review, 145(8): 3203-3221.

Powell M D, Houston S H, Amat L R, et al. 1998. The HRD real-time hurricane wind analysis system. Journal of Wind Engineering and Industrial Aerodynamics, 77(8): 53-64.

Mai M R, Zhang B, Li X F, et al. 2016. Application of AMSR-E and AMSR2 low-frequency channel brightness temperature data for hurricane wind retrievals. IEEE Transactions on Geoscience and Remote Sensing, 54(8): 4501-4512.

Mallen K J, Montgomery M T, Wang B. 2005. Reexamining the near-core radial structure of the tropical cyclone primary circulation: Implications for vortex resiliency. Journal of the Atmospheric Sciences, 62(2): 408-425.

Murty P L N, Bhaskaran P K, Gayathri R, et al. 2016. Numerical study of coastal hydrodynamics using a coupled model for Hudhud cyclone in the Bay of Bengal. Estuarine Coastal and Shelf Science, 183(13-27): 13-27.

Myers V A. 1957. Maximum hurricane winds. Bulletin of the American Meteorological Society, 38(4): 226-228.

Olander T L, Velden C S. 2007. The advanced dvorak technique: Continued development of an objective scheme to estimate tropical cyclone intensity using geostationary infrared satellite imagery. Weather and Forecasting, 22(2): 287-298.

Olfateh M, Callaghan D P, Nielsen P, et al. 2017. Tropical cyclone wind field asymmetry-Development and evaluation of a new parametric model. Journal of Geophysical Research: Oceans, 122(1): 458-469.

Pradhan R, Aygun R S, Maskey M, et al. 2018. Tropical cyclone intensity estimation using a deep convolutional neural network. IEEE Transactions on Image Processing, 27(2): 692-702.

Ritchie E A, Wood K M, Rodríguez-Herrera O G, et al. 2014. Satellite-derived tropical cyclone intensity in the north Pacific Ocean using the deviation-angle variance technique. Weather and Forecasting, 29(3): 505-516.

Sitkowski M, Kossin J P, Rozoff C M. 2011. Intensity and structure changes during hurricane eyewall replacement cycles. Monthly Weather Review, 139(12): 3829-3847.

Tryggvason B V, Surry D, Davenport A G. 1976. Predicting wind-induced response in hurricane zones. Journal of the Structural Division-Asce, 102(12): 2333-2350.

Wang S, Toumi R. 2021. Recent migration of tropical cyclones toward coasts. Science, 371: 514-517.

Wang S, Toumi R, Czaja A, et al. 2015. An analytic model of tropical cyclone wind profiles. Quarterly Journal of the Royal Meteorological Society, 141(693): 3018-3029.

Wang S, Yang X, Li H, et al. 2021. an improved asymmetric hurricane parametric model based on cross-polarization SAR observations. IEEE Journal of Selected Topics in Applied Earth Observations and Remote Sensing, 14(1): 1411-1422.

Willoughby H E, Darling R W R, Rahn M E. 2006. Parametric representation of the primary hurricane vortex. Part II: A new family of sectionally continuous profiles. Monthly Weather Review, 134(4): 1102-1120.

Wimmers A J, Velden C S. 2010. Objectively determining the rotational center of tropical cyclones in passive microwave satellite imagery. Journal of Applied Meteorology and Climatology, 49(9): 2013-2034.

Xiang K, Yang X, Zhang M, et al. 2019. Objective estimation of tropical cyclone intensity from active and passive microwave remote sensing observations in the northwestern pacific ocean. Remote Sensing, 11: 627.

Xie L, Bao S W, Pietrafesa L J, et al. 2006. A real-time hurricane surface wind forecasting model: Formulation and verification. Monthly Weather Review, 134(5): 1355-1370.

Xie L, Liu H, Bin L, et al. 2011. A numerical study of the effect of hurricane wind asymmetry on storm surge and inundation. Ocean Modelling, 36(1-2): 71-79.

Zhang B, Perrie W. 2012. Cross-Polarized synthetic aperture radar: A new potential measurement technique for hurricanes. Bulletin of the American Meteorological Society, 93(4): 531-541.

Zhang B, Perrie W, Zhang J A, et al. 2014. High-Resolution hurricane vector winds from c-band dual-polarization SAR observations. Journal of Atmospheric and Oceanic Technology, 31(2): 272-286.

Zhang G, Li X, Perrie W, et al. 2017b. A hurricane wind speed retrieval model for C-Band RADARSAT-2 cross-polarization scansar images. IEEE Transactions on Geoscience and Remote Sensing, 55(8): 4766-4774.

Zhang G, Perrie W, Li X, et al. 2017a. A hurricane morphology and sea surface wind vector estimation model based on c-band cross-polarization SAR imagery. Ieee Transactions on Geoscience and Remote Sensing, 55(3): 1743-1751.

Zhang G, Perrie W, Zhang B, et al. 2020. Monitoring of tropical cyclone structures in ten years of RADARSAT-2 SAR images. Remote Sensing of Environment, 236: 111449.

州 海 峡
海口市
南 渡 江
澄迈县
定安县
文昌市
屯昌县
琼海市
万 泉 河
族自治县
南 海
万宁市
陵水黎族自治县
南 海
图例
农田
河流
滩涂
林地
湖泊
盐田
草地
城市
岛屿
比例尺 1：850000

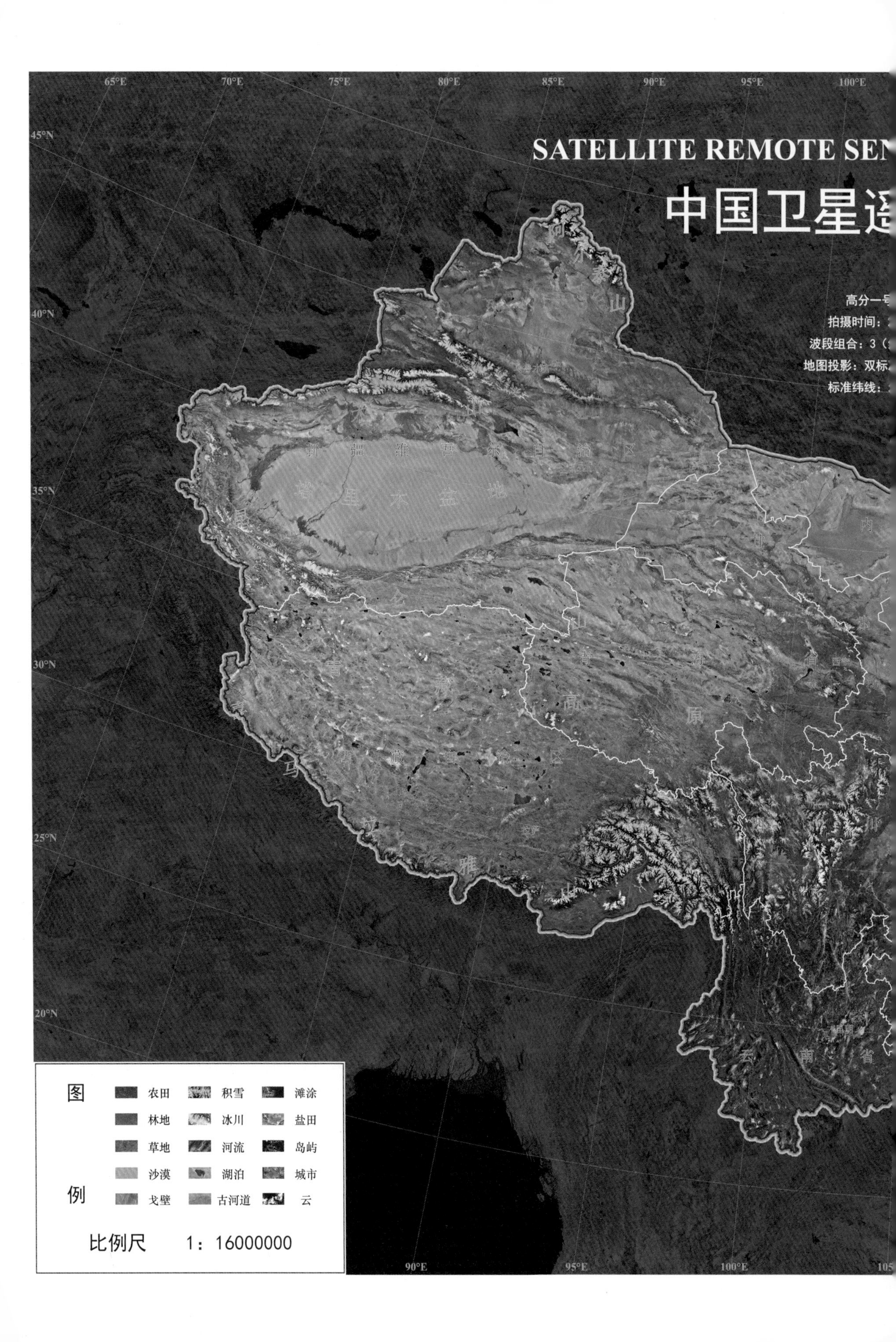

SATELLITE REMOTE SEN
中国卫星遥
高分一号
拍摄时间：
波段组合：3（
地图投影：双标
标准纬线：
65°E
70°E
75°E
80°E
85°E
90°E
95°E
100°E
45°N
40°N
35°N
30°N
25°N
20°N
90°E
95°E
100°E
云南省
图例
农田
积雪
滩涂
林地
冰川
盐田
草地
河流
岛屿
沙漠
湖泊
城市
戈壁
古河道
云
比例尺 1：16000000

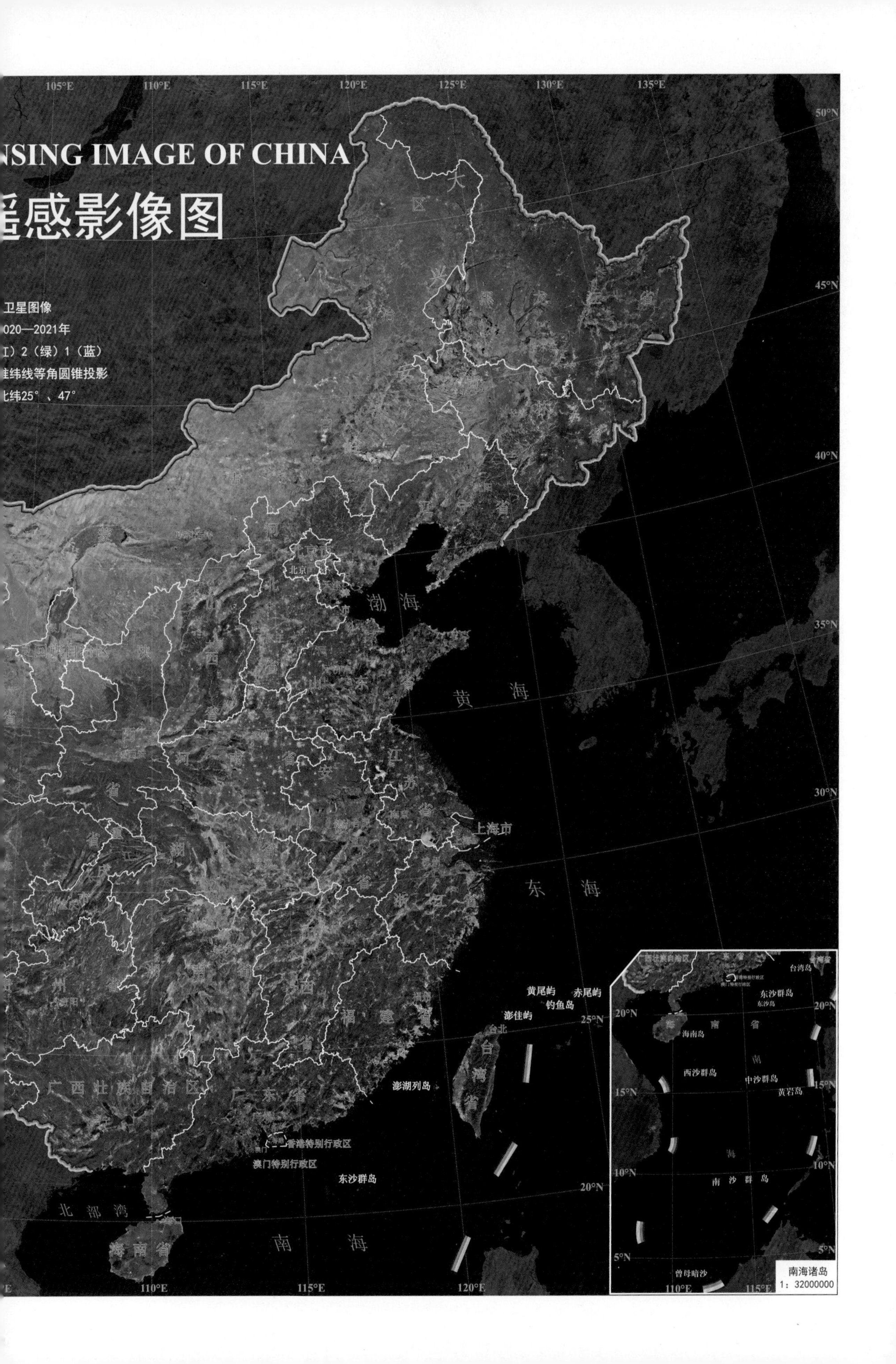

NSING IMAGE OF CHINA
遥感影像图
卫星图像
020—2021年
I）2（绿）1（蓝）
锥纬线等角圆锥投影
北纬25°、47°
105°E
110°E
115°E
120°E
125°E
130°E
135°E
50°N
45°N
40°N
35°N
30°N
25°N
20°N
北京
渤海
黄海
东海
上海市
黄尾屿
赤尾屿
钓鱼岛
澎佳屿
台北
台湾省
澎湖列岛
福建省
浙江省
江苏省
广西壮族自治区
广东省
香港特别行政区
澳门特别行政区
东沙群岛
北部湾
海南省
南海
南海诸岛
1：32000000
东沙群岛
海南岛
西沙群岛
中沙群岛
黄岩岛
南沙群岛
曾母暗沙
10°N
5°N
15°N

SATELLITE REMOTE SENSING IMAGE OF HAINAN DAO
海南岛卫星遥感影像图
波段组合：3（红）2（绿）1（蓝）
琼
临高县
北
部
湾
儋州市
昌江黎族自治县
白沙黎族自治县
东方市
琼中黎族
五指山
昌化江
五指山市
乐东黎族自治县
保亭黎族苗族自治县
三亚市